U0416746

海水观赏鱼

Marine Fishes in Aquarium

白明●著

化学工业出版社

·北京·

内容简介

本书从海水观赏鱼饲养管理实操角度出发，详细介绍600多种海水观赏鱼的外形特征、生活习性、市场情况以及人工饲养管理方法。同时，本书对海水水族箱维生系统的建立、日常管理和调控以及各种设备的选择、应用和保养给出较为详细的意见，还对海水观赏鱼饲养管理中的驯诱开口、饵料营养、鱼类搭配、养殖繁育等技术进行系统说明，特别是分享了作者多年来在检疫和病害防治方面总结的实用性经验。本书图文并茂、通俗易懂，既可作为海水观赏鱼爱好者入门学习参考读物，也可作为公共水族馆专业养殖员日常工作的速查手册，还是一本在海水观赏鱼贸易中的图鉴工具书。

图书在版编目（CIP）数据

海水观赏鱼/白明著. --北京：化学工业出版社，2022.1

ISBN 978-7-122-40315-5

Ⅰ.①海… Ⅱ.①白… Ⅲ.①海产鱼类－观赏鱼类－鱼类养殖 Ⅳ.①S965.8

中国版本图书馆CIP数据核字（2021）第231819

责任编辑：刘亚军　　装帧设计：张　辉

责任校对：杜杏然

出版发行：化学工业出版社（北京市东城区青年湖南街13号　邮政编码100011）

印　　装：天津图文方嘉印刷有限公司

787mm×1092mm　1/16　印张32½　字数778千字　2022年3月北京第1版第1次印刷

购书咨询：010-64518888　售后服务：010-64518899

网　　址：http://www.cip.com.cn

凡购买本书，如有缺损质量问题，本社销售中心负责调换。

定　　价：298.00元

前言

十年前，我撰写了《海水观赏鱼快乐饲养手册》一书，承蒙广大读者朋友的抬爱，该书出版后在观赏鱼领域内取得了良好的反响。这些年来一直有读者来电向我咨询该书是否还有库存，每次我都只能非常遗憾地告诉大家“目前没有了”。我也接到了许多向我咨询养鱼技术的电话，各种问题林林总总，既有书中提到过的一些技术，也有近两年来新出现的问题。我觉得是该重新编写一本新书了，以便于为更多水族爱好者和公共水族馆的养殖技术人员提供帮助。

这些年来，我国的综合经济实力迅猛提高，人们的生活水平呈现飞跃式的发展，这为海水观赏鱼饲养这一爱好的普及提供了强大的物质基础。记得在十年前饲养海水观赏鱼还是非常奢侈的事情，海水养殖设备和人工海水素还属于昂贵的高档商品，普通人消费不起。今天，一个普通工薪家庭购置一套海水水族箱来装点家居，也是非常轻松的事情。以前，国内海水观赏鱼消费量很小，鱼商不敢大量从国外进口观赏鱼，印度尼西亚、马来西亚、美国等国家的观赏鱼捕捞商一度瞧不起我们的小批量订单，当捕获新鱼时，必须等欧美和日本的订购商将最好的品种挑走后，才肯让我们在剩下的鱼类中选择订购。今天，我国鱼商几乎已经成为世界各地捕捞商的最大客户，中国已是亚洲最大的观赏鱼消费国。那些以前不可能在国内市场上见到的观赏鱼品种，开始大量涌入了我们身边的鱼市。同鱼类一起涌入国内市场的还有产自德国、美国、日本等发达国家的先进养殖设备、饵料和渔药，在国际水族器材展会上，每一家外国企业都绞尽脑汁想和我们做生意。作为亲历者和见证人，我为海水观赏鱼饲养这一爱好的迅速发展而高兴，为祖国的强大而自豪。

2009年国内仅有70多座公共水族馆，多数为小型场馆，所展示的鱼类不过几十种，大多还是常见的淡水观赏鱼。截至2019年，我国已拥有将近300座公共水族馆，其中一半为大型场馆，拥有数千吨容积的大型展示水池。如鲸鲨、蝠鲼、翻车鱼等大型珍惜鱼类，以前只能在美国和日本的水族馆中见到，现在国内多家水族馆都能成功地养殖它们。早期的水族馆全靠外国设计公司设计，其中核心设备与大幅亚克力面板也必须从国外进口。而今天，国内具有先进理念和丰富经验的水族馆设计公司就不少于10家，大型耐腐蚀循环水泵、大型臭氧发生器以及大幅亚克力面板都已实现国产化，使公共水族馆的建设成本得以下降，使更多的城市能拥有本地的水族馆。中国的公共水族馆年接待游客数量是美国和日本水族馆的数倍，是欧洲水族馆的数十倍。这要归功于我国高速发展的经济，让老百姓愿意也有能力花钱到水族馆来欣赏绚丽的水生动物，了解奇妙的海洋知识。当然，这也让养殖员们的钱包鼓起来了，从2009年到2019年全国公共水族馆养殖员的收入水平平均增长了1.5倍，一些大型水族馆的养殖员收入甚至可以和大型地产、IT、汽车制造等企业的普通员工相匹及。“没有君子不养艺人”，我们这些凭养鱼手艺吃饭的人，真的是赶上好时代了。

随着国内海水水族业的不断发展，新品种的观赏鱼层出不穷，从国外引进和国内自主研发的新设备、新技术也大幅增加。以前我们对海水鱼饲养技术的一些认识已经过时，对一些新引进的鱼类可能还叫不上名字。这就需要与时俱进地进行总结和传播，所以我没有在《海水观赏鱼快乐饲养手册》的基础上进行删改，而是直接根据近十年来自己的工作经验和积累，重新编写了这本《海水观赏鱼》，其中有我对之前技术的延续说明，也有推翻之前看法的内容。因为科学技术永远是在不断变化发展的。同时，为了让读者能通过本书认识品种繁多的海水观赏鱼，在撰写本书的过程中，我尽可能地丰富了鱼类品种介绍，其中包括了一些现在没有在国内市场上普及但是非常有潜质的品种。随着时间的推移，或许本书中所阐述的一些技术在未来的若干年后也会和《海水观赏鱼快乐饲养手册》中的内容一样过时，因为我们对自然科学的发现和对技术产品的更新能力也在飞速提高，但我将和广大读者朋友一起在这个领域里不断学习和实践，如果能力允许，我希望每十年重新撰写一本海水观赏鱼的书籍，不断为大家提供最新最有用的技术信息。由于本人的见识和工作范围局限，书中难免有偏颇之处，欢迎读者朋友批评指正。

人非生而知之，学而知之，你知道的知识越多，不知道的知识也变得越多。关于观赏鱼饲养技术的知识是永无止境的，至于海洋鱼类本身所蕴含的博物学知识更是如太平洋一样浩渺无边。记得1992年我买到了自己第一本海水鱼饲养方面的书籍时，一下子就被插图中绚丽而奇异的海水鱼类所吸引，虽然那本书只有几十页寥寥万余字，却是我开始研究海水观赏鱼的启蒙著作。当我写完本书的时候，发现500多页的篇幅都捉襟见肘，仍有许多的新知受篇幅所限不能展开向大家介绍。也许再过10年，海水观赏鱼的书籍也必须像淡水观赏鱼的书籍那样分门别类地编纂成多册了，否则我们真的无法再捧着它在沙发里阅读了。

互联网的发展给海水观赏鱼爱好的普及提供了巨大的方便，但是在饲养技术的推广上目前还没有起到很好的作用，甚至有些作用是相反的。在互联网时代里，人们读书的时间越来越少，更多时间都在观看片段化的文字，这使知识被切成了碎块，人们往往无法真正理解学习的意义。由于互联网环境对观赏鱼养殖知识没有充分的审核机制，许多短文、图片和视频都存在断章取义、管中窥豹的问题，更有严重的不负责任胡说一气。这使得许多初学者走了弯路。近年来，我在参加各种技术讲座和教学中经常被学员问诸多问题：是不是海水鱼都不能用药物治疗？是不是只要调整好水质，鱼就不会生病？是不是活石比任何人工滤材都好？是不是必须用纯净水来勾兑人工海水？寻其根源，皆因在网上东一句西一句的道听途说所致。我想购买并阅读本书的读者中肯定有很多曾经听我培训的学员和朋友，我再次重申，学习知识必须遵循系统而规律的办法。凡是技术都要知其然并知其所以然，有时理论依据往往比告诉你一个小绝招、小偏方更有用。其实，读书和养鱼一样，不要追求速成的窍门，只有耐下心从头到尾地来慢慢体会，才能收获真知与快乐。

最后，我再次祝读者朋友们都能有一个愉快的养鱼经历，让我们一起像鱼儿一样在浩瀚的新知海洋中自由遨游！

白明

2021年6月于北京

2019年8月，我在天津大学做关于水族馆维生系统的演讲期间，听闻敬爱的章之蓉教授已去世，顿时失声。她在1998年编写的《奇妙的海水观赏鱼》一书曾是当代大多数资深海水观赏鱼养殖员认识鱼类和维生系统的启蒙读物。章教授是我的良师益友，我在《水族世界》杂志做主编期间经常去广州拜访她老人家，那时她已经近八十岁高龄，还经常跟我说：“我有一个理想，就是建一座鱼类博物馆，这些鱼身上有太多我们还不了解的事情了，我想让大家一起在博物馆里观察研究鱼。”她走了，我失去了一位好老师，为此特在本书中增加一页，以示纪念！时间可以带走一个人，但永远带不走她的著作。

△1988年余益强先生编写的《海水鱼饲养法》详细介绍了科学盐的配置和过滤系统的制作等当年最先进的技术

△1998年章之蓉教授等编写的《奇妙的海水观赏鱼》一书，是当年众多公共水族馆养殖员和观赏鱼贸易工作者认识鱼类、学习饲养技术的重要参考资料

△1986年陈苏先生编写的《热带海水观赏鱼图鉴》是我看过的中文海水观赏鱼专业著作中最早的一本

△1992年关敏老师编写的《海水鱼饲养法》收录了数百张精美的海水鱼图片，给和我同时代的人第一次提供了认识繁多鱼类品种的机会

谨以此书的出版
向撰写观赏鱼书籍的前辈们致敬！

目录

第一部分 养鱼设备的原理和应用

第二部分 海水观赏鱼

第三部分 海水观赏鱼日常饲养管理

只需要一个具有底床过滤的小鱼缸，在里面放几块礁石，饲养一只海葵和一条小丑鱼，每天就能欣赏来自大海的奇特景致。

第一部分

养鱼设备的原理和应用

随便浏览一家海水水族设备的淘宝店，我们就会惊讶地发现几百甚至上千种不同品牌的养鱼设备。而且随着养鱼技术的不断推陈出新，水族器材和耗材的品种将越来越多。如何挑选和使用这些设备呢？在使用设备时应注意哪些事项呢？这一部分文字将为您进行系统介绍。

水族箱

水族箱一词是从英文“Aquarium”翻译而来，这个单词还指公共水族馆。该词最早由英国博物学家飞利浦·亨利·戈斯（Philips Henry Goss，1810—1888年）发明，由Aqua和Vivarium两个词根组成，最早是指用来饲养蛙类和蝾螈的玻璃箱子（现代爬虫箱的前身）。自1854年戈斯第一次将其用于表示养鱼的玻璃水箱后，“Aquarium”逐渐成为长方体玻璃鱼缸的标准用词，爬虫箱反倒不再使用这个词来表示了。“Aquarium”一词在20世纪70年代同西方的各种养鱼设备一道传入我国的香港和台湾地区，并被译为“水族箱”，一直沿用至今。

△外观比较标准的水族箱

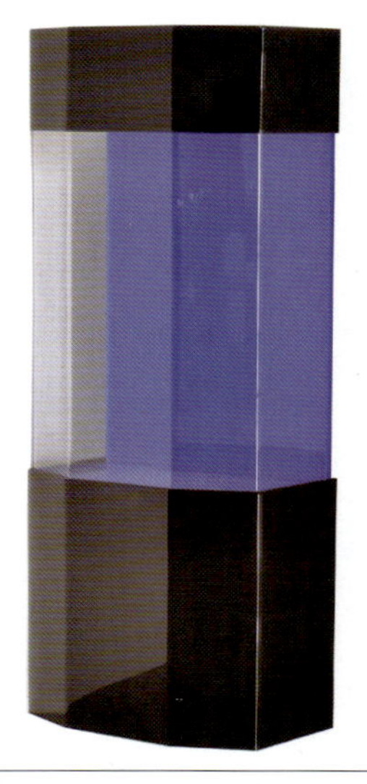

△由亚克力制成的异形水族箱

广义上讲，水族箱包括除养鱼池和陶瓷鱼盆（缸）外的所有观赏鱼饲养容器，通常是一个长方体，长度、宽度和高度的比例在10：4.5：5时看上去最为协调美观。大多数情况下，大家会根据自家的放置空间和饲养生物的需求来决定水族箱的尺寸。除长方体水族箱，市场上还有正方体、圆柱体、六边形柱体以及不规则形状的水族箱，这些水族箱在室内装潢上具有一定的美化作用，但单纯从养鱼实际操作的角度讲，都不怎么好用。

水族箱一般由玻璃粘合而成，十几年前用的材料基本是浮法玻璃，而用低铁超白玻璃粘成的鱼缸则是一种奢侈品。随着人们生活水平的提高和工业技术的发展，现在市面上的水族箱80%以上是由超白玻璃粘合的了。超白玻璃的通透性强于浮法玻璃，看上去更加美观。通透性最好的水族箱制作材质是亚克力（有机玻璃）。从20世纪80年代开始，亚克力板材被用于制作水族箱，因其具有更好的延展性，一般用来制作异形和圆弧的产品，在公共水族馆中，厚重的亚克力板是大型鱼池展示窗制作的主要材料。亚克力对光的折射作用比玻璃小，透过其看到的景物色彩更加鲜艳，对水族箱内景物的真实还原程度也更高。但是它有一个致命的缺点，就是硬度不够，当我们擦拭水族箱内壁的时候，底部的沙粒很容易划伤亚克力表面，留下难看的划痕，久而久之使之失去良好的通透性。

水族箱容积的计算方法：长（米）×宽（米）×容水高度（米）×1000=容积（升）

一般情况下，水族箱的容积单位用（升）来表示，通常衡量一个水族箱的大小也是依据其容积有多少升水来决定，如200升的水族箱、500升的水族箱等，本书后面所涉及对水族箱水体大小的说明时，都将采用升为单位。

如果是家庭饲养海水观赏鱼，使用超白玻璃的长方体水族箱是最合适的。这种水族箱最大长度可以到2.4米，最大宽度0.8米，最大高度0.9米，容水1500升以上，对于家庭养鱼来说绰绰有余。如果对玻璃板采用夹胶工艺后再粘合水族箱，其尺寸可以更大。在一些酒店、餐馆和自然科普教育中心的水族工程中，长方体玻璃水族箱最大被制作到长4米，宽1.2米，高1.2米，容水接近5吨。如果在混凝土鱼池的结构上镶嵌安装夹胶玻璃，水池的容水量甚至能达到数十吨。不过，玻璃水族箱越大，其制作难度越大，而且由于玻璃的延展性不好，一旦在水压的作用下使变形的幅度超过其荷载系数，就有爆裂的可能。故从安全性的角度上考虑，水族工程中容积大于10吨的水族箱，一般采用厚度较大的亚克力板制作。

△亚克力材质和公共水族馆中用亚克力制作的大型展示池欣赏面

1.新手的第一个水族箱

如果你是一位刚刚接触海水观赏鱼的朋友，那么一个长1米、宽0.5米、高0.5米的长方体玻璃水族箱最适合你。假若家居中摆放水族箱的空间不够，也可以考虑长0.8米或0.6米、宽0.4米、高0.45米的水族箱。这三种水族箱的容积在90～250升之间，既能满足新手饲养较多品种花色海水鱼的渴求，又能方便初学者进行日常维护操作，而且这个容积范围内的水族箱投资规模不是很大，倘若日后厌烦了养鱼，扔掉它时内心不会太过纠结。如果你的水族爱好随着时间的推移越发狂热起来，在购买了新水族箱后，占用空间不大的旧水族箱还可以当作检疫缸来使用。

对于新手来说，选择过小的水族箱是最不明智的行为。这个问题在水族箱选购过程中非常普遍，归根结底是因为大家好像认为越小的水族箱越容易维护。其实，小水族箱、微型水族箱的维护操作难度要远高于大一些的水族箱。第一，海水与淡水不同，海水是一种含多元素的溶液，每升海水中有33克盐分，将水族箱放置在房间里，其内部的水时时刻刻都在蒸发，特别是那些没有盖子的小缸，每天甚至可以蒸发掉1/50的水。在蒸发过程中，盐分不会被蒸发掉，这就使得鱼缸中的海水盐度不断提高。当你迅速添加淡水时，海水的盐度又猛烈下降，这样的波动对鱼类的危害非常大。水族箱的容水量越大，其内海水的缓冲性越好，因蒸发和补充水造成的盐度瞬间波动幅度越小。当水族箱容积小于50升时，新手很难维持其内海水盐分比例的稳定。第二，由于小水体的缓冲能力差，鱼类呼吸释放的二氧化碳会使水的pH值大幅下降，鱼类排泄物被分解后所产生的硝酸盐和磷酸盐会很快达到非常高的水平，为了维持良好水质，就必须经常大量换水，增加了养鱼带来的负担。第三，小型水族箱的设备安装空间十分有限，可能因为鱼缸过滤箱太小而没有地方放置较大的水泵，这会造成水族箱内水流循环速度不够，形成许多堆积有害物质的过滤死角。同时，过小的空间让你没有地方安放蛋白质分离器、造流泵等设备，当水族箱面临设备功效不足时，也无法升级。如果出现缺氧的情况，你可能会考虑在水中放置一枚气头，用小气泵给鱼缸水增氧。因水族箱太小，由气泡泛起的水花会溅得到处都是，不久就会发现在水族箱四周方圆1平方米的空间里到处都是结晶的盐末，假如盐水溅到插线板里，还可能造成短路。

在选择第一个水族箱时，一定本着宁大勿小的基本原则来购买。容积小于50升的水族箱就先别考虑了，不要心存侥幸，不要总是兴冲冲地说“其实我只想养一对小丑鱼”，一旦开始养鱼，结果只有两种，要么最终放弃不再养，要么是不断地增加新品种，一生一世只养一对鱼、一种鱼的爱好者从来没有过。

当然，过大的水族箱对于新手来说也不太合适，如容积大于500升的水族箱，每次擦缸、换水也是费时费力的。大型水族箱需要的设备功率也大，除了很费电，还能产生很大的噪音，对于还没有真正爱上养鱼的人来说，这无疑给生活中添加了一种烦恼。

2.盖子和底柜

近几年，我们在水族店里买到的鱼缸似乎都是全开放式的超白缸。饲养海水观赏鱼特别是体形较大的鱼类时，开放式的鱼缸显然是不成的。最主要的问题就是鱼会跳出来，隆头鱼、鳚和虾虎鱼都善于跳出鱼缸，蝴蝶鱼、神仙鱼和倒吊类虽然很少跳出来，但是在它们在争抢饵料和打架的时候，会将海水溅得到处都是，使水族箱附近很快布满了盐渍。海水水族箱通常需要配置设备、安装较多的管路，由于开放式水族箱没有起到遮挡作用的边条和盖子，这些管子和设备的电线暴露在鱼缸两侧和上方，不美观也不安全。在北方冬天的室内，由于空气干燥，水族箱内的水蒸发速度很快，如果没有盖子，你出差几天回家后就会发现鱼缸里一下子少了很多水。用来饲养海水鱼的水族箱最好是具有PVC边条和盖子的产品，那些边条和盖子由厂家用模具一次成型制作并在出厂前安装在水族箱上的产品是最为方便实用的。

△由实木制成的海水水族箱底柜

海水水族箱的底柜不仅起到承载水族箱的作用，还是放置过滤设备的重要空间。通常，家用海水水族箱采用实木底柜，这种底柜牢固美观，储物空间大，耐潮湿，耐海水腐蚀。放置在公共场所的大型水族箱，由于箱体大，装满水后的重量在数吨甚至数十吨，一般使用型钢焊接鱼缸支撑架，经反复涂刷防锈漆，最后再用装饰材料做外包装。近年来，随着工程材料技术的发展，铝合金、高强度合成板材、高强度PVC等材料也渐渐被使用制作海水水族箱底柜。现在买到美观好用的鱼缸柜已经不是难事。需要注意：不论使用什么材质的底柜，柜门或柜侧面都不可全部封闭，必须安装一定数量的百叶门或百叶窗。因为用电设备运转会产生大量的热量，柜内过滤箱的水蒸发量也非常大，完全封闭的底柜无法散潮散热，将大幅度缩短柜子和用电设备的寿命，还会产生安全隐患。海水水族箱的水泵、蛋白质分离器等设备在运转时会产生噪声，完全封闭的木柜为噪声提供了良好的共鸣条件，好像一个实木的音箱在不断放大播放时的嗡嗡震动声。

△鱼缸没有盖子，鱼总会将海水溅得到处都是，使水族箱附近到处都是盐渍，腐蚀金属配件

△家庭中的大型橱柜式水族箱

3.橱柜式和镶嵌式水族箱

在制作较为大型的海水水族箱时，由于粘合好的鱼缸过于庞大和沉重，难以搬运，通常会在使用地现场施工制作。一般长度超过2米、宽度超过0.7米的水族箱就要在现场粘合了。为了牢固，大型水族箱上方和下方都会加装拉带，增加玻璃胶的面积，使鱼缸边缘在强大的水压下不至于开胶。

拉带使水族箱牢固了很多，但看上去十分不美观。中小型水族箱通常利用PVC边条加以遮挡，大型水族箱使用的拉带数量较多，拉带厚度较大，如长2米、宽0.8米、高0.9米的玻璃水族箱，其上方需要加装双层19毫米厚的玻璃拉带，加上玻璃胶缝厚度以及制作时为了方便操作留出的上边缘，水族箱上方至少有5厘米不美观的玻璃条区。这时，一般的PVC边条不能完全遮挡它们，即使使用PVC边条，也会因为边条自身厚度不够，与大型水族箱产生强烈的不协调感，影响整体美观性。于是，需要在这些大型水族箱上安装木质的包边，一般使用2厘米厚的木板加工成“L”形木线，固定在水族箱顶部和底部。这种样式的定制海水水族箱十分常见，是20年来比较主流的海水水族箱款式。

近些年，随着海水水族设备的不断推陈出新，人们在海水水族箱上部和下部安装的设备越来越多，所需连接的管路越来越复杂。为了遮挡杂乱的电线和水管，海水水族箱的设计者们除了加大水族箱底柜的体积外，还在水族箱上方安装灯柜、侧面增加管道设备柜等，

名词解释

拉带是指粘在鱼缸内侧上部和底板上部或下部的玻璃条，玻璃条呈“日”字或“目”字形连接，在横向和纵向对前后左右四面玻璃起到拽拉作用，增加鱼缸的牢固度。由于长方体鱼缸的前后两面玻璃最长，所以与其垂直的纵向拉带最为重要，起到很大的加固作用，而与前后面平行的横向拉带则是防止玻璃在强水压下变形的保障。

解决了电线和水管影响美观的问题。这种样式的海水水族箱占地面积较大，整体形成了完善的组合柜，在制作工艺上和现代厨房的组合橱柜十分类似，因此被称为橱柜式水族箱。橱柜式水族箱一旦安装好就很难再挪动，因此在计划制作这类水族箱前，应充分考虑居家环境和展示场地的条件，避免日后出现水族箱阻碍通道等情况。

更大型的海水水族箱在安装过程中，在其前方的上、下、左、右都用木板、水泥板等材料遮挡起来，这些板材与室内墙壁阻隔成一个封闭的设备间，所有设备全部安装在这个独立的小房间中，水族箱从外面看时好像镶嵌在一面墙体里，这种样式被称为镶嵌式水族箱。镶嵌式水族箱多在酒店、餐馆等公共场所使用，也有制作在大型别墅内部的。在美国、加拿大和澳大利亚等国，个人家中的镶嵌式水族箱多数安装在地下室、车库的一面墙体上，利用储藏室、车库作为大型设备间，饲养者每日在自己的设备间中挥汗劳动，享受养鱼的快乐。

多组镶嵌式水族箱沿着相对的两面墙体依次排开，就形成两侧都是水族箱的走廊，这种形式是公共水族馆鱼类展厅的最早样式。因其很像在火车厢里通过一扇扇车窗观看外面的景色，所以被称为车厢式展览。在水族馆领域里，车厢式展览形式从大约距今150多年前一直被沿用到现在，是有序展示鱼类多样性的最佳方式。

△公共水族馆中传统的车厢式展览（拍摄人：丁宏伟・博士）

气泵和水泵

在现代观赏鱼饲养活动中，除了某些金鱼品种还保留着静止的水环境饲养外，其余的观赏鱼几乎都采用了循环水饲养。为了能让水族箱内的水流动循环起来，我们必须为其添加动力装置，这就是泵。

最早的水族箱动力装置是小型空气压缩机，它被水族爱好者们称为“气泵”。气泵通电以后，利用内部高速震动的鼓膜，通过导管向水中不停打入空气，空气泡在水中上升的过程带动了水流运动。水流运动增加了水中溶解氧的含量，在使养鱼数量得到大幅提高的同时，还为硝化细菌等微生物提供了良好的生存繁衍条件。利用气泵作为水族箱动力已经有70年以上的历史，但是这种设备有很多不足之处，如：气泡能带动的水流量有限，很难使得水族箱内的水达到充分的循环；气泵在工作中会产生非常大的噪声；气泡到达水面后会将盐水溅得到处都是等。现在已经很少有人将气泵作为水族箱的唯一动力源。

小型水泵是近40年来水族箱循环动力的主要来源，在各类观赏鱼的饲养活动中都被广泛使用。水泵可以将水族箱中的水抽到过滤器里，也可以将水从过滤器抽回水族箱。在水的流动中，水中的溶氧量得到增加。水泵还让水大量均匀地流过过滤材料，使过滤效果大幅度增加。

①小型空压机（气泵） ②抽水马达 ③潜水泵（EHEIM早期产品）

水族箱专用水泵的发展历史经历了两次重大的技术革新，现在市场上能见到的水族箱水泵一般分成小型抽水马达、交流潜水泵和直流变频泵三个类别。

1.抽水马达

大概在1920年前后，欧美国家的水族爱好者开始利用小型煤油发动机作为动力，将水族箱内的水抽到位于鱼缸上方的过滤盒里，使水经过过滤材料再流回水族箱。可是，煤油动力发动机时常会出现煤油泄漏、被海水腐蚀等问题。到了1950年，养鱼爱好者受到电动玩具的启发，发明了小型电动抽水马达。这种马达通电后，内部电机会带动由长长链接轴伸向水中的涡轮，通过涡轮高速转动将水从水族箱抽到过滤盒中。小型抽水马达在1985年左右传入中国香港地区然后引入内地，一直被观赏鱼爱好者广泛使用到1995年左右。1989

年到1992年间，我国广东一些沿海城市已经出现了生产这样的水族专用马达的厂家。不过，它仅仅被国内厂家生产了十几年，1996年以后基本全部停产了。年长一些的水族爱好者可能还记得它，我们曾亲切地称呼它为“上泵”（用以和“潜水泵”以及可以在水族箱外面用但不能安装在鱼缸顶部的“陆泵”区分开来）。直到今天，许多水族爱好者还很钟情于这种安装在鱼缸上部的马达，虽然它有很多缺点，但有很多效果是现代水族水泵无法实现的。上泵的电器元件不是全部密封起来的，使它不能接触水，别说是沉入水中使用了，就是散热孔被溅入一点儿水也可能造成短路。由于马达、转轮和传动带直接暴露在空气中，需要定期打开外壳给它们上油，否则时间长了会因为设备干涩而发出很大的噪声，进而让马达运转温度升高直至损坏。由于上泵安装在水族箱外部，不占用水族箱内部空间，避免了水下造景时潜水泵带来的尴尬。它们还可以拆开修理，随意更换零件，不像现在全密封的水泵，基本上一个部件坏了，就必须整个扔掉，上泵在这一点上有效节约了资源。最重要的是，现代的水泵水流速度都十分高，给水族箱里带来太强的水流，虽然可以用管路设备控制水流的强度，但会影响过滤效果。相比之下，上泵的工作性质只是将水抬高运输到指定位置，不会有很大的喷射力，在饲养海马、海龙、刀片鱼、狮子鱼等不喜欢强水流冲击的鱼类时，起到了难以替代的作用。

2.潜水泵和水陆两用泵

水族潜水泵相传最早是在1960年由德国水族爱好者诺伯特•通泽（Norbert Tunze）利用电动玩具火车的马达改造发明出来的。后来，通泽创办了自己的水族公司，并生产出了至今仍然在世界海水水族设备中占有重要地位的Tunze牌造浪泵。

潜水泵是将所有电器件密封起来的水泵，可以直接安装在水下，大幅度提高了水泵使用安全性，还大幅度降低了水泵运转带来的噪声问题。1996年前后，我国市场上开始出现各种品牌的水族专用潜水泵，一直到现在，这类水泵仍是水族箱动力来源的主要“提供者”。

潜水泵可大可小，从每小时流量200升到每小时流量40000升的产品都很容易在水族器材商店里买到。它们具有工程塑料的外壳，一些海水水族专用的泵还安装了陶瓷泵芯，耐腐蚀能力非常强。潜水泵的性能稳定性和使用寿命与其内部金属线圈的质量有直接关系，好的水泵在使用几十年后，其流量和扬程仍然察觉不到衰减，质量差的则几年就停转了。水泵对于水族箱的维生系统来说，就好比是人的心脏，一旦“心脏”停止转动，整个维生系统会在数小时内完全崩溃。不论是家庭养鱼还是展览场所养鱼，在水泵的选择上都不要吝惜投资。目前市场上出售的较为适合海水水族箱使用的水泵品牌很多，其中国产产品有创星、森森等品牌，进口的有伊罕（EHEIM）、希瑾（Hagen）、VorTech等品牌。这些年，我国南方一些地区成为许多国际大品牌的加工地，那些外国名牌产品也是在中国代工制造的；而现在的国产泵也经常注册外国商标销售。消费者在购买时，只要认准较大的品牌基本上可以保证较好的质量。需要注意：挑选潜水泵时，一定要着重电线质量的观察。由于在完全密封的水泵上，电线是从内部引出，并包裹了绝缘的塑胶皮。一旦这层塑胶皮受到海水腐蚀而开裂，水泵也就漏电了。质量好的水泵，电源线比较粗，绝缘皮较厚且柔韧性较好，加之绝缘皮材料较好的耐腐蚀性，保证水泵长久在海水中使用。我曾有一台用了16

年的德国伊罕的水泵，其电线绝缘皮质量非常好，至今仍然柔软富有弹性。相反，质量较差的水泵电源线，绝缘皮采用的是普通电器使用的材料，在海水中浸泡1年左右就会变硬且非常脆，用手一掰就裂开了，这是非常危险的事情。在选购水泵时，除要考虑电源线质量外，还要考虑电线的长度，因为海水水族箱具有较大的过滤箱，水泵的安装位置可能离电源较远，如果电线长度不够就麻烦了。潜水泵不能像普通家用电器那样将电线剪开再用绝缘胶布加长一节，因为泡在水里就漏电。因此，购买水泵时一定要先计算好过滤箱与电源插座之间的距离。

有些潜水泵既可以沉入水中使用，也可以通过PVC管路连接在过滤箱外面使用，这种水泵一般被称为水陆两用泵。水陆两用泵多用于大型水族工程和公共水族馆中，在家庭小型水族箱中很少用到。

3.低压变频水泵

2017年以后，一些水族器材生产商受汽车机油泵和冷饮机泵的启发，开发出了低压变频水泵，并在近几年被推广到海水水族饲养领域。这类水泵一般是12伏或24伏的产品，在水族箱中使用安全性更高。多数低压泵具备了变频功能，可以随意调控水流量的大小，有效节约能源。在将变频泵作为水族箱主循环泵之前，变频的海水造浪泵已经出现了，这种泵并不是用来连接过滤器的，而是被安装在水族箱中吹动水流。利用微电脑控制器能使其间断性改变流量，制造出类似大海中无序水流的效果，从而模拟珊瑚在海洋中的生活环境。这种设备是当前饲养珊瑚等海洋无脊椎动物必要的设备，在海水观赏鱼的饲养方面是可有可无的。它的强劲水流可以吹起水族箱底部的鱼类粪便，使水族箱和过滤箱里的水更好地循环起来，不留过滤死角。不过，如果你的主循环泵流量足够，这个设备就不必添置了，假如是饲养一些需要平缓水流的鱼类，则根本不能使用造浪泵。

4.水泵的扬程和流量

不管使用哪种水泵作为水循环的动力来源，都需要关注水泵的扬程和流量。在选择水泵的扬程时，我们应考虑水泵安装位置与其连接的管路出水位置之间的高度，水泵出水口位置距水泵安装位越高，则需要的扬程越大。同时，管路中垂直于地面安装的弯头、三通会阻碍水流的上升，降低水泵的有效扬程。如果管路中安装的弯头和三通比较多，就应选择比原计算的扬程更大一些的水泵。比如：当水泵安装位距离水泵出水口位置的高度是1.5米时，我们选择扬程1.5米以上的水泵就可以了。但如果管路中安装有2个90°弯头，则应当选择扬程在2.5米以上的水泵，因为每个弯头大概要消耗0.5米的扬程。实际经验发现，45°弯头比90°弯头对扬程的消耗小很多，甚至可以忽略不计，所以在水泵上水管路中应遵循“能少安装弯头的尽量少安装弯头，能用两个45°弯头代替一个90°弯头的，尽量用其代替”的原则。

水泵的流量决定了水族箱和过滤设备之间的循环量。比如：总容积200升的水族箱安装了一台流量2000升/时的水泵，那么每小时的水循环次数是10次（考虑到水流有40%左右的非均匀循环，那么这个水族箱的实际循环量是每小时6次。不过，由于箱内水流动仍然能起到生物过滤的效果，所以通常不用核减非均匀循环量后的循环次数作为水族箱选择水泵

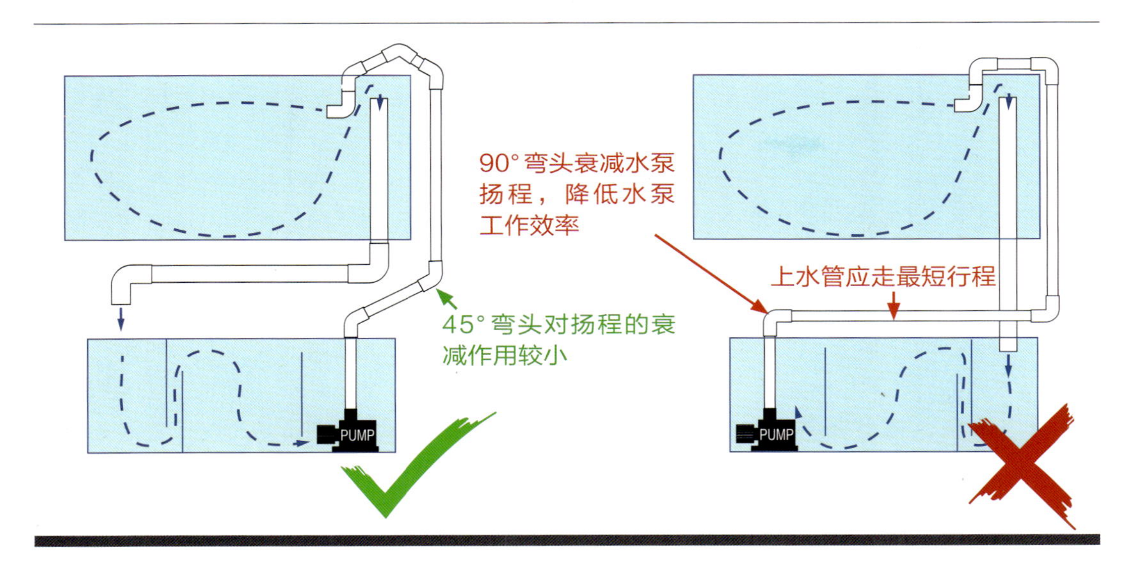

流量的依据）。循环量在很大程度上决定了过滤效果的好坏，为了保证良好的过滤效果，海水水族箱到底需要多大的循环量呢？假设在过滤材料体积固定的情况下，在实际经验中发现：循环量和水族箱容积的大小呈反比，也就是说水族箱越大，其内部水质越容易稳定，其所需的水循环量也就越小；相反，水族箱越小，所需的水循环量就越大。通常，海水水族箱内的水每小时往返于过滤箱之间的循环次数在5～20次，具体情况可参照下表：

水族箱容积/升	过滤箱容积/升	总水体量/升	建议每小时循环次数/次	水泵流量/（升/时）
50	20	70	20	800～1400
80	40	120	20	2000～2400
100	50	150	≤20	2000～3000
150	80	230	15	3000～3500
200	80	280	15	3500～4200
300	100	400	≤15	4000～6000
400	150	550	10	5000～5500
600	250	850	10	6000～8500
800	400	1200	≤10	8000～12000
1000	500	1500	≤10	1000～15000
1200	500	1700	8	12000～15000
2000	800	2800	6	15000～16000
10000	2000	12000	5	70000～80000
100000	20000	120000	4	500000
1000000	100000	1100000	4	4500000

5.备用水泵

因水泵对水箱的正常运转至关重要，一旦水泵出现故障，就必须马上能有备用水泵进行更换，所以我们在采购主循环水泵时，应同时购买两台，其中一台作为备用水泵。大型水族箱需要的循环量很大，出于稳妥考虑，一般使用两台或多台较小流量的水泵来代替一台大流量的水泵作为主循环泵，这样如果其中一台出了故障，还能保证系统在较小的循环量下运行。如总水量1000升的水族箱，需要大概每小时10次的循环量，就应安装两台5000升/时的水泵，而不是安装一台10000升/时的水泵。

水泵需要安装在具有过滤棉、过滤袋或过滤膜的过滤器组件后方，避免鱼粪、残饵、沙粒进入水泵，这些杂物可能磨损水泵的转子，降低水泵的使用寿命。没有标注水陆两用功能的潜水泵不可以在水外使用，因为水泵运转时会产生很大的热量，潜水泵通过水族箱中的水散热，一旦离开水很容易烧毁。水泵要定期清洗保养，洗刷掉表面和涡轮上的藻类和杂物。大型工程水泵由于采用金属外壳，每年至少要进行两次表面防腐蚀处理，确保其时时刻刻能正常运转。

①只能在水下使用的潜水泵 ②水陆两用水泵 ③只能在空气中使用的陆泵
④变频低压水泵 ⑤变频低压造浪水泵 ⑥变频低压造浪水泵

上下水管路的链接

海水水族箱一般需要比较大的维生系统设备组，这些设备和水泵一起被安放在水族箱底部或侧面的柜子里，为了让设备与水族箱本身连通起来，就要使用水管。不论是家用海水水族箱还是公共水族馆中的大型水族工程，连接管全部采用的是UPVC管材。UPVC是一种以聚氯乙烯（PVC）树脂为原料、不含增塑剂的塑料管材，具有高强度、耐腐蚀、无毒等特性，常被用于饮用水、化学工业和食品加工领域。国内的海水水族领域从诞生那天起，基本上所有连接水管采用这种材料。在我写第一部《海水观赏鱼快乐饲养手册》的年代里，国内能买到的UPVC管件非常有限，像专门用来穿过玻璃的“内外丝”、用于短距离改变方向的“过板弯头”以及用于引导水流的“鸭嘴”等管件还没被生产，那时制作大型水族箱，如何让下水管穿过玻璃而不漏水是非常困难的事情，需要对当时能买到的管件进行改造才能实现。今天，我们可以通过互联网轻而易举地买到好几个品牌的UPVC管件，而且已经有很多厂家开始生产水族箱专用的管件，连接水族管路再也不困难。现在甚至能买到从国外进口的水族专用彩色UPVC管件，可以将上水、下水用不同颜色的管子区分开，有些管子上甚至专门印制着水族箱专用的图案。材料的进步也让我们能更好地发挥想象，设计更加完美的维生系统连接方式，有时爱好者还会将水族箱管路故意暴露在外面，体现出丰富的工业和科技美感。

△过板接头是连接水族箱上、下水的必要配件，十多年前我们做梦也想不到能买到这么方便好用的过板接头

在连接管路时需要注意的是：下水管因为是在标准大气压下靠自然水压出水，其水流速度远远不如利用水泵推送的上水管内的水流速度，所以下水管一定要比上水管粗，才能避免水从水族箱里溢出来。上、下水管粗细配置常用比例如下表：

水族箱容积/升	<200	200~400	400~600	600~800	800~1000	1000~1500
上水孔直径/毫米	20	20	25	25	32	32
下水孔直径/毫米	32	40	40	50	64	64

富裕的生活条件让我们不再吝惜在兴趣爱好上的投资成本，爱好者常常会在额定范围以上增加水泵的功率，以求得更好的过滤效果。现在海水水族箱一般有两条下水管路，其中一条作为水泵最大流量时的备用下水途径。

为了将水泵的功率范围发挥到最佳状态，在管路连接时应尽量保证上水管路走最短的路径，下水管路可以根据实际情况连接的稍长一些。这样，水泵与上水出水口之间的距离较短，尽可能地避免了管路对水泵流量和扬程的衰减作用。

△设计巧妙的下水管链接配件，可以在不给水族箱开孔的情况下，顺利让水流入过滤箱中

下水管通常是海水水族箱的主要噪声来源，水在落差的影响下顺着管路螺旋向下，会带入一部分空气，空气和水在管路中交汇产生较大的震动声。这个问题可以通过多种设计来解决。第一，可以在下水管中安装消音片，让水顺着一个螺旋表面向下，减少震动的产生。第二，可以在水族箱内安装反水隔板，内部放置可以分离水中空气的减噪材料，大幅减少噪声。第三，随着玻璃加工工艺的提高，现在我们已经不局限于在玻璃上开孔的方式安装水管了，一些水族箱设计者在水族箱侧面玻璃中上部磨出一个矩形缺口，然后在水族箱外侧粘合由4片玻璃组成的下水槽（俗称“鱼缸背包”），再将下水管安装在下水水槽的底部。这样，水流出水族箱后，先在下水水槽中形成一个新的水平面，再进入下水管，避免了大量空气进入水管引发的震动噪声。

在安装上下水管的过程中要注意，凡遇到水管转弯时，应在弯头后方安装活接（油令），这样日后需要维修拆装时就能轻松取下某一段管路。有时，在弯头和三头的前方还需要安装阀门，拆装时可以先关闭阀门，再拆下管路，避免管路拆开后大量水从管中流出。

除UPVC管的发展革新外，近年来很多爱好者和业者根据实际养鱼经验开发出了许多亚克力水管固定配件。这些配件可以轻松将水管和水族箱固定在一起，避免较长距离的水管管路在内部水流的作用下颤动。有些亚克力小配件还可以固定气泵管、排污管、蛋白质分离等物品，让水族箱的设备组看上去更加井然有序。

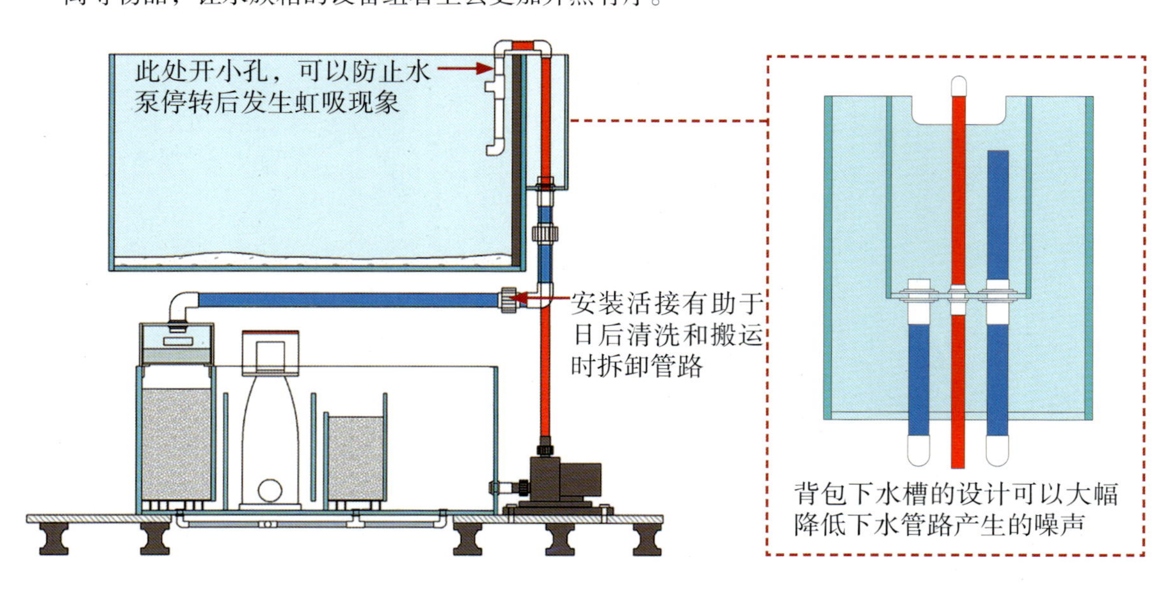

背包下水槽的设计可以大幅降低下水管路产生的噪声

水族箱的照明

△优质的照明灯可以将海水观赏鱼的色彩展现得淋漓尽致

如果饲养珊瑚、海藻，那么选择一组性能卓越的水族箱专用照明灯是至关重要的，因为海藻和珊瑚虫体内共生的虫黄藻需要良好的光线来完成光合作用。如果只饲养海水观赏鱼，灯光就变得不是那么重要了。关于珊瑚饲养怎样选择照明设备，我将在其他书中介绍，本书中只谈海水观赏鱼所用的照明设备。

我们一般不会选择自然光来为海水水族箱照明，这是因为阳光太不容易被控制。晴天时，过强的光线会让水温迅速上升，并造成藻类的严重泛滥。阴天时光线暗，晚间没有光线，都给欣赏观赏鱼带来了不便。因此，我们使用人工光源给水族箱照明，会购买一盏或多盏水族灯，安放在水族箱上部。当灯光开启时，水族箱好像一个玻璃展柜，将鱼类的美丽淋漓尽致地展现在我们眼前。

单纯养鱼在选择照明设备时，光照强度并没有特殊的要求，只要能方便欣赏即可。我们应特别关注的是人工光源的显色性。显色性即光对自然景物色彩还原的能力，用*Ra*值来表述。显色性越高，我们看到的景物越丰富多彩。太阳光的*Ra*值是100，所有人工光源都达不到这个数值，*Ra*值一般为70～95。单色的蓝光灯、红光灯等，因其照射出的物体偏色，所以谈不上显色性。

如今市场上能见到的水族专用灯，主要包括荧光灯、金属卤化物灯、LED灯三类。其中，金属卤化物灯色温在6400K时，*Ra*值为85左右，不是很高也不是很低。由于其太费电，工作中产生的热量太大，除为了饲养珊瑚或海藻时会用到，一般家庭养鱼不会考虑使用它。

水族专用荧光灯通常为是三基色荧光灯管，也有少数为所谓的全光谱灯管。其中，三基色类的*Ra*值大概是85，全光谱类荧光灯在所有单一光源中显色性最好，其*Ra*值可以达到95。在5~8年前，大家都会选择这种光源。

近年来，水族箱专用LED照明设备得到突飞猛进的发展，现在市场上一多半的水族灯是LED产品，不过这些产品的质量差异非常大，优质的LED灯和劣质的LED灯在性能和价位上都无法同日而语。首先，我们要知道发出单一白光的LED灯珠的显色性非常差，*Ra*值大概只有60。用这种灯光照鱼，鱼会显得颜色灰暗。鱼身上的靛蓝色、荧光橙色、金色、带有金属色泽的绿色、紫罗兰色等明快的颜色，在这种光源的照射下无法还原出来，也就是说你买一条美丽的女王神仙，回到家后发现它身上的蓝色和金色金属色泽都不见了，看上去像一条不是发情期的雌罗非鱼。单一白色灯珠制作的LED水族灯非常便宜，大概几十块钱就可以搞定，但是我想没有人会去主动选择它。现代LED水族箱专用灯是将不同颜色的LED灯珠，按一定比例集成在电路板上，模仿自然光含有的赤橙黄绿青蓝紫光谱，其显色性得到了大幅提升，甚至能超过荧光灯的*Ra*值，达到97～98。这样的灯价格不菲，比荧光灯贵得多。不过，其使用寿命远高于荧光灯，并且精巧美观。

综上所述，饲养者可以根据自己的需求和投资能力选择水族箱照明光源。值得一提的是，有些朋友喜欢看光线照射在水中呈现波光粼粼的效果，这就只有金属卤化物灯和LED灯可以做到了。荧光灯由于发出的是散射光，所以不论多亮，都不会因折射而产生水波纹效果。

装饰物和底沙

我们喜欢在水族箱中做一些点缀，让水族箱看上去更有个性。礁岩生态水族箱中一般不用放置装饰物，因为天然的珊瑚和岩石就已经很漂亮了。在纯鱼水族箱中，可能会被放入一些仿真珊瑚、塑料海藻、死去的珊瑚骨骼、贝壳等装饰物。这些物品放入前要进行清洗和消毒，含有可溶于水的化学涂料、遇水后呈酸性、能被海水腐蚀的金属物品等，以及向干海星那样的有机生命遗骸，都不能放入水族箱。最合适的装饰品是树脂的仿真珊瑚和天然的珊瑚骨骼，当然这些装饰物还要方便定期拿出来清洗。有些鱼类在夜晚睡觉的时候需要一个巢穴，如鳞鲀、神仙鱼、小丑鱼等，应在水族箱中放入陶罐或树脂制作的仿真陶罐作为它们晚上睡觉的窝。当然，一旦你放入了“鱼窝”，鱼类之间就会为了争窝而打来打去，这时就要很好地衡量到底放不放鱼窝、放几个鱼窝的问题。

海洋中的珊瑚砂洁白美丽，取少量铺在水族箱底部既显得天然美丽，又增加了养鱼的情趣。隆头鱼科的盔鱼（红龙）、海猪鱼（黄龙）等在晚上睡觉时会钻入沙子中，新月锦鱼则会挖一个坑将自己埋起来，一些虾虎鱼还会用嘴不停地翻动沙子寻找食物。这些鱼类的行为给养鱼爱好带来了无限的乐趣，不过由于水族箱中水质没有天然海水稳定，也缺少强大的海浪冲刷，当光照较强时，沙子使用一段时间后就会被藻类覆盖，呈现黄褐色，失去原本的美感。所以铺设了底沙的水族箱应配备洗沙器，在每次换水的时候进行洗沙操作。沙子铺设的厚度不宜过厚，除非使用沙床过滤系统，否则沙子厚度不宜超过10厘米。厚沙层底部水流和溶解氧含量很小，会滋生大量有害细菌，其中一些会将有机物中的硫转化为有毒的硫化氢，危害鱼类的健康。有人认为：水族箱铺设沙子以后，容易让寄生虫获得躲藏的温床，使水族箱内的寄生虫永远也祛除不干净。这种认识是不正确的，不论是药物杀虫还是通过检疫避免寄生虫的进入，有没有沙子都不是造成鱼类感染寄生虫的主要原因。总之，如果你不讨厌沙子，就给水族箱铺上底沙吧，那一定能为你养鱼的过程中增加许多想象不到的乐趣。

△在纯鱼缸中放置做工精致的高仿真珊瑚礁，可以让水族箱内景观看上去更加美丽

永远不够用的插线板

我经常看到海水鱼爱好者的鱼缸旁边横七竖八地放着几个插线板，即使这样，大家还总抱怨插口数量又不够用了。为什么呢？因为饲养海水观赏鱼确实需要比较多的用电设备，像大家疼爱小猫、小狗那样疼爱自己的鱼，生怕它们有一点儿不舒服。于是，但凡广告或者经销商向我们推荐的设备，我们可能都会购买，每个设备不管功率大小，都需要一个插孔来连接电源，因此插线板变得越来越不够用。以一个基础的海水水族箱来说，至少需要三个插孔来连接水泵、加热棒和照明灯。当鱼比较多时，还需要一个气泵的电源插口。绝大多数人会选择使用蛋白质分离器，不管是什么规格的蛋分，至少需要一个插口。有时候，我们怕加热棒坏了冻死鱼，于是会放置一根备用的加热棒，这又需要一个插口。这就六个插口了，已经超过了普通家用插线板的插孔数量。夏天怕鱼热到，冷水机或者风扇至少需要一个插口。出门在外时要安装自动补水器，这又需要一个插口。还有辅助过滤设备、硝酸盐除去设备、监测设备等。总之，基本上每一个海水水族箱都需要一个至少10组插孔的机箱电源插线板。更让人感到窘困的是：现在很多水族设备都是低压电器，这就意味着它们的插头是个比较大的变压器，一个插头通常要覆盖两到三个插口的位置。所以，在安放海水水族箱之前，应先规划好电源插孔数量，尽量让插线板既够用，又不至于过于凌乱，更不能存在安全隐患。

水化学

一、海水和人工海水

养鱼离不开水，养海水鱼则离不开海水，海水是一种怎样的水呢？我们如何在远离大海的内陆地区获得海水呢？

天然海水是一种非常复杂的电解质溶液，其中含有大量矿物盐，这些矿物盐来自地球表面的岩层。海水中最丰富的矿物离子物质是钠离子（Na^+）和镁离子（Mg^{2+}），它们在海水中的浓度分别为10.393克/升和1.248毫克/升，大多数钠离子以氯化钠（NaCl）的形式存在，镁离子以氯化镁（$MgCl_2$）和硫酸镁（$MgSO_4$）的方式存在，因为氯化钠具有咸味，硫酸镁具有苦味，所以我们尝到的海水又咸又苦。海水中还含有钙（Ca）、钾（K）、锶（Sr）、铁（Fe）、碘（I）、钼（Mo）等金属矿物离子，以及硼（B）、氯（Cl）、硫（S）、溴（Br）、碳酸（H_2CO_3）等非金属离子。另外，依据各海域地质矿物结构的不同，海水中还含有少量的铜（Cu）、锰（Mn）、铅（Pb）、镍（Ni）、铬（Cr）等元素离子，可能还有一些复杂而极其微量的元素未被人们所知道。我们将天然海水中的矿物质提取出来发现，其中氯化钠的含量最多，因而氯化钠被称为海水中的巨量元素，是最重要的溶解物。其次，含量较多的是氯化钙（$CaCl_2$）、氯化镁（$MgCl_2$）、氯化钾（KCl）和硫酸镁（$MgSO_4$），它们被称为中量元素。除去巨量元素和中量元素外，海水中溶解的其他矿物统称为微量元素。理论上讲，在淡水中融入与海水中比例相同的巨量元素和中量元素，所得到的水就可以维持与天然海水非常接近的盐分，大多数海水鱼就可以在这样的水中生存。这也就是人们对人工海水素（人工海盐）研究的开始。

绝大多数养鱼爱好者和大部分公共水族馆，都不会为了饲养海水鱼而去大海中获取天然海水。因为天然海水的运输十分困难，在内陆城市使用天然海水的成本远高于利用人工海水素配制海水的成本。即使沿海地区的水族馆和海水观赏鱼养殖场，直接从大海中取得的海水也要经过沉淀、消毒等措施才能使用。获取天然海水的取水地点非常重要，必须是远离大陆和河口地区，避免有污染和淡水直接注入。所以，真正能用来养观赏鱼的天然海水还要通过运输船从上百公里以外的海域运输到码头地区，十分不方便。

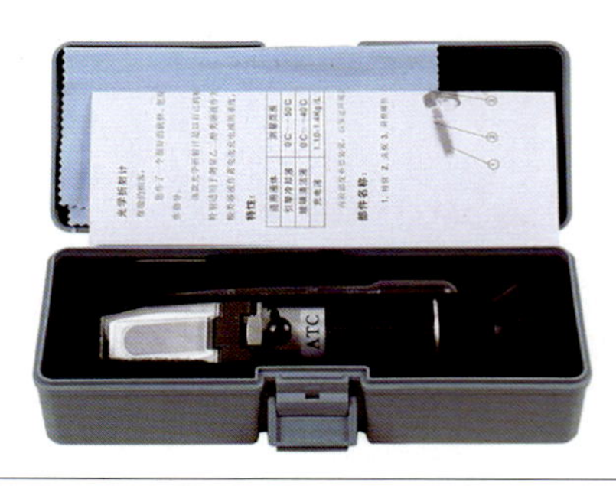

△现在大家常用的光学比重计

◁ FRIZE人工海盐是历史悠久的产品

20世纪80年代爱好者自制科学盐的各种配方如下表：

成分		巴尔夫液/（克/升）	麦基利顿液/（克/升）	大岛液/（克/升）	中村氏液/（克/升）
氯化钠	$NaCl$	26.75	28.27	28	22.4
氯化钾	KCl	0.75	0.763	0.8	0.8
氯化镁	$MgCl_2 \cdot 6H_2O$	3.42	—	5	2.6
	$MgCl_2 \cdot H_2O$	—	0.51	—	—
氯化钙	$CaCl_2 \cdot H_2O$	0.51	—	1.2	—
	$CaCl_2$	—	1.22	—	—
硫酸镁	$MgSO_4 \cdot 7H_2O$	2.1	7.035	—	1.9
溴化钠	$NaBr \cdot 2H_2O$	—	0.082	—	—
碳酸氢钠	$NaHCO_3$	—	0.21	—	—
硅酸钠	Na_2SiO_3	—	0.003	—	—
硼酸	H_3BO_3	—	0.062	—	—
六氧化二铝	Al_2O_6	—	0.026	—	—
硝酸锂	$LiNO_3$	—	0.001	—	—
硫酸钙	$CaSO_4 \cdot 2H_2O$	—	—	—	0.9

相比之下，人工海水素比较容易储存和运输，在需要海水的时候，只要按照适当的调配比例将其溶解在淡水中就可以使用。人工海水素在20世纪30年代被具有一定化学知识的水族馆工作者所发明，当时称为“科学盐”（scientific salt），在1980年以前出版的国外海水观赏鱼书籍以及1995年以前国内出版的一些海水观赏鱼书籍上，作者都会用很大的篇幅来介绍科学盐的配方，至少给出三种海盐的配置方法，以供读者参考。因为在科学盐被发明后的很长一段时间里，没有专门生产海水素的厂家，养鱼人只能到化工商店购买材料，自己配制“海盐”。1950年前后，美国和西德率先出现了观赏鱼海水素的专业生产厂家，比较有名的就是一直到现在还占有很大市场份额的“红十字（Instant ocean）”品牌海水素。1960年之后，由于世界各地大型内陆公共水族馆的兴建，对人工海水素的需求日益增加，生产海水素的厂家越来越多，如以色列的红海牌（Red Sea）、德国的Tropic Marin、都霸（Dupla）、美国的Fritz RPM、两只小鱼（Two Little Fishies）等。1995年以后，随着国内人民生活水平的不断提高，活海鲜运输和储存的需求大幅提升，这就孕育出了生产海水晶（海鲜盐和龙虾盐）的厂家。“海鲜盐”内含有比例合适的巨量元素和适当的中量元素，但其中或不含微量元素，或微量元素含量不均衡，这种盐可以短期维持海水鱼、虾、蟹、贝类的生命，但对它们的生长起不到应有的作用。在20世纪90年代里，饲养海水观赏鱼的人要么使用非常难以获得的进口海水素，要么去海鲜市场购买海水晶。虽然海水晶无法养珊瑚、海葵和一些比较娇气的海水鱼，但是当时人们可以用它将狐狸鱼、狮子鱼、小丑鱼等容易饲养的品种养得很好。90年代末期，国内的公共水族馆开始日益增多，大中型城市开始建有水族馆。水族馆对海水素的使用量不是普通观赏鱼爱好者可以匹及的，通常一次要购买几十吨海水素。这带来了巨大的潜在利润，于是国内很多曾经以制作海水晶为主

的企业开始投产用于观赏鱼饲养的海水素，从那时到现在，国内已经出现了多家海水素生产厂，如早期比较有名的北京红珊瑚、天津中盐以及后来创立了“蓝色珍品”品牌的青岛海之盐等。今天，我们购买海水素已经不是什么难事了，只要在网店里下个单，快递员就会将一桶桶或者一箱箱沉甸甸的“海盐”送到你家门口，你想买多少就能买到多少。这些年来，海水素几乎没有涨价，相对我们不断提高的收入来说，饲养海水观赏鱼今天已经不是奢侈的事情了。要知道，25年前由于物资的匮乏，购买一公斤海水素需要大约20元钱，而今天每公斤可能只需要花费10元。海水素的普及使得人们再不会吝惜给海水鱼换水，也不会去选择海水晶或龙虾盐。这大幅降低了海水鱼饲养的难度，提高了海水观赏鱼的成活率。

一般海水素包装上会给出配置人工海水需要每100升水放3.3公斤盐的说明，也就是说海水中含有33‰的盐分。因为普通养鱼爱好者无法获得专业设备来测试海水中盐分比例是否合适，通常采用比重（相对密度）测试法来换算盐度比例。比重计非常容易买到而且操作简单，在水温25～26℃的情况下，水中盐分含量达到33‰时，其比重为1.022～1.023，这是在水族箱中养鱼的合理海水比重。饲养珊瑚和海洋无脊椎动物时，应将比重调整到1.024～1.026，这个比重其实才是海洋珊瑚礁区的海水实际比重，也就是盐分35‰～38‰。为什么不建议将单纯养鱼的海水调配得和珊瑚礁区域海水的比重一样呢？

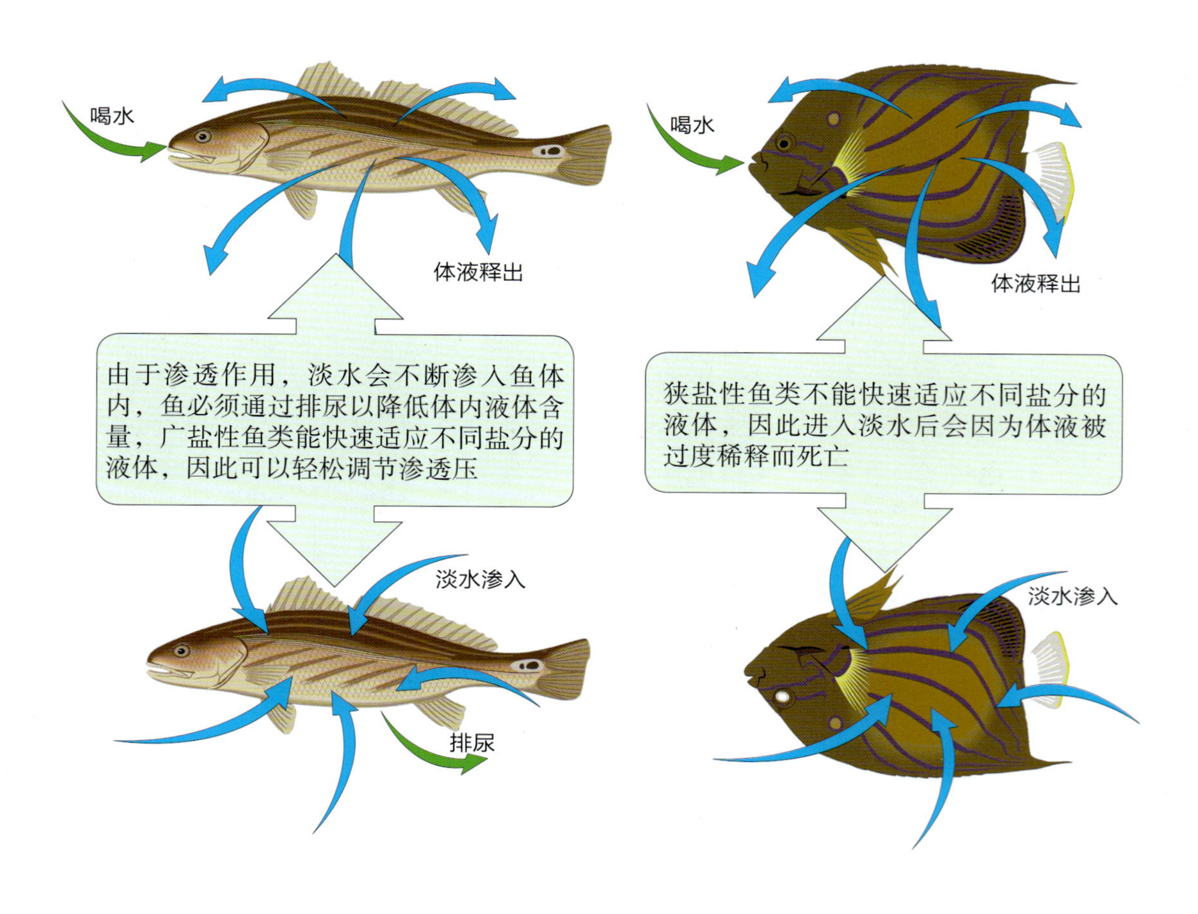

实际上，鱼类对海水盐分的适应范围比较广。由于大自然中海水的含盐量并不固定，如一般珊瑚礁区的盐分高于岸边海水的盐分，而红树林地区和河口地区含盐量被淡水稀释得几乎只有珊瑚礁区盐分的一半。较为封闭的内海、狭长的海沟地区、深海海水盐分又要比珊瑚礁区域高很多。大多数海水鱼类可以适应28‰～40‰的盐分，适合海水鱼生活的海水含盐量范围是30‰～36‰。对于那些时常进入红树林和河口地区的海水鱼，其更适合生活在盐分含量在20‰～30‰的水中。所以，我们不用过分注重人工海水的比重是否和天然海水的一样，因为鱼时常在不同比重的海水里游来游去。我们希望给鱼一个最佳的盐分环境，也就是类似珊瑚礁海域的35‰含盐量，但事实上我们根本不可能将海水的盐分保持那么稳定。因为水族箱内的水会不断蒸发，蒸发作用使得含盐量上升，水的比重也就上升。过高的盐分既对鱼没有好处，也浪费海水素。我们一般配置含盐量33‰的海水而不是直接配置成35‰，留出了2‰左右的蒸发缓冲。其实，在很多单纯饲养鱼类的水族箱中，水的盐分只有30‰，也就是在25～26℃的情况下比重在1.020左右，实践证明这也是非常好的比例。在不用考虑无脊椎动物生存需要的情况下，鱼类在比重适当低一些的水中，压迫感较小，生长速度较快，抗疾病能力较强。当然，也不能将珊瑚礁鱼类长期饲养在盐分含量低于28‰的水中，当水的比重低于鱼的体液比重时，鱼类不得不经常通过排尿来处理渗入身体的过多水分。淡水鱼演化出了良好的排尿能力，而珊瑚礁鱼类的排尿能力不佳，过低盐分的海水增加了肾脏的负担，会慢慢造成肾肿大而危及生命。

海水的比重会随着水温的变化而变化，在含盐量不变的情况下，水温越高，其比重就越低。所以在利用比重计推算海水盐分的时候，最好将海水温度控制在25～26℃。

自动补水装置

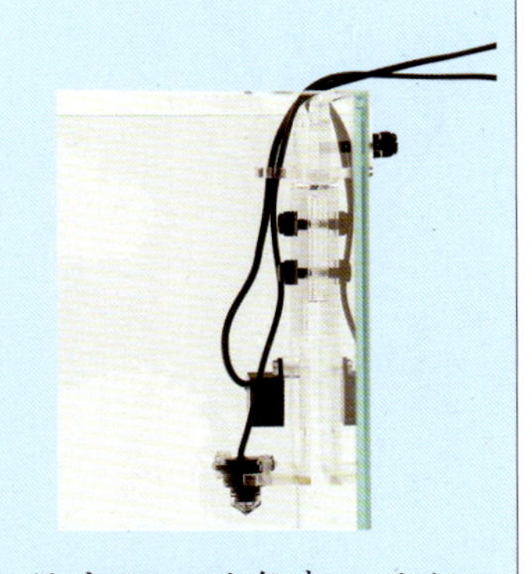

以前的海水水族箱简直离不开人，因为它里面的水会不断蒸发，而盐分不会蒸发，这就意味着当水蒸发出比较多时，海水的盐分会有很大的变化，直接影响鱼类的健康。在十几年前，人们想过各种办法来解决自动补充淡水问题，如将马桶的浮球阀门安装在水族箱上，当水蒸发后，浮球阀门可以向水族箱中补充淡水。还有人利用输液管不停地缓慢向水中输送淡水，防止蒸发带来的盐分波动。这些原始的办法都不是很可靠，操作起来也很麻烦。近年来，已经有厂家开发出了电子鱼缸补水器，这种设备甚至可以利用应用软件和无线网络与手机相连，不但可以自动补充淡水，还可以随时用手机调整鱼缸补水的状态。如果再添加上远程网络摄像头，水族箱的各种情况就能被旅行于千里之外的你尽收眼底了。在选购自动补水装置的时候，最好选择配置了两个以上液位探头的产品，毕竟“凡事难保万一”，假如在补水的过程中其中一个水位探头出了故障，另一个会马上起到止水的作用，不然家中就要“水漫金山”了。

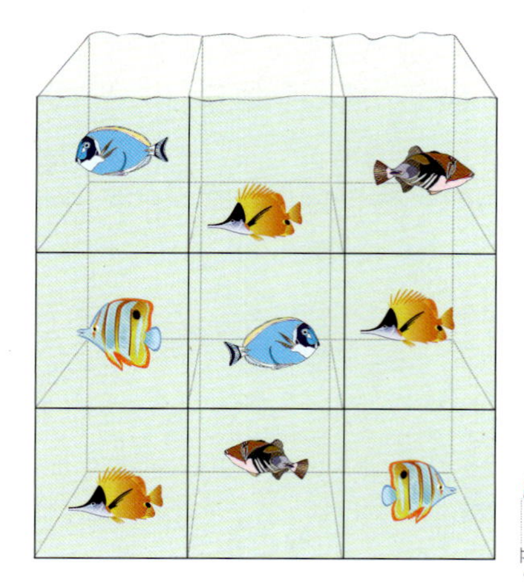

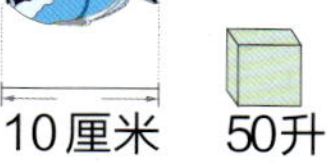

△科学的放养密度是保证水中溶解氧充足的关键

二、溶解氧

溶解在水中的氧离子（O^{2-}）称为溶解氧，鱼类用鳃呼吸水中的溶解氧，而不能向陆生动物那样直接利用空气中的氧。呼吸对于陆生和水生动物来说都是头等重要的事情，所以海水中溶解氧的多少决定了你养鱼的成功与否。

空气中的氧分子（O_2）通过和水面的接触溶解到水中成为溶解氧，水与空气的接触面越大，溶解氧的数量越多。传统金鱼盆、非流动水的鱼池中的溶解氧含量比较低，经常需要通过换水或培育植物来提高水中的溶氧含量。现代水族箱由于置入了水泵这一动力源，能让水不停流动，使水族箱底层的水与表面的水来回交换，增加了水与空气的接触面积，从而使水中溶解氧含量得到大幅度提升。当水族箱中养鱼的数量在合理范围时，很少出现缺氧的情况。但如果饲养密度增加、投喂量增加或者在水族箱中投放了可以和氧离子发生反应的药物（夺氧药物），就可能出现鱼类缺氧的情况，这时单纯的循环水泵就不够用了，需要利用小型空压机向水中打气，上升的气泡增加了水和空气的接触面积，恢复了水中溶解氧的含量。我们还可以利用造浪泵来增加水流的运动，扩大水气接触面积，达到增氧的目的。极端的情况下，可以利用臭氧机向水中输送臭氧（O_3），利用臭氧分子不稳定的特点，在其快速还原为氧气的同时，提高水族箱内的溶解氧含量。当然，在鱼类运输和暂养的情况下，我们还可以通过在包装袋内注入纯氧或在水中投放固体增氧药片等方式来提高水中含氧量。

在一个标准大气压下，氧气并不会源源不断地溶解于水。当水中的溶解氧含量达到饱和状态时，无论怎样提高水气接触面积，也无法再提高水中的溶解氧含量了。当水温处于25～26℃，水中溶解氧在8.5毫克/升时达到饱和状态。如果水温升高，则溶解氧的饱和值下降，如水温在28℃时，溶解氧的饱和值降至7.82毫克/升。水温下降时，溶解氧的饱和值上升，如水温在22℃时，溶解氧的饱和值升至8.73毫克/升。由于水温越高，鱼类的新陈代谢速度越快，需氧量也就越大，这时溶氧饱和值反而下降，所以在炎热的夏季水族箱内最容易出现缺氧的情况。

水族箱内的溶解氧含量控制在多少时比较合理呢？一般水中的溶解氧含量高于6毫克/升时，鱼类就不会出现不良反应。饲养大多数淡水观赏鱼基本是保证水温25℃时，溶氧量含量高于6毫克/升。而饲养海水观赏鱼，则建议将溶氧量含量提升到8毫克/升，甚至饱和状态。这是因为海水鱼类生活在溶氧量非常充足的大海中，在溶氧量较低的环境中容易出现不良反应。维持海水水族箱中硝化细菌、枯草芽孢杆菌等菌群良好工作时都需要消耗比较多的氧，如果水中含氧量稍有不足，细菌无法高速繁衍，导致水中氨氮等有害物质浓度上升。同时，在水中含氧量不足的情况下，大多数有害的厌氧菌开始活跃，海水鱼很容易感染细菌性疾病。我们应当经常关注水中的溶解氧含量。

在水族箱内所有设备都开启的情况下，用测试剂或测试仪测试水中的溶解氧含量。如果在水温25～26℃的情况下，溶氧量不能达到8毫克/升，就需要增加具有增氧作用的新设备。特别要注意的是，现在被广泛使用的蛋白质分离器也算是一个能力强劲的增氧设备。如因外出、设备更替等原因，需要关闭或停止使用蛋白质分离器时，请一定增加气泵给水中打气，否则水中溶氧量会因蛋白质分离器的停止工作而迅速下降，危及鱼类的生命。这个问题是近几年我与很多养鱼者交流时，他们常常忽略的问题，是导致全缸死鱼事故的最常见因素。

有的爱好者会说：溶解氧的测试剂有时不准确，而溶氧测试仪太贵，居家养鱼实在没有能力购买。我们可以通过观察鱼类的呼吸行为来判断水中是否缺氧。大多数海水鱼在水中缺氧时不会马上出现类似淡水鱼那样的浮头现象（浮向水面呼吸），而是沉在水底不动，两鳃盖快速开合，仔细观察还会发现鱼鳃从原本的鲜红色变为粉红色。这就是缺氧的表现，要及时增加增氧设备。如果水族箱内的蝴蝶鱼、神仙鱼已经出现了浮头表现，说明水中的溶解氧含量已经低于4毫克/升的危险值，要马上进行增氧，否则不出3小时就会死鱼。由于单纯饲养海水鱼的水族箱多数采取高密度饲养的方式，故水族箱中一般要有多个增氧设备，还要有备用设备，以防设备故障时不能马上更换。在采购小型空气压缩机（气泵）的时候，应选择近几年市场上出现的“交支流两用带蓄电池的气泵”，这种泵在停电后的几个小时里仍然可以不间断地向水族箱内打气，有效地避免因停电造成全缸鱼都死掉的悲惨后果。

三、酸碱度（pH）

酸碱度描述的是水溶液的酸碱性强弱程度，一般用pH来表示。pH值为7的水呈中性，低于7的水是酸性水，高于7 的水是碱性水。天然海水中含有大量呈碱性矿物质，因此其pH值在8.2～8.3。大多数书籍、网站和有经验的人建议将海水的pH值维持在8.2～8.3。十年前的我在书中也是这样说的，因为这样最稳妥，不过这次我想明白了，墨守成规不如实话实说。这个数值在礁岩生态缸里比较容易实现，但是在高密度养鱼的水族箱中实现的可能性非常低。我们如果关注一下发烧级爱好者的大型纯鱼缸、公共水族馆里的大型海水鱼池以及海水鱼店里卖鱼用的“排缸”（一排排粘合在一起的多层鱼缸）中水的pH值，就会发现这些水体中的pH值没有一处可以达到8.2。因为在鱼类呼吸过程中，无时无刻不在向水中排放二氧化碳，二氧化碳在水中与氢氧根离子（OH^-）迅速结合成为碳酸（H_2CO_3），养鱼的密度只要稍微大一点儿，pH值就会下降到8.0以下。我们也会发现，在这些pH值较低的水体中，鱼类并不是生活得多么不好，所以单纯养鱼的情况下，不必刻板地追求pH值8.2这个理想目标。

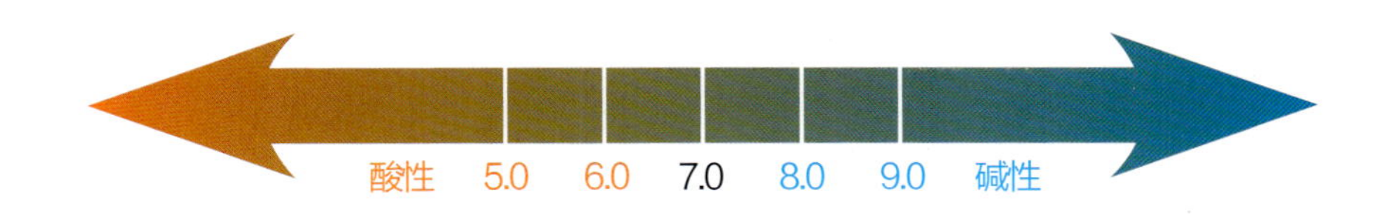

海水观赏鱼能在pH值7.8～8.5的海水中很好地生活和生长，一些鱼类，如雀鲷、小丑鱼、隆头鱼，能适应低到7.4的pH值。但是，长期如此低的pH值会让鱼类颜色暗淡，失去观赏价值。在纯养鱼的水族箱中，我们允许的pH值范围是7.8～8.4，pH值低于7.7要想办法去提高，pH值高于8.5还要想办法降低它。实际情况中，除非有人疯狂地使用pH值提高剂，否则pH值只会过低而不会过高。

海水pH值的下降俗称为：跌酸（这个词可能来源于水产养殖业，最早被水族馆养殖员使用，后普及到所有水族爱好者中），基本上由三个因素构成。

第一个因素是：饲养的鱼类数量过多，鱼的呼吸排放了大量二氧化碳遇水反应为碳酸，碳酸直接降低pH值。这种原因造成的跌酸速度很快，常常是你刚换完水时测试pH值为8.2，过三四个小时以后再测试，pH值就到了7.8以下。如果不加以解决，因鱼类呼吸造成的跌酸现象会一直持续，当pH值跌到7.6以下时，下降速度开始缓慢，但在日后几天里，pH值一直跌到7.2。这时即使水族箱的一切设备运转正常，也会散发出一种类似腐烂了海带的气味，这是硫化物和溴化物开始得不到充分反应的表现。此时，水的溶氧量怎么也上不去，鱼开始出现缺氧。继续任其发展，鱼类要么因缺氧而死，要么感染细菌而出现大面积体表溃烂。因此，在高密度养鱼时，一定要考虑怎样控制住跌酸。由鱼类呼吸造成的跌酸现象控制起来还算简单，就是利用空压机向水中大量打气，俗称“曝气”。曝气的过程中，水中高速上升的大量气泡能将鱼类呼出的二氧化碳带出水面，避免了过多碳酸的形成，有效减缓了跌酸速度。用曝气的方法，能在海水pH值已经低于7.6时，将pH值回升并有效控制在7.8～8.0，但是它几乎不能将已经很低的海水pH值提升至8.2，这就是我们默许高密度养鱼的情况下，水的pH值只要高于7.8就可以。一些海水观赏鱼在pH值7.8～8.0的海水中能活得很好，但颜色不能保持鲜艳，例如：身体呈现紫色、玫瑰红色、桃红色的海金鱼、东星斑、金鳞鱼等，在低pH值情况下，颜色非常浅，有些几乎变成白色。

第二个造成海水跌酸的主要因素是：鱼类的排泄物在分解过程中产生了太多呈酸性的负离子，比如硝酸根（NO_3^-）和磷酸根（PO_4^-）。这些负离子无法迅速和水中的正离子发生反应，使水的酸性增加。这种现象通常在过滤系统不完善或者长期不换水的水族箱中出现。这时只能用换水的方式来解决。一般容积小于400升的水族箱每半个月换1/2的水，容积大于400升的水族箱每半个月换1/3的水，可以有效地预防因鱼类排泄物分解所带来的跌酸问题。有时因水流不畅，使水族箱中出现缺氧的循环死角，鱼类排泄物在死角里沉积，其中的含硫物质被微生物转化为硫化氢（H_2S），硫化氢在水中与氧结合变成硫酸（H_2SO_4），能导致海水的pH值大幅下降。我们必须在设计过滤系统的循环方式上不留死角，避免这种现象的发生。

第三个造成跌酸的主要因素是：使用了较为劣质的海水素。海水的碱性与硬度有关，其中钙离子（Ca^{2+}）和镁离子（Mg^{2+}）作用最大，当pH下降时，这些正离子能起到缓冲作用。如果海水中缺少钙、镁离子，则pH值和水的硬度会一起下降。优质的海水素中、钙、镁含量充足，能维持较高的水硬度，有效缓冲pH值的下降。除此以外，优质的海水素还含有许多微量元素。有些元素，如硼（B），是强有力的pH值缓冲剂，可在硬度较低的情况下，维持海水较高的pH值。较为劣质的海水素，钙、镁含量不足，缺乏丰富的微量元素，就经常出现跌酸问题。

我们可以通过向水中添加稳定pH值的药物来缓解跌酸现象。目前市面上出售的pH提升剂和稳定剂品种还是比较多的，如美国海化公司（Seachem）的pH提升剂和两只小鱼公司出品的pH提升剂都比较好用。也可以直接使用化学药剂来提高海水的pH，如：利用碳酸氢钠（$NaHCO_3$）可以提升pH值；利用氧化钙（CaO）在提高pH值的同时，还可以提高水的硬度。在跌酸现象严重的水中加入适量的硼砂（$Na_2B_4O_7 \cdot 10H_2O$），可以大减缓跌酸的速度，稳定海水的pH值。使用药剂前，需要先进行小规模反复实验，摸索出经验后，再进行大规模规律性操作。海水的pH值在一日内波动超过3，对有些鱼是致命的。pH值在1小时内提升1，就可能过度刺激鱼的鳃和侧线系统，使鱼生病。因每个水族箱的实际水质情况皆不相同，化学药剂的具体使用量无法给出一个统一的标准值，所以大家在日常操作中应多摸索实验，一点儿儿地应用，切不可操之过急，渐渐形成适合自己水族箱的一套规律。

有一些用特别劣质的海水素调配的海水，还没有用来养鱼，pH值就已经唰唰地往下掉了。所以，在选购海水素的时候也不能一味地图便宜，应选择正规厂商和大品牌的产品。

在培养有海藻的水族箱中，在没有光照的时候，植物的呼吸作用会排出大量二氧化碳形成碳酸，也会造成饲养水的跌酸。所以在培养有藻类的水族箱中，最好能不间断地给藻类提供光照，避免藻类大规模排出二氧化碳。夜间的光照可以稍弱一些，给植物提供适当的昼夜更替环境，以免妨碍其生长。

四、水的硬度

水的硬度是指水中钙、镁离子沉淀肥皂水的能力，其中主要是碳酸盐硬度［总硬度的一部分，相当于跟水中碳酸盐及重碳酸盐结合的钙$Ca(HCO_3)_2$和镁$Mg(HCO_3)_2$所形成的硬度］。水的硬度表示方法有多种，我国主要采用德国度（dH）的表示方法。水的硬度分为普通硬度和碇酸盐硬度，普通硬度也称为总硬度，用“GH”来表示，碳酸盐硬度也称盐碱硬度或酸滞留能力（ABC），用“KH”来表示。碳酸盐硬度可以通过将水煮沸的方式去除掉（热水壶中留下的水垢就是它们造成的），所以也被定义为暂时硬度。总硬度具有非常复杂的特性，由硫酸盐、碳酸盐、重碳酸盐和氯化物中的钙、镁、钡、锶等离子引起，不能以煮沸的方式去除，所以又被称为永久硬度。

人工海盐的配方中含有大量的氯化物，因此测试海水的总硬度是没有意义的。不论使用哪种试剂，都得不到参数。我们通常只测碳酸盐硬度（KH），在本书后面提到的参考硬度值，全部指碳酸盐硬度。用德国度来表示碳酸盐硬度时一般书写为：KH=n°dH。这一点在海水硬度测量方面是非常重要的知识，不了解这一点，我们可能将看不懂硬度测试剂和水硬度添加剂的使用说明书。在测试碳酸盐硬度时，测试剂主要测试碳酸钙浓度，用它来计算硬度的大小，其换算方法为：100毫克/升$(CaCO_3)$ = 5.6°dH。

天然海水的碳酸盐硬度在KH=7～9°dH。在水族箱中，由于各地用水源硬度不同，硬度可能在KH=7～16°dH。一般将硬度控制在KH=7～10°dH是适宜的海水鱼饲养用水。受到鱼的排泄物在分解时产生的硫酸根离子和硝酸根离子的影响，水中的碳酸盐硬度会随着水使用的时间而下降，所以定期换水是维持硬度的最好办法。如果当地方水源硬度过低，新配置的盐水都无法达到KH=7°dH时，可以考虑在水中添家氯化钙（$CaCl_2$）和氯化镁（$MgCl_2$），二者的比例最好控制在1∶3，因为海水中镁离子的含量是钙离子含量的3倍左右。如果钙离

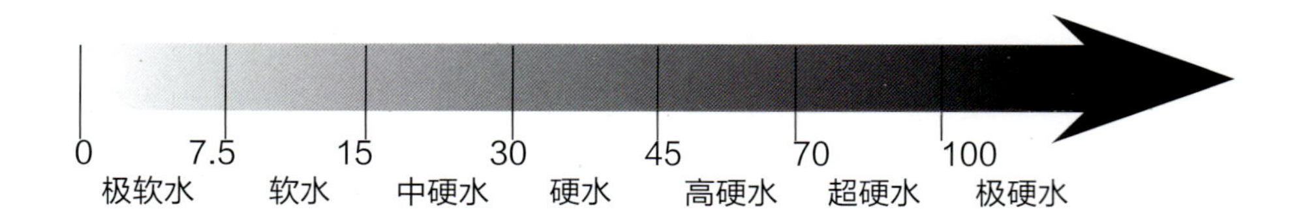

子的添加量过多，会对镁离子造成挤出效应，使大量的镁离子与氢氧根反应形成氢氧化镁［$Mg(OH)_2$］沉淀，造成海水元素比例失衡。

硬度指标在礁岩生态缸的日常维护中非常重要，珊瑚需要在合理的硬度下消耗水中大量钙、镁离子而形成骨骼。但是在单纯养鱼的过程中，硬度就不是非常重要的指标了。因没有珊瑚对钙、镁离子的消耗，只要新调配的海水硬度在合理范围内，其下降的速度是非常慢的。如果不是很长时间不换水，水族箱中的硬度很容易被稳定在合理的范围内。一些能够提升pH值的药物，也会同时提高水的硬度，如氧化钙、美国海化牌（Seachem）的pH提升剂等。

五、水的导电率（EC）

导电率是指物质导通电流的能力，以每单位电压下所能通过的电流大小作为表达的数据，单位是MΩ/cm。家用笔式导电率测试仪在测量水的导电率时，一般用μs/cm作为单位，二者之间是倒数换算关系。

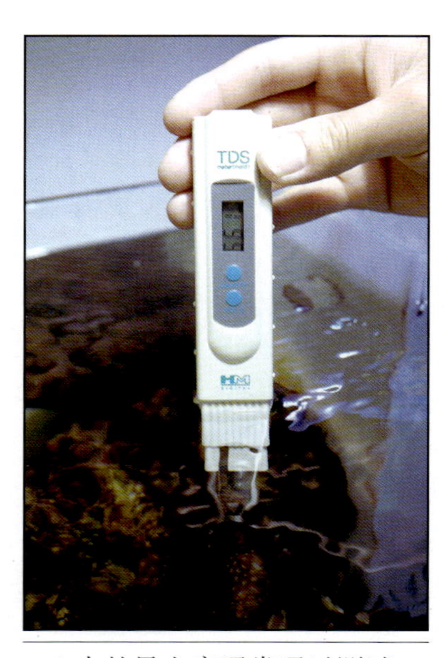

△水的导电率通常通过测试水中总固体溶解度(TDS)来间接得到，二者的换算方法为：EC=0.1+2.12763×TDS

水的导电能力来自溶解于其中溶解的物质、悬浮的有机物和生活在水中的微生物等。纯水的导电率非常低，1～10μs/cm；海水中因为溶解了大量盐分加之微生物十分活跃，所以其导电率非常高。标准海水的电导率为454～481 MΩ/cm，比一般的湖水、河水大千倍以上，海水导电率微弱的变化，主要由细菌活动和藻类的生长造成。测试海水水族箱内海水的导电率基本上没有什么实际意义。但是，导电率是化盐淡水水源的重要参照指数，特别是在饲养小水螅体珊瑚（SPS）时，是选择淡水水源的重要参考标准。由于水的纯度越高，导电率越小，因此导电率高的淡水说明其中的杂质多，特别是含有较多的硝酸盐和磷酸盐，如果用这种水调配海水，海水还没有被使用前，其中就含有了大量对生物有害的物质。珊瑚对水中的硝酸盐和磷酸盐的适应能力很差，因此必须用去离子水（家用纯水机生产的水）调配海水，并经常测试水的导电率，一旦导电率高于20μs/cm，就应当更换纯水机滤芯了。鱼对水中硝酸盐的适应能力很强，所以单纯养鱼时不是特别苛求淡水水源的质量。但是，现在很多城市自来水因为受到管道和水塔内壁的污染，其中含有的杂质也是比较多的。比如我居住的地方，自来水的硝酸盐浓度达到了80毫克/升以上，硬度也非常高。这样的水直接用来溶解海盐是很不好的，长期使用高杂质的水养鱼，也容易让鱼患病死亡。我们在用淡水化盐前，应尽可能测试一下其导电率值，如果水源的导电率值太高，则应进行适当的净化处理。当然，家用水源的净化处理，对我们身体的健康也非常重要。

六、氧化还原电位值（ORP）

氧化还原电位是用来反映水溶液中所有物质表现出来的宏观氧化还原性，单位为：mV。氧化还原电位越高，氧化性越强；氧化还原电位越低，还原性越强。电位为正，表示溶液显示出一定的氧化性；电位为负，则表示溶液显示出一定的还原性。水族箱中溶解氧的含量直接影响好氧微生物的活跃程度，其中主要表现在硝化细菌群和枯草芽孢杆菌将水中氨（NH_3）和铵（NH_4^+）转化为亚硝酸盐（NO_2^-）和硝酸盐（NO_3^-）的速度，从而影响氧化还原电位的变化。因此，在人工海水的pH、硬度、比重、温度、有机悬浮物浓度趋于稳定的情况下，氧化还原电位值可以间接反映出水族箱过滤系统中的细菌活跃程度。当氧化还原电位值较高时，水族箱中氨被转化成硝酸盐的速度快，鱼类不会出现氨中毒的情况。当氧化还原电位值下降后，氨被转化的速度变慢，鱼类可能出现氨中毒现象。因此，通常需要保证海水的氧化还原电位值在400mV以上，合理范围是400～420mV（更高的ORP值很难获得），在这个范围内，海水中的好氧菌十分活跃，鱼类健康状态会很好。当然，并不是所有时候都需要较高的氧化还原电位值，如在使用硝酸盐去除器和厚底沙系统的时候，我们反而需要“去除器”和沙层下部的ORP值低于–180mV，甚至达到–400mV。这是为了厌氧菌群有良好的繁殖环境，以便它们将硝酸盐还原成氮气释放到水族箱以外。由于鱼类对硝酸盐的耐受能力比珊瑚强很多，通常通过阶段性换水就可以将硝酸盐控制在一个合理的范围，基本上不用在单纯养鱼的水族箱中设置还原硝酸盐的设备，故不需要降低氧化还原电位值。

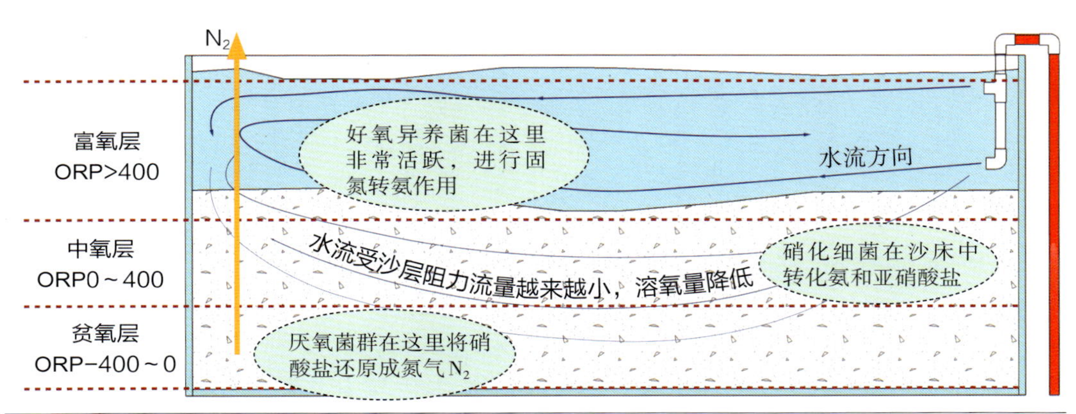

△水族箱中ORP值变化与微生物作用之间的关系

在溶解氧充分的海水水族箱中，ORP值会一直保持在比较合理的范围，如果ORP值突然下降，则很有可能是跌酸造成的，因为水的pH下降时，其溶解氧会跟着下降，这在前面关于pH的介绍中已经阐述了。因此，ORP值也可以作为换水时间和频率的参数，当其从合理范围下降到较低的范围时，就是该换水的时候了。当然，换水频率也好，溶解氧也好，我们也都可以通过其他设备或者观察鱼类行为的办法得到参考，所以ORP监测表对于海水鱼水族箱是一件锦上添花的设备，有它更好，没有它也不会产生很大的负面影响。

七、总氨、亚硝酸盐和硝酸盐

养鱼用水中由氮与氢离子、氧离子结合所产生的氨、铵、亚硝酸盐和硝酸盐浓度，是和水的盐度、pH值同等重要的水质指标。它们直接影响鱼类的存活和健康状态，应被高度重视。我们习惯性将这些物质总称为“氨氮”或“含氮化合物”。水族箱中的氨、铵、亚硝酸盐和硝酸盐对鱼类的影响是不同的，我们必须分开来说。

首先介绍氨和铵。生物的代谢物中含有大量的氮，如鱼的粪便、残余的饵料、鱼体表脱落的黏液、死去的海藻和珊瑚等。这些氮在水中被异氧腐生菌分解释放出来，与水中的氢离子（H^+）结合成为氨和铵。在pH较低的水中，氢离子数量较多，氮通常与4个氢离子结合形成铵（NH_4^+）。而在pH较高的海水中，氢离子含量较少，氮与三个氢离子结合形成氨（NH_3）。铵的毒性很小，因为它们通过鱼鳃的时候很难被吸收。在一些弱酸性的淡水水族箱中，铵基本是无毒的。而氨在通过鱼鳃时会被大量吸收，还会通过鱼类的侧线渗透入循环系统中，夺走血液中的氧，所以具有非常高的毒性。当水中的氨含量超过0.3毫克/升的时候，就会使一些鱼出现体表出血、眼球突出、身上黏液增多、体表起白点等中毒症状。氨含量超过0.5毫克/升时，大量的鱼开始中毒死亡。有些敏感的鱼（如蝴蝶鱼、鸡心吊等）在氨含量达到0.15毫克/升时会停止进食，出现呼吸困难的现象。

将水中的氨尽量消除干净，是养鱼的日常工作中非常重要的事情。氨被水中的硝化细菌转化为较为安全的亚硝酸盐和无毒的硝酸盐，也会被自氧光合细菌、枯草芽孢杆菌和微藻等生物作为生长资源粘附或吸收，还会被臭氧直接氧化为硝酸盐。总之，处理氨的办法很多，在之后介绍维生系统时，你会发现过滤系统的大部分组成部分都是为了处理氨或者阻挡氨的形成。

亚硝酸盐。在淡水中，亚硝酸盐的毒性很强，亚硝酸根离子与钠结合后产生的亚硝酸钠（$NaNO_2$），能使血液中正常携氧的低铁血红蛋白氧化成高铁血红蛋白，失去携氧能力而引起组织缺氧，人类摄入一定含量的亚硝酸盐一样会中毒。但是在海水中，亚硝酸盐的毒性非常小，有时甚至可以忽略不计。这是因为生物对亚硝酸盐的吸收因环境条件而异，如溶氧量、水体的悬浮力和氯化物的浓度。其中，水体中的氯离子（Cl^-）浓度是鱼类对亚硝酸盐吸收的最大影响物质。海水中含有大量的氯化物（如氯化钙、氯化镁、氯化钾、氯化锶等），亚硝酸离子进入鱼鳃的路线和氯离子进入的路线是相同的，鱼鳃对氯化物的吸收阻碍了其对亚硝酸盐的吸收。因此，海水中的亚硝酸盐浓度有时飙升到100毫克/升时，鱼类也不会有什么不良反应。在已知的海水生物中，鱼类、珊瑚、海星对亚硝酸盐都不是很敏感，只有虾类较为敏感，这可能和虾鳃的吸收方式有关。当单独饲养海水观赏鱼时，基本可以不测试亚硝酸盐的浓度，况且运行良好的维生系统会将亚硝酸盐浓度迅速降低到0。

硝酸盐。硝酸盐是硝化菌群对氨处理后的最终产物，如果水族箱内没有专门处理硝酸盐的设备，也不进行换水，那么硝酸盐的数量会随着时间的推移而不断增加。低浓度的硝酸盐对鱼类的影响很小，大多数鱼类能承受200毫克/升以内的硝酸盐浓度。在大型水体养鱼时，硝酸盐浓度即使高达500毫克/升，鱼类也照样吃喝拉撒，只是生长速度大幅减慢。当然，鱼对硝酸盐的耐受度并不能无限制的增加，当水中硝酸盐浓度高于600毫克/升时，鱼会变得非常容易患病，而且情绪暴躁不安，还会突然发神经一样的到处乱窜。有些鱼会在高硝酸盐浓度的情况下变得十分胆小，总是躲藏在岩石缝隙和鱼缸角落里，喂食时也不出来。珊瑚对硝酸盐的承受能力很差，水中硝酸盐浓度高于0.3毫克/升时，大部分石珊瑚就不能良好生长。一些世代生活在水质非常好的海域里的鱼，对硝酸盐的承受能力也比其他鱼要低，如可可仙、贼仙、皇帝蝶等，它们在硝酸盐浓度高于200毫克/升的水中开始有不良反应。

降低硝酸盐浓度的最直接办法就是换水，当然前提是使用的淡水水源硝酸盐含量不能太高。我曾经使用的自来水原始硝酸盐浓度在80毫克/升以上，因而我水族箱内的硝酸盐浓度永远不会低于100毫克/升。我觉得对于大多数鱼类来说，只要将硝酸盐浓度控制在200毫克/升以下就没有什么大问题。植物可以将硝酸盐作为氮肥吸收，所以海藻、红树的培植是可以降低硝酸盐的。反硝化细菌在低氧繁育的过程中会带走硝酸盐中的氧原子，使其还原成氮气，最终排出水族箱。异氧光合菌等有益菌群在生长繁殖过程中会将有机物质和氨作为自己的细胞蛋白质来源直接锁住或吸收，能控制水族箱中硝酸盐的产生速度，进而降低其浓度。

在弱酸性水中形成，对鱼有毒

在弱碱性水中形成，对鱼有毒

在弱酸性水中对鱼有毒

无毒，但浓度过高时对鱼有不良影响

八、磷酸盐

和氨氮类物质一样，磷酸盐是生物代谢物中含磷有机物被异养腐生菌分解所释放出的产物。磷酸盐和硝酸盐一样对鱼类生存的影响不大，对珊瑚生长的影响比较大，因为过高的磷酸盐会阻碍石珊瑚骨骼的形成。礁岩生态缸中的磷酸盐浓度建议控制在0.03毫克/升以下，单独饲养鱼类的水族箱中则不用刻意关注磷酸盐。磷酸盐是藻类生长的重要养料，当水族箱中的磷酸盐较高时，藻类开始疯长。特别是褐色的藻类，会长满玻璃内壁和造景岩石，还会将沙子变成黄褐色甚至黑色。控制磷酸盐浓度的办法和控制硝酸盐浓度的办法一样，可以通过换水、培养高等植物来完成。目前市面上也有专门用来转化磷酸盐的化学滤材和药物，比较有代表性的是德国ROWA与美国海化公司出品的铁基吸磷酸珠和铝基吸磷酸包，以及可以和磷酸盐发生反应的氯化镧（$LaCl_3$）等，这些产品被广泛用于礁岩生态缸对磷酸盐的处理过程中，在单纯养鱼的水族箱中很少被使用。一些异养细菌在繁殖过程中会将含磷化合物锁住并吸收，光合细菌、枯草芽孢杆菌也能起到适当降低磷酸盐浓度的效果。

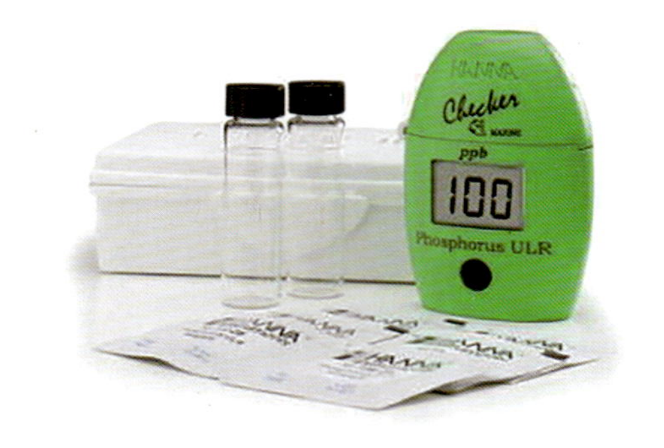

△ HANNK 微型磷酸盐测试仪

△磷酸盐会造成藻类滋生影响珊瑚的生长，但对鱼的影响不大

九、硫化物

生物代谢物中除含氮化合物、含磷化合物以外，还有一定量的含硫化合物，其主要来源于分解的蛋白质。这些含硫物质在缺氧的情况下被厌氧腐生菌转化为硫化氢（H_2S），硫化氢非常臭，味道类似臭鸡蛋。在水流不畅的沙床底部，沙子呈现蓝黑色，如果翻动则会释放恶臭的气味，这就是细菌生产硫化氢和囤积它们的地方。硫化氢对鱼有剧毒，所以我们非常讨厌这些硫化物。完善的水流可以确保水族箱内没有缺氧的死角，避免硫化氢的产生。市场上出售的许多水族箱专用复合菌种中含有硫化菌（vulcanized bacteria），硫化菌会

将含硫化合物转化为硫酸盐（SO_4^{2-}）。硫酸盐和硝酸盐、磷酸盐一样没有什么毒性，只要适当的换水就可以将其浓度控制在很低的范围内。

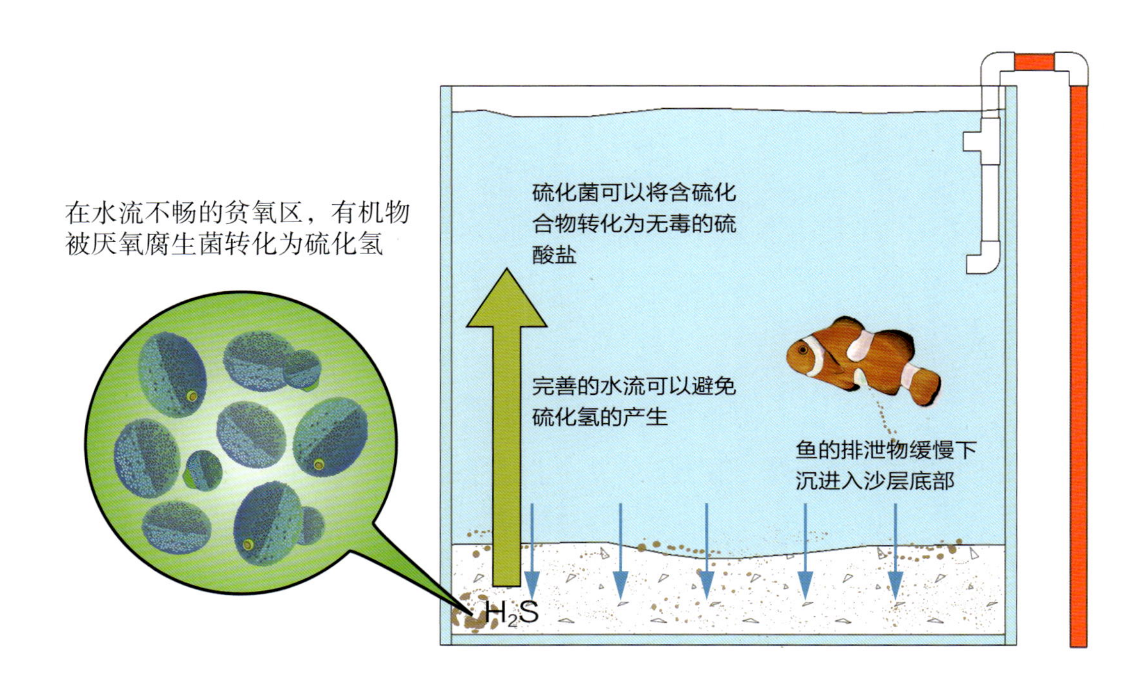

十、监控设备与测试剂

在一个海水水族箱中，化学反应无时无刻不在进行着，因生化反应所产生的各种物质多少是衡量水质优劣的综合指标。我们必须能尽量准确地获得这些指标，才能研判水族箱中水质的情况。这就需要使用电子监控设备和测试剂。现在市场上水族专用的各种监控设备和测试剂非常丰富，可以根据实际经济情况来选择购买。

即使在计划投资不大的情况下，海水水族爱好者至少也应当拥有一只比重计、一只笔式pH测试仪、一个总氨测试盒，这三样就好像你观察水质变化的“眼睛”，没有它们时，面对水族箱的诸多问题，你会变成“瞎子”。比重计是最重要的，每次调配海水都会用到，没有它怎么知道水的比重是1.022呢？pH测试设备也很重要，因为我们通过水的pH值变化可以间接了解很多信息，也可以选择购买pH试剂盒，但它使用起来比较麻烦。笔式pH测试仪现在的价格已经非常亲民，基本上可以不用试剂盒了。氨浓度的检测是建立一个新水族箱时非常重要的，我们必须知道水中的氨浓度是否降低到了安全范围，才能考虑在水族箱内添加新鱼。另外，在对病鱼用药过后，只有测试氨的含量，我们才能知道药物是否也杀死了大多数硝化细菌。

其余比较重要的水质测试产品还有铜测试剂、硝酸盐测试剂、硬度测试剂、溶氧量监测仪、ORP监测仪等，是否添置这些东西就看你的养鱼心情和钱包是否充足了。

十一、换水是硬道理

大概从1996年到2010年的十几年里，几乎所有海水水族箱出售商都会对新手说“海水水族箱永远不用换水”。这是一个弥天大谎，不过我觉得也不是销售商要骗人，主要是当时买卖双方都没能深刻理解水族箱水质的概念。那个年代里，水只要清澈，大家就觉得水质好。因为水族箱内大量繁殖的微生物产生了很好的絮凝和沉淀作用，海水水族箱内的水看上去总是清澈透明。然而，我们看不到的硝酸盐和磷酸盐正在缓慢增加，pH值和水的硬度在一点一点下降，因为珊瑚和藻类的吸收作用，水中的钙、镁、钾、锶、钼、碘等物质也在一点点变少。水清并不说明水质就好。遗憾的是，直到今天还是有人在声称某水族箱终生免换水，而购买者最终还是以失败告终。世界上没有永远不用换水的水族箱，即便是在水处理系统非常发达的大型公共水族馆中也不存在。换水是养好鱼的硬道理，不论淡水鱼还是海水鱼。如果连规律性换水这种劳动都懒得去做，就不要养鱼，不要去危害和摧残生命。

在海水水族箱中，硝酸盐和磷酸盐的堆积、pH的下降等问题是我们已知的使水质变坏的因素，今天我们有了硝酸盐和磷酸盐的去除设备、pH值提升剂，我们使用最好的设备、最棒的药剂就不用换水了吗？绝对不是，水生态的奇妙平衡状态，让我们直到今天还没有完全弄明白，如：不同鱼类到底是否消耗着水中不同的矿物质、生物的代谢物中是否还有一些我们根本没有察觉、微生物的世代交替中是否有危害水族箱生态的残留物产生、水中游离状态的氨基酸等活性物质对生物的作用等。水族箱环境与自然水域环境不同，再大的水族箱比起大海来说也是非常微小的，它不具备大海那样强大的缓冲力和综合降解能力。为了让水质一次又一次地恢复到生物能接受的良好状态，定期换水是唯一的途径。

△各种水质测试剂

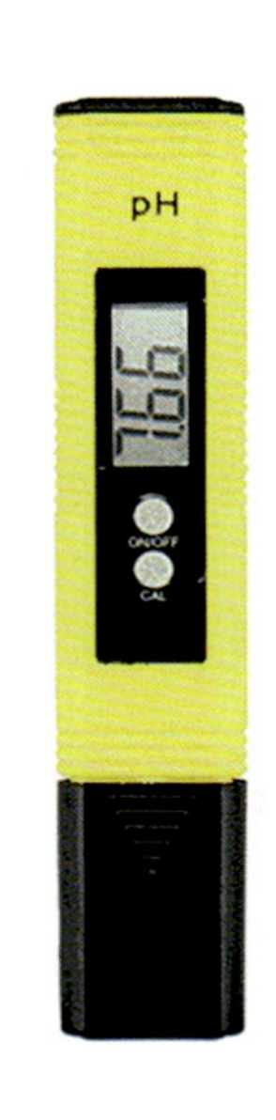

△手持式pH值测试仪

对于自身缓冲能力较小的水族箱，如容积在200升以下，应当保证每周（至少是两周）换水50%，这种单纯养鱼的小水族箱换水要遵循一个原则：要么不换，换就换一半。这样才能大幅度稀释有害物质，添加损失的必要元素。对于容积200～600升的中型水族箱，应保证每月换水1～2次，每次换水至少30%。对于容积600～1200升的大型水族箱，每月至少换水一次，每次换水不能少于30%。对于容积大于1200升的超大型水族箱和公共水族馆内的大型展示缸（池），由于水体缓冲能力较强，可以每月换水10%～20%。容积数十吨到上千吨的大型饲养池，也要制订规律的换水计划，保证每年换水率能达到总水量的50%～100%。

△化盐储水桶上链接水泵，每次换水就可以节省许多力气

在换水前，应预先调配好盐水，用自来水化盐时，要至少提前4小时给淡水中曝气，去掉水中残余的氯。用井水、泉水作为水源的，应在化盐前用臭氧对淡水进行消毒处理。盐充分溶解到水中后，应将水温调整到和水族箱内水温一致，再进行换水操作，避免换水引发水温大幅波动，刺激鱼类鳃部和神经系统。

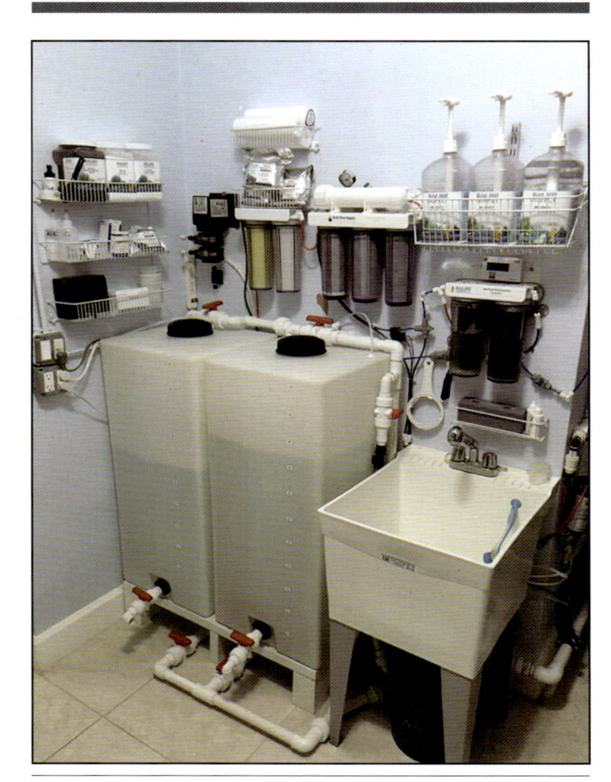

△不论是在公共水族馆还是在家中饲养海水鱼，建设一个整洁的盐水储备区对养好鱼有莫大的帮助

为了实现规律换水的目的，不论是家庭养鱼还是水族馆养鱼，都应准备有独立的储水桶，用来储水和化盐。家庭中使用容积50～200升的PE材料化工桶即可，水族馆则应根据实际情况设置水箱或储水池。为了能提高化盐速度，使海盐融化均匀，在盐水储备桶内可以放置一台水泵，让水流动起来。

当我们给水族箱换水后，一些敏感的鱼（如神仙鱼、蝴蝶鱼等），会异常活跃起来，它们因水质变好而感到兴奋异常，当你在水族箱边观看一条条欢悦的鱼时，是否感受到辛勤付出后的快乐呢？

维生系统

一、什么是维生系统?

维生系统是一套完善的海水水族箱的重要组成部分，在一定意义上讲，没有了它，基本上就别想养海水观赏鱼了。维生系统这个词最早来源于欧美的公共水族馆，是由“life support system”或“aquatic life support system”翻译而来，细致的解释是：维持一个封闭水域内所有生物（动物、植物、微生物）生存繁衍的组合设备，包括了照明、温控、水源处理、过滤和水质调控等组成部分。通常情况下，一组水族箱内并不需要将全部维生系统构件都用上，特别是家庭水族箱，能用到的设备数量是非常有限的。我们早期并不使用这个词，而是称“过滤系统”，可见过滤系统是维生系统中最为重要和基础的组成部分。近年来，随着人们对观赏鱼品种和展示效果的要求不断提高，更多的人发现，除过滤系统外，良好的照明、温控和水化学处理组件也是尤为重要的，这时大家开始更多地使用“维生系统”这个词，一些资深爱好者纷纷开始着重家庭水族箱综合维生系统的设计和建设。

在本书中，我将介绍与饲养海水观赏鱼有关的维生系统组件，它们比饲养大部分淡水养鱼的设备要稍复杂一些，但是比维持礁岩生态缸的设备要缩减许多。

名词解释

纯鱼缸FOT（fish only tank）指只饲养鱼类的水族箱，通常是饲养成年体长超过20厘米的中大型观赏鱼，要求鱼的密度要大，才能展现出琳琅满目的魅力。纯鱼缸是本书介绍的重点。

礁岩生态缸RT（reef tank）指以饲养珊瑚和海洋无脊椎动物为主的水族箱，兼养少量鱼类，主要是小丑鱼、雀鲷、小型隆头鱼、花鮨和刺尾鱼类，要求完美地展现出大自然珊瑚礁区域生物共存的美丽景象。

因主要饲养的珊瑚类别不同，礁岩生态缸由分为：SPS以饲养小水螅体石珊瑚为主，主要是石珊瑚目的鹿角珊瑚、蔷薇珊瑚、轴孔珊瑚等类别；LPS以饲养大水螅体珊瑚为主，主要是石珊瑚目的气泡珊瑚、玫瑰珊瑚、脑珊瑚，以及海鸡头类、类珊瑚、水螅类、走根类等；NPS指以饲养体内无虫黄藻共生的软珊瑚和石珊瑚和海绵为主的水族箱，主要包括柳珊瑚、太阳花珊瑚、角珊瑚等品种，以及海绵、海羽毛、管葵等。这些动物因为不能通过共生的虫黄藻获取营养，故需要每天用轮虫等微小海洋生物喂养，是饲育操作中最复杂的类别。

理论上讲，水族箱越大，其内部生态结构越复杂，如：我们经常能看到容积2000升以上的水族箱中既混养了LPS和SPS，也放养了大型的倒吊、神仙鱼等鱼类。而在容积小于600升的水族箱中，我们通常只能选择一类生物作为主要饲养对象。如：我们在小型礁岩生态缸中只能放养数量有限的雀鲷、小丑鱼、天竺鲷等小型鱼类，如果鱼的放养数量过多，或个体过大，维生系统则无法快速分解大量的代谢物，造成大量生物死亡的现象。

二、温控设备

鱼类和我们不同，它们是变温动物，通常体温和水温保持一致（少数冷水鱼和鲨鱼除外）。因此，过高或者过低的水温都会直接影响鱼类自身的新陈代谢，甚至造成死亡。将水温控制在合理的范围内，是养好鱼的关键条件。海水观赏鱼大致可分为热带海水观赏鱼和温带海水观赏鱼，我们习惯性地称它们为：热带鱼和冷水鱼。绝大多数海水观赏鱼是热带鱼，只有非常少的一部分是冷水鱼。热带海水观赏鱼主要生活在珊瑚礁海域，这里常年水温在26℃左右，所以饲养热带海水鱼的最佳水温是26℃。考虑到人工环境下水体小，水温变化快，那么允许水族箱内的水温有一定的波动幅度，水温范围为24～29℃。低于或超过这个范围的水温对鱼都是不好的。偶尔有一些体质非常好的鱼，在人工环境下能适应高达32℃的水温，如雀鲷、小丑鱼、部分隆头鱼等，大部分蝴蝶鱼、神仙鱼和刺尾鱼也能承受30℃的高温，但如果水族箱长时间处于高温下，鱼类很容易生病，甚至莫名其妙的突然死亡。同样，当水温低于22℃时，大多数热带鱼开始停止进食；低于20℃时，鱼一般伏在缸底不动了；水温低于17℃，鱼直接躺在水底，不久就死了。

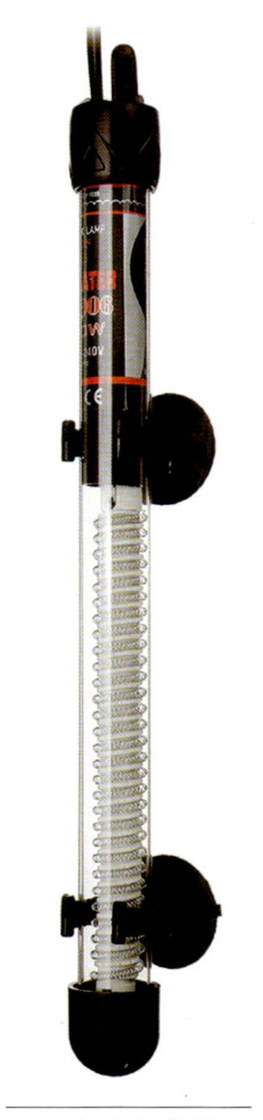

△玻璃加热棒

冷水海水鱼没有热带海水鱼对水温那样的广泛适应能力，它们生活的水温在15～22℃，最高能承受的水温是25℃，一旦超过最高温度值，它们会迅速死亡。冷水鱼对低温的承受能力也不强，低于12℃的水温一样会要它们的命。在现代技术中，给水增温要比降温的成本低，所以通常饲养冷水鱼的成本比饲养热带鱼要高。

给水族箱内的水加温，常用的办法就是使用加热棒。电动加热棒的历史至少有50年了，一般是利用封闭在玻璃管里的电阻丝实现加热目的。

加热棒分为玻璃、石英和不锈钢三种材质制作的产品。建议使用玻璃和石英制品，不锈钢产品可能会与海水发生反应，被海水腐蚀而漏电。在使用加热棒时，要将其安装在过滤箱里，如果没有过滤箱，应选择带有保护罩的加热棒，不要让鱼能咬到电线。炮弹鱼、神仙鱼等都十分喜欢啃咬电线，这十分危险，不仅威胁鱼，也威胁饲养者自身安全。一般建议每100升水体使用功率200瓦的加热棒，以此累加，宁多勿少。加热棒都有自动控温元件，当水温达到设定范围后，会自动停止加热，多使用几根不会造成耗电的增加。容积200升以上的水族箱最好有两根以上的加热棒，当一根坏了，另一根还能继续工作。加热棒因为要沉入水底使用，所以其电源线长度尤为重要，劣质的加热棒电源线只有不到1米长，根本不能满足使用的需要。而优质的加热棒，即使它的功率只有50瓦，其电源线也至少有1.5米长。我们常用300瓦规格的加热棒，其电源线总长度不应短于2米。

△冷水机

夏季，当室内水温上升到29℃以上时，就要考虑给水族箱内的水降温。如果饲养珊瑚等海洋无脊椎动物，则冷水机是必不可少的。礁岩生态水族箱必须用冷水机将水温控制在28℃以下，才能保证珊瑚的存活。为水族箱安装一台冷水机还是比较大的投资项目，所以单独养鱼的情况下，我们很少配置冷水机。要注意：夏天房内开空调后，水温会下降很快，当人离开后，空调关闭，水温又上升很高，来回反复波动，非常不利于鱼的健康。这时，建议使用冷暖一体的控温机，来维持水温的稳定。日水温波动超过3℃，鱼很容易患病死亡。

有一种在夏季给水降温的办法较多地应用在纯鱼缸，那就是使用风扇。10年来，专为水族箱开发的散热风扇品牌非常多，很容易购买到。千万别使用计算机机箱风扇来代替专用风扇，因这种风扇在水族箱上长时间工作后，引起火灾的案例以前出过不少。风扇吹动水面，加快水的蒸发，带走热量，从而使水温下降。北方干燥的夏季里，风扇可使水温下降4～6℃。在南方闷热潮湿的时候，蒸发速度变慢，仅可以降低2～3℃的水温。这基本上可以满足养鱼的需要了。风扇降温的同时，带走了大量的水分，必须配合自动补水装置来使用，否则很容易破坏水族箱的盐分平衡。

三、将鱼粪分离出水的诸多办法

从这里开始，我们要逐步介绍养海水鱼最重要的一部分知识了，就是过滤装置组（过滤系统）。在习惯性的分类上，我们通常将水族箱过滤设备组分成物理过滤、生物过滤和化学过滤三部分。在实际使用中，我们应因地制宜，不要完全拘泥于物理→生物→化学的顺序，应根据生物需求和投入经费的情况来安排各种过滤设备的安置情况。

鱼吃饱了就会到处拉屎，它们没有厕所的概念，有时还把自己的屎叼在嘴里再尝一尝。大神仙鱼会排出筷子粗细的长长粪条，蝴蝶鱼和倒吊排泄时如同在放烟花。如果你喂给了它们好吃的海藻，水族箱中会到处飞舞没能充分消化的海藻碎片。隆头鱼和雀鲷的粪便似乎很重，会迅速沉底，然后慢慢渗入沙中。这些问题，都让我们一直在思考怎样能更有效地将鱼粪从水中分离出去。

△过滤袋的安装方式

△水流过高密度过滤棉

1.过滤棉

过滤棉是由化纤纤维集成的片状过滤材料，是最早被使用的水族箱过滤材料。它可以放置在过滤盒中和过滤箱里，当水流过时，能将鱼粪收集在过滤棉之上。

2.过滤袋

由于过滤棉必须以平铺的方式使用，当其上面杂物太多造成阻塞时，脏水就会顺着过滤棉两侧流下去，于是过滤棉失去效果。十几年前，人们受到机油过滤和咖啡渣过滤的启发，引入了过滤袋作为水族箱的初级过滤材料。这种圆筒形的袋子由化纤材料缝合而成，其过滤空隙从50目到600目都有，可以分离各种颗粒大小的杂物，因为其是一个圆筒形状，所以底部阻塞了水就从高一些的地方流出，不会出现过滤棉那样的脏水泄漏问题。

3.沉淀分离器

由于过滤棉和过滤袋都需要定期清洗，不然肯定会被鱼粪完全堵塞。人们想减轻清洗过滤棉的负担，所以发明了沉淀分离器。沉淀分离器利用离心沉淀方式，将大部分鱼粪沉淀在其底部，把较为干净的水传送到过滤系统的其他部分。饲养者通过每天打开排污阀，排出带有粪便的污水。在饲养锦鲤的大型水池和公共海洋馆中的大型展示池过滤系统中，沉淀过滤由专设的沉淀池完成，用以减少人力的投入。不过，沉淀分离器在实际使用中时常不尽人意，这种设备往往只能沉淀分离出质量和颗粒较大的鱼粪，对于呈碎末状悬浮在水中的杂物沉淀效果不佳。沉淀过滤在饲养海水神仙鱼这样拉粗条粪便的鱼类时使用算是比较好用，而如果是饲养蝴蝶鱼、隆头鱼，它基本失去效果。

4.沙缸和沙床

在养殖水体达到数吨以上时，如果还使用过滤棉和过滤袋作为水中杂物的分离装置，这显然很不科学。大型水池水量太大，出水口每小时的出水量可达上千吨，过滤棉和过滤袋在这样的冲刷下作用下失去效果，即使我们可以用过滤棉给鱼池过滤，又怎样清洗和更换这些庞大的过滤棉呢？因此，大型饲养池一般采用沙滤的方法来去掉水中的有机颗粒物。

在一个玻璃钢或水泥的水池底部用格网垫起几十厘米的架空区域，然后在格网上方铺设10～200厘米厚度、直径3毫米左右的沙子，污水从上部流入水池，渗过沙层后，由下部架空区域所连接的反水管流向其他的过滤池，鱼粪等有机颗粒物就被阻截在沙层里面了。随着沙层内有机物的增多，养殖员可以通过开启连接在池底架空区域的大型水泵，将水流反向快速冲过沙层，有机物就会被从沙层中吹到水池表面，进入排污口而被排出。这就是传统的过滤沙床，从20世纪90年代初期到现在，公共水族馆维生系统中的初级过滤池基本采用了沙床过滤。沙床过滤池内部沙层的厚度根据过滤池的大小而铺设，过滤池越大，沙床的厚度就越大，过滤池越小，沙床的厚度也得跟着变小。如果在小水池内铺设了太厚的沙层，当大量水流入沙床过滤池后，会因缺少有效通过面积，而造成水从过滤池上方溢出。为了保证沙床的过滤效果，沙床过滤池的面积不会太小，因此占用的养殖空间很大。为了节省空间，大多数水族馆在中小型饲养池的维生系统上，采用沙缸替代沙床过滤池。

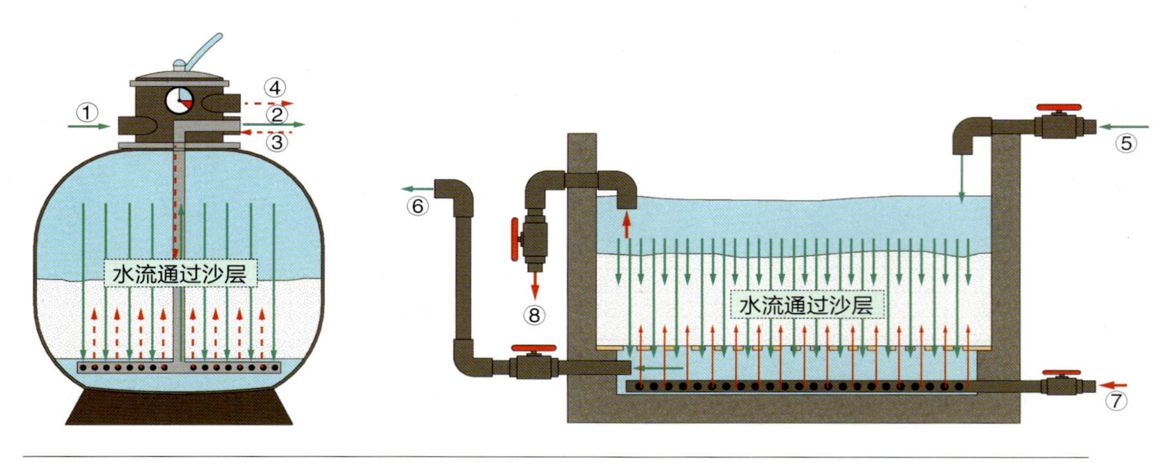

△沙缸

①过滤入水口
②过滤出水口，经过沙层过滤的水从这里流出
③反洗入水口，反洗沙缸内沙层时水从此处进入
④反洗出水口

△沙滤池

⑤过滤入水管路
⑥过滤出水管路，流向下一级过滤池
⑦反洗入水管路
⑧反洗出水管路，流向污水池

在公共水族馆的设备间里，我们经常能看到一种大球形的玻璃钢罐，通过水泵和水管与养殖水池相连，这就是沙缸过滤器，或者称沙罐过滤器。沙缸不仅被用在观赏鱼养殖领域，在水产养殖、工业化污水处理、游泳池和洗浴中心的循环水等方面也被广泛使用。它是在一个完全封闭的玻璃钢球形罐里铺设了一定厚度的沙床，让污水在封闭的环境中流过沙床。这种设计避免了因缺少渗透面积而造成溢水现象。随着越来越多的有机颗粒被阻隔在沙层里，沙缸内的水流速度越来越慢，受到水泵不断输入水的挤压，沙缸内部的水压越来越大。当沙缸上部压力表显示压力达到一定数值后，就必须对沙缸进行反洗。这里顺便说一下，沙缸之所以设计成球形，就是因为球形内部的抗压能力最强。由于沙缸内部处于完全封闭的状态，内部水流溶解氧量很低，厌氧菌会在其中大量繁殖。如果不定期彻底反洗沙缸，沙缸内的沙子会被恶臭的菌膜包裹，不但不能起到有效的过滤效果，反而成为一个严重的污染源。

沙缸可以被制作得很大，如直径2米、3米或更大，最小的沙缸直径也在50厘米以上，这种小沙缸通常用在别墅里的锦鲤池。没有太小的沙缸，所以沙缸不适合中小型水族箱使用。沙缸定期需要消耗大量的水来反洗，在水族馆里每次反洗沙缸就等于给饲养池进行一次换水。在家养观赏鱼时，我们无法承受这种用水量。如一个容积300升的水族箱，如果使用沙缸作为初级过滤装置，那么一次反洗工作基本上相当于换掉了水族箱内全部的水。沙缸还有一个缺点，由于它是全封闭设备，进入的水必须具有一定的压力，不能像沙滤池那样凭借高低落差让水缓慢溢入。沙缸的入水必须由水泵抽入，而且为了保证水流畅通，沙缸对供水水泵的功率要求比较大，无形中增加了较大的用电设备。使用者应当根据实际情况来决定修建沙滤池还是购置沙缸。

由于沙滤池和沙缸内部的沙层在水中溶解氧充足的情况下也能起到培养硝化细菌的作用，所以具有一定的生物过滤作用。在将其用于生物菌床的时候，为了和流沙过滤器这样的流动沙床设备区分开，沙滤池和沙缸也被称为固定沙床过滤器。

△沙缸是公共水族馆中用于分离水中悬浮颗粒物的主要设备

5.箱内水流和翻水板设计

如果希望过滤棉、过滤袋能更有效地分离出鱼的粪便，首先要考虑怎样设法让水族箱中的鱼粪尽快地顺水流入过滤箱中。长方体和正方体的水族箱，其下部的四个角经常是藏污纳垢的地方，大颗粒的鱼粪在这里堆积而不是漂向出水口，鱼粪在死角里慢慢溶解在水中，当它们的颗粒足够小时，过滤棉对其就没有阻挡能力了。因此，我们经常会在水族箱中增加一台或多台制造水流用的水泵，用它们不停冲刷鱼缸角落，促使鱼的粪便上浮并最终通过出水口进入过滤箱。在小型水族箱中，也可以通过在上水管末端连接旋转水管、蛇形水管以及调整喷水角度的方式来促进水族箱内的水流。在不吝惜成本时，还可以直接使用变频造浪泵，模拟大海浪冲刷的形式。

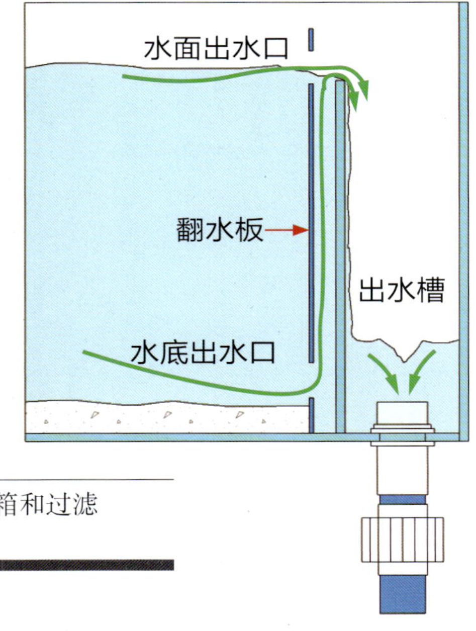

△由亚克力雕刻的翻水板让水在水族箱和过滤箱之间的循环更加充分

水族箱通向过滤箱的出水口设计也十分重要。早期，人们只在这里安装一个弯头，水只能通过水面溢流入管路中。现今，由亚克力雕刻的水族箱内翻水板，巧妙地解决了单一溢流出水的问题。水既可以通过上层的溢流孔，也可以通过设计在翻水板下方的吸水孔被排出，在翻水板后方汇总后，再进入管路。翻水板提高了鱼粪进入过滤箱的速度，确保在其完全分解成细小颗粒之前就被过滤棉阻挡住。

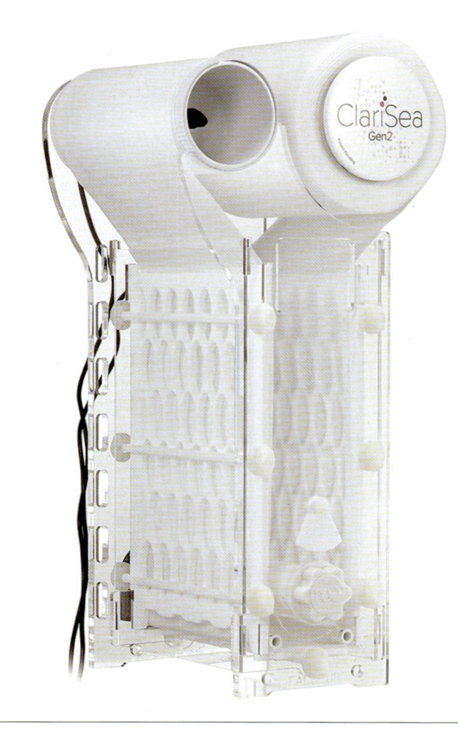

△自动替换过滤棉设备

6.清洗过滤材料

不经常清洗过滤棉和过滤袋，它们就不能发挥出应有的作用。鱼粪被阻隔在过滤棉上，但没有消失，鱼缸里的水在通过过滤棉的同时，也在不断冲刷着上面的粪便，鱼粪在这里一样会慢慢溶解于水中，所以要尽可能每天清洗过滤棉和过滤袋，洗掉上面的鱼粪。若条件不允许，也要至少3天清洗一次。有人认为不把过滤棉泡在水里使用，制作“干湿分离盒”可以很好地阻碍鱼粪溶入水中。这个想法是不科学的，不论鱼粪泡不泡在水中，只要有水通过它，它就会一点一点地溶解。在干湿分离盒里，因水流砸在过滤棉上，打碎了原本颗粒较大的鱼粪，可能还会增快鱼粪溶解速度。

当然，聪明的人总能想出“解放自己”的方法，近几年由德国和美国的海水观赏鱼爱好者发明出了免清洗的脏过滤棉自动收集器。这种装置在2018年左右传入了我国水族市场，现已开始国产化。它的形状好像一个小型的卷纸机，大卷的过滤棉被挂在机器的一端，并与另一端带有电机的轴相连。电机被定时器所控制，饲养者根据自己养鱼的实际情况来设置定时器的开关时间。当定时器打开，电机转动并将被污染的过滤棉卷入脏过滤棉收集器中，新的过滤棉随之顶替已经被卷起的脏过滤棉。这个看似不是很复杂的装置，其实被水族爱好者研究了很多年，因为要考虑其安全性和避免浪费。这种设备目前市场价格还比较高，而且过滤棉基本上只能使用一次，使用者不再清洗过滤棉，而是整卷更换，所以过滤棉的消耗量也相当大，还是一种较为奢侈的设备。

对鱼粪视而不见

其实，你可以不用任何东西来分离鱼粪，任凭它们在水中不断被分解，然后通过换水把最终代谢物（硝酸盐和磷酸盐等）带走。想一想，没有过滤棉和过滤袋，就不用清洗了，多轻松啊。在享受这种轻松的同时，你要比别人增加两倍的换水频率和换水数量。我曾经实验过，在容积400升的水族箱内，饲养包括神仙鱼、蝴蝶鱼、倒吊、隆头鱼等30尾体长在15～25厘米的鱼。保证生物过滤菌床处于良好状态的情况下，并不用任何方式分离鱼粪，只是每周换水一次，每次换150升水，那些鱼生活相当好，水中的硝酸盐浓度也没有超过200毫克/升。所以，"扔掉"过滤棉也不失为一种方法。

四、活性炭和大孔吸附树脂

在鱼类的代谢物中有很多是过滤棉和沙床无法阻隔的东西，如：油脂、可以将水染成黄色的腐殖酸（humic acid）等，我们一般会任凭这些物质在水中被细菌分解成为硝酸盐和磷酸盐。在大型水族箱，由于每次换水的比例都不是很多，油脂和腐殖酸依然能在水中不断增加，使水面产生黏糊糊的气泡，把水染成淡茶色。这时就要用到活性炭和大孔吸附树脂这类吸附性滤材了。

活性炭是将有机原料（果壳、煤、木材等）在隔绝空气的条件下加热，然后与气体反应，表面产生了许多微孔。活性炭表面的微孔直径大多在2～50纳米，每克活性炭的表面积可达500～1500平方米。由于这些微孔的存在，活性炭能吸附水中的微小有机物质颗粒物、油脂和色素等，将整包的活性炭放入过滤箱后不久，就能让水变得非常清澈。但是，市场上适合于海水过滤使用的活性炭产品并不多，活性炭在制作过程中，内部或多或少会留下含磷化合物，这些磷在海水中会提高磷酸盐的含量。只有经过特殊加工处理的活性炭，才适合用于海水过滤中。海水专用的活性炭价格不低，而且想达到良好效果，就要频繁更换，长期使用是一项较大的开销。

大孔吸附树脂是近两年来非常流行的水族箱过滤材料，市场上既有用于淡水的产品，也有用于海水的产品。像美国海化牌（Seachem）的"蛋白包（purigen）"，就是这类海水专用的产品。大孔吸附树脂是一类不含离子交换机制、有大孔结构的高分子吸附树脂，具有良好的大孔网状结构和较大的表面积，可以选择地吸附水溶液中的有机物。这种产品在20世纪60年代被应用到制药业中，但是在2010年后才被发现能在观赏鱼饲养方面起到非常好的净水作用。大孔吸附树脂的型号很多，不同型号的产品能在不同的水环境下吸附指定的有机物，所以选购时一定要购买海水专用的产品，大多数淡水专用吸附树脂与海水的不可通用。大孔吸附树脂和活性炭一样，也属于高消耗形滤材，一般放入过滤箱几小时后就要取出来。虽然通过化学试剂的浸泡，可以再次恢复其吸附功能，但恢复过程需要用到盐酸、硫酸等危险药品，并不适合普通养鱼爱好者操作。大孔吸附树脂在水的脱色、除臭、去油脂的方面有出色表现，但由于使用成本较高，一般是作为过滤系统的辅助产品备用，在过滤系统严重超载时才会将其拿出来应急。

五、蛋白质分离器

活性炭和大孔吸附树脂在去除油脂、色素等有机物时，有需要不断自我消耗的高投入问题，用蛋白质分离器去除油脂和微小的有机颗粒物的方法就经济划算多了。蛋白质分离器也被称为化氮器，常被爱好者简称为“蛋分”。相传是一位德国左林根地区的海水观赏鱼爱好者，通过观察气动过滤器上水管内污物沉积的现象而发明的一种设备。在20世纪70年代率先出现在德国，之后被推广到全世界。今天，蛋白质分离器似乎已经成为海水水族箱过滤系统中必需的设备。

蛋白质分离器的作用原理是：通过海水表面张力的作用，将大量微小的有机物在被细菌分解之前就带到水以外，阻碍氨、亚硝酸盐和硝酸盐的形成，同时具有脱色和除臭的作用。

海水含有很多的盐分，它的表面张力远大于淡水，当大量气泡混杂着海水流过较为狭小的管道时，水中的油脂、可溶性蛋白质、肉眼见不到的颗粒物、浮游微生物以及少量水中矿物质会被气泡表面携带到管道的最上方，然后流入收集杯。在过去的30年里，蛋白质分离器经过了多次革命性的设计变化，其工作效率得到大幅提升。早期蛋白质分离器可以分成“气动型”和“水泵动力型”两种，前者出现较早，但在2000年以后很少再被人们使用了。目前市场上的气动型蛋白质分离器非常少，仅有的几个型号都是用于微型水族箱的。

水泵动力蛋白质分离器的发展情况大概分为两个阶段。1985年到2000年的“后置文氏管”（文氏管是文丘里管的简称，原理很简单，就是把水流由粗变细，以加快水的流速，使水在文氏管出口的外圈形成一个低压区，从而将空气吸入）阶段，和2000年以后的“前置文氏管+针刷涡轮水泵”阶段。由于后置文氏管蛋白质分离器处理水的能力低于前置文氏管，加上产生的噪声较大，现在已经完全停产，只有少数水族馆受到设备报废时间的限制，还在使用。目前市场上出售的主流蛋白质分离器全部是前置文氏管+针刷涡轮水泵型。

家用蛋白质分离器一般用亚克力管粘合而成，水族馆中的大型产品则用玻璃钢制作。不论用什么材质的蛋分，基本是圆柱状，这是因为空气和水在圆柱体里能得到更好的接触。这些年来，为了提高蛋白质分离器的性能和美观性，厂商们在圆柱体的基础上还做了丰富多样的轻微改动，但外观的变化对蛋分性能的提高其实是非常有限的。衡量蛋白质分离器性能的核心配件是它的水泵。由于前置文氏管型蛋白质分离器的水泵在吸水的同时，也要吸入大量的空气。为了让气水更好混合，它们的涡轮是一根根的小塑料柱，而不是传统水泵那样的扇叶，故只有性能较高的水泵才能在这样不利于产生较大吸力的情况下更好地吸水，并用一根根小塑料柱将较大的气泡打碎，成为极其微小的气泡。如果不在非常近的距离观察，人眼几乎看不出里面的气泡形状，感觉蛋白质分离器里面的水就如同牛奶一般。较为劣质的蛋白质分离器内部气泡大且不均匀，有时还会“咕噜咕噜”地冒出几个鹌鹑蛋大小气泡。不均匀的气泡不但降低了分离有机物质的性能，还会经常因为压力不均匀而使海水从收集被上方冒出，俗称为“暴冲”。

蛋白质分离器安装的位置过低，或水泵的电压不稳，也会造成暴冲现象。暴冲现象是蛋分使用中的常见问题，这种现象会将已经收集到收集杯里的污物再次冲入过滤箱中。在蛋分安装时应反复观察调试，直到其内部液位保持平稳。

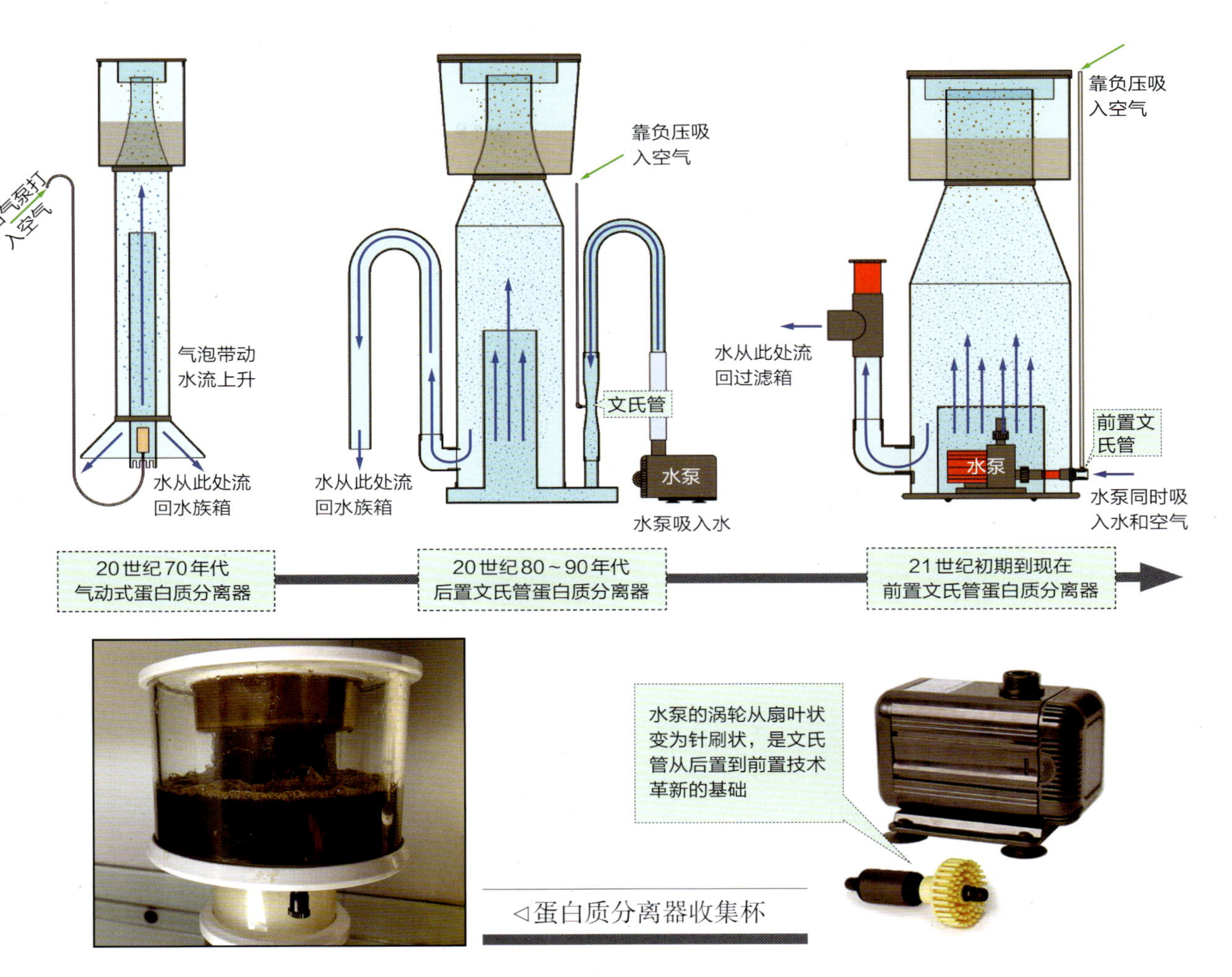

◁蛋白质分离器收集杯

中大型水族箱使用的蛋白质分离器，一般安装在过滤箱里。而那些没有配置过滤箱的小型水族箱，蛋分会被直接安装在水族箱内部或悬挂在水族箱外壁上。这样安装时，蛋分排出的水会直接进入水族箱，因此要选购出水设计合理的产品。小蛋分在排水时，或多或少都会带出一些气泡，经验不足的厂家生产的小蛋分带出的气泡非常多，这些气泡扩散在水族箱中，大幅降低了观赏效果。有小蛋分丰富生产经验的厂家在多年的摸索下，能有效避免气泡泄漏问题。由德国Tuzen和Aqua Medic（AB）两家厂商生产的小型蛋白质分离器是比较好的产品，这两个厂家均有20年以上的蛋白质分离器生产经验，其中Aqua Medic公司1987年开始生产气动式水族箱内蛋分，积累了减少气泡泄漏的丰富经验。其余品牌的蛋白质分离器目前在这方面还有待提高。相比之下，安装在过滤箱中的蛋分，泄漏出的气泡会在到达循环水泵之前上升扩散到空气里，一般不会被水泵吸入水族箱中，所以不会影响欣赏效果。

市场上蛋白质分离器的品牌非常多，比较著名的国产品牌有BUBBLE-MAGUS（BM）、AQUA EXCEL（AE）、八爪鱼（REEF OCTOPUS）等。由于蛋白质分离器最早出现在德国，并在德国观赏鱼爱好者群体中得到广泛的使用，所以当前世界上性能最好的蛋白质分离器仍是德国生产的Aqua Medic & COVE（AB）、Bubble King（BK）以及Deltec等品牌，我国销售商进口最多的产品也是这几个品牌。

任何一种蛋白质分离器在运行中难免因气水混合而产生噪声，所以在选购蛋分前，应对此有心理准备。在设计放置空间时，提前做一些适当的减噪处理。如果不是选购了具有自动清洗收集杯功能的蛋白质分离器，在使用时应保证每周清洗收集杯两次以上。也许你觉得收集杯没有满，为什么要拿出来清洗呢？仔细观察会发现，在气泡带动脏东西上升到收集杯前，有大量污物粘附在收集杯内的上升管内壁上，两天不清洗这里就会积累厚厚一层污物，阻塞气泡上升，降低蛋白质分离器的工作效率。大型蛋白质分离器，特别是用于公共水族馆的产品，在收集杯的上方安装了自动清洗马达，马达带动一对刷洗杆，定时对收集管内部进行刷洗，减少了收集杯清洗工作带来的麻烦。这种设备不能制作得非常小，所以在家用小型蛋白质分离器上并不常见。

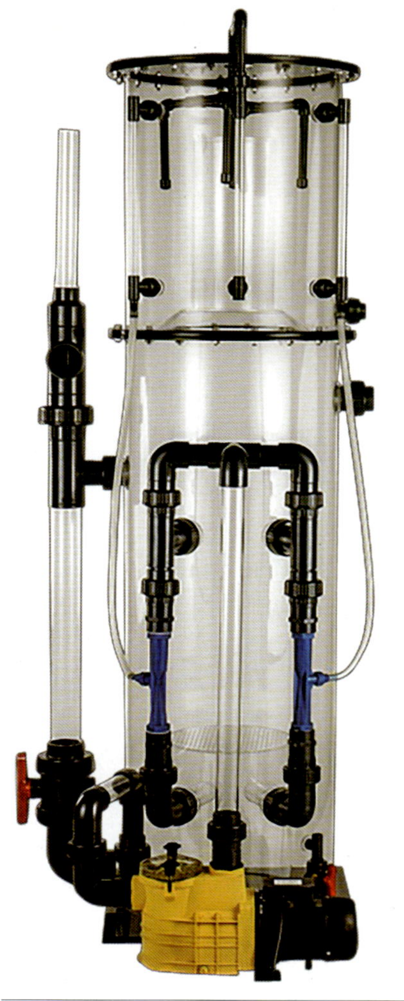

△各种型号的蛋白质分离器可以处理不同的水量

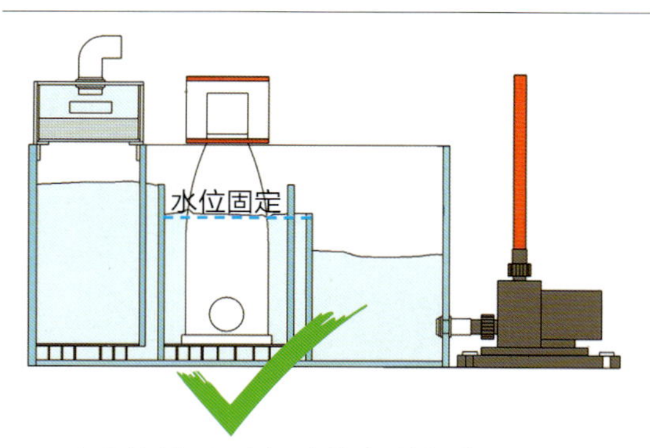

△过滤箱放置蛋白质分离器的位置后方应有规定水位高度的翻水板，这样能保证蛋分中的水位稳定，防止爆冲情况发生

△蛋白质分离器不可与水泵放在同一水槽中，受到蒸发作用和水泵功率变化的影响，蛋分内水位时高时低，水位突然升高就会发生爆冲情况

六、微生物过滤与菌床

水族箱中除生活着我们饲养的鱼类和无脊椎动物外，还生活着数以亿计的微生物。这些我们肉眼无法看到的小生命，承载着水中有机物质的转换工作，使水族箱中的水质保持良好的状态。当我们刻意将一些工作效率非常好的微生物单独培养在过滤箱的某个区域时，就诞生了“生物过滤”这一概念，并发展出了各式各样的专项设备。在了解微生物过滤的原理前，我想先简单地介绍一下水族箱中有机污染物的主要来源及其成分，以便使读者能更好地理解生物过滤的重要性。

1.水族箱中的有机物质

鱼类的粪便和残余的饵料是水族箱中主要的有机代谢物，它们本身无毒无害，如果不被分解，即使鱼缸中到处漂浮着粪便，鱼也不会中毒死亡。产生毒害的物质是这些有机物被微生物转化利用后剩下的无机物。

我们以一份鱼的粪便作为标本，分析其中的成分。饵料在胃酸和肠道益生菌的作用下被消化分解，一部分通过鱼的肠胃壁吸收，大量变成黑褐色或乳白色的糊状物被鱼的肠子“塑造”成长条状，然后排出体外。如果用人工合成饲料喂鱼，那么鱼粪中会有鱼粉、骨粉、藻粉、动物内脏粉、植物淀粉、豆料纤维、芳香剂等成分。如果同时用冰鲜饵料喂鱼，那么里面会有碎鱼肉、碎海藻、烂虾壳、碎鱼刺、鱼鳞和饵料动物体内残留的自身代谢物等。这些粪便中的残渣碎末都曾是动物或植物生命的一部分，它们仍然含有大量的碳水化合物、蛋白质、脂肪、钙质、角质等生命构成的元素。进一步对鱼粪里的残渣进行分解，就会发现如下的情况：

鱼粪中的碳水化合物主要成分：碳（C）、氢（H）、氧（O）

鱼粪中残留蛋白质的主要成分：碳（C）、氢（H）、氧（O）、氮（N）、硫（S）

鱼粪中残留脂肪的主要成分：碳（C）、氢（H）、氧（O）

鱼粪中碎鱼骨和骨粉的主要成分：碳（C）、氢（H）、氧（O）、钙（Ca）、镁（Mg）、磷（P）等

其实，还有一种东西我们看不到，但广泛存在。所有这些残留物中都保存着那些被当作饵料的动植物的遗传因子——核酸（DNA和RNA），它的主要构成元素是碳（C）、氢（H）、氧（O）、氮（N）、磷（P）。

以上就是构成生命的主要成分，微生物靠分解鱼类的代谢物，利用它们需要的元素来维持自己的生命。微生物对有机物质的利用过程，就好像我们刚才将鱼粪一点点地深入拆分成各种化学元素那样。随着微生物的深入分解，原本以各种化合物形式固锁在生物细胞内的元素以离子的方式被释放出来，并和其他离子结合成新的物质，这就造成水质污染。

其中，氢离子（H^+）和氧离子（O^{2-}）主要以水（H_2O）的再次被利用，钙、镁离子在生物降解中要么被吸收，要么与其他物质反应形成沉淀，很少变得有毒有害。碳是生命体成分中仅次于氢和氧的重要元素，它很宝贵，生命的构成需要大量的碳，所以微生物对碳利用得非常充分。构成蛋白质（蛋白质由多种氨基酸组成）与核酸的氮、硫、磷被分解出来后，则将产生真正影响水质的“元凶”。如氮与水中的氢离子结合时，就产生了有毒的氨

(NH_3)。硫与氧结合就成了有毒的二氧化硫(SO_2)。生物过滤的核心目的就是将氨、二氧化硫这样的有毒物质,再次通过其他细菌转化为无毒的物质。

也许你会问,我们是否可以通过直接阻止细菌对有机物的分解,来彻底断绝有毒物质的产生?很遗憾,这是一种理想状态,在水族箱中无法实现。细菌无处不在,它们通过自来水、底沙、与空气接触的水面等渠道进入水族箱,并在其中大量繁殖。我们没有能力阻止它们进入水族箱,只能通过巧妙地利用它们的生物特性,来创造水族箱内生态平衡。下面就先从不请自来、数量庞大的异养腐生菌说起。

2.品种繁多、数量庞大的异养腐生菌

根据地球上所有生命体获取营养的不同方法,可分为自养生物和异养生物两大类生命形式。其中,植物和一些细菌能通过光合作用转化二氧化碳为自身生长提供所需的养料,被称为光能自养生物(photoautotroph)。消化细菌等通过氧化还原化学物质所产生的能量,转化二氧化碳为自己所需的养料来源,被称为化能自养生物(chemoautotroph)。所有动物、真菌和大多数的细菌必须通过获取其他生命及生命残骸中的碳、氮等元素来得到营养,被称为异养生物(outer nutrient)。异养细菌中的一些靠寄生在活的动植物身上,获取寄主的营养,被称为异养寄生菌(parasite)。另外一些异养细菌和真菌靠分解死去的动植物粪便和尸体获得营养,它们就是异养腐生菌(saprophyte)。异养腐生菌广泛存在于淡水、海水和土壤中,是大自然生物营养转化循环中最重要的成员。青霉菌、根霉菌乃至蘑菇、木耳,都是异养腐生菌。

我们虽然看不到水族箱中的异养腐生菌,但它们的数量非常多,品种也非常丰富(如大肠杆菌、芽孢杆菌、弧菌、乳酸菌、粪链球菌等)。它们给我们带来的直观好处是"鱼缸里的水总是清澈透明的"。不要认为水清是过滤棉的作用,也不要将水的清澈归功于后面要讲的硝化细菌,异养腐生菌才是清水的真正缔造者。异养腐生菌以动植物尸体和动物代谢物为营养来源,吸收其中大部分的碳形成自己的组织。能使水变得浑浊的有机碎屑,被异养腐生菌"吃掉"了,水自然变清澈了。当我们在一盆浑浊的水中放入一些泥土后,将其静置几天,水就能变得非常清澈,这就是泥土中的异养腐生菌在水中起到了作用。

水族箱中大多数异养腐生菌是耗氧细菌,它们的"工作环境"需要充足的氧。流动水因溶解氧充足,要比静止水变清澈的速度快。有些异养腐生菌不但可以利用有机物中的碳,还可以利用或固锁其中的氮,这个过程就是现在生态治理方面常常提到的"固氮""固碳"作用。具有固氮作用的异养腐生菌不但可以让水变得清澈,还可以降低水中氨、亚硝酸盐、硝酸盐的含量,在水处理方面被格外重视。异养光合菌和枯草芽孢杆菌都属于具有固碳、固氮作用的细菌,后面我们会详细讲它们在水族箱过滤中的应用,这里先泛讲所有异养腐生菌。

我们在水族店里能买到硝化菌种,却买不到异养腐生菌种(除光合菌和枯草芽孢杆菌),异养腐生菌对水净化过程如此重要,为什么没地方去买呢?因为你不需要买,自来水管中流出的水里就有无数异养腐生菌,它们在自来水被调配成海水后也不会死亡。异养腐生菌水进入水族箱后,鱼类的代谢物给它们提供了比自来水中多上万倍的食物,开始大量

繁殖。异养腐生菌的繁殖速度非常快，有些品种在20分钟内可以繁殖10倍，当它们在水中的数量达到一定规模时，不论你多么玩命地喂鱼，鱼多么疯狂地排泄，水依然能保持清澈透明。因水中溶解氧情况的不同，异养腐生菌一般在养鱼后的2～7天里达到最佳数量，故我们常常发现在一开始养鱼的那几天，水总是不透亮，好像里面有“雾霾”，但是过几天不知不觉间“雾霾”就消失了。异养腐生菌的高速繁殖需要大量的溶解氧，如果在水清澈以后关闭水泵、气泵等循环增氧设备，几个小时后，水里的“雾霾”就又出来了，这就是缺氧情况下造成大量异养腐生菌死亡、有机物不能得到快速分解所造成的。

大部分异养腐生菌在消耗掉有机物内的碳后，会促使其中的氮与氢结合形成有毒的氨，氨的存在不会让水看上去浑浊，所以我们不容易发现它。在微生物种群均衡分布的水族箱中，氨也会被很快分解，这就是下面要说的另一细菌家族——硝化细菌的功劳。

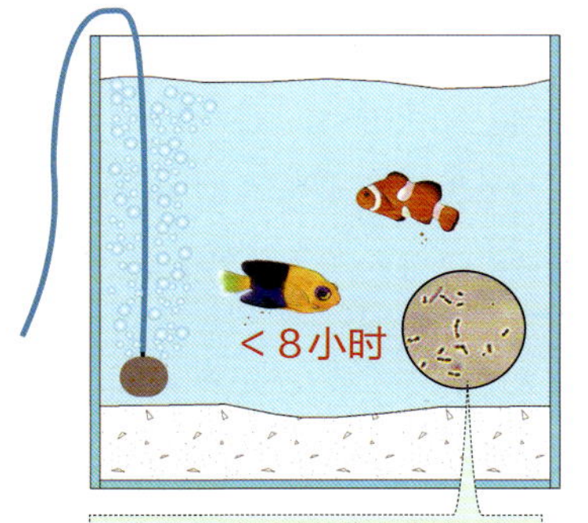

△新水中的鱼类代谢物很少，所以水处于清澈状态

△ 8小时以后，水中鱼类代谢物增多，因为此时异养腐生菌还没有增殖到最佳数量，所以水呈浑浊状

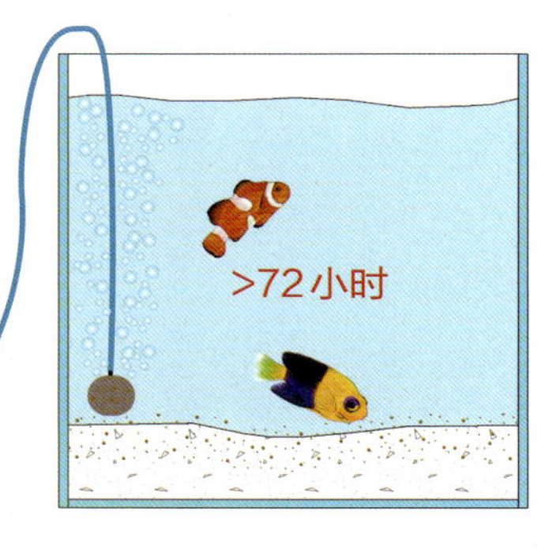

△ 72小时以后，水中异养腐生菌达到最佳数量，鱼类代谢物被分解凝絮沉到底部，水恢复清澈状态

3.起重要作用的硝化细菌群落

硝化细菌通过对氮进行氧化作用时所产生的能量来同化二氧化碳，以便得到自己生长繁殖所需的碳源。这句话很不好被理解，可以简单地解释为：当硝化细菌需要从二氧化碳获得碳作为自己的细胞组织结构时，必须有一定的能量来帮助它把二氧化碳进行“深加工”，因为氨（NH_3）被氧化成亚硝酸根（NO_2^-）和亚硝酸被氧化成硝酸根（NO_3^-）时能产生一定的能量，硝化细菌主动开展并利用了这种化学反应。硝化细菌并不是以氨和亚硝酸盐为食物，而是把它们作为“能源”，有点像我们靠燃烧木炭来煮米饭的道理。

硝化细菌家族中的成员非常多，可以根据其所同化的元素不同，分为亚硝酸菌（nitrosomonas）和硝酸菌（nitrobacter）。在水族箱中，前者负责将氨转化为亚硝酸盐，后者再将亚硝酸盐转化为硝酸盐。还有一些硝化细菌可以在缺氧的情况下，在同化硫（S）等物质的过程中获得能量，它们并没有被广泛利用到观赏鱼饲养活动中，所以暂且不谈它们了。

硝化细菌转化水中的氨需要两个必要的条件，一是丰富的溶解氧，二是给予它们生长繁育的附着材料。刚才谈到了，硝化细菌同化氨和亚硝酸盐的过程实际上是一个氧化过程，

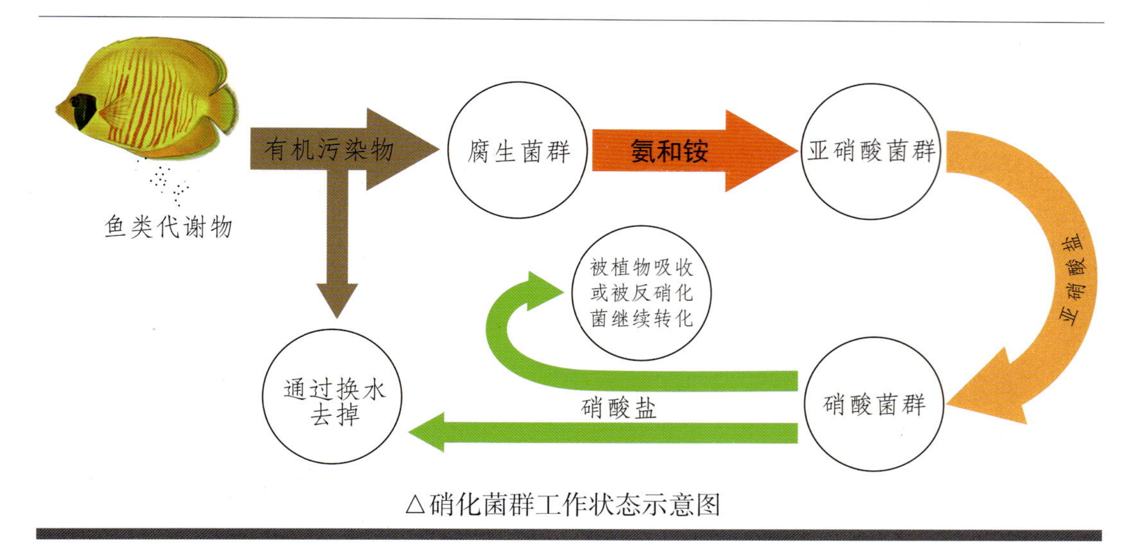

△硝化菌群工作状态示意图

离不开氧。水中的溶解氧含量越高，硝化细菌的转化效率越高；水中溶解氧含量过低时，硝化细菌失去转化氨、亚硝酸盐的能力。因此，要想让水中的氨和亚硝酸盐含量降低，使水保持富氧状态是非常重要的。硝化细菌和大多数异养腐生菌不同，不采取漂浮在水中的生活方式，而是附着在固体物质的表面，只有用来繁殖的孢子才会短时间随水漂流，所以硝化细菌的培养需要菌床。菌床被安置在水族箱或过滤箱里，在这里，由异养腐生菌分解有机物而不断产生的氨，被快速转化为亚硝酸盐和硝酸盐，从而保证水中氨的含量处于非常低的水平。

不论是淡水养鱼还是海水养鱼，硝化细菌菌床都是水族箱生物过滤的核心组成部分。硝化细菌可以附着在任何物体的表面，如岩石、沙子甚至是玻璃内壁上，不过要想让它们的数量繁殖得非常多，就必须为其提供更多面积的“居住环境”，所以我们要用多微孔结构的产品来增加菌床的表面积。这些专门用于硝化细菌培养的材料就是水族市场上出售的“生物滤材”。它们要么是一些多表面的塑料制品，要么是多微孔结构的陶瓷或石英制品，如生物球、陶瓷环、石英珠等。在海水中使用的生物滤材需要性质稳定，不会被海水腐蚀分解，陶瓷环一直是首选材料。近年来，一些厂商开发出的由石英烧制而成的石英珠、石英棒，它们比陶瓷制品更坚固，在继承了陶瓷环多微孔结构特性的同时，减少因长期使用造成的破碎粉化现象，是当前比较先进的生物滤材。在大型水体养殖中，为降低成本和减轻过滤箱重量，也常常采用多表面的塑料生物球和MBBR流动菌床填料，这些材料也有很好的效果。在水产养殖和鲜活体海鲜的暂养方面，多采用大颗粒珊瑚砂和牡蛎壳作为生物滤材，但是这些天然滤材上可能含有未完全分解的有机物质和有害细菌，所以在观赏鱼饲养方面并不提倡使用。

硝化细菌菌床的设计经历了将近百年的发展演变，在保证富氧水流过表面粗糙介质的前提条件下，硝化细菌菌床的各种设置方式都没有被历史所淘汰。发明于距今80年前的菌床设置方法和刚刚出现的菌床设置方法都会被选择，并用于水族箱内的生物过滤。为了让读者更好地了解各种菌床的原理，在设计自己的生物过滤器时能因地制宜、随机应变，笔者将对几种常用于海水水族箱的菌床设置方式进行较为详细的说明。

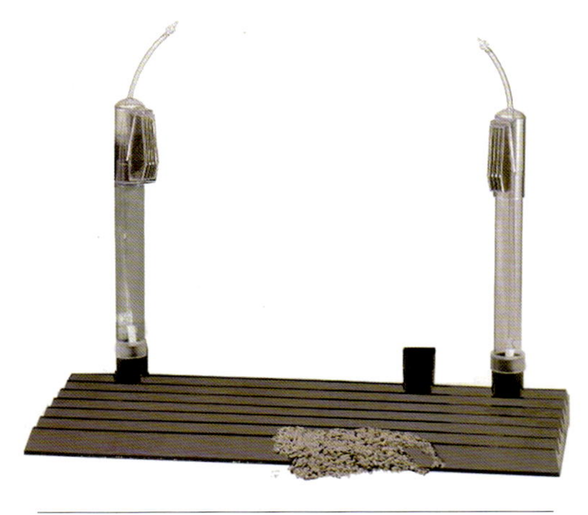
△常见的气动底床过滤器

（1）箱内底部菌床

早在80年前，如果在水族箱底沙下面放置隔板，留出一个没有沙子的水层，然后向隔板上连接的管子里打气，带动沙层下部水与上部水的交换，就可以让水渗过沙床，从而在沙床内培养出大量的硝化细菌。这就是最早的生物过滤方式，被称为“箱内底床过滤”。当小型潜水泵被发明以后，水泵替代了气泵成为这种过滤方式的动力源，气泵采取直接抽水的方法，所以能让水更加高速均匀地流过底床，使沙层中不至于缺氧，增加了沙床对硝化细菌的培养能力。

底部菌床虽然在培养硝化细菌方面比较有效，但是由于没有初级的物理过滤组件，鱼的排泄物会一直存在于水族箱中，直到它们被硝化细菌完全转化为硝酸盐。有些细小颗粒物会随着水流渗入沙层中，阻塞沙粒的间隙，造成循环不畅、局部缺氧的问题。底部菌床不太适合用来饲养排泄量比较大的观赏鱼，如大型神仙鱼、大型倒吊类等。即便是饲养排泄量较少的鱼类，底床也需要每年彻底清洗一次，这种将鱼捞出、全部排空水，然后将沙子全部取出清洗干净再放回去的工作，费时又费力。而且，经过彻底清洗的沙子上面附着的硝化细菌大量死亡，清洗过后的几周，水质都不容易稳定下来。

为了避免因有机颗粒物阻塞沙床带来的麻烦，一些爱好者发现，如果将水泵的出水口连接到管子上，使水从水族箱底部向上流经沙床，可以大幅减少颗粒物在沙层中的残留问题。假如用内置水泵的过滤桶作为动力源，就可以将鱼粪收集在过滤桶里，让比较干净的水流过沙床。这种底床形式称为“反冲式底部过滤床”。反冲式底部过滤床虽然解决了普通底床的一些问题，但由于水是被水泵吹入而不是通过自然压力渗入沙层，所以即使在鱼缸底部盘接大量的微孔出水管，也难确保水均匀流过沙床，导致其工作效率没有传统的底床那样高。

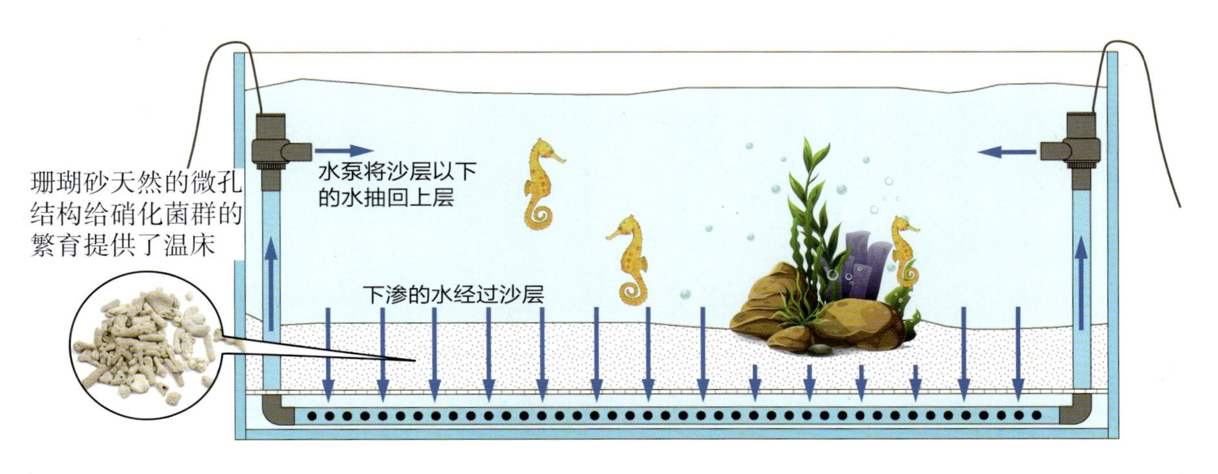

虽然底床式过滤存在种种问题，却是投资最小、安全性最高的生物过滤菌床形式。因为不需要将水抽出或抽入水族箱，所以底床不需要太大的水泵来带动。又因水泵和所有管子都安装在水族箱内部，避免了因管路老化可能带来的漏水问题。底床过滤还省去了放在底柜内的过滤箱，不用为水族箱单独准备底柜，可以将它放在家中闲置的五斗橱、写字台上。

底床过滤非常适合饲养小丑鱼、海马、海葵、海星等小生物，因为安全且节省空间，常作为给少年儿童做自然观察教具，广泛应用于临时性的自然教育课堂。小丑鱼、海马等鱼类的人工繁育过程中也时常被用到。

△抽屉式滴流过滤盒

（2）滴流式菌床

滴流式菌床是通过水泵将水族箱内的水抽到位于水族箱上方的过滤箱（盒）中，然后用多孔的出水管将水均匀地洒在滤材上，水流过滤材后，通过滤箱下方的出水口自然流回水族箱。这种过滤形式出现得也很早，早期曾配合上部抽水马达使用，是20世纪60年代到90年代初期水族箱过滤器中的主流产品。滴流式菌床的优点在于：水在流过滤材的同时，大面积与空气接触，始终保证水中含有大量的溶解氧。硝化细菌在水气交融的滤材表面比完全浸泡在水中的滤材表面的繁殖速度快很多，所以滴流式菌床处理水中氨和亚硝酸盐的效率最高。

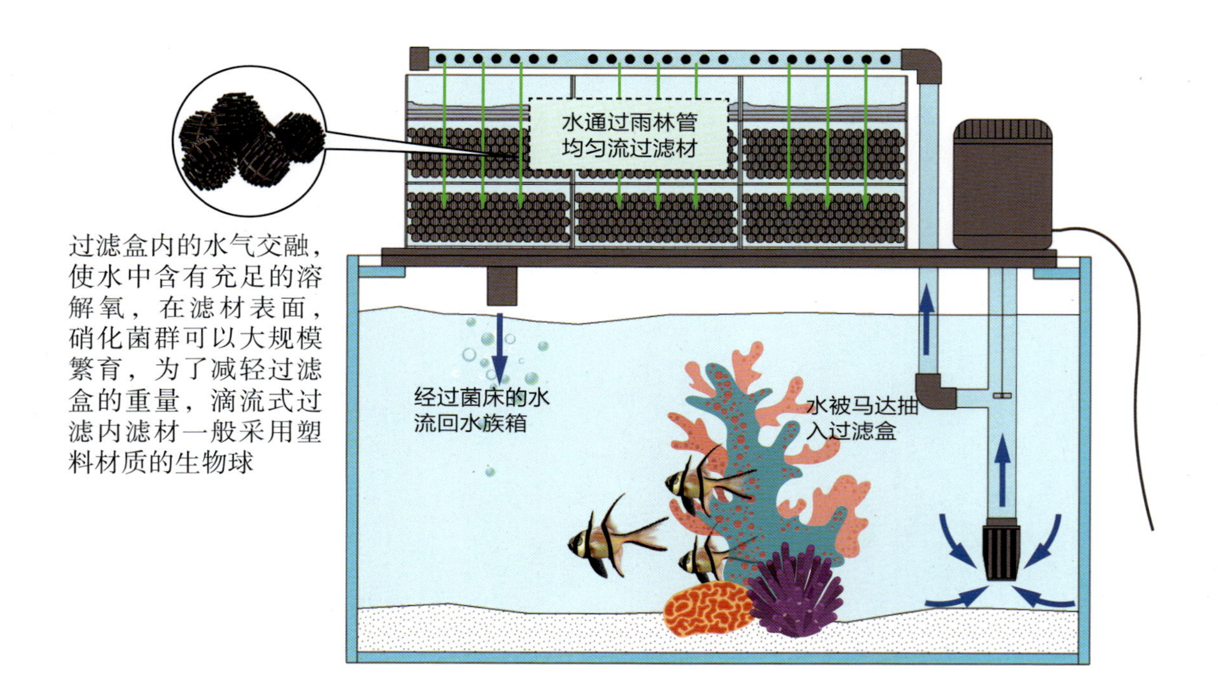

滴流式菌床的缺点是：即使用出水孔非常多的淋水管（现在多称为雨淋管）向滤材上洒水，也无法保证水能通过过滤箱内的所有滤材，常常会出现始终没有水流过的滤材区域，造成比较大的空间浪费。水族箱越大，安装在上方的过滤箱越大，可能产生的无水流过区域也就越多。滴流过滤形式一般用于长度小于1米、容积小于300升的水族箱。为了减轻重量，滴流式菌床多采用塑料材质的滤材，这些滤材在同等体积的情况下，没有微孔结构的陶瓷产品表面积大，即使流过的水溶解氧含量很高，最终过滤效果也不会特别好。再加上水从上面淋下来产生比较多的噪声，并使盐水乱溅，形成一片一片讨厌的盐渍。近十几年来，很少有人将其单独用于海水水族箱过滤，倒是在淡水神仙鱼、龙鱼饲养用水的过滤方面被广泛应用。

由于滴流过滤箱轻便，易于搬运，目前多用于临时设置的海水水族箱进行鱼类暂养，以及配合溢流菌床使用。

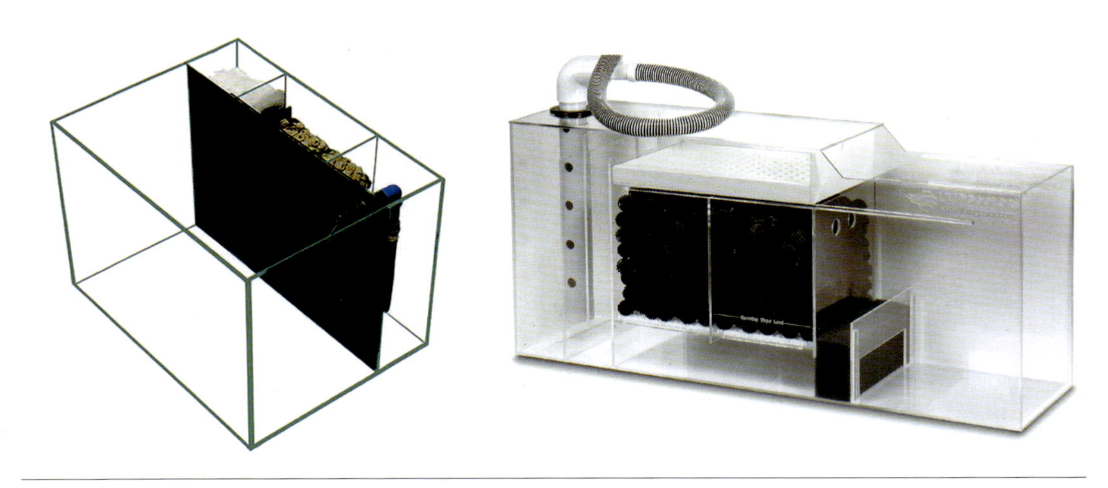

△配置有背滤槽的小水族箱和安装在水族箱底柜中的大型过滤箱，都属溢流式菌床

（3）溢流式菌床

溢流式菌床可以设置在水族箱底柜内的过滤箱里，也可以通过玻璃板对水族箱侧面和背面空间进行分隔，设立在水族箱侧面和背面。目前，这种菌床形式是应用最广的一种生物过滤方式。将溢流过滤区域设置在侧面的水族箱称为“侧滤水族箱”，将溢流过滤区域设置在背面的水族箱称为“背滤水族箱”。这两种形式多为容积小于200升的小型水族箱，由于其占用空间小，投资成本低，摆放在水族店里时，非常吸引第一次想饲养海水观赏鱼的新手们。

相对于侧滤和背滤来说，单独安放在底柜中的独立过滤箱是海水水族箱过滤器的主流形式。在公共水族馆中，多采用溢流形式的过滤箱、过滤池。这种过滤形式便于管理，而且能很好地与蛋白质分离器、杀菌灯、硝酸盐去除器等设备配合使用，将所有设备集中在一个过滤箱内，使空间变得整洁有序。

在溢流过滤形式中，水会在过滤箱每个隔断里，通过一组又一组的菌床，溶解氧不断被细菌消耗。当水通过位置靠后的菌床时，就容易出现溶氧量不足。溢流过滤箱在设计中要充分考虑怎样保持水中的溶解氧含量始终一致，如利用反水板增加水与空气的接触面积、向过滤箱中打气、在两个溢流分隔区中间放置蛋白质分离器等方法。

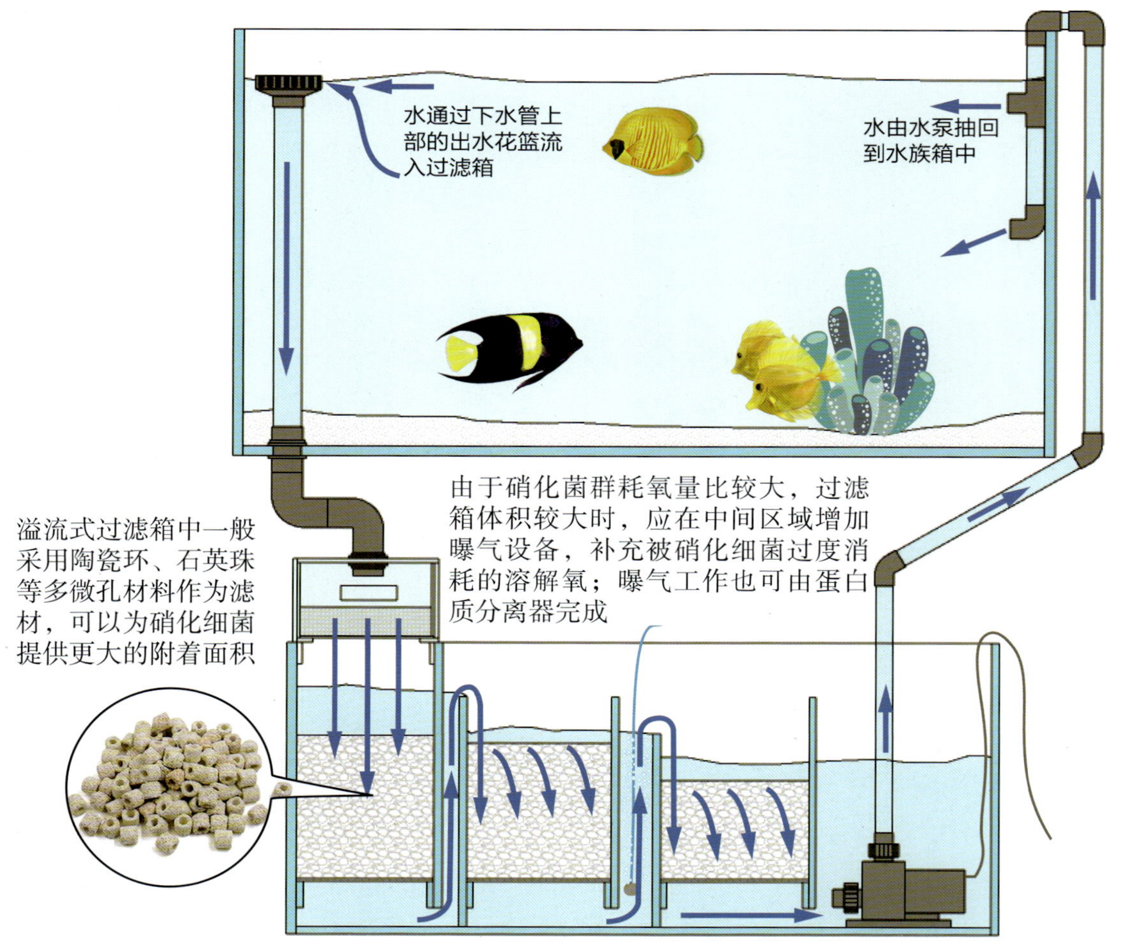

（4）流动菌床

流动床过滤是一种利用水泵将水高速注入一个装有轻质滤材的空间，轻质滤材在水流推动下不断翻滚，成为良好的硝化菌床。最早出现的流动床过滤器是流沙过滤器，它是利用水泵吹动细石英砂来培养硝化细菌。这种装置培育细菌的效率比滴流形式和溢流形式都要高，很小的一个流沙过滤器就可以顶替一大组溢流菌床，所以能节约空间。不过，一旦停电，水泵无法吹动流沙过滤器里厚厚的沙层，沙中庞大的硝化细菌群落会迅速将内部的溶解氧耗尽，开始大规模死亡。硝化细菌死后，在缺氧的情况下，有害的厌氧菌开始发展起来，就会在沙层中积累硫化氢等有毒物质。所以，流沙过滤器最怕停电，一旦停电，就必须将流沙过滤器拆下来彻底更换里面变臭了的沙子，然后重新培养硝化细菌。

近几年，利用MBBR填料为生物滤材的流动菌床在工厂化水产养殖方面被广泛应用，进而被引用到水族馆和家庭观赏鱼饲养领域，表现出了良好的效果。由于MBBR填料质地较轻，在水泵停止运转时能漂浮在过滤池上方，避免了流沙过滤器中细沙全部沉入底部造成迅速缺氧的问题。在停电后，用人工搅动的办法可以减慢硝化细菌群落衰亡的速度，避免因失去水泵动力而造成过滤系统全面崩溃。以MBBR填料为流动床的生物过滤形式，现在基本上已经完全代替了传统的流沙过滤器，成为现代流动床生物过滤的主角。

△20世纪90年代，流沙过滤桶曾是用来培养硝化菌群的神器

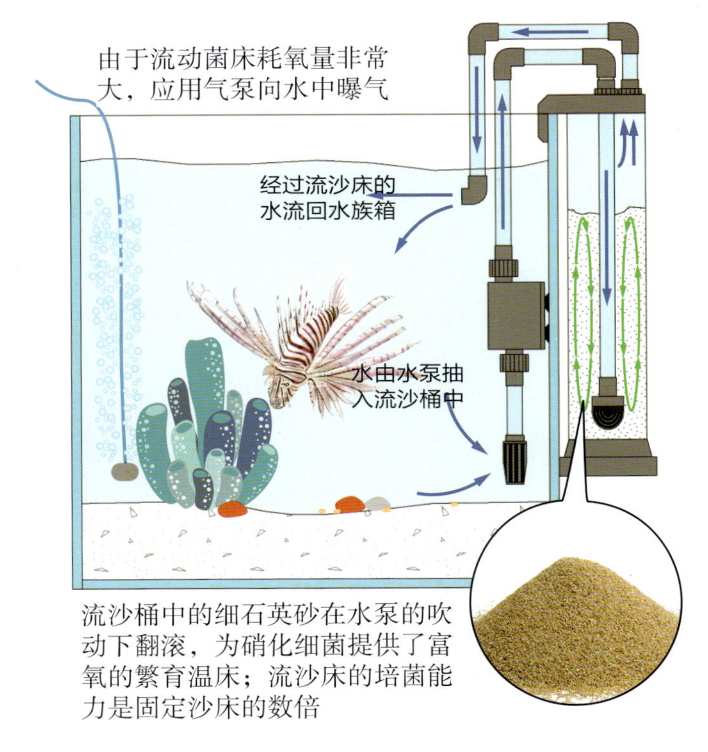

流沙桶中的细石英砂在水泵的吹动下翻滚，为硝化细菌提供了富氧的繁育温床；流沙床的培菌能力是固定沙床的数倍

流动床过滤具有占用面积小、生物反应充分的优点，但是必须使用独立的水泵作为动力源，在大型过滤池中使用流动床，不但需要大功率的水泵带动，还需要用大功率的气泵甚至冲浪机来增加水的流动性，避免细菌大量繁殖带来的缺氧问题。这种菌床形式虽然节省空间，但消耗的能源多于其他菌床形式。

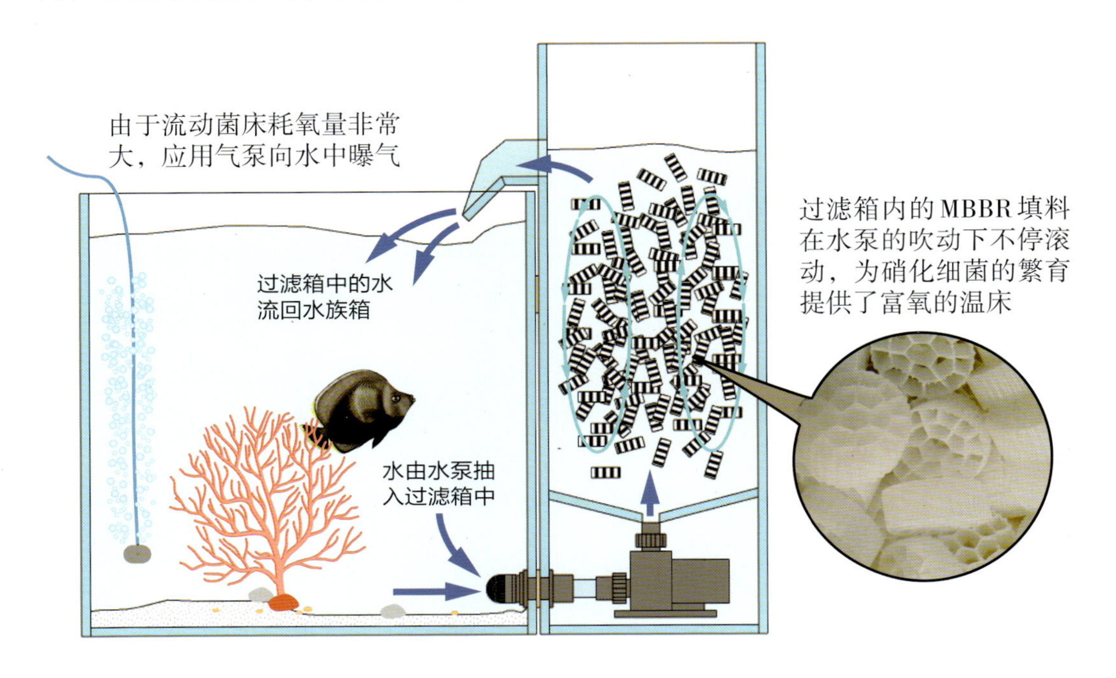

过滤箱内的MBBR填料在水泵的吹动下不停滚动，为硝化细菌的繁育提供了富氧的温床

（5）菌床体积和工作效率

了解了各种菌床的形式后，读者朋友可能会问：一个水族箱配置体积多大的生物过滤箱比较合理？过滤箱内放置多少滤材是最有效的方式呢？这个问题其实很少有人去思考和研究，因为饲养者往往会在空间允许的情况下，尽可能地扩大菌床体积，宁可富富有余，也不希望不够用。近几年，笔者就海水观赏鱼饲养水体与硝化细菌菌床体积之间的比例问题，做了部分实验，总结了一些规律，在这里分享给读者朋友，希望能对过滤箱设计有帮助作用。

我们要知道，菌床的工作效率除了和其自身体积有关，还受到水中溶氧量和水体的循环量影响。在菌床体积不变的情况下，水的循环量越大，水中的溶解氧含量越高，硝化细菌的工作效率就越高。前面讲过，小型水族箱与过滤箱之间的水循环量通常是10～20次/小时。大型水族箱和水池与过滤设备之间的水循环量通常是4～8次/小时。一般建议将海水中的溶解氧含量控制在8毫克/升（25℃）的接近饱和状态，所以循环量和溶氧量都可以看作是定量，我们要研究的是在这两个定量下，水族箱水体与硝化细菌床体积的最佳比例。

在使用大颗粒珊瑚砂、陶瓷环和石英球作为滤材，采用箱内底床式或溢流式菌床时，当为容积100升的水族箱配置总体积0.02万立方米菌床（约放置10公斤的珊瑚砂或石英珠，也可以改成8.5公斤的陶瓷环），其菌床和水体的比例达到最佳值，鱼类放养数量不受菌床体积的影响，只要水中不出现严重的跌酸和缺氧现象，就可以尽可能多放养鱼类。在实验中，这个100升的水族箱中放养了10尾体长10厘米的蝴蝶鱼、5尾体长10厘米的刺尾鱼、2尾体长10厘米的神仙鱼、12尾体长3～6厘米的雀鲷和花鮨。鱼类总体长超过200厘米，总重量超过1200克，每日消耗25～30克饲料（其中包括人工颗粒饲料和喂养花鮨用的虾肉）。这个水族箱除了用气泵进行打气增氧，并没有使用蛋白质分离器等辅助过滤设备，也不利用过滤棉等材料将鱼粪分离出来，只通过每周换40升海水的方式解决硝酸盐和磷酸盐的沉积问题。经过10个月的测试观察，发现水中的氨含量从来没有超过0.1毫克/升，鱼类活跃且食欲旺盛。当将滤材去掉1/3后，喂养3天后测试氨浓度时发现，水中氨含量升至0.15毫克/升，但是在之后的一个月中氨含量再没有超过这个数值。我继续拿出滤材，使滤材的数量是一开始数量的1/2，氨含量上升到0.25毫克/升，临近威胁鱼类健康的数值。此时，我将2尾神仙鱼和5尾刺尾鱼捞到别的水族箱中饲养，并将每日投喂量减小到15克以内。3天后，氨的浓度从0.25毫克/升降至0.1毫克/升。因此，容积100升的水族箱配置生物菌床的体积应在0.01～0.02立方米之间。低于这个数值，则水中的硝化作用速度较慢；高于这个数值后，硝化细菌对水中氨的处理能力也不会再提升。

另一个实验是以1000升水体的玻璃钢暂养池为实验对象开展的，开始用0.2立方米的生物滤材为这个池子配置了菌床，当硝化菌群成熟后，其养鱼效果和100升水族箱当初的效果一样。之后，我将滤材缩减到原来的一半，水中的氨浓度仍然没有超过0.1毫克/升，直至我将滤材体积减少到原来的约30%时（0.065立方米），水中的氨浓度才上升到0.2毫克/升。这说明水体越大，硝化作用对生物菌床体积的需求越小。原理可能是大水体的缓冲能力强，并且在大水池中，即便饲养了大型鱼类，其实际放养密度也没达到小型水族箱的放养水平。

结合以上两个实验，我建议在容积小于600升的水族箱饲养海水观赏鱼时，应每100升水配置6～8公斤的陶瓷或石英滤材作为菌床。在公共水族馆、养殖场进行大水体养殖时，生物滤材的配置比例可以缩减到每1000升水体30～50公斤。

（6）硝化细菌群落的成熟速度与鱼类放养密度的提升

硝化细菌和异养腐生菌不同，它们的繁殖速度非常慢。在水温25℃时，亚硝酸菌在水中平均每15小时增殖一倍，硝酸菌增殖一倍的速度则需要将近60小时。而异养腐生菌的繁殖周期约为22分钟，也就是22分钟后1个变2个，44分钟后变为4个，理论上讲，20个小时后，1个异养腐生菌可以变成1亿个。当新水族箱中的异养腐生菌已经开始拼命“制造”氨时，硝化细菌们还处在数量极少的“濒危”状态。因此，新水族箱中的氨会在一段时期里越来越高，直到毒死鱼类。二十几天后，氨开始下降，亚硝酸盐开始大幅升高。这就是养鱼爱好者常说的“新缸综合征”。

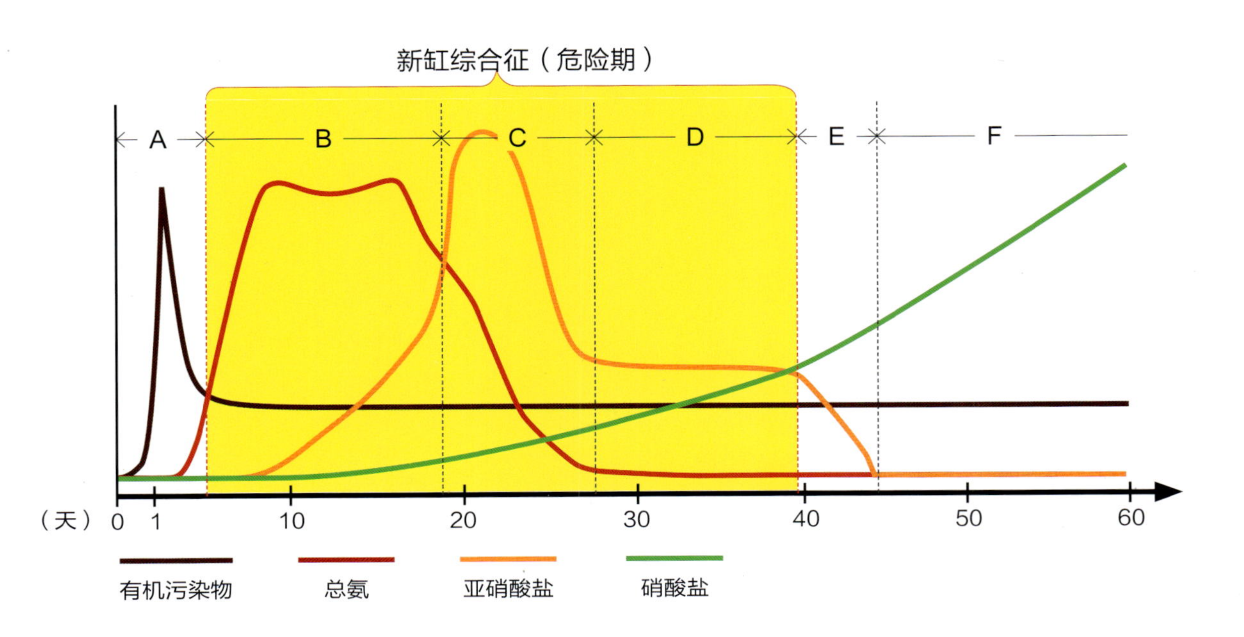

A.水中所有菌群数量均不稳定，由鱼类排泄产生的有机污染物不能被快速分解。

B.腐生菌达到最佳数量，大量有机物被转化为氨和铵，硝化细菌数量还非常少，此时有机含量下降并趋于平稳，总氨浓度大幅上升并出现峰值，亚硝酸盐和硝酸盐浓度缓慢上升。

C.亚硝酸菌达到最佳数量，但硝酸菌还不成熟，此时亚硝酸盐浓度达到峰值，总氨开始回落，硝酸盐浓度缓慢上升。水族箱中的褐藻泛滥成灾，pH值大幅波动。

D.硝酸菌达到最佳数量，硝酸盐浓度开始快速上升，总氨浓度接近0，亚硝酸盐浓度大幅回落。

E.水中亚硝酸菌群和硝酸菌群完全成熟，生物过滤系统进入平稳运行期，总氨和亚硝酸盐浓度跌至0，硝酸盐浓度根据日常投喂量按一定的规律上升。

F.水中所有菌群全部成熟，在水质不发生突变的情况下，总氨和亚硝酸盐浓度一直为0，硝酸盐浓度根据日常投喂量有规律的上升，有机污染物保持在一个较低的稳定值上。

为了避免新缸综合征对鱼类的危害，一般需要在建立一个水族箱后，经过1～2个月的养水期，才能开始有规模地放养鱼类。若想让水族箱内鱼类数量达到最佳值，则需要3～6个月的时间。

在新水中氨的浓度基本为0、亚硝酸盐浓度处于接近0的状态，当我们在水中放养鱼时，鱼的代谢物开始让异养腐生菌大规模繁殖，在水温25℃的情况下，水中的氨浓度3～7天后就能达到0.2毫克/升以上，鱼类生命受到威胁。但如果不在水中养鱼，水中的有机物一直处于贫瘠状态，异养腐生菌不能大量增殖，硝化细菌由于缺少氨作为能量源，也不会大量增殖。也就是说，一个新水族箱在不养任何生物的情况下，空转几个月，菌群也不会完善地建立起来，所以在养水期间需要在水中添加有机污染源，才能让细菌大规模增殖。

想一想，去菜市场买一斤虾仁，大部分清炒来吃，留下一两个用来养水是个不错的做法。一般可以在每100升水中放入一枚10克左右的虾仁，也可以放一条很小的死鱼或一只死去的贝类，让它们在水中腐烂分解到完全消失。当虾仁完全消失以后，水开始变得越来越清澈，这是异养菌数量达到巅峰的表现。在虾仁消失10天后，测试水中氨和亚硝酸盐的浓度，如果氨浓度很高而亚硝酸盐浓度很低，则说明硝化细菌数量还很少。如果氨浓度非常低，亚硝酸盐浓度很高，说明硝化细菌已经开始大规模增殖了。在这之后，每5天测试一次氨和亚硝酸盐浓度，当它们的浓度都接近于0时，即是向水族箱中放鱼的开始。

也有人在新水水族箱中直接放入几尾雀鲷作为“闯缸鱼”，在正常喂养情况下，它们的排泄物也是细菌繁殖的营养和能量源。由于雀鲷类对氨浓度的适应能力很强，所以当氨浓度达到0.2～0.5毫克/升时，它们也不会死亡，只是表现出身体颜色变化（如三间雀在氨浓度较高的环境里会变成黑色）、不进食等情况。等到我们再次观察到雀鲷展现出靓丽的体色，开始欢快地寻找食物时，就可以再放新鱼了。不过，这种培菌效果没有直接用腐烂物培养的效果好，原因是少量小型鱼的排泄物有限，当氨浓度增高后，鱼类又停止进食，这就抑制了腐生菌和硝化菌的增殖数量。等到增加鱼的数量后，由于养水期得到的硝化菌数量不足，水中的氨浓度还会频繁波动，甚至每次放入新鱼后，水中的氨浓度都会小幅升高。还是利用虾仁、小死鱼的方式更为高效。需要注意的是，投入新水族箱的虾仁或小死鱼一定要用低浓度高锰酸钾溶液进行浸泡消毒，因为这些水产品身上可能携带着能传染给观赏鱼的病菌和寄生虫。

（7）商品菌种的选择与植入

自来水因经过反复消毒处理，其中硝化细菌及其孢子的数量比较少，这就需要在新水中人工添加菌种，促使硝化菌群落快速增殖。市场上可以买到的水族箱专用硝化菌种繁多，其中不乏以次充好，以其他菌种冒充硝化细菌的商品，在选购时要格外注意。如颜色呈红褐色、茶色，闻起来有臭味、酸味和尿骚味的菌种，一般是异养光合菌菌种。虽然在水中添加光合菌菌种没有坏处，但是它们不能替代硝化细菌在水族箱中的重要地位。还有一些常见的复合菌种，如综合了硝化菌、光合菌、芽孢杆菌、乳酸菌、硫化菌的产品。这些菌都是有益细菌，但如果使用不当，也不会有很好的效果。关于其他菌种的问题，我之后再说，这里先介绍硝化菌种的选购和植入。

①细菌屋（石英棒状滤材）②石英珠滤材
③各种硝化细菌菌种产品

市场上出售的纯硝化细菌菌种分为两种类型，一种是干燥的孢子，另一种是透明无色的休眠菌液体。休眠菌在海水中马上会恢复活力，开始增殖，见到效果较快。孢子类产品投入水中后，见效速度稍慢，但孢子类产品菌种含量高，且价格低廉，在大型水体养殖时常被作为首期植入菌种。为了尽量缩短养水时间，在水族箱中植入硝化细菌菌种要讲究科学方法。一次大量植入菌种的效果不会很好，因为细菌的存活和繁殖需要相对稳定的环境和能量来源，如果一次植入太多，则大多数菌种因生存条件不足而死亡。有效的菌种植入办法是少量多次，如在200升水中，每天植入0.2毫升菌种，持续5天，这种方法的效果就要好很多。因为菌种能分批进入水体，一部分一部分地均匀附着在菌床上，持续缓慢地利用水中的能量源，提升了细菌的成活率。

在植入菌种的这段时间里，应关闭蛋白质分离器，避免菌种在没有着床前随着有机物被分离出去。也必须关闭杀菌灯、臭氧机等杀菌设备，更不能在水中放入杀菌类药物。待细菌群落成熟后，再开启蛋白质分离器和杀菌灯等设备。细菌的繁殖速度和水温有一定的关系，水温越高，细菌繁殖速度越快。为了缩短养水时间，可在养水期将水温提升至30℃，当菌床稳定后，再降低到养鱼的常规温度。

成熟的硝化细菌群落附着在菌床表面和微孔中，无色也无味，我们用肉眼看不到。如果滤材上面出现褐色、黑色或绿色的斑块，不要认为那是硝化细菌，其实是因为光照在过滤箱上滋生的藻类，也可能是有大颗粒有机物粘附在滤材上了。滤材上的藻类和杂物会阻塞滤材的微孔结构，降低细菌的有效附着空间，所以生物菌床应设置在无光的环境里，尽量用过滤棉、过滤袋等阻隔大颗粒有机物进入菌床内部。

△小白球硝酸盐去除器

△固态碳源类产品

△“海水煮豆机”专用NP豆

4.反硝化细菌群落

在大海中，由硝化细菌最终转化成的硝酸盐并不会像在水族箱里那样越积越多，其中一部分会被植物作为氮肥吸收，另一部分被反硝化细菌再次转化利用，最终变成氮气释放到大气中。我们虽然从没给大海换过水，天然海水中的硝酸盐却总能比水族箱中低千倍万倍。在水族箱中饲养珊瑚时，为了保证水中的硝酸盐含量近似于天然海水中的水平，人们巧妙地利用了反硝化细菌群落，通过人工添加碳源的方式，促使其大量繁殖，降低水中的硝酸盐含量。和珊瑚相比，鱼类对水中硝酸盐的耐受度高很多，所以我们很少给纯养鱼的水族箱配置培养反硝化细菌的设备或区域，故反硝化细菌群落的利用在本书介绍中不是很重要。考虑到在大型水体养殖方面，适当利用反硝化作用，可以降低换水频率，减少换水量，节约盐和淡水，这里对反硝化细菌群落的工作原理及常见相关设备进行简单说明。

反硝化细菌并不是一种细菌，而是对有反硝化作用的许多种腐生菌的统称。它们在水中缺氧或贫氧的状态下，可以利用硝酸盐和亚硝酸盐中的氧离子，氧化有机碳，从而获取生长繁育必需的营养。它们和硝化细菌一样，都不是靠吸收利用氮或含氮化合物为主要营养来源，而是利用含氮化合物的反应过程来为自己获取碳元素提供能量和氧。硝化细菌是通过不断氧化含氮化合物的过程获取能量，借此同化二氧化碳。反硝化菌则是通过还原含氮化合物来获得氧离子和氢离子，将硝酸盐还原成亚硝酸盐，再将亚硝酸盐还原成氨，最后将铵还原成氮气，利用反应过程中释放的氧离子来氧化有机碳。反硝化细菌不能像硝化细菌那样利用二氧化碳，所以要想让它们工作，就必须为其提供“食物”，也就是添加有机碳源。不同品种的反硝化细菌所需的有机碳源略有不同，但大部分反硝化细菌可以利用甲醇、乙醇、乙酸、蔗糖以及聚羟基丁酸酯（PHB，用于替代塑料袋的易降解新型环保材料）内的戊酸等作为碳源，少数还可以利用戊二醛作为碳源。

在以前的很长一段时间里，大家通过向水族箱内定期微量添加工业酒精（甲醇）、酒精和伏特加酒（乙醇）、白醋（乙酸）、砂糖（蔗糖）等方式，为细菌提供碳源。但是这些物质在水中的性质极不稳定，一旦添加过量就会造成菌群紊乱，使生物过滤系统全面崩溃。碳源添加太少又不能体现出明显的效果。因此，从1980年前后到2000年以前，海水观赏鱼爱好者们一直战战兢兢地使用着这些不完美的有机碳源。2000年以后，由德国AB公司（Aqua Medic）率先研发出了用于水族箱的固体碳源“小白球”，这种碳源被放置在一个流速很慢的缺氧细菌培养桶中，当水流过时，其中的硝酸盐和亚硝酸盐被反硝化细菌转化。2000年到2010年的10年里，以小白球为碳源的硝酸盐去除器，曾是海水水族箱中去除硝酸盐的主力器材，尽管它的效率很低，但我们别无他选。笔者在撰写《海水观赏鱼快乐饲养手册》时，这种硝酸盐去除器还是市场上常见的过滤产品。但是2012年以后，它的主导地位被更多固体有机碳源类产品所替代，渐渐地淡出了市场。现在由多聚3-羟基丁酸酯（P_3HB）、聚3-羟基丁酸-3-羟基戊酸酯（P_3HBV）合成的固体碳源，通过在一个滚动吹水式的反应桶内慢慢溶解的过程，为细菌提供有机碳。这种方式方便、高效，被广泛认可。但这种碳源产品没有一个比较科学的名称，常被称为NP豆（因两只小鱼公司最早产品名是NPX）、荷兰豆、狗骨豆等稀奇古怪的名字，而专门用来盛放这种碳源的反应桶，则被爱好者们称为“海水煮豆机”。

一些厂商在新型碳源里添加了铁基磷酸盐吸附剂，所以能同时降低硝酸盐和磷酸盐，这就使该产品被珊瑚饲养爱好者广泛使用。该产品在纯养鱼的海水水族箱中使用也有比较好的效果，但是碳源豆的消耗速度要远远快于礁岩生态缸。一些反硝化细菌会在固体碳源豆上附着生长，形成菌膜，当水族箱中硝酸盐含量过高时，细菌高速繁殖，碳源上的菌膜大量脱落到水中，形成二次污染。必须通过强大的蛋白质分离器将这些多余的菌膜分离出水，所以使用“海水煮豆机”的同时，必须配置高效的蛋白质分离器。

除了固体碳源外，水族厂商还开发出了品种繁多的液体或粉状碳源，用于在水族箱底沙和岩石的贫氧区培养反硝化细菌（如Tripic Marin的碳源粉、ZEOvit的start bak food系列产品等），这些商品只适合应用于礁岩生态缸中，不适合用于纯鱼缸，故暂不进行介绍。

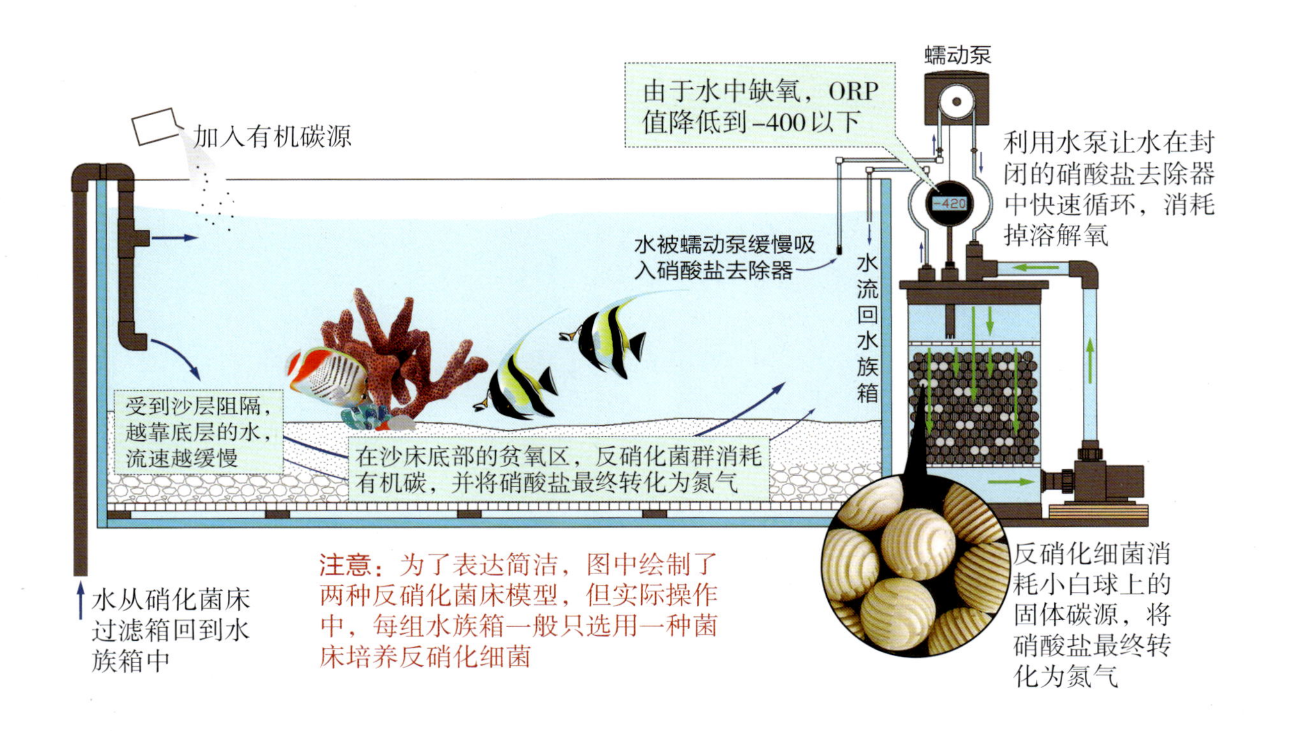

5.光合细菌和枯草芽孢杆菌的作用

现在为新水族箱购买菌种时，常常可以见到一些复合菌种。厂商会扬言这些复合菌种处理水质的效果要高于单独使用硝化细菌，特别是一些大品牌的产品，如Tripic Marin（TM）的海水全菌种、两只小鱼的海水全菌种（Bactive8 NPX）、Fritz Aquatics的怪兽460高浓度清洁益生菌（Monster 460）等。这些复合菌种内大多含有光合细菌、枯草芽孢杆菌和硫化菌等菌种，在固碳、固氮和转化含硫化合物的作用上，确实要比单独使用硝化细菌的效果好很多。但是，复合菌种能不能在水族箱中起到良好的作用，取决于使用环境和使用方法。正确使用复合菌种，能大幅改善水质，降低换水频率。不正确使用复合菌种，不但氨氮转化效率会降低，甚至可能造成生物过滤系统完全崩溃的严重问题。为了更好地了解怎样正确使用这些菌种，我们先要对其中起主要作用的光合细菌、枯草芽孢杆菌进行简单介绍。从细菌特性上来思考我们该怎样科学运用它们。

光合细菌（photosynthetic bacteria，简称PSB）是地球上出现的最古老、最原始的生命形式之一，它们品种繁多，广泛分布在淡水、海水和潮湿的土壤中。光合细菌分为自养光合菌和异养光合菌，自养光合菌可通过叶绿体实现自养生存，如蓝细菌（Cyanobacteria）、原绿菌（Prochloron）等。异养光合菌通过光能或化学反应能量来分解同化有机物、氮、硫等，作为自己生长繁殖的营养来源。在观赏鱼饲养领域里使用的光合细菌是从水产养殖业借鉴而来的，一般常用品种不超出水产用菌种，主要是红螺菌科（Rhodospirillaceae）中的沼泽红假单胞菌（*Rhodopseudanonas palustris*）。少数海水水族产品使用了可以固氮的化能异养光合菌，用来同时降低氨和硝酸盐，典型的产品是ZEOvit bak，这种细菌产品特定利用于以沸石为菌床的设备环境里，作为一种饲养珊瑚专用的生物过滤方式，本书中不予详细介绍。

枯草芽孢杆菌（*Bacillus subtilis*）也是近年来从水产养殖业借鉴应用到观赏鱼饲养方面的菌种，能高效快速地降解水中有机物质，在降解过程中不释放氨或释放非常少的氨。当水中有机物贫瘠时，它还可以直接利用水中的氨为已所用，因此在污染源较多的养殖坑塘、投喂量和排泄量较大的集约化水产养殖池中投放，具有非常优秀的净水效果。在海水水族产品中，利用枯草芽孢杆菌的典型产品有美国海化的Algea-Gone、Tripic Marin全菌种等。枯草芽孢杆菌繁殖速度快，在获取营养时能起到非常好的固碳、固氮作用，在降低有机物含量的同时不会大幅提高氨和硝酸盐浓度。生产商一般建议饲养者在新建的海水水族箱中使用，能大幅缩短养水时间。但是，枯草芽孢杆菌在转化有机物时会消耗大量的氧，所以商家不建议将其用于容积小于200升的水族箱，并且在说明书上标示，放入菌种后应加大水中的曝气量。如果在溶氧量不足的水族箱中使用枯草芽孢杆菌菌种，随着细菌的繁殖，鱼几个小时后就会因为缺氧而出现呼吸困难，进而和细菌一起大规模死亡，水中有机物再次被释放出来，水呈现白浊状。如果使用含有枯草芽孢杆菌种的产品，一定要确保水中的溶解氧充足。

不论光合细菌和枯草芽孢杆菌有多少优点，它们在水族箱生物过滤方面永远替代不了硝化细菌的地位。这是因为它们和硝化细菌在处理水中氨氮等有害物质的机理不同。硝化细菌是转化氨为硝酸盐，其体内不积累大量的氨氮化合物；而光合细菌和枯草芽孢杆菌是直接吸收氨或以氨为生长介质，有时还吸收氨中的氮离子作为自己的营养。因此，它们体内含有大量的能再次转化为氨的氮元素。在细菌活跃度高、数量稳定的情况下，氨氮被有

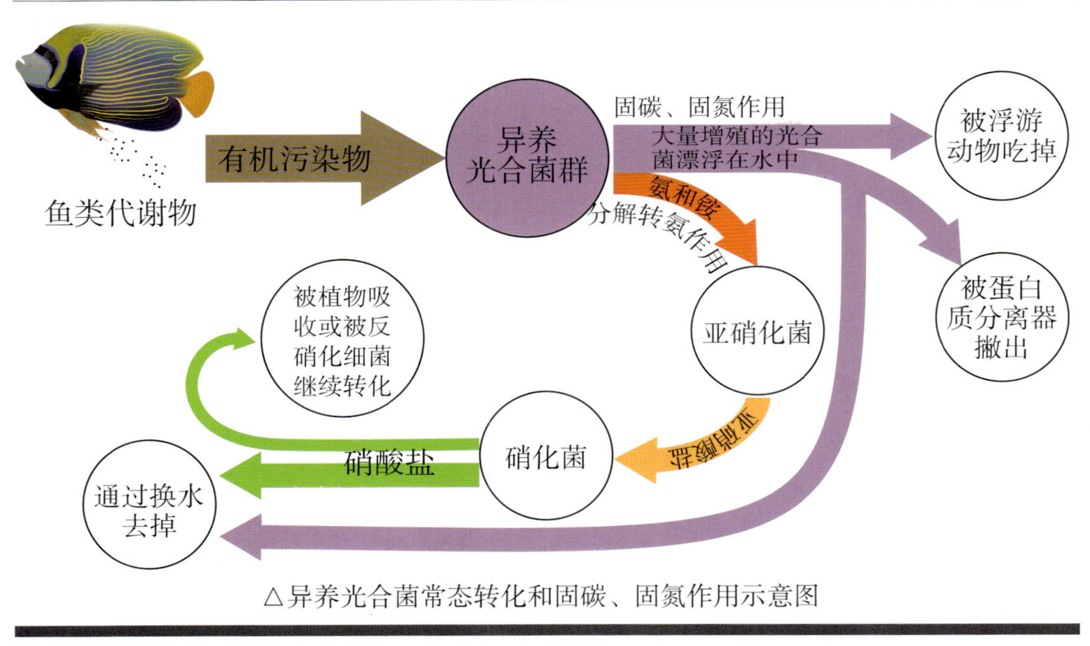

△异养光合菌常态转化和固碳、固氮作用示意图

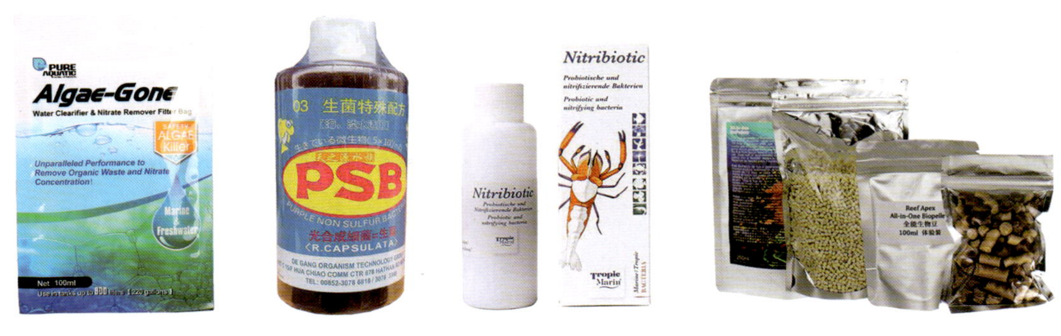

①芽孢杆菌类产品 ②光合细菌类产品 ③综合菌种类产品 ④细菌培养基类产品

效地固锁在细菌体内（固氮作用），不会对鱼类造成毒害。当细菌因繁殖过剩而大批死亡时，这些被固定在体内的氮再一次被释放到水中，水质迅速变坏，危及鱼类的生命。在自然水域或养殖坑塘里不会出现类似情况，是因为光合细菌和枯草芽孢杆菌是水中单细胞动物的主要食物来源，这些不断繁殖的细菌会被轮虫、草履虫等原生动物吃掉，在海洋中还会被珊瑚、海绵当作食物，而轮虫、珊瑚、海绵等动物再被鱼类吃掉，如此周而复始，循环利用，是自然水体和坑塘中细菌与鱼类数量维持平衡的基本准则。水族箱中（特别是纯养鱼的水族箱）缺少以细菌为食的单细胞动物，无法让生物之间的循环利用关系顺利开展，所以一段时间后，要么因为细菌繁殖过多而造成生态系统崩溃，要么就是缺少细菌使得鱼类的代谢物分解不充分。

光合细菌和枯草芽孢杆菌在很早以前就被水产养殖业所应用，但直到近5年才被应用到海水观赏鱼饲养方面。这全依赖近10年来蛋白质分离器生产技术的高速发展。当水族箱中的光合细菌繁殖过剩时，形成红褐色或茶色的菌膜。枯草芽孢杆菌过剩时，则形成漂浮在水面的菌璞。这些物质会随着大功率蛋白质分离器的工作，被送入蛋分收集杯而被清除掉，有效控制了水族箱内细菌的数量。因此，在利用这些菌种时，水族箱维生系统中不能没有蛋白质分离器。在很多菌种产品的说明书中也明确指出了这一点，希望读者在应用时注意。

七、过滤箱的设计与安装

十年来，常常有朋友向我抱怨自己买了几万块的设备，海水鱼为什么还是养不活？我请他们拍摄自己过滤箱的照片发给我，结果都是一个问题造成的，用饲养珊瑚的过滤箱来养鱼。为什么这些年大家总用专门为饲养珊瑚的过滤箱来养鱼呢？

互联网的高度发达对于海水水族技术的发展有重要帮助，也有不利因素。比如，我们在互联网上经常看到诸如“必须用蛋分”“不要下药”“活石比什么过滤都好”等偏颇的言论。这些信息的制造者大多不具备丰富的经验，只是根据自己片面的体会就在网上“乱嚷”，误导了很多人。其中，过滤箱设计不合理体现得最为明显。大概15年前，海水水族发生了一次比较大的技术革命，那就是以前认为无法在人工环境下成活的小水螅体石珊瑚（SPS）被成功饲育，这些珊瑚在合适的环境里如同家中种植的多肉植物那样不断生长分裂。对珊瑚饲养而言，这的确是先进技术，但不是针对鱼类饲养的。由于饲养SPS一般会配置功率较大的蛋白质分离器、钙反应器、微量元素添加设备，以及培养能让氨和硝酸盐处于平衡状态的菌床。在礁岩生态缸的过滤箱设计上，突出了设备仓和存放活石、厚沙、藻类的空间。这种设计能使水中氨被氧化的进度和硝酸盐被还原的进度基本持平，确保在不破坏水中菌群平衡的情况下，氨与硝酸盐的浓度同样低。但这种过滤模式在高密度饲养鱼类时失去效果。它往往缺少大体积的硝化菌床，鱼的大量排泄物让附着在少量活石、几块培菌砖等生物滤材上的细菌无法应对，这就造成了用很贵的设备，水中的氨依然不能被减为0，甚至有时设备越“先进”，氨在水中的浓度越高。

这些年新进入海水鱼饲养领域的爱好者，因为没有经过更早期的时代，在这方面吃了大亏。如果大家翻阅一下十几年前关于海水观赏鱼饲养技术的资料，或者参照一下看似没什么技术含量的水族店过滤箱，哪怕去海鲜市场看看海鲜池的过滤箱，可能都不会走这种弯路。我们要知道，十多年来，海水水族新设备中90%是为珊瑚专门研发的。如果只是想养好鱼，这些东西对你就没什么用了。不是在设备上投资多，就一定养得好，更不能千篇一律地模仿所谓的某种“先进过滤形式”。

前面讲过鱼对硝酸盐的耐受能力很强，但不能接受浓度高于0.3毫克/升的氨，所以鱼类过滤箱的设计必须围绕着怎样降低水中的氨为核心，之后再适当考虑通过降低硝酸盐和磷酸盐来减少换水量。强大的硝化细菌菌床一定是鱼类饲养过滤箱中最重要的环节，它们应当占用最多的空间。其次是增氧设备，因为细菌在分解有机物、氧化氨的过程中消耗大量的氧，鱼类无时无刻不在排出二氧化碳，强大的曝气设备在保证菌群活跃度的情况下，还负责着维持着较高的pH值。当然，优秀的蛋白质分离器和增氧气泵一样能大幅提高水中的溶解氧，一个大蛋分可以顶替好几个曝气沙头的送气量。海水过滤箱设计还要充分考虑安全性和节能性，避免无序的电线连接，能少用设备就少用设备。

在养鱼的过程中，时刻保证水中的溶解氧充足、总氨和亚硝酸盐浓度处于0是最重要的事情，故设计过滤箱时应尽量增加菌床体积，充分考虑增加水中的溶解氧，之后再考虑蛋白质分离器等锦上添花的设备。在可以使用换水的方法来控制硝酸盐浓度时，不必非要安装硝酸盐去除设备。

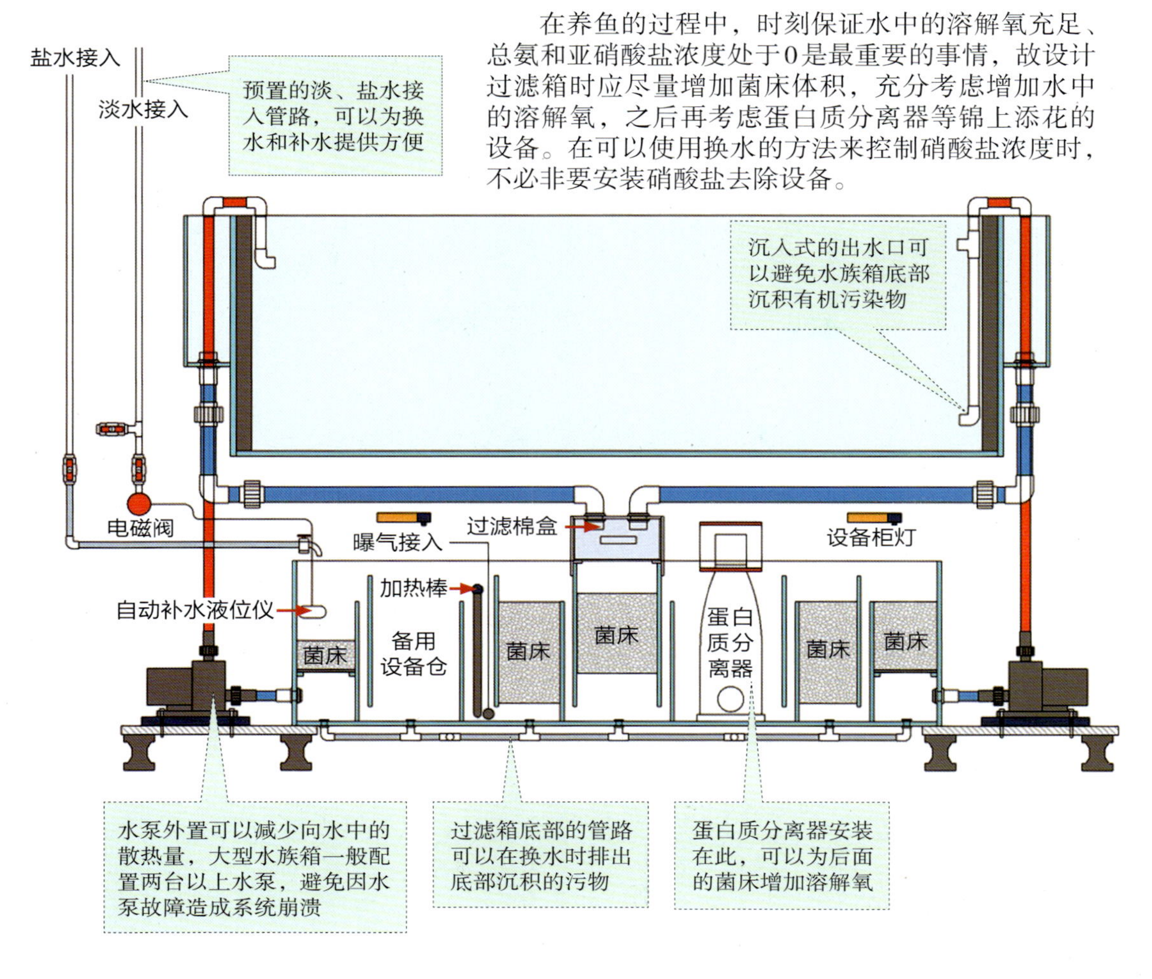

在设计过滤箱时需注意，图中A+B+C所得到的容积和必须大于β区间的容积。如果β区间的容积大于容积A+B+C，那么当水泵停转后，水就会从过滤槽中溢出来。

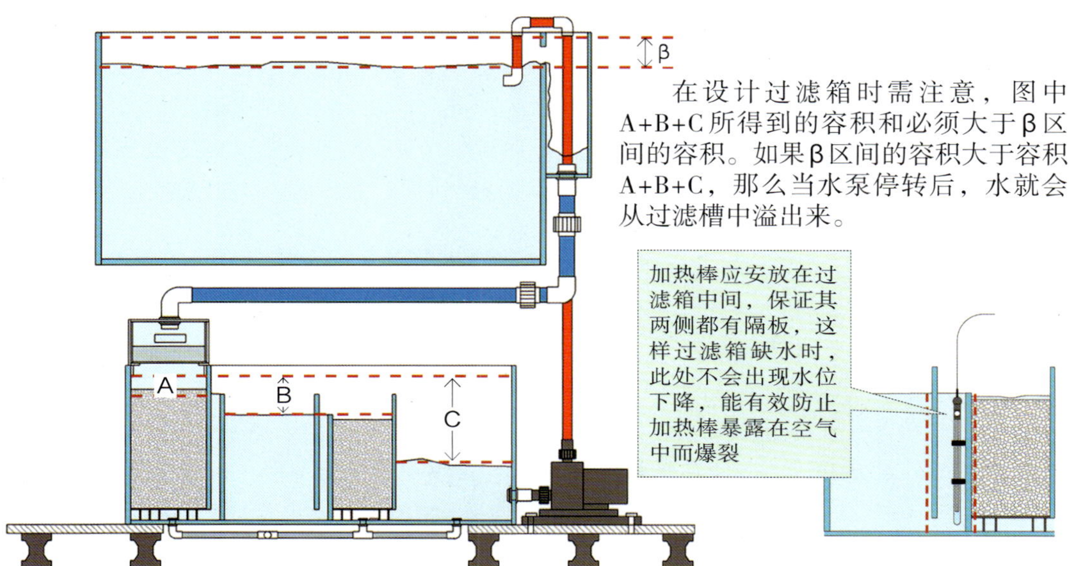

活石

现在很多人喜欢用活石，这种天然的珊瑚礁碎块里携带着丰富的小型海洋无脊椎动物、植物以及复杂多样的细菌。活石内的无脊椎动物可以将鱼类的代谢物进一步摄取利用，上面的藻类可以有效降低水中的硝酸盐和磷酸盐含量。活石具天然多微孔结构，表层是硝化细菌繁衍的温床，内部则是反硝化细菌的理想生存场所。在很多礁岩生态缸中，只使用活石和蛋白质分离器，就可以将水处理得非常好，这种形式还有一个专用的名称："柏林系统"。

在单纯饲养鱼的水族箱中，活石上的小型动物植物会很快被神仙鱼、蝴蝶鱼和隆头鱼类捕食殆尽，其近乎天然的缓慢培菌能力，也不能支持高密度养鱼情况下产生的巨大水污染。更何况绝大多数活石是人们从珊瑚礁上敲下来的，或多或少地破坏了珊瑚礁的生态结构，所以养鱼的水族箱不必用活石作为过滤材质。有些人喜欢在水族箱建立初期放入一些活石，这时因为放入活石可以引进菌种并为细菌繁殖提供一定量的能量来源。但是，当今水族专用菌种类产品琳琅满目，有些效果甚至比活石上的综合菌种要好。至于细菌繁殖用的能量来源嘛，一个虾仁就能搞定的事。还有人认为活石上的钙化藻类很好看，所以在鱼缸中放置活石。实际上，在高密度养鱼的情况下，钙化藻很快就会全部死亡消失，活石会变成丑陋的黑褐色。如果喜欢大海礁石上紫色、绿色的斑斓生物色彩，那么可以选择高仿真的树脂礁石装饰水族箱，这些紫色和绿色不会脱落，如果脏了，刷刷就好。当然，在礁岩生态缸中，活石的地位确实有些重要，不过我们可以通过在海洋中投放人工礁石的办法，利用海洋生物超强的繁殖能力，在很短的时间里得到人工活石。这样既保护了海洋生态，也可以源源不断地得到高质量的复合生物滤材。

八、植物

自然界中，植物和动物、微生物之间维持着微妙的生态平衡，它们吸收利用由微生物分解动物代谢物所产生的营养盐（硝酸盐、磷酸盐等），进行光合作用，从而生长。如，植物需要氮肥的摄入帮助自己长大，需要磷肥的摄入帮助自己开花繁殖，需要钾肥的摄入帮助自己变得更加坚实。其中，以铵、亚硝酸盐和硝酸盐为形式的氮肥和以磷酸盐为形式的磷肥，恰恰是我们希望从水族箱中清除出去的东西，所以很早以前人们就知道在水族箱中培养水生植物，对于维持良好水质有很大的帮助。

在海水水族箱中可以培植的植物没有淡水水族箱中那样多，主要是以蕨藻科物种为主的大型藻类和以秋茄、红海榄为代表的红树植物。同时，水族箱中会长出许多种低等藻类，如褐藻、硅藻、红泥藻和钙藻等。这些不请自来的藻类会附着在玻璃和水族箱装饰物上，影响欣赏效果，我们要经常清除它们。在礁岩生态缸的维生系统中，藻类过滤是有效降低营养盐的方法，但是在单纯养鱼的水族箱维生系统中不怎么被使用。大型养鱼池的维生系统中增加了植物过滤环节，比使用反硝化菌降低硝酸盐的效果显著，能大幅减少换水量。如果能利用良好的自然光源，就可以大幅节约养殖成本。下面分别介绍一下藻类过滤、红树过滤以及那些烦人的低等藻类。

1.藻类过滤

藻类过滤是在过滤箱的某个特定区域或单独设立的藻类培养箱（藻缸）中培植高等海藻，利用它们对氮、磷肥料的吸收作用，去除水中的硝酸盐和磷酸盐。一般会优先选择使用蕨藻科（Caulerpaceae）的羽毛藻（*Caulerpa serrulata*）、鹿角藻（*Caulerpa sertularoides*）、葡萄藻（*Caulerpa racemosa*）等，因为这些藻类容易适应人工环境。比较好养的藻类还有海膜科（Halymeniaceae）的火焰藻（*Nemastoma* sp.）、千层藻（*Fauchea* sp.）等。在水中磷酸盐含量较低、pH值稳定于8.0～8.2时，也可以培育石莼（*Ulua* sp.）、江蓠（*Gracilaria* sp.）等。遗憾的是，海洋中绝大多数形态各异的海藻品种至今无法在水族箱中被养活，像在海滨常见的马尾藻（*Sargassum* sp.）、石花菜（*Gelidium amansii*），在水族箱中被养活的难度比养鱼大得多，所以我们绝不会选这些品种来帮忙处理水质。

海藻的生长需要良好的光照条件，老实说，如果不能巧妙地利用饲养空间里的阳光，给大型藻类池提供照明也是一笔很大的支出，其用电成本会高于换水产生的成本。藻类在光线充足的情况下进行光合作用，吸收二氧化碳（CO_2），排出氧气（O_2），在没有光照的情况下进行呼吸作用，吸收氧，排出二氧化碳。当关闭光源后，海藻排出的大量二氧化碳会使pH值下降。为了避免这种情况发生，我们可以采取：夜间加大曝气量；24小时提供光照（夜晚弱一些）；与水族箱采取相反的时间段开灯等方式，来有效控制海藻排出的二氧化碳量。生长在潮间带的藻类会将二氧化碳直接排放到空气里，对水的pH值影响很小，而且它们经常暴露在空气中，对光线和营养盐的利用率要高于完全泡在水里的藻类。藻类过滤还可以采用模拟潮间带的“培养板方式”，培养效率更高的潮间带藻类。这种方式被称为ATS（algal turf scrubber），因为其最早的形式好像一个由水流带动的翻斗。

藻类在消耗氮、磷的同时也会消耗钾，当藻类带走讨厌的硝酸盐和磷酸盐时，也带走了一部分海水里面必要的钾。因此，海藻过滤并不能完全避免换水，需要定期换水来补充水中失去的钾元素，保证海水的元素平衡。

△红树过滤池

△潮汐式过滤（ATS）

2. 红树过滤

红树过滤是一种使用率不高的过滤形式，原因是种红树太占空间。在一些公共水族馆中，饲养员栽培红树装饰展区的生态景，并借助其带来良好的水质。野生红树是受到保护的植物，红树林区域是维护海洋生态平衡的重要环境。由于红树具有“胎生”（种子直接在母株上发育成幼苗）的特性，每年都产出大量的红树苗。适当收集一些被海水冲上岸的树苗移植到水族箱中，不会对红树林造成破坏。由于红树生长缓慢，其对硝酸盐和磷酸盐的吸收速度不如海藻快，所以必须大面积种植才有效果。红树对钾肥的消耗量比海藻多很多，所以不但要定期换水，还要利用滴定补液器向水族箱中适量补充氯化钾（KCl）和碘化钾（KI）来维持海水中适量的钾元素。

△公共水族馆中表现红树林生态环境的综合海水展示池（拍摄：丁宏伟·博士）

3.烦人的低等藻类

多数情况下，藻类对水质有益无害，但是到处乱长不好看，如：附着在玻璃上的褐藻；长在沙子上，最终带着一团沙子一起漂起来的红泥藻；滋生在水泵上，最后阻碍水泵正常工作的钙藻。只要给水族箱提供光照，藻类就会生长，所以我们经常要擦拭鱼缸内壁。说实在的，对于鱼缸里的褐藻，没有什么太好的办法消灭它们，因为我们无法将水中的硝酸盐降到很低的范围，所以只能经常擦掉。对于烦人的红泥藻，倒是有很好的消灭办法，它其实是蓝绿藻（Cyanobacteria），也有人将其归入光合细菌的一类，称为蓝绿菌。蓝绿藻在地球上已经生活了超过35亿年，是介于植物和细菌之间的古老低等生物。由于它们可以直接吸收利用铵和磷酸盐，所以当水中铵含量和磷酸盐含量比较高时，这种生物就开始滋生。如果在水中植入同样可以直接利用铵的红螺光合菌和枯草芽孢杆菌，蓝绿藻就会遭受生存竞争。我们可以让这两种菌的数量增多，蓝绿藻必将在竞争中败下来，最终消失在水族箱中。市场上大多数去除红泥藻的药物，实际上是枯草芽孢杆菌菌种。

很多人喜欢水族箱中的钙藻，因为它们比较好看，而且钙藻在水族箱中大量生长，代表水pH值很稳定。某种意义上，它们可以看作是水质较好的标志性生物。但是，这种藻类由于会分泌碳酸钙，使自己紧紧贴在其他东西上，所以一旦长到玻璃上就很难清除，有时因为清除一块钙藻还会划伤玻璃。如果钙藻生长到造浪泵的扇叶上，就会使其不能正常工作。因此，应当定期清除生长在设备上的钙藻，避免它们损坏设备。

九、化学过滤方式

1.臭氧

公共水族馆的大型海水养鱼池经常会利用臭氧（O_3）来提高水质处理效果，有些养殖员非常依赖于臭氧，他们认为臭氧能为水池提供清澈而优良的水质环境。很多家庭海水鱼饲养者也喜欢定期定量使用臭氧，借以减少鱼病的发生。臭氧的输入对于海水观赏鱼饲养是否真的特别重要？臭氧净水的原理是什么呢？下面就针对海水鱼饲养中臭氧的合理应用进行介绍。

臭氧又称超氧，化学分子式为O_3，在常温下可以自行还原为氧气。其比重比氧大，易溶于水，易分解。由于臭氧是由氧分子携带一个氧原子组成，决定了它的不稳定性，氧分子携带的那个多余的氧原子会迅速氧化掉接触到它的所有可氧化物质，使剩下的氧分子恢复稳定状态。因此，臭氧是强氧化剂，可以氧化氨（NH_3）、硫化氢（H_2S）,也可以氧化掉含碳、氮的有机物，以及由碳水化合物构成的细菌细胞膜，使其因细胞液泄露而死亡。臭氧在水中通过氧化有机颗粒物的凝絮现象让水清澈透明，还可以杀死病菌。臭氧有这么多优点，难道它是养鱼中的“万能神器”吗？臭氧氧化氨和清水的功能是无可厚非的，但是对于其杀菌的功能就好坏各半了。

臭氧并不是专项杀死哪种细菌，而是将有害菌和有益菌一起干掉，所以在大量使用臭氧的水体中异养腐生菌和病原菌一起被杀死了，进而阻断了异养腐生菌给硝化细菌提供能量源的途径，对硝化细菌的繁殖有很大的抑制作用。在大量使用臭氧处理养殖用水时，一旦停止臭氧输入，水中由于缺少异养腐生菌，水的透明度马上会下降。由于之前硝化细菌的增殖受到抑制，没有建立良好的群落，水中的氨氮总量会在几天内直线上升。这就是一些水族馆的臭氧机一旦坏了就开始大批量死鱼的原因。适当利用臭氧为养殖水体消毒是可以的，完全依赖它处理水中的氨氮和有机物，则是非常危险的事情。

正常情况下，家庭饲养海水鱼可按水族箱容积比例，每200升水选择使用50毫克/小时输出量的臭氧机，每周使用2~3次，每次0.5~1小时即可大幅降低水中有害菌的数量。也可以用臭氧给冰鲜饵料和渔具消毒。在公共水族馆中，常规臭氧用量是：每100吨水选择输出量为10克/小时的臭氧机，将其连接在蛋白质分离器的入气管或臭氧反应塔上，每天使用1次，每次1小时。

臭氧对浸泡在海水中的乳胶管、金属泵芯具有很强的氧化作用，使其加速老化。如果养殖设备里有这些物品，应注意避免和高强度输入的臭氧接触。人过度吸入臭氧会感到眩晕，长期接触高浓度臭氧对支气管有损害，并可能致癌。在大量使用臭氧时，应做好自身呼吸道的保护。

2.铁基磷酸盐吸附剂

对于水族箱中的磷酸盐，以前除了使用植物来吸收，就是靠换水去掉它们。从21世纪初开始，一些水族厂商开发出了专用的磷酸盐吸附剂，如德国的Rowa、JBL、Tripic Marin、美国的两只小鱼（Two Little Fishies）等品牌的产品。这类产品基本是以氢氧化铁［$Fe(OH)_3$］为主要原料，在磷酸根离子以磷酸（H_3PO_4）形式存在时，让磷酸与氢氧化铁发生反应，生成磷酸铁（$FePO_4$）和水（H_2O），磷酸铁固定在吸附材料包里，扔掉吸附包就达到了去除磷酸盐的目的。

由于水中的磷酸盐能阻碍珊瑚骨骼的形成，所以磷酸盐吸附剂被广泛应用于礁岩生态缸，而在纯养鱼的水族箱中很少使用。

△铁基磷酸盐吸附剂

3. 硫黄珠硝酸盐去除器

在去除水中硝酸盐的方法上，水族爱好者还采用了硫黄珠过滤器。这种设备由两个反应桶组成，其中一个桶内装有硫黄珠，另外一个装有珊瑚砂。当硝酸根离子以硝酸（HNO_3）形式存在时，通过装有硫黄珠的反应桶会与硫（S）发生反应，生成硫酸（H_2SO_4）、亚硝酸根（NO_2^-）和水，亚硝酸（HNO_2）会继续与硫反应，最终只剩下硫酸和水。硫酸经过珊瑚砂时与碳酸钙（$CaCO_3$）发生反应，生成硫酸钙（$CaSO_4 \cdot 2H_2O$）沉淀，进而去除了水中的硝酸盐。

其主要反应公式是：$S+6HNO_3=H_2SO_4+6NO_2\uparrow+2H_2O$

硫酸珠去除硝酸盐的方法成本低、见效快，在大规模养鱼且换水量受到限制时使用，有很好的效果。但是必须保证盛放珊瑚砂的反应桶足够大，水流过其内部的速度足够慢。一旦有硫酸泄漏到养鱼水体中，就会大幅降低水的pH值，危害鱼类健康。

4. 氯化镧去除磷酸盐法

近年来，有养鱼爱好者意外发现了氯化镧（$LaCl_3$）去除磷酸盐的方法，并推广开来。特别是在饲养那些不能适应因大量换水造成的水质频繁波动的生物时，其方法十分奏效。这种方法的原理是利用海水中的大量磷酸根离子（PO_4^{3-}）会和钠离子（Na^+）结合形成磷酸钠（Na_3PO_4）,在水中加入适量的氯化镧后，磷酸钠就会和氯化镧发生反应，生成磷酸镧（$LaPO_4$）和氯化钠（3NaCl），其中氯化钠溶于水，补回了因磷酸根反应带走的钠离子。磷酸镧形成白色沉淀，通过沉淀过滤或手动吸出的方式去掉磷酸镧，就完成了去除磷酸盐的过程。

其主要反应公式是：$LaCl_3+Na_3PO_4=LaPO_4+3NaCl$

使用这种方法的唯一缺点是总有磷酸镧沉淀出现，虽然沉淀过滤装置可以有效带走它们，但每天都要排放含有沉淀物的水，也是十分麻烦的事情。

除了臭氧和以上介绍的三种利用化学反应处理水中氨、硝酸盐和磷酸盐的办法外，在观赏鱼饲养的技术中还有很多不同的水处理化学方法，如用明矾的絮凝作用产生沉淀来排出污染物，用海波（$Na_2S_2O_3$）处理掉自来水中残余的氯等。相对于物理过滤和生物过滤，化学过滤并不被广泛应用。这是因为化学药剂在通过反应中和掉水中污染物后，一般会使水中某种离子的数量不断增加，长此以往最终造成水的离子失衡现象，如：氯化镧在与磷酸根的反应过程中，使水中氯离子的数量不断增加。而且，除了臭氧以外，所有化学过滤产品在使用中都会不断消耗，我们必须经常补给化学药品。在较大水体养鱼时，这是一笔持久而庞大的支出。因此，化学过滤方式多用于小规模特定环境饲养特定生物，在一般的海水观赏鱼饲养方面，良好的物理过滤和生物过滤就能提供优质的饲养用水。

眼镜仙是荷包鱼属中较为名贵的神仙鱼品种，不但长得憨态可掬，行为也十分有趣。这种鱼喜欢和人亲近，人一走到水族箱前，它们就会游过来带着“老花镜”观察你。

第二部分

海水观赏鱼

截至2019年，我们能在观赏鱼贸易中见到的海水鱼类有800余种，其中700种左右为鲈形目鱼类，其余100多种包括将近20目、30多科的鱼类。受到便捷的互联网和空运技术帮助，任何海域捕捞到的珍奇鱼类不到2小时就会被几千公里以外的养鱼爱好者所知道，不到两天时间，这些鱼就会被运到繁华的大都市中。这些鱼叫什么名字，如何饲养它们，不同品种的鱼类彼此之间存在着哪些关系呢？这部分文字将为您分品种介绍630种贸易中可以见到的海水观赏鱼。

观赏鱼大地理

公元1492年，哥伦布船队发现了中美洲，从此开启了对人类历史具有重要影响的“地理大发现时代”。在地理大发现的300多年里，人们不仅发现了陆地和陆地上的动物、植物、矿物以及风土人情，也到达了许多以前从没有达到的海洋地区。1521年，当麦哲伦船队穿过南美洲南端的合恩角发现了一片宽阔大洋，这时人们才意识到太平洋的存在，进而慢慢知道了海洋的面积比大陆更加宽广。在广袤的海洋中，生物的品种和数量也比大陆上丰富，特别是那些相貌古怪、颜色艳丽的海洋鱼类，在数百年里一直让人们感到惊奇万分。在地理大发现后不久，有人开始采集鱼类标本，并为品种繁多的海洋鱼类命名。这些鱼被装在标本瓶中送到博物馆，对于科学家们来说，每一条鱼都记录着一片未知海洋的信息，将品种繁多的海洋鱼类标本信息拼接在一起，就勾勒出一幅海洋生态地图。

凭借发达的互联网和航空运输技术，今天的观赏鱼饲养者坐在家中就可以获得来自世界各地的鱼类。在欣赏这些美丽的鱼时，你有没有想过它们的故乡在哪里？那里的天气什么样？这些鱼是怎样来到我们这里的呢？在养鱼的同时，了解一下鱼类原生地的相关知识，既可以帮助我们提高水质管理、水温控制等养鱼技术，又可以让我们获得地理、地质乃至人文历史等诸多方面的综合知识，给养鱼活动带来更多的快乐享受。知名的古董收藏家都会说，古董的价值来自其所承载的历史文化知识，而不是古董本身。同理，海水观赏鱼的价值主要来源于其承载的生物和地理知识，而不仅仅是鱼本身的色彩。因此，在分品种介绍各种观赏鱼之前，让我们先简单了解一下海水观赏鱼主要产区。

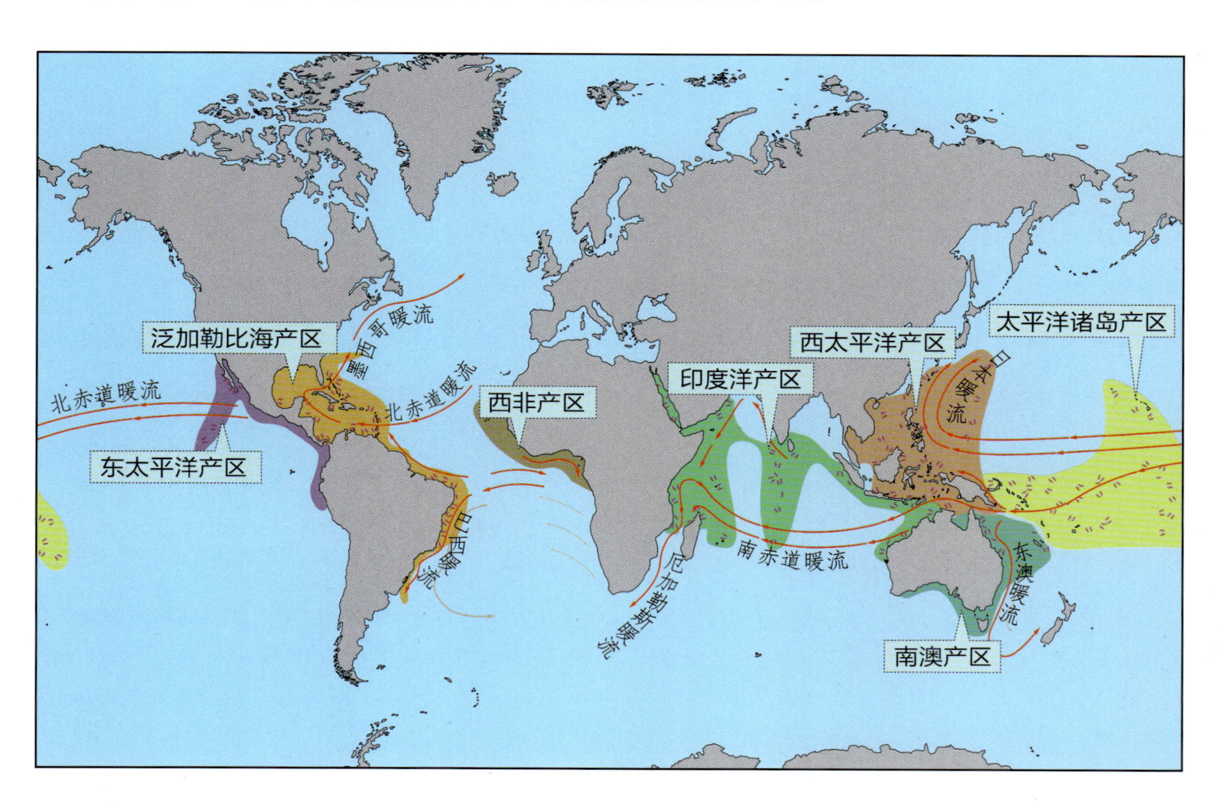

△一个世纪以前，人们没有养活海水鱼的能力，浸制标本是观察研究鱼类的唯一素材

一、西太平洋产区

在后面的鱼类品种介绍中，读者也许会发现将近80%的海水观赏鱼来自西太平洋至印度洋海区，这是为什么呢？这就要从西太平洋的地理位置和地质结构说起了。我们一般将北起鄂霍次克海，南至阿拉佛海，东以北马里亚纳群岛为界，西到马六甲海峡，由东亚大陆、中南半岛、马来群岛从西向东半包围成的一片海洋称为西太平洋，它是太平洋最西侧的一部分，与印度洋相连。沿岸有中国、俄罗斯、朝鲜、韩国、越南、柬埔寨、泰国、马来西亚、新加坡、印度尼西亚、文莱等国家，日本、菲律宾和帕劳是由西太平洋环抱着的群岛国家。欧亚板块、印度洋板块和太平洋板块在这里衔接并不断碰撞，使得大陆边缘非常不规则，拥有数量繁多的半岛、岛屿和海湾，形成丰富且多礁的浅海区域，这为珊瑚礁生物附着生长提供了优质的居住条件。有三条洋流经过西太平洋地区：第一条是沿着北赤道暖流向西而来，在菲律宾群岛以东向北转折，经过琉球群岛和小笠原群岛后汇入北太平洋暖流再折返向东流去；第二条是沿着赤道向西而来，在帕劳群岛折返回去的赤道逆流；第三条是从所罗门海沿巴布亚新几内亚北侧向西北而来的东澳暖流分支。这三条洋流携带着大量的浮游动植物，给西太平洋地区的海洋生物带来了充足的食物。

由于西太平洋地区具有适宜珊瑚礁生物大量繁衍的地质结构特征和丰富的食物来源，使得这里生成了许多珊瑚礁群落，如琉球群岛珊瑚礁群、环苏拉威西岛珊瑚礁群以及我国南沙群岛、西沙群岛的庞大珊瑚礁群落等。这些广阔的珊瑚礁群落为鱼类的生存繁育提供了优质的条件，致使西太平洋地区成为海水观赏鱼资源极其丰富的地区之一。

由于我国沿海地区皆属于西太平洋，捕捞于东海和南海的观赏鱼都是西太平洋产区的鱼类，所以这个区域中的一些观赏鱼是最早被国人所了解和饲养的品种。采集于菲律宾、印度尼西亚和马来西亚等国的西太平洋产区鱼类也是最早被进口到国内的类别，由于运输距离近，运费较低，鱼的零售价格比较便宜，故能被大多数爱好者所接受。直到今天，来自西太平洋产区的观赏鱼仍是国内海水观赏鱼中数量最多的一类。

1. 中国南海

我国中沙群岛、西沙群岛、南沙群岛是庞大的珊瑚礁岛群，拥有丰富的渔业资源。我国重视生态环保，要将这些宝贵的资源留给子孙万代，所以并没有进行专门的观赏鱼资源开发。我国也没有海水观赏鱼的出口贸易，海水观赏鱼交易产值在国民生活中所占的比例微乎其微。市场上的国内海水观赏鱼主要是由海南渔民在捕捞食用鱼时捎带捕到的，一般被称为“海南鱼”。由于采取的捕捞方式和食用鱼一样，都是在水面上实施网捕，故所得的基本是成鱼。这些鱼和食用鱼混杂在一起，渔民将有观赏价值的品种从食用品种中分离出来，放在活鱼舱中运回，转卖给观赏鱼收购商。海南观赏鱼品种有限，20多年来大概只有

20～30个品种，如狐狸鱼、天狗倒吊、大帆倒吊、人字蝶等。这些鱼一般被国内公共水族馆收购后饲养展示在大型水池中。由于国内水族馆数量越来越多，对海南观赏鱼的需求量不断增加，自2015年以后，国内观赏鱼零售市场上已经很难再见到海南鱼的踪迹了。

2. 印度尼西亚

印度尼西亚位于亚洲大陆和澳大利亚之间，西部与印度洋相接，东部与太平洋相接，是一片绵延5000多公里的群岛。该国由17508个岛屿组成，被称为万岛之国。由于独特的地理位置，印度尼西亚的海洋生物品种极其丰富，这里既产西太平洋地区的观赏鱼，也产印度洋地区的观赏鱼，甚至有澳大利亚东部和南太平洋地区的珍稀鱼类分布。印度尼西亚是当今世界上海水观赏鱼产量最大的国家，非常重视观赏鱼出口贸易，是世界上最大的海水观赏鱼出口国。我国和日本市场上的海水观赏鱼70%来自印度尼西亚，美国和欧洲国家的海水观赏鱼50%以上从印度尼西亚进口。近10年来，印度尼西亚还在大力开展海水观赏鱼养殖，将产自红海地区、加勒比海地区、东非地区和夏威夷地区的海水鱼放养在沿海网箱中，经过技术攻关，使这些本地不产的鱼类在该国得到人工繁育。人工繁育的鱼同捕捞来的鱼一起出售，我们就可以从印度尼西亚进口非该地区所产的观赏鱼了。

印度尼西亚不但海水鱼资源丰富，陆生动物植物和淡水鱼资源也非常丰富，名贵的淡水红龙鱼也是该国观赏鱼贸易中的一个重点品种。他们还开展观赏鸟、蝴蝶、热带雨林植物的经济养殖和栽培，每年向全世界出口大量的观赏鸟、蝴蝶工艺品、贝类工艺品和盆栽植物。与达尔文同时代的博物学家华莱士，曾在这里常年研究动植物的演化方式，他与达尔文同时提出了演化论思想，所以印度尼西亚至澳大利亚北部的地区也被称为“华莱士区”。印度尼西亚还是一个生态旅游的好去处，热爱自然科学的人们可以在这里亲身感受物种多样性的奇妙。

△左图：巴厘岛附近的珊瑚礁鱼类群；右图：巴厘岛渔场内暂养的小型隆头鱼

虽然印度尼西亚的诸多岛屿附近出产海水观赏鱼，但要想进行出口贸易必须具备良好的交通条件。目前，印度尼西亚具备大型国际机场且能直接和我国进行观赏鱼贸易的地区只有雅加达、巴东、泗水和登巴萨等几个城市。通过雅加达和泗水机场将观赏鱼运输到世界各地的时间较早，因为雅加达是印度尼西亚的首都，我们通常称这条运输线为“印尼线”或“老印尼线”。鱼商从巴东地区直运观赏鱼的时间较晚，是这几年才开发的新线路，为了区别于传统印尼线，我们将其称为“巴东线”。传统印尼线的观赏鱼以西太平洋的鱼类为主，如著名的巴厘岛天使、石美人、蓝面神仙等。巴东线的观赏鱼以印度洋地区的品种为主，代表性品种是粉蓝吊、金毛巾等。

印度尼西亚捕捞出售海水观赏鱼的历史悠久，技术成熟，多采用潜水诱捕和潜水围网捕捞，所得的大多数为幼鱼和亚成鱼。这些鱼质量非常好，且容易适应人工饲养环境。一些渔场同时开展珊瑚的人工养殖，世界各地水族馆中的珊瑚繁殖片段多数也来自印度尼西亚的养殖场。

3.泰国和马来西亚

泰国和马来西亚近十多年来非常重视观赏鱼养殖和出口创汇，不但捕捞和养殖本国出产的鱼类，还从国外引进优良种进行大规模养殖，并向许多观赏鱼消费大国出售。如，泰国从我国和日本进口金鱼，结合该国气候和水质条件，将不同来源的金鱼杂交培育，得到了当今市场价格非常高的泰国狮子头和泰国兰寿。泰国还不断研究五彩斗鱼、花罗汉鱼、七彩神仙鱼、血鹦鹉鱼的杂交育种，每年都有新培育的高价值品种问世。马来西亚不但重视培育金龙鱼等本土出产的观赏鱼，还从南美洲引进巨骨舌鱼、银龙鱼、油鲶类的大型鲶鱼（鸭嘴类）、甲鲶类的大型鲶鱼（异型类）等，然后进行大量养殖，出口到我国和日本等亚洲国家。

在海水观赏鱼方面，泰国和马来西亚产的品种不如印度尼西亚丰富，但是他们重视将海水观赏鱼商品做精致。从泰国和马来西亚进口的鱼一般比印度尼西亚鱼要贵一些，鱼都非常肥壮，品质极高，而且运输包装科学美观。这两个国家还借鉴淡水观赏鱼养殖的成功经验，大力开展海水观赏鱼和珊瑚的人工养殖。特别是那些经人工培育的变异品种，如雪花小丑、闪电纹小丑等，被马来西亚大量引种养殖，使其有丰富的产量供应市场需求。

泰国和马来西亚还正在慢慢成为水族器材的最大加工地区，由于该地区人工成本较低，欧美各国的一些知名水族器材企业纷纷在这两个国家建立工厂，加工制造水泵、水族灯、加热棒、蛋白质分离器等设备，并就近出口到我国和日本等水族器材消费大国。

4.菲律宾

一直以来，菲律宾在海水观赏鱼贸易中的名声不太好，他们在生态环保方面表现得更差。菲律宾位于我国和印度尼西亚之间，拥有丰富的海水鱼资源。该国渔民为了追求暴利，经常采用药捕方式捕捉海水观赏鱼。他们在礁石附近喷洒氰化氢等有毒物质，使鱼昏迷，然后将其捞走。氰化氢不但会损伤鱼的神经系统，使其无法存活很久，还会破坏珊瑚礁生态，造成大量无脊椎动物的死亡。菲律宾渔民还时常越境捕鱼，他们向西进入我国南海、向北进入琉球群岛、向南进入印度尼西亚海域，甚至偷偷进入澳大利亚大堡礁地区，这种行为受到国际社会的一致谴责。曾经有一段时间里，世界各国都不再从菲律宾进口观赏鱼了。作为一个群岛国家，海水观赏鱼的出口贸易是菲律宾比较重要的一个创汇来源，所以这些年该国正在逐渐规范海水观赏鱼的捕捞方式，改善自己在国际观赏鱼贸易中的形象。

菲律宾所产的观赏鱼品种基本上与印度尼西亚的品种重合，只有珍珠宝马神仙等极少数品种主产于菲律宾地区。由于运费较低，菲律宾的海水观赏鱼出口到我国的成本比其他国家的都低，有时“菲律宾线”的鱼类在市场上的零售价比我国海南渔民捕捞来的鱼还便宜。

5. 日本南部诸岛

位于日本南部的琉球群岛和东南部的小笠原群岛是西太平洋地区名贵海水观赏鱼的主要产地。这两片珊瑚礁群岛被海沟和海盆等深水区和大陆与其他岛屿分隔开，其间的生物相对独立的演化发展，孕育出了许多特有物种，典型的品种如日本黑蝶、日本仙、黑次郎虾虎鱼等。在琉球群岛和小笠原群岛之间有一条著名的日本暖流经过，给生活在这里的鱼类和其他动物带来了丰沛的食物。日本人非常重视海洋渔业，日本暖流不但给他们提供了大量的观赏鱼资源，更是食用鱼赖以繁育的基础。位于琉球群岛的冲绳市水族馆直接取名为“黑潮之海”，就是为了歌颂被日本人称为“黑潮”的日本暖流。

日本南部诸岛的观赏鱼资源主要由日本渔民进行开发，因为日本的观赏鱼文化和水族馆文化都居亚洲之首，所以这里采集的珍贵海水观赏鱼在日本国内已经供不应求，很少被出口到其他国家。即使在市场上偶尔见到，它们的价格也非常高。

二、印度洋产区

印度洋位于亚洲、非洲、大洋洲和南极洲之间，是人类最早开展航海的区域之一。由于连接印度洋和太平洋的马六甲海峡属于热带浅海地区，所以善于游泳的鱼类可以通过马六甲海峡在印度洋和太平洋之间穿梭，漂浮型的鱼卵也可以通过马六甲海峡从印度洋漂浮到太平洋中。因此，印度洋和西太平洋的鱼类品种具有一定程度的重合，这就是大多数海水观赏鱼的产地被标为“西太平洋至印度洋”的原因。印度洋与大陆衔接的边缘并不像西太平洋那样曲折多变，半岛、岛屿和海湾的数量也没有西太平洋丰富，珊瑚礁主要分布在印度半岛南端、波斯湾、东非沿岸和环红海地区，这就使印度洋形成了四个天然的观赏鱼主要产地。其中，印度半岛南端的马尔代夫和斯里兰卡以及红海与阿拉伯海衔接处的亚丁湾地区进行观赏鱼捕捞的时间较早，东非沿岸各国由于经济较为落后，直到近些年才开始开发观赏鱼资源。波斯湾地区受沿岸国家的政治、文化等诸多方面的影响，至今没有进行观赏鱼资源的开发。位于印度洋中部的查戈斯群岛和位于印度洋西南部的毛里求斯、留尼汪岛等，与大陆相隔较远，其间物种存在独立演化现象，出产多种特有的名贵海水观赏鱼。

1. 马尔代夫和斯里兰卡

马尔代夫是著名的旅游度假胜地，该国由26组环礁、1192个珊瑚礁小岛组成，每个岛屿的面积不大，有些仅比足球场大一点儿。这里是珊瑚的天堂，是印度洋中部最大的海水鱼类栖息地和产卵场。这里盛产粉蓝吊、鬼面关刀、皇后神仙、霞蝶等鱼类，如果在马尔代夫的一个小岛上度假，早上从居住的房间里出来，就能看到五彩缤纷的鱼在浅滩上觅食，人走过去，它们不但不躲避，还会游来啄咬你的脚趾。马尔代夫主要以渔业和旅游业为经济支柱，我国在那里援建了很多基础设施，因此马尔代夫人非常欢迎中国人。在度假岛上，他们提供各种鱼，包括色彩艳丽的神仙鱼和体形硕大的笛鲷，不过不论什么鱼，他们只会烤和炸两种烹饪方法，吃起来都一个味道。10多年前，马尔代夫开始向我国出口海水观赏鱼，该国非常重视珊瑚礁的保护，不允许任何人采集珊瑚，但是不限制捕鱼，所以海水观赏鱼的出口量非常大，除出口到我国，还出口到日本、美国和欧洲国家。

△左图：马尔代夫某度假岛旁修建的防护堤；右图：度假岛附近水下的鱼群

有一条季风洋流从马尔代夫向北环绕阿拉伯海，在向南流向东非沿岸的索马里，这条洋流让红海、阿拉伯海和马尔代夫群岛附近的一些鱼类得到交流的机会，一些品种会顺着洋流从马尔代夫进入红海地区，有些则会从红海地区来到马尔代夫。我们在从马尔代夫进口的观赏鱼中偶尔能见到紫吊、红海骑士等通常认为只产于红海和阿拉伯海的鱼类。

斯里兰卡位于印度半岛南端东侧，与马尔代夫遥相辉映，但是斯里兰卡是一个较大的岛屿，其面积比我国海南岛还要大。珊瑚礁只在斯里兰卡岛南部的浅水区分布，数量并不多。该国是著名的宝石之国，靠宝石出口和旅游业已经得到了较大的收益，所以渔业处于次要地位，直到近几年该国才开始捕捞海水观赏鱼并进行出口贸易。由于斯里兰卡和马尔代夫同属于一个生物带，所以其产出的观赏鱼品种都一样，运费和市场零售价格也基本相同。

2. 红海地区

红海地区是一个相对独立的狭长海湾，在苏伊士运河开通前，只能通过位于吉布提附近的一个狭长水道与阿拉伯海相连通。由于相对封闭，红海地区的海水相对密度比其他海洋中的海水高一些，一般在1.028 ~ 1.030。红海地区平均深度较浅，终年阳光充足，为珊瑚的生长繁育提供了良好的条件，所以红海沿岸一圈都是珊瑚礁丰沛的区域。红海中的鱼类相对独立演化发展，形成了许多特有的珍稀品种。由于红海是距离欧洲最近的观赏鱼产地，在150多年前，欧洲海水观赏鱼饲养爱好和公共水族馆刚刚兴起的时候，就有人在红海采集鱼类，其中的红海黄金蝶、红海骑士吊、阿拉伯神仙、红海关刀等是上百年来经久不衰的著名观赏鱼品种。受地区政治等因素的影响，红海地区的观赏鱼采集点主要集中在亚丁湾附近，也门、阿曼和吉布提三个国家均开展观赏鱼捕捞和出口贸易。由于受到交通运输等条件的影响，红海地区的鱼类一般要经过美国和东南亚鱼商的转手，在印度尼西亚和新加坡等地转运，才能到达我国。红海地区的观赏鱼在国内市场上的价格一直不低，所谓“红海线”的鱼也未必直接来自红海。

3. 东非地区

非洲东部沿海地区的珊瑚礁主要集中在肯尼亚、坦桑尼亚和莫桑比克的沿岸地区，主要捕捞转运点在肯尼亚的蒙巴萨和莫桑比克的彭巴。坦桑尼亚沿海的珊瑚礁虽然最丰富，但是该国经济过于落后，所以没有能力进行开发利用。与莫桑比克隔海相望的马达加斯加岛、科摩罗群岛，乃至印度洋西部的塞舌尔群岛和毛里求斯等地，也有大量珊瑚礁分布，这些地区产出的海水观赏鱼和东非沿岸地区的鱼类一起被统称为“东非线”鱼类。

虽然东非线鱼类产于东非沿海，但进口这些鱼时，我们主要是和美国人做生意，因为非洲国家基础设施落后，技术能力不足，所以其他国家的人来到这里承包开发其渔业资源。除海水观赏鱼外，产于东非三大咸水湖中的各种慈鲷类也是由美国或欧洲人开发，并从蒙巴萨或彭巴等地出口到世界各地。东非地区有许多极具代表性的特殊鱼类，如耳斑神仙、东非火背仙、东非烈焰龙等品种，它们在世界各地都非常受欢迎，但是由于运输困难，市场价格一直居高不下。

三、太平洋诸岛产区

东起法属波利尼西亚，西至澳大利亚东部沿海，北起夏威夷群岛，南到新西兰北岛以北，就是我们常说的太平洋诸岛地区。这里，众多的岛屿和环礁就像天上的繁星一样镶嵌在广袤的太平洋之上，使它成为海水观赏鱼的主要产地之一。在观赏鱼贸易中，这个区域中的观赏鱼因运输中的发货地不同，一般被分为夏威夷线、南澳线和南太线。夏威夷线也被称为“美国线”，但是为了区分从美国本土南部加勒比海和东太平洋沿岸进口的观赏鱼，我们更常用夏威夷线单独标明。南澳线特指采集于澳大利亚湾、塔斯曼海和大堡礁地区的鱼类，这个产地的鱼类是观赏鱼贸易中出现频率最低的一类。南太线是指从所罗门群岛、瓦努阿图、斐济、萨摩亚、马绍尔群岛、库克群岛、帕劳群岛、莱恩群岛、土阿莫土群岛等地捕捞的观赏鱼，“南太”即南太平洋地区的意思。

太平洋诸岛大多为珊瑚礁群岛，面积广阔，物种丰富度极高。受到太平洋中部水深较大的海盆隔绝，本区域中的鱼类品种较少与西太平洋和印度洋中的品种重合。由于这些零零散散的岛国和地区多是欠发达地区，很多国家不具备大型的国际机场，所以观赏鱼的运输十分困难。被捕获的鱼类多数经夏威夷中转，再出口到其他地区。大部分品种被引进到美国、日本和欧洲国家，进入我国观赏鱼市场的品种和数量十分有限，所以市场价格较高。由于澳大利亚非常重视物种保护，所以南澳地区的鱼类每年只有很少的配额捕捞量，这些为数不多的珍贵鱼类，通常会被国外的水族馆和鱼类收藏者提前预订，基本不会在普通贸易中流通。

1. 夏威夷地区

夏威夷群岛是太平洋诸岛地区最大的海水观赏鱼捕捞地、中转地和养殖基地。这里特产的黄金吊、火焰仙以及大量养殖的蓝吊、小丑鱼等，是海水观赏鱼中被人们熟知的品种。夏威夷是太平洋中部和南部诸岛中为数不多的具有大型国际机场的地区，所以绝大多数采集于太平洋诸岛的海水观赏鱼要从这里转运到世界各地。我们从夏威夷进口的观赏鱼并不局限于该地区特产的鱼类，还包括蓝面神仙、皇后神仙等南太平洋珊瑚群岛地区的鱼类，甚至包括鸡心吊等澳大利亚东部出产的鱼类。

△左图：南太平洋上的霞光；右图：南太平洋珊瑚礁区水下的鱼群（拍摄：胡海威·先生）

2. 南太平洋诸岛

南太平洋诸多岛屿基本上是珊瑚岛，这里的鱼类品种非常丰富，因为还没有完全被开发，许多物种的存在还不被人们所知道。据估计，如果完全将这个区域的鱼类品种探索清楚，其物种总数一定会超过西印度尼西亚和加勒比地区。在南太平洋的诸多群岛国家中，有少数几个具备大型机场，可以进行观赏鱼的出口贸易。这些国家同时是旅游产业发达的地区，如马绍尔群岛的马侏罗、斐济的苏瓦、萨摩亚的阿皮亚、塔希提岛上的帕皮提等。这些为数不多的机场每年会向全世界输出许多稀缺的海水观赏鱼，如斐济魔、紫玉雷达（塔希提火鸟）、薄荷仙等。

四、泛加勒比海产区

南美洲和北美洲的连接地区由狭长的陆地和宽阔的海湾组成，这就是著名的加勒比海地区。这里地处热带，海洋平均深度不大，日照充足，大陆与海洋的衔接处地势复杂，多礁石，是大西洋中珊瑚等海洋无脊椎动物生存繁衍的最佳场所。这里也是盛产海水观赏鱼的地方，法国神仙、灰神仙、女王神仙、美国草莓等众多知名观赏鱼都产自这里。从加勒比海地区向北经百慕大群岛一直到加拿大东部有一条洋流，称为加勒比暖流，它使加勒比海地区的鱼类可以顺流到达大西洋西北部，在百慕大群岛附近繁育生息。赤道暖流在巴西的费尔南多-迪诺罗尼亚岛西部分成两个分支，一支向北注入加勒比海，另一支向南沿着巴西东岸形成巴西暖流。这个分为两叉的暖流让加勒比海的鱼类可以沿着海岸到达巴西的里约热内卢沿海地区。这样，广义上的加勒比海产区包括了百慕大群岛和巴西东部沿海地区。

加勒比海地区的海水观赏鱼捕捞和出口国主要有美国、巴西、巴哈马、委内瑞拉等，其中，美国和巴西的出口量最大，分别被称为“美国线”和“巴西线”。美国的观赏鱼和水族馆文化居世界第一，对观赏鱼的需求量非常大，因此他们不仅捕捞观赏鱼，还进行大量养殖。美国有很多家专门从事海水观赏鱼和珊瑚养殖的公司，有些公司还兼做海水水族箱器材，如AFI、Pacific Island Aquatics、两只小鱼（Two Little Fishes）等。目前，世界上能被人工繁育的海水鱼一多半是美国人搞出来的，那些品种繁多的人工改良小丑鱼也基本是美国人最先培育的。

海水观赏鱼的出口数量对于巴西来说，连淡水观赏鱼出口量的零头都不够，凭借一条贯穿全境的亚马逊河，巴西成为世界上淡水鱼资源最丰富的国家。每年有数以千万的淡水观赏鱼从巴西出口到世界各地，最被人们熟知的就是埃及神仙和宝莲灯鱼。巴西人很明白，只要保护好热带雨林和珊瑚礁，淡水鱼和海水鱼的资源是用之不竭的，所以他们在2010年时甚至提出了“多捞一条鱼，少伐一棵树，保护亚马逊”的口号。

美国线和巴西线的鱼品种基本重合，但质量和价格略有差异，如美国线的女王神仙、蓝神仙颜色较好，而巴西线的灰神仙质量好，且价格比美国的便宜很多。

五、其他小产区

以上介绍的西太平洋、印度洋、太平洋诸岛和泛加勒比海地区是我们常说的海水观赏鱼四大产区，根据贸易中的运输情况又分为印尼线、菲律宾线、马代线、东非线、红海线、巴西线、美国线（含夏威夷线）八条主要贸易线路。在这之外，还有一些产量很小但备受关注的地区，因为那里有一些特有的鱼类品种。这就形成了一些小的海水观赏鱼产区，一般不能直接向世界各地出口观赏鱼，需要借助临近的成熟运输线路转运该地区所产的观赏鱼，所以这些小产区的观赏鱼不论是捕捞成本还是运输成本都非常高，是市场上价格昂贵的稀缺品种。

1. 西非产区

从非洲西部的加那利群岛向南，经佛得角、塞内加尔、几内亚比绍、科特迪瓦、尼日利亚，一直到加蓬，沿着大陆架有一条几内亚暖流经过，这里海水较浅，且有丰沛的浮游动植物，为鱼类等海洋生物提供了良好的生存环境。这里和多数热带浅海地区不同，沿岸珊瑚礁资源并不丰富，主要是石灰质岩石结构。在这里产出少量难得一见的海水观赏鱼，如橙仙、西非仙等，它们的身体结构与生活习性明显异于同属的珊瑚礁区品种，是生物在不同环境中独立演化的代表性物种。它们作为普通观赏鱼的意义不大，但是在公共水族馆的展览中具有很高的科普说明性。本地区虽然交通不便，沿岸国家还偶有战乱，但是每年仍有少量观赏鱼从这里被采集，并通过美国观赏鱼贸易公司等渠道贩卖到世界各地。

2. 东太平洋产区

太平洋东部与美国、墨西哥、巴拿马、哥伦比亚、厄瓜多尔、秘鲁等国相接，从美国加利福尼亚的旧金山沿岸向南，顺着大陆架一直到秘鲁沿岸地区，是一群时断时续的海洋自然保护区，包括加利福尼亚湾、雷维亚希赫多群岛、克利珀顿岛、哥斯达黎加、加拉帕戈斯群岛等。受北太平洋海盆的阻隔，这里的鱼类与太平洋中部和南部的鱼类差异很大，特别是克利珀顿岛、加拉帕戈斯群岛附近的生物几乎完全是独立演化而成，在科学研究上具有重要意义，如著名的加州宝石雀、克利珀顿神仙等。为了让世世代代有可进行研究的鲜活生物对象，一直以来这个地区的特有物种都严格限制商业捕捞。部分海域的常规鱼类还是允许进行有计划的商业捕捞，典型的物种是数量庞大的国王神仙。由于该地区大部分保护区和渔场都是美国人在进行科学研究和捕捞作业，所以在观赏鱼贸易中，产于此区域的鱼类被并入“美国线”的观赏鱼中。

简释分类学和鱼名的由来

在观赏鱼饲养活动中，鱼类分类学是非常重要的一门科学，既可以提纲挈领地让我们更快地认识品种繁多的鱼类，还能让我们通过鱼类分类关系来拟定饲养搭配方式和水质处理方法。同时，分类学知识在养鱼过程中还能让我们沉浸在对鱼类形态、行为观察的快乐中，给我们更高层次的精神享受。

鱼类分类学作为一门基础科学，不能直接产生价值，所以学它的人非常少，能坚持不断探索实践的人就更少了。我们常常粗浅地认为分类学对一般水产养殖没有什么太大帮助，对于远洋渔业捕捞也没有什么用处，对于渔业深加工产品来说似乎更是没用。但是作为职业的观赏鱼养殖员，鱼类分类学是必修课，是必须一生不断探索研究的一项任务。对于普通爱好者，了解的分类学知识越多，在养鱼中所感受到的快乐会越多。举一个直观的例子，如果没有鱼类分类学作基础，本书中所介绍的数百种鱼类将杂乱无序，读者朋友读起来恐怕会一头雾水。学习养鱼技术时，也应按照分类学一科一科地学，一属一属地研究，利用分类关系近的鱼在人工饲养环境下通常具有普遍性表现这一特征，就可以做到举一反三、触类旁通了。

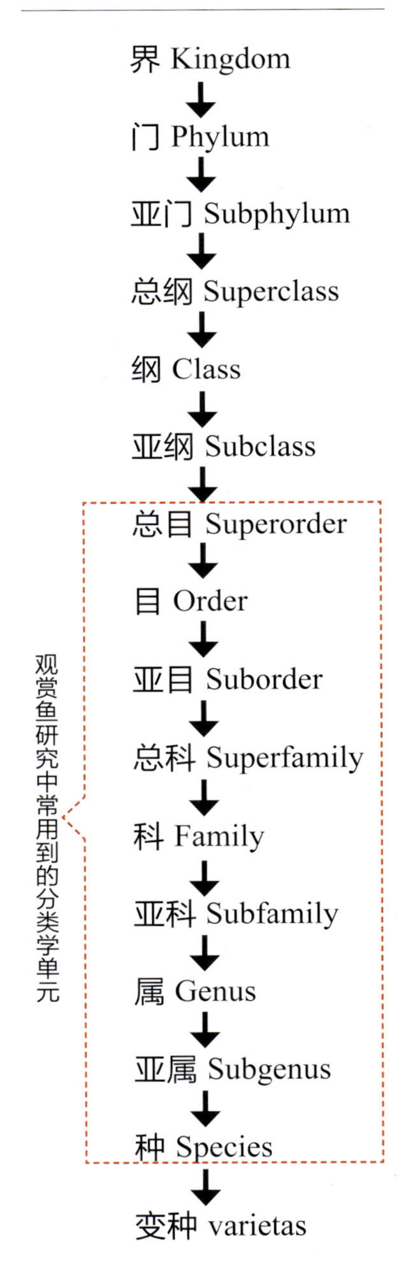

人们很早开始懂得给生物分类，如古希腊博物学家亚里士多德（公元前384—公元前322）最早将动物分为四足动物、鸟类、鱼类、鲸类等，成书于我国战国到西汉时期的著作《尔雅》中将动物分为虫、鱼、鸟、兽、畜五类。到了18世纪，博物学家们已经开始采用分阶的生物分类方法，如林奈（1707—1778），在其1758年出版的《自然系统》中已经有了纲、目、属、种四个分类级别。到1859年达尔文（1809—1882）的《物种起源》出版后，人们开始认识到生物演化的现象，并从演化的角度上将生物分类学逐渐整理成今天较为完善的形式。

现代生物分类学将生物按其亲缘关系分成界、门、纲、目、科、属、种七个单元，界是最大的单元（考虑到真核生物和原核生物，还有更高一级的分类“域”），种是最小的基础单元，只代表一个物种。为了使生物分类更加细致，在一些分类单元上下可以附加次生单元，如总纲（超纲）、亚纲、次纲、总目（超目）、亚目、次目、总科（超科）、亚科等。在观赏鱼饲养技术学习中，我们一般会用到分类关系是总目以下的各个单元，总目以上的单元过于笼统，对鱼类饲养技术的归纳整理没有实际意义。

本书中所介绍的鱼类均按照伍汉霖先生等科学家编撰的《拉汉世界鱼类系统名典》中使用的分类标准进行分组说明。考虑到大多数观赏鱼是鲈形目鱼类，所以鲈形目鱼类按照亚目和科的分类关系进行分组；非鲈形目的硬骨鱼类按照总目和目的分类关系进行分组；软骨鱼类品种很少，就统一在一组中进行介绍。

每种鱼都有多个名字，以前因为世界各国的人们对同一种鱼类的叫法不同，鱼类学者沟通起来十分困难。直到林奈提出了使用拉丁文双名法的方式来统一生物学名后，包括鱼类在内的所有生物才有了各自的世界通用名称，即学名。在我国，每一种鱼除了有学名外，至少还有一个中文学名，这是为了让国内渔业工作者更方便地认知鱼类。在观赏鱼贸易中，学名和中文学名一般不会被直接用到，这是因为鱼类学名的拉丁文太难学习，大多数人不认识。中文学名要么是按拉丁文学名翻译而来，要么是根据鱼类形态特征而定义的学术名词，一般拗口难懂，且生僻字较多。为了能让观赏鱼名更容易记忆，并在贩卖中能马上吸引消费者的注意力，爱好者和鱼商给绝大多数观赏鱼起了专用的商品名。

皇后神仙鱼的学名：

Pomacanthus imperator **Bloch 1787**

属名	种名	命名人	命名时间
（刺盖鱼属）	（君主）	（Macus E. Bloch） （马库斯•布洛赫）	

由于海水观赏鱼饲养爱好是一项舶来文化，在20世纪70年代才从美国、日本等发达国家传入我国香港和台湾地区，到90年代才慢慢经香港和台湾地区传入大陆，所以大陆地区使用的观赏鱼名在不同时代又蕴藏着不同的历史文化特征。如80年代末到90年代初，大陆爱好者所能得到的海水鱼饲养技术资料主要来自台湾地区，故大家都使用台湾业者给鱼类起的名字，具有代表性的如黄新娘、皇后神仙、月眉蝶等。到了21世纪初期，大陆市场上的海水观赏鱼主要经香港地区转运，为了方便交易，大陆鱼商开始改用香港鱼名，如“黄三角吊”的叫法改为“黄金吊”，其中“黄三角吊”是台湾叫法，“黄金吊”则是香港叫法。由于香港业者使用的鱼名很多是按照英文音译而来，如“surgonfish”本意是倒吊类，被香港鱼商直译为“沙展鱼”；“wrasse”本意是小型隆头鱼，香港业者曾直接音译为“濑鱼”；“lemonpeel angelfish”在台湾地区被叫“蓝眼黄新娘”，香港地区则直译为“柠檬批”。这些音译来的鱼名使大陆爱好者难以理解，也不容易记忆和传播，所以直到现在大陆地区的海水观赏鱼名称还是部分使用台湾地区的叫法，部分使用香港地区的叫法。到了近10年，我国大陆地区一些城市的鱼商可以直接从国外进口观赏鱼了，在国外鱼单上发现以前没有见过的观赏鱼品种，我们会参照其英文名的意思，加上鱼的产地信息和外观特征给它起一个新名字。比如“radiant wrasse”意思是“散发着火焰一样光芒的小型隆头鱼”，我们将这种

鱼的中文商品名称为“烈焰龙”。由于贸易中的这种鱼主要来自东非的莫桑比克，在售卖时为了突出产地较远、不容易得到的噱头，全称为“东非烈焰龙”。

由于我国大陆地区的海水观赏鱼名称一直在不断发展，所以同一种鱼可能存在多个不同的中文商品名，这些名字被不同城市的爱好者和鱼商使用，甚至在同一城市中会存在一种鱼的不同叫法。如，“皇帝神仙”和“毛巾鱼”这两个名字从21世纪初开始一直被混用到现在，指的都是甲尻鱼。在同一个鱼店中，鱼商可能一会儿叫它毛巾鱼，一会又叫它皇帝神仙。还有一些鱼的雌鱼和雄鱼、幼鱼和成鱼的商品名不一样，也是长期被同时使用。如，“蓝宝新娘”指的是渡边月蝶鱼的雌鱼，该物种的雄鱼被称为“蓝宝王”；主刺盖鱼的成鱼在大陆和台湾地区被称为“皇后神仙”，在香港地区则被称为“皇帝神仙”，该物种的幼鱼又被称为“蓝圈”，从幼鱼到成鱼的变态期个体被称为“圈帝”。

考虑到当今观赏鱼商品名的使用比较混乱，如果不加以细致说明，新的观赏鱼爱好者就无法将市场上的鱼类辨识清楚。本书尽量多地收集了各种鱼的不同中文名，并汇总介绍，希望能为大家认识观赏鱼提供帮助。

△海水观赏鱼从原产地的捕捞场中被打包入塑料袋，然后放入保温的泡沫箱中，借发达的空运线路被运输到世界各地，每一种鱼在各地都有符合当地文化的商品名

鱼的生理结构

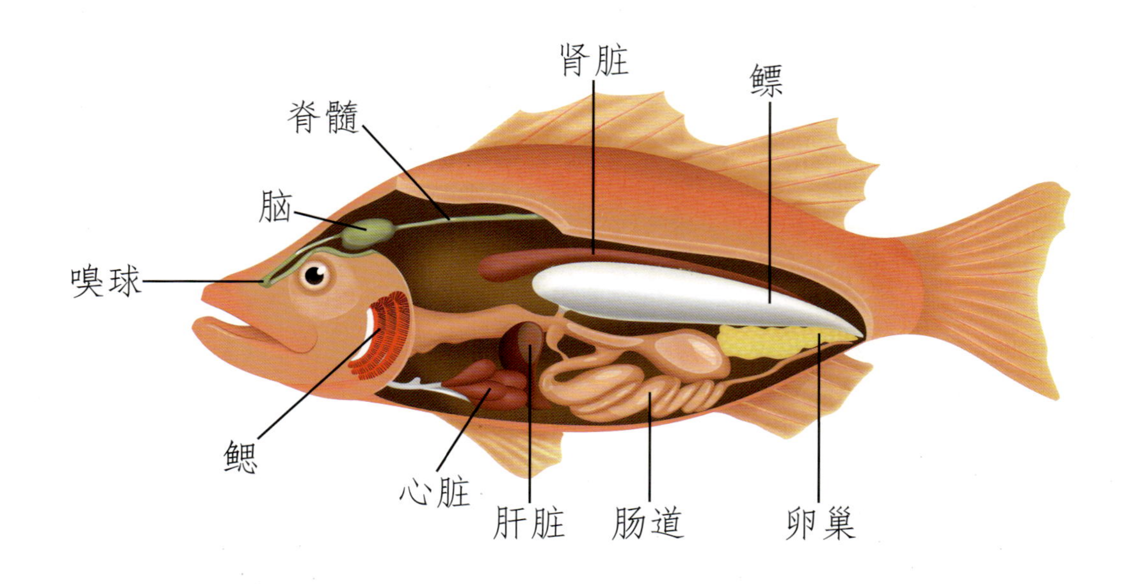

通用水质标准

绝大多数海水观赏鱼适应的水质环境基本相同，这并不是因为世界各地的海水都一样，而是因为鱼对外界环境具有一定程度的适应能力。在混养海水观赏鱼的过程中，只要将水质指标维持在一个通用的区间，就能将大部分海水鱼饲养好。养鱼过程中经常涉及的水质指标有水温、溶解氧、pH值、硬度、总氨、亚硝酸盐、硝酸盐浓度、磷酸盐浓度等。其中，水的硬度和pH值呈正比例关系，通常只要pH值稳定在合理范围，硬度就不会出大问题。水中的磷酸盐和硝酸盐同为鱼类代谢物被微生物分解而得到的最终产物，二者处于平衡状态，一般硝酸盐浓度不极速上升时，磷酸盐浓度也不会极速上升。再有，在使用曝气设备和蛋白质分离器的水族箱中，水的溶解氧一般处于饱和状态，所以也不必经常监测。日常管理中仅需要关注水温、pH值、总氨、亚硝酸盐和硝酸盐几个指标即可。

为了节省篇幅，现将养鱼通用的水质标准进行提前说明，后文介绍的所有鱼类品种中，凡没有特别注明水质指标需求的，皆可以使用如下的水质标准进行饲养。

水温	pH值	总氨（$NH_3+NH_4^+$）	亚硝酸盐（NO_2^-）	硝酸盐(NO_3^-)
24~26℃	7.8~8.3	<0.05毫克/升	<0.1毫克/升	<200毫克/升

小丑鱼和雀鲷

△与海葵共生在一起的小丑鱼是最被人们所熟知的海水观赏鱼

雀鲷科（Pomacentridae）约有40属，全世界已知的雀鲷鱼类有400种以上，其中被当作观赏鱼饲养的品种约50种。我们通常称的小丑鱼、魔类、雀类都是雀鲷科的观赏鱼。它们是最适合新手饲养的品种，非常容易饲养，廉价易得，数量庞大，多数品种还能够在人工环境下繁殖后代。

雀鲷科中最被人们广泛喜爱的是小丑鱼，可以说绝大多数海水观赏鱼爱好者都是从饲养小丑鱼开始培养的兴趣。小丑鱼有红色、黄色、橘色、粉色和黑色等体色，头部和身上都有明显的白色纵带分布，尤其是那些白带分布在眼睛后面的品种，总让人联想到马戏团的小丑，所以得名“小丑鱼”。小丑鱼的体形一般在10厘米以内，粗生易养，哪怕只在水族箱上方放置一个简易的过滤盒，也能将小丑鱼饲养很好。所有品种的小丑鱼都不善于游泳，特别是长距离快速游泳，它们往往只生活在一个很小的范围里，从不远足，这让它们能非常迅速地适应狭小的人工饲养环境。小丑鱼不挑食，不论是肉还是海藻，能捡到的都吃，在潜水胜地，小丑鱼还捡食人类掉到水中的食物残渣。小丑鱼能接受任何品种的人工饲料，稀里糊涂地就能吃个“肚歪”。

小丑鱼具有和海葵共生的特性，它们或单一，或成对，或成群地生活在各种品种和尺寸的海葵身边，一遇到危险就会躲避到富有刺细胞的海葵触手中，所以也被称作海葵鱼（anemone fish）。海葵的刺细胞可以给鱼造成剧烈伤害，小丑鱼是如何防止这些刺细胞对它们的伤害呢？年幼的小丑鱼对海葵的刺细胞并没有免疫能力，如果被海葵抓到，照样会丧命。

当一尾小丑鱼遇见它平生的第一只海葵时，它就会小心翼翼地接近那些触手。然后用嘴轻微地触碰海葵触手下面“肚子”，让海葵分泌大量的黏液。小丑鱼在拥有丰富黏液的海葵身边打滚，让这些黏液尽可能多地粘在自己身上。这个环节对未来它能否成功地和海葵共生在一起十分重要，小丑鱼会十分细心，直到它确信那些黏液已布满全身，才试探性地钻进海葵的触手丛中。未来的日子里，这些黏液可以帮助小丑鱼免疫有毒的刺细胞。还有一种说法认为，海葵错误地把粘有自己黏液的小丑鱼当成自己躯体的一部分，而不进行防御或攻击。

一些品种的小丑鱼对海葵并不挑剔，如果水族箱中没有能供其完全存身的大海葵，一条10厘米的红小丑可以把一个直径仅5厘米的小海葵当作自己的家。但当有更大的海葵被放入水族箱后，小丑鱼会马上搬迁。如果新引入的海葵和原先的是同一个品种，小丑鱼就不用重复粘取黏液的步骤了。若更换了海葵品种，它们还需重复粘取黏液的工作。不是所有的海葵都适合作为小丑鱼的家，一些毒性很大的海葵，如魔鬼海葵、黄金海葵，照样可以吃掉来投宿的小丑鱼。如果水族箱中没有足够的海葵，一些小丑鱼会和宝石花珊瑚共生在一起，还有一些甚至可以钻进刺细胞丰富的榔头珊瑚中。

野生状态下，小丑鱼要么以一夫一妻的方式共同生活在一个海葵里，要么以一夫一妻多“随从”的方式共同生活在一个很大的海葵里。具有前一特性的品种有红小丑、透红小丑、银背小丑，具有后一特性的品种有公子小丑、双带小丑和鞍背小丑等。在一个大群体中，个头最大的雌性是首领，它会挑选群体中的一条雄性成为夫妻，与其繁衍后代。群体中的其他成员主要负责警戒和觅食任务，不能和首领交配，彼此之间也不可以“自由恋爱”，所以我称它们为“随从”。如果群体中的“女王”死去了，群体中体形最大的随从会变成雌性领导群体，并与雄性繁殖后代。如果雄性死去了，女王会再挑选一条雄鱼与它交配繁殖。

在一个水族箱中同时饲养两条非夫妻的小丑鱼是很危险的，它们是极具领地意识的鱼类，互相的攻击行为十分激烈，特别是在同品种间，杀戮时常发生。如果同时饲养一群，打斗会得到缓解，它们会很快形成一个有等级的家族。最大一条雌性成为首领，它具有至高无上的权利，可以占据多个海葵和岩石洞穴。在它没有决定繁殖之前，其他小丑鱼都是它的随从。由于水族箱内空间狭小，首领常常感到不安，随从们也常会被首领驱赶得到处跑。当我们将雌性首领移出水族箱，另有一条体形相对大的雌性会补充首领的角色，如果家族中的雌性数量不够，就会有一条没有完全成熟的雄性变性成为雌性，并登上女王的宝座。这种变性只发生在未成年的雄性身上，完全成熟的雄性和雌性基本不具备变性的能力。如果恰好把两条年幼的小丑鱼放在同一个水族箱中饲养，成年后一般会成为夫妻，即使夫妻关系不是很好，也肯定是一雌一雄。年幼的小丑鱼性别是不稳定的，可根据生殖的需要来决定自己的性别。

十几年前，繁殖小丑鱼已经不是难事，很多渔场和私人爱好者都获得了成功。今天，全世界有许多海水观赏鱼养殖场，人工繁殖产量最大的品种就是小丑鱼。人工繁殖的小丑鱼在市场上已经占绝大多数，极少数个体为野生捕捞。一对生活在水质良好水族箱中的小丑鱼，会在成熟后自然产卵。卵多数被产在海葵下面的岩石上，夫妻共同看护这些鱼卵直到孵化。在大水族箱中繁殖出的小丑鱼不容易采集，多数会被其他鱼吃掉。如果专门想进行繁殖，可以用小一些的水族箱单独饲养一对亲鱼。新繁殖出的小丑鱼十分小，只能投喂轮虫和微藻，这些开口饵料的种源可以在网络上购买到，只要耐心培养就可以得到相当大的数量。如果你居住在沿海城市，可以尝试到海边自己采集野生饵料，那样饲育出的小丑鱼更为健壮。人工繁殖的小丑鱼比野生采集的个体更容易饲养，不过用人工海水饲养长大的个体往往没有野生个体那样鲜艳，而用天然海水饲养出来的个体不存在这个问题。

近十年来，由于人工繁殖的小丑鱼越来越多，人们刻意保留了一些繁殖过程中突变的个体，并利用不同亚种、变种之间再进行杂交，培育出了五花八门的花色小丑鱼，如闪电纹小丑、雪花小丑等。今天，小丑鱼已经成为和金鱼、锦鲤、孔雀鱼、七彩神仙鱼一样的人工改良观赏鱼，而且它是其中唯一的海水品种。

除了小丑鱼以外，其他大多数雀鲷科鱼类被我们称作“魔”或“雀”，如蓝魔、黄魔、三间雀、皇帝雀。叫“**雀”的品种其实最早被称为“**雀鲷”，但广大的爱好者们逐渐将

△雀鲷是数量最多、最容易获得的海水观赏鱼，在海洋中会追着潜水员索求食物

“鲷”字省了。被称为“**魔”的品种，以前应当被称为“**魔鬼”，因为它们游泳速度很快，而且在大水族箱中神出鬼没的。后来，人们也将“鬼”字省去了，就成了现在的名字。

所有的雀雕都不攻击珊瑚和其他无脊椎动物，因此可以安全地饲养在礁岩生态缸中。雀鲷具有非常强的领地意识，别看它们小，打起架来可真玩命。它们进入水族箱后就会占据一个喜欢的地形，或是一个洞穴，或是水族箱的角落，然后将这块地方圆数平方分米的空间占为自己的领地。它们不但攻击进入自己领地的同类，还攻击比自己大的蝴蝶鱼、隆头鱼等，甚至当你擦洗鱼缸内壁时，还会咬你的手。雀鲷的这种习性并不是在水族箱中养成的，你在海浅区游泳时，如果不小心踩到了一对雀鲷安家的岩石，它们也会追着咬你的脚。当然，对于那些比它们凶猛很多的神仙鱼、炮弹鱼等，雀鲷就不敢主动上前攻击了。水族箱中的小型隆头鱼、海金鱼往往会成为雀鲷攻击的主要目标，它们追着这些老实的鱼咬，要么把它们逼得跳出水族箱，要么趁你不注意时把它们咬死。雀鲷是礁岩生态缸中小型鱼的“杀手”，除非你决定不养小型隆头鱼和海金鱼，否则大家绝不可在缸中先放入雀鲷，特别是三间雀、蓝魔这些极其凶猛的小家伙。

雀鲷之间的打斗是非常严重的问题，不建议同时饲养两条雀鲷，不论是不是一个品种，它们都会成为死敌。最好单饲养一条，或同时饲养5条以上。当水族箱中已经饲养有雀鲷后，如果还要放入新的雀鲷，必须保证新放入的数量比原有数量多，并且一次性将所有新鱼放入。所有单独进入水族箱的外来户，或者让其他雀鲷觉得不合群的新朋友，一律会被活活咬死。

许多品种的雀鲷成体和幼体呈现出完全不一样的体色，很多人购买了一条非常漂亮的小鱼，但饲养几个月后发现它变成又丑又凶的怪物。还有些雀鲷在人工饲养条件下会改变本来的颜色，特别是雀鲷属的一些品种，在硝酸盐浓度较高的水中存在着严重的褪色问题。不少品种在受到威胁后会改变自己的颜色，让它们看上去像另一个品种的鱼。这些年，雀鲷类观赏鱼的新品种并不多见。

由于雀鲷容易饲养，具有复杂的肢体语言，像双锯鱼属和宅泥鱼属的品种还能体现出物种之间互利共生的特点，所以非常适合作为少年儿童了解海洋鱼类的科普教学物种。在几个小水族箱中分别放养不同品种的雀鲷，让孩子们观察它们的特征和行为，有助于提高少年儿童的观察力和总结能力，很值得推广。

现代观赏鱼贸易中常见的雀鲷科鱼类分类关系见下表：

属	观赏贸易中的物种数	代表品种
双锯鱼属（*Amphiprion*）	所有种	小丑鱼类
双棘鱼属(*Premnas*)	所有种	透红小丑和金透红小丑
宅泥鱼属（*Dascyllus*）	4种	二间雀、三间雀、三点白等
豆娘鱼属（*Abudefduf*）	3~4种	五间雀和六线豆娘等
凹牙豆娘鱼属（*Amblyglyphidodon*）	3~4种	将军雀等
刻齿雀鲷属（*Chrysiptera*）	10种左右	主要是具有闪亮蓝色的品种，如蓝魔、黄尾蓝魔、斐济魔等
雀鲷属（*Pomacentrus*）	3~4种	蓝天堂、子弹魔和黄魔等
副雀鲷鱼属（*Neoglyphidodon*）	6~7种	皇帝雀、蓝丝绒等，现在这一属的鱼类分类关系比较乱，有人认为应将它们分成多个属，如蓝丝绒单独分为新箭齿雀鲷属（*Neoglyphidodon*），本书暂不采用这种分类方法
盘雀鲷属（*Dischistodus*）	2~3种	云雀、马骝魔等
椒雀鲷属（*Plectroglyphidodon*）	5种	其中包括两种青魔、柠檬魔、美国蓝魔和半身魔
光鳃鱼属（*Chromis*）	5种	全部被称作珍珠雀
高欢雀鲷属（*Hypsypops*）	1种	加州宝石

双锯鱼属 *Amphiprion*

双锯鱼的名称来自公子小丑背上分为两段锯齿状的背鳍（Amphiprion源自希腊语单词“amphi”意思是两边，“prion”意思是锯），所以公子小丑也是本属的模式种。本属有28个品种，体长一般在10厘米左右，全部为观赏鱼。雌性双锯鱼个头一般比雄性大一倍左右，大多数雄鱼不超过8厘米。通常，本属鱼类的雌性颜色会更深或更暗淡，雄性颜色更鲜艳，但是雌雄之间的颜色不会有很大的差异。

公子小丑 *Amphiprion ocellaris*

中文学名	眼斑双锯鱼
其他名称	小丑鱼
产地范围	印度洋至西太平洋的珊瑚礁区域，由安达曼海至菲律宾，北至琉球群岛，南至澳大利亚西北部。主要捕捞地有菲律宾、印度尼西亚等
最大体长	雄7厘米，雌10厘米

△印度尼西亚产

△菲律宾产

△大洋洲产

黑背心公子小丑 *Amphiprion percula*

中文学名	三带双锯鱼
其他名称	黑边公子小丑、黑公子小丑、黑膀公子小丑
产地范围	印度洋至太平洋热带珊瑚礁区域，主要捕捞地有澳大利亚北部、印度尼西亚、巴布亚新几内亚、所罗门群岛等
最大体长	雄8厘米，雌11厘米

△印度尼西亚产

△大洋洲产

公子小丑无疑是海水观赏鱼中最驰名的品种，著名美国动画片《海底总动员》中的主角NEMO就是以公子小丑为原形塑造出来的。它们广泛地分布在太平洋和印度洋的珊瑚礁区域，野外捕捞个体一般来源于印度尼西亚和菲律宾。近年来，公子小丑在国内外被广泛养殖，人工繁殖数量巨大，所以在水族店里公子小丑从来不会断货（10年前可不是这样，那时公子小丑还是偶尔能在鱼店见到的珍贵品种）。

虽然它们是非常容易饲养的观赏鱼，但在十几年前，许多个体死在了运输和捕捞过程中。那时菲律宾地区捕获的大部分公子小丑存在质量问题，很多是靠药物捕捞的。这些小丑鱼不能在人工环境下存活下来，因为它们的内脏受到了伤害。我常看到从菲律宾运输来的公子小丑在一周内死亡率可以达到60%，一些个体在运到目的地就已经是死尸了。来自印度尼西亚的小丑鱼一直都没有严重的质量问题。今天偶尔仍能在市场上见到来自菲律宾的药捕小丑鱼，它们的颜色要比其他小丑鱼浅，肛门外拖着白便，顶着水流晃动着游泳。购买时一定要特别注意这类小丑鱼，它们一般个头很大，价格也便宜，但绝对养不活。不过，这些问题鱼在今日的水族市场上已经很少见了，因为人工繁殖的小丑鱼非常丰富，低质量的鱼价格再便宜也会失去市场。总体来讲，现在的小丑鱼比10年前的小丑鱼好养得不是一星半点。

△看护鱼卵的亲鱼

通常，公子小丑被放入水族箱后会躲藏起来，直到确信没有危险后才游出来。一开始，这种鱼就可以接受人工饲料，不必经过特殊的驯诱。如果水族箱中有地毯海葵，它们会很快居住到海葵里面去。公子小丑对地毯海葵有特殊的青睐，当其他海葵被混养在一起时，它们首先选择地毯海葵。如果没有地毯海葵，它们会选择公主海葵或红肚海葵，但很少有公子小丑接受紫点海葵。它们具有海葵黏液的保护后，就很少患细菌或寄生虫类的疾病了，不必为它们会被寄生虫侵袭而忧愁。

△孵化中的鱼卵

含有铜离子和甲醛的药物是不建议使用在公子小丑身上的，它们对药物的承受能力很差，能杀死寄生虫的用量往往也可以让公子小丑中毒。最好把公子小丑饲养在礁岩生态水族箱中，这样可以让它们的颜色更鲜艳。仅需要一个60升的水族箱就可以饲养一对公子小丑，但如果想饲养一个群落，则至少要保证给予它们200升水的生活空间。它们虽然能忍受较高的硝酸盐浓度，但如果硝酸盐浓度常年高于200毫克/升，它们的颜色会慢慢变暗。在水族箱中，成熟的雌性公子小丑可以有10厘米大，但雄性一般只能有6厘米。实际上，5厘米以上的公子小丑就具备了繁殖能力，如果给它们提供营养丰富的饵料和优良的水质，它们就可以在水族箱中传宗接代。

在拥有海葵和其他鱼类的水族箱中，即便亲鱼繁殖了，也很难将仔鱼取出来，最终那些小生命会充当鱼饵，海葵也非常喜欢吃小丑鱼的卵和仔鱼。亲鱼通常将卵产在海葵下面的岩石上，并奋力驱赶海葵远离这些卵。但当卵孵化后，父母就无法保护这些四处乱窜的孩子了，它们多数要被海葵的触手卷走。

成功的繁殖办法是将一对亲鱼单独饲养在一个没有任何其他生物的鱼缸中，鱼缸不必太大，40厘米见方就足够安顿一对情侣了。要保持优良的水质，在我的经验里，当硝酸盐浓度高过20毫克/升时，小丑鱼不再产卵。因此，繁殖缸至少要每周换水20%。需要在繁殖缸内放置一些光滑的石头，如果能放一个倒置的紫砂花盆会更好。花盆的大小要能让两条小丑鱼同居在里面，并且转身不困难。事实上，如果两条鱼的确是夫妻，它们会经常同居在那个花盆里面。要给亲鱼提供充足的营养，仅靠人工饲料喂养是很难让它们产卵的。以虾肉、蛤肉、墨斗鱼肉、人工饲料轮换投喂，每天至少喂三次，最好能再添加一些含有螺旋藻成分的食物。

如果选择的亲鱼是4厘米大小的一对，它们会在8~12个月后开始产卵。如果选择的亲

△人工繁殖的幼鱼会聚在一起生活

鱼更小，则需要更长的时间。在亲鱼的成长中，会有一条生长速度远远超过另一条，那条长得快的就是雌性。一般情况下，雌性要比雄性大2～3厘米，也有一些情况雌雄性个头很接近，但个体相近的亲鱼繁殖情况不如差异大的好。不论选择多大的幼鱼来培育，如果强化饲养2年后仍不能产卵，一般属于配对失败的案例。有的时候，没有夫妻关系的两条小丑也能在小环境中居住在一起，你会发现它们偶尔会打架，那不是夫妻不和，而是互相没有爱慕的意思，这种情况必须更换亲鱼。如果将多对小丑分别放在多个临近的鱼缸中进行繁殖实验，要将鱼缸侧面用遮盖物遮掩起来，保证它们互相看不到。成熟后的亲鱼相互攻击性很强，如果互相能看到，它们会隔着玻璃相互骚扰，影响正常繁殖。

小丑鱼一般喜欢将卵产在花盆内壁或光滑的石头表面，只要亲鱼产过一次卵，以后就会定期产卵，每次间隔大概2～3周。产卵前，亲鱼会用嘴清理石头或花盆的表面，这个过程有的时间很短，有的则需要几天。然后，雌鱼开始产卵，而雄鱼马上为这些卵受精。刚产下的卵是橘红色，不久就变成暗红色。根据亲鱼的大小和健康程度，一窝卵可以在200～500枚之间。如果雄性没有疾病，这些卵基本上可以受精。

产卵后，亲鱼会照顾鱼卵，它们非常细心，不停地扇动鳍为卵送去新鲜的水。你可以将卵取出来人工孵化，很多养殖场是这样做的，可以节省亲鱼的体力。但在家庭饲养中，最好让它们自己孵化，我觉得它们更需要体会做父母的快乐来维系相互的恩爱。父亲是具有责任的“硬汉”，当有其他鱼靠近卵的时候它会主动出击，即便入侵者大出自己好几倍也从不畏惧。如果你将手伸进鱼缸，照样会遭到它的攻击。妈妈不停为卵“扇水”，并用嘴一个个轻微地触碰它们，如果有死卵，会马上将其清除，以免连累其他卵。此期间可以停止换水，减小投喂量，并保证按自然昼夜开启照明光源。

根据水温的不同，卵一般在产出后的7～10天里孵化。水温27℃时，在第8天晚上关灯后，小鱼会一窝蜂地孵化出来。孵化前，鱼卵上可以明显地看到仔鱼的眼睛，而且在不时地动。在孵化一刹那，所有的小鱼会一下子迸向水面，此时你必须在场，并关闭过滤系统，防止小鱼被水泵抽走。当小鱼孵化出来后，你可以用塑料管将它们吸到一个没有过滤系统的容器里饲养。

一个容积10～12升的小鱼缸作为培养小鱼的工具非常好，一开始不要放太多水，1/3最好，水太多了，小鱼容易找不到食物。因为没有过滤系统，每天都要换至少一半海水，在换水时速度一定要慢，动作一定要温柔，小鱼十分容易受伤。它们靠自己卵黄内的营养可以维持3天，3天后就必须给它们提供饵料了。

一般情况下，我们给新孵化的小丑鱼宝宝提供可口的活轮虫（rotifer），轮虫的品种很多，我们可以在一些农业、渔业网站上购买到合适的种源。培养轮虫需要用干净的海水，要避免海水中含有其他微小动物。最好用圆桶形的容器培育轮虫，这样会很好收集。我用一个直径20厘米的玻璃皿培养轮虫，在起初给它们提供酵母作为食物。后来又引进了小球藻（*Chlorella vulgaris*）喂养轮虫，那的确很麻烦，我必须先用多个玻璃容器培养小球藻，给它们充足的光照，直到它们把玻璃容器里的水完全染绿后，才能投喂轮虫。培养几天后，你可以取一些养轮虫的水到有显微镜的地方请人帮忙观察。如果每毫升水中轮虫的数量大于3个就可以投喂给小丑鱼了。这个过程需要6～12天，所以必须在小丑鱼产卵前进行饵料的培养。如果培养的小球藻不再那样绿了，可以添加一些微量的磷酸二氢钾（KH_2PO_4）、氯化铵（NH_4Cl）、柠檬酸铁（$C_6H_5O_7Fe\cdot 5H_2O$）等，这些肥料可以强化藻类的生长。当然，直接购买微藻强化液更为方便。小丑鱼宝宝至少要吃一周轮虫，才能长大到可以吃更大的饵料。

△近10多年来，利用公子小丑和黑背心公子小丑在人工养殖中的突变，人工选育出的一些优秀观赏品种

当小丑鱼宝宝逐渐从一个针尖的形状发展成卵形，就可以给它们吃刚孵化的丰年虾了。可以用一个滴管抽取这些丰年虾喂给小丑鱼，但不要把丰年虾卵的壳带到饲养缸中，小丑鱼吃了壳会因无法消化而死掉。在投喂丰年虾的同时，可以同时给一些捻碎的人工饲料，直到小丑鱼完全接受人工饲料后，就直接用饲料喂养它们吧。

随着小丑鱼不断长大，我们必须不断提高饲养缸的水位，直到小丑鱼生长到1厘米时，可以看到它们和爸爸妈妈一模一样了，就要换一个更大并有过滤系统的鱼缸饲养它们。它们满月时可以集合成一大群在水族箱中游泳，小丑鱼8个月就可以长到5厘米。

公子小丑和黑背心公子小丑是目前人工选育种最多的海水观赏鱼，养殖者利用它们的后代在人工环境下的突变，保留那些花纹具有特色的品种，就有了雪花小丑等新品种。公子小丑、黑背心公子小丑以及公子小丑的澳洲亚种黑公子小丑之间可以相互杂交，产生更多具有特色的新品种。

双带小丑 *Amphiprion clarkii, A. allardi, A. bicinctus*

中文学名	克氏双锯鱼，阿氏双锯鱼，二带双锯鱼
其他名称	太平洋双带、印度双带、黑双带
产地范围	印度洋至太平洋热带珊瑚礁区域，主要捕捞地有中国南海、印度尼西亚、菲律宾、马尔达夫、马绍尔群岛等
最大体长	雄12厘米，雌15厘米

△ *A. clarkii*

△ *A. allardi*

双锯鱼属中至少有三个品种被称为双带小丑，它们的长相非常接近，以前我们用产地来区分它们，将其分为太平洋双带小丑、印度洋双带小丑和西印度双带小丑等。如今由于人工繁殖造成的杂交，使种与种之间很难分清，我们就将所有具有两条白色条纹的小丑统一称为双带小丑了。双带小丑是数量最多、最容易人工养殖的小丑鱼，也是最廉价的品种。

双带小丑不像其他小丑鱼雌雄间个体差异那样大，一般一对夫妻的体长差距不超过3厘米。双带小丑是小丑鱼中适应能力最强的品种，如果你还不会饲养海水观赏鱼，那就从双带小丑开始吧。如果同时饲养10条以上，即便全是成年的个体，它们之间的打斗现象也不是很激烈。只要水质和温度合适，它们可以在水族箱中产卵，而且一个400升的水族箱甚至可以容纳3～4对夫妻在同一时间段繁衍后代。虽然这些家庭经常会发生争端，但打斗不会太激烈。小鱼的成活率要比其他品种的小丑鱼高，非常适合喜爱繁殖海水鱼的新手练习。

在水质较差的时候，双带小丑比其他小丑容更易被细菌所感染，当我们降低比重或添加药物时，它们也可能会有不良反应。通常，感染细菌的鱼会首先出现眼球突出或烂尾。出现这种情况后，应马上大量换水，并用杀菌类药物治疗才能康复。病鱼会表现出胆怯或烦躁等不同情绪，小一些的个体多半躲藏到石头缝隙不出来，而大一些的鱼经常会因为病痛的困扰而袭击其他鱼。

由于双带小丑多生活在水质有污染的近海地区，特别是人类活动频繁的海滨，造成很多鱼携带有病菌或寄生虫，必须进行严格的检疫才能放到水族箱中。在贸易中，我发现很多双带小丑感染有本尼登虫、指环虫等，而这些寄生虫对它们的威胁不是很明显。当把该鱼和其他品种混养时，疾病会很快传染，特别是神仙鱼和蝴蝶鱼被感染后死亡率很高。

红小丑 *Amphiprion frenatus, Amphiprion melanopus*

中文学名	白条双锯鱼
其他名称	红番茄、黑斑小丑、黑影小丑
产地范围	印度洋至太平洋热带珊瑚礁区域，主要捕捞地有中国南海、印度尼西亚、菲律宾等
最大体长	雄8厘米，雌12厘米

雄鱼 ▷
▽ 雌鱼

红苹果小丑 *Amphiprion ephippium*

中文学名	大眼双锯鱼
其他名称	印度红小丑
产地范围	印度洋的热带珊瑚礁区域，主要捕捞地有印度尼西亚、马来西亚等
最大体长	雄8厘米，雌15厘米

被称为红小丑的双锯鱼有好几种，其分布从南太平洋一直到红海，我也分不清楚红小丑到底有多少种。分布在印度洋地区的品种*A. melanopus*身上黑色区域面积很大，而且随着生长，黑色区域越来越大。西太平洋地区的个体身体上红色区域更多，而澳大利亚地区的红小丑*A. rubrocinctus*黑色甚至发展到了头部。多捕获于马来西亚的*A. ephippium*脸上没有白色的纵纹，也曾被称为印度红小丑。

在我国香港地区，红小丑也被称为红番茄，欧美国家也多这样称呼它们（tomato fish）。无疑，它们是双锯鱼属中最凶猛的品种，成年的雌性有12厘米长，受到威胁时甚至会跳出水面攻击你的手。

红小丑非常喜欢和大的红肚海葵共生在一起，还会主动保护海葵的安全。当一条红小丑占据了一个海葵，那就是它神圣不可侵犯的领地。如果有其他鱼靠近海葵，它会将其驱逐。假若你移动海葵，它也会攻击你的手。如果有沙子或石头把海葵遮盖了，红小丑会奋力地将杂物清理干净。我们很难将两条成熟的雌性红小丑混养在一起，它们打斗时，咬牙发出的咯咯声隔着水族箱的玻璃都可以听到。幼年的红小丑也不宜混养在一起，至少要5条以上的混养才能和睦相处。随着年龄的增长，错误地变成第二条雌性的鱼照样会被消灭。一条红小丑女王可以和几条雄性居住在一起，那些雄性一般只有它一半大，而且身上没有黑色的色块。女王只和其中一条交配，其他的只能充做随从。即使水族箱中有多个海葵，“随从”们也不会拥有一所，那些“豪宅”都是属于女王的，它不时穿梭在“豪宅”之间。

繁殖红小丑比繁殖公子小丑容易得多。你可以购买一条10厘米以上的雌性，5～6条5厘米左右的没有黑斑的雄性，将它们饲养在一起。通常1～2个月，雌性会在几个准丈夫中选出自己中意的，而且不会杀死那些看不上眼的。当它们完全配对后（进入一个洞穴或海葵），需要将其他落选者移走，避免造成干扰。

“女王”会在光滑的石头表面产下卵，并由它的丈夫完成受精，它们通常喜欢将卵排列成一圈一圈的，好像箭靶上的环状图案。女王在产卵后有足够的力气将以前居住的海葵赶走，认真地保护自己的宝贝。相比之下，雄性似乎是个摆设，它照样每日到处游玩，只用很少的时间同妻子一起照看鱼卵。在同样的温度下，红小丑的卵只需要7～8天就可以孵化，你这个时候一样要驻守在水族箱的周围，并适时关闭水泵。将小鱼用水管抽出来，单养的过程和公子小丑一样。

红小丑的幼鱼在体长小于4厘米时，身体中部有一条白色纵纹，随着继续长大，纵纹逐渐消失。精力旺盛的亲鱼可以在一年内生产20次以上，但不要让它们太多忙碌于“房事”，建议每两个月将繁殖用的石头拿出来一周，让亲鱼恢复体力。当石头被拿走后，雌鱼会短时间攻击雄鱼，不用管它，雄性红小丑是典型的“妻管严”。

如果像繁殖公子小丑那样，从小培育红小丑的亲鱼进行繁殖，需要很漫长的时间。一条雌鱼大概3～4年才可能在人工环境下完全成熟，而且成功配对的概率不高，因为人工环境往往制约了它性腺的发育。

鞍背小丑 *Amphiprion polymnus*

中文学名	鞍斑双锯鱼
其他名称	无
产地范围	印度洋的浅海地区，主要捕捞地有中国南海、马来西亚、印度尼西亚等
最大体长	雄10厘米，雌18厘米

△ 雌鱼

雄鱼 ▷

黑武士小丑 *Amphiprion polymnus .var*

中文学名	鞍斑双锯鱼
其他名称	无
产地范围	印度洋的浅海区域，主要捕捞地有印度尼西亚、马尔代夫等
最大体长	雄10厘米，雌18厘米

鞍背小丑是个形较大的小丑鱼品种，黑武士小丑目前被认为是鞍背小丑的变种，它们在观赏鱼贸易中经常被混在一起出售。如果饲养在足够大的水族箱中，它们的体长都可以长到接近20厘米。这种小丑鱼家族的巨人可以占据很大一片领地，驱逐任何冒犯者。雌鱼成年后都会变成黑色，而雄鱼往往是咖啡色。鞍背小丑和黑武士小丑在人工饲养环境下的表现非常相近，因此以鞍背小丑为例进行说明。

鞍背小丑和黑武士小丑喜欢地毯海葵，对其他海葵不是很感兴趣，如果水族箱中没有地毯海葵，它们可能不会将就住进其他品种。通常情况下，这种小丑鱼很少在水族箱中到处乱游，喜欢依偎在一株海葵或一块石头旁边，懒洋洋地摇头摆尾。它们几乎从不竖立起背鳍，这让其看上去显得无精打采，很多人以为它患了病，其实它就那德行。

成年的鞍背小丑并不容易适应人工环境，建议从小饲养。从一条幼鱼饲养到能够繁殖，大概需要2～3年的时间。在饵料营养不充分的时候需要的时间更长，甚至根本不繁殖。这种鱼喜欢在夜晚打架，当把任意两条鞍背小丑放在一起时，它们似乎相安无事，甚至钻进了一个海葵里。不要以为它们是夫妻，如果水族箱很小，第二天早上就要为其中一条收尸。

水中的硝酸盐浓度和pH值决定了鞍背小丑是否能展现出绚丽的颜色，当硝酸盐浓度高于50毫克/升时，这种鱼的颜色会变淡，如果pH值长期处于8.0以下，它们的体色会变得灰暗无光。不过，和其他小丑鱼一样，稍微高一些的硝酸盐浓度并不会让鞍背小丑死亡。当水族箱中拥有了一对鞍背小丑后，就无法再放入任何性别的其他鞍背小丑。它们喜欢一夫一妻的家庭生活，不像红小丑家族可以拥有很多的“随从”。

咖啡小丑 *Amphiprion perideraion*

中文学名	颈环双锯鱼
其他名称	粉红小丑、粉公
产地范围	印度洋至太平洋的珊瑚礁区域，主要捕捞地有中国南海、印度尼西亚、菲律宾、琉球群岛、萨摩亚等
最大体长	雄8厘米，雌9厘米

咖啡小丑也是很常见的小丑鱼品种，在我国香港地区被称为“粉公”。其实，它们并不是咖啡色，粉红小丑这个名字也许更适合它，但比较流行咖啡小丑这个名字，市场上出售的咖啡小丑一般在5～8厘米。

可以用很小的水族箱来饲养这种鱼，我曾经用过10升水的水族箱饲养一对，它们生活得很开心。如果水族箱足够大，可以饲养一大群。虽然它们不会成群游泳，但打斗现象比其他小丑鱼要少得多。即便混养个体很小的其他品种小丑鱼，咖啡小丑也很少欺负它们，它无疑是小丑鱼中最温良的品种。地毯海葵、紫点海葵、红肚海葵都可以接受，巨大的地毯海葵可以是好几对咖啡小丑的家。任何品种的其他小丑鱼都对咖啡小丑造成威胁，这种小丑鱼实在是太软弱了，而且个体小。在和其他小丑鱼混合饲养时，要避免其他品种过大，并保

证有充足的生活空间。如果在100升以下的水族箱中同时饲养红小丑和咖啡小丑，咖啡小丑将终日被追得狼狈逃窜。

咖啡小丑更喜欢把卵产在洞穴里，如果不提供倒置花盆或空心砖，很难让它们在暴露的岩石上产卵。它们的产卵过程很像公子小丑，也是将卵产在花盆内壁上，亲鱼会非常负责任地照顾卵，直到卵孵化。

△咖啡小丑喜欢在洞穴中产卵

金线小丑 *Amphiprion akallopisos*

中文学名	背纹双锯鱼
其他名称	鼬鼠小丑、金松鼠小丑
产地范围	马尔代夫以东的印度洋珊瑚礁区域，主要捕捞地有印度尼西亚、马尔代夫、斯里兰卡等
最大体长	雄7厘米，雌8厘米

银背小丑 *Amphiprion sandaracinos*

中文学名	白背双锯鱼
其他名称	银松鼠小丑、茶公
产地范围	琉球群岛以西的太平洋珊瑚礁区域，主要捕捞地为菲律宾等
最大体长	雄7厘米，雌8厘米

银背小丑和金线小丑都是偶尔才能在市场上见到的品种，虽然这两种鱼价格不贵，但捕捞量和人工繁殖量都不大。由于它们在颜色和行为方面都没有什么特别之处，在市场上也很少受到青睐，属于“非主流小丑鱼”。

这两种小丑鱼的行动很灵活，进入水族箱后会在礁石洞穴附近徘徊，一有风吹草动就躲避起来。它们和公子小丑很像，喜欢与比较大的地毯海葵共生，而且彼此之间较为和谐，可以成小群地居住在海葵里。三间雀、蓝魔和其他小丑鱼都会欺负它们，受到攻击时，金线小丑和银背小丑的逃跑速度很快。它们喜欢薄片饲料，这一点在所有海水观赏鱼中比较特殊，可能与其在野外摄食片状生长的海藻有关。在水质不佳的水族箱中，这两种小丑鱼的颜色都会变得暗淡。尤其是当pH值长期低于8时，它们身体上会出现细小的黑斑，背部颜色也会变成灰色。与公子小丑和咖啡小丑一样，这两种小丑也更喜欢在花盆内壁上产卵，但是在人工环境下，卵孵化率不是很高。

双棘鱼属 *Premnas*

这个属现在的中文名更改为“棘颊雀鲷属”，听起来很绕嘴，我觉得还是以双棘鱼的名字更好些，这样正好与双锯鱼相呼应，以区分小丑鱼类和其他雀鲷类。这个属里到底是一个已知物种还是两个一直存在争议，有人认为金透红就是透红小丑的亚种，不能单独算一种。但是细想，那些不同品种的双带小丑不是长得也很像吗？为什么是单独的物种呢？我倾向于将透红与金透红分开。本属的两种鱼是所有小丑鱼中体形最大的，我曾见过20厘米的雌性透红小丑，不过很不好看，身体的颜色都接近黑色了。和双锯鱼属的小丑鱼比起来，本属的两种鱼领地意识更强，喜欢挑战任何进入它们领地的鱼（包括炮弹、神仙这些不好惹的家伙）。关键是透红小丑游泳速度还挺慢，遇到比它厉害的鱼就会被彻底打残废。它们既不适合和大型鱼混养，也不适合和小型鱼混养。

透红小丑 *Premnas biaculeatus*

中文学名	棘颊雀鲷、双棘鱼
其他名称	玫瑰小丑
产地范围	西太平洋至印度洋的珊瑚礁区域，主要捕捞地有菲律宾、印度尼西亚、马尔代夫等
最大体长	雄8厘米，雌16厘米

金透红小丑 *Premnas epigrammata*

中文学名	警示棘颊雀鲷、警示双棘鱼
其他名称	无
产地范围	印度洋东南部和南太平洋的珊瑚礁区域，主要捕捞地有印度尼西亚的苏门答腊、巴布亚新几内亚、大堡礁等
最大体长	雄8厘米，雌16厘米

成年的雌性透红小丑可以长到16厘米，而雄性只有8厘米。雌性在成年后颜色会变成暗红色，有的近乎成了黑褐色，正如它们的英文名字“褐红色小丑”（maroon clownfish），而雄性永远可以保持鲜亮的红色。任何两条同性的透红小丑都不可以饲养在一起，即便你的水族箱足够大，它们也会找到一起打架。这种鱼比较任性，只要开始打架，不打个你死我活绝不分开。有时，一条被咬的鱼鳍都没了，还会冲上去和别的鱼拼命。不过，当一对夫妻被引入后，它们往往形影不离。所以要养最好养一条或者一对，现在的销售商也发现了这个问题。透红小丑从打捞起来开始就被成对放在一起，然后成对出售。它们很喜欢居住在紫点海葵或奶嘴海葵里面，对地毯海葵不是很感兴趣。当将本品种和其他小丑鱼混养时，除非其他鱼过来挑衅，否则透红小丑很少主动攻击其他品种。透红小丑的游泳姿势非常美

△小丑鱼的雌鱼往往比雄鱼体形大一倍，体色也会深很多
左图：一对金透红小丑；右图：雌性透红小丑

丽，一般是竖立起所有的鳍，像蝴蝶一样在水中浮动。

如果水中硝酸盐浓度太高或水硬度不够，透红小丑会在饲养一段时间后逐渐褪色。由红色变成橘红色，再变成橘色，所以饲养它们应保证规律性换水。从小把透红小丑饲养到能繁殖是很漫长的事情。这种鱼寿命很长，成熟时间也很晚。就我饲养过的鱼看，5岁以上的雌性才具备繁殖能力。一般情况下，尝试繁殖都是直接购买成体，然后加强培育。

现在，很多渔场都成功地繁殖了透红小丑，还通过分离选育出了具有闪电纹的新品种。繁殖时，需要给这种鱼比其他小丑鱼更大一些的繁殖缸，至少要40厘米见方。水质要比繁育公子小丑的水控制得好，而且必须给它们含有螺旋藻的食物。这种鱼产卵量要比其他品种多，喜欢将卵产在光滑的石头表面，在水温26℃时，卵大概需要10～11天就能孵化。饲育幼鱼的方法和公子小丑一样。如果用人工海水繁殖培育金透红小丑，第二代身上的条纹不容易出现金黄色。

△近10多年来，利用金透红小丑在人工养殖中的突变，人工选育出的一些优秀观赏品种

宅泥鱼属 *Dascyllus*

宅泥鱼属共有10来种鱼，有一半可以当作观赏鱼，比较有名的是三间雀、三点白。所有的宅泥鱼体长和体高比例都很接近，这让它们看上去圆滚滚的，很是可爱。它们在野外成群栖息于珊瑚的枝丫间、礁石洞穴附近。很多品种还定居在礁石质的海岸附近，在许多潜水胜地，宅泥鱼成群居住在海滨别墅的下方，只要将脚深入水中，它们就过来啃你脚上的死皮。

宅泥鱼在所有雀鲷中是领地意识比较强的类别，会主动攻击比自己体形大的鱼类，甚至攻击进入水族箱的人手。在投喂比较好吃的虾肉、贝肉时，宅泥鱼还会从大型神仙鱼、蝴蝶鱼嘴中抢食。本属所有品种都不适合与过于温顺的鱼类一起饲养。

三点白 *Dascyllus trimaculatus*

中文学名	三斑宅泥鱼
其他名称	无
产地范围	印度洋和西太平洋珊瑚礁区域和沿海浅水地带，主要捕捞地有菲律宾、印度尼西亚、中国南海等
最大体长	12厘米

有四五种宅泥鱼在观赏鱼贸易中被称为三点白，从它们的名字可以看出来，它身上有三个白点，一个在头顶，另外两个在身体两侧。它们是最好饲养的海水观赏鱼，能在水质极其恶劣的环境下生存，即便氨浓度高到了0.5毫克/升，它们仍然可以生活。

体长5厘米以下的三点白最具观赏价值，身体的颜色最黑，三个白斑点最明显。当它们逐渐长大，白色斑点会越变越小，身体的颜色也逐渐成为灰色。10厘米以上的个体，颜色几乎变成全灰，白斑点也基本消失，失去观赏价值。不用担心，在家庭水族箱中，它们的成长受到了制约，一般在体长8厘米后就不再生长。成年的三点白会变得很凶，经常攻击其他观赏鱼。

和小丑鱼一样，三点白喜欢和海葵共生在一起，没有海葵的时候，它们会把宝石花珊瑚当成自己的家。当饲养一群三点白的时候，其中会有一条生长速度远远快过其他个体，几个月后，它就可能长到其他鱼的两倍。它是群落的首领，所有其他三点白在它的统治之下，甚至有些其他品种的雀鲷也会加入它的群落。

△南太平洋三点白

假如水族箱足够大（容积400升以上），三点白可以在人工环境下产卵，但将幼小的鱼饲养到成熟需要很久的时间。体长4厘米的幼鱼需要饲养3～5年后才可能产卵。夏威夷海域出产的三点白，身上拥有巨大的白斑（白宅泥鱼*D. albisella*），成年后的身体中部是白色的，比普通品种要美丽很多，但似乎没在国内贸易中出现过。南太平洋地区出产的三点白（*D. auripinnis*）身体呈现褐色，腹鳍、臀鳍和尾鳍是黄色，这个品种时常出现，但不被大多数人看好。马克萨斯群岛附近出产的三点白（斯氏宅泥鱼*D. strasburgi*）拥有银色的身体，是三点白家族中最名贵的品种。

二间雀 *Dascyllus reticulatus*

中文学名	网纹宅泥鱼
其他名称	琉球雀
产地范围	印度洋的珊瑚礁、礁石性沿岸、红树林以及部分沙滩性沿岸，主要捕捞地有琉球群岛、菲律宾、中国南海等
最大体长	6厘米

这种宅泥鱼在琉球群岛附近十分常见，以前被称为琉球雀，目前贸易中个体主要来自菲律宾，所以随着三间雀改名了，叫二间雀。成年的二间雀简直不能被称为观赏鱼，但幼体看上去十分精致。一些外国爱好者喜欢它们的素雅，将其成群地饲养在大型礁岩生态缸中。

同三点白一样，二间雀对环境的适应能力很强，不过略有些胆怯，单独饲养一条的时候会显得很紧张。水中的硝酸盐浓度过高时，这种鱼的颜色会加深；若环境太恶劣，它的身体可以变成完全的黑褐色，看上去十分丑陋。如果能保持水质优良，并提供优质的饲料，尾鳍会呈现出带有光泽的紫色。

南太平洋地区产出的二间雀（黄尾宅泥鱼*D. flavicaudus*）拥有一条黄色的尾鳍，可惜观赏价值也不高。它可以生长到10厘米以上，成年后比较凶猛，喜欢攻击其他小型鱼。

三间雀 *Dascyllus aruanus*

中文学名	宅泥鱼
其他名称	无
产地范围	印度洋和西太平洋珊瑚礁、礁石性沿岸、红树林等区域，主要捕捞地有菲律宾、印度尼西亚、马来西亚、中国南海等
最大体长	8厘米

各国观赏鱼商者每年都会从菲律宾和印度尼西亚进购大量的三间雀，它们无疑是贸易量最大的雀鲷品种。成群的三间雀生活在珊瑚礁的周围，用它们黑白相间的花纹制造混乱来迷惑捕食者。最大的三间雀也只有8厘米，是本属鱼类中的小个子。如果不是微型水族箱，建议同时饲养5条以上的群落，这样可以欣赏它们有趣的群体行为。

如果饲养一群三间雀，它们也会选举出一个首领。通常，首领具有最鲜亮的颜色和最大的体形，其他成员受到首领的威吓，头部颜色会加深，一些个体甚至全身变成褐色或灰色。在pH值太低或硝酸盐浓度太高时，它们的颜色也会加深，而且情绪变得很不好。虽然它们很少攻击其他鱼，但相互之间战争不断。每一条三间雀都希望在水族箱中有一个完全属于自己的洞穴，但首领贪图所有的洞穴。这让许多成员都要拼命地争夺贫瘠或非常狭小的缝隙，相互示威，互相撕咬。当水族箱中有大型观赏鱼时（如20厘米以上的神仙鱼），它们就无暇顾及互相的恩怨了，一心只是防御强敌，似乎能维持相对的团结。

只有长到6厘米以上的个体才会产卵，它们在水族箱中生长非常缓慢，将一条2厘米的三间雀饲养到5厘米需要1年的时间，而从5厘米饲养到7厘米则需要至少3年的时间。我见过这种鱼将卵产在石头上，但没有耐心将它们的后代收集起来养大。

四间雀 *Dascyllus melanurus*

中文学名	黑尾宅泥鱼
其他名称	无
产地范围	西太平洋的珊瑚礁和礁石沿岸区域，主要捕捞地有菲律宾、印度尼西亚等
最大体长	8厘米

宅泥鱼属的观赏鱼名似乎在排序，二和三说完了，就要说四。四间雀和三间雀的产地基本一样，以前身价要比三间雀高一些，这些年价格也一样了。它们在受到惊吓或水质不好的时候不会把身体调节成黑褐色，这使其观赏价值在本属中位列前茅。我们可以见到8～10厘米的三间雀，但很少见到6厘米以上的四间雀。虽然有记录显示野生个体可以长到10厘米，但它们在水族箱中似乎格外不爱生长。

以前，我们在水族店中不常看到这种雀鲷，现在它们已经和三间雀一样非常常见。如果将四间雀饲养在水质极好的礁岩生态缸中，就会发现每个鳍都镶有亮丽的蓝色边缘，身体也会散发出绚丽的蓝光。

四间雀似乎不喜欢在水族箱中产卵，可能这种鱼需要很长的时间才能成熟。我还没看到过这种鱼在水族箱中繁殖，这让它略带了一些神秘。

豆娘鱼属 *Abudefduf* 和凹齿豆娘鱼属 *Amblyglyphidodon*

我将豆娘鱼属和凹齿豆娘鱼属的鱼放在一起说，是因为这两属的观赏鱼数量都不是很多，在生活习性和饲养需求上又十分相似。豆娘鱼属大概有20种鱼类，在沿着印度洋和西太平洋的礁石性热带海洋沿岸地区常见，而且一见到就是数量庞大的一群。当然，各种珊瑚岛周围也有大量的豆娘鱼栖息，甚至在红树林和海滨沙滩地区也能见到豆娘鱼的身影。它们是适应性非常强的鱼类，有些会进入河口地区觅食，所以即使被短期饲养在淡水中，也能很好的生活。在一些热带海滨浴场和潜水胜地，只要游客一下水，成群的豆娘鱼就会聚拢过来朝人索要食物。豆娘属鱼类平均能生长到15厘米以上，算是雀鲷家族中的大个头。

相比之下，凹齿豆娘鱼属的鱼类基本生活在珊瑚礁的核心区，很少到沿岸和沙滩地区活动，这一点和豆娘鱼有明显的区别。它们通常喜欢在靠近礁石洞穴附近区域活动，一有风吹草动就躲避起来。观赏鱼贸易中，凹齿豆娘鱼属的成员并不多见，虽然价格不高，但比较难买到。

五间雀 *Abudefduf saxatilis*

中文学名	岩豆娘鱼
其他名称	五线豆娘
产地范围	印度洋的热带珊瑚礁区域、礁石性沿岸、沙质沿岸以及红树林地区，主要捕捞地有菲律宾、中国南海、印度尼西亚等
最大体长	20厘米

这种鱼可以大量地从我国海南岛沿海地区捕获到，在三亚旅游时肯定能见到它们。它们可以生长到20厘米，性情凶悍，非常喜欢打架，必须用大型水族箱饲养。该鱼价格低廉，是海水观赏鱼中最廉价的一种，在南方沿海城市很多渔民用它们来煲汤。

虽然它们不攻击珊瑚和其他无脊椎动物，但不要轻易将这种鱼饲养在礁岩生态水缸中，成年后力气很大，会搞乱你的造景，并让水族箱中鸡犬不宁。它们能接受任何饲料，如果没有足够的食物，会啃咬石头上的海藻，咀嚼沙子。当五间雀情绪不好的时候，颜色会加深，有时候甚至变成黑色。这可能是该换水了，如果连这种鱼都对水质情况不满意了，请注意其他鱼的安危，它们很可能已经濒临死亡。

六间雀 *Abudefduf sexfasciatus*

中文学名	六带豆娘鱼
其他名称	六带豆娘
产地范围	小笠原群岛以西、非洲西海岸以东的热带浅海地区都有它们的身影，主要捕捞地有菲律宾、中国南海、斯里兰卡等
最大体长	18厘米

六间雀比五间雀更常见，价格更低，但是由于缺少靓丽的金色光泽，观赏价值没有五间雀高。六间雀是公共水族馆中的常客，只要是水质不好的池子，通常饲养员会用六间雀来充数，虽然这样有些糊弄游客，但是成群的六间雀也不是很难看。它们既可以和大型鲨鱼混养在一起，也可以和小丑鱼、蓝魔等小型鱼混养在一起。当然，在争抢食物的时候，它们的机动灵活性极强，可以从鲨鱼嘴中抢走大块的鱼肉。如果和小型鱼混养，在六间雀吃饱之前，别的鱼别想吃东西。

任何饲料六间雀都可以，它们甚至吃火腿肠和米饭粒。在水质极差的情况下，它们的颜色也会变深，甚至变成黑色。只要换上一点儿水，它们马上恢复正常。即使将这种鱼和严重感染寄生虫的鱼饲养在一起，它们也很少被感染致死，偶尔起几个白点，几天就自愈了。有时因为相互打架，造成一些六间雀尾鳍都被咬掉了，只要捞出来单独饲养一个月，就能重新长出光鲜如前的尾鳍，伤口很少会感染。

将军雀 *Amblyglyphidodon aureus*

中文学名	金凹牙豆娘鱼
其他名称	黄金雀、金将军
产地范围	印度洋的热带珊瑚礁区域，主要捕捞地有印度尼西亚和澳大利亚北部沿海地区等
最大体长	10厘米

将军雀基本来自印度尼西亚，在贸易中并不常见，特别是大于5厘米的个体。它们成年后很美丽，但要养上好几年才能长成成年的样子。这可能是一种生长速度缓慢的鱼。

和其他雀鲷一样，饲养将军雀同样非常简单。如果饲养一个幼鱼群落，也会出现一个首领，并且在它的带领下，群落里的成员会统一地活动于水族箱的某个区域。单纯饲养一条的时候，它会感到十分紧张，有时身体的颜色会根据情绪发生变化。如果这种鱼身体上出现了黑色的斑纹，它一定是非常害怕。若遇到整条鱼颜色完全变深，甚至呈现出咖啡色，可能是pH值或硬度太低了，需要加强换水。

我见过它们在水族箱中产卵，亲鱼只有7～8厘米，将卵产在石头上，然后一同看护。因为没有提供产卵缸，幼鱼孵出后全部被其他鱼吃掉了。我想若给予较好的繁育空间，一定能收获大量的幼鱼。

星点豆娘 *Amblyglyphidodon ternatensis*

中文学名	平颌凹牙豆娘鱼
其他名称	星点将军雀、青将军雀
产地范围	西太平洋的热带珊瑚礁区域，主要捕捞地有菲律宾、冲绳、小笠原群岛等
最大体长	10厘米

库拉索豆娘 *Amblyglyphidodon curacao*

中文学名	库拉索凹牙豆娘鱼
其他名称	青将军雀
产地范围	西太平洋的热带珊瑚礁区域，主要捕捞地有菲律宾、冲绳、小笠原群岛等
最大体长	10厘米

星点豆娘和库拉索豆娘在自然环境中经常生活在一起，混居成较大的群落，所以在捕捞时常常同时获得这两种鱼。它们在幼鱼期的长相也十分接近，所以在观赏鱼贸易中都被称为青将军雀。

这两种鱼的饲养管理方法和将军雀基本一样，不过对水质稍微敏感一些，在硝酸盐浓度高于80毫克/升时，身体上会出现许多黑斑，如果不及时换水，则可能出现体表溃烂的现象。因为这一点，它们算是所有雀鲷中比较娇气的品种。

体长超过5厘米的星点豆娘和库拉索豆娘的领地意识还是很强的，会驱赶进入自己领地的蓝魔、青魔甚至公子小丑，会和三间雀这种凶悍的鱼厮打在一起，最后造成两败俱伤。因此，最好将它们放养在比较大的水族箱中。

刻齿雀鲷属 *Chrysiptera*

几乎所有雀鲷类观赏鱼的主流品种属于刻齿雀鲷属，雀鲷中“魔”这个名字最早就来源于本属鱼类神出鬼没的特性。近几年，一些分类学者将本属中的所有鱼类重新分类，分出5~6个新的属，我觉得这样很繁琐，因此没有采用。本属中很少有体长超过10厘米的品种，但数量繁多。很多品种具有鲜艳的颜色，喜欢洞穴，在水族箱中会占据所有能占据的隐蔽处。一些产自南太平洋的品种十分难以获得，价格颇高。10年前，斐济魔、橘尾魔等鱼就能在渔场中大量繁殖，如今本属大部分鱼能实现大规模人工养殖。如果你愿意，也可以在家里研究并繁殖一些品种，那不是很困难的事。

蓝魔 *Chrysiptera cyanea*

中文学名	蓝刻齿雀鲷
其他名称	蓝魔鬼
产地范围	西太平洋至印度洋的热带珊瑚礁及礁石性沿岸地区，主要捕捞地有菲律宾、印度尼西亚等
最大体长	8厘米

蓝魔是最被大家熟悉的雀鲷，拥有明亮的蓝色身体，在鳞片上会闪现出银亮的星光。最大的人工蓄养个体可以长到8厘米，贸易中多数是3~4厘米的幼鱼。

这是一种十分凶猛的小型鱼，它们之间的互相伤害非常激烈。因为不是群居动物，每条蓝魔都需要有自己的领地。它们攻击所有进入领地的小型鱼类，如果大型鱼的幼体被放到里面，只要它们认为打得过，也照样会去打。建议每100升水体里放养一条，如果放养密度太大，肯定会出现被打死的个体。不要在容积小于100升的水族箱中把它们和草莓、虾虎等小型鱼饲养在一起，蓝魔会杀了这些鱼。

良好的水质是保持蓝魔颜色鲜艳的前提条件，虽然它们可以忍受很差的水质，但当水的硬度不够或硝酸盐浓度太高时，蓝魔身上亮丽的星光会消失，而且颜色逐渐加深，变成灰蓝色。产自珊瑚海地区的蓝魔，尾鳍呈现出鲜艳的橘红色，被称为橘尾蓝魔。其实，它和普通蓝魔是一个物种，只是在不同地域出现的颜色差异。在水质不良或饵料营养单一的情况下，尾巴的橘色会逐渐消退，变成一条普通的蓝魔。即使日后再改善水质，增加营养，尾鳍的颜色也无法回来了。

体长6厘米的蓝魔具有了繁殖能力，必须用很大的水族箱同时饲养多条，让它们“自由恋爱”。结成伴侣的鱼会经常在一起，出入一个洞穴。当它们觉得条件允许了，就会在洞穴附近的石头上产卵。卵呈现美丽的橘黄色，非常小，一对夫妻一次大概可以产下800～1000枚卵。卵在11天内孵化，如果水温是26℃，卵的孵化时间是第9天的黎明。蓝魔夫妻会认真地照顾这些卵，但小鱼孵出之后，它们就无能为力了。水族箱中缺少浮游动物，小鱼终归是要饿死的。如果想将小鱼饲养大，可以将蓝魔夫妻捞出来放在50厘米见方的水槽中单养，它们对感情十分忠贞，不会因为移动饲养环境而“离婚”。

我们可以给新孵化的小鱼喂轮虫和微小的藻类，它们需要10～15天的时间才能接受更大一些的饵料。不要以为雀鲷类可以忍受恶劣水质，就可以在硝酸盐浓度很高的水中繁殖，它们对繁殖水的要求不低，最好保持经常换水，把硝酸盐浓度控制在20毫克/升以下。

△橘尾蓝魔

△普通蓝魔

黄尾蓝魔 *Chrysiptera parasema*

中文学名	副金翅雀鲷
其他名称	黄尾蓝魔鬼
产地范围	印度洋的热带珊瑚礁区域，主要捕捞地有马来西亚、印度尼西亚等
最大体长	5厘米

黄尾蓝魔是一种很受欢迎的小雀鲷，在马六甲海峡以东、菲律宾以西的珊瑚礁地区有庞大的种群数量，可能是雀鲷家族中最小的一种，成年后只能长到5厘米。很多人多喜欢在小的水族箱内饲养这种鱼，即便是一个玻璃瓶子养上一条，只要每周注意换些水，也能养得不错。

在一个小环境里饲养两条黄尾蓝魔是不明智的选择，虽然可以用5升水来饲养一条，但将两条同时饲养在10升水中是不成的。它们相互攻击，而且十分拼命。需要多条饲养时，要保证每条拥有50升水的空间，最好多有一些岩石缝隙，它们才可以欣然安家。如果和蓝魔混养在一起，它们可能会有危险，蓝魔非常乐于袭击它们。

当水质优良时，它们可以在水族箱中婚配并繁衍后代。和蓝魔不同，它们更愿意将卵产在洞穴里。如果在水族箱中放入倾倒的花盆，一对黄尾蓝魔就会住进去，在未来的几天里，它们会好好审视这个“洞房”。如果没有凶恶的鱼前来侵犯，就会产卵。通常，卵被产在花盆内壁上部，亲鱼将身体倒过来把卵粘在上面。卵需要7～10天才能孵化，小鱼要吃很小的浮游生物。因为我能弄到的最小饵料是轮虫，但它们吃不下去，于是没有成功。

东印度洋地区还出产一种腹鳍也是黄色的黄尾蓝魔（*Chrysiptera cf parasema*），也被称为半蓝魔，这种鱼一直不多，至今市场上仍然非常少见。

黄肚蓝魔 *Chrysiptera hemicyanea*

中文学名	半蓝金翅雀鲷
其他名称	黄肚蓝魔鬼
产地范围	印度尼西亚的巴厘岛、苏门答腊、巴布亚新几内亚、珊瑚海等热带珊瑚礁区域，主要捕捞地是印度尼西亚
最大体长	6厘米

目前，我们仍只能在来自印度尼西亚的观赏鱼中见到这种鱼，虽然它的价格不比黄尾蓝魔高多少，在市场上出现的频率却低很多。可以饲养一个小群落，用它们来点缀美丽的礁岩生态缸是非常合适的。它们也会占据大多数岩石洞穴，在洞穴的争夺上比其他品种要温和一些。繁殖情况和黄尾蓝魔一样，喜欢将卵产在洞穴里。如果成群饲养在较大的水族箱中，它们可以自己配对。

斐济蓝魔 *Chrysiptera taupou*

中文学名	陶波金翅雀鲷
其他名称	斐济魔
产地范围	印度尼西亚的东南部、巴布亚新几内亚和珊瑚海地区，主要捕捞地是印度尼西亚
最大体长	10厘米

斐济魔产自巴布亚新几内亚、斐济等地区海域，属不常在贸易中出现的雀鲷类，因此，价格是普通雀鲷的10倍以上，被许多渔场争相培育繁殖。在印度尼西亚的一些渔场，人工繁殖的个体正向全世界输出。

在饲养条件优越的情况下，斐济蓝魔的腹部、背鳍、尾鳍会呈现出绚丽的金黄色。当水质出现问题或饵料营养达不到时，这种颜色会逐渐消退，让它们看上去很平淡。因为其原生海域水质条件比较好，在饲养中最好合理控制硝酸盐的浓度，尽可能不要超过100毫克/升。用一个大型的礁岩生态水族箱饲养它们，是不错的选择。如果用微型水族箱饲养，则会让它们感到紧迫而打斗频繁。一般情况下，雄鱼的背鳍末端呈尖状，而雌鱼略圆一些，成年后腹部微微膨胀。生长到7厘米的斐济蓝魔具有了繁殖能力，可以在礁岩水族箱中自然结合，产卵方式和孵化与蓝魔一样。饲育幼鱼需要更好的水质，并提供优良的饵料。在人工海水中长大的个体，很少能达到性成熟。若想繁殖成功，需在购买时挑选6厘米以上的成熟个体。

宝石蓝魔 *Chrysiptera springeri*

中文学名	斯氏金翅雀鲷
其他名称	蓝宝石魔
产地范围	印度洋的热带珊瑚礁区域，主要捕捞地有印度尼西亚的托米尼亚弯和苏拉威西岛周围海域等
最大体长	5厘米

宝石蓝魔也是一种小型的雀鲷，体长只有5厘米，看上去更像是脱去黄色尾巴的黄尾蓝魔。本品种的贸易量并不是很大，国内市场上十分少见，价格并不比其他雀鲷类高。

将它们和其他雀鲷饲养在一起时，往往会受欺负，它们实在是太小太脆弱了。很少能在贸易中见到3厘米以上的个体，大多甚至不足2厘米。要给这些小鱼安全的生活环境，绝对不要和蓝魔、斐济蓝魔饲养在一起。随着身体的长大，它们身上颜色会逐渐加深，展现出蓝宝石般的色泽。如果饲养水的硝酸盐浓度过高，或硬度不够，则这种美丽的颜色不会出现或维持。建议提供硝酸盐浓度低于100毫克/升、硬度9°的水饲养它们，并且要尽量给予蛋白质含量高的饵料。

虽然个子小，它们之间照样会打架，所以不要在一个容积小于50升的水族箱中同时饲养2条，要么饲养1条，要么饲养5条以上的群落。这也是一种很容易产卵的鱼，但和黄尾蓝魔一样，它们的孩子太小了，让我们很难找到细小的食物喂活它们。

关岛蓝魔 *Chrysiptera traceiy*

中文学名	暂无
其他名称	暂无
产地范围	只出现在太平洋的罗林群岛、关岛海域
最大体长	6厘米

△关岛蓝魔的体色富于变化，在不同水质和光线的作用下，一会儿呈现蓝色，一会儿呈现紫色

这是一种贸易中非常少见的雀鲷，以前国内根本没有引进过，近两年才开始有零星的引入，但数量仍然稀少。有时候，你会觉得这种小鱼只有前半身，因为它的后半身由蓝色变成黄色，再逐渐透明，看上去如消失了一般。它们需要相对清凉一些的水，不要让水温高过28℃。一个完善的礁岩生态缸是养好这种鱼的合适环境。如果和其他雀鲷饲养在一起，很可能被欺负。这种鱼胆子也比较小，喜欢躲藏在礁石的缝隙里。

深水蓝魔 *Chrysiptera starcki*

中文学名	史氏金翅雀鲷
其他名称	深水魔、黄背雀
产地范围	西南太平洋的热带珊瑚礁区域，主要捕捞地有汤加、斐济、澳大利亚东北部珊瑚海地区等
最大体长	10厘米

深水蓝魔生活在水深15～60米的珊瑚礁区域。实际上有3个相貌基本一样的物种被称为深水魔，其中*C. flavipinnis*和*C. bleekeri*只见于南太平洋。因为一般雀鲷无法到达它们生活的深度，它们才被称为深水魔或深海魔。由于捕捞困难，它们的价格在雀鲷中位居前列。目前还没有人工繁育的记录，更为其增添了神秘色彩。

我们很少能见到这种小雀鲷，它们可能是蓝色雀鲷中最美的，看上去更像是一条金背小神仙。如果饲养得好，它们身体上的蓝色会散发出梦幻般的光彩。一般情况下，我们把这种鱼点缀在巨大的礁岩生态缸中，水族箱容积小于150升很难养育成功。它们不怕冷，即便水温低到15℃也照样能存活，但如果水温长期高过26℃，它们会褪色，而且失去身体上梦幻一样的光彩。在水温高过30℃时，它们很容易死亡，夏季要记得增加降温设备。

很多人都在努力地研究人工繁育这种小鱼，近年来已经取得一些进展。但是将幼鱼成功养大的很少，这可能和其生活的水深有关系。

粉红魔 *Chrysiptera talboti*

中文学名	塔氏金翅雀鲷
其他名称	水红魔
产地范围	西太平洋的热带珊瑚礁区域，主要捕捞地有菲律宾等
最大体长	5厘米

粉红色是成年雀鲷很少出现的颜色，这种大量捕捞于菲律宾的小鱼却获得了这种天赋。它们只有5厘米大，在环境不好的水族箱中，近乎是白色的。如果将其饲养在礁岩生态缸中，它们会展现出嫩嫩的粉色，非常好看。在我国香港地区，这种鱼也被称为“水红魔”，价格低廉，在贸易中可以见到成百上千的个体被拥挤地饲养在一起，它们之间的打斗造成很多个体的鳍残缺不全。在成群饲养时，要保证每条鱼可以得到20升水以上的生活空间。如果水质达标，它们也可以将卵产在礁石洞穴中。维持pH值在8.2以上，可以帮助它们保持粉嫩的颜色。

蓝线雀 *Chrysiptera leucopoma*

中文学名	台带刻齿雀鲷
其他名称	蓝线魔
产地范围	印度洋至西太平洋的热带珊瑚礁区域，主要捕捞地有菲律宾、印度尼西亚、中国台湾等
最大体长	8厘米

蓝线雀的幼鱼十分美丽，拥有黄色的身体，并在背部贯穿一条蓝色的明亮横纹。当它们生长到5厘米以上的时候，这些绚丽的颜色会消失，整条鱼变成咖啡色或土黄色，失去观赏价值。大量的幼体引进于菲律宾，有时候人们把它们当作名贵的雀鲷购买，但当这条鱼长大后便大失所望。我国南沙、西沙有大量的蓝线雀成鱼分布，但幼体不多。国内捕捞商不认为成鱼有观赏价值，很少捕捞它们。我们无法控制这种鱼保持幼年的颜色，最终它们会退出观赏鱼的舞台。

三间魔 *Chrysiptera tricincta*

中文学名	三斑刻齿雀鲷
其他名称	无
产地范围	西太平洋的热带珊瑚礁区域，主要捕捞地有菲律宾、冲绳、小笠原群岛等
最大体长	5厘米

三间魔是很少在市场上见到的品种。有人误以为它是三间雀，实际上它们是完全不同的品种。三间魔的身体更修长，而不像三间雀那样是近乎圆形的。贸易中的三间魔实际上有两个品种，另外一种产自日本南部，被称为日本三间魔（*C. kuiteri*）。两个品种都不喜欢太高的水温，夏季需要将水温控制在28℃以下。

三间魔是只能生长到5厘米的小型雀鲷，最好不要和大型的三间雀、蓝魔饲养在一起。它们十分温和，适合成群饲养。

雀鲷属 *Pomacentrus*

本属的鱼类可观赏的并不多，大概只有5～6个品种。它们全部采集于东南亚地区的珊瑚礁海域，我国南海虽然出产一些品种，但因为观赏价值不高而被忽视。这些鱼在刚捕捞后会展现出亮丽的颜色，但人工饲养一段时间后颜色就变得十分暗淡。虽然它们和其他雀鲷一样可以忍受质量很差的饲养水，但为了维系美丽的颜色，必须用最佳的水质来饲养它们。

蓝天堂 *Pomacentrus auriventris*

中文学名	金腹雀鲷
其他名称	黄肚蓝魔
产地范围	西太平洋至东印度洋的热带珊瑚礁区域，主要捕捞地有菲律宾、印度尼西亚、中国南海等
最大体长	10厘米

这种鱼也被称为黄肚蓝魔，以前贸易中的个体主要捕捞于印度尼西亚的巴厘岛附近，所以通常和巴厘岛天使鱼一起出现在鱼店里。现在捕捞于菲律宾和越南的个体也能在市场上见到，不过这两年捕到的数量明显少于10年前。

明亮的黄蓝色对比加上成群地在水族箱中游泳，让它们看上去十分美丽。但是如果水质不是特别好，它的美丽转眼即逝。在硝酸盐浓度高于50毫克/升的水族箱中，2个月就可以让它们的蓝色变成黑色，黄色部分也成为咖啡色，并失去光泽。我见过的个体几乎全部是这个下场。怎样才能维持它们的美丽呢?

聪明的饲养者将它们饲养在稳定的礁岩生态缸中，同名贵的石珊瑚饲养在一起，这样可看到保持美丽并成群活动的蓝天堂。那是很高的水质标准，必须给予相当科学的维生系统，并保持稳定的换水才可以达到，至少要将硝酸盐浓度控制在10毫克/升以下，维持钙离子的含量在420毫克/升，pH值维持在8.2～8.4，硬度不要低于8°。以前这是十分难以达到的事情，近两年随着我们生活水平的提高和水族设备的发展，几乎所有饲养珊瑚的爱好者都可以轻松保持水质在这个范围里。

这种鱼相互间的冲突很少，而且从不攻击其他鱼，非常适合混养。我们可以用人工颗粒饲料喂养，它们在水族箱中成长速度很快。由于它们游泳速度快，对食物的争抢能力很强，和行动慢的鱼饲养在一起，会造成行动慢的鱼无法吃到食物。

子弹魔 *Pomacentrus alleni*

中文学名	艾伦氏雀鲷
其他名称	电光蓝魔鬼
产地范围	印度洋的热带珊瑚礁区域，主要捕捞地有印度尼西亚、马尔代夫、安达曼海等
最大体长	6厘米

子弹魔在海洋中成大群活动，有时一大群可以达到数千尾。和蓝天堂一样，在水质不佳的情况下，它们也会变成黑色，所以要精心饲养。在一个容积200升的水族箱中可以同时饲养50条，群落越大，其状态越活跃。在水质良好时，它们还会在水族箱中集体产卵，两三天就能孵化，不过幼鱼细小而脆弱。

黄魔 *Pomacentrus moluccensis*

中文学名	黄雀鲷
其他名称	柠檬雀、黄雀
产地范围	西太平洋至印度洋的热带珊瑚礁区域，主要捕捞地有菲律宾、印度尼西亚、中国南海等
最大体长	10厘米

黄魔是常见的小型观赏鱼，通常有两个物种被叫这个名字，另外一种是*P. sulfureus*，背鳍后部有一个黑色斑点，有时也被称为黑点黄雀。它们是本属观赏鱼中最喜欢打架的品种，有时候甚至会欺负蓝魔等其他属雀鲷。它们的体形在本属中算是最浑圆的，当生长到9厘米后，看上去十分强壮有力。虽然这种鱼十分容易获得，但目前还没有人工繁殖的记录，可能与其价值过低有关系。

副雀鲷属 *Neoglyphidodon*

本属的鱼类大多只在幼年期才具有观赏价值，成年后都是千篇一律的黑褐色。本属鱼类也是领地意识最强、最凶猛的小型雀鲷，如果它们在水族箱中占据了优势，会主动攻击所有其他鱼。目前，副雀鲷属中用于观赏鱼贸易的品种并不多，常见的只有3～5种。本属是存在争议的，一些人认为它们应当全部归到*Paraglyphidodon*属中，现在还有一些学者将本属更名为：新箭齿雀鲷属。为了去繁求简，本书一律没有采用有争议的和新的分类方式。

皇帝雀 *Neoglyphidodon xanthurus*

中文学名	黑褐副雀鲷
其他名称	金燕子
产地范围	西太平洋至印度洋的热带珊瑚礁区域，主要捕捞地有菲律宾、印度尼西亚、澳大利亚北部沿海等
最大体长	15厘米

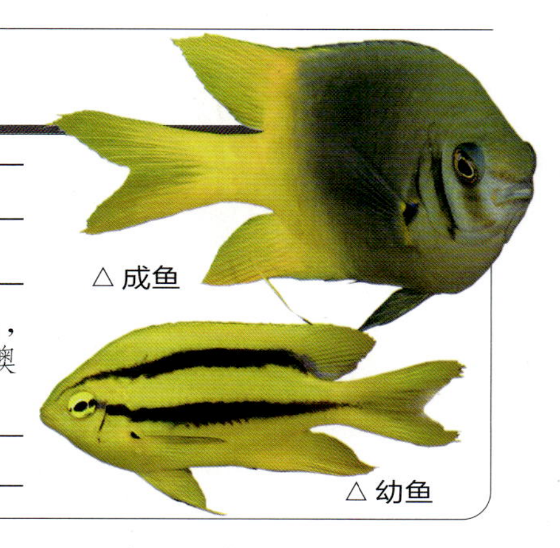
△ 成鱼
△ 幼鱼

幼年的皇帝雀确实很漂亮，而且修长的尾鳍让它看上去很有气质。但一切都会随着年龄的增长而消失，只要饲养一年的时间，它就会变成一条又凶又丑的黑褐色怪物。很多人将成年后的皇帝雀用鱼钩从水族箱中钓出来后扔进马桶，这太不人道了，为了避免悲剧的发生，建议思考好了再购买这种鱼。

至少有三个不同品种的雀鲷在使用“皇帝雀”这个名字，有为它们的幼鱼体色近乎一样。一种是分布在日本南部的*N. nigroris*，一种是主要分布在巴厘岛的*N. xanthurus*，最少见的一种分布在新西兰和澳大利亚东部海域，身体上的黑色线条呈现出蓝色光芒，是印度尼西亚品种的地域亚种，被定名为：*Neoglyphidodon* cf *xanthurus*。常见的皇帝雀是来自印度尼西亚的品种，成年后身体是咖啡色，尾鳍略微呈黄色。

这种鱼可以长到15厘米大，如果你将它们养到那样的尺寸，它就会成为水族箱中的霸王。任何雀鲷和小丑鱼都是它们时常袭扰的对象，所以必须提供较大的空间让被欺负的鱼逃脱。皇帝雀是适应能力极强的鱼，很少有个体在水族箱中因疾病死去。如果食物供应丰富，可以长得很快。

火燕子 *Neoglyphidodon crossi*

中文学名	克氏副雀鲷
其他名称	红燕子、十字军雀鲷
产地范围	西太平洋至印度洋的珊瑚礁区域，主要捕捞地有印度尼西亚的苏拉威西岛附近等
最大体长	12厘米

△ 成鱼

幼鱼 ▷

年幼的火燕子简直太漂亮了，火红的身体，亮蓝的线条，身体后部还有蓝丝绒般的色块，使得它的身价格外高。但如果你见过一条成年的个体，就会不想再花一分钱去购买它。那就是一条黑灰色的怪物，而且凶残地追逐着其他品种的雀鲷。这种鱼在国内水族市场中并不常见。它们从体长超过6厘米开始，颜色就成为黑色。从体长3厘米长到6厘米，只需要几个月的时间，所以饲养前要想好它长大后怎样忍受它的丑陋和凶残。和皇帝雀一样，这种鱼也十分好养，基本不会感染疾病，对水质、饵料要求都不高。

五彩雀 *Neoglyphidodon melas*

中文学名	黑副雀鲷
其他名称	蓝脚雀
产地范围	西太平洋至印度洋的热带珊瑚礁区域，主要捕捞地有菲律宾、印度尼西亚等
最大体长	12厘米

△ 成鱼

幼鱼 ▷

五彩雀幼年的时候身体雪白，背部为金黄色。成熟后的雄性变成灰蓝色，雌性则是黄色或褐色。成年的雄性可以长到15厘米大，但雌性一般不会超过8厘米。它们在水族箱中的生长速度不是很快，需要两年的时间才开始变色。它们也很凶猛，不要将两条同类饲养在一起，即使水族箱很大，它们之间的冲突也非常明显。成年后，五彩雀攻击所有比自己小的雀鲷，不适合和其他品种混养。

蓝丝绒 *Neoglyphidodon oxyodon*

△ 成鱼
△ 幼鱼

中文学名	闪光副雀鲷
其他名称	丝绒雀、金丝绒雀、金丝雀
产地范围	西太平洋的热带珊瑚礁区域，主要捕捞地有印度尼西亚、中国南海等
最大体长	12厘米

蓝丝绒在西太平洋分布很广，从我国南海到马六甲海峡都有分布。它可以生长到12厘米，但在水族箱中需要好几年的时间。没有什么特殊需要注意的，只要其他雀鲷能接受的环境，它们都可以生活得很好。和本属的其他鱼一样，它们成年后，身上的鲜艳色彩会消失。

盘雀鲷属 *Dischistodus*

盘雀鲷属约有7～8种鱼类，虽然都可以作为观赏鱼，但不是很艳丽。本属鱼类在观赏鱼贸易中并不常见，一般是夹杂在黄尾蓝魔等大宗雀鲷类观赏鱼群落中，每次大概1～2条。在水族箱中，它们的表现也不是很出色，既不成群活动，也没有明显的行为特点。它们的个头很大，通常在大型水族箱中与倒吊、蝴蝶鱼等搭配饲养。

马骝魔 *Dischistodus prosopotaenia*

△ 成鱼
△ 幼鱼

中文学名	黑背盘雀鲷
其他名称	暂无
产地范围	西大西洋的热带珊瑚礁区域，主要捕捞地有多米尼加、海地、美国东南部沿海等
最大体长	10厘米

马骝魔在欧美的公共水族馆中是常见的展示鱼类，因为其有翻动石头寻找食物的习性，所以比较适合鱼类行为主题的科普展览。因为产于大西洋，加之价格低廉，千里迢迢的运输，运费远远高于鱼本身的价格，所以国内观赏鱼贸易商很少引进这个品种。“马骝”是粤语中“马猴”或者“大猴子”的意思，这种很少从遥远的西方来到中国的鱼，为什么有这样一个非常本土化的俗名，现在还不得而知。也许是因为它们的行为很像调皮的猴子，并且少数引进的个体主要在香港、台湾地区出现，所以就得了这个名字。

马骝魔非常容易饲养，熟悉水族箱环境后，会经常将沙子和珊瑚碎块叼起来，看看底下有没有藏着可以吃的东西。它们还会在沙床上挖洞，有时会造成礁石造景崩塌。饲养有这种鱼的水族箱，一定要将礁石造景摆放牢固。

云雀 *Dischistodus perspicillatus*

△ 成鱼

△ 幼鱼

中文学名	显盘雀鲷
其他名称	熊猫雀
产地范围	西太平洋至印度洋的热带珊瑚礁区域，主要捕捞地有中国南海、安达曼海、马尔代夫等
最大体长	18厘米

云雀乳白色的身体上有2~3个黑色的斑块，虽然素雅，但别具一格。它们最喜欢在遭到破坏后的珊瑚礁丛中生存，觅食生物残骸。这种鱼强壮易养，价格也很低廉。一般贸易中的个体在3~6厘米，很少有成年的个体。它们有强烈的领地意识，而且当身体足够大的时候会欺负其他品种的雀鲷，在饲养时要事先考虑好。饥饿的时候，这种鱼会攻击受伤了的珊瑚，还吃海藻和软体动物，并不太适合在礁岩生态缸中饲养。

光鳃鱼属 *Chromis*

本属有将近50种鱼类，但是作为观赏鱼的只有5~6个品种。本属鱼类大多喜欢成群活动，即使饲养在水族箱中也会成群游泳。群体的成员之间会产生“阶级”和“社会”，这给我们欣赏带来了很大的乐趣。一般情况下，我们将这些鱼饲养在礁岩生态缸中，很少有人单独用纯鱼缸来饲养。

青魔 *Chromis viridis, C. atripectoralis, C. chromis*

中文学名	蓝绿光鳃鱼，绿光鳃鱼，光鳃鱼
其他名称	暂无
产地范围	西太平洋至印度洋的热带珊瑚礁区域和礁石性沿岸地区，主要捕捞地有菲律宾、印度尼西亚、中国南海、马尔代夫、斐济、珊瑚海等
最大体长	10厘米

青魔是我们最习惯饲养在礁岩生态缸中的观赏鱼，温和好养，而且在灯光下闪着青绿色的光芒，看上去很不错。被称为青魔的观赏鱼包含了至少3个品种——蓝绿光鳃鱼、绿光鳃鱼和光鳃鱼。本属还有好几种鱼和这三种的外貌接近，在观赏鱼贸易中很可能也作为青魔出售。

一个容积400升的礁岩生态缸内可以饲养20条青魔，如果安装了造浪泵，它们总会顶着水流成群地游泳，非常像大海中的自然景象。虽然这种雀鲷相对温和，但必须把想饲养的数量一次性放入水族箱中。当这些鱼适应了新环境并在水族箱中形成完善的群落，就不可能再加入新的成员了。青魔群落里的成员们会集体攻击新来的同类，使得新鱼无法存活下去。它们中会有一条体形最大的个体被“选举”成为领袖，群体成员将在它的统治下寻觅食物、躲避敌害。

青魔从不攻击其他鱼，但如果水族箱过小，它们会受到其他雀鲷的攻击。最好不要只饲养一条，它会感到很不安；也不要同时饲养两条，它们之间往往会发生战争。最适合的数量是10条以上一起饲养，如果水族箱太小，可以放弃饲养这种鱼，若不能给它们提供畅游的空间，就无法将其美丽展现出来。现在最时尚的饲养方式是在大型礁岩生态缸中将大群的青魔和大群的海金鱼饲养在一起，青绿色和粉色、橙色交杂在一起，往来穿梭，让水族箱中充满了活力。

因为这种小鱼在印度洋的热带地区有大量分布，非常容易得到，没有人研究繁育。在水质良好的大型水族箱中，它们成群地频繁产卵。

雀鲷身上的荧光色：海洋中的很多雀鲷品种喜欢成群活动，这些成群活动的雀鲷体表具有荧光色，有些品种身上还具有只有在紫外线下才能看到的花纹。这些颜色和花纹是为了方便它们辨别同种和异类。我们眼中看到的许多雀鲷长相几乎一样，而在雀鲷眼中，同种和异类清晰可辨。

柠檬魔 *Chromis analis*

中文学名	长臀光鳃鱼
其他名称	柠檬雀
产地范围	西太平洋至印度洋的热带珊瑚礁区域，主要捕捞地有菲律宾、印度尼西亚、马尔代夫等
最大体长	8厘米

柠檬魔的野生种群在印度洋的珊瑚礁区域非常常见，我们在马尔代夫、巴厘岛甚至普吉岛潜水时都能见到它们的身影。和本属的其他鱼类有些不同，这种柠檬黄色的小鱼不喜欢成大群活动，常常单独或成三五条的小群在礁石缝隙边缘徘徊。柠檬魔在观赏鱼贸易中非常少见，通常在大规模引进来自印尼的小型鱼类时会有一两条夹杂在其中，鱼商通常将其按金将军或黄魔来出售。在水族箱中，这种鱼显得十分胆怯，经常会躲在礁石缝隙里不出来。完全适应环境以后，可以和青魔、黄尾蓝魔等结群活动。

它们对饵料和水质没有特殊要求，其他雀鲷能接受的条件它们都能接受。柠檬魔很容易从水族箱中跳出来，所以饲养时一定要配置水族箱盖。

西施魔 *Chromis retrofasciata*

中文学名	黑带光鳃鱼
其他名称	黑线雀、厚壳仔
产地范围	印度洋的热带珊瑚礁区域，主要捕捞地有印度尼西亚、马来西亚等
最大体长	6厘米

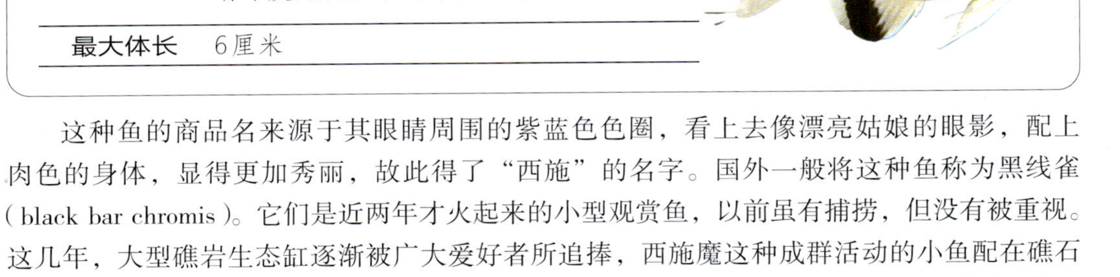

这种鱼的商品名来源于其眼睛周围的紫蓝色色圈，看上去像漂亮姑娘的眼影，配上肉色的身体，显得更加秀丽，故此得了“西施”的名字。国外一般将这种鱼称为黑线雀（black bar chromis）。它们是近两年才火起来的小型观赏鱼，以前虽有捕捞，但没有被重视。这几年，大型礁岩生态缸逐渐被广大爱好者所追捧，西施魔这种成群活动的小鱼配在礁石和珊瑚之间游来游去，欣赏效果要比身体更艳丽的蓝魔和身体颜色过于暗淡的青魔更好，所以爱好者们开始重视这种小鱼了。

西施魔很容易饲养，能适应很差的水质环境，能接受所有品种的人工合成饲料。它们喜欢成群活动，所以最好一次饲养10尾以上的小群落，如果单独饲养一条，可能会因为离群的恐惧而经常躲着不出来。这种鱼很温顺，总是被蓝魔等雀鲷欺负，甚至青魔也会欺负它们，所以最好在水族箱内放养其他雀鲷之前，就先将它们放入，让其占据主动地位。

燕尾蓝魔 *Chromis cyaneus*

中文学名	青光鳃鱼
其他名称	美国蓝魔
产地范围	西大西洋的热带珊瑚礁区域，主要捕捞地有百慕大群岛、美国佛罗里达州南部沿海、巴哈马、墨西哥湾与安地列斯群岛等
最大体长	10厘米

燕尾蓝魔在国内很少能见到，因为它们产自比较遥远的加勒比海，而且自身价格不高。我们可以在市场上经常见到来自加勒比海的女王神仙、法国神仙，却很难买到燕尾蓝魔。它们的价值太低了，不值得供货商千里迢迢地将其引入。这种鱼具有鲜艳的颜色、温良的性格，和青魔一样也喜欢成群活动。最大的个体可以长到10厘米，贸易中多是5～6厘米的幼体。

将燕尾蓝魔和青魔、海金鱼类饲养在同一个大型的礁岩生态水族箱中，这些鱼会混合成大群活动。它们很好饲养，对水质和饵料要求不高，但不要让饲养水的温度太高，如果高过28℃，这种鱼容易出现突然死亡的现象。

半身魔 *Chromis dimidiata*

中文学名	双色光鳃鱼
其他名称	白臀雀、双色雀、巧克力雀
产地范围	仅产于红海和阿拉伯海西部
最大体长	9厘米

之所以把这种鱼叫半身魔，是因为它前半身是咖啡色，后半身是白色，在黑暗的背景下只能看见后半身，在白色的背景下只能看到前半身，这使得半身魔享誉盛名。这种鱼的捕获量很少，贸易价格不低。

半身魔也喜欢成群活动，在水族箱中可以结成群落。当水中的氨含量高过0.2毫克/升时，容易导致半身魔身体溃烂等问题，故要维持比饲养其他品种雀鲷更好的水质。

它们是在本属中最胆怯的品种，和一些凶猛的鱼类饲养在一起会让它们感到紧张。如果水族箱中没有岩石，也会让它们始终很害怕。

其他雀鲷类

在雀鲷科的40个属中，除了前面介绍的几个属内含有比较多的观赏鱼品种，其余各属的鱼类多数不用于观赏。一些产地特殊特别是在分类学上独树一帜的品种，偶尔会被鱼类收藏家买来作为自己的收藏，也常常被用作公共水族馆中展示。比较有代表性的品种有加州宝石、珍珠雀等。

宝石雀 *Microspathodon chrysurus*

中文学名	金色小叶齿鲷
其他名称	宝石魔、星点魔
产地范围	主要分布在加勒比海地区
最大体长	20厘米

宝石雀是观赏鱼贸易中非常少见的品种，幼鱼非常好看，蓝丝绒一样的身体上点缀着闪闪发光的明亮蓝色斑点。但是当其成年以后，会变成黄褐色或咖啡色，身体上的蓝色斑点也会消失。即使这样，这种鱼的价格在所有雀鲷中也位居前列，有时候价格不取决于其本身的价值，而取决于其稀缺程度。

宝石雀性情孤僻好斗，同种之间一见面就打个你死我活，还会攻击其他雀鲷、海金鱼、小丑鱼、鹰鱼等，甚至会攻击小型神仙鱼。如果选购了一尾宝石雀幼鱼，2～3年后，它就会成为“缸霸”，整天追着水族箱中的鱼到处乱跑。

珍珠雀 *Plectroglyphidodon lacrymatus*

中文学名	珠点棘雀鲷
其他名称	珠点固曲齿鲷
产地范围	西南太平洋的热带珊瑚礁区域，主要捕捞地有珊瑚海、琉球群岛等
最大体长	10厘米

贸易中的珍珠雀主要捕捞于大洋洲北部海域和日本南部，有时候会在从菲律宾进口的观赏鱼中见到它们。它们不成群活动，领地意识极强，通常一个水族箱中只能饲养一条。很多人容易把幼年的珍珠雀和名贵的宝石雀（*Microspathodon chrysurus*）混淆，后者分布在大西洋加勒比海。如果细心看会发现，珍珠雀身上的斑点颜色很浅，而宝石雀身上的斑点是深蓝色。宝石雀身体呈丝绒蓝色，而珍珠雀是灰色、灰蓝色或暗绿色。

当珍珠雀生长到8厘米以上的时候，它们身上的大部分白点会退掉，身体颜色也会逐渐加深，最终成为灰黑色。在水族箱中，这种鱼喜欢占领一个有利地形，然后攻击所有前来冒犯的其他鱼。这种习性使得大多数人并不看好它。

加州宝石 *Hypsypops rubicunda*

中文学名	高欢雀鲷
其他名称	美国红雀
产地范围	主要分布在美国加利福尼亚州沿岸的巨藻“丛林”中
最大体长	35厘米

△ 成鱼

幼鱼 ▷

加州宝石在国内水族贸易中很少出现。作为一种分类学上很特殊的鱼类，加州宝石在大多数公共水族馆都有展示。高欢雀鲷属中只有这一个物种，而且生活的纬度较高，能适应较低的水温。加州宝石还是最大的雀鲷，成年后体长可达35厘米。

一般情况下，观赏鱼商都是引进幼体，因为幼体更美丽，全身红色，并镶嵌有蓝宝石一样的斑点。当其成年后，身上的斑点就会退去，变成一条橘红色的大鱼，十分凶猛好斗。饲养这种鱼必须提供良好的制冷设备，它们喜欢生活在15 ~ 22℃的水中，水温高于28℃会很快死去。因为这种特殊要求，无法和其他品种的观赏鱼饲养在一起。在野生条件下，这种鱼主要吃海胆和牡蛎，其习性很像我国东南沿海地区的石鲷。在人工环境下，它们可以接受大多数人工饲料。

这种鱼凶猛好斗，当其体形足够大的时候就开始捕食小鱼，多条一起饲养时要保证彼此之间体形悬殊不是很大。6厘米的幼鱼需要饲养4年以上才能完全生长为成鱼，很少有人将单一品种饲养那样久，故其虽然名贵，但不被大多数观赏鱼爱好者看好。

隆头鱼类

以前，隆头鱼类只是海水观赏鱼中的边缘品种，市场上品种和数量都非常少。随着礁岩生态缸爱好的兴起，大量体形小、色彩鲜艳、不具备攻击性的小型隆头鱼被捕捞并带入观赏鱼贸易中，大幅度扩充了隆头鱼类的品种和数量，使它们一跃成为品种最多的海水观赏鱼类别。

隆头鱼类以前分成一个总科，现在则是一个亚目，其中包括所有淡水水族爱好者非常熟悉的慈鲷科（Cichlidae），海水鱼类中的雀鲷科、隆头鱼科和鹦嘴鱼科等6个科，约300属，至少超过5000种鱼类，是鱼类家族中品种庞大的分支之一。隆头鱼类在物种演化方面丰富多样，既包括淡水鱼类也包括海水鱼类，既有体长超过1米的大型鱼类（如苏眉），也有体长不足10厘米的小型鱼类（如六线狐等）。几乎所有的隆头鱼是肉食性，具有尖利的牙齿帮助撕碎肉块。一些品种具有强烈的领地意识、超强的攻击性，喜欢欺负水族箱中的其他鱼，而且可以对这些鱼造成致命的威胁。即使如黄龙、医生鱼、德国雀这样身形非常细小的隆头鱼，在争夺领地和食物时也会给同类造成致命的伤害。一般情况下，不应在同一水族箱中饲养两条或两条以上的同品种隆头鱼。

隆头鱼科和鹦嘴鱼科的鱼类是海洋中隆头鱼亚目的代表类别，也是观赏鱼贸易中最常出现的品种。它们大多和其淡水亲戚慈鲷一样，雌雄之间在外形上具有明显的区别。大多数雄鱼会比雌鱼体形大0.5 ~ 1.5倍，颜色要比雌鱼鲜艳很多。和许多淡水慈鲷一样，成年的隆头鱼（特别是雄鱼）头部会有明显的脂肪凸起，好像寿星那突出的额头，隆头鱼一名应当是因此而来。隆头鱼的年龄和个体越大，其性情越暴躁，一些中大型品种甚至会在水族箱中主动攻击神仙鱼和炮弹鱼这类比较骁勇善战的品种。小型的隆头鱼一般不敢挑战比自己个头大的品种，有时甚至会受雀鲷和拟雀鲷的欺负，不过它们的躲避能力很强，有的能钻入细小的岩石缝隙，有的能钻入沙层中。像红龙、青龙这样的小隆头鱼，甚至可以将自己埋在沙子中一个多月不出来。

世界上大部分热带珊瑚礁海域都有隆头鱼分布，一些品种还分布到了温带的海藻林和礁石地区。大多数隆头鱼的商品价格很低，少数特殊产地的品种由于捕捞量有限而使其价位远高于同类其他品种，如红海地区产的薄荷狐、加勒比海地区的红狐等。

在观赏鱼贸易中，一般将隆头鱼类称为“** 龙”或“** 狐”，被称为龙的品种，大多是将原名“** 隆头鱼”简称后又将“隆”白字化的结果。而被称为狐的品种，是因为很多品种的隆头鱼喜欢诡秘地在珊瑚礁缝隙里寻觅食物，行为很像狐狸，被早期的发现者称为狐鲷，后来经过观赏鱼爱好者对名称的简化，就变成了“** 狐”。

不少品种的隆头鱼可以和无脊椎动物饲养在一起，它们是点缀美丽繁茂的礁岩生态缸的重要品种，如黄龙、青龙、粉红雀、六线狐等。还有一些品种的隆头鱼对无脊椎动物具有伤害性，如双印龙、红龙、三色龙等，它们喜欢捕食软体动物和海胆，有些品种甚至啃咬珊瑚。在饲养中一定要加以区分，以免错误引入。

鹦嘴鱼科的鱼类在海洋中数量也不少，它们用坚硬的喙状嘴啃咬珊瑚，将珊瑚骨骼碾成碎末，通过肛门排出体外，所以这些鱼也被称为珊瑚沙的缔造者。五颜六色的鹦嘴鱼非常美丽，但观赏鱼贸易中的品种不多，一方面是因为成年的鹦嘴鱼只啃食珊瑚，在人工环境下几乎养不活；另一方面是因为鹦嘴鱼一般可以长得很大，需要较大的饲养空间。

观赏鱼贸易中的隆头鱼亚目（不含雀鲷）海水鱼观赏鱼分类关系见下表：

科	属	观赏贸易中的物种数	代表品种
隆头鱼科 Labridae	副唇鱼属（*Paracheilinus*）	所有种	粉红雀等美丽的小型隆头鱼
	丝鳍鹦鲷属(*Cirrhilabrus*)	所有种	德国雀等美丽的小型隆头鱼，这一类常被成为鹦鹉龙
	拟唇鱼属（*Pseudocheilinus*）	所有种	丝绒狐、六线狐等
	湿鹦鲷属（*Wetmorella*）	3种	长相比较怪异的小型隆头鱼，如烈焰箭猪等
	苏彝士隆头鱼属（*Suezichthys*）	2种	比较少见的小型隆头鱼
	海猪鱼属（*Halichoeres*）	20种左右	主要包括几种黄龙和青龙等
	拟虹锦鱼属（*Pseudojuloides*）	3~5种	多彩龙等
	盔鱼属（*Coris*）	10种左右	主要就是几种红龙和双印龙等
	细鳞盔鱼属（*Hologymnosus*）	2~3种	经常也被叫作绿龙或青衣龙
	阿南鱼属（*Anampses*）	5~6种	黄尾珍珠龙和红尾珍珠龙
	紫胸鱼属（*Stethojulis*）	2~3种	三线龙
	厚唇鱼属（*Hemigymnus*）	2种	熊猫龙和斑节龙
	锦鱼属（*Thalassoma*）	所有种	花面绿龙、彩虹龙等
	普提鱼属（*Bodianus*）	10种左右	比较名贵的隆头鱼多出自本属，如红狐、伊津狐等
	唇鱼属（*Cheilinus*）	3~4种	都属于体形较大的隆头鱼，隆头鱼科中体形最大的品种苏眉即为本属鱼类
	裂唇鱼属（*Labroides*）	4种	4个品种的医生鱼
	尖嘴鱼属（*Gomphosus*）	1种	尖嘴绿龙
	伸口鱼属（*Epibulus*）	1种	黄伸口鱼
	猪齿鱼属（*Choerodon*）	1种	番王
	大咽齿鱼属（*Macropharyngodon*）	1种	豹龙
	美鳍鱼属（*Novaculichthys*）	1种	角龙
鹦嘴鱼科 Scaridae	鲸鹦嘴鱼属（*Cetoscarus*）	1种	白鹦哥
	鹦嘴鱼属（*Scarus*）	5~6种	一些五彩鹦鹉鱼，常作为食用鱼，观赏鱼贸易中并不常见

副唇鱼属 *Paracheilinus*

副唇鱼属都是体长不足10厘米的小型隆头鱼，是近几年新兴的海水观赏鱼类别，全部是点缀礁岩生态缸的良好品种。在2015年以前，我们只能在来自印度尼西亚的观赏鱼中见到快闪龙和粉红雀两个品种，而且数量非常少。人们一度认为这类小型隆头鱼不适合饲养在水族箱中，因为它们看上去太脆弱了。后来大家发现，别看这些鱼到新环境后会有很长时间显得特别胆小，总是隐藏在礁石缝隙里，一旦它们适应环境，就会到处寻觅食物，而且能轻松地接受小颗粒的人工饲料。更重要的是，比起喜欢打架的雀鲷，它们更加温和；比起小型神仙鱼，它们品种更丰富；比起温顺的天竺鲷，它们的颜色更加绚丽。所以以粉红雀、快闪龙为代表的副唇鱼属的观赏鱼马上就“火”了，并一跃成为礁岩生态缸的主角。随着市场需求的加大，捕捞量上升，所以我们能在市场上见到的品种越来越多。现在没有人能说清楚副唇鱼属到底有多少种鱼类被用作观赏鱼贸易，一些新种其实就是在观赏鱼贸易中被发现并命名的。这些鱼种长得十分相近，使人难以辨别。

所有副唇鱼属的鱼类都具有明显的两性特征，雄鱼通常具有鲜艳的颜色和夸张的背鳍，在向同性示威和吸引异性时，雄鱼会展开背鳍，背鳍上各种闪着金属光泽的颜色瞬间被展示出来，然后雄鱼快速收起背鳍，靓丽的颜色就看不见了。因此，这类鱼多数被称为“闪光龙（flasher wrasse）”。雌鱼颜色相对暗淡，而且没有夸张的背鳍。在自然环境中，一条雄鱼通常会和多条雌鱼生活在一起，妻妾成群。由于雄鱼更美丽，所以市场上出售的多数是雄鱼。如果想将两条同品种的雄鱼饲养在一个水族箱中，必须保证将它们同时放入，否则新来的会被“原住民”驱赶。如果不饲养雌鱼而只是饲养多条雄鱼，它们之间的争斗会少很多，因为不会发生抢夺配偶而争风吃醋。遗憾的是，目前还没有这类鱼的人工繁殖记录，所以所有个体都来自野外捕捞。巨大的市场需求可能给野外种群带来较大的影响，应当合理地进行保护与开发。

快闪龙 *Paracheilinus filamentosus*

中文学名	月尾副唇鱼
其他名称	丝鳍精灵龙
产地范围	南太平洋至东印度洋的热带珊瑚礁区域，主要捕捞地有所罗门群岛、印度尼西亚等
最大体长	7厘米

△雌鱼
△雄鱼

快闪龙是本属最常见于观赏鱼贸易的品种，早在2010年以前就时常在市场上出现。这种鱼经常蜷缩在鱼店鱼缸的某个角落里，不仔细查看，我们都找不到它。当它们因受惊而迅速展开背鳍时，爱好者一下就被震惊了。因为这种小鱼很廉价，所以人们会不假思索地将其买回家。快闪龙进入礁岩生态缸后，真的是一闪就不见了。这种胆小的鱼会马上躲藏在礁石缝隙里，有时甚至需要一两周才会游出来。为了防止它们因饥饿而过度消瘦，应将新鱼先放入较小的检疫缸中，缸内多放置岩石、花盆等躲避处，让它们尽快适应环境。可以在小空间内单独喂养它们，直到其完全接受人工饲料后，再放入大型礁岩生态缸中。

一开始，它们会非常容易接受丰年虾，慢慢地会吃小颗粒的饲料。如果将快闪龙和雀鲷等凶悍的小型鱼混养在一起，它们很容易被追着打。雌鱼的体形比雄鱼更小，一般只有5厘米左右，胆子也比雄鱼小。最好一次饲养5条以上的雌鱼，让它们成群活动，可以有效缓解新环境带来的压力。

快闪龙对水质的要求不高，通常硝酸盐浓度低于200毫克/升、pH值高于7.8时不会让它们感到不适。它们也很少携带寄生虫，能接受正常浓度的含铜离子和甲醛成分的药物检疫和治疗。只要让它们充分适应人工环境，这种鱼就会变得十分好养。

粉红雀 *Paracheilinus carpenter*

中文学名	卡氏副唇鱼
其他名称	红鳍闪光龙、紫线高鳍快闪龙
产地范围	南太平洋至东印度洋的热带珊瑚礁区域，主要捕捞地有所罗门群岛、印度尼西亚、菲律宾等
最大体长	7.5厘米

△雄鱼

△雌鱼

也许你会发现在市场上看到的粉红雀和我介绍的不是一个品种，这是因为我们习惯把副唇鱼属中所有叫不上名字的种类都叫作粉红雀。但是，只有卡氏副唇鱼是最早使用这个名字的品种，并且在2010年前就有观赏鱼贸易记录。通常在来自菲律宾的观赏鱼里会夹杂这种鱼，现在偶尔也能从印度尼西亚进口的观赏鱼中见到，总之它们应是本属中较为常见的品种。和其他本属成员一样，它们也采取一夫多妻的生活方式，所以要么饲养一雄多雌，要么多条雄鱼一起饲养，避免雄鱼为抢夺配偶而大打出手。它们对水质的要求不高，也很少携带或感染寄生虫和细菌，能接受正常浓度的含铜离子和甲醛成分的药物检疫和治疗。

黄翅雀 *Paracheilinus flavianalis*

中文学名	黄臀副唇鱼
其他名称	黄鳍闪光龙
产地范围	西太平洋至印度洋的热带珊瑚礁区域，主要捕捞地有菲律宾、印度尼西亚、马尔代夫等
最大体长	8厘米

△雄鱼

△雌鱼

黄翅雀在贸易中偶尔能见到，其出现频率不如快闪龙和粉红雀高。以前，这种鱼被和粉红雀混为一谈，直到近两年才将它们区分开来，即使是经验较为丰富的饲养者也不容易区分这三种鱼的雌性。黄翅雀的饲养方法和快闪龙没有什么区别，只是它们的胆量稍大一些，能更快地适应人工环境。

蓝背雀 *Paracheilinus cyaneus*

△雄鱼

△雌鱼

中文学名	蓝背副唇鱼
其他名称	蓝背闪光龙
产地范围	中太平洋至东印度洋的热带珊瑚礁区域，主要捕捞地有冲绳、密克罗尼西亚、帕劳、菲律宾、印度尼西亚等
最大体长	7厘米

蓝背雀是比较少见的品种，即使在市场上见到，通常也将其误认为是粉红雀。这是因为这种鱼背部闪亮的颜色只有在雄性发情的时候才会呈现出来，其余时间的体色是橘红色或玫红色。经过长途运输的鱼往往已经退去了鲜艳的婚姻色，所以在鱼店里很难确认它到底是什么品种。一些鱼类学者在野外考察时发现，这种鱼和粉红雀、黄翅雀等有自然杂交的现象，所以我们在市场上也能看到介于粉红雀和蓝背雀之间的品种。蓝背雀在不发情时与其他本属鱼类的最大区别是，它们近乎全身是粉红色，没有其他品种身上的蓝色横纹。

这种鱼和其他本属鱼类一样，并不难饲养，主要问题也是胆小易受惊吓。它们接受人工颗粒饲料的速度没有快闪龙快，不过由于不怎么爱游泳，所以体能消耗比较少，即使很久不吃东西也不会被饿死。

麦科斯克闪龙 *Paracheilinus mccoskeri*

△雄鱼

△雌鱼

中文学名	麦氏副唇鱼
其他名称	麦克斯金丝雀
产地范围	西太平洋至印度洋的热带珊瑚礁区域，主要捕捞地有帕劳、斐济、越南、泰国、阿曼、马尔代夫等
最大体长	8厘米

麦科斯克闪龙雄鱼身体主色调为橙红色，身体上有几条蓝色线。背鳍为橙色，中部有一根很长的软线，后部基部有一块红斑（这是和其他品种的主要区别）。臀鳍为红色，但基部的一小部分还是橙色，带有一列蓝色小点，外缘为蓝色。尾鳍为半透明的淡橙色，中部有一条蓝色线。雌鱼整体为橙红色，身体带有蓝色细线。它们是2010年后才被发现的新物种，是在观赏鱼捕捞作业中发现并命名的，所以其观赏鱼名直接使用了学名。2015年以后，这种鱼才在国内观赏鱼市场上出现，但直到现在其进口数量也不是很多，主要是来自马尔达夫和印度尼西亚巴东地区的观赏鱼中会夹杂有这种鱼。

虽然比较少见，但麦科斯克闪龙和本属其他品种的饲养方法没有什么区别，只是这种鱼在人工环境下很难完全展现出美丽的色彩。

钻石闪光龙 *Paracheilinus bellae*

中文学名	贝拉氏副唇鱼
其他名称	贝拉闪光龙
产地范围	太平洋西部和南部的珊瑚礁区域，主要捕捞地有斐济、马绍尔群岛等
最大体长	7厘米

△ 雄鱼

△ 雌鱼

钻石闪光龙在南太平地区分布较多，西太平洋地区较少，所以是比较少见的副唇鱼品种。雄鱼在完全适应环境后会展现出绚丽的体色，是点缀礁岩生态缸的理想物种。雌鱼一般被鱼商混杂在其他小型隆头鱼中，很不容易分辨，往往会误认为它们是另外一种鱼。

八线鹦鹉龙 *Paracheilinus octotaenia*

中文学名	八线副唇鱼
其他名称	红海八线龙
产地范围	西印度洋的热带珊瑚礁区域，主要捕捞地是红海地区
最大体长	13厘米

△ 雄鱼

△ 雌鱼

八线鹦鹉龙是副唇鱼属中产于西印度洋的典型物种，与多数产于太平洋地区的副唇鱼不同，它们雄鱼的背鳍上没有夸张而延长的丝条。这种小鱼很温顺，非常适合在礁岩生态缸中混养。如果同时饲养一雄多雌，雄鱼会经常发情，将体色调节成深红、橘红、紫等不同的颜色。八线鹦鹉龙对水质要求不高，能接受含有铜离子和甲醛的药物对其进行检疫和治疗。

毛里求斯闪龙 *Paracheilinus piscilineatus*

中文学名	鱼纹副唇鱼
其他名称	红海八线龙
产地范围	印度洋的热带珊瑚礁区域，主要捕捞地有马尔代夫、毛里求斯等
最大体长	7厘米

△ 雄鱼

△ 雌鱼

毛里求斯闪龙和八线鹦鹉龙十分相似，也是印度洋所产为数不多的副唇鱼品种之一。这种鱼不具备夸张的背鳍，但是雄鱼发情时体色非常艳丽。最好饲养一雄多雌的一个小群，这样雄鱼会一直保持体色的鲜艳。

丝隆头鱼属 *Cirrhilabrus*

和副唇鱼属一样，丝隆头鱼属的鱼类也是这几年新兴的海水观赏鱼品种，比较有名的品种有德国雀、红头鹦鹉龙和缎带仙女龙等。本属的鱼类一般体长在10厘米左右，少有超过15厘米的品种，而且没有什么攻击性，也不侵害珊瑚等无脊椎动物，是点缀礁岩生态缸的理想品种。1990年时，本属已知物种数量不足30个，但随着之后的观赏鱼开发，新物种不断被发现，目前丝隆头鱼属已至少有60个物种，几乎所有新发现的物种都是从观赏鱼贸易中获得的标本。

在观赏鱼贸易中，本属鱼类通常被称为鹦鹉龙（parrot wrasse）或仙女龙（fairy wrasse）。前者来源于其曾用的“丝鳍鹦鲷”属名中的“鹦鲷”二字，主要在汉语地区使用。后者是为了表现它们美丽而优雅的身姿，当这些鱼在水族箱中时隐时现时，感觉就像丛林里的小仙女，所以“仙女龙”这个名字在西方被广泛使用。本属鱼类的雄性在发情期会展现出与平时完全不一样的鲜艳颜色，其腹鳍展开更加夸张，用以吸引异性。和副唇鱼属的品种一样，它们也过着一夫多妻的生活。

丝鳍隆头鱼属鱼类也十分好养，而且胆量比副唇鱼属的鱼类更大一些。不过，它们的战斗能力和自我保护能力很差，在水族箱中经常会被雀鲷、小丑鱼等追着到处跑。其他品种的隆头鱼，如黄龙、青龙、花面绿龙等，都喜欢攻击丝隆头鱼属的鱼类，而且本属鱼类躲避能力很差，经常被追上狠狠地撕咬，如果和比较凶猛的隆头鱼一起饲养，很有可能被活活咬死。在被追逐得走投无路时，它们会跳出水面，如果水族箱没有盖子，就会跳到地上，最终干死。因此，本属鱼类不适合和雀鲷、小丑以及海猪鱼属、锦鱼属的成员一起饲养。蝴蝶鱼和神仙鱼对它们没有敌意，如果购买到了比较大的个体，也可以和蝴蝶鱼、小型神仙鱼一起饲养在纯鱼缸中。

夜晚睡觉时，丝隆头鱼属鱼类会像鹦嘴鱼那样在礁石缝隙里分泌一个由黏液构成的“睡袋”，将自己的气味固锁在里面，让夜行性的捕食者难以发现它们。只要水族箱中有礁石，它们每晚都会这样做，是一种很有趣的行为。

德国雀 *Cirrhilabrus naokoae*

中文学名	中恒丝隆头鱼
其他名称	三色鹦鹉龙、直子仙女龙、鲨鱼鳍龙
产地范围	西太平洋至印度洋的热带珊瑚礁区域，主要捕捞地有印度尼西亚、马尔代夫等
最大体长	10厘米

△雄鱼

△雌鱼

德国雀是本属鱼类中最早被用作观赏的品种，也是最知名的品种，其市场价格在小型隆头鱼中位居前列。雄性德国雀背鳍为黑色，背部为红色，身体中部为黄色，颜色比例很像德国国旗的黑红黄三色比例，故此得名。它们不仅背鳍是黑色，还有一对很大的黑色腹鳍，当其向雌鱼炫耀时，会展开那对巨大的黑色腹鳍，好像一对黑色的大耳朵。德国雀的雌鱼在市场上并不多见，全身暗红色并带有很细的蓝色条纹，很容易和快闪龙等小型隆头鱼的雌鱼混淆。

德国雀非常好养，对水质没有严格的要求，其他海水鱼能适应的水质环境都能适应。进入水族箱后，德国雀很快能主动接受人工颗粒饲料，而且不容易感染寄生虫和细菌。平时，这种鱼喜欢在礁石和珊瑚丛中穿梭，夜间躲避到礁石缝隙里，分泌一层黏液将自己包裹起来睡觉。它们很机警，一有风吹草动就会躲藏起来，露出头，转动着小眼睛观察四周。

德国雀对药物不敏感，可以用含有铜离子和甲醛的药物给它们进行检疫和治疗，对抗生素类、磺胺类和沙星类药物也没有不良反应记录。雄性德国雀之间虽然偶尔有冲突，但不会产生严重的打斗现象。许多其他品种的隆头鱼喜欢攻击德国雀，如锦鱼属和海猪鱼属的品种，所以最好不和较大的隆头鱼品种混养在一起。目前，这种鱼还没有在人工环境下繁殖的记录。

红头鹦鹉龙 *Cirrhilabrus solorensis*

中文学名	绿丝隆头鱼
其他名称	太平洋七彩雀、豆豆龙
产地范围	西太平洋至印度洋的热带珊瑚礁区域，主要捕捞地有斐济、菲律宾、印度尼西亚、马来西亚等
最大体长	11厘米

△雄鱼

△雌鱼

红头鹦鹉龙是贸易中出现数量最多的本属品种，其价位在本属鱼类中基本是最低的。不同产地的红头鹦鹉龙，身体颜色比较多变，产于菲律宾的个体身体多数是橄榄绿色，而产于印度尼西亚的个体身体是紫色、金色或蓝色，不过，头部鲜明的橘红色是所有产地的个体都具备的特征，这也是该种名称之由来。雌性红头鹦鹉龙的身体通常是褐色或土黄色，除了橘红色头部，其余部位的颜色都没有雄鱼的鲜艳。

红头鹦鹉龙对水质、药物及生存环境有广泛的适应能力，能轻松接受颗粒饲料，不伤害珊瑚和其他无脊椎动物，是点缀礁岩生态缸的良好品种。这种鱼夜晚也有分泌黏液“睡袋”的习惯，白天将前一晚的睡袋遗弃，晚上再分泌一个新的。

季风鹦鹉龙 *Cirrhilabrus hygroxerus*

中文学名	暂无
其他名称	季风仙女龙
产地范围	仅产于澳大利亚北部的帝汶海水深18～31米的区域
最大体长	7厘米

△雄鱼

△雌鱼

季风鹦鹉龙是非常稀有的观赏鱼品种，只产于距澳大利亚北部达尔文市大约200公里的帝汶海浅海区。这种小鱼神出鬼没，在1988年才被发现并命名，由于捕捞这种鱼往往受到天气的影响，在风和日丽的日子里出海才可能会有收获，所以人们叫它们“季风鹦鹉龙”。可以参照德国雀的饲养方法。

日落鹦鹉龙 *Cirrhilabrus greeni*

中文学名	暂无
其他名称	红黄仙女龙
产地范围	仅产于澳大利亚北部帝汶海的珊瑚礁区域，与季风鹦鹉龙分布区重合
最大体长	7厘米

日落鹦鹉龙是2017年在观赏鱼贸易中被发现的新物种，目前只在澳大利亚北部达尔文市近海区域能找到它们。这种鱼非常美丽，但是极其难得，是鱼类收藏爱好者们追求的目标。一般需要向捕捞商预定才能获得这种小鱼。

蓝线鹦鹉龙 *Cirrhilabrus lineatus*

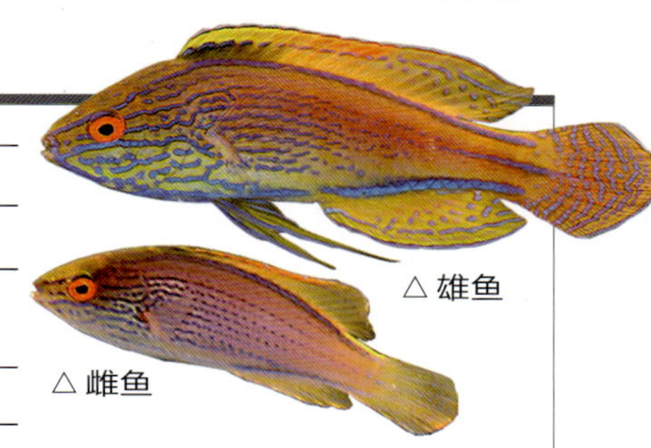

中文学名	红丝丝隆头鱼
其他名称	紫线龙
产地范围	仅分布于澳大利亚大堡礁和新新喀里多尼亚附近海域
最大体长	12厘米

蓝线鹦鹉龙是比较少见的珍贵小型隆头鱼，原产地每年只向其他地区出口少量的个体，多是成对出售，这是为了鼓励人工繁殖。这种鱼比较好养，对水质要求不高，但是如果水中硝酸盐浓度太高，它们会失去美丽的体色。夏季应当将水温控制在28℃以下，持续高温很容易造成蓝线鹦鹉龙的死亡。

红丝绒鹦鹉龙 *Cirrhilabrus rubrisquamis*

中文学名	红鳞丝隆头鱼
其他名称	红缎带仙女龙
产地范围	印度洋的热带珊瑚礁区域，主要捕捞地有马尔代夫、印度尼西亚的巴东地区等
最大体长	12厘米

在本属观赏鱼中，红丝绒鹦鹉龙算是颜色比较小清新的品种，前半身一般是玫瑰红到粉的渐变色，后半身则是橘色到肉色的渐变，尾鳍呈紫罗兰色。雌雄间体色差异较小，雌鱼仅仅是前半身的颜色没有雄鱼浓重。

这种鱼秉承了本属鱼类粗生易养的特征，能接受大多数人工合成饲料，对水质无特殊要求，并能接受绝大多数的药物。当水的pH值长期低于8.0时，它们头部鲜艳的玫瑰红色会逐渐消失，身体其他部位的颜色也会像蒙上了黑纱，变得暗淡无光。最好是将这种鱼饲养在水质条件很好的礁岩生态缸中。

五彩鹦鹉龙 *Cirrhilabrus luteovittatus*

中文学名	黄环丝隆头鱼
其他名称	黄背仙女龙、紫头橙背雀
产地范围	西太平洋至印度洋的热带珊瑚礁区域，主要捕捞地有帕劳、斐济、越南、泰国、阿曼、马尔代夫等
最大体长	8厘米

△雄鱼
△雌鱼

五彩鹦鹉龙也是颜色比较多变的品种，市场上常见的个体体色多为紫罗兰色，配以土黄色的粗条纹。偶尔能见到全身土黄色或金色的品种，甚至有类似红头鹦鹉螺那样橄榄绿色的个体，不过它们不具备红头鹦鹉龙那样橘红色的头部，这一点是区分二者的主要依据。五彩鹦鹉龙在贸易中并不多见，也许是因为其没有发情时身体颜色太过普通而不被重视。只要鱼商进口这种鱼，每次一般有几十条，要经常到鱼店里寻找就能发现它们。和其他本属品种一样，五彩鹦鹉龙也非常好养，对水质和饵料没有特殊要求，能接受大多数药物的检疫和治疗。

红点库克龙 *Cirrhilabrus scottorum*

中文学名	暗丝隆头鱼
其他名称	斯科特鹦鹉龙
产地范围	中南太平洋的热带珊瑚礁区域，主要捕捞地有库克群岛、所罗门群岛、塔希提岛、土阿莫土群岛、瓦努阿图等
最大体长	13厘米

△雄鱼
△雌鱼

红点库克龙也是南太平洋产的代表性观赏鱼，多数贸易中的个体来自塔希提岛附近。它们头部和背部为墨绿色，腹部为金黄色。采集于所罗门群岛附近的个体，身体正中央有一块很大的暗红色斑点，这使其看上去非常特殊，因为本属鱼类身体上很少出现圆形图案。红点库克龙的行为和习性很像红头鹦鹉龙，甚至连眼球转动的方式都非常接近，二者应当是亲缘关系较近的品种。

红点库克龙对水质没有特殊要求，能接受人工颗粒饲料。对含有铜离子的药物不敏感，但是对含甲醛药物的反应比较强烈。如在水族箱中使用福尔马林或TDC等药物时，应先将红点库克龙移出，否则它们容易因药物刺激造成呼吸困难而死亡。

△所罗门群岛产的红点库克龙雄鱼

丝鳍隆头鱼属的鱼类雌雄外表上具有明显差异，不同生长阶段的同性体色不同，分布在不同区域的同种颜色差异也很大。不同种的丝鳍隆头鱼，只要分布区域重合就有可能发生自然杂交现象，在特殊情况下，雌鱼还会转变成雄鱼。本属鱼类是从外观上最难区分品种的一类观赏鱼。

毛里求斯红斑龙 *Cirrhilabrus sanguineus*

△雄鱼
△雌鱼

中文学名	血身丝隆头鱼
其他名称	精美龙
产地范围	仅分布于西印度洋的毛里求斯到留尼汪附近的珊瑚礁区域
最大体长	9厘米

毛里求斯红斑龙是非常难得的小型隆头鱼。这种鱼十分羞涩，栖息在较深的水域中，潜水捕捞时很难获得，这让它们的身价在本属鱼类中名列前茅。国际贸易中的毛里求斯红斑龙通常会被日本鱼商大量收购，国内市场上难以见到。近年来，偶尔会有少量个体通过菲律宾中转商进入国内，是鱼类收藏爱好者们追求的目标。

新月鹦鹉龙 *Cirrhilabrus lunatus*

△雄鱼
△雌鱼

中文学名	新月丝隆头鱼
其他名称	燕尾仙女龙
产地范围	西太平洋水深30～55米的珊瑚礁区域，主要捕捞地有菲律宾、印度尼西亚等
最大体长	8.5厘米

新月鹦鹉龙因其雄鱼拥有月牙状的大尾巴而得名。它们是分布较为靠北的丝隆头鱼家族成员，在琉球群岛和小笠原群岛的深水珊瑚礁区较为常见。国内市场上的个体主要捕捞于菲律宾。它们往往和其他小型隆头鱼混杂在一起出售，由于运输途中受到惊吓，体表颜色灰暗，这使很多人认为它们是一种没有什么观赏价值的小鱼。用低廉的价格将其买回家中，放养在礁岩生态缸后，才发现这种鱼越变越漂亮。

康德鹦鹉龙 *Cirrhilabrus condei*

△雄鱼

中文学名	康氏丝隆头鱼
其他名称	黄鳍仙女龙
产地范围	西太平洋南部的珊瑚礁区域，主要捕捞地是巴布亚新几内亚
最大体长	8厘米

康德鹦鹉龙是南太平洋地区比较有代表性的鹦鹉龙品种，从印度尼西亚进口的观赏鱼中偶尔能见到它们的雄鱼。雌鱼非常少见，也可能是混杂在其他小型隆头鱼中难以分辨出来。康德鹦鹉龙容易饲养，适合混养在礁岩生态缸中。

黄鳍鹦鹉龙 *Cirrhilabrus flavidorsalis*

中文学名	黄背丝隆头鱼
其他名称	黄鳍仙女龙、绿鳍火焰雀、彩虹仙子龙
产地范围	西太平洋的珊瑚礁区域，主要捕捞地有印度尼西亚、帕劳、菲律宾等
最大体长	8厘米

△雄鱼
△雌鱼

黄鳍鹦鹉龙以前十分难得，现在已经成为常见的小型隆头鱼，在从印度尼西亚和菲律宾进口的观赏鱼中都能见到它们，不过绝大多数是雄鱼，雌鱼非常少见。这种鱼非常容易饲养，进入水族箱后就会到处找食物，还会和体形较大的隆头鱼争夺睡觉的隐蔽处。它们具有向前延伸的嘴，可以捕食一些珊瑚上的寄生虫，在大型礁岩生态缸中可以起到工具鱼的作用。

红鹦鹉龙 *Cirrhilabrus lubbocki*

中文学名	卢氏丝隆头鱼
其他名称	卢伯克龙、彩神雀、红头蓝雀
产地范围	西太平洋水深4～45米的珊瑚礁区域，主要捕捞地有菲律宾、印度尼西亚等
最大体长	8厘米

△雄鱼
△雌鱼

红鹦鹉龙的雄鱼体色多变，常见的个体身体呈紫罗兰色，头部和背鳍呈金黄色到橘黄色，捕捞于印度尼西亚的个体身体大部分呈藏蓝色。这种鱼在从印度尼西亚和菲律宾进口的观赏鱼中十分常见，而且非常好养。它们对水质要求不高，能接受各种药物，对饵料也不挑剔。它们还会和体形比自己大的海猪鱼、锦鱼打架，张着嘴向人家示威。夜晚，它们会分泌“黏液睡袋”，将自己保护在里面。

南太平洋红点仙女龙 *Cirrhilabrus balteatus*

中文学名	环纹丝隆头鱼
其他名称	束腰仙女龙
产地范围	太平洋中部到南部的珊瑚礁区域，主要捕捞地是马绍尔群岛等
最大体长	10厘米

△雄鱼

南太平洋红点仙女龙比较少见，通常容易将其和红点库克龙搞混，特别是新捕捞的雄鱼体色表现极不明显，甚至会被误认为是红头鹦鹉龙。雌鱼一般全身呈鲜红色，经常会被误认为是其他品种。

乡绅仙女龙 *Cirrhilabrus squirei*

中文学名	暂无
其他名称	暂无
产地范围	仅分布于澳大利亚东北部约克角附近水深28～36米的珊瑚礁区域
最大体长	7厘米

△ 雄鱼

△ 雌鱼

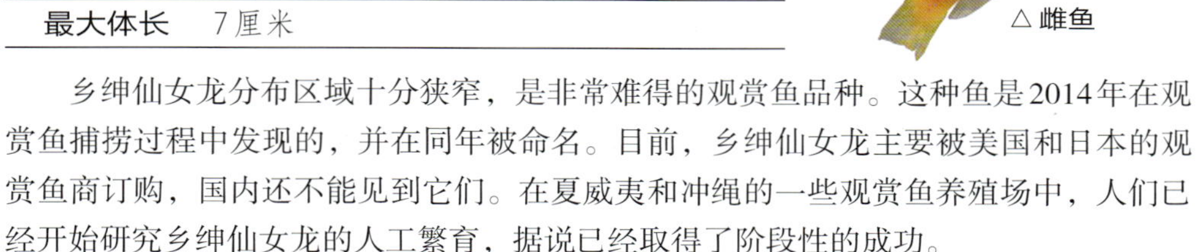

乡绅仙女龙分布区域十分狭窄，是非常难得的观赏鱼品种。这种鱼是2014年在观赏鱼捕捞过程中发现的，并在同年被命名。目前，乡绅仙女龙主要被美国和日本的观赏鱼商订购，国内还不能见到它们。在夏威夷和冲绳的一些观赏鱼养殖场中，人们已经开始研究乡绅仙女龙的人工繁育，据说已经取得了阶段性的成功。

岩浆鹦鹉龙 *Cirrhilabrus shutmani*

中文学名	暂无
其他名称	岩浆仙女龙
产地范围	仅分布于菲律宾群岛附近水深50～70米的区域的海底火山带围周
最大体长	7厘米

△ 雄鱼

△ 雌鱼

岩浆鹦鹉龙是2017年才发现并命名的丝隆头鱼，是本属第56个成员。它被发现时曾震惊全球观赏鱼界。2016年前后，随着观赏鱼采集行业不断向更多异域进发，人们在菲律宾海底火山岩碎屑丛中发现了这种全身通红的小型隆头鱼。由于生活在海底火山附近，且身体如岩浆一样鲜红，所以被观赏鱼爱好者命名为“岩浆鹦鹉龙”。

血鳍仙女龙 *Cirrhilabrus rubripinnis*

中文学名	红翼丝隆头鱼
其他名称	血帆鹦鹉龙、红鳍鹦鹉龙
产地范围	西太平洋至印度洋的热带珊瑚礁区域，主要捕捞地有印度尼西亚的加里曼丹、苏拉威西岛沿海地区等
最大体长	9厘米

△ 雄鱼

△ 雌鱼

血鳍仙女龙背部呈橘红色，腹部白色，大而宽的背鳍和臀鳍呈血红色，因此得名。它们是非常艳丽的小型鱼，在礁岩生态缸中非常抢眼。当雄鱼展开背鳍和臀鳍向雌鱼展示美丽时，诸如火焰仙、可可仙这样的小神仙鱼，也会因它的美丽而黯然失色。不过，大多数时间里，它们会将背鳍和臀鳍仅仅贴着身体合拢起来，如果想经常观赏到雄鱼展开鳍的美丽样子，就必须给予舒适的饲养环境和良好的水质条件。

如果水族箱中有三间雀、蓝魔、斑节绿龙等较凶的鱼类，血鳍仙女龙就要整日忙着躲避它们的攻击，无暇展示自己的美丽。在水质不好的环境里，血鳍仙女龙总喜欢蜷缩在礁石缝隙里，也不会很好地表现自己。一个水质稳定的礁岩生态缸是它们理想的生存环境，如在饲养小水螅体珊瑚和脑珊瑚的水族箱中，优秀的水质能让这种鱼大放异彩。当然，和本属其他鱼类一样，血鳍仙女龙也十分好养，如果不考虑让它们经常展示魅力色彩的话，基本上可以算是对水质无特殊要求，对各种药物也不敏感，而且很容易接受人工颗粒饲料。

蓝边仙女龙 *Cirrhilabrus pylei*

中文学名	派氏丝隆头鱼
其他名称	紫蓝仙女龙、紫艳仙女龙
产地范围	太平洋的热带珊瑚礁区域，主要捕捞地有马绍尔群岛、菲律宾等
最大体长	12厘米

△雄鱼

△雌鱼

蓝边仙女龙具有一对修长的腹鳍垂在腹部下面，随水“飘逸”，就好像仙女姐姐身上的飘带。一定要记得不要和雀鲷等鱼类一起饲养，否则“飘带”肯定会被咬断。虽然看上去有些弱不禁风，但蓝边仙女龙不难养。它们对水质的要求不高，其他海水观赏鱼能适应的环境都能适应。经过短期适应后，能接受人工颗粒饲料，对含铜离子和甲醛的药物不敏感。

雌性蓝边仙女龙全身呈玫瑰红色，除了腹鳍没有雄鱼长，色彩艳丽程度胜过雄鱼。最好多条雌鱼一起饲养，或者和本属其他品种的雌鱼混养，单独饲养一条雌鱼，它会非常紧张。在水的pH值长期低于8.0时，蓝边仙女龙的体色会变得暗淡，故应将其饲养在水质稳定的礁岩生态缸中。

蓝肚仙女龙 *Cirrhilabrus cyanogularisfascia*

中文学名	蓝喉丝隆头鱼
其他名称	蓝肚仙子龙、蓝喉仙女龙、火焰雀
产地范围	西太平洋至印度洋的热带珊瑚礁区域，主要捕捞地有印度尼西亚、菲律宾等
最大体长	7.5厘米

△雄鱼

蓝肚仙女龙不是很常见，偶尔会从印度尼西亚进口的观赏鱼中见到它们。这种鱼经过长途运输后，体色变得非常惨淡，如同发黄的草纸，必须在水质稳定的礁岩生态缸中悉心调养一段时间，才能使雄鱼发色。它们对水质的要求和本属其他鱼类一样，可以在人工环境下直接进食颗粒饲料。

缎带仙女龙 *Cirrhilabrus roseafascia*

△ 雄鱼
△ 雌鱼

中文学名	玫纹丝隆头鱼
其他名称	暂无
产地范围	太平洋水深30～100米的珊瑚礁区域，主要捕捞地有斐济、帕劳、菲律宾等
最大体长	11厘米

缎带仙女龙也是本属中非常艳丽的品种之一，雄鱼具有红色的身体、金黄色的背鳍和臀鳍，雌鱼则全身呈玫瑰红色。这种鱼在贸易中比较少见，特别是成熟的雄鱼更是难得。它们需要良好的水质和安逸的生活环境，才能经常展示自己金黄色的背鳍和臀鳍。缎带仙女龙并不难养，和本属其他鱼类对水质、饵料的需求基本一致，对各种药物也没有什么不良反应。

红头火焰雀 *Cirrhilabrus bathyphilus*

△ 雄鱼
△ 雌鱼

中文学名	黄腹丝隆头鱼
其他名称	玫红鹦鹉龙
产地范围	珊瑚海地区特有物种
最大体长	10厘米

红头火焰雀是澳大利亚东北部珊瑚海地区的特有物种，在观赏鱼贸易中极其少见，偶尔会有个体从菲律宾输入国内。雄鱼前半身是鲜艳的红色，后半色为金黄色，背鳍边缘如德国雀那样是黑色的，全身色彩明快，对比强烈。雌鱼全身呈粉红色或橘红色，背鳍边缘为黑色。红头火焰雀对水质和饵料没有什么特殊要求，喜欢吃丰年虾，也接受各种人工颗粒饲料。

瓦坎达仙女龙 *Cirrhilabrus wakanda*

中文学名	瓦坎达丝隆头鱼
其他名称	暂无
产地范围	坦桑尼亚的桑给巴尔岛附近水深3～80米的珊瑚礁区
最大体长	7厘米

瓦坎达仙女龙是2019年才在捕捞于东非沿海地的观赏鱼中被发现并定名的新物种，由于这一年电影《复仇者联盟4》正在热映，故此命名人用电影中神秘的半神非洲部落“瓦坎达”为这种小鱼命名。目前国内尚无这种鱼的饲养资料，可能在以后它们会被引入我国。

多彩仙女龙 *Cirrhilabrus exquisitus*

△雄鱼

△雌鱼

中文学名	艳丽丝隆头鱼
其他名称	丽鹦鹉龙
产地范围	中太平洋至印度洋的珊瑚礁区域，主要捕捞地有印度尼西亚、菲律宾、马尔代夫、斯里兰卡等
最大体长	12厘米

多彩仙女龙以前很难见到，近几年随着国内从印度尼西亚和斯里兰卡等地进口的观赏鱼数量增加，它们也变得常见起来。新到鱼店的多彩仙女龙颜色非常暗淡，身体大部分呈橄榄绿色。等到它们适应环境以后，就会慢慢展现出红色的斑纹和带有金属光泽的蓝色线条，这样才真正成为一条多彩的鹦鹉龙。最好将其饲养在水质稳定的礁岩生态缸中，如果用纯鱼缸饲养，恐怕一辈子也见不到它们绚丽的体色。

金丝雀 *Cirrhilabrus rhomboidalis*

△雄鱼

△雌鱼

中文学名	菱体丝隆头鱼
其他名称	黄金龙、珍珠雀
产地范围	太平洋中部到西部的珊瑚礁区域，主要捕捞地是马绍尔群岛
最大体长	11厘米

金丝雀是太平洋中部诸岛所产的美丽小型隆头鱼之一，通常可以在通过夏威夷转运的观赏鱼中见到它们。这种鱼不是很常见，价格也较高。幸运的是，每次捕捞的数量并不少，而且鱼商一般会成对出售。金丝雀需要饲养在水质很好的礁岩生态缸中，如果饲养在纯鱼缸中，它们会变得如同一片发黄的碎报纸，失去观赏价值。

橘线雀 *Cirrhilabrus earlei*

△雄鱼

△雌鱼

中文学名	厄氏丝隆头鱼
其他名称	伯爵仙女龙、橘线龙
产地范围	太平洋中部的珊瑚礁区域，主要捕捞地有帕劳、马绍尔群岛等
最大体长	11厘米

橘线雀也是典型的太平洋中部诸岛产的美丽小鱼之一，一般也是在夏威夷转运来的观赏鱼中才能见到它们。这种鱼的数量不大，但价格不是很高。它们非常强健易养，一般是被放养在礁岩生态缸中，进入水族箱后就会到处寻找饲料吃。国外有橘线龙在水族箱中产卵的记录，但尚无成功繁育记录。

紫面雀 *Cirrhilabrus laboutei*

△雄鱼

△雌鱼

中文学名	拉氏丝隆头鱼
其他名称	回纹针仙女龙
产地范围	太平洋西部到南部的热带珊瑚礁区域，主要捕捞地有新喀里多尼亚、斐济等
最大体长	12厘米

雄性紫面雀身体上具有回形针一样的黄色花纹，所以又被称为回形针仙女龙。这种美丽的小鱼进入国内市场的频率非常小，虽然不是稀有的名贵品种，但非常难以获得。它们身上的颜色会根据自己的情绪而变化，新鱼一般是蓝灰色，完全适应环境后变成紫红色。夜晚睡觉时，它们也会分泌“黏液睡袋”，有时还会像海猪鱼属的鱼类那样直接钻入沙子中。

蓝衣仙女龙 *Cirrhilabrus cyanopleura*

△雄鱼

△雌鱼

中文学名	蓝侧丝隆头鱼
其他名称	黄翼仙子龙、紫头鹦鹉龙
产地范围	西太平洋至印度洋的珊瑚礁区域，主要捕捞地有菲律宾、印度尼西亚等
最大体长	15厘米

蓝衣仙女龙和红头鹦鹉龙、五彩鹦鹉龙一并被认为是国内市场上常见的三种鹦鹉龙，也是本属中价格最低的三种鱼。人们一般更喜欢购买蓝衣仙女龙的雌鱼，因为它们近乎为全红色，比雄鱼看上去漂亮许多。这种鱼非常好养，可以参照红头鹦鹉龙的饲养方法。

夏威夷火焰雀 *Cirrhilabrus jordani*

△雄鱼

△雌鱼

中文学名	乔氏丝隆头鱼
其他名称	火焰龙
产地范围	仅分布于夏威夷群岛附近水深5～186米的区域
最大体长	10厘米

夏威夷火焰雀非常美丽，而且由于产地是观赏鱼贸易的主要集散地，所以获得它们比获得太平洋其他群岛附近产的丝隆头鱼品种更容易。虽然市场价格稍贵，但是相对于美丽的体色和非常高的成活率，购买它们还是相当合算的。这种鱼通常会成对出售，这是为了鼓励人工繁育。成鱼会在沙子上挖一个浅坑，然后在里面产卵。

拟唇鱼属 *Pseudocheilinus*

拟唇鱼属大概有5～6种鱼类，全部能在观赏鱼贸易中见到，最常见的品种是六线狐。早期被许多珊瑚饲养爱好者发现它们能捕食破坏珊瑚的扁虫（*Acropora* sp.）、蛞蝓（*Montipora* sp.）和小螃蟹，于是到处寻找购买，使得这类非常普通的观赏鱼一下子成为饲养珊瑚必备的工具鱼类。本属中的鱼体长全部小于10厘米，一般为7厘米左右，在隆头鱼类中可以算是最小型的成员了。别看它们小，还是挺爱打架的，经常相互咬住不撒嘴，在彼此身体上造成比较严重的创伤。每个水族箱中最好只饲养一条，如果想饲养多条，必须保证将它们同一时间放入水族箱。本属鱼类对人工饲料的接受能力不强，新鱼对漂浮在水中的饲料不理不睬，属于吃静不吃动的鱼类。在驯诱吃饵时，可以在水族箱中放入天然活石，让它们先啄食上面的小虫，再慢慢用丰年虾和虾肉加以诱导。

丝绒狐 *Pseudocheilinus evanidus*

中文学名	姬拟唇鱼
其他名称	蒙娜丽莎龙、猩红条纹龙
产地范围	中南太平洋至印度洋的热带珊瑚礁区域，主要捕捞地有夏威夷、红海、南非、印度尼西亚等
最大体长	9厘米

丝绒狐应当算是拟唇鱼属中的大个子，完全成年后体长可达9厘米，拥有橘红色的身体，并且镶嵌了很多细腻的白色横向条纹，看上去很像条绒布。如果将丝绒狐饲养在礁岩生态水缸中，它们非常容易存活；若放养在纯鱼缸中，则很容易饿死。到达新环境后，丝绒狐不会马上接受饵料，它们更喜欢自己在岩石缝隙里寻觅小型甲壳动物吃。大概需要几周的时间，这种鱼才能知道丰年虾是可以食用的。它们通常很羞涩，行动缓慢，喜欢在岩石缝隙周边活动，一有风吹草动就躲藏起来。

如果饲养水质不佳，丝绒狐会在被引入后的2个月里变成白色，必须将水的pH值控制在8.0以上，才能维持它们的橘红色体表。一般还要把硝酸盐控制在50毫克/升以下，否则它们也会褪色。两条丝绒狐被放养在一起时也会发生争执，如果同时饲养五条以上，则争斗可以得到消除。它们对含有铜离子和甲醛的药物比较敏感，治疗寄生虫时，水中铜离子浓度不可高于0.25毫克/升。

红色涡虫（red planaria）是石珊瑚上常见的扁虫类寄生虫，啃咬珊瑚的组织，对珊瑚伤害很大。红色涡虫繁殖速度很快，如果不在早期加以控制，可能会导致整缸珊瑚全军覆没。虽然现在已经研发出针对扁虫的各种药物，但是一般只能在扁虫爆发初期起到作用。以六线狐为代表的拟唇鱼属鱼类是扁虫动物的自然天敌，在水族箱中放养它们，就可以有效地控制扁虫数量。

四线狐 *Pseudocheilinus tetrataenia*

中文学名	四带拟唇鱼
其他名称	四线龙
产地范围	太平洋热带珊瑚礁区域，主要捕捞地有夏威夷、菲律宾、印度尼西亚等
最大体长	7厘米

四线狐是礁岩生态缸中良好的工具鱼，在清理讨厌的扁虫时有出色的表现。它们比六线狐更大一些，所以捕杀螃蟹的能力也更强。晚间，这种鱼会蜷缩在珊瑚的枝丫中睡觉。如果水族箱中饲养了多条四线狐，它们可能会因为争夺睡觉的地方而打起来。四线狐非常好养，对水质和饵料没有特殊要求。一般不会感染寄生虫，所以没有测试过它们对含有铜离子的药物是否敏感。

六线狐 *Pseudocheilinus hexataenia*

中文学名	六带拟唇鱼
其他名称	六线龙
产地范围	西太平洋至印度洋的热带珊瑚礁区域，主要捕捞地有斐济、菲律宾、印度尼西亚等
最大体长	7厘米

六线狐现在已经成为一个礁岩生态缸中必备的工具鱼品种，可以帮助清理那些对珊瑚有害的扁虫和小螃蟹，并且不会伤害珊瑚。贸易中的六线狐通常体长在5厘米左右，数量十分庞大，因此市场价格很低。六线狐十分容易饲养，能接受大多数品种的饵料，对生活空间的要求也不高。但由于个体太小，很容易受到雀鲷、草莓等小型鱼类的袭击，这是造成六线狐死亡的最重要原因。它们必须和性情温和的观赏鱼饲养在一起，并提供大量的岩石洞穴以方便其躲藏。

八线狐 *Pseudocheilinus octotaenia*

中文学名	八带拟唇鱼
其他名称	八线龙
产地范围	太平洋至印度洋的珊瑚礁区域，主要捕捞地有夏威夷、菲律宾、印度尼西亚等
最大体长	9厘米

八线狐的体形比四线狐和六线狐都要大，而且在小型隆头鱼中算比较凶的品种，如果将其与四线狐和六线狐混养在一起，它会追着自己的小个子近亲打个没完。这种鱼在和海猪鱼属的鱼类打架时往往也能胜利。它的饲养方法和六线狐一样。

五线狐 *Pseudocheilinus ocellatus*

中文学名	眼斑拟唇鱼
其他名称	神秘女郎、五线龙
产地范围	太平洋中部至西部的珊瑚礁区域，主要捕捞地有夏威夷、库克群岛、斐济、马绍尔群岛、瓦努阿图、帕劳等
最大体长	7厘米

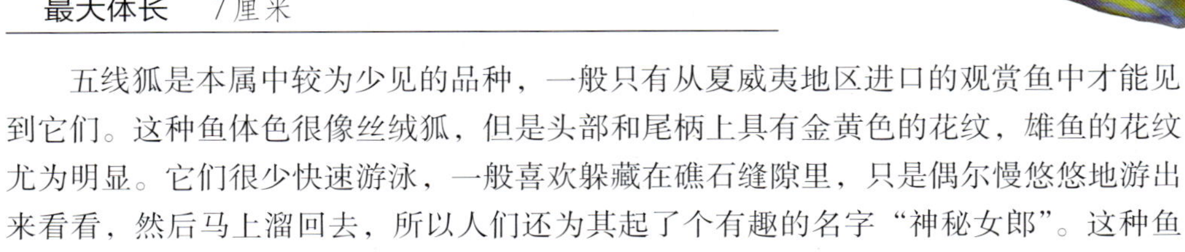

五线狐是本属中较为少见的品种，一般只有从夏威夷地区进口的观赏鱼中才能见到它们。这种鱼体色很像丝绒狐，但是头部和尾柄上具有金黄色的花纹，雄鱼的花纹尤为明显。它们很少快速游泳，一般喜欢躲藏在礁石缝隙里，只是偶尔慢悠悠地游出来看看，然后马上溜回去，所以人们还为其起了个有趣的名字“神秘女郎”。这种鱼的饲养方法可参照丝绒狐。

湿鹦鲷属 *Wetmorella*

湿鹦鲷属已知的鱼只有3种，它们现在全被作为观赏鱼进行贸易，不过数量非常少。它们在行为上与其他隆头鱼类差异很大，很像长鲈或拟鲈科的鱼类，很容易和长鲈科的日本狐混为一谈。本属鱼类不容易接受人工颗粒饲料，和拟唇鱼属的品种类似，喜欢在礁石缝隙中寻找小虾和小螃蟹吃。湿鹦鲷属鱼类非常胆小，进入新环境后会很长时间躲着不出来，即使游出来，也不轻易远离躲避处。雀鲷、拟雀鲷和其他隆头鱼都会欺负它们，所以最好和温顺的鱼类一起混养在中小型水族箱中。

金带箭猪 *Wetmorella nigropinnata*

中文学名	黑鳍湿鹦鲷
其他名称	尖鼻龙
产地范围	西太平洋至印度洋热带珊瑚礁区域，主要捕捞地有琉球群岛、菲律宾、印度尼西亚等
最大体长	8厘米

金带箭猪是三种“箭猪鱼”中最常见的品种，市场价格不高。这种鱼非常胆小，新引进的鱼最好先放养在容积60升左右的小型礁岩生态缸中，里面应铺设底沙，并多放置礁石。这样，它们就能很快适应人工环境，并逐渐接受人工饵料。如果一下子将金带箭猪放入大型礁岩生态缸，它很快就躲藏起来，很久也不出来，有时甚至已经饿死了也找不到它的尸体。金带箭猪对水质的要求不高，在水中硝酸盐浓度高达500毫克/升时，也不会马上对其造成伤害。当水中pH值低到7.6时，它们也能承受一段时间。不过，它们对含有铜离子的药物较为敏感，最好不使用铜药为其驱虫。但含有甲醛类的药物，金带箭猪是可以接受的。

花箭猪 *Wetmorella albofasciata*

中文学名	白条湿鹦鲷
其他名称	头盔箭猪
产地范围	西太平洋至印度洋热带珊瑚礁区域，主要捕捞地有菲律宾、印度尼西亚的巴厘岛附近等
最大体长	7厘米

花箭猪在观赏鱼贸易中比金带箭猪要少见。它们更加胆小，需要提供比较安静的饲养条件，才能让其慢慢接受人工环境。这种鱼对于水质、饵料和药物的适应能力和金带箭猪一样。

烈焰箭猪 *Wetmorella tanakai*

中文学名	田中氏湿鹦鲷
其他名称	金箭猪、红箭猪
产地范围	西太平洋至印度洋热带珊瑚礁区域，主要捕捞地有菲律宾、印度尼西亚的巴厘岛附近等
最大体长	7厘米

烈焰箭猪是三种箭猪中最少见的品种，也是个体最小的品种。它们也是非常胆小，喜欢躲藏在礁石缝隙里。在饥饿时，它们会啄食礁石缝隙里的小虫子，也会翻动底沙寻找食物。要想让烈焰箭猪接受人工颗粒饲料，还需要一段时间的耐心诱导。

需要静下心来欣赏的小型观赏鱼：以湿鹦鲷属为代表的小型隆头鱼类相貌古怪，且十分难得，几乎不会被蓄养在公共水族馆中展示，一些用海水观赏鱼装饰家居环境的人也不会养它们。这些小鱼大多数时间会将自己的体色调节得很暗淡，而且善于躲藏。只有喜欢长时间坐在水族箱前观察鱼类行为的人才会饲养它们。猛地一看，小型隆头鱼似乎没有什么出奇之处，但如果能长时间耐心观察会发现，它们具有丰富的肢体语言。这些鱼不停转动灵活的眼珠，审视四周的环境。它们在遇到异类、同类、食物、敌人时，能通过鱼鳍的开合与身体扭动的配合，表现出有规律的复杂动作，是研究鱼类行为学的良好素材。

苏彝士隆头鱼属 *Suezichthys*

苏彝士隆头鱼属大概有10种鱼类，基本上分布在澳大利亚以东的南太平洋，主要以珊瑚海地区最多，向南一直延伸分布到新西兰。本属鱼类基本具有绚丽的色彩，不过由于产地特殊，被用作观赏鱼贸易的品种比较少，市场上难得一见。它们是非常适合作为点缀礁岩生态缸的中小型隆头鱼。

毛利龙 *Suezichthys aylingi*

中文学名	艾氏苏彝士隆头鱼
其他名称	红医生龙
产地范围	南太平洋地区，主要捕捞地有澳大利亚的塔斯马尼亚、新南威尔士州，以及新西兰、克马德克群岛等
最大体长	12厘米

毛利龙是本属中最漂亮的一种，也可能是唯一能在观赏鱼贸易中见到的品种。其商品名源于该鱼产地多在毛利人居住的海岛附近。作为一种南太平洋特有的美丽隆头鱼，它们非常适合被饲养在礁岩生态缸中。雄性的毛利龙具有橘红色的身体，身体正中有一条银色的宽带从鳃盖一直连通到尾鳍，这条银色宽带在不同光线下可以反射出赤橙黄绿青蓝紫的七色光辉，非常美丽。雌鱼个体较小，身体呈暗橘红色，腹部呈银白色，反射出的色彩没有雄鱼丰富。

虽然这种鱼非常难以获得，但它们不难养。在人工环境下，它们对水质的要求不高，能接受人工颗粒饲料。但是由于缺少试验机会，我现在还不知道它们对各种药物的承受能力怎样。这种鱼好像很少携带寄生虫。

青带毛利龙 *Suezichthys arquatus*

中文学名	青带苏彝士隆头鱼
其他名称	青色毛利龙
产地范围	南太平洋地区，主要捕捞地有澳大利亚的塔斯马尼亚、新南威尔士州，以及新西兰、克马德克群岛等
最大体长	13厘米

青带毛利龙也是非常美丽的隆头鱼品种，但是目前在观赏鱼贸易中还见不到，只在大洋洲一些城市的公共水族馆中有它们的身影。从国外的资料上看，它们对水质和饵料的要求与毛利龙相同，也是非常好养的品种。

海猪鱼属 *Halichoeres*

海猪鱼是一个很奇怪的名字，这些鱼怎么看也不像猪，生活习性也不像，如何得了这个名字，还要去问定名的人。海猪鱼属都是非常容易适应人工环境的鱼类，品种很多，有60多种，在观赏鱼贸易中能见到的大概有20种左右。它们都是体长在10～20厘米的小型观赏鱼。海猪鱼属的鱼类不会伤害珊瑚等无脊椎动物，也不主动攻击非同类的小型观赏鱼，是混养在礁岩生态缸中的理想品种。其中，最有名的品种有黄龙、橙线龙等。

本属的鱼类在观赏鱼贸易中十分常见，数量庞大，价格也十分低廉。它们的雌雄差异不大，一般不容易分辨。这些鱼有钻沙的习性，夜晚休息和受到惊吓时会钻入底沙中，有时可能在沙中休息好几天都不出来现身。

海猪鱼属的鱼类都是非常好饲养的品种，对水质和饵料没有特殊要求，通常雀鲷和小丑鱼能适应的饲养条件它们都能适应。它们对含铜离子和甲醛的药物也不敏感，可以使用这些药物给它们进行检疫和治疗。别看海猪鱼属的多数品种只有10厘米，显得纤细脆弱，实际上它们能耐受水中0.5毫克/升的铜离子含量，还能在淡水中存活十几小时，一些品种甚至会在淡水浴期间进食。

黄龙 *Halichoeres chrysus*

中文学名	黄身海猪鱼
其他名称	暂无
产地范围	西太平洋至印度洋热带珊瑚礁区域，主要捕捞地有菲律宾、印度尼西亚、马来西亚等
最大体长	11厘米

白肚黄龙 *Halichoeres leucoxanthus*

中文学名	黄白海猪鱼
其他名称	暂无
产地范围	西南太平洋的热带珊瑚礁区域，主要捕捞地有菲律宾、帕劳、斐济等
最大体长	10厘米

黄龙是海猪鱼属中的常见品种，价格不是很高，也十分好养，非常适合没有太多经验的朋友。有4～5种长相接近的海猪鱼在观赏鱼贸易中被称为黄龙，其中还包括白肚黄龙（黄白海猪鱼），它们都是体长在10厘米左右的黄色长条状小鱼，在鱼商那里并没有刻意区分谁是谁。贸易中的个体一般体长在5～10厘米。成年的雄鱼面部有红绿条纹，雌鱼和幼鱼没有。它们的口很小，只能用细小的饵料喂养，最佳的选择是冷冻的丰年虾，也可以使用薄片饲料和直径小于1毫米的颗粒饲料。漂浮性的膨化饲料不适合喂给这种鱼，因为它们吞不下去。

我们把黄龙饲养在礁岩生态缸中，礁石上的一些细小生物对它们来说是非常好的补充饲料。虽然这种鱼可以多条混养在一起，但如果不是同时放入水族箱，雄鱼为了维护领地而产生的争斗就在所难免了。别看黄龙个头小，相互咬起来真敢下死手，一方会狠狠地咬住对方的胸鳍并将其撕扯下来，如果正好撕咬了鱼鳃，那么被咬的一方很可能因此丢了性命。如果一雄一雌或一雄多雌的混养，它们则可和谐地成群在水族箱中活动。体长6厘米以上的黄龙非常容易分辨性别，雄性个体面部拥有许多嫩绿色的花纹，而雌性没有。成年的黄龙雄鱼还会欺负青龙、橙线龙等其他海猪鱼属的成员，甚至欺负红龙等盔鱼属的幼鱼，所以这些鱼混养时一定要注意让它们的体长尽量保持一致。

东非烈焰龙 *Halichoeres iridis*

中文学名	虹彩海猪鱼
其他名称	东非龙、东非火焰龙
产地范围	印度洋的热带珊瑚礁区域，主要捕捞地有马尔代夫、阿曼、莫桑比克、坦桑尼亚及红海沿岸地区
最大体长	15厘米

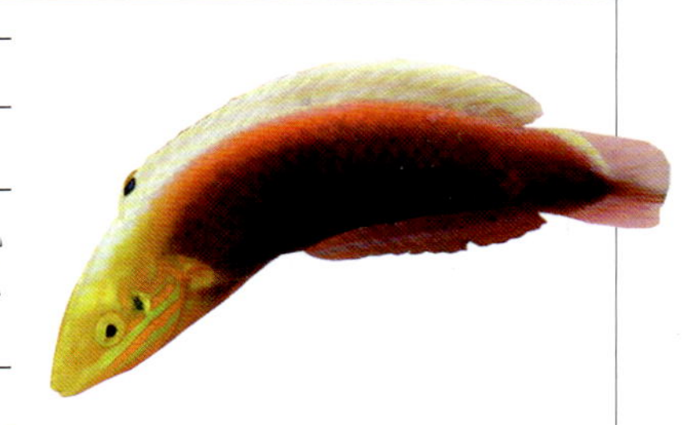

在来自红海和东非地区的观赏鱼中经常能见到东非烈焰龙，它们常与大名鼎鼎的紫倒吊、红海骑士吊、阿拉伯神仙混杂在一起。由于产地离我国较远，所以这种鱼的价格要稍高一些。它们也是非常好养的品种，能适应较差的水质环境，如果饲养在水质非常好的礁岩生态缸中，则能展现出更美丽的色彩。

生长到体长10厘米以上的彩虹海猪鱼稍微有些凶猛，会追逐驱赶其他品种的小型隆头鱼，还会攻击雀鲷和拟雀鲷，饥饿时还会攻击虾、蟹甚至海星等动物，所以这种鱼最好还是和蝴蝶鱼、神仙鱼、倒吊类混养在纯鱼的水族箱中。东非烈焰龙能接受各种人工颗粒饲料，非常喜欢大口地吃虾肉和蛤肉。它们还懂得叼起沙子上的小块礁石，看看底下有没有藏着美味的小螃蟹。如果礁岩生态缸中的礁石摆放不牢固，很可能被它们刨塌方。

橙线龙 *Halichoeres melanurus*

中文学名	黑尾海猪鱼
其他名称	花猪龙、橙斑海猪鱼、橙线彩虹龙
产地范围	西太平洋至印度洋热带珊瑚礁区域，主要捕捞地有菲律宾、印度尼西亚等
最大体长	15厘米

橙线龙以前只能偶尔在鱼店见到，近两年则变得非常普遍，几乎每一批进口的海水观赏鱼中都有它们的身影，这可能也和礁岩生态缸开始广受欢迎有直接关系。在本属鱼类中，

至少有10种长相酷似的鱼都被称为橙线龙，因为非常不好区分，在观赏鱼领域也没必要去刻意区分，所以这里以橙线龙*H. melanurus*为代表对它们加以说明。

我们通常可以购买到的橙线龙体长一般在10～15厘米，它们在水族箱中的表现比黄龙和青龙更加活跃。一般在刚放入水族箱的3～4天中，它们都将自己埋在沙子里，偶尔游出来一下，马上又钻进去。等它们适应了环境以后，就会变得非常大胆，在水族箱中快速窜来窜去寻找食物，还会从人手中抢走虾肉。如果把橙线龙放养在没有岩石和沙子的水族箱中，它们可能经常平躺在水底，看上去好像死了。尤其在夜晚睡觉的时候，不但身体躺平，而且呼吸非常缓慢。

不同品种的橙线龙之间都具有攻击性，小型水族箱中只能放养一条。虽然它们不伤害珊瑚，但有时候会袭扰无爪贝等软体动物，个体太小的无爪贝很容易被其伤害致死。和本属的其他鱼类一样，它们对水质、饵料的要求很低，能接受各种药物的检疫和治疗。

芝士龙 *Halichoeres melasmapomus*

中文学名	盖斑海猪鱼
其他名称	耳斑龙、黑耳龙
产地范围	太平洋中部至西部的珊瑚礁区域，主要捕捞地有萨摩亚、社会群岛、北马里亚纳、菲律宾、帕劳、印度尼西亚等
最大体长	24厘米

△雄鱼

△雌鱼

芝士龙非常美丽，但不常见，只产于太平洋中西部的一些群岛附近，一般可以在从夏威夷进口的观赏鱼中见到它们。虽然很少见，但是芝士龙不难养，可以参照饲养黄龙的方法。夜晚，它们也会钻入沙层中睡觉。

红头龙 *Halichoeres rubricephalus*

中文学名	红头海猪鱼
其他名称	暂无
产地范围	太平洋中部至西部的珊瑚礁区域，主要捕捞地有菲律宾、印度尼西亚等
最大体长	10厘米

红头龙的雄鱼成年后头部呈鲜红色，雌鱼则呈橘红色或黄色。幼鱼并不好看，全身橄榄绿色，并且都是雌性。只有当幼鱼成年后，某条个体较大的雌鱼头部才会变得越来越红，最终变为雄性。一条雄鱼往往可以和十几条雌鱼生活在一起，但是两条雄鱼彼此不能相容。红头龙在观赏鱼贸易中并不常见，成年的雄鱼更少，所以算是比较难得的品种。它们很容易饲养，可以参照饲养黄龙的方法。夜晚睡觉和遇到危险时，红头龙也会钻入沙层之中。

黄花龙 *Halichoeres hortulanus*

中文学名	圃海海猪鱼
其他名称	云斑海猪鱼、花面龙
产地范围	中太平洋至印度洋热带珊瑚礁区域，主要捕捞地有菲律宾、印度尼西亚、马尔代夫、中国南海等
最大体长	27厘米

黄花龙是海猪鱼属中个体较大的一种，通常容易被误认为是盔鱼或普提鱼，以前在南海时常可以捕到，但是用来当观赏鱼饲养的个体很少。近年来，大量从印尼进口的黄花龙幼鱼十分受消费者欢迎，因为这种鱼非常好养，而且不伤害珊瑚等无脊椎动物。黄花龙可以放养在大型礁岩生态缸中，也可以在纯鱼缸中饲养。它们经常会和锦鱼、普提鱼等隆头鱼科其他成员打架，但是很少造成严重伤害。因为一旦打不过人家了，它就钻入底沙中。

新购得的黄花龙可以直接接受颗粒饲料，成年后会攻击小虾和螃蟹，所以最好不和这些动物混养在一起。它们对药物不敏感，可以接受各种药物对其进行检疫和治疗。

青龙 *Halichoeres chloropterus*

中文学名	绿鳍海猪鱼
其他名称	绿龙、绿猪龙
产地范围	西太平洋至印度洋热带珊瑚礁区域，主要捕捞地有菲律宾、印度尼西亚、马来西亚等
最大体长	18厘米

青龙的幼鱼非常美丽，近乎半透明的果绿色身体，让其看上去好像一块游动的果冻。这种鱼成年以后，颜色会变成墨绿色或者土黄色，身体中部出现一块黑褐色的斑，两只眼睛变成红褐色，整天贼眉鼠眼地到处乱串，显得凶恶丑陋。这种鱼生长速度比较快，体长5厘米的幼鱼在水族箱中饲养半年，就可以长到8厘米并开始变色。虽然捕捞记录上说这种鱼最大能长到18厘米，但水族箱中能见到的最大尺寸是12厘米。鱼店里出售的一般是5厘米以下的幼鱼。

青龙是非常好饲养的品种，贪吃而不挑食，在和大型神仙鱼混养时，会张开大嘴抢夺自己根本无法咽下的颗粒饲料，然后叼着饲料到处跑，直到饲料被水泡软再吞下。这种鱼在水族箱中一般能长得很胖。青龙吃饱后就钻入沙子中睡觉，等饿了再出来。有时会发现，一次喂食后，水族箱中的青龙不见了，两周后又突然跑出来争抢食物。这种鱼的领地意识比较强，同种之间有残忍的伤害行为，它们嘴内的牙齿很锋利，可以将对方咬得遍体鳞伤。在容积大于400升的水族箱中饲养2～3条青龙，它们还算相安无事。如果是100升以下的小型水族箱，则只能饲养一条青龙。青龙对水质要求极低，不挑剔饵料，能承受各种药物的检疫和治疗，还能在淡水中存活很长时间。不过，如果水的pH值长期低于8.0，它们在幼鱼期的体色会从果绿色变成白色。

盔鱼属 *Coris* 和细鳞盔鱼属 *Hologymnosus*

盔鱼属和细鳞盔鱼属的鱼类，成体和幼体在颜色上有非常明显的区别，一般幼鱼更具备观赏价值，所以水族贸易中的个体都是幼体。它们是很凶猛的肉食性鱼类，具有锋利的牙齿，一些品种成年后可以生长到50厘米以上，在海中捕食小鱼和无脊椎动物。盔鱼属的多数鱼类都很孤僻，不喜欢和同伴分享生活空间，在一个水族箱中饲养多条时，经常会互相残杀。这两属的所有鱼类幼鱼都有钻沙习性，在感到威胁和夜晚睡觉的时候钻入沙层底部，如果沙子铺得足够厚，它们能向下钻几十厘米深。盔鱼属鱼类非常聪明，能记得你什么时间喂食，然后恰当其时地从沙子里钻出来进餐，吃饱后再钻回沙子里休息。饥饿时，它们会翻动水族箱中的礁石，看看底下是否藏着食物。一尾体长8厘米的红龙能叼起50克重的石头，还能叼着20多克重的礁石到处乱游。幼年的盔鱼、细鳞盔鱼和海猪鱼经常发生冲突，它们都把身体弯成弓形，将嘴张得很大向对方示威。如果示威不奏效，就狠狠地咬上去，让敌人皮开肉绽。

盔鱼和细鳞盔鱼成年后非常不适合作为观赏鱼饲养，因为它们很大且很凶。成年的盔鱼多数变成较暗的颜色，能捕食小鱼、虾和螃蟹，也会时常将珊瑚的枝杈咬折，看看里面是否藏着小虫子。在选购这两属的观赏鱼时，应做好充分的心理准备。

盔鱼和细鳞盔鱼都非常容易饲养，对水质没有严格的要求，水质条件越好，其颜色越鲜艳，反之则颜色暗淡。它们进入水族箱后能很快接受人工颗粒饲料，饿极了还吃喂养倒吊类的素食性饲料，甚至吃紫菜等海藻。如果能经常向水族箱中投放活蛤蜊，则能观察到盔鱼怎样开动脑筋撬开蛤蜊壳的精彩画面：它们不时转动着自己灵活而锐利的双眼，审视着蛤蜊的一举一动，非常有耐心地紧盯着蛤壳的缝隙，一旦蛤壳微微打开一条小缝，它们就会向里面投入砂粒，让蛤壳无法再完全闭上。

本两属鱼类对各种药物都不敏感，在检疫和治疗时可以按合理剂量使用含铜离子和甲醛的药物，也可以使用抗生素类和沙星类药物。

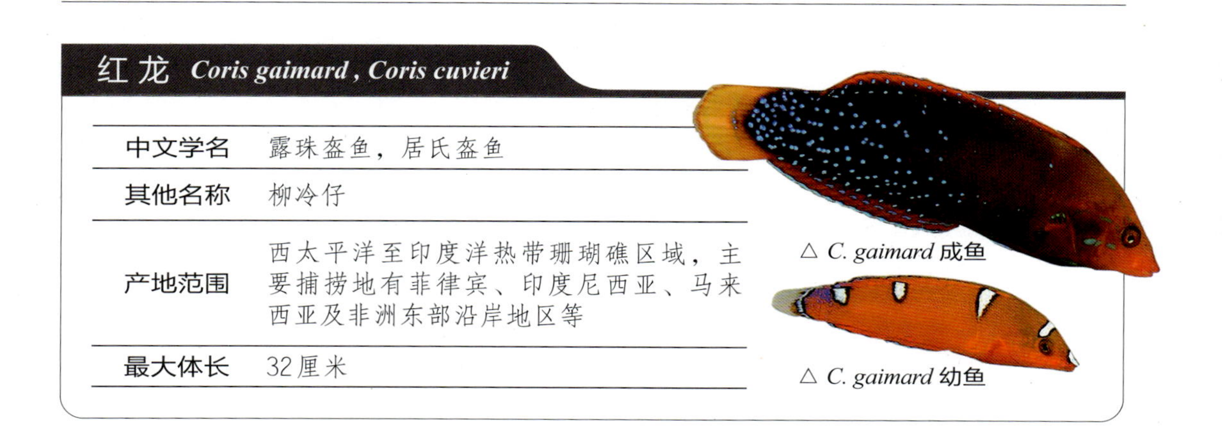

红龙 *Coris gaimard*, *Coris cuvieri*

中文学名	露珠盔鱼，居氏盔鱼
其他名称	柳冷仔
产地范围	西太平洋至印度洋热带珊瑚礁区域，主要捕捞地有菲律宾、印度尼西亚、马来西亚及非洲东部沿岸地区等
最大体长	32厘米

△ *C. gaimard* 成鱼

△ *C. gaimard* 幼鱼

在盔鱼属中，凡是幼体呈红色的品种，在观赏鱼贸易中都被称为红龙，所以实际上所谓的红龙是好几种鱼类的统称。常在贸易中出现的有露珠盔鱼和居氏盔鱼，其中露珠盔鱼最多，我们以它为例进行说明。目前贸易中的个体大部分来自印度尼西亚，偶尔会有马尔代夫或马绍尔群岛的个体输入，成体和幼体都能在市场上见到，而且价格较为低廉。

红龙的幼体是一种非常受欢迎的观赏鱼，火红的身体上有4～5个白色斑点，对比强烈，十分美丽。随着生长，这些白斑点会逐渐退去，身体颜色也会向橘红色、褐色或暗绿色转变。当红龙生长到15厘米以上时，雄鱼会变成暗绿色，面部出现绿色花纹，身上出现很多蓝色条纹，看上去很像锦鱼属的成员。雌鱼则会变成紫色或茶褐色，面部出现绿色花纹，尾鳍和背鳍变成明黄色。成年的红龙有30厘米长，是标准的肉食鱼类，成年以后对一些游泳速度慢的小型鱼造成威胁，不可与雷达、虾虎类观赏鱼混养在一起。

红龙不喜欢游泳，经常将自己埋在沙子里，或者蜷曲在礁石的缝隙间，只有饥饿时才出来觅食。可以将其饲养在礁岩生态水缸，它们基本上不伤害无脊椎动物，即使成年后也未见过这种鱼伤害珊瑚、五爪贝等，只是偶尔会袭击螃蟹。红龙不挑食，能接受任何品种的人工饲料，抢食速度很快，即使吞不下的大颗粒料，也会叼着到处跑。如果饵料充足，小红龙生长很快，用不了一年就开始呈现出成年色彩。成年以后，这种鱼互相攻击的现象非常明显，嘴中锋利的牙齿可以很容易地从对方身上撕一块肉下来。最好不要将两条红龙饲养在一起，如果在大型水族箱中同时饲养多条，则争斗现象会得到缓解。

△ *C. cuvieri*幼鱼　　△ *C. cuvieri*雌鱼　　△ *C. cuvieri*雄鱼

盔鱼属某些品种的幼鱼、雌鱼和雄鱼的体色存在非常明显的差异，对它们不熟悉的人往往会将一种鱼误认为是三种不同的鱼。

西瓜龙 *Coris formosa*

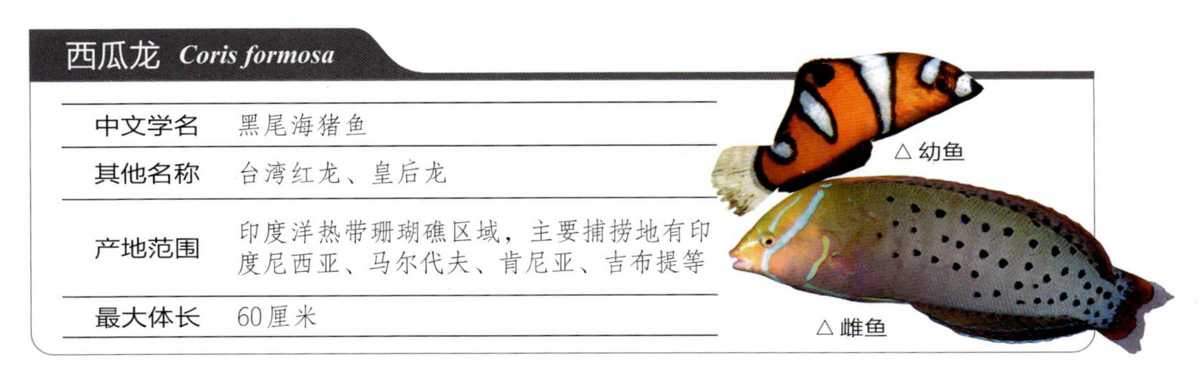

中文学名	黑尾海猪鱼
其他名称	台湾红龙、皇后龙
产地范围	印度洋热带珊瑚礁区域，主要捕捞地有印度尼西亚、马尔代夫、肯尼亚、吉布提等
最大体长	60厘米

△ 幼鱼

△ 雌鱼

西瓜龙的幼鱼和红龙幼鱼非常像，只是身上黑色的条纹更多一些，全身呈深红色。因为最早的模式标本采集于台湾地区西南部沿海，所以被称为台湾盔鱼。这种鱼的身体摸上去如婴儿的皮肤一样细腻，好像没有鳞片。实际上，它们确有细小的鳞片，不用放大镜难以观察到。

西瓜龙的幼鱼生长到10厘米以上就开始逐渐变色，雄鱼能变成绿色，看上去很像新月锦鱼。雌鱼成年后身体呈茶褐色，头部布满绿色线条。当西瓜龙生长到15厘米以上时，开始对水族箱中的虾类造成威胁，机械虾、火焰虾等迟早会成为它们的点心。我曾认为这种鱼非常怕药物刺激，因为当时饲养过的西瓜龙非常少，而且死亡率很高，没有充分的试验机会。这些年，随着这种鱼越来越常见，我发现它们和红龙一样都是非常粗生易养的鱼类。它们对水质和饵料的要求极低，而且能耐受各种药物的检疫和治疗。

澳洲红龙 *Coris marquesensis*

中文学名	马奎斯盔鱼
其他名称	暂无
产地范围	仅分布于马克萨斯群岛附近
最大体长	18厘米

△ 幼鱼
△ 成鱼

澳洲红龙是本属中比较少见的品种，由于不如普通红龙美丽，所以卖不上价格，这使得大多数观赏鱼贸易商不愿意从更远的地方进口这种鱼。它们是本属中个体较小的品种，成年后也只有十几厘米。和红龙与西瓜龙不同，它们成年后也十分温顺，不袭扰无脊椎动物，很适合与小型鱼类混养在礁岩生态缸中。

双印龙 *Coris aygula*

中文学名	红喉盔鱼
其他名称	和尚龙、小丑龙
产地范围	中南太平洋和印度洋的热带珊瑚礁区域，主要捕捞地有斐济、夏威夷、澳大利亚北部沿海、马尔代夫、红海、非洲东部沿海地区等
最大体长	120厘米

△ 亚成鱼
△ 幼鱼

双印龙是历史悠久的海水观赏鱼，早在20世纪90年代就有被进口到国内的记录。这种鱼有两个亚种：一个亚种分布在以夏威夷为中心的太平洋中南部，分布区西部以帕劳群岛为界；另一个亚种分布在安达曼海以西的红海、东非沿海地区。两个亚种的分布区几乎横跨了整个太平洋和印度洋，但是在菲律宾以西、马尔代夫以东这一片海水观赏鱼品种最丰富的区域没有它们的踪迹。也正是因为如此，两个亚种被清晰地从地理分布上区分开来。在现在的观赏鱼市场上，两个亚种的双印龙都能见到，由于两个产地离我国均较远，因此在本属中目前还是最贵的品种之一。双印龙幼鱼身体呈白色，并在头部有黑色斑点，很像僧人的戒点，所以也被称为“和尚龙”。

△公共水族馆中的双印龙成鱼

双印龙在野外可以生长到120厘米，成年后的雄鱼为墨绿色，头布有明显的突起。雌鱼则呈咖啡色。观赏鱼贸易中从来没有过成体出现，也很少有爱好者将其饲养到成年，那需要太漫长的时间。通常见到的个体都是10～20厘米的幼鱼，十分鲜艳好看。不要认为它们可以饲养到礁岩生态缸中，这种鱼不但噬吃软体动物，而且骚扰珊瑚。双印龙对食物不挑剔，喜欢吃虾肉、贝肉和鱼肉，也能接受喂给神仙鱼的颗粒饲料。虽然双印龙不难养，但是在人工环境下生长缓慢，到目前为止还没有在私人爱好者水族箱中见过体长超过60厘米的双印龙。

橘鳍龙 *Coris pictoides*

中文学名	桔鳍盔鱼
其他名称	印尼彩虹龙
产地范围	西太平洋至印度洋热带珊瑚礁区域，主要捕捞地有印度尼西亚巴厘岛、苏拉威西岛，马来西亚，泰国普吉岛等
最大体长	15厘米

橘鳍龙在旅游潜水胜地巴厘岛和普吉岛附近的珊瑚礁区域数量很多，以前好像从来没有人想过将其捕捞作为观赏鱼。直到近几年随着大型礁岩生态缸的兴起，才在市场上见到了它们的身影，而且每次进口数量很大。橘鳍龙不便宜，其市场售价是红龙的3～5倍。这种鱼具有群居性，虽然不会像青魔、海金鱼那样成群向着一个方向游泳，但是喜欢聚集在一起觅食。由于礁岩生态缸中非常需要这种体形不大的群居性鱼类，所以它们的价格被抬得很高。

这种鱼胆量非常大，常与豆娘鱼、双印蝶等混居在一起，在潜水时，它们成群地聚集在潜水员身边，用嘴啄食潜水服上粘附的有机碎屑。一些旅游胜地允许游客用类似香肠的特殊鱼饵喂鱼，于是这些鱼记住了人类是食物的来源，只要你一下水，它们就疯狂地追着你。

在水族箱中，橘鳍龙依然表现得十分大胆，进入水族箱后就开始到处寻觅食物。如果受到“原住民”的驱赶，它们会矫健地躲开对方的攻击，然后伺机反攻。这种鱼能接受任何品种的人工饲料，对水质没有严格的要求，能接受含有铜离子和甲醛的药物进行检疫和治疗。它们还会啄食大型神仙鱼、蝴蝶鱼身上脱落的鳞片和伤口上的死皮，也能啄食比较大的寄生虫，其行为有些像医生鱼。

黑带龙 *Coris picta*

△ 成鱼
△ 幼鱼

中文学名	斑盔鱼
其他名称	假医生龙
产地范围	西太平洋至印度洋热带珊瑚礁区域，主要捕捞地有菲律宾、马来西亚、越南等
最大体长	16厘米

黑带龙也是盔鱼属中喜欢集群活动的鱼类，外观和行为与橘鳍龙十分接近。在马来西亚的一些潜水胜地，喜欢围着潜水游客索要食物的黑带龙和橘鳍龙简直一模一样。它们是非常好养的小型隆头鱼，不过由于色调单一，观赏价值并不高。很早的时候，人们发现它们也具有和医生鱼一样的习性，能帮助大型鱼类清理死皮和寄生虫，其幼鱼期的体色还与医生鱼十分接近，所以这种鱼也被称为假医生龙。

细鳞盔鱼 *Hologymnosus doliatus*

△ 成鱼
△ 幼鱼

中文学名	狭带细鳞盔鱼
其他名称	指环龙、铅笔龙
产地范围	西太平洋至印度洋热带珊瑚礁区域，主要捕捞地有印度尼西亚、中国南海、菲律宾等
最大体长	35厘米

以前，细鳞盔鱼的成鱼经常混杂在捕捞于海南的新月锦鱼中，被统称为青衣龙在市场上销售，直到近两年才有少量观赏鱼销售商将二者分开来卖。它们的幼鱼具有红白相间的色彩，通常被称为铅笔龙，一般在从印度尼西亚进口的鱼中才能见到。细鳞盔鱼的成鱼在我国南海产量比较大，曾被当作海杂鱼喂给养殖的石斑鱼。这几年随着原生观赏鱼爱好的兴起，许多爱好者开始寻觅我国沿海地区有观赏价值的鱼类，细鳞盔鱼才被发掘出来。从名称可以看出，凡是传统观赏鱼都有属于自己的商品名。近几年由发烧友发掘出来的新原生观赏鱼，多数直接使用鱼类学名字来作为商品名。

细鳞盔鱼非常容易饲养，对水质没有严格要求，基本上雀鲷和其他隆头鱼能接受的水质环境，它们都能接受。这种鱼吃所有能吃的东西，包括鱼肉、虾肉、贝肉、各种颗粒饲料，甚至可以用淡水鱼饲料喂养它们。和盔鱼属的鱼类一样，细鳞盔鱼也喜欢挖掘沙子，但是挖掘技术没有盔鱼好，经常将水族箱里弄的到处是大坑，看上去好像施工现场。它们还可能将礁石造景挖倒，砸坏珊瑚或其他无脊椎动物。

玫瑰细鳞盔鱼 *Hologymnosus longipes*

中文学名	长鳍细鳞盔鱼
其他名称	彩虹铅笔龙
产地范围	南太平洋至的热带珊瑚礁区域，主要捕捞地有瓦努阿图、斐济等
最大体长	40厘米

△ 幼鱼
△ 成鱼

玫瑰细鳞盔鱼是细鳞盔鱼属中比较美丽且少见的品种，只分布在南太平洋地区，所以观赏鱼贸易中的数量非常少。在观赏鱼店我们多称呼其为彩虹铅笔龙，许多人认为这是一种很适合饲养在大型礁岩生态缸中的高档隆头鱼。这种鱼成年后力气较大，为了寻找食物，经常能将沙子挖出许多大坑，叼着大块的礁石到处乱游，给水族箱“世界”制造混乱。虽然玫瑰细鳞盔鱼很美丽，但最好和中大型鱼类混养在纯鱼缸中。它们很少主动攻击其他鱼类，但是争抢食物的能力比较强，如果和蝴蝶鱼等进食速度慢的鱼一起饲养，要注意投喂时先用较大块的饲料堵住它的嘴（让其叼走慢慢吃），再用细小饲料投喂蝴蝶鱼。

阿南鱼属 *Anampses*

阿南鱼属共有已知鱼类13种，大多数分布在太平洋中南部和印度洋西部，围绕着大堡礁和红海两个地区较为丰富。受地理分布情况的限制，阿南鱼属的鱼类在观赏鱼贸易中不常见，市场价格也比较高。常见的品种只有黄尾珍珠龙和红尾珍珠龙两种。本属鱼类一般体长在20厘米以下，性情温顺，领地意识不强，容易适应人工饲养环境，属于适合饲养在礁岩生态缸中的中小型隆头鱼品种。它们生长速度比较缓慢，从市场上购买的幼鱼要好几年才能长成成鱼，最终体长也会比野生个体小很多。

黄尾珍珠龙 *Anampses meleagrides*

中文学名	黄尾阿南鱼
其他名称	珍珠龙、黄尾龙、北斗龙、娘子鱼
产地范围	南太平洋和马尔代夫以西的印度洋的热带珊瑚礁区域，主要捕捞地有斐济、澳大利亚北部和东非沿海地区
最大体长	22厘米

黄尾珍珠龙是阿南鱼属的代表性观赏鱼，虽然在观赏鱼贸易中的数量一直不大，却是饲养历史悠久的传统品种。这种鱼在大洋洲北部海域有大量分布，在菲律宾海域偶尔可以捕获到。通常贸易中的个体在5～10厘米，成年个体可以生长到20厘米左右。

黄尾珍珠龙是非常好饲养的观赏鱼品种，既可以饲养在礁岩生态缸中，也可以饲养在纯鱼缸中，性情温和，同类和非同类之间都不容易发生争斗。因为它们喜欢运动，最好用容积400升以上的水族箱饲养。冻鲜饵料和人工饲料都是可以被它们接受的，有的个体还喜欢吃紫菜等植物性饵料。这种鱼能捕食伤害珊瑚的扁形虫和锥螺，所以大多数珊瑚饲养爱好者喜欢在水族箱中放养一条，作为消灭敌害的工具鱼。锦鱼属和盔鱼属中一些个体较大的品种非常喜欢欺负黄尾珍珠龙，所以混养时要注意避开这些品种。由于缺少足够的数量做药物试验，目前还不清楚黄尾珍珠龙对哪些药物比较敏感。

红尾珍珠龙 *Anampses chrysocephalus*

中文学名	金头阿南鱼
其他名称	暂无
产地范围	仅分布于夏威夷群岛附近的珊瑚礁区域
最大体长	20厘米

△雄鱼

△雌鱼

和黄尾珍珠龙一样，红尾珍珠龙也是消灭扁形虫和锥螺的能手，能让礁岩生态缸中的珊瑚不受这两种动物侵害，所以现在常被作为工具鱼饲养。由于需求量大于市场进口量，现在这种鱼呈现供不应求的态势。它们也是温顺且容易饲养的小型隆头鱼，不会主动攻击其他品种的小型鱼类。成年后的雄鱼头部会呈金红色，所以也被称为金头阿南鱼。可以参照黄尾珍珠龙的饲养方法。

南澳华丽龙 *Anampses lennardi*

中文学名	伦氏阿南鱼
其他名称	蓝黄条纹龙
产地范围	仅分布于澳大利亚东北部的帝汶海地区
最大体长	28厘米

△成鱼

△幼鱼

南澳华丽龙的幼鱼长得很像海猪鱼属的橙线龙，都是绿色的身体上横向分布着橙色的线条。二者最大的区别在于嘴部，本种的嘴向前突出，好像生气了的小孩噘着嘴的样子。这种鱼十分难得，是名贵的观赏鱼品种。成年后，南澳华丽龙身体大部分颜色变成绿色，鳞片边缘发出金色光泽，背部前方有一块橙色的大斑，看上去又有些像鹦嘴鱼科的成员。在礁岩生态缸中，南澳华丽龙是一种温顺的大个头鱼类，一般体长在20厘米以上，但只吃细小的食物。它们能清除珊瑚上的寄生虫和螺蛳，但有时攻击清洁虾等观赏虾，所以最好不和观赏虾混养在一起。

珍珠龙 *Anampses cuvier*

中文学名	居氏阿南鱼
其他名称	夏威夷蓝线龙
产地范围	仅分布于夏威夷群岛附近的珊瑚礁区域
最大体长	30厘米

珍珠龙幼鱼身体呈栗红色，从头到尾横向排列着十几条蓝色虚线样式的花纹，因而又名夏威夷蓝线龙。它们是仅分布在夏威夷的名贵海水观赏鱼品种，通常在大量进口黄金吊时被混杂在其中引入。这种鱼很难得，市场价格也高，所以能介绍的饲养经验非常有限。它们成年后全身变为绿色，虽然个体较大，但不伤害珊瑚等无脊椎动物，适合放养在大型礁岩生态缸中。这种鱼对饵料不挑剔，能接受冰鲜饵料和颗粒饲料，饿极了有可能会捕食水族箱中的观赏虾。

黄胸珍珠龙 *Anampses twistii*

中文学名	双斑阿南鱼
其他名称	印尼珍珠龙、红海珍珠龙
产地范围	太平洋中部到印度洋的热带珊瑚礁区域，主要捕捞地有印度尼西亚、菲律宾、红海地区等
最大体长	18厘米

黄胸珍珠龙是本属中分布最广的品种，在从印度尼西亚、菲律宾和东非地区进口的观赏鱼中都可以见到它们的身影。这种鱼体形不大，幼鱼和成鱼的体色区别很小。它们性情温顺，非常适合饲养在礁岩生态缸中，可以参照黄尾珍珠龙的饲养方法。

小心你的清洁虾：一些中小型的隆头鱼看上去似乎对无脊椎动物不会造成伤害，如以珍珠龙为代表的阿南鱼属鱼类。这些小型隆头鱼具有突出的嘴和锋利的牙齿，善于从礁石缝隙中将小虾和螃蟹捕捉出来吃掉。也许隆头鱼和水族箱中的清洁虾一开始能够和平共处，隆头鱼还经常会享受清洁虾为其提供的清理服务，但是清洁虾一旦开始脱壳，它们身体散发出的鲜美虾肉味道就会激发隆头鱼的捕食欲望，经常有躲在洞穴中脱壳的清洁虾被隆头鱼拖出来撕碎。

锦鱼属 *Thalassoma*、拟虹锦鱼属 *Pseudojuloides* 和紫胸鱼属 *Stethojulis*

锦鱼属的鱼类是隆头鱼科观赏鱼的传统主流大宗品种，现在虽然没有小型的拟唇鱼和丝鳍鹦鲷热门，但本属都是个体较大的品种，非常适合与大型观赏鱼混养在纯鱼缸中。本属鱼类都具有花花绿绿的体色，好像披上了锦缎，所以被称为锦鱼。特别是许多品种以绿色为主基调，弥补了大型神仙鱼、蝴蝶鱼和倒吊类缺少绿色品种的空缺，与这些鱼类搭配饲养时，能让水族箱内的色彩更加丰富。锦鱼属共有30多个已知物种，现在几乎全部作为观赏鱼进行贸易，市场上常见的品种有10多种。这些鱼似乎有用不完的精力，虽然身体瘦长，但都是非常迅猛的猎手，在争抢食物时体现出卓越的本领。锦鱼属的鱼类粗生易养，什么饵料都可以接受，对水质也没有特殊要求，对各种药物不敏感。它们带有一定的攻击性，在中小型水族箱中不但会攻击同类，也会攻击隆头鱼科的其他鱼类，甚至攻击非隆头鱼科身体细长的鱼类，所以饲养时应尽量与个体较大、性情较凶的鱼类一起混养。在公共水族馆的大型水池中，将锦鱼属鱼类和大型石斑鱼、鲨鱼等混养在一起，它们也不会被吃掉，还能从鲨鱼嘴中抢夺食物。锦鱼属鱼类也有挖掘沙子的习惯，夜晚睡觉时经常将自己埋在底沙中，特别喜欢在礁石周围和水族箱角落里挖坑睡觉。

拟虹锦鱼属和紫胸鱼属的鱼类是近两年才在观赏鱼贸易中出现的类别，品种和数量都不多，外观和习性与锦鱼属的鱼类近似，故放在一起进行介绍。

花面绿龙 *Thalassoma lunare*

中文学名	新月锦鱼
其他名称	青衣龙、绿香蕉龙、琴尾龙
产地范围	西太平洋至印度洋的珊瑚礁和礁石性海岸地区，偶尔在沙滩海岸、河流入海口和红树林地区出现，主要捕捞地有海南岛沿海、广西北海、福建厦门、漳州，以及菲律宾、马来西亚、印度尼西亚等
最大体长	21厘米

△成鱼

△幼鱼

花面绿龙是常见的锦鱼属成员，也是最廉价的隆头鱼类观赏鱼。在我国南部沿海城镇，此鱼为次经济鱼类，经常可以在菜市场买到，然后拿回家煲汤。它们简直太好养了，我曾经在引进生物岩石时，从石头缝隙里找出过几条。经过二十几个小时的无水运输，将它们放到水里后依然活蹦乱跳，可见这种鱼的生命力有多么顽强。它们什么都吃，而且只要放入水族箱后就开始寻觅食物，从不畏惧其他品种的鱼。

花面绿龙对水质的要求较低，如果饲养水足够好，会呈现出鲜艳的绿色，尾鳍上月牙样的黄色斑块十分明显，这个黄斑也是其名称的由来。饲养这种鱼唯一需要注意的就是它们会袭击其他鱼和无脊椎动物，饥饿时，它们捕食小虾、螃蟹和贝类，啃咬珊瑚、五爪贝，所以不适合饲养在礁岩生态缸中。花面绿龙非常机敏，只要水族箱中有能躲避的区域，即使是和石斑鱼、鲨鱼、狮子鱼这样的捕食高手放养在一起，也不会让它们遇难。雄性的花面绿龙比较鲜艳，身体上的绿色看上去很鲜亮。雌鱼虽然也是绿色，但是颜色很深，有时感觉是黑灰色的。

香蕉龙 *Thalassoma lutescens*

△ 雄鱼

△ 雌鱼

中文学名	黄衣锦鱼
其他名称	青花龙
产地范围	西太平洋的珊瑚礁区域，主要捕捞地有菲律宾、印度尼西亚、我国福建沿海等
最大体长	30厘米

香蕉龙是和花面绿龙很近似的一个品种，成体比花面绿龙稍大，身体也比花面绿龙粗壮。它们多数是黄绿色，一些个体身体中部也呈现深绿色，雄鱼面部有红色和绿色的条纹，非常醒目。这种鱼也非常容易饲养，活跃强壮，对环境的适应能力极强。它们也有一定的攻击性，不适合与体形小于自身的鱼类混养在一起。由于这种鱼一天到晚游个不停，而且速度快，喜好安静的人看了也许会觉得眼晕。

彩虹龙 *Thalassoma lucasanum*

△ 雄鱼

△ 雌鱼

中文学名	红衣锦鱼
其他名称	红衣龙
产地范围	仅分布在东太平洋加拉帕戈斯群岛和加利福尼亚湾附近的珊瑚礁区域和碎石性浅滩地区
最大体长	16厘米

彩虹龙的成年雄鱼身体大部分呈墨蓝色，鳃后、胸鳍前的部位是明黄色，尾柄附近为玫瑰红色，整条鱼看上去色调明快，五彩斑斓。雌鱼全身呈暗红色，腹部和背部各有一条明黄色的横向条纹。这种鱼的产地特殊，故在观赏鱼贸易中非常难以见到，但是在产地附近国家的公共水族馆中有比较多的展示数量。

澳洲彩虹龙 *Thalassoma amblycephalum*

△ 雄鱼

△ 幼鱼

△ 雌鱼

中文学名	钝头锦鱼
其他名称	澳洲红衣龙
产地范围	仅分布在澳大利亚北部和印度尼西亚东南部沿海地区
最大体长	16厘米

澳洲彩虹龙是本属中难得的红色品种，由于产地不是主要的观赏鱼贸易区，此鱼在市场上出现的频率并不高。它们也是非常好饲养的品种，对饲料和水质的适应能力极强，如果饵料充足，生长速度会非常快，用不了一年就可完全成熟。

圣诞龙 *Thalassoma trilobatum*

中文学名	三叶锦鱼
其他名称	绿波锦鱼
产地范围	西太平洋至印度洋的热带珊瑚礁区域，主要捕捞地有菲律宾、印度尼西亚、马尔代夫等
最大体长	30厘米

△雄鱼

△雌鱼

圣诞龙在西太平洋至印度洋的珊瑚礁区域有广泛分布，种群数量很大，但是其捕获量不大。这种鱼生性机警，并能游入深水区的礁石缝隙中躲藏。它们并不难养，可以参照花面绿龙的饲养方法。

非洲红面龙 *Thalassoma genivittatum*

中文学名	红颊锦鱼
其他名称	红面龙、黑背翡翠铅笔龙（雌鱼）
产地范围	西印度洋的珊瑚礁区域，主要捕捞地有毛里求斯、南非、塞舌尔群岛等
最大体长	20厘米

△雄鱼

△雌鱼

非洲红面龙在从东非沿海地区进口的观赏鱼中偶尔可以见到，雄鱼和雌鱼都很美丽，通常会被认为是两种不同的鱼，就连零售价格也不一样。这种鱼和其他锦鱼一样非常容易饲养，它们性情活跃，总是游来游去，能接受任何品种的人工饲料。夜晚，非洲红面龙会钻入沙层中睡觉，为了争夺睡觉的空间，可能会和体形相同的隆头鱼产生争斗。非洲红面龙对药物不敏感，可以接受各种药物的对其进行检疫和治疗。

金带龙 *Thalassoma hebraicum*

中文学名	金带锦鱼
其他名称	非洲金带龙龙
产地范围	印度洋的热带珊瑚礁区域，主要捕捞地有毛里求斯、莫桑比克、南非等
最大体长	25厘米

△雄鱼

△雌鱼

金带龙和香蕉龙的幼体非常像，只是它们的颜色更深一些，成年的金带龙雄鱼胸鳍后方具有一条鲜明的金黄色纵带，这就是其名称的由来。金带龙成年后，头部呈金红色，并有四条穿过鳃盖的横向蓝纹，蓝纹边缘镶着黑边，格外醒目。这种鱼在贸易中也不常见，偶尔混杂在从东非进口的海水观赏鱼中。和本属其他鱼类一样，金带龙非常容易饲养，对水质要求很低，能接受人工颗粒饲料，并且对大多数药物不敏感。

六间龙 *Thalassoma hardwicke*

中文学名	鞍斑锦鱼
其他名称	斑节龙
产地范围	西太平洋至印度洋的珊瑚礁及礁石性沿岸地区，主要捕捞地有菲律宾、印度尼西亚、中国福建和海南省沿海地区
最大体长	18厘米

六间龙也是比较常见的锦鱼属成员，虽然在贸易中见到的次数不多，但是每次都能有比较大的数量。它的市场价格比花面绿龙贵一些，可能是由于捕捞量不大。我国福建漳州和海南岛的沿海礁石性地区经常能见到这种鱼，当地人海钓时能轻松钓到它们。随着原生鱼爱好的兴起，采集于我国南部沿海的六间龙时而在市场上见到。

这种鱼是本属中同体形鱼类中比较温顺的一种，可以与一些小型鱼和平相处，但喜欢袭扰甲壳动物和软体动物。其锋利的牙齿可以将螃蟹肢解并吃掉，最好不饲养在礁岩生态缸中。同时饲养两条六间龙，它们之间的争斗非常明显，如果一下子饲养五条以上则会变得相安无事。和花面绿龙一样，它们很容易和海猪鱼属的青龙、盔鱼属的红龙产生矛盾，并相互撕咬得你死我活，但是在与本属其他品种的战斗中往往处于劣势。

六间龙非常好养，对水质要求极低，并能接受大多数品种的人工颗粒饲料。这种鱼特别耐药，可以用给大型鱼检疫治疗的药物浓度，为它们进行检疫和治疗。

五带龙 *Thalassoma quinquevittatum*

中文学名	五带锦鱼
其他名称	紫面龙、五线龙
产地范围	西太平洋至印度洋的热带珊瑚礁区域，主要捕捞地有菲律宾、印度尼西亚、马尔代夫等
最大体长	16厘米

五带龙都是锦鱼属非常美丽的小型品种，雄鱼身体上具有对比强烈的紫色、黄色、绿色和红色的条纹与色块，在水中游泳时反射出五彩缤纷的光辉。这种鱼在贸易中不是很常见，只偶尔夹杂在其他隆头鱼中进入鱼店。在情绪紧张时，它们身体的色彩艳丽度会大幅下降，所以我们在鱼店里看到的个体往往并不出奇。如果将其放入水质非常好的礁岩生态缸中，它们不久就会恢复全身奇异的色彩。

和本属其他鱼类一样，五带龙并不难养，对水质要求不高，能接受大多数品种的人工颗粒饲料。耐药性好，可以用各种药物进行检疫和治疗。

丘比特龙 *Thalassoma cupido*

中文学名	环带锦鱼
其他名称	丘比特彩虹龙
产地范围	西太平洋的礁石性沿岸地区，主要捕捞地有我国福建、浙江、台湾沿海以及日本沿海地区
最大体长	20厘米

丘比特龙是分布得比较靠北的偏冷水性锦鱼品种，主要产自我国福建、浙江和台湾的沿海地区，在日本南部沿海也有分布。以前，它们很少在观赏鱼贸易中出现，近年来随着原生观赏鱼爱好的兴起，不少爱好者从海边渔民和垂钓爱好者那里收购此鱼，将它们饲养在水族箱中。虽然丘比特龙是半冷水鱼，但其体色丝毫不逊色于热带珊瑚礁地区的同类。它们强健易养，即使被垂钓者钓上来后放在没有水的潮湿袋子里几十分钟也不会死亡。这种鱼喜欢成群活动，如果用大型水族箱成群放养，欣赏效果十分壮观。它们喜欢吃鱼肉和虾肉，也接受各种人工饲料。它们对药物不敏感，可以使用含有铜离子和甲醛的药物对其进行检疫和治疗。

多彩龙 *Pseudojuloides severnsi*

中文学名	斯氏似虹锦鱼
其他名称	多彩铅笔龙、胭脂龙（雌鱼）
产地范围	西太平洋的热带珊瑚礁区域，主要捕捞地有菲律宾、印度尼西亚等
最大体长	11厘米

△ 雄鱼

△ 雌鱼

拟虹锦鱼以前被称为拟海猪鱼，是隆头鱼科中建立比较晚的一个属，目前有约10个已知物种，都十分美丽，但至今只有3～4种在观赏鱼贸易中出现，其中常见的是多彩龙。以多彩龙为代表的本属鱼类，身体呈流线型，背鳍和臀鳍紧贴身体，这种体形非常适合快速游泳。它们的身体特征和习性与淡水观赏鱼中的“剑沙类”非常接近。

多彩龙不像其他隆头鱼类那样具有较强的攻击性，更喜欢成小群活动，在大型礁岩生态缸中成群游动时尤为壮观。由于它们在水中悬停和快速转弯时犹如蜻蜓在空中飞行，我曾给这种鱼起了个俗名叫“蜻蜓龙”，可惜没有被推广开。现在广泛使用多彩龙或铅笔龙这两个名字，源自其英文商品名称。雄鱼在贸易中较为常见，被称作胭脂龙的雌鱼不但售价比雄鱼高，而且十分少见。

这种鱼十分好养，对水质要求不高，能接受大多数人工饲料，但最喜欢吃丰年虾和虾肉泥。它们对药物不敏感，可以用含有铜离子和甲醛的药物进行检疫和治疗。多彩龙十分胆小，在遭到其他隆头鱼欺负的时候会跳出水面，所以水族箱应加装盖子，否则跳出来就成了鱼干。

夏威夷铅笔龙 *Pseudojuloides cerasinus*

中文学名	细尾似虹锦鱼
其他名称	夏威夷翡翠龙（雄鱼）、火焰铅笔龙（雌鱼）
产地范围	仅分布于夏威夷群岛附近的珊瑚礁区域
最大体长	12厘米

△雄鱼

△雌鱼

铅笔龙这个名字被多种隆头鱼科的观赏鱼所使用，但是用来形容细尾拟虹锦鱼可能更为贴切，雄鱼的体色好像我们童年时使用的中华铅笔，而且身体笔直较为僵硬，看上去也像支铅笔。雌鱼多数是粉红色，好像小姑娘喜欢用的彩色卡通铅笔。在观赏鱼贸易中，我们偶尔能见到从夏威夷地区进口的一种铅笔龙，为了与其他铅笔龙区分，一般将它们称作“夏威夷铅笔龙”。这种鱼价格较高，但非常好养，能接受各种人工饲料，对水质要求较低，耐药性强。它们也会因受惊而跳出水面，所以饲养水族箱应加装盖子。贸易中的雄鱼比雌鱼数量多，由于其全身呈翠绿色也被称作“夏威夷翡翠龙”，而雌鱼全身呈粉红色或橘红色，鱼商经常会将其误认为是另外一种鱼，称之为“夏威夷火焰铅笔”。夏威夷铅笔龙喜欢集小群活动，通常三五条一小群在水族箱中游泳。

非洲铅笔龙 *Pseudojuloides edwardi*

中文学名	爱德华似虹锦鱼
其他名称	非洲翡翠龙（雄鱼）
产地范围	西印度洋的热带珊瑚礁区域，主要捕捞地有肯尼亚、莫桑比克、马尔代夫等
最大体长	10厘米

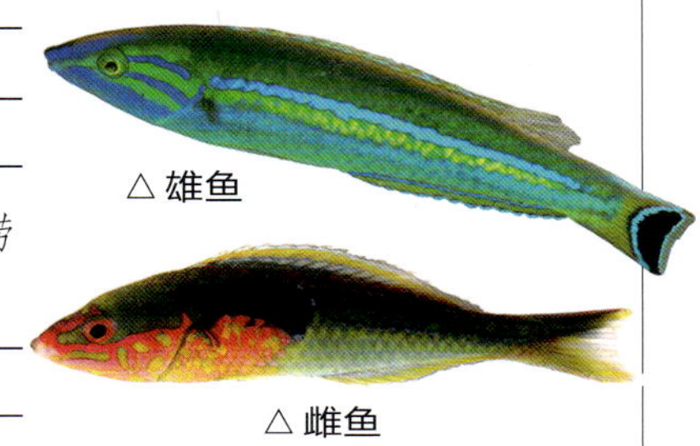

△雄鱼

△雌鱼

非洲铅笔龙比夏威夷铅笔龙更常见一些，市场上通常见到的是雄鱼，所以往往我们只称它们为“非洲翡翠龙”。由于这种鱼在从马尔代夫和斯里兰卡进口的观赏鱼中也能见到，也有人称其为“马代翡翠龙”。和夏威夷铅笔龙一样，非洲铅笔龙容易饲养，非常适合成小群地放养在大型礁岩生态缸中，这种鱼比较胆小，容易受到其他隆头鱼的欺负，在受攻击时可能跳出水面，所以饲养它们的水族箱一定要有盖子。如果将其饲养在纯鱼缸中，应尽量将pH值维持在8.0以上，长期生活在pH值较低的水中，它们很容易失去翡翠般的靓丽绿色，全身变为黄绿色，观赏性大打折扣。

三线龙 *Stethojulis bandanensis*

中文学名	三线紫胸鱼
其他名称	蓝线龙
产地范围	西太平洋至印度洋热带珊瑚礁和礁石性沿岸区域，主要捕捞地有菲律宾、印度尼西亚、中国福建沿海等
最大体长	16厘米

△雄鱼

△雌鱼

△成群活动的三线龙幼鱼，常被误认为是另一个品种，被爱好者称为“小青龙”

紫胸鱼属的鱼经常出现在礁石性沿岸地区，我国福建和海南沿海有大量分布。这一属的鱼类品种不多，常作为观赏鱼的只有三线龙一种。以前，这种鱼常被沿海渔民捕捞到，但没有作为观赏鱼贸易。近年来，随着原生鱼饲养爱好的兴起，三线龙才被当作观赏鱼出现在水族市场上。

从这种鱼的自然分布情况看，我们就可以知道它们是非常好养的品种，其习性和锦鱼属的鱼类近似。对水质要求很低，能接受各种人工饲料，而且耐药性非常强。它们在水中一刻不停地游来游去，即使悬停在水中，也扇动胸鳍使头部一起一伏，好像在向你不停地点头。三线龙十分温顺，不主动攻击其他鱼类，也很少袭扰珊瑚、贝类和虾类，是饲养在礁岩生态缸中的理想品种。

皮带龙 *Stethojulis balteata*

中文学名	圈紫胸鱼
其他名称	暂无
产地范围	西太平洋的热带珊瑚礁区域，主要捕捞地有菲律宾、印度尼西亚、中国南海等
最大体长	15厘米

皮带龙和三线龙外表十分相似，经常会被混为一种。该种的雄鱼成年后，身体中部会有一条鲜艳的橙色宽带状条纹，皮带龙的名称也因此而得。雌鱼和三线龙几乎一模一样，只是成年后尾柄末端会有一对黑色斑点。这种鱼和三线龙一样容易饲养，但市场上不常见。它们从不袭扰珊瑚，也不主动攻击其他鱼类，是混养在礁岩生态缸中的理想品种。雄鱼胆子较大，一般进入水族箱后就四处寻找食物，雌鱼则会先钻入沙层中躲避一段时间，再出来活动。皮带龙耐药性很好，能接受各种渔药对其进行检疫和治疗。

普提鱼属 *Bodianus*

普提鱼属的鱼类多数是海水观赏鱼中的名贵品种，按体形可以分为两大类，即大型类和小型类。大型品种可以生长到60厘米以上（如紫狐），而小型的品种体长不足15厘米（如伊津狐）。普提鱼属以前被称为狐鲷属，所以本属所有观赏鱼的俗名并没有沿用其他隆头鱼所用的“某某龙”，而是全部称为“某某狐”。它们都是肉食性鱼类，具有一定的领地意识。这类鱼饲养起来很轻松，对水质要求并不高，而且很容易接受人工饲料。一些具有鲜艳颜色的个体，在环境不好的情况下会出现褪色的现象。它们受到惊吓的时候，还可能平躺下装死。当将普提鱼运输到目的地时，往往发现它们平躺在水底，身体颜色变得非常浅，不要认为它们病了或死了，只要保持过水环境安静，这些鱼不一会儿就恢复了原本的面貌。

红狐 *Bodianus pulchellus*

中文学名	美普提鱼
其他名称	美国红狐、美国狐、西班牙猪鱼
产地范围	大西洋西部加勒比海地区的热带珊瑚礁区域，主要捕捞地有美国佛罗里达州沿海、墨西哥、巴西、哥伦比亚等
最大体长	32厘米

红狐一直是观赏鱼市场上的稀缺品种，其市场价格在所有隆头鱼中也位居前列。西班牙人到达中南美洲时就发现了这种鱼，所以很长时间里欧洲水族馆将其俗名称为西班牙隆头鱼。目前贸易中的红狐大多来自美国和巴西，市场上常见的个体是10～15厘米的亚成鱼，20厘米以上的成鱼偶尔也能见到，但很少有小于10厘米的幼体。

红狐非常容易饲养，大多海水观赏鱼能接受的条件它都可以接受。这种鱼在水质极好的情况下，身上的玫瑰红色特别明显。如果水质较差，则全身接近粉色。多数时间里，红狐喜欢头微向下倾斜地在水族箱中缓慢游泳，似乎很温良。不过，它一旦发现可以吞食的小鱼，就会飞速出击将其吃掉。它们还是海胆的克星，可以从布满密刺的海胆壳里将鲜嫩的海胆肉掏出来。因此，不要和小型鱼、海胆、虾、蟹和贝类等饲养在一起。它们不攻击珊瑚，也不欺负不能吞下的其他鱼，还是比较适合饲养在礁岩生态缸中的。把两条红狐饲养在一起是很危险的事情，它们情绪不定，我曾经将5条同时饲养在一起检疫，适应环境后，它们之间的摩擦经常出现，但为了互相的防备，谁也不主动发起猛烈攻击。如果饲养两条在一起就不一样了，它们在大海中是典型的独居的动物，不喜欢与同类分享领地，其锋利的牙齿完全可以杀死同类。红狐可以接受很多种饲料，颗粒的、薄片的都可以。如果用冰鲜的鱼、虾肉饲喂，它们会逐渐变得偏食，不再接受人工饲料，并且因为缺少运动而越来越肥胖。红狐只攻击同属的其他鱼类，和龙头鱼科其他属的鱼类混养时比较安全。

紫狐 *Bodianus rufus*

中文学名	红普提鱼
其他名称	古巴狐、古巴三色龙
产地范围	只分布在加勒比海地区，主要捕捞地有古巴、海地等
最大体长	40厘米

紫狐背部有一条从头部开始的紫色斑块，随着鱼的生长，这个斑块会逐渐向全身扩散并变浅。当鱼生长到25厘米以上时，身体颜色开始杂乱起来，紫色和黄色逐渐交融，最后浑浊得看不清楚。因此，其成鱼不如幼具有观赏价值。如果水族箱够大，这种鱼可以生长到35厘米。它们喜欢吞食小鱼，不可以和小型观赏鱼饲养在一起。

观赏鱼贸易中的紫狐数量要比红狐多，价格也低一些，通常人们喜欢将两个品种饲养在一起。但紫狐成年后会破坏珊瑚礁，不可以饲养在礁岩生态缸中。这种鱼在饲养一段时间后，身体上的紫色会逐渐变淡，这令很多人都头疼。那不是幼体到成体的自然变化，而是幼体被饲养在人工环境中的一种变色现象。我觉得如果饲养水温能长期控制在22～24℃，有助于维持该鱼身体上绚丽的紫色，这可能和它生活在较深的海域有关系。两条幼年的紫狐饲养在一起时，似乎可以和平相处，但当它们逐渐成熟起来后就会互相攻击。大多数饲养者认为这种鱼在水族箱中点缀一条足够了，不必同时饲养很多，我非常支持这个观点，因为即使饲养多条在一起，一年后也将互相残杀到只剩下一条。一条紫狐需要至少300升水的生活空间，水族箱绝不能太小。要注意，当紫狐生长到20厘米以上后，可能会偶尔攻击同时饲养的红狐和三色狐。

三色狐 *Bodianus mesothorax*

中文学名	中胸普提鱼
其他名称	三色龙
产地范围	西太平洋至印度洋热带珊瑚礁区域，主要捕捞地有菲律宾、印度尼西亚、中国南海等
最大体长	20厘米

△成鱼
△幼鱼

三色狐是常见的普提鱼属成员，在本属中市场价格也最低。以前鱼店里的个体多数捕捞于我国南海，现在大多数是菲律宾和印度尼西亚进口而来的。这种由咖啡色、黑色、白色组成的鱼看上去似乎太平凡了，于是使得其在观赏鱼贸易中并不受关注。

它们同样是一种非常好饲养的观赏鱼，可以适应并接受人工环境，而且能接受大多数品种的人工饲料。它们虽然可以生长到20厘米，但因为口裂太小，对小型观赏鱼没什么威胁，可以自由混养。如果将这种鱼饲养在纯鱼缸中，它们会时常躲在角落里，看上去很紧张。若饲养在礁岩生态缸中，它们终日在最显眼的地方游泳。将两条三色狐饲养在一起会相互攻击，因此一个水族箱最好只饲养一条。

黑斑狐 *Bodianus macrourus*

中文学名	黑带普提鱼
其他名称	三色龙
产地范围	西太平洋的热带珊瑚礁和礁石性沿岸区域，主要捕捞地有菲律宾、中国南海等
最大体长	30厘米

黑斑狐是普提鱼属的代表品种，成年个体可以生长到30厘米以上。它们主要分布在西太平洋地区，日本南部沿海可以捕获很多。它们常是海钓爱好者的猎物，在西太平洋沿岸的热带、亚热带地区，只要用沙蚕作为诱饵，大多可以收获到这种鱼。

黑斑狐的观赏价值不高，只是偶尔出现在观赏鱼贸易中，大多被公共水族馆收纳饲养。如果你拥有容积500升以上的水族箱，也可以饲养一条，不用太操心，它们非常好饲养。需防其吞食小鱼，不要和体长小于10厘米的鱼饲养在一起。

飞狐 *Bodianus anthioides*

中文学名	似花普提鱼
其他名称	燕尾鹦哥、燕尾狐、金背狐
产地范围	西太平洋至印度洋的热带珊瑚礁区域，主要捕捞地有菲律宾、印度尼西亚、马尔代夫、东非沿海等
最大体长	21厘米

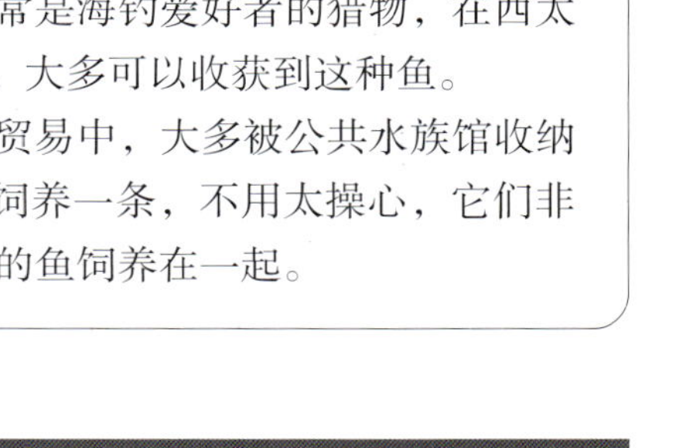

飞狐是比较传统的海水观赏鱼品种，从20世纪80年代就出现在海水观赏鱼贸易中。幼鱼非常美丽，前半身是咖啡色，后半身是白色并带有黑色斑点，有一个巨大双叉的大尾鳍，因此以前被称为燕尾鹦哥。

现在贸易中的飞狐数量越来越少，可能和过度捕捞有关，应加以重视。这种鱼非常容易适应人工环境，对水质要求不高，能接受多种人工饲料。它们对药物也不敏感，可以用含有铜离子和甲醛的药物进行检疫和治疗。随着生长，当飞狐进入成年后，雌雄差异开始加大。雄鱼通常颜色较深，而雌鱼身上的咖啡色变成土黄色。

伊津狐 *Bodianus izuensis*

中文学名	伊津普提鱼
其他名称	红铅笔龙、糖果狐
产地范围	西太平洋的热带珊瑚礁区域，主要捕捞地有琉球群岛、菲律宾等
最大体长	12厘米

大伊津狐 *Bodianus sepiacauda*

中文学名	乌尾普提鱼
其他名称	大红铅笔龙
产地范围	西南太平洋的热带珊瑚礁区域，主要捕捞地有印度尼西亚等
最大体长	18厘米

薄荷狐 *Bodianus opercularis*

中文学名	盖普提鱼
其他名称	薄荷龙
产地范围	仅分布于红海地区
最大体长	18厘米

日本薄荷狐 *Bodianus neopercularis*

中文学名	新盖普提鱼
其他名称	日本薄荷龙
产地范围	西太平洋的热带珊瑚礁区域，主要捕捞地有琉球群岛等
最大体长	14厘米

澳洲薄荷狐 *Bodianus neopercularis*

中文学名	本氏普提鱼
其他名称	木村普提鱼、澳洲薄荷龙
产地范围	仅分布于澳大利亚东北部的珊瑚海地区
最大体长	11厘米

伊津普提鱼、乌尾普提鱼、盖普提鱼和新盖普提鱼都是身体上布满红白横向条纹的观赏鱼，其中乌尾普提鱼、盖菩提鱼和新盖普提鱼长相尤为接近，而本氏普提鱼和普提鱼的区别只是白色条纹变成黄色，故五种鱼在观赏鱼贸易中经常被混为一谈。10年前我撰写《海水观赏鱼快乐饲养手册》时，也因饲养经验不足，将这五个品种混为一谈。那时，新盖普提鱼还没有被命名，乌尾普提鱼也没有中文鱼类学名称，所以查不到的分类学资料。虽然我们已经

知道五种鱼是完全不同的品种，但是出于种种原因，大多数鱼商还是将它们统称为伊津狐。

这五种鱼都是价格比较高的观赏鱼，特别是薄荷狐和日本薄荷狐。由于这两种鱼产地特殊，数量稀少，而且身体上的红白两色对比强烈，非常绚丽夺目，是观赏鱼爱好者梦寐以求的收藏珍品。由于它们身体的颜色和名贵的海水神仙鱼“薄荷仙”非常接近，所以也被用“薄荷”二字命名。

观赏鱼贸易中，大伊津狐（乌尾普提鱼）是五种近似鱼中的常见品种，大多来自印度尼西亚。鱼商通常喜欢直接将其称为“薄荷狐”，以便提高其身价。其实，这种鱼和两种薄荷狐的区别还是非常明显的，大伊津狐尾柄处为黑色，身体上的红色区域带有黑斑，而两种薄荷狐都没有黑尾柄和黑斑。伊津狐个体较小，一般混杂在从菲律宾进口的糖果龙等小型隆头鱼中，不容易和另外四种混淆。

这五种鱼都是点缀礁岩生态缸的最佳品种，色彩艳丽，性情温顺，既不攻击小鱼，也不伤害无脊椎动物，还非常容易饲养。它们都能接受人工颗粒饲料，对水质要求不高。大伊津狐和伊津狐对药物不敏感，可以使用含有铜离子和甲醛的药物进行检疫和治疗。薄荷狐、日本薄荷狐和澳洲薄荷狐由于进口数量极其稀少，缺少实验素材，也不敢轻易用其试药，所以它们对药物的适应情况至今未知。这四种鱼都很少携带寄生虫，更不容易出现体表和鳃部的细菌感染。

糖果龙 *Bodianus bimaculatus*

中文学名	双斑普提鱼
其他名称	双点龙
产地范围	西太平洋至印度洋的热带珊瑚礁区域，主要捕捞地有菲律宾、印度尼西亚、马尔代夫等
最大体长	10厘米

这个品种是观赏鱼贸易中最小的普提鱼属成员，但市场价格比很多大个体还要高。大多数个体进口于印度尼西亚，少量捕捞于南非和东非的个体称为非洲糖果龙（*Bodianus* cf. *bimaculatus*），是糖果龙的一个亚种。

糖果龙只能生长到8厘米，非洲糖果龙能生长到10厘米。它们在海中结小群活动，因此饲养在水族箱中时不必担心相互攻击的问题。但它们对其他小型龙头鱼具有一定的攻击性，特别是对黄龙和医生鱼。如果将糖果龙和黄龙饲养在一起，它想方设法杀死黄龙，即使水族箱足够大，也不知疲惫地追逐攻击黄龙。

糖果龙像雀鲷一样好养，刚被放入水族箱后就会开始到处找食吃了。它们很机敏，当发现你有把手伸入水族箱的动作后，就立即躲进礁石缝隙里。这种鱼可以钻进很细小的礁石缝隙，即使将整块石头拿出水面，它也不会从缝隙里出来。雄性的糖果龙呈现鲜艳的橘红色，而雌性一般为黄色。如果只饲养两条雄性在一起，它们偶尔也会发生争执，最好雌雄混养，不要让其成为“光棍儿”。

唇鱼属 *Cheilinus* 和厚唇鱼属 *Hemigymnus*

唇鱼属和厚唇鱼属鱼类的典型特征是具有很厚的嘴唇，两属加起来有10来种，都是可以长到很大的鱼类，体形最大的隆头鱼——苏眉，就是唇鱼属的成员。这两属鱼类的行为特征和生活习性较为接近，故放在一起进行介绍。唇鱼属的鱼类多数只供应给公共水族馆展示，而厚唇鱼属的两个品种“条纹厚唇鱼”和“黑鳍厚唇鱼”的幼鱼经常在观赏鱼店里出现。这两属的鱼都非常好养，即使没有经验的饲养者也能将它们养得很好。

苏眉 *Cheilinus undulates*

中文学名	波纹唇鱼
其他名称	拿破仑厚唇鱼
产地范围	西太平洋至印度洋的热带珊瑚礁区域，为受保护品种，严格限制商业捕捞
最大体长	200厘米

△成鱼

△幼鱼

△苏眉体形庞大，是一些大型寄生虫的良好宿主，故在大水体养殖时，应配合饲养一些医生鱼，以防寄生虫泛滥

△雌性苏眉成年后比雄鱼小很多，头部凸起也不明显

苏眉在东南亚地区是名贵的食用鱼之一，因为其肉质鲜美，遭到过度捕捞，目前该鱼已被列入《世界濒危动植物种贸易保护公约》附录中。成年的苏眉具有蓝绿色的身体、巨大而向前隆起的额头（这可能就是隆头鱼名称的由来），很多公共水族馆都非常喜欢收藏它们，不过现在我国的水族馆已经不允许再新引进苏眉了。这种鱼可以生长到2米，是隆头鱼家族中最大的品种。以前的观赏鱼贸易中，体长10厘米以下的小苏眉也格外吸引人，它们虽然还没有蓝绿色的身体，但总是不停旋转的眼睛，显得格外机敏别致。它们非常容易饲养，如果饲养得好且水族箱容积大于1000升，体长10厘米的个体在3年内就可以生长到50厘米左右，不过即使是在公共水族馆中也很少有个体能生长到更大，那需要太漫长的时间了。一条1米长的苏眉大概可能已经10岁或更老了，因此成体格外稀有，不应当再捕捞用于食用。

近年来，东南亚各国都开展了苏眉的人工养殖，马来西亚和印度尼西亚已经取得了一定的成功，目前在贸易中可以见到人工繁殖的苏眉幼体。苏眉的领地意识很强，一个水族箱中不能同时饲养两条，否则肯定会有一条被伤害至死。它们的口非常大，吞食能吞食的任何生物，体长10厘米的苏眉就可以吃掉5厘米左右的小型隆头鱼，因此不能和小型鱼饲养在一起。

雀尾唇鱼 *Cheilinus lunulatus*

中文学名	雀尾唇鱼
其他名称	暂无
产地范围	西印度洋的热带珊瑚礁区域，主要捕捞地有马尔代夫、红海地区等
最大体长	50厘米

雀尾唇鱼是非常好养的大型观赏鱼，平时并拢尾鳍游泳，兴奋时尾鳍展开像一把大扫帚。雀尾唇鱼的幼鱼偶尔会在从马尔代夫进口的观赏鱼中出现，因为幼鱼并不美丽，所以很少被人们关注，等到它们长大成年，人们才发现这种鱼原来如此美丽。它们非常好养，大多数隆头鱼能接受的饲养条件它们都能接受。

尖头龙 *Cheilinus oxycephalus*

中文学名	尖头唇鱼
其他名称	尖头毛利龙
产地范围	太平洋至印度洋的热带珊瑚礁区域，主要捕捞地有菲律宾、印度尼西亚、泰国、马尔代夫、中国南海等
最大体长	15厘米

尖头龙是唇鱼属中的小型品种，全身呈暗红色，十分美丽。这种鱼以前很少被爱好者饲养，近年来随着原生观赏鱼爱好的兴起，不少爱好者从南海渔民手中收购海杂鱼时发现了这种美丽的红色小鱼，随之将其放在水族箱中饲养。尖头龙是非常容易饲养的海水鱼，对水质的要求很宽泛，进入水族箱后就能马上接受颗粒饲料。这种鱼不伤害珊瑚和其他无脊椎动物，可以饲养在礁岩生态缸中。

假番王 *Cheilinus fasciatus*

中文学名	横带唇鱼
其他名称	暂无
产地范围	西太平洋至印度洋的热带珊瑚礁区域，主要捕捞地有菲律宾、中国南海等
最大体长	35厘米

我后面会介绍一种叫番王的鱼，而假番王和番王完全属于不同的两个属，只是因为它也生长有类似番王的纵向条纹，人们才这样称呼它。观赏鱼贸易中的假番王大多来自我国

南海，在海南、广东等地，其被列入了食用鱼名单。它们可以生长到35厘米，成年后，面部、后胸部呈现出鲜红色，非常好看。假番王十分好养，对水质的适应范围非常广，而且能忍受18℃的低温。它们捕食小鱼、伤害珊瑚，不可以混养在礁岩生态缸中。如果投喂的饵料营养不充足，假番王身上的红色很容易退去，而且逐渐消瘦。最好提供给冻鲜的鱼、虾肉和墨斗鱼。和所有唇鱼属的鱼类一样，它们平时游泳速度很慢，眼珠总是不停地转动，审视周围的环境。炮弹类、鹦鹉鱼、蝴蝶鱼、神仙鱼、倒吊类都是假番王的理想混养品种。

熊猫龙 *Hemigymnus melapterus*

中文学名	黑鳍厚唇鱼
其他名称	双色龙
产地范围	西太平洋的热带珊瑚礁区域，主要捕捞地有菲律宾、印度尼西亚等
最大体长	50厘米

作为观赏鱼的熊猫龙多半是体长5～20厘米的幼体，此鱼可以生长到50厘米以上，成年后通体变成暗绿色，失去观赏价值。半身黑半身白的小熊猫龙看上去非常可爱，也十分好饲养。大部分贸易中的个体来自菲律宾，也有一些捕捞于印度尼西亚。

将熊猫龙饲养在礁岩生态缸中是非常不明智的行为，因为体长超过20厘米的熊猫龙就开始捕捉小鱼吃了。熊猫龙在人工环境下很少能完全生长成熟，体色变化也很慢，故可以放心饲养好几年。它们对水质要求很低，可以适应各种颗粒饲料。耐药性好，可以用含有铜离子和甲醛的药物进行检疫和治疗。

黑白斑节龙 *Hemigymnus fasciatus*

中文学名	条纹厚唇鱼
其他名称	斑节龙
产地范围	西太平洋至印度洋的热带珊瑚礁区域，主要捕捞地有菲律宾、印度尼西亚、中国南海等
最大体长	45厘米

黑白斑节龙和熊猫龙同属一类，经常可以在我国南方的水产市场见到。后来，海南的渔民意识到这种鱼卖到观赏鱼市场上可以获得更高的利润，它们就进入了观赏鱼领域。成年的斑节龙体长可以达到45厘米，一般鱼店里的个体在30厘米左右，偶尔能看到来自菲律宾的10厘米以下幼体。

黑白斑节龙非常容易饲养，但是会吞食小鱼，所以不能和小型鱼混养，更不能饲养在礁岩生态缸中。

裂唇鱼属 *Labroides*

裂唇鱼属共有5种已知鱼类，全部能在观赏鱼贸易中见到，因为它们能为其他鱼类清理身上和鳃部的坏死组织和寄生虫，所以都被称为医生鱼。其中，普通医生鱼（*L. dimidiatus*）是常见的海水观赏鱼，只要去逛鱼店，就一定能看到它的身影。本属鱼类因为口部结构特殊，所以很少能接受颗粒饲料，它们喜欢剁碎的虾肉泥以及刚刚孵化的丰年虾幼虫。充分适应环境后，它们也能吃碾碎的颗粒饲料粉末。裂唇鱼属所有鱼类对水质的要求很低，很少因为水质问题患病。它们也具有领地意识，彼此之间的撕咬现象还是比较严重的。所有品种的医生鱼对药物都不敏感，能接受各种药物的检疫和治疗。不要奢望医生鱼能帮助你治疗鱼的白点病，它们只能吃鱼虱这样的大寄生虫，对于微小的黏孢子虫、车轮虫等无能为力。

医生鱼 *Labroides dimidiatus*

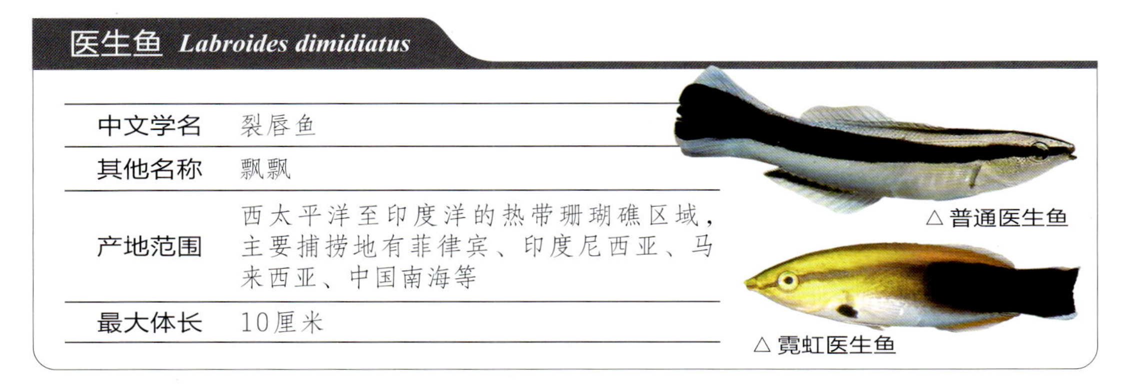

△ 普通医生鱼

△ 霓虹医生鱼

中文学名	裂唇鱼
其他名称	飘飘
产地范围	西太平洋至印度洋的热带珊瑚礁区域，主要捕捞地有菲律宾、印度尼西亚、马来西亚、中国南海等
最大体长	10厘米

医生鱼游泳时酷似一张在水中漂动的纸条，所以也被叫飘飘。太平洋和印度洋的大部分珊瑚礁区域有医生鱼的踪迹，每年休渔期后，在我国南海可以有大量捕获，而且菲律宾和印度尼西亚有数量巨大的医生鱼出口，故该鱼的市场价格十分低廉。

医生鱼的嘴十分小，牙齿成锉状。在自然海域里主要啄食其他鱼类身上的寄生虫和坏死组织，这使其成为大海中的医生，大多数鱼类感觉到身上痒，都会找到医生鱼，寻求它的帮助。当然，医生鱼也摄食海水中漂浮的有机碎屑和浮游动物。很多观赏鱼爱好者希望医生鱼能为自己水族箱中的病鱼消灭寄生虫，于是将其引入水族箱中，但多数收效甚微。其实，医生鱼能吃的寄生虫种类是有限的，而且一条医生鱼的胃口远没有寄生虫的疯狂繁殖量大。在鱼类饲养密度合理并且鱼类基本处于健康状态的时候，引进医生鱼的确可以抑制本尼登虫和鳃吸虫的泛滥，但对于常见的白点病（卵圆鞭毛虫和黏孢子虫），医生鱼束手无策，因此仅凭医生鱼来治疗病鱼，绝对是不明智的选择。

这种小型隆头鱼虽然只能生长到10厘米，但领地意识十分强烈。如果在同一水族箱中引入两条，则身体略强壮的一条会用它纤细的小嘴不停地攻击另一条，不知道是锉刀一样的牙齿太适合攻击了，还是对方太脆弱了，往往在2～3天里，弱势的一条就可能被杀死。在大规模检疫过程中，我们也可以将几十条医生鱼放养在一起，那样它们似乎也不打架，这种环境造成每条鱼都很紧张，彼此处于防守状态。

实际上，医生鱼更喜欢在水族箱中建立一个“诊所”，如一个岩石洞穴或几块岩石堆放出的凹陷部位。医生鱼一旦在这样的“诊所”落户，就不再出诊，只等待大型鱼类自己游

△医生鱼会进入大鱼的鳃和口腔，清理里面的寄生虫和坏掉的组织

过来治疗。医生鱼的体色是鲜明的示意色，所有鱼都懂得这种蓝、白、黑条纹的组合代表了治疗和清理。不用学习，任何一条鱼都知道医生鱼能帮助自己清理寄生虫和伤口。很多大型鱼还喜欢让医生鱼清洁自己的口腔和鳃部。它们张大嘴，信凭医生鱼在自己的口和鳃里穿梭，吃掉牙缝和鳃丝里的杂物。不过，医生鱼有时也会弄疼"患者"，遭到患者猛烈驱赶。很少有大型鱼吞食医生鱼，它们似乎有保护医务人员的"公约"。一些人工繁殖出的鱼类（如川纹笛鲷）可能不懂这个规定，我见过它们将医生鱼吞吃掉。在饲养有大型神仙鱼的水族箱中搭配饲养医生鱼是很好的选择，这些鱼大多具有寄生虫，医生鱼可以帮它们清理。如果水族箱中的鱼身上有溃烂的伤口，那么医生鱼可能带来很大的麻烦，医生鱼在清理伤口时会吃掉腐烂的肉，这会让病鱼感到剧烈疼痛。裸露的伤口在医生鱼的啄咬下也很容易感染，故最好不要让皮开肉绽的鱼面对医生鱼。

医生鱼除了吃寄生虫，还喜欢吃一些小型甲壳动物，在水族箱中接受人工颗粒饲料的速度很慢。如果不能定期投喂丰年虾幼虫或者剁碎的虾肉，医生鱼很快会饿死。体长超过6厘米的医生鱼可以在适应环境后接受冻鲜的丰年虾，然后慢慢适应接受人工颗粒饲料的碎屑。神仙鱼和炮弹鱼在吃饲料时经常会有残渣从口和鳃部漏出，这是医生鱼不错的食物。如果用镊子夹着一块虾肉在水族箱中晃动，医生鱼会游过来将肉撕下来吃，不过水族箱中的雀鲷和其他隆头鱼类会抢劫医生鱼的食物，必须保证将它们喂饱后，才能专门给医生鱼用膳。

医生鱼对水质的要求不是很高，也从不攻击其他品种的观赏鱼，不论是饲养在礁岩生态缸还是纯鱼缸中都非常适合。除了普通医生鱼外，市场上还能见到霓虹医生鱼（*L. prctoralis*），一般来自印度尼西亚。这种鱼头部为金黄色，尾部有白色线条。它的饲养方法和普通医生鱼一样。

彩虹飘飘 *Labroides phthirophagus*

中文学名	食虫裂唇鱼
其他名称	夏威夷医生鱼、夏威夷彩虹飘飘
产地范围	仅产于夏威夷群岛附近海域
最大体长	10厘米

彩虹飘飘是本属中最美丽的一种，其市场价格也是所有医生鱼中最高的。这种鱼十分温顺，没有其他医生鱼那样的强烈领地意识，喜欢成对或成小群的活动。它们比较容易饲养，在水质需求和饵料选择方面与普通医生鱼一样。这种鱼也能给其他鱼清理身体，但是相对其艳丽的颜色来说，它更适合装点礁岩生态缸。

医生皇 *Labroides bicolor*

中文学名	双色裂唇鱼
其他名称	黑水龙、双色飘飘
产地范围	西太平洋至印度洋的热带珊瑚礁区域，主要捕捞地有菲律宾、印度尼西亚等
最大体长	15厘米

医生皇是裂唇鱼属中个体最大的一种，所以被称为医生皇。它们以前在观赏鱼贸易中非常少见，如今则变得越来越多。因为个体较大，医生皇要比其他医生鱼容易饲养，它们能吞入小块的虾肉和小颗粒饲料，所以不用担心被饿死。医生皇比其他医生鱼更适合清理鱼类身上的坏死组织，特别是即将脱落的鳞片和已经坏死的鳍条。这种鱼雌雄差异较大，成年雄鱼前半身是黑色，后半身是明黄色。雌鱼和幼鱼前半身是灰色，并有一条黄色横向条纹，后半身为乳白色。和医生鱼一样，医生皇对水质要求不高，对各种药物不敏感。

大咽齿鱼属 *Macropharyngodon*

大咽齿鱼属共有10个已知物种，其中大概有2～3种被作为观赏鱼贸易，而且在商品名上没有加以区分，统一称为豹龙。其中以珠斑大咽齿鱼最有代表性，其余品种不常见。

豹 龙 *Macropharyngodon meleagris*

中文学名	珠斑大咽齿鱼
其他名称	暂无
产地范围	西太平洋至印度洋的热带珊瑚礁区域，主要捕捞地有菲律宾、印度尼西亚、东非沿海地区等
最大体长	12厘米

△雄鱼

△雌鱼

△与其他鱼类和谐相处的豹龙

豹龙是所有隆头鱼中比较特殊的一种，贸易量不大，但市场价格不是很高。依据产地不同，有澳洲豹纹龙、东非豹纹龙、印尼豹纹龙之分。这种鱼喜欢将身体竖立起来，在水族箱中上下窜动。它们感到威胁时会马上钻进沙子中，很久以后才钻出来。它们的体色具有狂野感，就像豹子的花纹，不过性格却像只小鸟，十分容易害怕。

豹龙能接受人工颗粒饲料，不过进入水族箱的前几天要用丰年虾或虾肉诱导其开食。适应环境后，豹龙非常强壮易养，对水质要求不高，对各种药物也不敏感。这种鱼虽然可以饲养在礁岩生态缸中，但其挖沙时很容易将礁石造景挖塌方。它们不袭击其他鱼类，但对于同类不是很欢迎，一个水族箱中最好只饲养一条。

南非雪花龙 *Macropharyngodon bipartitus*

中文学名	颊带大咽齿鱼
其他名称	非洲豹龙、蓝星珍珠龙
产地范围	西印度洋的热带珊瑚礁区域，主要捕捞地有莫桑比克、毛里求斯、塞舌尔群岛、马尔代夫和红海地区等
最大体长	13厘米

△ 雌鱼

△ 雄鱼

南非雪花龙是近两年进口量比较大的一种小型隆头鱼，雄鱼体色不太出众，雌鱼则十分美丽。它们个体较小，性情温顺，适合放养在礁岩生态缸中。南非雪花龙会时常在沙床上钻进钻出，是非常好的翻砂生物，可以避免沙层中的有机物过度沉积。这种鱼并不难养，可以参照饲养豹龙的饲养方法。

尖嘴鱼属 *Gomphosus*

尖嘴鱼属共有2个物种，雀尖嘴鱼(*G. caeruleus*)和杂色尖嘴鱼(*G. varius*)。在观赏鱼贸易中并不将它们加以区分，而是统称为鸟嘴龙。它们的雌雄差异较大，雄鱼一般是雌鱼体长的1.5倍，颜色也比雌鱼鲜艳很多。虽然两种尖嘴鱼很早就被作为观赏鱼进行贸易，但是饲养爱好者一直不多。

鸟嘴龙 *Gomphosus varius*

中文学名	杂色尖嘴鱼
其他名称	鸭嘴龙、尖嘴龙
产地范围	西太平洋至印度洋的热带珊瑚礁区域，主要捕捞地有中国南海、菲律宾、印度尼西亚等
最大体长	23厘米

△ 雄鱼

△ 雌鱼

鸟嘴龙成年雄鱼为墨绿色，可以生长到23厘米，雌鱼为咖啡色，一般只有15厘米左右。在我国南海、菲律宾、印度尼西亚、澳洲等海域都有分布，由于雄鱼格外美丽，市场价格一般是雌鱼的2倍以上。贸易中来自国外的个体多为10～15厘米的幼鱼，国产个体一般是体长20厘米以上的成年雄鱼。

△鸟嘴龙的口裂很大，张开时可以像一把有力的大镊子将礁石缝隙里躲藏的小生物夹出来

许多爱好者认为这种鱼狭长的嘴无法吞咽大型食物，实际上，成年的鸟嘴龙完全可以捕杀雀鲷类小型鱼。它们还对多数软体动物造成危害，不可以饲养在礁岩生态缸中。幼年和雌性的鸟嘴龙很容易适应人工环境，成年雄性性情暴躁，在被引入后会出现绝食、乱撞等自我伤害行为，故建议购买幼体。这种鱼很少能接受人工颗粒饵料，大多需要用冻鲜的鱼、虾肉来喂养。一些爱好者喜欢将鸟嘴龙饲养在饲养有石珊瑚（sps）的水族箱中，借其长嘴消灭隐藏在石缝中那些有害的螃蟹。当水质不是很理想时，雄性鸟嘴龙的体色会逐渐加深，直至变成青灰色。

两条雄性的鸟嘴龙不可以饲养在一起，但一雌一雄或多雌一雄的混养没有问题。它们需要很大的活动空间，因为这种鱼大多数时间在不停地游来游去。受到惊吓时，鸟嘴龙会平躺在水底装死，如果水族箱空间不够大，它们依然会终日装死，直到真饿死。建议用容积400升以上的水族箱饲养，以便让其很好的运动。

伸口鱼属 *Epibulus*

伸口鱼属仅有伸口鱼一个物种，但其自然分布比较广，而且很早就被当作观赏鱼贸易。由于其口可以向前伸出很多，公共水族馆中常将其作为具有物种多样性科普意义的生物进行展示。

伸口鱼 *Epibulus insidiator*

中文学名	伸口鱼
其他名称	黄伸口鱼（雌鱼）
产地范围	西太平洋至印度洋的热带珊瑚礁区域，主要捕捞地有印度尼西亚、澳大利亚北部沿海、台湾海峡等
最大体长	23厘米

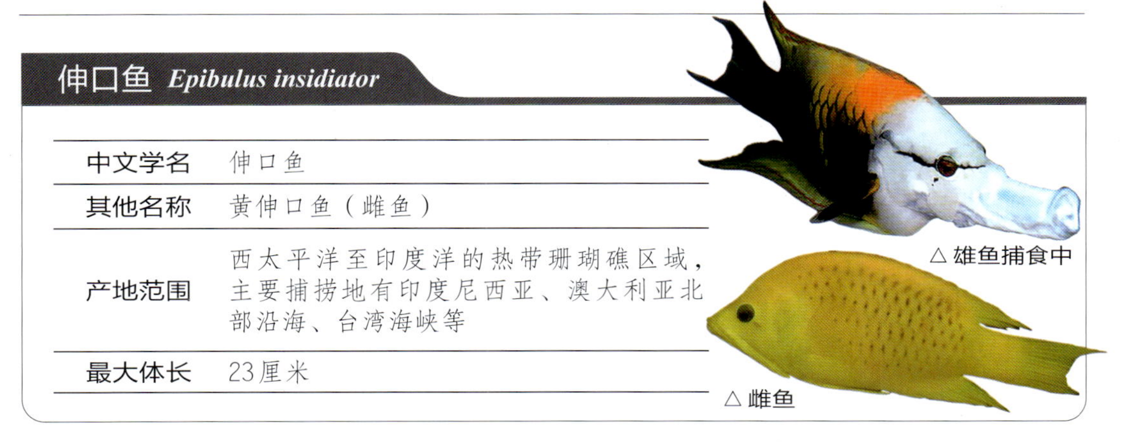

△雄鱼捕食中

△雌鱼

伸口鱼从小到大身体颜色会产生明显的变化，雌雄之间体色也有很大差异，不了解内情的人往往认为它们是不同的品种。体长小于5厘米的幼鱼，体形和体色都和湿鹦鲷属的鱼类很接近，所以爱好者常常会认为它是一种稀有的“箭猪”。成年后，雄鱼头部呈白色，背部黄色，身体其他部位呈青灰色。雌鱼全身茶褐色或黄色，所以观赏鱼贸易中的雌鱼常常被称为黄伸口鱼。

伸口鱼很容易饲养，利用可以伸出很长的嘴捕食小鱼，也吃投入水族箱中的虾肉和鱼肉。它们完全适应人工环境后，可以用颗粒饲料喂养。在公共水族馆中，它们能接受喂给石斑鱼和淡水慈鲷的颗粒饲料。虽然捕食比较凶猛，但伸口鱼之间很少产生矛盾，也不袭击不能吞吃掉的鱼类，可以和狮子鱼、石斑鱼、笛鲷等一起混养。伸口鱼对含有铜离子的药物不敏感，但对含甲醛的药物较为敏感，在检疫和治疗时应避免使用福尔马林和TDC等药物。

猪齿鱼属 *Choerodon*

猪齿鱼属大概有20多个已知物种，但是作为观赏鱼贸易的品种不过2~3种，而且不是很常见，只有番王一种还算比较常见。猪齿鱼具有突出唇外的獠牙，因为有点儿像野猪的牙，所以得名“猪齿”二字。它们的牙主要用来帮助其撬开或压碎贝类的壳，是非常爱吃贝类的鱼。

番王 *Choerodon fasciatus*

中文学名	七带猪齿鱼
其他名称	暂无
产地范围	西太平洋的热带珊瑚礁区域，主要捕捞地有菲律宾、斐济、印度尼西亚、澳大利亚北部沿海等
最大体长	20厘米

番王是比较传统的海水观赏鱼，早在20多年前就有人饲养。它们具有和鹦嘴鱼相似的强劲口喙，内有锋利的尖牙。这种鱼的贸易数量并不多，在隆头鱼中应算较为少见的品种。依据产地不同番王的体色也略有不同，捕捞于南太平洋和澳大利亚东北部地区的个体体色最鲜艳，全身银灰色，体表条纹呈鲜艳的红色。捕捞于印度尼西亚的个体体色略逊一些。

番王会破坏珊瑚和礁石造景，因此不能混养在礁岩生态缸中。它们虽然看上去很凶，但实际上极为胆小，尤其是新捕获的个体刚刚进入水族箱时会马上躲藏到角落里，很久都不肯出来。这种鱼在休息时会像鹦嘴鱼那样分泌一些黏液将自己笼罩起来，当它们受到惊吓时也会大量分泌黏液。一些喜欢啃食黏液的鱼类，如蝴蝶鱼、小型炮弹类会尾随其后攻击它们。受到攻击的番王会长久躲藏在隐蔽处不敢出来摄食，最后因消瘦而死。所以这种鱼最好和体形较小的温顺鱼类混养。

熟悉人工环境后番王会变得比较好样，它们喜欢吃新鲜的虾肉和贝类，也能很快接受颗粒饲料。如果将其和锦鱼属、普提鱼属的鱼类混养，番王可能经常会被打得遍体鳞伤。

恐怖的牙齿：许多隆头鱼具有尖锐的獠牙，这些牙齿突出唇外，让人看上去感到恐怖。实际上，这些牙齿长得并不结实，在进食和打斗过程中，隆头鱼的牙会经常脱落，但不久会长出新牙。一些品种的牙齿会不停生长，如果水族箱内没有放置可供它们磨牙的礁石，当牙过长后，隆头鱼可能无法进食。不要认为具有獠牙的隆头鱼都很凶猛，它们比那些嘴内只有短小牙齿的近亲要温顺。相比之下，那些具有细小牙齿的隆头鱼在撕咬其他鱼时往往能造成更大的伤害。

美鳍鱼属 *Novaculichthys*

美鳍鱼属共有3个已知物种，其中只有花尾美鳍鱼被作为观赏鱼贸易，商品名称为角龙。该品种的幼鱼相貌古怪，十分有趣，成鱼个体大且相貌丑陋，很少有人饲养。

角龙 *Novaculichthys taeniourus*

中文学名	花尾美鳍鱼
其他名称	暂无
产地范围	太平洋至印度洋的热带珊瑚礁区域，主要捕捞地有菲律宾、印度尼西亚、澳大利亚北部沿海等
最大体长	30厘米

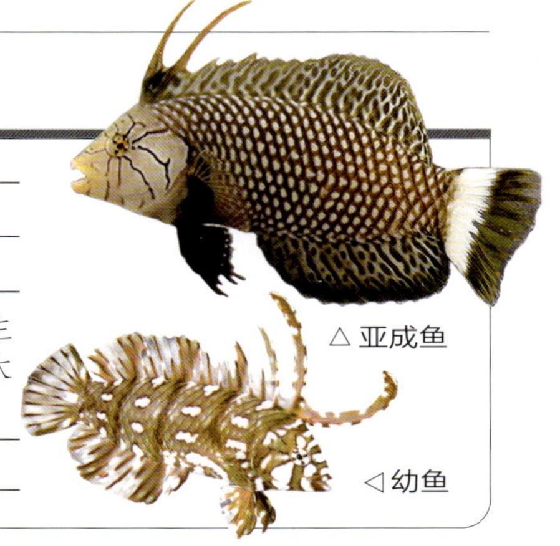

△亚成鱼

◁幼鱼

角龙是水族箱中的破坏狂，它们挖掘底沙，将沙床变成一个个小坟包，然后叼着相当于自己体重好几倍的礁石到处乱扔，将珊瑚的枝丫咬断，并扔到水族箱的出水口附近，还会将附着在岩石上的海藻一根根地拔下来，用牙咬碎。最让人头疼的是，它攻击比自己小的鱼类，如果遇到个体大的就躲入沙子隐藏起来，待其不备专咬大鱼的胸鳍和尾鳍。这种鱼最好单独饲养，如果将其蓄养在一个独立的水族箱中，我们有时间就可以坐在一边观察它，这个调皮的“小猴子”非常聪明，有时候你都不敢相信它是一种鱼类。

角龙的幼鱼身体呈海带般的褐色，上面有一些不规则的白色斑点，其背起前端有两个很长的鳍条，能像天线那样竖立起来。其游泳时犹如海水中漂动的一片海藻。这种鱼夜晚也喜欢钻入沙子中睡觉，但其挖沙技能远不如海猪鱼属和盔鱼属的成员，经常将沙子挖得乱七八糟后，仍然挖不出一个能埋入自己的坑。当角龙长到15厘米时，就开始变色了，身体会变成黑褐色，头部变成白色，而且嘴中的牙越来越大，突出于唇外，高高竖起的背鳍鳍条也消失了。成年后的角龙比较凶猛，会捕食无脊椎动物和小鱼，袭击大型鱼类。

△完全成熟后的角龙，夸张的第一背鳍彻底消失，整天呲着牙在到处找食

饲养角龙最大的乐趣就是观察它的行为，只要你一来到水族箱边，它就会转着眼珠过来看你。它根本不怕人，你要是将手指伸入水中，它就游过来咬你的手。这种鱼记忆能力很强，我在水族箱中放入一枚乒乓球，每次它顶一下乒乓球，我就喂给它一粒饲料。我只训练了它2次，角龙就记住了，只要我一伸手，它就去顶一下乒乓球，然后游过来索要食物。

这种鱼对水质的要求极低，单独饲养时，半年换一次水也没有关系。它们能耐受多种药物的检疫和治疗。它们兴奋时能跳出水面，所以水族箱一定要有盖子。

鹦嘴鱼科 Scaridae

鹦嘴鱼科的鱼类因为生长了一张如鹦鹉喙般的嘴而得名，在观赏鱼贸易中通常称它们为鹦鹉鱼或鹦哥鱼。常见的鹦嘴鱼主要是鹦嘴鱼属（*Scarus*）和鲸鹦嘴鱼属（*Cetoscarus*）的品种，在自然界中主要以珊瑚和海绵为食，强健的嘴可以将珊瑚骨骼捻成粉末直接吞入腹内，然后将有机物消化掉，剩下的珊瑚砂排出体外。故这类鱼还是大海中珊瑚砂的制造者。在我国，大多数鹦嘴鱼属于食用鱼，南方城市的海鲜市场经常有出售，被称为“青衣”。它们在海中成大群游泳，每次的捕获量非常大。多数鹦嘴鱼并不适合饲养在人工环境中，因为它们成年后食性很单一，在人工环境下经常绝食而死亡。

白鹦哥 *Cetoscarus bicolor*

中文学名	青鲸鹦嘴鱼
其他名称	双色鹦鹉鱼
产地范围	西太平洋至印度洋的热带珊瑚礁区域，主要捕捞地有菲律宾、印度尼西亚、中国南海等
最大体长	90厘米

白鹦哥是青鲸鹦嘴鱼的幼鱼，成鱼可以生长到90厘米以上，全身呈蓝绿色，并有紫色花纹。在体长20厘米以下的幼鱼阶段，身体是白色的，在面部有一条纵向橘红色宽带穿过，十分醒目。白鹦哥一般采集于菲律宾海域，不十分常见，但价格不高。

白鹦哥伤害无脊椎动物，不能饲养在礁岩生态水族箱中，只能饲养在纯鱼缸中。由于饲料问题，以前很少有人将这种鱼饲养超过一年的时间，这是因为当时的海水观赏鱼饲料生产技术有限，大多数人用鱼肉或虾肉喂养。这个问题现在已经解决，只要白鹦哥适应了人工饲养环境，就可以用喂给神仙鱼的海绵配方饲料和喂给倒吊类的海藻配方饲料来喂养，充足的粗纤维可以避免白鹦哥出现肠道问题，就可以将其长久地饲养在水族箱中了。

如果饲养水体足够大，白鹦哥可以在人工环境下生长到50厘米以上。它们非常强壮易养，对水质要求很低，能耐受大多数药物的检疫和治疗。不过在混养环境下，这种鱼会越来越偏肉食性。饲养在公共水族馆中的白鹦哥非常爱吃剁碎的鱼肉，甚至主动捕食小鱼。如果不小心让它们吃了过多的肉，就会患上肠炎，很容易造成死亡。

△白鹦哥体长10厘米开始就出现局部体色变化，向成鱼的色彩发展，然而过程十分漫长，有的需要好几年，期间既没有低龄幼鱼好看，也没有成鱼好看

五彩鹦鹉鱼 *Scarus forsteni*

中文学名	绿唇鹦嘴鱼
其他名称	绿衣、青衣、绿鹦鹉鱼
产地范围	西太平洋至印度洋的热带珊瑚礁区域，主要捕捞地有菲律宾、印度尼西亚、中国南海等
最大体长	35厘米

观赏鱼贸易中所说的五彩鹦鹉鱼并不指单一物种，几乎所有出现在水族贸易中的鹦嘴鱼属鱼类都被叫五彩鹦鹉鱼。因为它们大多是绿色或青蓝色，身体上装饰着红色、黄色、紫色和蓝色的条纹与色块，看上去五彩缤纷，所以就被叫作“五彩鹦鹉鱼”。还有少数品种的雌鱼身体呈现红色或赭石色，也没有被单独命名。一般市场上常见的鹦嘴鱼属成员有绿唇鹦嘴鱼（*S. forsteni*）、黄鳍鹦嘴鱼（*S. flavipectoralis*）、弧带鹦嘴鱼（*S. dimidiatus*）等。无法确切说清到底有多少种鹦嘴鱼被作为观赏鱼贸易，在国内市场上见到的品种基本是产自西太平洋和印度洋的品种，因为鱼商不会花大价钱从更远的地方引进这种卖不上价的鱼类。鹦嘴鱼在南方大多用于食用，广东、福建、广西和海南的水产市场上经常有它们的身影，有时还会被空运到全国各地。北方人一般不敢吃这种五颜六色的鱼，认为它们有毒。自从国内观赏鱼贸易发展起来后，才逐渐有渔民将活体的鹦嘴鱼贩卖给观赏鱼收购商。在10年前，市场上能见到的鹦嘴鱼都是体长30厘米以上的成鱼，通常捕捞于海南和福建，这种体形的鹦嘴鱼基本上不能在人工环境下养活。近年来，市场上出现了大量捕捞于印度尼西亚的幼体鹦嘴鱼，一般体长在15～20厘米，相对于成鱼，它们更容易适应人工饲养环境。所有品种的鹦嘴鱼在人工饲养条件下的表现都一样，对饵料和水质的要求也基本相同，所以这里以常见的绿唇鹦嘴鱼为例进行说明。

成年的五彩鹦鹉鱼非常难饲养，可能是由于成鱼食性单一、只吃珊瑚的缘故。很少有成年个体可以接受人工饲料，它们在人工环境下被饿死的概率很高。幼体的成活率很高，可以接受各种人工颗粒饲料，特别是喂给神仙鱼的那种含有海绵配方的饲料，但是随着生长，它们的体色并不会像野外个体那样变得绚丽多彩。

△鹦嘴鱼用锋利的喙状牙齿将珊瑚切碎，然后连同骨骼一起吞入腹中

只要接受了人工颗粒饲料，五彩鹦鹉鱼就变得非常好养。它们非常强健，极少患病，对水质的要求很低，能耐受18℃的低温和32℃的高温。五彩鹦鹉鱼对药物不敏感，可以用含有铜离子和甲醛的药物对它们进行检疫和治疗。大多数五彩鹦鹉鱼是群居动物，所以它们不攻击同类，也不会攻击其他鱼。夜晚，五彩鹦鹉鱼会在礁石缝隙间分泌一个黏液制成的“睡袋”，悠闲地在里面睡觉。如果水族箱中没有礁石，它们会在水族箱的角落里分泌大量黏液，黏液被水泵吹起后，容易阻塞水族箱的出水口，所以要格外注意。

鹰䲁类

鲈形目䲁（音wēng）总科的鱼类在观赏鱼贸易中被称为鹰鱼（Hawkfishes）或红格，其中既包括体长只有几厘米的小型金䲁，也包括成年体长超过40厘米的花尾鹰䲁。这些鱼一般采集于太平洋和印度洋的珊瑚礁海域，偶尔有产自大西洋的品种在贸易中出现。䲁总科中包含5科8属60多种鱼类，其中金䲁属（*Cirrhitichthys*）和副䲁属（*Paracirrhites*）的鱼类在观赏鱼贸易中最为常见，它们大多是体长10厘米左右的小型鱼，一般被爱好者饲养在礁岩生态缸中。尖吻䲁属（*Oxycirrhites*）只有一个品种，却是䲁鱼中的明星，被认为是代表性鱼类。

䲁鱼全部是肉食性鱼类，很喜欢吃丰年虾和虾肉，对人工饲料的接受能力很差。这些鱼非常不喜欢运动，很少能看到它们在水中游来游去。大多数时间里，它们都是趴在一块礁石的上面，转动眼珠四处审视。当它们发现猎物时，就会飞快地扑上去吃掉，行为很似老鹰捕食，所以得了鹰鲷的名字。虽然它们不能将水族箱中的雀鲷和小丑鱼吃掉，但其非常喜欢攻击这些小鱼，把它们追赶得到处跑。多数䲁鱼并不是水族箱中受欢迎的品种。

近年来，受到淡水本土原生鱼饲养爱好的影响，海水原生鱼也开始被养鱼爱好者所重视。许多产于在我国东南沿海地区的小型䲁鱼虽然不具备绚丽的颜色，但成为另类的观赏鱼品种。值得一提的是，唇指䲁科鹰䲁属的花尾鹰䲁和素尾鹰䲁以前只是被沿海渔民当作海杂鱼吃掉，现在也成为炙手可热的新观赏鱼品种。鹰䲁类个体较大，性情温顺，与蝴蝶鱼、倒吊类混养在一起，显得素雅美丽、别具一格。

䲁总科的鱼类对水质没有严格的要求，只要其他海水观赏鱼能接受的环境都可以接受。如果饲养在很大的水族箱中，则可以生长得很快。

目前观赏鱼贸易中常见的䲁总科鱼类分类关系见下表：

科	属	观赏贸易中的物种数	代表品种
䲁科 Cirrhitidae	䲁属（*Cirrhitus*）	3～4种	主要是一些近年来兴起的本土原生小型鱼类
	副䲁属（*Paracirrhites*）	2～3种	品种不多，但是都十分美丽
	金䲁属（*Cirrhitichthys*）	几乎所有种	是䲁鱼中最具代表的群体，大概有十几个品种在贸易中出现，不过很多没有确切的中文商品名
	尖吻䲁属（*Oxycirrhites*）	1种	只尖嘴红格一种
	新䲁属（*Neocirrhitus*）	1种	只美国红鹰一种
	顿䲁属（*Amblycirrhitus*）	5～6种	没有固定的名字，经常夹杂在雀鲷和小丑鱼等商品中
唇指䲁科 Cheilodactylidae	鹰䲁属（*Goniistius*）	2种	花尾鹰䲁和素尾鹰䲁
	唇指䲁属（*Cheilodactylus*）	1～2种	观赏鱼贸易中比较少见，主要是斑马唇指䲁一种

斑点红格 *Cirrhitichthys aprinus*

中文学名	斑金鳚
其他名称	红格仔、斑点鹰、短嘴格仔、斑点格
产地范围	西太平洋至印度洋的热带珊瑚礁区域，主要捕捞地有菲律宾、印度尼西亚、马来西亚、中国南海等
最大体长	10厘米

斑点红格因为身上有如格子的红色花纹而得名，它们是本科中常见的观赏鱼品种。成年个体可以长到10厘米，但多数在人工饲养下只有6～8厘米。这种鱼在东南亚各国海域内都有分布。

斑点红格很容易适应人工环境，而且只要稍微驯诱就可以接受人工饲料。它们很机敏，只要放入水族箱后就不容易捕捉。我觉得这种鱼很聪明，它们甚至可以分辨出你来到水族箱前是要投喂还是捕鱼，从而选择是向上游还是躲藏起来。斑点红格很强壮，极少患病，对水质的各项指标适应范围宽，非常适合初学者饲养。

短嘴红格 *Cirrhitichthys oxycephalus*

中文学名	鹰金鳚
其他名称	海豹格
产地范围	西南太平洋的热带珊瑚礁区域，主要捕捞地有菲律宾、印度尼西亚等
最大体长	10厘米

从外观上看，短嘴红格和斑点红格区别很小，两种幼鱼常常被误认为是一种。不过，短嘴红格成年后颜色更深，身上的花纹看上去有点儿像斑海豹的花纹，所以也叫海豹格。贸易中，短嘴红格比斑点红格更多见，几乎每一批从印度尼西亚进口的观赏鱼中都有它们的身影。这种小型鳚类通常被爱好者饲养在礁岩生态缸中，它们不爱运动，要么趴在岩石上，要么趴在底沙上，只有投喂饵料的时候才会游向水面。

短嘴红格非常容易适应人工环境，对水质无特殊要求。它们喜欢吃丰年虾、虾肉等食物，也能接受颗粒饲料。这种鱼能捕食礁石缝隙里的小虾和小蟹，对于清理礁岩生态缸中不请自来的小动物有一定作用。完全适应环境后，短嘴红格常会趴在饲养者经常投下饵料的地方，甚至可以利用胸鳍将自己贴在鱼缸内壁上。成年的短嘴红格有时会追逐驱赶小型雀鲷和虾虎，如果水族箱较小，建议不将此鱼和脆弱的虾虎混养。短嘴红格对含有铜离子的药物具有很强的适应能力，但是它们对含有甲醛的药物略微敏感，应尽量回避这类药物。对于淡水浴，不同个体的表现不尽相同，有些个体可以在淡水中生存很久，有些则会在进入淡水十几秒后死掉，这可能和鱼的体质有直接关系。在新鱼刚刚到达时，最好先不给它们作淡水浴处理。

金鹰 *Cirrhitichthys aureus*

中文学名	金鎓
其他名称	金格仔
产地范围	西太平洋的热带珊瑚礁区域，主要捕捞地有菲律宾、琉球群岛、台湾海峡等
最大体长	15厘米

金鹰的幼鱼全身具有不规则的咖啡色斑点，但成年后的体色完全变成金黄色，所以称为金鹰。该品种也是本属中的模式种，在国内的观赏鱼市场上比较常见。通常捕捞于海南和福建沿海的金鹰基本是成体，体长一般在12厘米以上，呈现出美丽的金黄色。从菲律宾进口的多数是幼鱼，混杂在其他红格中，不容易分辨。在金鎓属中，金鹰是比较大的一种，成年后也比较凶。它们会主动攻击其他品种的鎓鱼，还会吞食包括机械虾、清洁虾在内的小型观赏虾，所以放养在礁岩生态缸中要特别注意。在水质不好的时候，金鹰的身上会出现很多黑灰色的斑点，这些斑点有时像一层薄纱蒙在身体表面，让人误认为鱼得了什么疾病。只要适当换水，将水中硝酸盐浓度降低到100毫克/升以下，颜色很快就会恢复。

尖嘴红格 *Oxycirrhites typus*

中文学名	尖吻鎓
其他名称	尖嘴格仔
产地范围	印度洋的热带珊瑚礁区域，主要捕捞地有马来西亚、印度尼西亚等
最大体长	13厘米

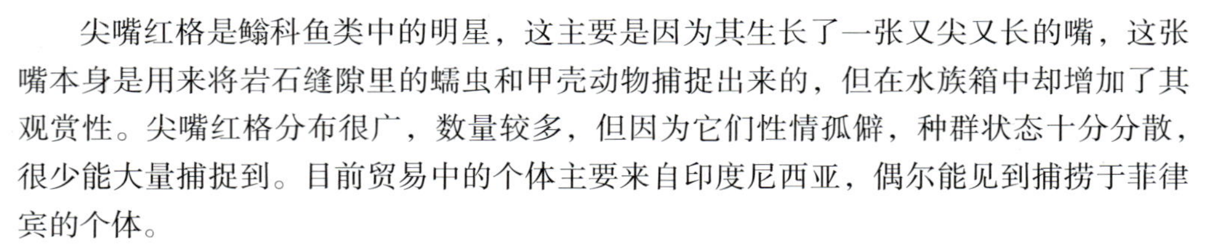

尖嘴红格是鎓科鱼类中的明星，这主要是因为其生长了一张又尖又长的嘴，这张嘴本身是用来将岩石缝隙里的蠕虫和甲壳动物捕捉出来的，但在水族箱中却增加了其观赏性。尖嘴红格分布很广，数量较多，但因为它们性情孤僻，种群状态十分分散，很少能大量捕捉到。目前贸易中的个体主要来自印度尼西亚，偶尔能见到捕捞于菲律宾的个体。

尖嘴红格和多数鎓一样，非常容易适应人工环境，但它们不能接受人工饲料。即使用丰年虾喂养，在最初的几周，它们也可能不闻不问。它们喜欢捕捉活的小动物吃，珊瑚的触手和爬行的海螺会让它们很感兴趣，但它们并不能吃这些东西。不建议和抢食速度很快的鱼饲养在一起，需要让丰年虾在其眼前晃动，它才能知道那东西能吃。当完全适应人工环境后，可以接受剁碎的虾肉和少量薄片饲料，很少有能接受颗粒饲料的个体。尖嘴红格可以生长到13厘米，贸易中的个体一般在6～8厘米。

美国红鹰 *Neocirrhitus armatus*

中文学名	盔新鳎
其他名称	火焰鹰
产地范围	太平洋中部到南部的珊瑚礁区域，主要捕捞地有夏威夷、密克罗尼西亚等
最大体长	8厘米

美国红鹰的产地比较特殊，主要产于太平洋中部和南部，由于大堡礁地区禁止捕鱼，所以贸易中的个体基本上来自夏威夷，故而得了美国红鹰这个名字。美国红鹰也叫火焰鹰，是这几年非常火的海水观赏鱼品种，因为其两眼旁边有黑色的圈，让人看上去总觉得它很呆萌，所以被爱好者们昵称为“呆呆鱼”等。作为新鳎属的唯一成员，它们是所有鳎科鱼类中体形最小、性情最温顺的品种。它们可以被饲养在礁岩生态缸中，不会欺负其他鱼也不伤害无脊椎动物。虽然这种鱼相比其他鳎类的售价稍微贵了些，但鲜艳的红色在海水鱼中确实很少见，所以物有所值。

它们非常容易饲养，能轻松接受人工饲料，并且对水质没有严格的要求。如果将其和大型鱼类一起饲养，它们会感到紧张，终日躲藏在礁石洞穴里。如果是放养在礁岩生态缸中，它们就会变得胆大起来，整日从一块礁石游到另一块礁石上，甚至会游到水面附近向人索求食物。

在水中硝酸盐浓度过高或者pH值过低时，美国红鹰的颜色会变浅，降低欣赏价值。饲养这种鱼，最好将硝酸盐浓度控制在100毫克/升以下，pH值控制在8.0以上。

斑点鹰 *Paracirrhites forsteri*

中文学名	雀斑副鳎
其他名称	雀斑格、彩虹格、麻子脸
产地范围	印度洋的珊瑚礁区域，主要捕捞地有红海、印度尼西亚等
最大体长	22厘米

斑点鹰的幼鱼极其美丽，背部是红色，腹部是白色，两鳃布满红色的斑点，尾柄还是黑色，黑白红三种明快的颜色，让人一眼就能从鱼群中相中它。成年以后，这种鱼变成橄榄绿色或者灰绿色，身上有两条横向的白色条纹，两鳃和头部布满黑色斑点，所以也被称为麻子脸鱼。

成年后的斑点鹰习性很像小型的石斑鱼，平时躲避在水族箱的角落里，一投喂饲料就会冲出来疯抢。它们吞食小鱼和其他无脊椎小动物，偶尔也破坏珊瑚，所以基本上不能被放养在礁岩生态缸中。在水质不良时，面部的斑点会越来越少，身体的颜色也会变得越来越浅。当水质再次转好后，这些特征也不会再恢复，所以饲养斑点鹰应维持较好的水质条件。

白线红格 *Paracirrhites arcatus*

中文学名	副鎓
其他名称	白线格、马蹄鹰斑鲷、弧眼鹰
产地范围	西太平洋至印度洋的热带珊瑚礁区域，主要捕捞地有菲律宾、印度尼西亚等
最大体长	15厘米

白线红格在西太平洋和印度洋中分布很广，但观赏鱼贸易中不常见。它们的幼鱼看上去很普通，成年以后眼睛周围会出现许多鲜艳的橙色和红色线条，看上去好像京剧里的脸谱。它们是非常容易饲养的小鱼，可以参照斑点红格的饲养方法。

花尾鹰 *Goniistius zonatus*

中文学名	花尾鹰鎓
其他名称	鹰斑鲷、三刀、三康、金花、斩三刀
产地范围	西太平洋至印度洋的热带海域，主要捕捞地有海南岛沿岸、广东及附件沿海地区，珠江入海口水质清澈的礁石区较为常见
最大体长	45厘米

在福建、广东、广西和海南的沿海地区，经常可以在菜市场上买到“三刀”这种鱼，虽然数量不多，但不鲜见。三刀就是观赏鱼中所称的花尾鹰，可以算是既好看又好吃的鱼类。这种体形较大、性情较为温顺的海水鱼，以前并没有被当作观赏鱼贸易。直到这几年本土原生鱼类饲养的热潮兴起之后，一些爱好者才开始收集并饲养它们。其实，花尾鹰非常适合饲养在公共水族馆中，40厘米以上的体形足可以让大型水族箱不显得突兀，斑马样的条纹搭配斑点花纹的尾巴也比较好看。这种鱼是我国东南沿海地区比较有代表性的物种，在公共水族馆中展示具有很高的科普价值。它们唯一的缺点是和所有鎓总科的鱼类一样不是很喜欢游泳，总是趴在礁石上不动。

这种鱼对人工饲料的适应能力很强，在水族箱中稍经训练就能接受颗粒饲料，当然更喜欢吃虾肉和鱼肉。花尾鹰虽然是肉食性的中型鱼类，但不攻击和捕食小型鱼类，更喜欢吃虾和贝类。它们的领地意识也不强，很少主动攻击同类和体形相近的其他鱼。

和所有我国沿海产的鱼类一样，花尾鹰对水质的适应能力也很强，对海水的盐分、硝酸盐浓度和pH值都没有严格要求，能忍受水中氨浓度0.2毫克/升，甚至能短时间生活在淡水中。花尾鹰对水温的适应能力也很强，能生活在16～32℃的水中，最佳饲养水温是22～28℃。

赤刀鱼

印度棘赤刀鱼 *Acanthocepola indica*

中文学名	印度红帘鱼、印度棘赤刀鱼
其他名称	赤刀鱼
产地范围	印度洋水深100米以内的沙底浅海和红树林地区，主要捕捞地有广东、广西沿海地区，特别是红树林和海藻群落地区
最大体长	40厘米

赤刀鱼在观赏鱼贸易中并不常见，它们是一种偶尔捕来食用的海水次经济鱼类。之所以我想将这种鱼单独提出来介绍一下，是觉得这种鱼非常具有观赏价值，特别是在公共水族馆中展出，会有很好的效果。在水族箱中饲养赤刀鱼基本上是近三年内才有的事情，主要品种就是近海较为容易获得的印度棘赤刀鱼（*A. indica*），偶尔能见到其他品种，如克氏棘赤刀鱼（*A. krusensterni*）、背点棘赤刀鱼（*A. limbata*）等。并不是所有赤刀鱼都能适应人工饲养环境，有些胆小的品种在水族箱中活不过一周。

印度棘赤刀鱼身体呈现鲜艳的红色，游泳时整条鱼就好像水中飘动的红色丝带。它们喜欢成群活动，生性胆小，行为很像花园鳗，会在细沙中挖一个洞穴，将自己潜藏在里面，只露出头来寻觅食物。在水族箱中饲养赤刀鱼必须要铺设至少15厘米厚的底沙，最好使用平均直径2毫米以下的细沙，便于赤刀鱼挖掘藏身的洞穴。一开始进入水族箱的赤刀鱼，会马上钻入沙中，有时甚至好几天都不敢出来。这时应将光线调暗，并适当减缓水流强度。千万不要拍打水族箱壁，水体的震动会吓得它们更不敢出来见人。当赤刀鱼感到环境安全时，就会成群地从沙洞中游出来，在水中漂来漂去。它们很喜欢吃丰年虾，看到水中漂过丰年虾就会过来吃。不过，只喂给丰年虾是不成的，因为这种饵料的营养不够丰富。在赤刀鱼适应了环境以后，应当改用剁碎的虾肉和薄片饲料喂养。

△赤刀鱼经常会将大半个身子埋在沙子里，所以饲养它的水族箱中一定要铺设底沙

印度棘赤刀鱼对水质的要求不高，能适应300毫克/升硝酸盐浓度，也能在比重较低的水中存活。它们对水温也有广泛的适应性，在20～30℃的水温中都能存活。赤刀鱼对水中的重金属离子非常敏感，所以不能接触含铜离子的药物。当水中铜离子含量高过0.1毫克/升时，印度棘赤刀鱼就可能中毒死亡。不过，这种鱼对水中的甲醛不是很敏感，在处理寄生虫和细菌感染时，可以使用含有甲醛的药物。

成年的赤刀鱼可以长得比较长，所以需要比较大的水族箱来饲养，由于它们喜欢以倾斜身体呈45° 的方式游泳，所以水族箱高度不应小于60厘米，否则会影响成年赤刀鱼的正常活动。

䲁和䲗

䲁（音wèi）类和䲗（音xián）类都是小型海水观赏鱼，它们名字的这两个字都非常难写，以至于在计算机字库中都不好找到。这两类鱼都是经常可以在观赏鱼店中见到的品种，通常将它们饲养在礁岩生态缸中，有些品种可以帮助我们清洁礁石上的藻类，有些则可以捕食水族箱中不请自来的小害虫。

△许多䲁类不善于游泳，和虾虎鱼一样在礁石和沙层上爬行，还能通过腹鳍将自己吸附在平滑的表面上，所以它们在观赏鱼贸易中常被误称为“虾虎”

䲁亚目（Blennioidei）现有6科，约140属，上千个已知物种，是非常庞大复杂的鱼类分类群体。其中被作为观赏鱼贸易的品种并不多，主要集中在䲁科的盾齿䲁属、异齿䲁属、动齿䲁属、唇齿䲁属和稀棘䲁属。随着近几年原生观赏鱼爱好的兴起，产于我国东南沿海地区的一些原本观赏价值不高的小型䲁类，也被作为观赏鱼贸易，其中最典型的是肩鳃䲁属的“奥特曼青蛙鱼”。这类不常见的小型原生䲁类进入观赏鱼领域后，使得䲁亚目的海水观赏鱼数量骤然变多，很难说清现在市场上到底有多少个品种的䲁类。在国内的观赏鱼贸易中，大多数䲁类被和虾虎类混为一谈，所有䲁类观赏鱼都会有一个叫“某某虾虎”的商品名。其实，它们和虾虎类的区别还是比较大的，早在100年前，早期的海水鱼爱好者已经将䲁类和虾虎分开，䲁类在西方一般被称为“Blenny”，虾虎则被称为“Goby”。这两类鱼虽然在外形上有些相似，但在生活习性上有明显的差异。

䲗亚目（Callionymoide）没有䲁亚目那样庞大，共有2科20属，200多种鱼类。目前只有䲗科连鳍䲗属的寥寥几种在观赏鱼贸易中出现，被称为麒麟鱼、青蛙鱼或官使鱼，其余物种皆未作为观赏鱼。虽然䲗类并不好养，但仍然贸易量非常大。它们拥有华丽的外表，高耸的背鳍，花纹很像我国清朝时出使国外使节的服饰，因此它们西方被称为“官使鱼Mandarinfish”。这类鱼的表皮没有鳞片覆盖，并能分泌出大量的黏液，这些黏液有刺激性气味，用来驱散捕食者。䲗类不能接受任何品种的人工饲料，甚至不能接受新鲜的丰年虾，它们的口太小了，只能捕食岩石上的沙蚤等小型甲壳动物。只有在大型的礁岩生态缸中才能成功养活这种鱼，否则肯定会被饿死。

䲁类和䲗类一般被饲养在礁岩生态缸中，它们中的很多品种不能接受人工颗粒饲料，甚至只吃礁石上生长的小虫或者藻类。这两类鱼都不具备较强的耐药性，对含有铜离子和甲醛的药物都很敏感，如果滥用渔药，很容易造成它们的死亡。䲁亚目和䲗亚目在分类学上是鲈形目中紧邻的两个单元，具有较近的分类关系，因为两亚目中可介绍的品种都不多，所以放在一起进行说明。

现代观赏鱼贸易中常见的鳚亚目和䲗亚目鱼类分类关系见下表：

科	属	观赏贸易中的物种数	代表品种
鳚科 Blenniidae	盾齿鳚属（Aspidontus）	1种	假医生鱼
	异齿鳚属（Ecsenius）	5～6种	一般被称为虾虎，如双色虾虎
	动齿鳚属（Blenniella）	2～3种	一般被称为虾虎，如红点虾虎
	唇齿鳚属（Salarias）	2～3种	各种花豹鱼
	稀棘鳚属（Meiacanthus）	2～3种	一般被称为虾虎，如燕尾虾虎
	肩鳃鳚属（Omobranchus）	1种	奥特曼青蛙鱼
䲗科 Callionymidae	连鳍䲗属（Synchiropus）	3～4种	青蛙鱼和火麒麟

假医生鱼 *Aspidontus taeniatus*

中文学名	纵带盾齿鳚
其他名称	暂无
产地范围	西太平洋至印度洋的热带珊瑚礁区域，主要捕捞地有菲律宾、印度尼西亚、中国南海等
最大体长	15厘米

虽然假医生鱼在市场上并不多见，但必须要提一下，因为错误引进这种鱼，会给水族箱带来灾难。前面提到了隆头鱼科裂唇鱼属的医生鱼，它们是大海中的清洁工，可以帮助大鱼清除身上的寄生虫。这使它们可以轻松地靠近大鱼，进入大鱼的口腔、鳃等隐秘部位。假医生鱼通过拟态演化，巧妙地利用了这种便利条件，它们的体色与医生鱼几乎一样，借以靠近大型鱼，进入大鱼隐秘部位后就撕咬大鱼的肉和器官，用以充饥。这是一种很“卑鄙”的行为，我们必须阻止这种操守不好的鱼进入水族箱。

假医生鱼的幼鱼很有可能混杂在来自菲律宾的医生鱼中间，不要错误地挑选它。最有效的办法是看尾鳍，真医生鱼尾鳍十分宽大，与背鳍和臀鳍相连，游泳时如同一条飘带。而假医生鱼尾鳍较小，和背鳍、臀鳍有明显的分开痕迹，游泳时径直向前，不会随水漂动。如果再仔细观察，可以发现真医生鱼的嘴很小，里面只有锉刀一样细小的牙齿。假医生鱼的嘴很大，牙齿是尖锐、锋利且略微向外突出。

假医生鱼的生存能力比医生鱼强，不但撕咬其他鱼，也吃各种饲料和鱼虾肉，所以在公共水族馆中进行生物拟态主题的科普展示，对比饲养医生鱼和假医生鱼时，假医生鱼更为好养。

月眉鸳鸯 *Meiacanthus smithi*

中文学名	斯氏稀棘䲁
其他名称	黑线虾虎
产地范围	印度洋的热带珊瑚礁区域，主要捕捞地有印度尼西亚、马尔代夫等
最大体长	10厘米

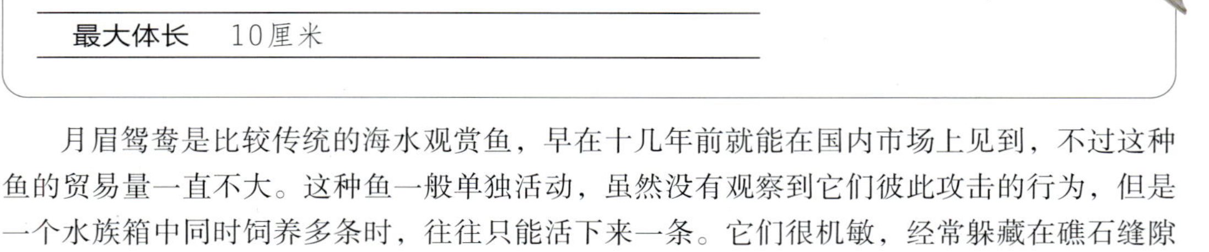

月眉鸳鸯是比较传统的海水观赏鱼，早在十几年前就能在国内市场上见到，不过这种鱼的贸易量一直不大。这种鱼一般单独活动，虽然没有观察到它们彼此攻击的行为，但是一个水族箱中同时饲养多条时，往往只能活下来一条。它们很机敏，经常躲藏在礁石缝隙里，特别喜欢管状的洞穴。这种鱼可以将身体藏在洞穴中，只露出头来观察外界环境。完全适应环境后，它们也十分喜欢游动，常常尾随着青魔等成群的小型鱼类一起活动。

月眉鸳鸯比较脆弱，水质的剧烈波动会使它们死亡。虽然这种鱼能在硝酸盐浓度达到200毫克/升的水中短期存活，但是要想养得长久，还是应将其饲养在水质极好的礁岩生态缸中。在硝酸盐浓度始终低于0.3毫克/升、pH值8.1以上的水中，它们的体色十分光鲜，行为也比较活跃。月眉鸳鸯能接受人工颗粒饲料，但一开始要用冷冻丰年虾来喂养，时间长了才能慢慢接受饲料，不过经常是吃到嘴里又吐出来。这种鱼很怕药，不应用含有铜离子和甲醛的药物对其进行检疫，在使用抗生素和沙星类药物时，也要减半用药量。饲养这种鱼基本上是要么不让它患病，如果已经患病就只能看着它死。

不知是月眉鸳鸯不适合作为观赏鱼饲养，还是它们本身的寿命不长，即使饲养在水质非常稳定的大型礁岩生态缸中，一般饲养不到2年，它们就会凭空消失，活不见鱼，死不见尸。

斑马䲁 *Meiacanthus grammistes*

中文学名	黑带稀棘䲁
其他名称	狗牙虾虎、毒牙虾虎、狗条
产地范围	西太平洋的热带珊瑚礁区域，主要捕捞地有菲律宾、印度尼西亚、澳大利亚北部沿海地区等
最大体长	11 厘米

斑马䲁是稀棘䲁属中比较常见的观赏鱼，在从菲律宾和印度尼西亚进口的观赏鱼中都有它们的身影，而且市场价格很低。它们喜欢趴在礁石和底沙上啃食藻类，也会成小群地在水族箱中短时间游泳。它们能接受各种饲料，尤其是薄片饲料碎屑。但是耐药性很差，水中少量的铜离子就会杀死它们。

琴尾鸳鸯 *Meiacanthus atrodorsalis*

中文学名	稀棘鳚
其他名称	叉尾虾虎、双色剪刀虾虎
产地范围	西南太平洋的热带珊瑚礁区域，主要捕捞地有菲律宾、澳大利亚北部沿海等
最大体长	10厘米

琴尾鸳鸯是稀棘鳚属的另一种比较常见的观赏鱼，和月眉鸳鸯一样，这种鱼也不是很好养。它们对水质的变化比月眉鸳鸯还要敏感，如果一次给水族箱换水量过大，它们就会马上有不适反应。当水中的硝酸盐和磷酸盐浓度持续升高时，这种鱼很快就会死亡。如果在一个饲养有雀鲷、草莓鱼的水族箱中放入琴尾鸳鸯，前两种鱼会总追着它打。在饲养这种鱼时，我们既要保证水质良好，又要尽量减少缸中的其他鱼类。如果真的很喜欢这种鱼，建议单独饲养它比较好。它们只接受冷冻的丰年虾和剁碎的虾肉泥，基本上不会吃颗粒饲料。琴尾鸳鸯也十分怕药，不能用药物进行检疫。即使伺候得非常好，它们也活不过2年。

双色虾虎 *Ecsenius bicolor*

中文学名	双色异齿鳚
其他名称	双色古B
产地范围	西太平洋至印度洋的热带珊瑚礁区域，主要捕捞地有菲律宾、印度尼西亚、马来西亚等
最大体长	8厘米

双色虾虎是礁岩生态缸中的“小精灵”，具有紫色或灰色的前半身、黄色或橘色的后半身，可以生长到8厘米左右。这种鱼在西太平洋到印度洋的珊瑚礁区域具有多个亚种，所以各地捕捞的个体，外观略有不同。

双色虾虎喜欢将身体的后半部分隐藏在洞穴里，如果能在礁石上竖立一小段塑料管，它就会钻进去，只露出灵巧的头注视着你。在受到惊吓后，它们会迅速钻进最近的礁石缝隙里，死也不出来。如果想捕捞它们，只要将石头拿出来，把它们从石缝里倒出来就成了。

双色虾虎也是杂食性鱼类，可以接受所有人工饲料，非常容易饲养。在食物匮乏的时候，它们也会啃食岩石上的藻类。这种鱼对水质的适应能力较强，只要硝酸盐浓度低于200毫克/升、pH值控制在8以上，它们就能很好的生活。不过，它们不耐药，当水中铜离子含量高于0.2毫克/升时，就会被毒死，所以不能使用含有铜离子药物进行检疫和治疗。这种鱼彼此之间很少打架，也不欺负其他鱼，雀鲷等凶悍的小型鱼类倒是很喜欢驱赶它们。

小丑虾虎 *Ecsenius stigmatura*

中文学名	眼点异齿鳚
其他名称	狗条、狗鳚
产地范围	西太平洋的热带珊瑚礁区域，主要捕捞地有印度尼西亚、菲律宾等
最大体长	6厘米

小丑虾虎和双色虾虎十分接近，不过个体更小，而且很少出现在市场上。这种鱼虽然不难养，不过因为太小，会被雀鲷、虾虎以及多种小型鱼类欺负，所以要么将其饲养在较大的礁岩生态缸中，要么单独饲养，否则很容易被别的鱼打死。小丑虾虎对水质和饵料的要求和双色虾虎一样，也是杂食动物，喜欢吃丰年虾，但是能接受藻类和颗粒饲料。

异齿鳚属的品种很多，外貌都很相似，只是体色不同。这些鱼属于观赏鱼的边缘类别，虽然经常会在市场上出现，但是很少有人特意为它们起名字。除了双色虾虎和小丑虾虎外，其余异齿鳚属的鱼类在观赏鱼贸易中通常统称为“小虾虎”。这些小虾虎一般和真正的虾虎鱼类混放在同一个售卖缸中，等待细心的爱好者将它们带回家。

金剪刀虾虎 *Ecsenius midas*

中文学名	金黄异齿鳚
其他名称	狗跳、黄金条、黄金鳚、黄金琴尾虾虎
产地范围	印度洋的热带珊瑚礁区域及礁石性沿岸地区，主要捕捞地有马尔代夫、斯里兰卡等
最大体长	10厘米

新引进的金剪刀虾虎通常会蜷缩在角落里，如果水族箱内有礁石和底沙，它们马上在礁石附近挖一个洞将自己隐藏起来。这种鱼是本属中个体较大的一种，适应人工环境后，性情会变得有些暴躁。它们攻击本属其他个体较小的品种，更不能容忍同类在自己栖身地附近出现，有时还攻击小型滤食性虾虎鱼。这种鱼并不难养，属杂食性鱼类，能接受颗粒饲料。它们对水质要求不高，但对化学药物敏感，不能使用铜药和福尔马林进行检疫和治疗。

异齿鳚属的鱼类很多，一般能在观赏鱼贸易中见到，不过都不常见。它们是一群不起眼的小鱼，直到现在还不能搞清到底有多少种异齿鳚在被当作观赏鱼饲养，本书只介绍了常见的三种，读者在观赏鱼市场上能见到的品种一定比本书介绍的多，不必担心，它们的饲养方法基本相同，会养一种就会养本属内的所有品种。

红点虾虎 *Blenniella chrysospilos*

中文学名	红点真动齿鳚
其他名称	红点古B、橘点鳚、狗头钻石虾虎
产地范围	西太平洋至印度洋的热带珊瑚礁区域，主要捕捞地有印度尼西亚、马尔代夫等
最大体长	12厘米

在礁岩生态缸中饲养红点虾虎，通常只能在石洞外面看到它们如同长满青春痘的头。这种鱼大部分时间里将自己的身体藏在石洞里，如果水族箱中没有礁石洞穴，它就会十分害怕，趴在角落里不敢游动。

红点虾虎有一副厚厚的嘴唇，里面有许多细小的牙齿，这是为了刮食礁石上的藻类而生。适应人工环境后，它们不但吃藻类，还能接受各种饲料，而且非常喜欢吃虾肉泥。这种鱼的市场价格不高，但比较少见，通常是将其饲养在水质稳定的礁岩生态缸中，还没有进行过药物测试。

花豹 *Salarias fasciatu*

中文学名	凤鳚
其他名称	西瓜刨、草蜢、花跳、食苔古B
产地范围	西太平洋至印度洋的热带珊瑚礁区域，主要捕捞地有菲律宾、印度尼西亚、中国南海等
最大体长	15厘米

花豹是一种很受欢迎的工具鱼，也是鳚类中的常见观赏鱼，鱼店里总会有这种鱼的库存。它们啃食岩石上过度生长的藻类，也滤食沙子中的有机碎屑，能帮助水族箱内部保持清洁。在西太平洋到印度洋的许多地方可以大量捕获到花豹，从5厘米的幼体到15厘米的成体都可以在贸易中见到。花豹没有华丽的外表，成鱼实际上能用丑陋来形容，只是因为其清洁藻类能力才被保留在观赏鱼贸易中。

如果经常能让它们吃到饲料，花豹就不会尽心尽责地清洁藻类。它们更喜欢吃肉，尤其是丰年虾和虾肉碎末，对于含有鱼粉较多的颗粒饲料也情有独钟。吃馋了的花豹只能将石头上的褐藻啃得一斑一块的，对于绿丝藻更是吃不了多少。它会整日里等在水族箱的上层水域，你一伸手，就马上冲上来要饲料吃。花豹游泳速度很快，而且非常强健，能轻松从其他鱼口边将食物抢走。

花豹非常容易饲养，对水质没有特殊要求，比鳚科其他品种的耐药程度高。它们也不能忍受水中铜离子含量高于0.2毫克/升。

奥特曼青蛙 *Omobranchus fasciolatoceps*

中文学名	斑头肩鳃鳚
其他名称	奥特曼虾虎
产地范围	西太平洋至印度洋的海岸和红树林地区，主要捕捞地有中国浙江、福建、广东、广西、海南沿海地区等
最大体长	12厘米

斑头肩鳃鳚是这两年原生鱼饲养热潮兴起后才被当作观赏鱼饲养的沿海小型鱼类，很少在观赏鱼市场出现，多数是爱好者们自己去海边采集，然后在网上进行买卖和交换。由于其相貌古怪，头部很像儿童节目中奥特曼的形象，在水底一窜一蹦地游泳又有些像青蛙，所以网友们给它起了一个非常萌的名字——奥特曼青蛙。我认为这个名字起得非常好，能让不养鱼的人听到也觉得很好玩，所以直接使用它作为本书采用的观赏鱼商品名。

确切地说，奥特曼青蛙是一种半咸水鱼类，既可生活在海水中，也可以生活在半咸水中，还可以饲养在纯淡水中。这种鱼啃食岩石上的藻类，翻动泥沙滤食埋在里面的有机物碎屑。在水族箱中可以接受任何品种的人工饲料，非常容易饲养。它们很少患病，对各种药物也不敏感，可以接受含有铜离子和甲醛药物的检疫。生命力这么顽强的鱼，自然不会对水质有苛刻的要求。

如果将奥特曼青蛙饲养在礁岩生态中，它们会时常骚扰底栖性的小型无脊椎动物，如小海星、海螺、寄居蟹等。有时也会啃两下珊瑚，或者将小块的珊瑚叼起来扔到一边。虽然它们不会吃掉珊瑚，但是折腾来折腾去，对珊瑚的生长不利。故不建议将其放入饲养有很多小型无脊椎动物的水族箱中，如果水族箱中都是很大的珊瑚丛，就不会被奥特曼青蛙所伤害。假设水族箱玻璃上长了很多讨厌的藻类，就不用刻意给奥特曼青蛙喂食，几天后，玻璃上的藻类也干净了，它们也吃肥了。一些具有攻击性的小型鱼类，往往对奥特曼青蛙视而不见，很少攻击它。这种鱼也不会主动攻击其他鱼，它们同种之间有时会发生一点小摩擦，但很快就能平息。这是一种非常有趣的小鱼，能给你带来许多乐趣。

圆点青蛙 *Synchiropus picturatus*

中文学名	绿鳍连鳍䲗
其他名称	绿青蛙、青蛙鱼、圆斑麒麟
产地范围	印度洋的热带珊瑚礁区域，主要捕捞地有印度尼西亚、马来西亚等
最大体长	7厘米

圆点青蛙偶尔会出现在从印度尼西亚进口的观赏鱼中，数量并不多，虽然很廉价，却不容易获得。这种鱼的雄性可以生长到7厘米，雌性体长只有5厘米，雄鱼比雌鱼更加鲜艳，一眼就能识别出来。

饲养圆点青蛙不需要太大的水族箱，因为它们的游泳能力有限，多数时间在沙子或礁石上“爬行”。它们不可能接受人工饲料，如果偶尔吃了冷冻的丰年虾，则可能是误认为那些丰年虾是活的。它们只吃活的小型甲壳动物，必须提供足够的生物礁石为它们培养这些活的饵料，每条圆点青蛙至少要拥有10千克的生物礁石，否则它们会经常饿肚子。在水族箱中培植海藻，可以让沙蚕越来越多，圆点青蛙就会有源源不断的食物来源。它们对水质没有严格的要求，爱好者一般将它们饲养在礁岩生态缸中，没有必要刻意为它们调整水质。这种鱼很少患疾病，大多数在人工环境下死亡的个体主要是饥饿和雄性间的打斗造成的。它们不耐药，不可以用任何药物进行检疫和治疗。

皇冠青蛙 *Synchiropus splendidus*

中文学名	花斑连鳍䲗
其他名称	青蛙鱼、官服鱼、皇冠麒麟
产地范围	西太平洋至印度洋的热带珊瑚礁区域，主要捕捞地有菲律宾、印度尼西亚等
最大体长	8厘米

皇冠青蛙是本属常见于观赏鱼贸易的品种，在从印度尼西亚和菲律宾进口的观赏鱼中都可以见到。一般雄性可以生长到8厘米，第一背鳍前方拥有延长的丝。雌性可能比雄性小一半，并没有高大的背鳍，一般贸易中的个体是雄性。

这种鱼具有领地意识，特别是雄性，它们之间的攻击都是致命的。依我看来，每400升水中可以放养一条，并保证有充足的岩石洞穴供它们躲藏。不过，一条雄性可以和多条雌性生活在一起，过着一夫多妻的生活。如果将一雄一雌饲养在一起，只要天然饵料数量足够，它们就可能将卵产在岩石洞穴里。目前尚无人繁殖成功的记录，因为我们无法给刚孵化的小鱼提供合适的饵料。

△青蛙鱼的雌雄体形差异很大，雄鱼往往比雌鱼大1/3到1倍，观赏鱼贸易中的个体多数是雄鱼

皇冠青蛙行动很缓慢，容易受到雀鲷和草莓鱼的袭击，如果水族箱容积小于200升，不建议将它们混养在一起。和其他青蛙鱼一样，皇冠青蛙具有抗病性，这可能是由于身体受到厚厚的黏液覆盖，很少遭到细菌和寄生虫的感染。由于它们不能长时间游泳，经常要在岩石上停留，有的时候会停靠在珊瑚或海葵上，在饲养有大海葵的水族箱中，有可能被海葵吃掉。

必须为每条皇冠青蛙提供10公斤以上的生物礁石，用来培养活的小型饵料。最好还是多培植海藻，让沙蚕、沙蚕等小生物繁盛起来。在环境适宜的情况下，皇冠青蛙的寿命可以很长。

火麒麟 *Synchiropus sycorax*

中文学名	宝石连鳍䲗
其他名称	金翅火麒麟、火焰青蛙、红宝石麒麟
产地范围	西太平洋的热带珊瑚礁区域，主要捕捞地有菲律宾等
最大体长	8厘米

火麒麟是2016年才被定名的新物种，用来定名的模式标本来源于观赏鱼贸易，可以说这种鱼是先被当作观赏鱼，后才被命名。目前，火麒麟主要来自菲律宾，多数是雌性，偶尔能见到雄性。雄鱼非常美丽，火红的身体边缘镶嵌着金黄色的边，有两个高高竖起的背鳍，如同船帆。雌鱼没有高高竖起的背鳍，第一背鳍很小，并且是黑色的。

△成年的雄鱼具有高耸的背鳍

和其他连鳍䲗一样，火麒麟对水质并不苛求，只是它们只吃活的小型甲壳动物，必须在水族箱中培育沙蚤、小虾等，才能满足它们进食的需求。这种鱼和其他青蛙类的活动偏好有些不同，其他青蛙鱼喜欢在岩石上爬来爬去，而火麒麟更喜欢在沙子上爬。一些爱好者将成对的火麒麟饲养在水质良好礁岩生态缸中，不久就观察到它们在礁石背面产卵，但是由于没有合适的饵料喂给新孵化的小鱼，所以繁殖并不成功。

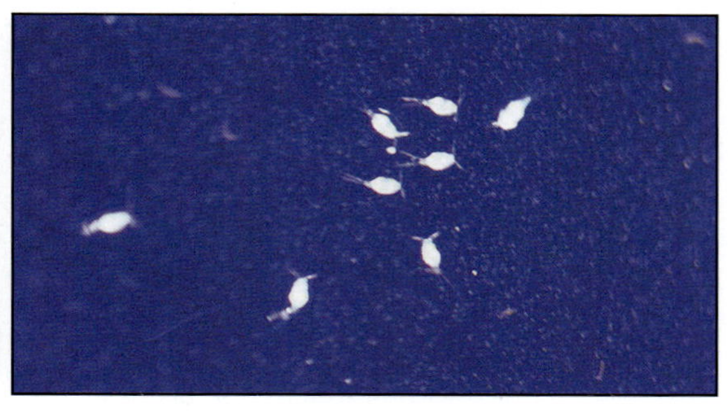

怎样更多地培育礁石上的小虫：连鳍䲗类只能摄食礁石和底沙上爬行的小虫，水族箱礁石和海藻丛中自然繁殖的沙蚤和蛋白虫是它们的主要食物。这些小虫通常通过活石和珊瑚被带到水族箱中，只要环境合适，它们就会大量繁殖起来。为了能让连鳍䲗类吃饱，我们必须让这些小虫尽量快速地繁殖后代，一般可以通过三种办法达到这个目的：第一，可以尽可能多地放置礁石和沙子，为小虫提供更多的繁育空间；第二，可以培育海藻，海藻丛比裸露的礁石更适合小虫子的生长繁育；第三，适当给它们一些食物，虽然连鳍䲗不吃薄片饲料，但是每天仍应向水中投放微量的薄片饲料，这样可以将小虫子们喂饱。

虾虎类

虾虎鱼亚目（Gobioidei）共有7科，270多属，2000多个已知物种，是鲈形目中最大的一个分支，占鲈形目鱼类总数的23%。虾虎鱼类广泛分布在淡水、半咸水和海水中，在热带、亚热带和温带都有分布，以热带地区最为丰富。淡水观赏鱼和海水观赏鱼中都有数量繁多的虾虎鱼品种，在海水观赏鱼贸易中常见的虾虎鱼亚目鱼类有30多个品种，其中还有很多是因长相接近而多种共同使用一个商品名的。随着这几年原生观赏鱼饲养爱好的兴起，沿海地区的许多海水和半咸水虾虎鱼品种被爱好者采集饲养，有些甚至在人工环境下繁育成功。这使得海水观赏鱼中的虾虎鱼品种越来越多，数量越来越大。

大多数海水虾虎鱼十分容易适应人工环境，并接受颗粒饲料。但它们十分胆小，环境突变时应激反应剧烈，这使得虾虎鱼成为观赏鱼运输中死亡率最高的品种。很多虾虎鱼的产地非常狭窄，其中不少品种属于难以获得的名贵观赏鱼。虾虎鱼的自然寿命也不长，即使饲养得非常健康，超过2岁的个体已算是很长寿的了。

凹尾塘鳢（音lǐ）科的一些品种具有群居习性，如果单独饲养一条可能无法存活。有些群居性虾虎鱼在没有其他大型鱼类威胁的情况下，群体中的成员们还会终日打架，在小型水族箱中甚至会有个体被伤害至死。连膜虾虎鱼属的很多品种在自然界中和枪虾共生在一个洞穴里，它们为虾担当警戒的任务，而几乎没有视力的虾提供出自己的洞穴作为补偿。这种现象在水族箱中很难见到，因为很少可以捕捞到适合虾虎鱼的小虾。饲养本属鱼类时，它们总会感到很紧张。盾塘鳢属和范氏塘鳢属的鱼类终日大口大口地“吞吃”沙子，将沙子含在嘴中蠕动，然后吐出来，沙子中的有机物质就被滤食掉，这能让水族箱中的沙子一直保持洁白，所以很多礁岩生态缸爱好者饲养虾虎来帮助清洁沙子。个体较大一些的虾虎鱼具有攻击性，有时候会袭击小型鱼类。

△由于会不断吞吐沙子，虾虎鱼是水族箱中良好的清洁工

△和枪虾共生在一起的虾虎鱼

大多数虾虎鱼没有鳔，所以不能在水中自由游泳，只能在底层窜动。人工饲养环境下，虾虎鱼虽然对水质要求不高，还是建议将水中的硝酸盐浓度控制在150毫克/升以下，太高的硝酸盐会让它们食欲不振。所有的虾虎鱼都是不耐药的鱼类，不能接受含有铜离子和甲醛的药物进行治疗，通常患病的虾虎鱼会很快死掉。绝大多数海水虾虎鱼必须生活在24～28℃的水温里，太高或太低的水温都容易造成它们突然死亡。如果水族箱中的水质控制得好，一些品种可能会在其中产卵，但繁殖出的幼鱼十分细小，很难饲养成活。

虾虎鱼在我国香港地区被称为“古B”，这是根据其英文名Gobi音译过来的叫法。在新加坡、马来西亚等地区，“古B”这个名字更是被广泛使用。

虾虎鱼亚目的海水观赏鱼分类关系见下表：

科	属	观赏贸易中的物种数	代表品种
虾虎鱼科 Gobiidae	大弹涂鱼属（*Boleophthalmus*）	1～2种	大弹涂鱼
	丝虾虎鱼属（*Cryptocentrus*）	5～6种	蓝点虾虎和硫磺虾虎等
	盾塘鳢属（*Amblyeleotris*）	2～3种	最有名的大帆虾虎鱼
	盾虾虎鱼属（*Amblygobius*）	5～6种	多作为清洁沙子的工具鱼，代表品种是林哥虾虎
	连膜虾虎鱼属（*Stonogobiops*）	所有种	喜欢与枪虾共生的品种，多数称为天线虾虎
	范氏塘鳢属（*Valenciennea*）	2～3种	清洁沙子的能手，代表品种是哨兵虾虎
	叶虾虎鱼属（*Gobiodon*）	3～4种	个体非常小的观赏鱼，常见的有黄蟋蟀等
	血虾虎鱼属（*Lythrypnus*）	1～2种	非常小的鱼类，只有蓝线虾虎较为常见
	护稚虾虎鱼属（*Signigobius*）	1种	四驱车虾虎
凹尾塘鳢科 Ptereleotridae	线塘鳢属（*Nemateleotris*）	所用种	本属只有3种，即雷达、紫雷达、紫玉雷达
	凹尾塘鳢属（*Ptereleotris*）	3～4种	喷射机

弹涂鱼 *Boleophthalmus pectinirostris*

中文学名	大弹涂鱼
其他名称	跳跳鱼、泥猴
产地范围	西太平洋至印度洋的热带沿海泥滩和红树林地区，中国浙江、福建、广东、广西、海南沿海均产
最大体长	20厘米

弹涂鱼没有鲜艳的颜色，但是它们的行为十分有趣，将弹涂鱼饲养在公共水族馆中，不但能提高展示的趣味性，还能让游客直观观察生物多样性的奇妙现象。一些观赏鱼爱好者也喜欢养弹涂鱼，在大型水族箱中营造出水陆两栖的景观，观察弹涂鱼在沙滩上跳来跳去的有趣行为，这可是茶余饭后的一大乐事。如果配合饲养一些寄居蟹、招潮蟹等海滨小动物，就更好玩了。

在我国南部沿海地区，渔民在休渔期会到泥滩上捕捉弹涂鱼，用它们煲汤，这种饮食习俗还被记录在影片《舌尖上的中国》中。弹涂鱼在南方水产市场上非常常见，如果在观赏鱼店里见不到，可以去水产市场转转。弹涂鱼对水质条件要求极低，不怕水中的氨和硝酸盐浓度过高，可以生活在海水、半咸水中，还能短时间生活在淡水中。如果完全将弹涂鱼饲养在水中，就观察不到它们奇趣的行为了，所以要么使用水陆两栖缸，要么在水族箱中多放置一些伸处水面的沉木。

饲养弹涂鱼唯一的麻烦是它们不懂得吃颗粒饲料，我们可以用虾肉、贝肉甚至淡水红虫来喂养弹涂鱼，要训练很久才能让它们勉强接受颗粒饲料。弹涂鱼离开水以后，将尾巴置于泥泞的环境中，借此获取溶解氧。它们不怕水中缺氧，但是如果饲养水太脏了，也会造成其皮肤溃烂。我没有试验过这种鱼是否耐药，因为一般是单独饲养，它们既不容易患病，也不会将疾病传染给别的鱼。弹涂鱼很善于攀爬，在晚上能利用腹鳍和尾巴做支撑，沿着水族箱边角爬上来，跳出水族箱在家中到处乱跑，所以水族箱上方最好用尼龙网制作一个透气的盖子，防止它们逃逸。

弹涂鱼在进食时彼此之间的敌意非常明显，经常相互撕咬鱼鳍，所以要根据饲养环境的大小来决定饲养数量。一般要保证每条鱼拥有30厘米见方（0.09平方米）的生活空间。

◁模仿自然生态造景的弹涂鱼饲养箱

粉点虾虎 *Cryptocentrus leptocephalus*

中文学名	斜带丝虾虎鱼
其他名称	粉点哨兵虾虎
产地范围	西南太平洋的热带沿海碎石地区，主要捕捞地有所罗门群岛、印度尼西亚等
最大体长	10厘米

粉点虾虎以前比较少见，这两年才逐渐在观赏鱼贸易中多起来。它们在虾虎鱼家族中算是比较大的成员，性格也比较暴躁。这种鱼会驱赶和攻击其他体形较小的虾虎鱼，平时喜欢将后半身埋在沙子里，转动眼睛到处寻觅食物。可以用冷冻丰年虾和剁碎的虾肉泥喂养粉点虾虎，经过一段时间的驯诱，它们能接受小颗粒的人工饲料。这种鱼是肉食性动物，对于水族箱中的藻类一般不感兴趣。它们不袭扰珊瑚和其他无脊椎动物，可以与非同种的小型鱼类混养在礁岩生态缸中。

蓝点虾虎 *Cryptocentrus caeruleopunctatus*

中文学名	青斑丝虾虎鱼
其他名称	青点虾虎
产地范围	仅分布于红海沿岸的碎石地区
最大体长	13厘米

蓝点虾虎非常美丽，巨大的背鳍上布满闪亮的蓝色斑点，特别是宽大的第二背鳍，犹如一面布满星光的旗帜。这种鱼只产于红海地区，在国内市场上非常少见，只是偶尔会混杂在来自红海的观赏鱼中，售价也不低。和粉点虾虎一样，这种鱼喜欢在沙子上打洞，然后将后半身埋在里面。它们喜欢吃冷冻丰年虾，也会滤食沙子里的有机颗粒物。

蓝点虾虎具有强烈的领地意识，一个水族箱中不能同时饲养两条，否则肯定会有一条被打死。它们偶尔也会攻击其他小型虾虎鱼和体形酷似虾虎的其他鱼类。由于个体较大，这种鱼在所有虾虎鱼中算寿命比较长的品种。

硫黄虾虎 *Cryptocentrus cinctus*

中文学名	黑唇丝虾虎鱼
其他名称	黄金虾虎、金色虾虎
产地范围	西太平洋的热带沿岸碎石区域和海藻丛生地区，主要捕捞地是菲律宾
最大体长	8厘米

硫黄虾虎是一个体色富有变化的观赏鱼品种，大多数捕捞于菲律宾，一般体长在5~8厘米。硫黄虾虎的身体一般呈硫黄色，身体上有许多蓝色小斑点。也有一些个体在受到惊吓或情绪不稳定时呈现乳白色、咖啡色甚至淡蓝色，这些颜色不稳定的个体经常被误认为是其他品种。

硫黄虾虎是隐藏和挖掘的高手，在被引进礁岩生态缸中后，会很快挖掘一个洞穴，躲藏到里面。如果有其他鱼接近洞穴，它会张开巨大的嘴进行威吓。这种鱼可以接受颗粒饲料，但摄食速度非常缓慢，如果投喂漂浮性饵料，根本吃不到。它们不能和较为凶猛的中大型鱼类混养，在和雀鲷等小型鱼类混养时，基本上可以和平相处。在所有喜欢翻动沙层的虾虎鱼中，硫黄虾虎算是很经典的一个品种，早在20年前就有人饲养它们。多年来，经过许多爱好者的研究，已经能使这种鱼在水族箱中配对并产卵。它们采取一夫一妻的生活，一旦成为配偶就不会分开，不论摄食还是睡觉都会在一起。发情的雄鱼会在礁石附近挖一个沙坑，然后雌鱼在里面产卵，雄鱼为卵受精后，会将卵含在口中孵化。可能是由于缺少幼鱼的开口饵料，人工环境下孵化的硫黄虾虎，成活率很低。

红斑节虾虎 *Amblyeleotris fasciata*

中文学名	条带钝塘鳢
其他名称	暂无
产地范围	西南太皮昂扬的岛屿沿岸碎石性浅滩地区，主要捕捞地有马绍尔群岛、瓦努阿图等
最大体长	8厘米

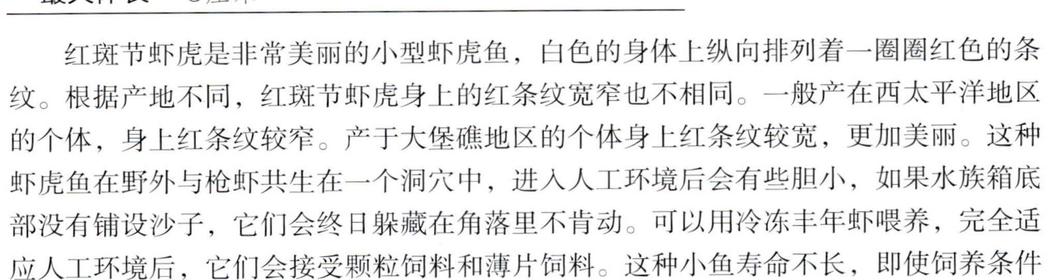

红斑节虾虎是非常美丽的小型虾虎鱼，白色的身体上纵向排列着一圈圈红色的条纹。根据产地不同，红斑节虾虎身上的红条纹宽窄也不相同。一般产在西太平洋地区的个体，身上红条纹较窄。产于大堡礁地区的个体身上红条纹较宽，更加美丽。这种虾虎鱼在野外与枪虾共生在一个洞穴中，进入人工环境后会有些胆小，如果水族箱底部没有铺设沙子，它们会终日躲藏在角落里不肯动。可以用冷冻丰年虾喂养，完全适应人工环境后，它们会接受颗粒饲料和薄片饲料。这种小鱼寿命不长，即使饲养条件极好，也很少能在人工环境下活过2年。

大帆虾虎 *Amblyeleotris randalli*

中文学名	兰道氏钝塘鳢
其他名称	高帆虾虎
产地范围	西太平洋的热带珊瑚礁潟湖区域，主要捕捞地是印度尼西亚
最大体长	12厘米

大帆虾虎是钝塘鳢属中最漂亮的一个成员，也是海水虾虎鱼中最具代表性的一种。它们具有乳白色的身体，大概6～7条橙色的环纹纵向环绕于身体之上，最有特点的是那竖立如帆的巨大背鳍，上面还有一个黑色的眼状斑点。这可能是一种伪装，用来迷惑捕食鱼类。大帆虾虎可以生长到12厘米，但观赏鱼贸易中的个体一般只有5～8厘米。它们瘦弱且神经质，不是很容易适应人工环境，运输途中因为应激反应而死亡的比例非常大。

最好不要用太大的水族箱饲养这种鱼，它们完全底栖，而且很羞涩，在大环境中很难自己找到人们投下来的饲料。可以用容积50～200升的水族箱饲养，如果生存环境太小，也会造成这种鱼的过度紧张。必须在水族箱内铺设沙子，还要有一些礁石方便它们躲藏。它们也有和枪虾共生的习性，如果能寻找到相应品种的枪虾一起饲养，是极好的事情。大帆虾虎数量不多，市场价格较高，再加上其较高的运输损耗，很多鱼商都回避这种鱼，这使得在市场上更难见到它的身影。

金斑虾虎 *Amblyeleotris guttata*

中文学名	点纹钝塘鳢
其他名称	暂无
产地范围	西太平洋的沿海碎石地区，主要捕捞地有印度尼西亚、巴布亚新几内亚等
最大体长	11厘米

金斑虾虎看上去很像粉点虾虎，大多数鱼商将二者混为一谈，其实它们是完全不同属的鱼类。这种鱼的第一背鳍上有一条长长的软丝，在沙子上爬行时，这个软丝会随水“飘逸”，这是它和粉点虾虎的最明显区别。这种鱼喜欢成对地生活在海底的洞穴中，也会和枪虾共生在一起，借住在枪虾挖的沙洞中。如果水族箱中没有铺设底沙，这种鱼会惶惶不可终日，最终绝食死去。在水族箱中，金斑虾虎没有枪虾为伴，它们既可以单独生活，也可以成对生活，甚至会出现两雌或两雄同居在一起的情况。

它们对饵料并不挑剔，最喜欢吃冷冻的丰年虾，也能接受小型颗粒饲料。夏天需要将水族箱的水温控制在29℃以下，水温长时间高于29℃，金斑虾虎会被热死。在受到惊吓时，这种鱼除了迅速躲进洞穴，还能跳出水面，所以水族箱上方一定要加盖子。金斑虾虎对水质要求不高，大多是被饲养在礁岩生态缸中。它们是非常不耐药物的鱼类，在淡水浴中的死亡率也极高。

红线虾虎 *Amblyeleotris rainfordi*

中文学名	伦氏钝塘鳢
其他名称	暂无
产地范围	西太平洋的沿海碎石地区，主要捕捞地是印度尼西亚
最大体长	8厘米

红线虾虎是廉价而不起眼的小型观赏鱼，经常可以在观赏鱼店中见到。通常人们将其放到礁岩生态缸中后，就不再管了，任由它们自由生活。红线虾虎吃几乎所有能当作食物的东西，甚至会咀嚼一些鱼的粪便。虽然在大型水族箱中它们从来抢不到食物，但很少有饿死的个体。

完全成年的红线虾虎只有8厘米长，非常温顺，从不和其他鱼发生争执。有些爱好者曾观察到它们啄咬五爪贝和部分珊瑚的触手，但均不能造成伤害，可能是饿急了，才尝试着咬一下。我们可以放心地将其饲养在礁岩生态缸中。

有的时候，红线虾虎还会成群活动，通常体形最大的一条会成为“领袖”，这条鱼在游泳时总是在最前面，其他鱼跟在其后。如果发现危险，领袖也会第一个掉头躲入礁石缝隙中。

林哥虾虎 *Amblygobius phalaena*

中文学名	尾斑钝虾虎
其他名称	鹦鹉古B
产地范围	印度洋的热带沿海碎石地区，主要捕捞地有印度尼西亚、马尔代夫、中国南海等
最大体长	15厘米

林哥虾虎的名字很像一个人名，英文名是“Sleeper banded goby”，意思是有横带的枕木。中文“林哥”这个名在20世纪80年代的香港地区海水观赏鱼书籍中已经出现，可能是指它们像林中的鹦哥，因为这种虾虎还被称为“鹦鹉古B”。

林哥虾虎是钝虾虎鱼属的常见品种，也是所有虾虎鱼中市场价格最低的品种之一。它们非常好养，喜欢啃食礁石和沙粒上的藻类，能帮助我们清洁水族箱。林哥虾虎的个体较大，所以善于争抢食物，在水族箱中一旦让其吃惯了颗粒饲料，就不会再帮你清洁藻类。有时，这种鱼会啃咬珊瑚和海绵，所以在礁岩生态缸中饲养还是有些风险的。林哥虾虎能接受水中0.3毫克/升的铜离子含量，是虾虎鱼中为数不多的耐药品种。当使用含甲醛药物对其进行药浴时，它马上就会死亡。

黑天线虾虎 *Stonogobiops nematodes*

中文学名	丝鳍连膜虾虎
其他名称	暂无
产地范围	西太平洋的热带沿海碎石地区，主要捕捞地是印度尼西亚
最大体长	6厘米

大多数虾虎鱼没有鳔，所以只能在水底活动。连膜虾虎属的鱼却有鳔，可以在水中层漂浮游泳，行为上很像丝塘鳢家族的成员。本属的鱼类体形都很小，而且善于躲藏，放入造景复杂的礁岩生态缸中后就很少出来见人了。本属中多数品种为不常见的观赏鱼，只有黑天线虾虎一种较为常见。

黑天线虾虎是一种非常美丽的小型鱼类，白色的身体上纵向排布着黑色的线条，如同斑马纹一般。背鳍前端有长长的硬棘，经常竖立起来，犹如天线。它们在大海中单独或成对地与枪虾共生在一起，为枪虾警戒身边的环境，枪虾则允许其居住在自己的洞穴里。这种鱼虽然喜欢穴居，但是自己的挖洞能力不强。

负责任的捕捞商会将黑天线虾虎和枪虾一起捕捞，并在运输中尽量保证虾的存活。这样，我们就能购买到成组的“共生小伙伴”，将它们单独饲养在小型水族箱中，不时观察是非常惬意的事情。如果用于科普展览，更是解释大自然中共生关系的良好素材。但大多数时候，鱼店里只有黑天线虾虎，和它共生的虾已不知去向。当单独饲养黑天线虾虎时，其变得十分胆小，总是趴在水底不爱运动。没有枪虾为其挖掘沙洞，它就只能找礁石的缝隙来隐蔽自己，所以饲养时一定要在水族箱中搭建礁石洞穴。黑天线虾虎并不是只和一种枪虾共生，任何品种的枪虾都可以和它们一起饲养，所以我们可以在买到鱼后，再单独寻找虾。只要枪虾开始在沙子上打洞，虾虎就会凑过去帮忙，然后它们俩就能同居在一起。想观察虾虎和虾的共生，水族箱底沙至少要铺设10厘米厚，否则枪虾挖不出能容纳它们俩的洞穴。

最好用小型水族箱单独饲养黑天线虾虎，即使是在水质非常好的礁岩生态缸中，也很难让黑天线虾虎与其他小鱼很好地生活在一起。这种鱼很注重保护自己的洞口周围领地，会驱赶其他小鱼。但是，它们本身较弱，一旦遭到其他鱼还击就会受伤，躲进洞穴不敢出来，甚至直到饿死也不再露面。

黑天线虾虎鱼的寿命不是很长，即使饲养在很好的环境中，一般也不会活过2年的时间。

白天线虾虎 *Stonogobiops yasha*

中文学名	红带连膜虾虎
其他名称	暂无
产地范围	西太平洋的热带沿海碎石地区，主要捕捞地是琉球群岛和菲律宾东部
最大体长	6厘米

黑次郎 *Stonogobiops pentafasciata*

中文学名	五带连膜虾虎
其他名称	暂无
产地范围	仅产于琉球地区的沿海碎石滩涂区域
最大体长	8厘米

吸血鬼虾虎 *Stonogobiops dracula*

中文学名	横带连膜虾虎
其他名称	暂无
产地范围	仅产于马尔代夫群岛的碎石性浅滩和珊瑚礁泄湖地区
最大体长	7厘米

白天线虾虎、黑次郎和吸血鬼虾虎都是原产地非常狭窄的稀有海水观赏鱼，不但娇小脆弱，而且市场价格比其他虾虎鱼高不少，是鱼类收藏爱好者比较喜欢的品种。其中，白天线虾虎是1998年先在观赏鱼贸易中出现、2001年才被命名的新物种。目前，人们只在西太平洋琉球群岛附近的珊瑚礁潟湖和部分珊瑚沙底质浅海地区才能发现白天线虾虎和黑次郎，而吸血鬼虾虎只产于马尔代夫群岛的珊瑚礁潟湖地区。近两年，不知是因为人们在更多水域发现了红天线虾虎，还是之前的高额价格其实是一种商业炒作手法的原因，红天线虾虎的市场价格直线下滑，其零售价格现在已经和较为常见的黑天线虾虎接近了。

这三种虾虎鱼都很容易接受小颗粒饲料，但对饲养环境的要求比较高。可参照黑天线虾虎的饲养方法，最好用小水族箱单独饲养。

钻石哨兵虾虎 *Valenciennea puellaris*

中文学名	范氏虾虎鱼
其他名称	哨兵虾虎
产地范围	西太平洋至印度洋的热带沿海地区，主要捕捞地有菲律宾、印度尼西亚、马尔代夫等
最大体长	20厘米

钻石哨兵虾虎是这两年非常火的虾虎鱼品种，在互联网上有很多关于这种鱼的“传说”。它们被誉为水族箱底沙“第一清洁高手”，每天不断地吃沙子、吐沙子，用嘴把沙子洗得洁白。其实，这种鱼和本属的其他鱼类一样，都以滤食沙子中的有机物为生，只不过钻石哨兵虾虎的个体最大，所以滤食能力最强。

钻石哨兵虾虎非常好养，对水质没有严格的要求，即使水中硝酸盐浓度高于200毫克/升，pH值低到7.6，也能很好的生活。它们一般被放养在大型礁岩生态缸中，不必刻意为其提供食物，其他鱼吃剩下的残渣和沙层上的藻类，就可以让它们果腹。如果将这种鱼饲养在纯鱼缸中，需要多放置礁石作为躲避处，否则它们会非常紧张。炮弹鱼和神仙鱼会攻击虾虎鱼，所以混养时应避开这些大型凶猛鱼类。充分适应环境以后，钻石哨兵虾虎彼此之间会因争夺领地而产生摩擦，虽然它们之间的打斗现象不是很严重，也会使处于弱势的一方不能正常觅食。体长超过10厘米的钻石哨兵虾虎会欺负其他虾虎鱼类，所以要避免和脆弱的小型虾虎鱼混养。

金头虾虎 *Valenciennea strigatus*

中文学名	丝条凡塘鳢
其他名称	金头古B、金头哨兵虾虎
产地范围	西太平洋至印度洋的热带沿海地区，主要捕捞地有菲律宾、印度尼西亚、斯里兰卡等
最大体长	18厘米

金头虾虎是一种大型虾虎类观赏鱼，可以生长到18厘米长。一般成对生活，在海底以滤食沙中的有机碎屑为生，是帮助我们保持水族箱中底沙清洁的理想工具鱼类。

金头虾虎非常容易适应人工环境，特别适合饲养在礁岩生态缸中，对人工饵料来者不拒，颗粒、薄片全都爱吃。除非购买到一对夫妻，否则不要将两条金头虾虎饲养在一起，这种鱼的领地意识很强。它们并不会在水族箱中占据很大一片底盘，一条金头虾虎可能只需要方圆30厘米的一片区域。它们喜欢将身体的大部分隐藏在领地中的礁石下面，只露出金黄色的头到处张望。

出于对领地的保护，金头虾虎可能会杀死贸然闯入的小型虾虎鱼（如雷达、蓝线虾虎、蟋蟀等），因此不可以将它们混养在一起。最好在水族箱中铺设直径3毫米以下的珊瑚砂，如果砂直径太大，这种鱼会感到不安。

虎纹虾虎 *Valenciennea wardii*

中文学名	沃德范氏塘鳢
其他名称	虎斑哨兵虾虎
产地范围	西太平洋的热带沿海地区，主要捕捞地是菲律宾
最大体长	15厘米

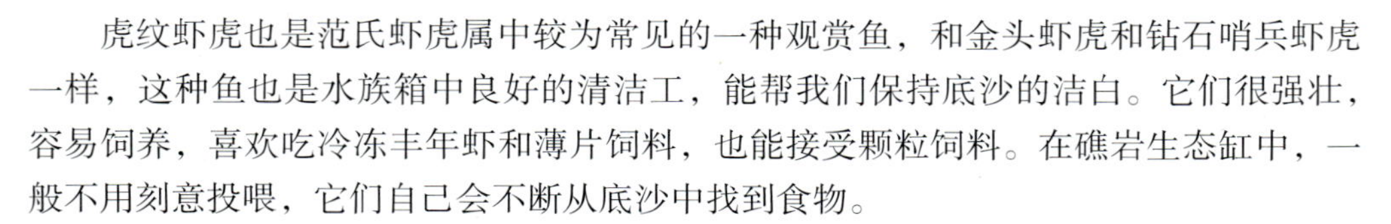

虎纹虾虎也是范氏虾虎属中较为常见的一种观赏鱼，和金头虾虎和钻石哨兵虾虎一样，这种鱼也是水族箱中良好的清洁工，能帮我们保持底沙的洁白。它们很强壮，容易饲养，喜欢吃冷冻丰年虾和薄片饲料，也能接受颗粒饲料。在礁岩生态缸中，一般不用刻意投喂，它们自己会不断从底沙中找到食物。

长鳍虾虎 *Valenciennea longipinnis*

中文学名	长鳍范氏塘鳢
其他名称	斑纹虾虎
产地范围	西太平洋的热带沿海地区，主要捕捞地有菲律宾、印度尼西亚等
最大体长	16厘米

长鳍虾虎在西太平洋的热带浅海地区有广泛分布，我国福建、广东和海南沿海的碎石性滩涂区域可以发现它们的踪迹，菲律宾、印度尼西亚等热带群岛国家的沿岸地区更是常见。它们是范氏虾虎家族中市场价格较低的一种，一般被作为廉价的工具鱼被饲养在礁岩生态缸中。它们翻动底沙的能力比金头虾虎和钻石哨兵虾虎还要强，只是因为色彩略暗淡了一些，而没有被爱好者所重视。这种鱼非常好养，可以参照金头虾虎的饲养方法。

黄蟋蟀 *Gobiodon citrinus*

中文学名	橙色叶虾虎鱼
其他名称	毒虾虎
产地范围	西太平洋至印度洋的珊瑚礁潟湖地区，主要捕捞地是印度尼西亚、马尔代夫、红海地区等
最大体长	5.5厘米

叶虾虎鱼属的鱼类是目前观赏鱼贸易中体形最小的海水观赏鱼群体之一，通常只有4厘米左右，喜欢在石珊瑚的枝杈间生活。在观赏鱼贸易中一般被称为“蟋蟀”，常见的有黄蟋蟀和绿蟋蟀，如果运气好，还能见到火焰蟋蟀。由于个体太小，运输损耗非常大，所以这种鱼在市场上不常见。

只有经验丰富的饲养者才会选择蟋蟀饲养到自己的礁岩生态缸中，因为它们很不容易饲养，而且在饲养过程中也不容易见到。蟋蟀类观赏鱼同珊瑚共生在一起时，显得十分和谐，不需要特殊的投喂，它们可以从珊瑚那里得到一些食物，并帮助珊瑚保持清洁。在没有饲养珊瑚的水族箱中很难将蟋蟀饲养成功，它们多数时间躺在一个角落里，然后抑郁而死。

这类鱼对水质比较敏感，必须保证较低的硝酸盐和磷酸盐浓度，水温要控制在24～27℃，超过28℃它们会感到不适，水温再升高就会要了这些鱼的性命。多数时间里，小型的蟋蟀趴在珊瑚丛中一动不动，看上去像一团海绵或者海藻，不会让其他鱼产生被威胁感，故而很少受到攻击。它们不太爱游泳，每条鱼需要的生存空间并不大，所以彼此之间很少出现摩擦。如果将蟋蟀类饲养在没有其他大型鱼的水族箱中，它们也会游到水面附近，摄食颗粒饲料。

蓝线虾虎 *Lythrypnus dalli*

中文学名	蓝带血虾虎鱼
其他名称	蓝线鸳鸯
产地范围	东太平洋的珊瑚礁潟湖地区，主要捕捞地是夏威夷
最大体长	3厘米

在小型虾虎中，蓝线虾虎应当是最漂亮的品种，火红的身体上布满鲜亮的蓝色线条，可惜这种鱼只有3厘米长，放入大型水族箱中就很难再找到了。它们的寿命很短，一些爱好者喜欢用迷你水族箱单独饲养它们，大多几个月后就自然死去了。

蓝线虾虎可以接受18～26℃的水温，如果水温太高会很快死去。它们对饲料没有特殊要求，但如果饲养在容积100升以上的礁岩生态缸中，它们会到处觅食，而不用刻意投喂。别看它们个子小，领地意识还挺强，将两条饲养在一起也会发生争斗，放养时最好按奇数比例引进。

四驱车虾虎 *Signigobius biocellatus*

中文学名	双睛护稚虾虎
其他名称	四眼古B
产地范围	西太平洋的沿海碎石地区和珊瑚礁潟湖中，主要捕捞地是印度尼西亚
最大体长	10厘米

这种虾虎鱼的背鳍上具有形如车轮的两个圆斑，喜欢在水中前后游动，因此得名四驱车。一般观赏鱼贸易中的个体在5厘米左右，成熟个体可以生长到10厘米。在大海中，它们成对地生活在洞穴里，滤食沙子中的小生物。四驱车并不难饲养，但它是躲藏高手，放入水族箱后就不容易找到了。

它们能接受冷冻的丰年虾和薄片饲料，对颗粒饲料不感兴趣。可以成对或成群饲养，也可以只饲养一条，但一定要为水族箱铺设细沙，让它们可以自由地打洞。多数情况下，四驱车只栖息在底层，甚至不会攀上礁石，所以不容易抢到食物，只能和习性相近的温顺鱼类饲养在一起。

雷达 *Nemateleotris magnifica*

中文学名	大口线塘鳢
其他名称	火鸟、雷达古B
产地范围	西太平洋至印度洋的热带珊瑚礁区域，主要捕捞地有菲律宾、印度尼西亚、马来西亚等
最大体长	7厘米

线鳍塘鳢属的雷达是最被熟知的虾虎鱼，也被称为雷达古B或雷达虾虎。因为其背鳍前端有一组硬棘，如同高高竖起的天线，游泳时，这些棘随着水流上下运动，好像在接收信号。其实，它们的“天线”是一种很好的报警工具，当雷达成对生活的时候，如其中一条发现有危险，就会迅速地摆动天线向自己的配偶发出预警信号，一起逃命。在西方国家，雷达，也被称为火鱼或火鸟鱼，因为它们身体的颜色很像正在燃烧的火焰。线塘鳢属目前只有3个已知物种，都被当作观赏鱼进行贸易，雷达和紫雷达比较常见，紫玉雷达属于稀有的海水观赏鱼。

饲养雷达是很有挑战的事情，因为这种鱼的胆子太小，很多个体在运输过程中就已经被吓死了。如果我们将新引进的雷达同其他观赏鱼一起过水，则很多雷达会在过水过程中惊慌失措，然后毙命。一些我们认为是无足轻重的事情，如将虹吸管放到水箱中或给水中打气，都可能严重吓坏它们。最好事先准备一套单独的饲养设备，帮助雷达度过最恐慌的日子。除了胆怯，雷达对水质的要求并不是很高，一般的礁岩生态水族箱中都可以饲养。

它们在适应环境后，会很快接受各种人工饲料，如果用薄片饲料喂养，它们会吃得很开心。草莓鱼和雀鲷都是雷达的重要威胁者，非常喜欢追逐攻击雷达，因此不能混养在一起。个体超过20厘米的鱼类，就会给雷达带来不安感，饲养时也要尽量回避。雷达是非常喜欢跳跃的鱼类，应在水族箱上安装盖子，防止其跳出。

如果同时饲养两条雷达，它们一定会打架，这种鱼虽然体形娇小，但打起架来是不要命的，一般建议只饲养一条，或者在容积400升以上的水族箱中饲养5条以上，从而避免因打架而产生的损耗。一般情况下，雷达会在水族箱中逆着水流游泳，时常竖立起天线一样的背鳍，如果水族箱中的水流强度太大，则不利于它们生活。它们从不攻击任何无脊椎动物，可以放心地饲养在不同类型的礁岩生态缸中。它们的自然寿命很短，一般活不过3年。

紫雷达 *Nemateleotris decora*

中文学名	华丽线塘鳢
其他名称	紫火鸟
产地范围	西太平洋至印度洋的热带珊瑚礁区域，主要捕捞地是印度尼西亚
最大体长	6.5厘米

紫雷达一般只有从印度尼西亚进口的观赏鱼中才能见到。通常体长在4～5厘米，大多非常瘦弱，在运输过程中会有大量损耗。这种鱼的市场价格要比雷达高一些，再加上运输困难，很少有鱼商愿意大量引进它们。

饲养紫雷达和饲养雷达的注意事项基本相同。紫雷达更应当单独饲养，所有的鱼类都能让它们感到恐惧。当紫雷达被引进水族箱后，它们会经常在水的某一区域停留，而不是到处游泳。最好将饲养水族箱的容积控制在200升以下，否则这种鱼很可能由于水域太大，不能找到投来的食物。它们彼此间相互攻击的情况少于雷达，也不建议同时饲养两条，一般饲养5条以上的小群是比较安全的。

紫玉雷达 *Nemateleotris helfrichi*

中文学名	赫氏线塘鳢
其他名称	紫玉火鸟、大溪地火鸟
产地范围	仅分布于太平洋中部密克罗尼西亚的一些岛屿附近
最大体长	5.5厘米

紫玉雷达是一种稀有的海水观赏鱼，是鱼类收藏爱好者的宠儿，由于产地特殊，很少被引进到国内。这种鱼脆弱难养，而且价格不菲，更使其难得一见。它们比另外两种雷达鱼更加孤僻，很少成群活动，所以一般是单独饲养。

喷射机 *Ptereleotris evides*

中文学名	黑尾凹尾塘鳢
其他名称	暂无
产地范围	西太平洋至印度洋的热带珊瑚礁区域，主要捕捞地有菲律宾、印度尼西亚、澳大利亚北部沿海地区、中国南海等
最大体长	12厘米

喷射机不同于其他喜欢底栖生活的塘鳢品种，更愿意成群地在水的中层游来游去。它们比雷达类更容易饲养一些，最大体长12厘米，在水族箱中从不攻击其他鱼，同类间的争斗也非常少，非常适合成群混养。最好使用容积200升以上的水族箱饲养这种鱼，它们需要宽阔的游泳空间。一些小型的龙头鱼非常喜欢攻击它们，饲养时要尽量避开。

蓝光管 *Ptereleotris heteroptera*

中文学名	海伦娜凹尾塘鳢
其他名称	蓝灯管鱼
产地范围	西太平洋至印度洋的热带珊瑚礁区域，主要捕捞地有印度尼西亚、澳大利亚东北部沿海地区等
最大体长	11厘米

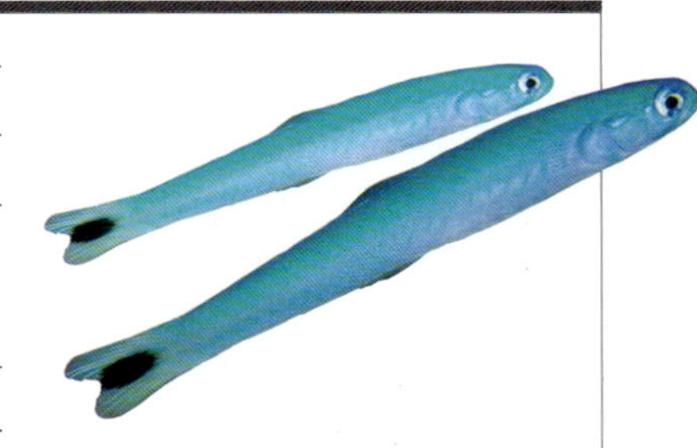

蓝光管是凹尾塘鳢属另外一种常见的观赏鱼，喜欢成群活动，在水族箱中层区域游来游去。这种鱼善于跳跃，如果水族箱没有盖子，会经常跳出来。它们喜欢吃冷冻丰年虾和剁碎的虾肉，也接受薄片饲料，偶尔会吃颗粒饲料。蓝光管的鳞片十分细小，能反射光线。在水族箱中只开启蓝色照明灯时，能反射出带有荧光感觉的蓝色光辉，如同一根根点亮的蓝色灯管。

斑马虾虎 *Ptereleotris zebra*

中文学名	斑马凹尾塘鳢
其他名称	中国斑马虾虎
产地范围	西太平洋至印度洋的珊瑚礁浅水区，主要捕捞地有印度尼西亚、菲律宾、中国南海等
最大体长	12厘米

斑马虾虎是较常见的凹尾塘鳢品种，在菲律宾、印度尼西亚和我国南海地区有大量捕获。这种鱼在海洋中成群活动，摄食水中的浮游动物。它们胆子比较小，受到惊吓会跳出水面，所以水族箱一定要加盖子。可以参照喷射机的饲养方法，最好一次饲养一群，单独饲养一条很难成活。

倒吊类

一直以来，倒吊类是大型礁石生态缸中的重要鱼类。它们既不像神仙鱼、蝴蝶鱼那样袭扰珊瑚，也不像鲀鱼那样攻击虾和小鱼，而且它们的身体尺寸足够大，和小丑鱼与雀鲷饲养在同一个水族箱里时，能让鱼类的体形和色彩展现出丰富的层次，不至于千篇一律。因此，倒吊类成了海水观赏鱼贸易中数量仅次于小丑鱼的品种。不论是公共水族馆还是私人爱好者，都十分喜欢饲养倒吊类。其中，最出名的倒吊就是蓝吊，它是动画片《海底总动员》中多莉的原型，它在《海底总动员2》中受喜爱程度超越小丑鱼，成为第一主角。

观赏鱼贸易中所说的倒吊类是指鲈形目、刺尾鱼亚目、刺尾鱼科（Acanthuridae）的所有鱼类。本科有6个属，约82种已知鱼类，除盾尾鱼属只有少数几种被当作观赏鱼外，其他5属中大部分品种已被作为观赏鱼在全世界范围内进行贸易。刺尾鱼亚目还包括了篮子鱼科（Siganus）和镰鱼科（Zanclus），虽然这两科的鱼类在观赏鱼贸易中并不被称为倒吊，但是它们的生理特征和习性和刺尾鱼十分接近，所以本书将它们放在一起介绍。

在使用汉语的国家和地区里，刺尾鱼科的观赏鱼为何被称为“倒吊”呢？关于其来历，有两种传闻。一种说法是：由于这种鱼类的尾柄上长有骨刺，捕捞作业渔网出水后，这些鱼往往由于尾柄刺剐住了网丝而倒挂在网上，又由于它们的尾柄大多很细，身体前方呈纺锤形，倒挂的时候如同一枚枚鱼雷悬垂于网上，大头朝下，故得了“倒吊”的名字。还有一种说法是：当时的饲养者根据其科学分类和英文名“Surgeon（手术刀）”，把它们称为刺尾鲷或刀鲷，这种观赏鱼最早被引进到我国香港，由于粤语中“刀”和“倒”、“鲷”和“吊”的发音很接近，“吊”字写起来又比较简单，故久而久之将“刀鲷”白话成了“倒吊”。以前我认为这一种说法更为可信，但是近几年查阅了香港地区1980年左右的海水观赏鱼贸易资料，发现当时大部分倒吊类在香港市场上被称为“沙展鱼”，是由英文“Surgeon”音译而来。倒吊类还有一种称呼：“粗皮鲷”，这个叫法起源于我国台湾，由于台湾和大陆在动物分类学名称上略有不同，一些鱼类专业书籍上将大陆称的刺尾鱼科另名为“粗皮鲷科”，由此台湾地区观赏鱼爱好者沿用了“粗皮鲷”这个名字，意思是皮肤粗糙的鲷鱼，从形态上讲，倒吊类的鳞片结构和鲨鱼接近，皮肤摸上去如砂纸一样粗糙，这个名字确也很贴切。在英文里，倒吊类除了被称为“Surgeonfish（手术刀鱼）”外，一般在标记高鳍刺尾鱼属的品种或在分类学书籍里标记所有刺尾鱼时，都使用专用名词“Tang”，如果看到Blue Tang和Blue Surgeonfish两个名字时，不要认为是两种鱼，实际上它们都指的是“蓝吊”。

△刺尾鱼尾柄的锋利骨刺就是它们名称由来的原因，这些鱼经常尾巴对着尾巴相互攻击，骨刺往往可以划破对方的皮肤，划伤对方的眼睛，给敌人造成较大的伤害

倒吊类中具有观赏价值的品种很多，目前至少有30个品种流通于观赏鱼贸易中。还有一些由于个体太大，只限于供给公共水族馆。除鼻鱼属和盾尾鱼属的一些品种体长可以长到60厘米以上，其他各属的品种多是30厘米以下的小型鱼类，非常适合在家庭水族箱中饲养。栉齿刺尾鱼属的品种是本科中体形最小的类别，一般体长在20厘米以下，很适合在容积400升以下的礁石生态缸饲养。

倒吊类在自然界分布非常广泛，目前盛产并出口海水观赏鱼的地区全部有不同品种的倒吊类。一些品种（如天狗吊）几乎分布在东起夏威夷、西至红海、南到澳大利亚的整个太平洋和印度洋中。根据产地的不同，一些同种的倒吊演化出了形态不同的地域种或亚种，这使得我们很难分清鱼店里的倒吊到底从何处捕捞而来。

进入水族箱后的刺尾鱼性情十分暴躁，彼此攻击，用尾柄刺相互抽打，并用小嘴撕咬对方的鱼鳍。这些鱼还会攻击比它们晚进入水族箱的其他鱼，特别是比其个体小的神仙鱼、蝴蝶鱼和隆头鱼，它们还主动攻击皮糙肉厚的炮弹鱼。在小型水族箱中，这种攻击行为没完没了，直到将受攻击的鱼逼到角落里不敢活动为止。只要受攻击的鱼一动，它们马上又会上去狠狠地打人家，悲惨的弱者一直会被攻击致死。这种攻击行为在粉蓝吊、七彩吊这样的小型品种中尤为明显，那些个体较大的品种，如波纹吊，则相对情绪平稳一些。刺尾鱼的强烈攻击行为是由它们的食性决定的。在大海中，刺尾鱼主要啃食礁石上的藻类，每条鱼都有自己专享的藻类生长区域，它们每天在自己的觅食区的礁石上啃食，第二天再去找其他长有旺盛海藻的礁石，直到前两天被啃食光的礁石上藻类再次生长旺盛，就回来继续吃。这好像每条鱼都有属于自己的庄稼地一样，那里是私有财产，神圣不可侵犯，所有进入自己庄稼地的鱼都有可能是来偷“菜”的，所以必须驱赶出去。在水族箱中，倒吊类认为所有空间都是自己的“菜地”，以前的原住民明显不吃“菜”，所以不造成威胁。而后来者保不准要偷自己的“菜”了，就一定要打死它。混养时，最好让倒吊类是最后被放入水族箱的品种。

如果想在一个水族箱中饲养一群单一品种的倒吊，则必须保证它们是同一时间被放入水族箱，否则后放入的个体，一定会被原住民干掉。混养不同品种的倒吊时，也要保证水族箱容积至少在300升以上，虽然它们不会和平相处，但彼此攻击起来没有同类之间那样残酷，只要给弱者一些逃跑的空间，慢慢就能变得较为和睦。

△许多倒吊类在长途运输过后会出现强烈的应激反应，表现为体表颜色变浅，身体上出现一些不规则的黑斑或白斑，严重时鱼鳍附近黏液增多，出现许多类似白点病的白色黏液结。这时不要马上用药物进行处理，应先静养数日，观察，让其慢慢适应人工环境。

△目前市场上的蓝吊幼鱼多数来自人工养殖环境，它们比野生鱼类要好养许多

动画片《海底总动员》成就了小丑鱼这一明星观赏鱼，也让蓝吊成为观赏鱼里的超级大明星。近10年来，市场上对蓝吊的需求日益增加，野生资源已面临威胁。就在这紧要关头，蓝吊的人工繁殖技术得以成熟，这种鱼的养殖产量巨大，让我们基本上不用再捕捞野生个体了。和蓝吊一样，黄金吊、大帆吊、紫吊等市场需求量大的品种也得到大量人工养殖。我们现在能在市场上买到非常小的倒吊幼鱼，而且特别好养。不过，倒吊类的人工养殖只适合在沿海地区，尤其是在一些热带岛屿上开展。因为需要用天然海水帮助亲鱼发情，还需要捕捞海洋中的天然微生物为刚刚孵化的幼鱼充当饵料，所以内陆水族馆和私人爱好者还是不能成功繁殖这些鱼类。

刺尾鱼亚目的海水观赏鱼分类关系见下表：

科	属	观赏贸易中的物种数	代表品种
刺尾鱼科 Acanthuridae	刺尾鱼属（*Acanthurus*）	20种左右	粉蓝吊、七彩吊
	高鳍刺尾鱼属 (*Zebrasoma*)	所有种	黄金吊、大帆吊
	栉齿刺尾鱼属（*Ctenochaetus*）	所有种	金眼吊、火箭吊
	副刺尾鱼属（*Paracanthurus*）	1种	本属仅蓝吊一种鱼类
	鼻鱼属（*Naso*）	5~6种	天狗吊、独角吊
	盾尾鱼属（*Prionurus*）	2~3种	胡椒吊
篮子鱼科 Siganidae	篮子属（*Siganus*）	6~7种	狐狸鱼、金点篮子鱼
镰鱼科 Zanclidae	镰鱼属（*Zanclus*）	1种	本属仅神像一种鱼类
白鲳科 Ephippidae	燕鱼属（*Platax*）	3种	红边蝙蝠、圆蝙蝠

刺尾鱼属 *Acanthurus*

刺尾鱼属共有38种已知鱼类，其中一半以上被作为观赏鱼进行贸易，其余观赏价值不高的品种还是公共水族馆喜欢收集的大型群游性鱼类，也会在贸易中出现。刺尾鱼属鱼类在野生条件下白天成群在礁石附近啃食藻类，夜晚各自回到自己藏身的洞穴中休息。它们虽然成群活动，但彼此并不友好，用尾柄刺相互攻击的事情时有发生。它们尾柄上的刺细小而锋利，在捕捞时千万不能用手触碰，只要轻轻碰一下，就会在手上割出一个大伤口。

刺尾鱼属的每一种都非常容易感染黏孢子虫和卵圆鞭毛虫，像粉蓝吊和鸡心吊等品种因为太容易被这两种寄生虫感染，被爱好者们称为“白点王”。幸好，所有倒吊对铜离子药物都不敏感，刺尾鱼属的品种能耐受水中铜离子含量达到0.5毫克/升。我们必须对新来的刺尾鱼进行铜离子药物检疫，杀灭它们身体上携带的寄生虫。

刺尾鱼属的鱼类全部为素食性，虽然它们在水族箱中更爱吃丰年虾和虾肉，但是吃多了一定会患肠炎而死掉。我们必须用素食颗粒饲料来喂养，才能养得长久。

粉蓝吊 *Acanthurus leucosternon*

中文学名	白颊刺尾鱼
其他名称	粉吊、白喉沙展鱼
产地范围	马六甲海峡以西的印度洋热带珊瑚礁区域，主要捕捞地有印度尼西亚巴东地区沿海、马尔代夫、安达曼海沿岸等
最大体长	20厘米

粉蓝吊是刺尾鱼属中的模式种，也是最有代表性的倒吊类观赏鱼。10年前，粉蓝吊很少能在国内市场上见到，而近几年来越来越多。这些年来，这种鱼的市场价格下降了很多，使它从较为珍稀的高档观赏鱼沦为常规品种。

十年前，我在介绍粉蓝吊产地时有一个严重的错误，因为我对当时查到的资料没有进行详细考证。这几年我通过亲自到捕捞地考察，才认识到之前的问题。虽然很多志书上记载粉蓝吊广泛分布在西太平洋至印度洋的热带海洋中，但实际上它们只产在马六甲海峡以西、阿拉伯海以东的狭长区域，北起印度半岛南端，向南至查戈斯群岛，然后向东拐，沿着印度尼西亚的苏门答腊岛向东到巴东地区。在马尔代夫、印度尼西亚棉兰、巴东地区拥有三个数量庞大的种群，但是从马六甲海峡向东或从塞舌尔群岛向西就没有它们的踪迹了。在相对广阔的安达曼海核心区，它们的数量也不是很多。粉蓝吊应当只能算是一种印度洋鱼类。马尔代夫的所有岛屿周围水域中都能很容易地找到粉蓝吊，它们早上就聚集在酒店的临海房间底下，啃食房屋支撑柱上附着的藻类。下水游泳时，野生粉蓝吊也不回避游人，有些还会游过去啃一啃人们腿上的汗毛。

饲养在人工环境下的粉蓝吊性情暴躁，而且非常活跃，当它被放入水族箱后，就开始到处乱窜，东游西逛。在今后的日子里，你几乎看不到它在水族箱中有一刻停歇，就连睡觉的时候也是一样。一个中小型水族箱中只可以饲养一条粉蓝吊，大型水族箱可以同时饲养5条以上的一个群落，但是多条混养时必须同时将它们放入水族箱中，否则新来的一定会被原住民打死。饲养粉蓝吊的水族箱必须足够大，容积至少要300升以上。

虽然粉蓝吊对水质要求不高，但是如果饲养在水质较差的环境里，它们的体色会变得很淡，数周后就变成灰色或惨白色。为了维持粉蓝吊“外衣”的颜色，最好把pH值稳定在8.0以上，将硝酸盐浓度控制在100毫克/升以下。粉蓝吊是素食性鱼类，但是在人工环境下很爱吃肉，这些馋嘴的家伙喜欢大口大口地吃丰年虾和虾肉，在和蝴蝶鱼混养时，大量抢食喂给蝴蝶鱼的肉类。这让它们非常容易患肠炎，很快就死了。我们必须用海藻配方的颗粒饲料来喂养粉蓝吊，如果和肉食性鱼类混养，可以先用素食饲料将它们喂饱，再投喂肉类。粉蓝吊在野外每天白天大部分时间在觅食，因为藻类的营养不是很丰富，而且它们的肠道很短，能消化吸收的营养有限，必须通过不停地吃来维持生长的需求。同时，这种鱼非常爱游泳，能量消耗很大，所以即使玩命吃也很难变得肥胖，身体里并没有储存充足的脂肪。经过捕捞后长途运输的粉蓝吊，大多已经好几天没有吃过东西了，这使它们的腹部非常瘪，可以看到内脏的轮廓，其实已经接近饿死。我们买到这种鱼后应马上喂食，让它们迅速恢复体力，并在一周的时间里使其腹部鼓起来，背部丰满起来，这样才能确保其活下来。成年的粉蓝吊到达人工环境后可能好几天不吃东西，这使其成活率远远低于幼鱼。

观赏鱼爱好者们给粉蓝吊起了个外号，叫“超级白点王”，也就是说这种鱼特别容易患白点病。实践中，从任何产地进口的粉蓝吊不论大小，都携带有卵圆鞭毛虫，这种寄生虫在野外鱼粉蓝吊共生在一起，不会杀死粉蓝吊。进入水族箱小环境后，它们就会泛滥，从而感染所有鱼，造成严重的后果。粉蓝吊必须检疫，用浓度0.4～0.5毫克/升的铜离子药物对它们进行药浴至少20天，才能与其他鱼混养。在饲养过程中，一旦水族箱中有携带寄生虫的鱼进入，它们身上的寄生虫就会马上感染粉蓝吊，因此养这种鱼一定要常备铜药，并且每年至少以0.3毫克/升的浓度使用2次，来预防白点病的爆发。如果我们将粉蓝吊饲养在礁岩生态缸中，除了初期检疫，后期就不能给它用药了。这时必须延长初期检疫的时间，应保证最少检疫50天，以20天为一个疗程，用药两个疗程，中间10天换水停药观察。

△一直以来，粉蓝吊都是适合饲养在礁岩生态缸中鱼类之一，不但美丽，还是良好的藻类清洁工，用突出的小嘴不停地啃食礁石上的低等藻类

斑马吊 *Acanthurus triostegus*

中文学名	横带刺尾鱼
其他名称	囚徒吊
产地范围	西太平洋至印度洋的热带珊瑚礁区域，主要捕捞地有印度尼西亚、马尔代夫、中国南海等
最大体长	26厘米

斑马吊也是常见的刺尾鱼品种，在印度洋的许多珊瑚礁区域有庞大种群数量，在太平洋则少得多。这种鱼喜欢成大群活动，所以每次鱼店来货都是好几十条。它们非常温顺，而且胆子极小。进入水族箱后，身体的颜色会变成黑灰色，躲藏在角落里不敢出来。如果水族箱中有其他倒吊类攻击它，那么它会更加害怕，甚至躺下装死，直到真的被打死。所以混养时，要保证它们比别的倒吊先进入水族箱。

△多带刺尾鱼*A. polyzona*也被称为黑斑吊或毛里求斯斑马吊。它和斑马吊长相十分接近，但只产于印度洋西部的东非沿岸地区。

斑马吊适应环境以后会非常活跃，在水族箱中游来游去，啃食礁石上的藻类。这种鱼非常适合饲养在礁岩生态缸中，能将礁石上讨厌的绿丝藻清理得非常干净。不要用肉类喂养它们，它们的肠胃很脆弱，只能吃藻类配方颗粒饲料和海藻薄片，也可以用紫菜和其他海藻喂养。和粉蓝吊一样，经过长途运输的斑马吊往往不是病死的，而是饿死的，所以我们买到这种鱼后要马上喂食。它们也是卵圆鞭毛虫的主要携带者，必须用含铜离子的药物进行检疫，才可以与其他鱼混养。

七彩吊 *Acanthurus japonicas*

中文学名	日本刺尾鱼
其他名称	五彩吊、粉棕吊
产地范围	西太平洋至印度洋的热带珊瑚礁区域，主要捕捞地有印度尼西亚、中国南海等
最大体长	15厘米

七彩吊和五彩吊是长得非常像的两种鱼，虽然都分布在西太平洋至印度洋的广袤热带海洋中，但是七彩吊分布较为靠西，主要在我国南海以西到马六甲海峡区域较多见。五彩吊分布较为靠东，主要在西太平洋从日本南部到台湾海峡的海域里出现。它们偶尔也会在对方常

五彩吊 *Acanthurus nigricans*

中文学名	白面刺尾鱼
其他名称	白颊吊
产地范围	西太平洋至印度洋的热带珊瑚礁区域，主要捕捞地有菲律宾、日本南部、中国南海等
最大体长	15厘米

栖息的地区出现。它们和粉蓝吊是近亲，所以向西一过马六甲海峡，就是粉蓝吊的天下了，这两种吊类的数量都变得非常少，到了马尔代夫群岛基本不能见到五彩吊的身影了。我国南海是七彩吊的主产区，以前这种鱼是海水观赏鱼中的“大路货”，廉价且常见。近年来，国产的七彩吊在贸易中越来越少，取代它的是大量来自菲律宾和印度尼西亚的进口个体。

七彩吊和五彩吊都非常好养，很容易适应人工环境，并且健壮活跃。在本属鱼类中，它们是较为温顺的品种，即使几条被放到同一个不大的水族箱中，也很少发生严重的打斗现象。在与粉蓝吊的战争中，每次都是七彩吊败北，它们不论是身体的强壮度还是精神气质都无法占据优势。如果将七彩吊和五彩吊与粉蓝吊混养，应当先让前两者进入水族箱一周后，再放入粉蓝吊。如果饲养一群七彩吊，它们在团体里会产生等级，往往有一条处于强势地位，统治其他成员。这条“鱼首领”身上的黄色看起来会更鲜明，比其他成员更活跃，情绪极佳时，背鳍后部的红色会十分鲜亮，并时常竖立背鳍彰显国王威仪。

和饲养粉蓝吊一样，我们必须用海藻配方的素食颗粒来喂养七彩吊和五彩吊，才能保证它们活得长久。

鸡心吊 *Acanthurus achilles*

中文学名	心斑刺尾鱼
其他名称	红心沙展鱼
产地范围	太平洋中部至南部的热带珊瑚礁区域，主要捕捞地有夏威夷、澳大利亚东北部沿海等
最大体长	23厘米

△ 成鱼

◁ 幼鱼

在刺尾鱼属的所有品种中，鸡心吊的市场价格是最高的，这是因为其产地主要是太平洋中部和大堡礁地区，这些区域的捕鱼限额很少，因此贸易中的鸡心吊非常少。加上运输时间长，这种鱼本身又很脆弱，损耗大，故价位很高。10年前，我们很少能在国内市场上见到这种鱼；直到现在，鸡心吊每年的进口量也就几十条而已。

鸡心吊的体色会根据自己的情绪而变化，当它们情绪平稳时，身体大部分呈黑色。若水质不佳，则体色呈灰色。当它们紧张或愤怒时，身体就会变成灰白、乳白甚至纯白色。这种鱼虽然有集群觅食的习性，但是彼此之间的敌意非常强，在一个水族箱中放养两条鸡心吊，一定会有一条被打死。除非是公共水族馆中容积20吨以上的大型展示池，否则一个水族箱中只能饲养一条鸡心吊。

它们是素食鱼类，必须用海藻配方颗粒和藻类薄片喂养，偶尔穿插一些荤食颗粒饲料也不是不可以。和粉蓝吊一样，鸡心吊也是“超级白点王”，所以一定要用含铜离子药物检疫后，才可以与其他鱼类混养。它们对水质的要求略高，最好保持水中硝酸盐浓度在100毫克/升以下，将pH值稳定在8.0以上，否则鸡心吊很容易出现褪色现象。

黄吊 *Acanthurus pyroferus*

中文学名	黑鳃刺尾鱼
其他名称	食苔吊、食屎吊
产地范围	西南太平洋的热带珊瑚礁区域，主要捕捞地有菲律宾、印度尼西亚、中国南海等
最大体长	20厘米

△成鱼

幼鱼▷

黄吊是一种普通的倒吊，由于其成体鳃部为黑色，鱼类学上叫它黑鳃刺尾鱼。又因为这种鱼经常尾随大型鱼类，吃它们粪便中的有机物残渣，所以早期香港地区爱好者给它起了个恶心的名字“食屎吊”。

黄吊是水族箱中非常好的清洁工，会遍寻角落吃掉水族箱中难看的藻类，红藻门、褐藻门、绿藻门的品种照单全收。不过，也不会清理得比人手擦得还干净。在观赏鱼贸易中的黄吊一般只是幼鱼，因为只有幼鱼才是美丽的明黄色。体长12厘米以上的黄吊，体色逐渐变成咖啡色，尾巴也从幼鱼期的扇形变化成月牙形，而且随着长大，颜色会越来越深，最终成了一条大便色的丑陋鱼，失去观赏价值。幼年呈现黄色的倒吊类非常多，一字吊、耳斑吊等也如是。在分辨上，可以根据鳃的颜色判断，黄吊的黑鳃是从里往外黑的，即使再小的幼鱼，只要鳃是黑的，那就是黄吊。

△模仿虎纹仙的黄吊幼鱼

黄吊幼鱼的鲜艳颜色是一种拟态现象，拟态的对象是礁石丛中独立生活的小型神仙鱼。其实，黄吊的幼鱼不一定都是黄色的，我曾见过来自印度尼西亚的小黄吊拥有蓝色的唇和鳃盖边，看上去很像小型神仙鱼中的蓝眼黄新娘（*Centropyge flavissimus*）。我还见过一条身体前半部呈现乳白色、后半部逐渐变成黑色、身上分布七八条橘色纵纹的个体，它看上去近乎与小神仙中的虎纹仙（*Centropyge eibli*）一模一样。黄吊幼鱼的尾鳍呈扇形，成年后变为三角形。所有刺尾鱼为了保持较高的游泳速度来适应群体迁徙生活，都具有月形或三角形的尾鳍。只有棘蝶鱼科（神仙鱼类）的品种由于独居在珊瑚礁领地里，不需要长途奔波才发展出扇形的尾鳍。可以看出，黄吊的幼鱼是在故意伪装成一些小型神仙鱼的成鱼。黄吊为什么要这样伪装呢？至今我们无从得知。黄吊是所有吊类中最好养的品种，对水质要求很低。它们也是寄生虫的主要携带者，但往往不会因感染寄生虫而死去。和喂养其他倒吊类一样，最好用素食性颗粒饲料来喂养。

纹吊 *Acanthurus lineatus*

中文学名	彩带刺尾鱼
其他名称	金线吊
产地范围	西太平洋至印度洋的热带珊瑚礁区域，主要捕捞地有菲律宾、印度尼西亚、中国南海等
最大体长	35厘米

纹吊是刺尾鱼家族中比较难饲养的品种，主要问题是很难让它们接受人工饲料。一般体长超过10厘米的纹吊在人工环境吃东西的概率非常低，它们虽然是素食性鱼类，却对素食颗粒饲料视而不见。情绪好时，可以啃一啃礁石上的藻类，情绪不佳时什么也不吃，直到饿死。体长小于10厘米的个体，一般能在进入水族箱后的2～3天里接受颗粒饲料，如果3天后仍然没有吃东西，基本上不会再吃了。

小纹吊如果单独饲养在一个没有其他鱼的水族箱中，一般很难开口吃东西，而且终日处于紧张状态。最好能饲养在混养有雀鲷、小神仙的礁岩生态缸中。每天投饵的时候，其他鱼一起去抢，小纹吊也会跟上来，此时它在众多鱼的簇拥中忘记了恐惧，似乎认为这里便是故乡大海，于是开始争夺食物。

在人工环境下，纹吊很少长得很大，而且经常中途夭折。即使是在公共水族馆中的大型饲养池里，纹吊也活不长，这一直让我匪夷所思，至今无解。

红海骑士吊 *Acanthurus sohal*

中文学名	红海刺尾鱼
其他名称	暂无
产地范围	仅产于红海和阿拉伯海少数珊瑚礁区域
最大体长	40厘米

以前，我们很难在市场上见到红海骑士吊，它们是十分稀有昂贵的观赏鱼。现在，这种鱼越来越多，价格也亲民起来。它们有着比其他倒吊类更夸张的弯月形尾鳍，游泳速度非常快。红海骑士吊是吊类中少有的“独行侠”，很少结群活动，领地意识十分强烈，一般一个水族箱中只能饲养一条。

红海骑士吊和纹吊是近亲，但是比纹吊好养许多。这种鱼胆子很大，一进入水族箱就会到处寻觅食物，颗粒饲料和薄片饲料都能马上狼吞虎咽。红海地区由于相对封闭于其他海域，其海水的盐度要比别处高出一些，一般在38～40，最好调配比重为1.025～1.028的人工海水饲养这种鱼。当然，较低的比重也能被它适应，只要不低于1.018，这种鱼是完全可以接受的，只是颜色暗淡一些。红海骑士喜欢攻击和它一样具有大月牙尾巴的纹吊和一字吊，所以混养时应尽量避开，也可以用体形差异来消除它们相互间的火药味儿。如饲养体长20厘米的红海骑士，则可以混养体长10厘米以下的纹吊，大的红海骑士吊从来不屑于欺负体形相差太悬殊的非倒吊类。它们也不伤害珊瑚和无脊椎动物，而且在一个复杂堆垒着大量岩石的礁岩生态缸中，它们庞大的身躯依然能像燕子那样轻盈地闪躲开任何障碍物。饲养水族箱一定要足够大，长度至少在180厘米以上，容积800升以上。如果不给这种鱼提供足够的活动空间，往往会造成它绝食，甚至由于紧张导致死亡。

和其他倒吊类一样，我们应用素食性颗粒饲料喂养红海骑士吊。它们吃饱了就终日在水族箱中游来游去，扇动两片三角形的胸鳍。与其说是游不如说是飞，那姿势如雨燕掠过农田一样，一起一伏的，匆匆过往却不忘留下一丝痕迹。

耳斑吊 *Acanthurus tennenti*

中文学名	坦氏刺尾鱼
其他名称	暂无
产地范围	印度洋的热带珊瑚礁区域，主要捕捞地有印度尼西亚、马尔代夫等
最大体长	31厘米

一字吊 *Acanthurus olivaceous*

中文学名	橙斑刺尾鱼
其他名称	暂无
产地范围	西太平洋至印度洋的热带珊瑚礁区域，主要捕捞地有菲律宾、印度尼西亚、中国南海等
最大体长	35厘米

△成鱼　△亚成鱼　△幼鱼

一字吊和耳斑吊是两个非常接近的品种，故放在一起介绍。以前捕获于海南的一字吊非常多，它们都是体长30厘米的成鱼，在水族店中挤满了暂养缸。如今随着国内公共水族馆越来越多，海南产的大型鱼类基本被新开的水族馆收购了，观赏鱼市场上很难见到它们的身影了。物以稀为贵，这两年一字吊的市场零售价格翻了几番。不过，取而代之的是进口于印度尼西亚的一字吊幼鱼，它们一般只有10厘米长，身体还保持着幼鱼期的黄色。说实在的，一字吊和大多数海水观赏鱼不一样，它们是越大越好看，幼鱼则不是很出奇。

耳斑吊产量也很大，但以前没有被作为观赏鱼，只有少数公共水族馆收购它们，放养到大型水池中充数。如今，这种颜色暗淡的倒吊也可以在水族市场上见到，当然市场价格不是很高。一字吊和耳斑吊都是非常好养的鱼类，强壮且活跃，在水族箱中能迅速适应环境。争抢食物时往往处于优势地位，总是能吃得肚子圆鼓鼓的。最好用单纯的素食性饲料喂养，吃一些荤食饲料对它们也没有太大影响，这两种鱼都是偏杂食性的物种。由于它们都是很大的观赏鱼，所以要用容积至少600升的水族箱来饲养。它们对水质要求不高，耐药性也极好，检疫期间即使水中铜离子浓度达到0.8毫克/升，也不会有不良反应。

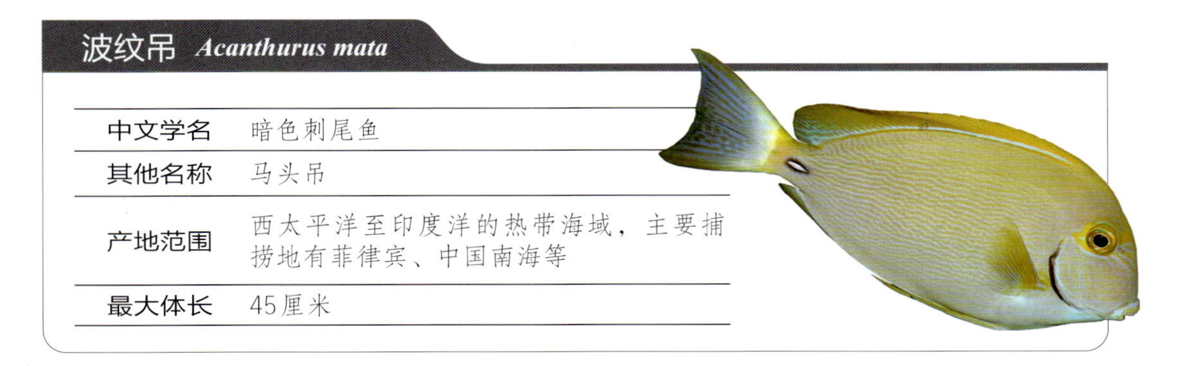

波纹吊 *Acanthurus mata*

中文学名	暗色刺尾鱼
其他名称	马头吊
产地范围	西太平洋至印度洋的热带海域，主要捕捞地有菲律宾、中国南海等
最大体长	45厘米

黄翼倒吊 *Acanthurus xanthopteru*

中文学名	黄鳍刺尾鱼
其他名称	黄翅波纹吊
产地范围	西太平洋至印度洋的热带海域，主要捕捞地有菲律宾、印度尼西亚、马尔代夫等
最大体长	50厘米

在当今的观赏鱼贸易中，暗色刺尾鱼、黄翅刺尾鱼和额带刺尾鱼并没有严格的区分成不同品种出售，而是统一被称为波纹吊。一些的鱼商会将额带刺尾鱼叫橙额波纹吊，另外两种仍不区分。另外，白唇刺尾鱼在贸易中也被称为白尾波纹吊，所以当你在鱼店中听店员向你介绍鱼缸里的鱼是波纹吊时，它不一定是这四种中的哪一种。

这四种鱼全部是刺尾鱼属中的大型品种，成年体长都在45厘米以上。以前只有公共水族馆会引进这些鱼，放养到大池里充当群游展示品种。由于它们缺乏鲜艳的颜色，所以十分廉价，如果不被卖到水族馆中，就会沦为食材进入海鲜市场。这几年不知受什么风气的影响，这些大型倒吊类开始在观赏鱼市场上闪亮登场，一露面就价格不菲，市场零售价近乎和名贵的鸡心吊相同。观赏鱼市场上并没有使用水族馆给这些鱼起的名字，而是统一称之为“波纹吊”。有时人们在鱼名前面加上标记身价的定语，如夏威夷波纹吊、南太平洋波纹吊等。其实这完全是噱头，这类大型倒吊和鼻鱼属的很多大鱼一样，并不是固定在某片珊瑚礁区域生活，它们通常在大海中成群巡游，有些品种甚至可以穿越大洋从亚洲游到北美洲沿岸去产卵。可以说，这些大型吊类广泛分布在印度洋和太平洋中，大西洋也有，只不过由于运输问题，一般不会引入我国。黄翼倒吊和波纹吊（以前被称为马头吊）在我国南海数量非常大，早期观赏鱼捕捞商还总发愁卖不出去，一旦送到海鲜市场，价格就大打折扣了。养鱼还是要了解些行业历史，不可人云亦云。

这四种大型倒吊都是非常好养的鱼类，适应性非常强，而且能吃能拉。如果饲养在容积1000升以下的水族箱中，每周都要换水，不然过多的粪便会将海水污染成黄绿色。可以只用素食性饲料喂养，也可以搭配荤食性饲料一同投喂，它们很少像小型吊类那样患肠炎。它们是群居鱼类，彼此之间的攻击现象没有小型吊类那么严重，也从不攻击其他鱼类。这些鱼也是寄生虫的主要携带者，不过它们耐药性非常强，能忍受水中铜离子含量达到0.8毫克/升，对含有甲醛的药物也不敏感。我们可以用比较大剂量的药物对新鱼进行长时间的检疫。

橙额波纹吊 *Acanthurus dussumieri*

中文学名	额带刺尾鱼
其他名称	横带波纹吊、和尚吊
产地范围	西太平洋至印度洋的热带海域，主要捕捞地有巴布亚新几内亚、澳大利亚东北部沿海、珊瑚海等
最大体长	50厘米

白尾吊 *Acanthurus leucocheilus*

中文学名	白唇刺尾鱼
其他名称	白尾波纹吊、白唇吊
产地范围	西太平洋至印度洋的热带海域，主要捕捞地有印度尼西亚、中国南海等
最大体长	45厘米

△各种波纹吊往往是公共水族馆中必不可少的物种，它们成大群活动，非常吸引游客

芥辣吊 *Acanthurus guttatus*

中文学名	斑点刺尾鱼
其他名称	白点吊
产地范围	西太平洋至印度洋的热带海域，主要捕捞地有夏威夷、马绍尔群岛、马尔代夫、印度尼西亚等
最大体长	24厘米

芥辣吊是非常少见于国内市场的倒吊类品种，虽然野生种群数量很庞大，但由于运输等原因，贸易中一直十分少见。这种倒吊的习性和斑马吊非常接近，体形和对环境的适应能力也和斑马吊基本一样。它们也是胆小怕事的鱼类，在较小的水族箱中经常被吓得不敢游动。应用素食性饲料喂养这种鱼，以免其患上肠炎。在与其他吊类混养时，应将其先放入水族箱，以免被较凶的品种攻击。芥辣吊群游性好，在大型饲养池中可以看到它们成群觅食的壮观景象。

紫兰吊 *Acanthurus coeruleus*

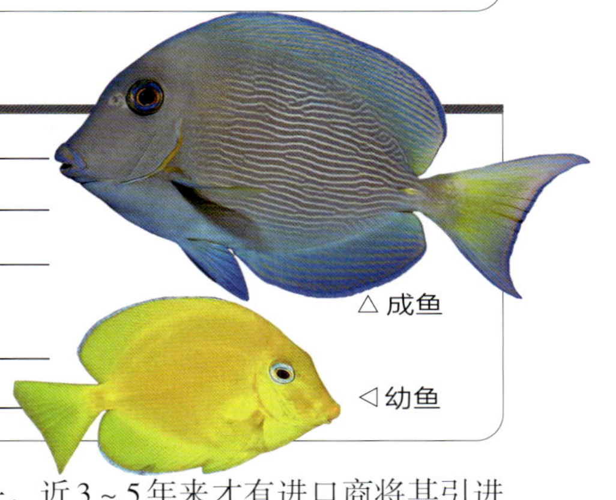

△ 成鱼

◁ 幼鱼

中文学名	蓝刺尾鱼
其他名称	大西洋蓝吊、美国蓝吊
产地范围	仅分布在西大西洋的加勒比海地区
最大体长	25厘米

紫兰吊是为数不多的产于大西洋的刺尾鱼品种之一，近3～5年来才有进口商将其引进到国内市场上，由于产地距我们较远，运输成本高，所以此鱼的市场价格不是很低。和黄吊类似，它们的幼鱼和成鱼呈现出不同的颜色，幼鱼体色金黄，眼圈和每个鳍镶嵌着紫蓝色的边缘。成鱼呈湖蓝色或深紫色，身体上有细密的黑色横纹，雌鱼尾鳍中部呈暗黄色。这种鱼也属于集群觅食的鱼类，群体中的个体彼此并不和谐，经常会出现争斗。在容积小于600升的水族箱中只能饲养一条，而大型饲养池可以饲养10条以上的一群。要避免同时饲养两条，它们不停地打架。在人工环境下将幼鱼饲养到成体后，它们的体色没有野生的成鱼深，而且经常出现蓝不蓝黄不黄的浑浊体色。

最好用纯素食性颗粒作为主粮饲喂紫兰吊，适当添加荤食颗粒也没有问题，但是不可过量。它们对水质要求不高，耐药性也很好。为了预防寄生虫传播，引进后需进行药物检疫才可与其他鱼混养。需要注意的是，这种鱼在运输途中往往有较为强烈的应激反应，在进入水族箱的最初几天里十分脆弱，如果体表没有明显的外伤和寄生虫，建议先静养3～5天，待其体色逐渐恢复正常后，再进行药物检疫操作。

高鳍刺尾鱼属 *Zebrasoma*

高鳍刺尾鱼属共有7个已知物种，很早以前就已经全部作为观赏鱼贸易，其中除丝绒吊和珍珠吊两种较为少见，其余物种在市场上是常见的观赏鱼。本属中的黄金吊、紫吊、大帆吊和珍珠大帆吊都已具有成熟的人工养殖技术，是具代表性的传统海水观赏鱼。

高鳍刺尾鱼属鱼类的肠胃不像刺尾鱼属鱼类那样脆弱，它们都是杂食动物，即使长期用荤食性颗粒饲料喂养，也很少患肠炎。这些鱼的耐饥饿能力也比刺尾鱼属的品种好，经过长途运输的个体很少出现饿死的现象。它们虽然没有刺尾鱼属中的一些品种那样爱患白点病，但也是寄生虫的主要携带者，饲养时应注重检疫过程。

黄金吊 *Zebrasoma flavescens*

中文学名	黄高鳍刺尾鱼
其他名称	黄三角吊
产地范围	仅分布在夏威夷地区，目前贸易中的个体多数为人工养殖
最大体长	20厘米

相信大多数人对黄金吊都不陌生，即使不饲养海水观赏鱼的朋友也偶尔可以顺口叫出它的名字。它曾经是被饲养数量最多的倒吊类观赏鱼，是容易饲养的海水观赏鱼之一，是近乎全球所有海水观赏鱼爱好者喜欢的品种，还是最早被豢养的海水观赏鱼品种之一；在全球的海水观赏鱼贸易中，除公子小丑鱼（*Amphiprion ocellaris*），单一品种数量最大的就要数它了。凡事物极必反，由于近20年来夏威夷地区的野生黄金吊被过度捕捞，2020年美国联邦政府通过法案，禁止捕捞出口夏威夷地区的海水观赏鱼，从此这种充满魅力的小黄鱼很难再在水族店中看到了。

黄金吊不论是饲养在礁岩生态缸中还是饲养在纯鱼缸中都非常适宜。这种鱼的黄色是黄色系观赏鱼的典范代表，至今还没有哪种黄色海水鱼的颜色比它更黄。那是一种没有任何瑕疵的明黄色。

黄金吊几乎吃所有人工饲料，而且只要引进到水族箱中就会马上到处找吃的。它们非常适合吃海藻配方的颗粒饲料，也可以用海水鱼通用的饲料来喂养。黄金吊喜欢吃在水族箱中饲养的各种藻类，火焰藻是最被欢迎的。一条体长10厘米左右的黄金吊，可以在3天内吃光40平方厘米的一小片火焰藻。虽然这种鱼不攻击任何珊瑚，但对腐烂的珊瑚虫尸体尤为感兴趣，会啃咬珊瑚的伤口，造成更大面积的创伤，直到毁灭整株珊瑚。

黄金吊更适合饲养在容积400升以上的大型礁岩生态缸中，其大小正适合在珊瑚群落中若隐若现，而且富含钙质的水会让它们的颜色看上去更亮丽。通常最好放养一群，良好的群体等级关系会让这种鱼的行为更为多样化。如同时放养5条，那么肯定会出现一个强壮的头领，其他鱼对它畏惧得很，也很依赖。虽然头领经常驱逐弱者或对它们发起进攻，但部族的成员们从来不愿意放弃和头领的亲密关系，总喜欢靠拢在它的周围活动。头领会经常竖起它高高的背鳍和臀鳍，那是黄金吊最美丽的姿态。喜欢挑衅的部族成员此时往往愿意同时立起鳍，似乎想和头领争个高低，但很快就羞愧地收敛了“武装”，仓皇躲避起来。在一个黄金吊群体里，头领可

△新进入鱼店的黄金吊鳍条往往出现品破损的现象，加上它们在新领地中会频繁发生打斗，使得很多鱼鳍条和背部出现淋巴囊肿等问题。一般不需要刻意治疗，只要保持水质良好，不久就能自己恢复健康。

能是雄性的，但更多时候是雌性的，因为雌性似乎生长的速度更快，个头一般也大一些。如果从5厘米幼鱼开始饲养，会发现头领并不是固定的。随着年龄和身体的增长，头领至少要改选3次。每一次都是更强壮的个体取代以前的头领，之前那个头领虽然原本强壮，但由于作了头领过度兴奋、废寝忘食而生长速度就慢下来了。尽量避免在同一水族箱中同时饲养两条黄金吊，并且要同一时间将一群黄金吊放入水族箱。如果引入时间有先后顺序，则后来者很容易被前者消灭，别忘了它们也具有手术刀一样锋利的尾柄刺。即使在已经饲养有一条或一群黄金吊的水族箱中再次引进一批，也必须保证新引进的数量要大于原有数量，并确认后来者不比前者小。就算那样，还是要做好心理准备，如果不是非常走运，肯定会有某条新来的弱者在次日早晨被前一群体的鱼用尾柄刺打得遍体鳞伤。

黄金吊具有一定的耐药性，可以用含有铜离子和甲醛的药物对其进行检疫和治疗。但它们不怎么耐淡水，不可以用降低水中盐度的方式为其治疗白点病，在做淡水浴时要格外小心，有些个体容易出现应激反应过度而死亡。

早在2009年，夏威夷地区的一些养殖场成功地人工繁育了黄金吊，只是因为养殖成本高于捕捞成本才没有被广泛推广。虽然这种鱼已经禁止捕捞，但市场上仍能零星见到人工繁育个体。相信不久的将来，随着人工养殖的扩大化，黄金吊这一经典的观赏鱼还会在水族贸易中大量出现。

咖啡吊 *Zebrasoma scopas*

中文学名	小高鳍刺尾鱼
其他名称	黑三角吊、褐吊
产地范围	西太平洋至印度洋的热带珊瑚礁区域，主要捕捞地有菲律宾、印度尼西亚、中国南海等
最大体长	16厘米

除了颜色不同，咖啡吊就是黄金吊的翻本。深咖啡色似乎不比明黄色吸引人，于是这种鱼的身价比黄金吊低了3/4。在倒吊家族里有很多这样的孪生兄弟，由于颜色或产地的差异，一个光芒耀眼，一个名落孙山，如粉蓝吊和五彩吊，红海骑士和纹吊。咖啡吊也是名落孙山的代表，而且它的产量很大。从澳大利亚到我国南海，从菲律宾到马来西亚，都有这种鱼的分布，在印度尼西亚、菲律宾、我国海南省沿海每年都有大量捕获的个体被送到

观赏鱼市场上。

咖啡吊是本属中最温和的一种，从不攻击其他鱼，同类之间的争斗也非常少。它们和黄金吊一样可以接受任何饲料，而且生长速度很快。如果水族箱足够大，在6个月里，其体长可以从5厘米长到12厘米。个体越大，颜色越深，在情绪激动时近乎变成黑色。它们可以接受含有铜离子和甲醛的药物对其进行检疫和治疗，对水质要求不高。

大帆吊 *Zebrasoma veliferum*

中文学名	高鳍刺尾鱼
其他名称	斑马大帆吊
产地范围	西太平洋的热带珊瑚礁区域，主要捕捞地有菲律宾、印度尼西亚、中国南海等
最大体长	30厘米

珍珠大帆吊 *Zebrasoma desjardinii*

中文学名	德氏高鳍刺尾鱼
其他名称	斑马大帆吊
产地范围	印度洋的热带珊瑚礁区域，主要捕捞地有印度尼西亚、中国南海、马尔代夫、红海、阿拉伯海等
最大体长	40厘米

大帆吊和珍珠大帆吊都是常见的海水观赏鱼，长相十分接近，只是后者身体上纵向的条纹比较细，头部有不明显的白色斑点，尾巴上也多了一些蓝色的花纹。这两种鱼在观赏鱼贸易中都被简称为“帆吊”，所以放在一起进行介绍。

大帆吊也是我国南海生产的海水观赏鱼，以前一群群地拥挤在鱼店的暂养缸里，现在这些大个体帆吊都被水族馆收购了，鱼店中大多是进口于印度尼西亚的幼鱼。野生帆吊经常成大群地出没于西南太平洋到印度洋的海域里，啃食珊瑚礁上面的藻类。饲养成体要准备容积800升以上的大型水族箱。幼年的帆吊很好看，当背鳍和臀鳍展开时，体高可以是体长的2倍。但随着年龄的增长，它们竖立起背鳍的次数越来越少，背鳍和臀鳍的高度与体长比例也逐渐缩小，显得不是十分好看。成年的帆吊只有受到刺激或高度兴奋时才展开背鳍，大多数时间收拢背鳍和臀鳍在水中穿梭，只有投饵时才能看见其再现雄姿。

帆吊什么都吃，减少荤食性饲料的投喂可以让它们生长得稍微慢一些。它们对水质的要求不高，可以接受一般海水鱼能接受的条件。这两种鱼也是寄生虫的重要携带者，需要在与其他鱼混养前进行药物检疫。

紫吊 *Zebrasoma xanthurum*

中文学名	紫高鳍刺尾鱼
其他名称	黄尾沙展鱼
产地范围	红海及安达曼海以及东非沿岸的热带珊瑚礁区域，主要捕捞地是红海沿岸
最大体长	25厘米

紫吊在自然环境下会成小群一起觅食，但大多数时间里单独活动，这使其成为本属中性情最暴躁、孤僻的一种。它们对其他倒吊类的攻击性非常强，所以混养时应确保它们最后被放入水族箱。如果不是容积1000升以上的大型水族箱，建议一个水族箱中只饲养一条紫吊，它们在小水体中彼此不能包容。

它们很喜欢欺负黄金吊，即使在一群黄金吊中只饲养一条紫吊，如果它的个体足够大，依然会追逐驱赶所有的黄金吊，并对黄金吊群体中的首领耿耿于怀。幼年的紫吊拥有美丽的蓝紫色身体、明黄色的尾巴，而且在身体上能明显看到由不同深浅紫色变化出的数条横纹。有些个体在体长8～12厘米的阶段，头部还拥有许多蓝色斑点。随着个体的增长，当体长超过20厘米后，这些花纹和斑点将逐渐消失，身体的颜色也逐渐加深，最后近乎为藏蓝色。

水中的硝酸盐浓度也影响紫吊的情绪，如果硝酸盐浓度高于100毫克/升，它们就会非常暴躁，而且不爱吃东西。将它们饲养在礁岩生态缸中，维持钙离子含量在450毫克/升，将pH值稳定在8.1以上，紫吊的身上会发出如丝绒布般的光辉，而且十分活跃。

珍珠吊 *Zebrasoma gemmatum*

中文学名	宝石高鳍刺尾鱼
其他名称	暂无
产地范围	印度洋西部的热带珊瑚礁区域，主要捕捞地有东非至南非沿海地区等
最大体长	18厘米

珍珠吊只有从东非沿海进口的观赏鱼中才能见到，而且数量不多。它们的行为很接近紫吊，也不喜欢成大群活动。在水族箱中，它们虽然没有紫吊那么凶，但是很孤僻，所以一般一个水族箱中只饲养一条。这种鱼很难得，因此市场价格比较高。贸易中的个体多为5～10厘米的幼鱼，很少有成鱼出现。

同喂养本属其他鱼类一样，可以用各种饲料喂养珍珠吊，但最好偏素食一些。它们对药物不敏感，可以用含铜离子和甲醛的药物进行检疫和治疗。它们对水质大幅波动的反应比较强烈，进行淡水浴时，可能会因过度应激反应而死亡。

丝绒吊 *Zebrasoma rostratum*

中文学名	长鼻高鳍刺尾鱼
其他名称	暂无
产地范围	仅分布于太平洋中部的库克岛附近水域
最大体长	16厘米

丝绒吊是国内市场上非常难以见到的观赏鱼品种，它们的嘴是所有同属鱼类中最长的，性情也比较孤僻。丝绒吊不会成群活动，所以一般一个水族箱中只能饲养一条。它们也会攻击其他倒吊类，而且遇到弱者就会打个没完没了。这种鱼还很胆小，新进入水族箱后经常在礁石洞穴里躲着不敢出来，有时还会固定在一个小区域活动，不允许其他鱼进入这个区域。

它们能接受各种人工饲料，可以用素食性饲料和通用饲料混合喂养。当其生长到成年以后，身体上金丝绒的质感就会逐渐消失，变成一条黑灰色的怪鱼。

栉齿刺尾鱼属 *Ctenochaetus*

栉齿刺尾鱼属共有9种已知鱼类，现在全部可以在观赏鱼贸易中见到，不过多数不常见。本属鱼类属于刺尾鱼科中体形最小的一类，主要生活在珊瑚礁区域，单独在礁石附近觅食藻类和小型甲壳动物，很少成群活动。这些鱼一般是被饲养在礁岩生态缸中，而且一种鱼通常只饲养一条。栉齿刺尾鱼类在英文中被称为“bristle-tooth”，意思是像猪鬃刷子一样的牙齿，可见它们啃食礁石上藻类的能力非常强。

火箭吊 *Ctenochaetus tominiensis*

中文学名	印尼栉齿刺尾鱼
其他名称	暂无
产地范围	西太平洋的热带珊瑚礁区域，主要捕捞地是印度尼西亚
最大体长	16厘米

火箭吊是栉齿刺尾鱼属中的常见品种，有呈三角形向后辐射生长的背鳍和臀鳍，游泳时如正在喷发的火箭，故而得名。火箭吊可以长到15厘米，一般贸易个体是5～8厘米的幼鱼。幼体的火箭吊尾巴是白色，身上有暗淡的橘色斑点和花纹，成年以后，这些斑点和花纹将退掉，尾巴也逐渐变成淡蓝色。

这种鱼性格孤僻，很喜欢攻击其他吊类，即使比自己体形大很多黄金吊或咖啡吊也照样敢追上去咬，甚至小型神仙鱼也是它的攻击对象。它们喜欢啃咬无爪贝和软珊瑚，因此在礁岩生态缸中饲养时应格外注意。不要在同一水族箱中饲养两条火箭吊，它们个头虽小，脾气很大，打起架来不要命。即使水族箱足够大，它们往往也能找到一起相互厮杀。小火箭吊非常喜欢吃动物性饵料，丰年虾和虾肉都是让它们垂涎的好东西。你可以完全用这些食物喂养它。如果喂给植物纤维含量多的饲料，小火箭吊则会生长得较为艳丽，而且更活跃。脑珊瑚和一些海葵最好不要出现在饲养有火箭吊的水族箱中，它们虽然不吃珊瑚，但喜欢啄那些像果冻一样的美丽腔肠动物，影响珊瑚健康生长。

成年的火箭吊多半会死于运输，再加上原产地捕捞者未必负责，一般引进体长12厘米以上的个体很难成功养活。它们对含铜离子药物不敏感，为了防止其将寄生虫带入展缸，应对新来的火箭吊进行药物检疫。

金眼吊 *Ctenochaetus strigosus*

中文学名	扁体栉齿刺尾鱼
其他名称	暂无
产地范围	西太平洋至印度洋的热带珊瑚礁区域，主要捕捞地有印度尼西亚、马尔代夫等
最大体长	25厘米

金眼吊在市场上一直不多见，虽然价格不高，但是不容易买到。幼年的金眼吊非常美丽，身体呈现出栗红色，并有蓝色的横纹。眼圈是明黄色，衬托着一双大眼睛，非常夺目。成年后，它们会变成藏蓝色或咖啡色，身体上的蓝色横纹变淡，金色的眼圈也会大幅缩减。这种鱼可以生长到25厘米，是本属中体形最大的一种。

它们比较胆小，新进入水族箱中会马上躲起来，直到觉得非常安全后才出来啃食礁石上的藻类。这种鱼也是独居动物，不喜欢同类出现在自己的领地里，而且会驱赶其他倒吊类。金眼吊对水质要求不高，喜欢吃丰年虾和虾肉，最好配合海藻配方饲料一起喂养。它们对含铜离子药物不敏感，可以使用含铜离子药物对其进行检疫和治疗。

金圈吊 *Ctenochaetus truncates*

中文学名	截尾栉齿刺尾鱼
其他名称	鬃毛吊
产地范围	印度洋的热带珊瑚礁区域，主要捕捞地是马尔代夫
最大体长	16厘米

△成鱼

幼鱼▷

金圈吊长得很像金眼吊，幼鱼为黄色，成年后变成栗红色，并有一对金黄色的眼圈。和金眼吊不同，它们身上没有横向条纹，而是密密麻麻的白色小斑点。这种鱼以前非常少见，目前从印度尼西亚巴东地区可以大量进口。它们的习性和饲养方法与金眼吊相同，这里不做赘述。

橙线吊 *Ctenochaetus cf. striatus*

中文学名	截尾栉齿刺尾鱼
其他名称	暂无
产地范围	印度洋的热带珊瑚礁区域，主要捕捞地有印度尼西亚、马尔代夫、斯里兰卡等
最大体长	25厘米

橙线吊在从印度尼西亚进口的观赏鱼中十分常见，但是由于幼鱼在长途运输过程后会将自己的体色调节成灰黑色，所以很少有人注意这种丑陋的小倒吊。只有在水质条件良好的情况下，它们才会慢慢恢复鲜艳的体色。这种鱼十分容易饲养，可以参照火箭吊的饲养方法。

火焰吊 *Ctenochaetus hawaiiensis*

中文学名	夏威夷栉齿刺尾鱼
其他名称	夏威夷火焰吊
产地范围	仅产于夏威夷群岛附近海域
最大体长	18厘米

火焰吊的幼鱼非常美丽，全身呈火红色，还穿插着黑色的不规则条纹，好像正在燃烧的碳条。成年以后，火焰吊会变成深湖蓝色，身体上有细密的横向条纹，不是十分好看。这种鱼只产于夏威夷地区，所以贸易中的数量非常少。这种鱼并不难养，可以参考火箭吊的饲养方法。

蓝嘴吊 *Ctenochaetus cyanocheilus*

中文学名	塞氏栉齿刺尾鱼
其他名称	金眼蓝嘴吊
产地范围	西太平养至印度洋的热带珊瑚礁区域，主要捕捞地有马绍尔群岛、斐济、印度尼西亚等
最大体长	16厘米

△ 成鱼

◁ 幼鱼

野生的蓝嘴吊种群数量很大，但是在观赏鱼贸易中不常见，偶尔有一些夹杂在其他倒吊中出售，通常会被误认为是金眼吊或金圈吊。这种小型刺尾鱼是栉齿刺尾鱼属中啃食藻类能力比较强的一种，不论饥饿时还是吃饱后，都会不停地啃礁石上的藻类，是非常理想的藻类清理工具鱼。可以参照火箭吊的饲养方法。

副刺尾鱼属 *Paracanthurus*

副刺尾鱼属目前只有蓝吊（副刺尾鱼）一个已知物种，但是该物种在整个太平洋和印度洋都有分布，是常见的海水观赏鱼。

蓝吊 *Paracanthurus hepatus*

中文学名	黄尾副刺尾鱼
其他名称	暂无
产地范围	西太平洋至印度洋的热带海域，主要捕捞地有菲律宾、印度尼西亚、中国南海、马尔代夫等，现已能大规模人工繁育
最大体长	20厘米

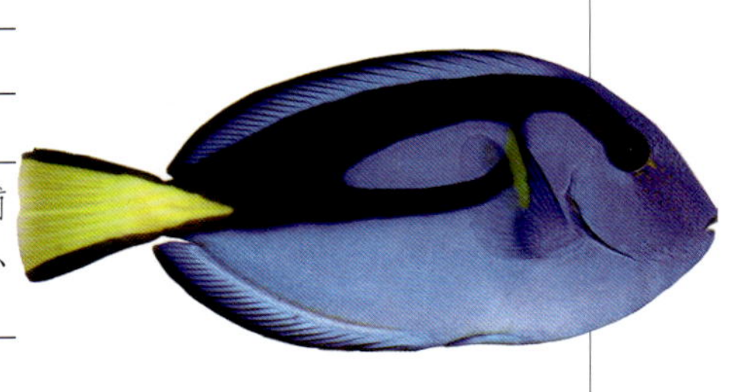

蓝吊绝对是倒吊鱼类中的大明星，在动画片中还当过主角。它们是一种被认为最蓝的蓝色鱼，大多数海水观赏鱼爱好者会饲养一条或多条蓝吊。这种鱼在西太平洋到印度洋地区分布很广，以前我国海南能捕到大量体长20厘米的成年个体，不过这些鱼根本养不活，放入水族箱后一动不动，慢慢地死去了。2010年以后，大量进口于印度尼西亚的蓝吊进入市场，这些鱼通常体长在10厘米左右，要比成年个体好养很多。今天，几乎所有蓝吊来自观赏鱼养殖场，从体长3厘米到体长12厘米的幼鱼都可以买到，但是野生成鱼早已在市场上不见踪迹，这充分证明了20年来海水观赏鱼市场的进步。

△蓝吊头部有发达的嗅觉凸起，解剖结构呈蜂窝状，能嗅到几公里以外的食物味道。这一点说明蓝吊更爱吃浮游动物，而不是像其他吊类那样终日啃食藻类。

这些人工繁殖的蓝吊非常好养，它们不怕人，不用再去适应人工环境。这些鱼像猪一样能吃，而且长得特别快。体长5厘米的幼鱼，饲养1年就能生长到15厘米以上。它们对水质要求极低，只要雀鲷类能适应的水质条件就能适应。各种颗粒饲料都可以用来喂养它们，蓝吊很少因为食物单一而患肠炎。虽然蓝吊也容易感染寄生虫，不过体长5厘米的幼鱼就能耐受水中0.5毫克/升的铜离子含量，成体则能接受0.8毫克/升的铜离子含量，所以得病了也没关系，一下药马上就好。

如果从小将一群蓝吊养大，它们总会成群在一起活动，水族箱足够大时可以饲养超过100条的一大群。如果单独饲养一条蓝吊，它就会变得孤僻，有新的倒吊进入它的领地，就会拼命攻击。兴奋时，其身体甚至变成紫罗兰色，用尾巴抽打，用牙齿咬，直到将对方逼死。孤僻的蓝吊还会攻击神仙鱼、炮弹鱼、隆头鱼等，新引进的皇后神仙、白尾蓝环神仙等较凶的鱼类一样会被体形较大的蓝吊打伤，所以最好不要从小将一条蓝吊单独养大，它不会再容忍身边有任何鱼。

鼻鱼属 *Naso*

鼻鱼属中共有20种已知鱼类，其中大概有5～6种被作为观赏鱼贸易，其余品种或体形太大，或属远洋品种，不易捕捞，也难进行活体运输，所以没有在观赏鱼贸易中出现过。除了两种天狗吊外，其余鼻鱼属的成员观赏性不高。以前，这些鱼除了会被公共水族馆收购外，别无其他去处。这几年，蓝点吊、独角吊等大型鼻鱼属成员的幼鱼也会在观赏鱼市场上出售，成为观赏鱼中的"新品种"。

鼻鱼属的鱼类具有成群巡游的特性，相对其他倒吊类，它们的食物多是浮游动物，藻类占的比例不是很高，所以一般可以用荤食性饲料喂养。因为有集大群活动的习性，所以这些鱼虽然大，但是彼此之间很少发生冲突。它们夸张的尾柄刺主要用来防御其他鱼的攻击。鼻鱼属的鱼类都很大，而且越大越好看，幼鱼远远没有成鱼漂亮，所以要想养好鼻鱼属的鱼类，必须有大型水族箱。

天狗吊 *Naso lituratus*

中文学名	黑背鼻鱼
其他名称	暂无
产地范围	西太平洋至印度洋的热带珊瑚礁区域，主要捕捞地有菲律宾、印度尼西亚、中国南海等
最大体长	45厘米

金发天狗吊 *Naso elegans*

中文学名	美丽鼻鱼
其他名称	金毛狗、印度天狗吊
产地范围	印度洋的热带珊瑚礁区域，主要捕捞地有印度尼西亚的巴东地区、马尔代夫等
最大体长	45厘米

之所以把这两种鱼叫作天狗，是因为其面部花纹很像日本歌舞剧中天狗的形象，还有人干脆把这种鱼就叫日本吊。天狗吊很常见，每年我国南海和东南亚各国都可以大量捕捞用于贸易。金发天狗吊以前较少，现在也非常普遍。它们只产于印度洋。天狗吊背鳍基部为黑色，金发天狗吊的背鳍基部为金黄色，因此得名。两种天狗吊虽然长相不同，但是在人工饲养环境下的表现完全一样，所以将它们放在一起进行介绍

天狗吊可以生长到40厘米以上，是大型观赏鱼，而且生性活跃，终日游来游去。最好用容积1000升以上的大型水族箱来饲养，否则成年后不能自由运动。这种大型倒吊类拥有两对尾柄刺，刺的比例比其他倒吊类大得多，看上去如悬挂了倒钩的鱼雷，料想其相互间

的打斗应十分猛烈吧，然而它们能非常好的和平共处，其打斗现象并不像其他吊类那样频繁。即使两条鱼产生争斗，也多是相互威吓，不真下死手。

天狗吊对食物从不苛求，水族馆中一般给它们吃鱼肉碎屑和白菜叶，它们当然可以吃任何海水鱼专用饲料。天狗吊食量很大，如果使用较贵的饲料喂养，长久了可能会喂养不起。幼年的天狗吊还没有发育出鲜艳的颜色，看上去十分灰暗，在人工环境下发色也很困难。要想拥有好看的天狗吊，最好购买体长20厘米以上的亚成体和成体。与刺尾鱼属的鱼类不同，对于小天狗吊，我们最好使用荤食颗粒和素食颗粒各50%的配比方式来喂养，平时还可以补充一些虾肉和丰年虾。虾青素的摄入，对于天狗吊成年后的体表发色有非常好的促进作用。

天狗吊粗生易养，对水质没有特殊要求。它们耐药性非常高，能接受含有铜离子和甲醛的药物进行检疫和治疗，也可以进行淡水浴驱虫，甚至可以生活在比重仅为1.015的水中。

蓝点吊 *Naso vlamingii*

△ 成鱼

△ 幼鱼

中文学名	高鼻鱼
其他名称	暂无
产地范围	西太平洋至印度洋的热带海域，主要捕捞地有菲律宾、印度尼西亚、中国南海等
最大体长	45厘米

蓝点吊是这两年新兴起的海水观赏鱼，市场上一般只能见到幼鱼，它们比起成鱼来说简直没啥可看。蓝点吊幼鱼身体像一枚压扁了的鱼雷，浅灰色的体表分布着许多细小的蓝色斑点。成鱼头部前方会生长出一个巨大的凸起，浑身布满闪亮的蓝色斑点，尾鳍和背鳍向后延展出长长的鳍丝，成群游泳时非常壮丽。

如果没有容积在2000升以上的大型水池，就无法将蓝点吊饲养到成年。虽然它们很好看，但是只适合在公共水族馆中展出。这种鱼非常好养，能接受任何品种的人工饲料，对水质的要求很低，有很强的耐药性。它们之间和很少发生冲突，更不会欺负其他鱼。这种鱼能吃能拉，所以饲料投入成本较高，换水频率也高，海盐的投入也较多。

白边独角吊 *Naso annulatus*

中文学名	环纹鼻鱼
其他名称	独角吊
产地范围	西太平洋至印度洋的热带海域，主要捕捞地有菲律宾、印度尼西亚、中国南海等
最大体长	100厘米

独角吊 *Naso brecirostris*

中文学名	短喙鼻鱼
其他名称	一角吊
产地范围	西太平洋至印度洋的热带海域，主要捕捞地有菲律宾、印度尼西亚、中国南海、澳大利亚北部沿海、东非沿海、红海地区等
最大体长	50厘米

△ 成鱼

△ 幼鱼

鼻鱼属中的短喙鼻鱼和环纹鼻鱼在观赏鱼贸易中被统称为独角吊，成年后头部前方会生长出15~30厘米长的凸起物，犹如长角。两种鱼个体都很大，环纹鼻鱼可以生长到1米长，是刺尾鱼家族中的巨无霸。其实，这种鱼最早被称作“天狗鱼”，头上长长的鼻子比现在的天狗吊更容易让人联想到日本天狗形象。

在水族市场里可以购买到的都是独角吊的幼鱼，有些只长着1厘米长的稚嫩小角，有些根本还是平头。这种鱼的角只有在其体长超过25厘米时候才从头前方刺穿出来，并随着身体的增长而增长。在水族箱中受到空间限制，角一般只能生长到5~8厘米，有些甚至根本长不出来。它们是强壮易养的鱼类，但是如果没有容积超过2000升的大型饲养池，就不要考虑饲养这两种鱼了。

长鼻天狗吊 *Naso unicornis*

中文学名	单角鼻鱼
其他名称	独角吊
产地范围	西太平洋至印度洋的热带海域，主要捕捞地有菲律宾、印度尼西亚、中国南海等
最大体长	70厘米

长鼻天狗吊身体呈蓝灰色，幼鱼外貌很像天狗吊，成年后头部前方会生长出15厘米左右的一个角，所以叫长鼻天狗。我以前工作的水族馆引进过很多这种鱼的幼鱼，将它们放养在大展示池中，一年后就能生长到50厘米左右。这种鱼不太喜欢成群活动，一般是单独在岩石附近寻找食物。它们没有什么攻击性，不主动攻击其他鱼类。

观赏鱼市场上的长鼻天狗幼鱼大多数还没有生长出长长的“鼻子”，所以观赏价值很低。如果没有大型饲养池，也很难将它们养大，所以普通爱好者最好不考虑饲养这种鱼。幼鱼的日常饲喂应增加一些动物性饲料的比例，比如将虾肉和丰年虾的比例提升到70%左右，然后补充30%左右藻类成分的颗粒饲料。随着鱼的长大，当它们体长超过40厘米的时候，就可以逐步增加素食性颗粒的比例，成年后可以直接用素食性颗粒喂养。这种鱼的耐药性非常好，可以接受各种渔药对其进行的检疫和治疗。

多板盾尾鱼属 *Prionurus*

多板盾尾鱼属共有7种已知鱼类，其中有2～3种偶尔出现在观赏鱼贸易中。本属鱼类多产自东太平洋地区，特别是中美洲西岸尤为常见。由于产地离我国较远，不便运输，所以很少有多板盾尾鱼属的品种在国内市场上出现。这些鱼在北美洲的公共水族馆中常见，它们成大群地在展示池中游来游去，十分壮观。

胡椒吊 *Prionurus punctatus*

中文学名	点纹多板盾尾鱼
其他名称	暂无
产地范围	东太平洋的热带沿海水域，主要捕捞地有美国东南沿海地区等
最大体长	35厘米

胡椒吊外观很像芥辣吊，尤其在幼鱼时期更像。以前，它是唯一能在我国观赏鱼市场上见到的本属鱼类。这种鱼虽然难以得到，但十分强壮易养。它们不像其他属的刺尾鱼那样好斗，能和平地成群活动。如果单独饲养一条，其会感到恐惧，习性很像篮子鱼科的品种。

胡椒吊能轻松接受各种人工饲料，对水质要求不高，能接受含有铜离子和甲醛的药物进行检疫和治疗。也可以接受淡水浴，甚至可以经过淡化处理后在淡水中饲养，是非常容易饲养的鱼类。

剃刀吊 *Prionurus laticlavius*

中文学名	侧棒多板盾尾鱼
其他名称	暂无
产地范围	东太平洋的热带沿海水域，主要捕捞地有墨西哥、哥斯达黎加等
最大体长	30厘米

剃刀吊目前只能在北美洲的公共水族馆中见到，虽然这种鱼的野生种群数量非常多，但是很少有人专门捕捞其作为观赏鱼出售。国内一些老牌大型水族馆，曾经从北美进口过这种鱼。它们非常好养，一般被放养在大型展示池中，成群游泳时十分壮观。目前看这种鱼寿命很长，某水族馆中的剃刀吊已经饲养了20多年，还是充满活力。

我国南海地区可以捕捞到一种与剃刀吊近似的多板盾尾鱼，但是这种鱼体色暗淡，一直没有被当作观赏鱼贩卖，往往沦为石斑鱼养殖的饲料。如果公共水馆的养殖员对这类鱼感兴趣，不妨向海南的鱼商咨询，说不定有意外收获。

篮子鱼科 Siganidae

篮子鱼科约有26种已知鱼类，大多数品种在我国为传统次经济鱼类，在南方沿海地区常作为食用鱼，其中大概有6~7种颜色较为鲜艳，被作为观赏鱼进行贸易。篮子鱼科的鱼类都喜欢成群活动，胆子很小，一旦离群就会非常害怕。有些品种必须同时饲养多条，如果只饲养一条，往往会因为过度紧张而很快死去。

所有篮子鱼都是杂食性，不过它们在野外的主要食物是藻类，所以通常应用素食性饲料来喂养。它们没有攻击性，从不攻击其他鱼，也不会彼此攻击。

狐狸鱼 *Siganus vulpinus*

中文学名	狐篮子鱼
其他名称	黄狐狸鱼、狐狸吊、狐面鱼
产地范围	西太平洋的热带沿海浅水地区，主要捕捞地有菲律宾、中国南海、越南等
最大体长	25厘米

狐狸鱼是传统的海水观赏鱼，早在30多年前就被国内的一些动物园饲养展出，很多内陆居民平生第一次见到的活体海水鱼就是动物园里的狐狸鱼。

狐狸鱼有黄色的身体、如狸猫一样黑白花纹的面部，是非常好看的海水观赏鱼，可以说是经久不衰。捕捞于西太平洋地区的一些狐狸鱼，身体中后部具有一对黑色斑点，在观赏鱼贸易中通常被称为黑点狐狸。狐狸鱼身上的黑斑点特征并不稳定，有些西太平洋产的狐狸鱼终生有黑斑，有些则只有幼鱼期有黑斑，成年后黑斑消失，还有一些个体和印度洋产的狐狸鱼一样从小就没有黑斑。狐狸鱼是温顺的鱼类，从不攻击其他鱼，互相之间也很少相互攻击，即使偶有冲突，也无非相互炫耀一下背鳍了事。这使它们成为最大众化的鱼类，无论饲养什么鱼，似乎都可以搭配两条普通狐狸鱼。它们也不伤害珊瑚和无脊椎动物，可以饲养在礁岩生态缸中。但是，一个水族箱中不能只饲养一条狐狸鱼，最好多饲养几条，这样它们不会感到害怕。如果只有一条狐狸鱼，可以将其和体形相近的倒吊、神仙鱼、蝴蝶鱼混养在一起，也可以消除它的紧张情绪。

薄片饲料、颗粒饲料、冻鲜饵料都可以喂养普通狐狸鱼，但最好使用含植物成分高的品种，这样对其健康有好处。在受到惊吓或休息的时候，狐狸鱼会将身体颜色调整出大理石一样的花纹，这实际是一种自我保护，借此将自己隐藏在错乱的礁石周围。刚刚运输到目的地的狐狸鱼，会躺在水底装死，不用管它，只要它觉得稍微安全了，就会马上游来游去。狐狸鱼对水质的要求不高，但耐药性没有倒吊类好。当水中铜离子含量高于0.35毫克/升时，它们会出现呼吸困难，体表大量分泌黏液，严重时就会死亡。狐狸鱼对淡水浴不敏感，治疗寄生虫类疾病时，可以将低浓度药浴和淡水浴交替进行。

△捕捞于西太平洋地区的黑点狐狸鱼

七彩狐狸鱼 *Prionurus laticlavius*

中文学名	大篮子鱼
其他名称	印度狐狸鱼、五彩狐狸鱼
产地范围	东印度洋的热带沿海浅水地区，主要捕捞地是印度尼西亚
最大体长	24厘米

七彩狐狸鱼只分布在东印度洋，其产地与粉蓝吊重合，是一个南北狭长的区域。这种鱼以前在贸易中很少见，自从印度尼西亚的巴东地区继巴厘岛之后成为海水观赏鱼的主要出口地，这种鱼在市场上就非常常见了。

它们和狐狸鱼虽然颜色不一样，但身体形态和生活习性一模一样，这里不做赘述，饲养方法可参照狐狸鱼。

斐济狐狸鱼 *Siganus uspi*

中文学名	乌氏篮子鱼
其他名称	双色狐狸鱼
产地范围	南太平洋的热带沿海浅水地区，主要捕捞地有斐济、新喀里多尼亚等
最大体长	24厘米

斐济狐狸鱼只产于大堡礁地区，所以一直以来都是珍贵稀有的观赏鱼品种，非常难以获得。它们的前半身是黑褐色，后半身为明黄色，分界线十分明显。虽然很难获得，但是这种鱼不难养。它们和狐狸鱼一样，都是群居鱼类，最好不只饲养一条，成群饲养会让它们更活跃。饲养方法可以参照狐狸鱼。

眼带狐狸鱼 *Siganus puellus*

中文学名	眼带篮子鱼
其他名称	臭都鱼
产地范围	西太平洋的热带沿海浅水地区，主要捕捞地有菲律宾、印度尼西亚、中国南海等
最大体长	30厘米

眼带狐狸鱼是经常出现在国内公共水族馆中的鱼类品种，在海南可以大量捕获，市场价格极低。一般水族馆会大批购买这种鱼，放养到大型水池中充数。眼带狐狸鱼是非常好养的品种，而且生长速度很快。它们是群居动物，单独饲养一条时不易成活。最好喂给素食性颗粒饲料，这样有助于保持它们的颜色。这种鱼经常携带有寄生虫，需要用含有铜离子的药物进行检疫后才可以与其他鱼类混养。

双带狐狸鱼 *Siganus doliatus*

中文学名	大瓮篮子鱼
其他名称	兔仔鱼、马来西亚篮子鱼、双带篮子鱼
产地范围	西太平洋至印度洋的热带沿海浅水地区，主要捕捞地有菲律宾、印度尼西亚、中国南海等
最大体长	24厘米

双带狐狸鱼也是篮子鱼科的常见品种，在我国南海可大量捕获。和普通狐狸鱼比起来，它并不是很美丽，所以在观赏鱼市场上出现的频率不高。

它们拥有像兔子一样的嘴，终日在石头和沙子上啃食海藻。在自然界中，双带狐狸鱼成大群活动，摄食大量的藻类，将大片大片的岩石清理干净。在水族箱中，它们也是很好的清洁工，如果水族箱正受到丝藻类的侵害，只需要2～3条双带狐狸鱼就可以清理干净。应当用素食性饲料喂养双带狐狸鱼，但当它们尝到了肉的味道后，就会变得很馋，喜欢去抢夺其他鱼的肉食，不再帮你清理礁石上的藻类。双带狐狸鱼对水质要求很低，甚至可以在比重仅1.015的水中很好地生活，对各种药物也不是很敏感。

金点篮子鱼 *Ptereleotris guttatus*

中文学名	星斑篮子鱼
其他名称	星斑臭都鱼、泥猛鱼（单指幼鱼）
产地范围	西太平洋的热带沿海浅水地区，主要捕捞地有菲律宾、中国南海等
最大体长	40厘米

金点篮子鱼以及其近似种点篮子鱼是我国南部沿海常见的一种篮子鱼，它们常被作为食用鱼出售。这种鱼的幼鱼没有什么特别之处，当它们生长到25厘米以上时，身体上会密布金黄色的斑点，在光照下熠熠生辉。以前，这种鱼被公共水族馆大量采购，放养在大型展示池里，汇集成群，如同一道金光顺着海底隧道漂过游客的头顶，是展示效果非常好的品种。

金点篮子鱼非常好养，如果用石斑鱼饲料和鲍鱼饲料混合喂养，它们的生长速度会很快。它们很少出现在观赏鱼市场上，所以一般普通爱好者不会饲养这种鱼。近几年，随着原生观赏鱼饲养爱好的兴起，一些爱好者从福建、广东、海南等沿海的礁石密集区域捕捞幼鱼，然后通过互联网在爱好者之间转卖。这些幼鱼一旦吃到了专用的海水观赏鱼饲料，就会拼命地生长，但是在人工环境下长大的鱼，身体的颜色要比野外个体逊色很多。这种鱼对水质要求很低，有些人甚至将其淡化后用淡水饲养。幼鱼一般很少携带有寄生虫；如果是成鱼，则需要进行检疫后，方可与其他鱼混养。

镰鱼科 Zanclidae

镰鱼科仅有镰鱼一种鱼类，在观赏鱼贸易中被称为“海神像”。这个物种是非常独特的鱼类，在分类学上虽然被归入刺尾鱼亚目，但它的生理结构和生活习性介于篮子鱼和蝴蝶鱼之间，也有些像神仙鱼（棘蝶鱼）。它们以前在市场上更多被称为角蝶鱼或海神仙。其英文名字为Moorish Idol，意思是摩尔人的偶像或战神，据说是早期欧洲人认为这种鱼的面部花纹很像那些被作为巫师处死的摩尔人，因而给它们取了这个名字。还有人认为这种鱼名字的由来和它们的产地有关，公元1521年，麦哲伦的船队经新大陆到达菲律宾群岛，并以腓力二世的名字将这里命名为菲律宾，并将当地的土著称为摩尔人。后来，因为该鱼的模式标本采集于菲律宾，所以分类学者给它们起了这个便于记忆的俗名。海神像鱼早在1758年林奈编写《自然系统》第四版时就被收入其中，它被人们发现并利用的历史非常久远。

海神像 *Zanclus canescens*

中文学名	镰鱼
其他名称	海神仙、大花脸、角蝶鱼
产地范围	西太平洋至印度洋的热带珊瑚礁和浅水地区，主要捕捞地有菲律宾、印度尼西亚、马来西亚、中国南海等
最大体长	25厘米

10年前，几乎还没有人能养活海神像这种鱼，它们被认为是根本养不活的品种。将这种鱼捕捞并作观赏鱼出售和饲养的历史至少有50年了，可以说前40年，我们都是在以养鱼的名义不断地杀害这种动物。直到2005年，有人发现它们在野外的主食是海绵，一些沿海居住的爱好者每天去海边采集海绵喂给自己饲养的海神像，于是就有了在人工环境下养活这种鱼的记录。我在2010年编写《海水观赏鱼快乐饲养手册》时记录了许多海神像饲养研究心得，其中包括“这种鱼喜欢成小群活动，成群饲养时成活率会高一些”等。但是，那时候海神像基本上还是很不适合作为观赏鱼饲养的鱼类，因为即使这种鱼开口吃食了，只要稍有不慎，它们会突然死亡。随着时间的推移，养鱼技术也在进步。今天已经有很多人能将海神像在自己的水族箱中饲养成功，有些已经活了两三年之久。

△成批进口的幼鱼

现在看来，早期人们养不活海神像的主要原因有三个：第一是饵料问题，大部分海神像在人工环境下不吃东西，最后饿死；第二是水质问题，即使到了10年前，大多数养鱼者水族箱中的硝酸盐浓度也在200毫克/升以上，将水族箱中的硝酸盐浓度控制到和天然海水中硝酸盐浓度接近的技术，是近10年来随着SPS饲养热潮的兴起而逐渐成熟的；第三是鱼本身的问题，在2010年以前，大部分海水观赏鱼通过拖网等方式捕捞，来自菲律宾的很多鱼甚至是用药物毒捕的，海神像的应激反应极其强烈，所以不正当的捕捞方式导致它们不能很快地在人工饲养环境下恢复健康。今天，各种高端的海水观赏鱼专用饲料被开发出来，比如日本高够力（Hikari）的海绵配方饲料、美国海洋牌的海藻配方饲料等，这些饲料都能有效吸引海神像，并让它大口地吞吃。控制水质对于现代养鱼爱好者已经不是什么难事，而且专用设备层出不穷，将海神像放养在水质良好的水族箱中，它们可以很快从过度应激反应中解脱。当今市场上的大部分海水观赏鱼进口于印度尼西亚，这些鱼是利用水下围网等科学方式捕捞的，鱼在被捕捞和运输的过程中受到的惊吓很小，很大程度上降低了应激反应的出现。近年来，我们可以相对轻松地养活这种以前认为根本不可能养活的美丽鱼类了。

饲养海神像鱼最好为其先单独准备一个检疫缸，待其完全接受人工颗粒饲料后，在将其与其他鱼类混养。海神像饥饿时会啃咬珊瑚，所以不能饲养在礁岩生态缸中。充分适应环境后，它们会吃贝类和虾，如水族箱中的五爪贝很快就会被吃掉。

海神像是卵圆鞭毛虫的主要携带者，特别是捕捞于海南的成鱼。它们是一种对药物很敏感的鱼，当水中铜离子浓度高于0.1毫克/升时就会有不良反应，水中铜离子浓度高于0.15毫克/升两天就被毒死了，所以用铜药为其驱虫，在没有杀死寄生虫之前，就已经杀死了海神像。这种鱼对含有甲醛的药物也很敏感，在水族箱中按治疗剂量泼洒福尔马林，很快就能杀死它们；如果是将它们捞出来用福尔马林进行短期药浴，还能凑合接受。直到目前，对海神像进行检疫仍是非常难的事情，很多饲养者只是听天由命，直接将买回来的鱼放入水族箱正常饲养，如果它患病了，就任凭其死亡。幸运的话，赶上这批海神像没携带多少寄生虫，就算成功了。我们不能完全听天由命，所以还是要做一些事情。经过反复实验，我们可以通过降低检疫缸水比重的方式来控制海神像身上寄生虫的繁殖，再利用甲硝唑等药物抑制寄生虫的活跃度。经过长达60天的检疫用药期，使卵圆鞭毛虫等原虫类寄生虫的成虫全部老死，期间它们正常无法繁殖。通过加强换水，将漂浮的虫卵和在水族箱底部爬行的幼虫去除，这样就能保证海神像鱼未来的健康了。

△幼鱼比成鱼更容易适应人工环境，且携带的寄生虫很少，引进神像时应尽量选择幼鱼

目前在市场上见到的海神像，体长在15厘米以上的基本是捕捞于我国海南的个体。体长15厘米以下甚至10厘米以下的幼鱼，基本是从印度尼西亚进口的。当然，幼鱼中也有来自菲律宾的个体，来自菲律宾的这些个体一般处于过度应激反应中，很难养活。鉴别时应注意观察其口部，若口部常处于张开状态，则是中毒或过度应激反应中的鱼，就不要购买了。

蝙蝠鱼

白鲳科（Ephippidae）共有8属15种已知鱼类，现已归入刺尾鱼亚目中，由于本科鱼类在人工饲养条件下的表现与刺尾鱼类区别较大，因此将其单独提出进行介绍。太平洋、印度洋和大西洋都有白鲳科鱼类分布，它们成群地栖息在礁石附近，摄食浮游动物和小鱼。其中，燕鱼属（*Platax*）中的几种主要分布在印度洋的鱼类，是经常出现在我国各公共水族馆中的观赏鱼，一般被称为蝙蝠鱼或蝙蝠燕鱼。蝙蝠鱼是仅次于黄金鲹的水族馆重要群游性展示品种，有时会以数百条的大群在水族馆大型展示池中生活。

这些鱼成年个体都可以生长得很大，一般在40～60厘米。幼体拥有超长的背鳍和臀鳍，看上去很像蝙蝠或燕子的翅膀，因此得名。蝙蝠鱼都是黑灰色，饲养它们主要是为了欣赏其夸张的体态和成群活动的壮观景象。白鲳科鱼类是肉食性，当它们生长到20厘米以上后，就开始吞吃小鱼。在人工饲养环境下，这些鱼可以接受多种饲料，幼体对食物的需求量非常大，生长速度也很快。体长20厘米的幼鱼，2年内就可以生长到50厘米以上。它们对水质要求不高，水温20～30℃、pH值7.6～8.3、硝酸盐浓度小于400毫克/升的情况下都能良好生长。

白鲳科鱼类对各种药物无不良反应，可以使用各种药物对其进行检疫和治疗，成年白鲳科鱼类能耐受水中铜离子浓度达到0.8毫克/升。经过淡化处理，这些鱼还能适应在淡水中生活。早在十几年前。东南亚的几个国家以及我国台湾地区就可以人工繁育这种鱼，它们的产量很大，贸易中体长10厘米以下的幼鱼都是人工繁殖个体，野生白鲳类已经很难在市场上见到了。

△在每一座公共水族馆中，我们都能看到成群的成年蝙蝠鱼，而在观赏鱼市场上见到的蝙蝠鱼一般是具有长长背鳍和臀鳍的幼鱼（摄影：刘亚军·先生）

长蝙蝠鱼 *Platax teira*

中文学名	尖翅燕鱼
其他名称	燕鱼
产地范围	西太平洋至印度洋的热带浅海地区，贸易中的个体主要来自养殖场
最大体长	45厘米

△成鱼　　幼鱼▷

长蝙蝠鱼是观赏鱼市场上常见的燕鱼属鱼类，它们在体长10厘米的时候，体高就可以达到30厘米左右，看上去十分怪异，很容易吸引爱好者的眼球。成年后，它们的背鳍和臀鳍逐渐回收，最终身体变成浑圆的盘状。

最好成群地饲养长蝙蝠鱼，饲养数量不要小于2条。在没有同类的水族箱中，它们很容易因感到害怕而绝食。通常在为新引进的长蝙蝠鱼进行检疫时，需要进行多次淡水浴，它们大多携带有本尼登虫。最好隔离1个月以上再与其他鱼混养，以免交叉感染。可以使用各种饲料喂养，如果每周能供给1～2次鱼肉，它们可以生长很快。公共水族馆中一般用石斑鱼养殖饲料来喂养幼鱼。幼鱼非常嗜吃，所以要每隔一段时间就在饵料里拌土霉素投喂一次，预防它们因消化不良而患肠炎。在情绪不好或患有疾病时，长蝙蝠鱼会将全身调节成黑色，当情绪稳定、身体健康时，它们的颜色会逐渐变白，可以明显看到身体前部的两条灰色纵向条纹。长蝙蝠鱼是非常温顺的大鱼，从不攻击不能吃掉的鱼类。除一些体长小于10厘米的鱼类不可以共同饲养外，其他品种皆可混养。一些机敏而凶猛的小鱼（如雀鲷）喜欢啄咬长蝙蝠鱼优雅的鳍，而笨拙的长蝙蝠鱼拿它们没有办法，在混养时应尽量避开。

圆蝙蝠鱼 *Platax orbicularis*

中文学名	圆眼燕鱼
其他名称	圆燕鱼
产地范围	西太平洋至印度洋的热带浅海地区，贸易中的个体主要来自养殖场
最大体长	55厘米

成鱼▷　　◁幼鱼

圆蝙蝠鱼的幼鱼没有长蝙蝠鱼幼鱼那样高耸的背鳍，它们的身体比例并不是很夸张，通常体长10厘米的个体，体高为15厘米左右。在幼年阶段，它们的身体呈咖啡色，看上去如同一片枯萎的叶子，这可能是一种保护色，因为它们的一些幼鱼在红树林中成长。从我国南海到红海地区都可以捕捞到圆蝙蝠鱼，但由于欣赏价值不高，其在观赏鱼市场上不常见。

成年的圆蝙蝠鱼可以生长到50厘米以上，集大群活动，是公共水族馆喜欢展示的品种。因为它们可以在红树林、河口等地区生活，所以对水温、盐度、水硬度、pH值等指标都具有很广泛的适应能力，而且可以经淡化后用淡水饲养。它们对水中硝酸盐和磷酸盐的含量耐受度也非常高，像雀鲷这样的鱼都受不了时，圆蝙蝠鱼依然可以正常生活。圆蝙蝠鱼对药物也不敏感，可以用各种药物进行检疫和治疗。

△圆蝙蝠鱼比长蝙蝠鱼成年后颜色更加艳丽，非常适合放养在珊瑚礁鱼类展示池中

红边蝙蝠鱼 *Platax pinnatus*

中文学名	圆翅燕鱼
其他名称	蝙蝠燕
产地范围	西太平洋的热带浅海地区，主要捕捞地有菲律宾、印度尼西亚等
最大体长	35厘米

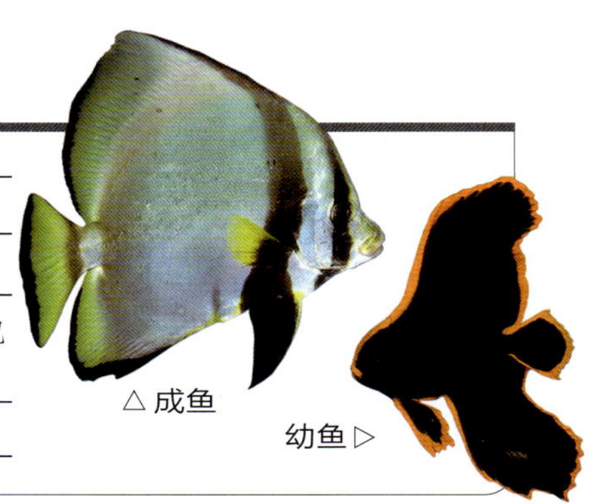

△成鱼

幼鱼▷

红边蝙蝠的幼鱼是蝙蝠鱼家族中最美丽的品种，在漆黑的身体边缘镶嵌有一圈红色的窄边，将其美丽的曲线勾勒出来，很像倒映在大海中的鸟类影子。它们的市场价格也是本属鱼类中最高的，一般是其他蝙蝠鱼的5～8倍。这种鱼主要产自菲律宾和日本海，捕捞量并不大，暂不能人工繁育，贸易中并不常见。

红边蝙蝠鱼的美丽仅局限在15厘米以下的幼鱼身上，当它们逐渐长大后，美丽的红边就会消失，身体颜色也逐渐成为灰白色。这个过程通常只需要半年，所以有的爱好者认为花重金购买一条红边蝙蝠鱼是非常不值的。它们如果不健康，则很容易死去；如果很健康，则很快就不美丽了。红边蝙蝠鱼并不是很容易饲养，特别是幼体，主要是因为幼鱼受长长的背鳍和臀鳍拖累，行动迟缓，和其他鱼饲养在一起时很难抢到食物，最好单独饲养。要保证水流不是很强，否则会让它们无法自由活动。饲养初期用冰鲜的鱼虾肉喂养，直到完全适应人工环境后，才能逐渐驯诱其进食颗粒饲料。不要让体长10厘米以下的幼鱼饥饿超过1周，它们是很容易被饿死的鱼。对于幼体来说，应尽量避免使用化学药物，它们很耐药，但有时会因药物刺激产生应激反应而死亡。

鮨和花鮨类

鮨（音yì）科（Serranidae）是鲈形目中非常具有代表性的一个分类，具有典型的鲈形目鱼类特征，在分类学上很多其他科鱼类是以本科鱼类为参照才被归入鲈形目。鮨科中共有81属，接近500种鱼类，而且目前仍有许多新物种被发现。它们品种繁多，数量庞大，五光十色，大小不一，既有颜色鲜艳的海金鱼类，也有颜色灰暗的大型石斑类。大到体长接近3米的龙趸石斑鱼，小到体长不足6厘米的斯氏长鲈，都是本科中的成员。

观赏鱼贸易中的鮨科鱼类主要分成两大部分，一部分是以拟花鮨属为代表的海金鱼类，另一部分是以九棘鲈属为代表的石斑鱼类。前者属于小型观赏鱼，一般被饲养在礁岩生态缸中。后者为大型或超大型鱼类，通常既可作为观赏鱼也被作为食用鱼，除了少部分被爱好者饲养外，大量的大型鮨类被蓄养在公共水族馆中，供游客欣赏。

在鮨科观赏鱼中，红色鱼类或身体具有红色斑纹的鱼类占了比较大的比例，这在其他海水鱼分类中是非常少见的。所以不论大小，它们都是水族箱中暖色调的补充者。当将红色或粉红色的鮨科鱼类与蓝色的神仙鱼、黄色的蝴蝶鱼类混养在一起时，它们非常抢眼，并成为水族箱中的主角。

大型鮨科鱼类，如九棘鲈属、鳃棘鲈属、石斑鱼属，都是非常好养的鱼类，很多品种已经在水产养殖中获得了巨大的产量。相反，小型的鮨科鱼类，如拟花鮨属、丝鳍花鮨属的鱼类就显得不是很好养，必须具有充足经验的爱好者才能将这些小型鮨类饲养得非常好。由于分类复杂，鮨科鱼类中还有很多非常特殊的品种，如身体黏液有毒的黄鲈属鱼类、具有两撇小胡子的双须鮨类等，它们形象怪异，行为有趣，不论是家庭饲养还是在公共水族馆中展出，都是给人带来很多快乐的鱼类。

△鮨科鱼类形态各异，体形差异跟大，从只有几厘米长的虎斑宝石到体长超过2米的龙趸石斑鱼都是鮨科鱼类

鮨科观赏鱼分类关系见下表：

属	观赏贸易中的物种数	代表品种	观赏鱼分类
花鮨属（*Anthias*）	所有种	古老品种的海金鱼，今天市场上已见不到	海金鱼类
拟花鮨属（*Pseudanthias*）	所有种	各种海金鱼，常见的是蓝眼海金鱼	
丝鳍花鮨属（*Nemanthias*）	1种	只有小红莓宝石一个物种	
宽身鮨属（*Serranicirrhites*）	所有种	深水宝石	深水宝石类
牙花鮨属（*Odontanthias*）	所有种	樱花宝石	
拟姬鮨属（*Tosanoides*）	所有种	日本深水宝石	
棘花鮨属（*Plectranthias*）	2～3种	深水天线宝石	
樱鮨属（*Sacura*）	1种	日本樱花宝石	
长鲈属（*Liopropoma*）	所有种	瑞士狐	小型经典鱼
九棘鲈属（*Cephalopholis*）	4～5种	东星斑	石斑鱼类
鳃棘鲈属（*Plectropomus*）	2～3种	皇帝星	
石斑鱼属（*Epinephelus*）	2～3种	龙趸石斑	
侧牙鲈属（*Variola*）	1种	侧牙鲈	
驼背鲈属（*Chromileptes*）	1种	只有老鼠斑一个物种	
纤齿鲈属（*Gracila*）	1种	蒙面石斑	
须鮨属（*Pogonoperca*）	1种	小丑斑	趣味怪鱼类
低纹鮨属（*Hypoplectus*）	1种	金色低纹鮨	
黄鲈属（*Diploprion*）	1种	双带黄鲈	
鱵鲈属（*Belonoperca*）	1种	派氏鱵鲈	
线纹鱼属（*Grammistes*）	1种	只有六线黑鲈一个物种	

花鮨属 *Anthias*

花鮨属中只有几种不常见的鱼类，主要产在东大西洋到地中海地区，这些鱼早在150多年前的海水水族萌芽期就被欧洲人捕捞并饲养在水族箱中。出于对物种的保护，今天已经不能在观赏鱼贸易中见到它们的身影了。之所以要在本属中提出一种鱼来进行介绍，是因为不论是鱼类分类学名词上的"花鮨"，还是观赏鱼领域里的名词"海金鱼""宝石"，都是以花鮨属的鱼类为参照而诞生并广泛应用的。可以说，花鮨属的鱼类才是最原始、最正宗的海金鱼或宝石鱼类。

欧洲海金鱼 *Anthias anthias*

中文学名	花鮨
其他名称	海金鱼、燕尾鲈
产地范围	地中海和东大西洋的礁石区域，目前已无商业捕捞输出，只有少数欧美公共水族馆会定向捕捞用于展示
最大体长	18厘米

欧洲海金鱼与目前贸易中的所有热带地区海金鱼的最大差异是它们具有巨大夸张的腹鳍，雄鱼通过腹鳍向雌鱼展示自己。这种观赏鱼在50年前的欧洲很普遍，但是很少有人能将其养得长久，一到夏天，人们无法给水族箱中的水降温，这些鱼就会被热死。

虽然现在观赏鱼贸易中已经见不到本属中的所有鱼类，但是它们仍然被展示在美国和欧洲的许多公共水族馆中，特别是那些设置在动物园里的小型古典水族馆。有些鱼类进口商从西非地区进口鱼类时，曾声称引进过本属的某一种鱼类，因种种原因，该鱼是否为本属品种至今不能考证。

拟花鮨属 *Pseudanthias*

绝大多数被称为海金鱼的观赏鱼是拟花鮨属鱼类，品种繁多，数量庞大，是当今礁岩生态缸爱好者们最喜欢的一类观赏鱼。现在的拟花鮨属曾经在分类学上被分成2～3个不同的属，其中的异唇鱼属（*Mirolabrichthys*）被归入拟花鮨属后，本属中的鱼类品种数变得十分庞大。不过，由于原异唇鱼属的鱼类在人工饲养条件下的表现与拟花鮨属鱼类明显不同，故本书暂时还是将拟花鮨属拆成两部分来介绍。本部分只介绍没有被扩大前的拟花鮨属鱼类，原异唇鱼属鱼类单独分在本属之后介绍。

拟花鮨属鱼类是所有海金鱼中个体较大的一类，一般体长在15厘米以上，其中还包括了体形最大的海金鱼——紫印鱼。之所以将这些鱼称为海金鱼，是因为它们大多具有如金鱼那样的金红色或橘红色的体色，游泳时也会像金鱼那样摆动尾巴。

拟花鮨属的鱼类全部属肉食性，大多数品种在人工环境下只能接受冰鲜饵料，不会吃颗粒饲料和薄片饲料。它们对水质的要求较高，pH值低于8.0或硝酸盐浓度高于100毫克/升时，它们的颜色会越来越暗淡，身体逐渐消瘦，直至死亡。有些名贵的品种，水中硝酸盐浓度高于20毫克/升后就会停止进食，慢慢把自己饿死。水中的钙、镁离子浓度和水硬度也直接影响本属鱼类的健康，但水中钙、镁离子失衡或水硬度太低时，它们也会快速退去鲜艳的颜色，然后逐渐消瘦死亡。

本属鱼类雌雄间差异较大，往往会认为同种的雌鱼和雄鱼是完全不同的两种鱼。更麻烦的是，虽然每个品种的雄鱼都具有自己独特且鲜明的特征，不同种的雌鱼却长得非常像。即使是经验十分丰富的爱好者也不容易将不同品种的雌鱼区分开来。

十年前，国内市场上只能见到2～3种拟花鮨属的鱼类，这是因为大部分拟花鮨分布在特定的海洋区域，无法进口到我国。今天市场上的拟花鮨品种越来越多，很多产地非常特殊的品种也被引进国内，现在至少有10多个品种的拟花鮨经常可以在观赏鱼市场上见到，还有至少10种是偶尔出现的名贵品种。也许还有很多品种是我没有观察到的，总之我已经说不清国内市场上到底有多少种拟花鮨属的鱼类。

蓝眼海金鱼 *Pseudanthias squamipinnis*

中文学名	丝鳍拟花鮨
其他名称	金花海金鱼（雄鱼）、印尼蓝眼海金鱼
产地范围	印度洋的热带珊瑚礁区域，主要捕捞地有印度尼西亚、马尔代夫
最大体长	12厘米

△ 雄鱼

雌鱼 ▷

蓝眼海金鱼是目前市场上最常见的海金鱼品种，由于这种鱼在野外以一雄多雌的方式集群活动，所以贸易中的雌鱼数量远远大于雄鱼。所谓的蓝眼海金鱼也是指雌鱼，只有雌鱼具有蓝色的眼睛，体表是橙色。雄鱼呈现紫罗兰色，眼睛是绿色或棕黄色。雄鱼背鳍前部有一根高高竖起的棘条，在群体中展示着它的权威。

蓝眼海金鱼是所有海金鱼中最容易饲养的品种，爱好者们非常喜欢将它们成群地饲养在礁岩生态缸中。它们一进入水族箱就可以接受小颗粒的饲料，不用刻意用丰年虾或虾肉泥驯诱开口。相比之下，雌鱼比雄鱼更容易适应人工环境，而且十分温顺，从不攻击同类和其他鱼。雄鱼一般需要用冰鲜丰年虾驯诱才能慢慢接受颗粒饲料，适应环境后会变得比较霸道，经常驱赶雌鱼和其他小型鱼类。将两条雄鱼饲养在一起不是明智的选择，它们在水质良好的情况下会很快攻击彼此。雄海金鱼之间的攻击行为还是比较严重的，会彼此咬住对方的嘴，在水中翻滚角力。失败的一方会被咬得遍体鳞伤，让胜利者追得到处乱窜，也不敢游到水面进食。如果水族箱容积能达到800升以上，也可以同时放养多条雄鱼和更多的雌鱼，雌雄比例应保持在（5～8）：1之间，这样它们会分成若干个小群体，彼此和睦相处。

这种鱼不但可以饲养在礁岩生态缸中，也可以饲养在纯鱼缸中，与色泽清雅的蝴蝶鱼、隆头鱼搭配饲养时十分美丽。如果水中的硝酸盐浓度长期高于100毫克/升，pH值低于8.0，它们的颜色会越来越淡。

蓝眼海金鱼具有较强的耐药性，它们虽然看上去较小，却能在水中铜离子浓度达到0.5毫克/升时正常生活。它们不是很耐甲醛，主要是因为这种鱼需要水中很高的溶解氧含量，如果用含甲醛的药物为它们治疗，则需要利用大型空压机为水中“疯狂”曝气。这种鱼总是在水中不停游泳，体能消耗很大，身体里脂肪存储量不足，不耐饥饿。饲养它们必须每天喂食，最好每天能有规律地投喂两次以上。一些个体在运输中由于药物刺激造成的应激反应而患有肠炎，典型的特征就是肛门外拖着长长的白便，这样的鱼需要经过比较长时间的静养才能保住性命。稍有处理不当，这类鱼就会大批死亡，所以不建议选购。

红点海金鱼 *Pseudanthias luzonensis*

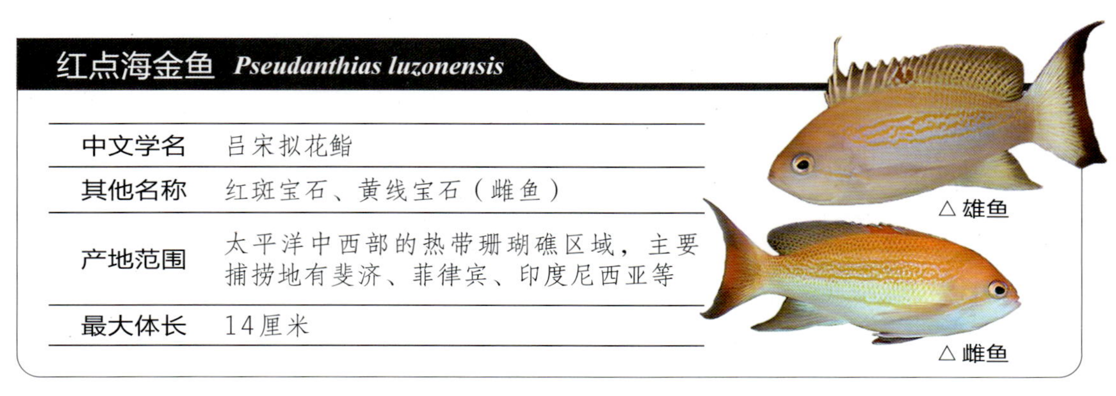

中文学名	吕宋拟花鮨
其他名称	红斑宝石、黄线宝石（雌鱼）
产地范围	太平洋中西部的热带珊瑚礁区域，主要捕捞地有斐济、菲律宾、印度尼西亚等
最大体长	14厘米

△雄鱼

△雌鱼

红点海金鱼因雄鱼背鳍中部有一个明显的红色斑点而得名，雌鱼和蓝眼海金鱼的雌鱼十分接近，只是眼睛是黑褐色而不是蓝色。这种鱼是目前进口量很大的海金鱼品种，市场价格也不高。

红点海金鱼也是一雄多雌成小群生活，在水族箱中最好只饲养一条雄鱼，保持雌雄比例在3：1以上。雌鱼往往会融入蓝眼海金鱼的群体中，和它们一起结群活动。而雄鱼经常与蓝眼海金鱼的雄鱼发生冲突，不过相互的伤害不会很严重。这种鱼也是非常好养的海金鱼品种，只要用冰鲜丰年虾对它们进行短暂的驯诱开口，就可以让它们进食颗粒饲料。

红点海金鱼对含有铜离子药物不敏感，可以用铜药对它们进行检疫驱虫。也可以利用淡水浴的方式去除它们身上携带的本尼登虫，每次淡水浴可以达6分钟都没有关系。最好不要使用含有甲醛的药物对它们进行治疗，很多个体会因缺氧而死去。即使没有死去的鱼，也会因为甲醛损伤肠黏膜而患上肠炎。

绿光海金鱼 *Pseudanthias huchtii*

中文学名	赫氏拟花鮨
其他名称	绿宝石（雄鱼）
产地范围	西太平洋至印度洋的热带珊瑚礁区域，主要捕捞地有菲律宾、印度尼西亚等
最大体长	11厘米

△雄鱼

△雌鱼

绿光海金鱼的雄鱼具有果绿色的身体，头两侧各有一条橙色条纹穿过眼睛。这种颜色在海金鱼家族中非常少见，于是显得格外特殊。绿光海金鱼的雌鱼很普通，与蓝眼海金鱼的雌鱼类似，只不过体色微微发绿。

这种鱼要难养一些，很胆小，不容易适应人工环境。需要用冰鲜丰年虾和剁碎的虾泥来一点点驯诱它们开口，即使它们完全适应人工环境后，也很少能接受颗粒饲料。一般这种鱼会和其他海金鱼结群活动，在没有其他海金鱼的水族箱中，它们会变得更加胆小。绿光海金鱼对药物非常敏感，虽然铜药和甲醛不会直接杀死它们，但是会造成其肠道黏膜损伤，使其失去对食物充分消化的能力，渐渐消瘦而死。

△依产地不同，绿光海金鱼的体色也有变化，有些呈青色，有些呈绿色，有的甚至是玫红色

矮壮海金鱼 *Pseudanthias hypselosoma*

中文学名	高体拟花鮨
其他名称	红点海金鱼、红点宝石
产地范围	中太平洋至印度洋的珊瑚礁区域，主要捕捞地有印度尼西亚、马尔代夫等
最大体长	19厘米

△雄鱼

△雌鱼

矮壮海金鱼是较常见的海金鱼品种，但市场上能见到的个体多为幼鱼，所以大家常常将它们误认为是红点海金鱼或紫印鱼的雌性。这种鱼成年后个体较大，雄鱼具有一定的领地意识，会驱赶其他品种的海金鱼。饲养方法可以参照蓝眼海金鱼。

红带海金鱼 *Pseudanthias taeniatus*

中文学名	纹带拟花鮨
其他名称	红带宝石
产地范围	仅分布于红海地区
最大体长	13厘米

雄鱼▷

◁雌鱼

红带海金鱼的雄性成年后非常美丽，白色的身体上横向分布着两条红色宽带，腹鳍也是鲜红色。雌鱼身体呈金红色，身体上有玫红色的宽条纹。这种鱼非常难以得到，市场价格较高，是鱼类收藏爱好者的宠儿。它们喜欢成三五条的小群生活，很少集结大群，也不融入其他海金鱼群体中。这种鱼一般不能接受颗粒饲料，必须用冰鲜饵料长期喂养。它们对药物比较敏感，通常不会用药物对它们进行检疫和治疗。

双斑宝石 *Pseudanthias bimaculatus*

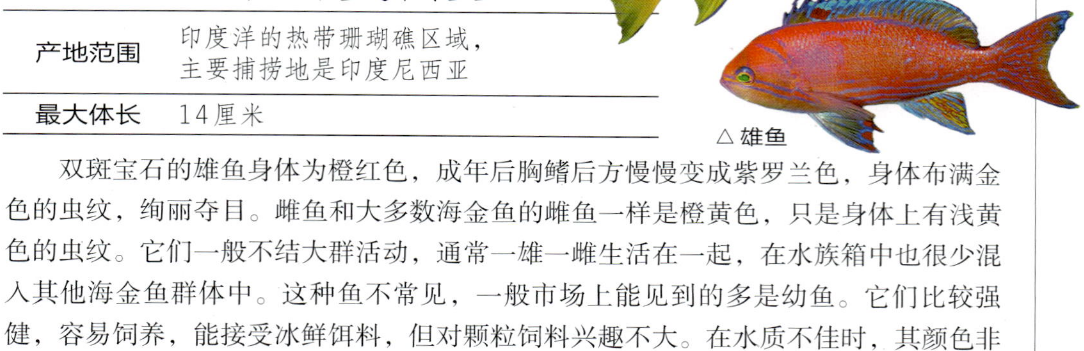

△ 雌鱼

△ 雄鱼

中文学名	双斑拟花鮨
其他名称	双斑海金鱼、蓝道尔海金鱼
产地范围	印度洋的热带珊瑚礁区域，主要捕捞地是印度尼西亚
最大体长	14厘米

双斑宝石的雄鱼身体为橙红色，成年后胸鳍后方慢慢变成紫罗兰色，身体布满金色的虫纹，绚丽夺目。雌鱼和大多数海金鱼的雌鱼一样是橙黄色，只是身体上有浅黄色的虫纹。它们一般不结大群活动，通常一雄一雌生活在一起，在水族箱中也很少混入其他海金鱼群体中。这种鱼不常见，一般市场上能见到的多是幼鱼。它们比较强健，容易饲养，能接受冰鲜饵料，但对颗粒饲料兴趣不大。在水质不佳时，其颜色非常浅，而且变得很瘦弱。这种鱼对各种药物都很敏感。

红线宝石 *Pseudanthias fasciatus*

△ 雄鱼

△ 雌鱼

中文学名	条纹拟花鮨
其他名称	红线海金鱼
产地范围	西太平洋的热带珊瑚礁区域，主要捕捞地有菲律宾、印度尼西亚等
最大体长	20厘米

红线宝石是一种体形较大的海金鱼品种，一般贸易中的个体在10厘米左右，人工环境下可以生长到18厘米以上。雌雄鱼差异不大，都是橘红色的身体中央横向穿过一条红色的条纹，只不过雄鱼成年后会比雌鱼颜色更深，鱼鳍更大。这种鱼能很快适应人工环境，用冰鲜饵料驯诱一段时间后，就能慢慢接受颗粒饲料。它们对水质要求不高，即便水质不是很好的情况下，体色也不会变得十分暗淡。可以用含有铜离子的药物对其进行检疫和治疗，但不可以让它们接触含甲醛的药物。

紫印鱼 *Pseudanthias pleurotaenia*

中文学名	侧带拟花鮨
其他名称	海金鱼
产地范围	西太平洋的热带浅海地区，主要捕捞地有菲律宾、斐济、印度尼西亚、马来西亚等
最大体长	22厘米

△ 雄鱼　△ 雌鱼

紫印鱼是海金鱼家族中最大的一种，雄鱼成年后体长可以在20厘米以上，一般体色是粉红色，身体中部有一块紫色斑块。雌鱼呈黄色、橘色或粉色，身体上没有紫色斑块，个体要比雄性小5～8厘米。

紫印鱼喜欢成大群活动，一个群体由1～3条雄鱼统领，然后有数十条雌鱼追随。人工环境下只饲养一条紫印鱼很难成活，最好以1雄5雌的比例成群饲养。一个水族箱中同时饲养两条雄性紫印鱼，它们会频繁发生争斗，除非水族箱很大，否则不建议饲养多条雄鱼。

紫印鱼比较难饲养，不容易适应人工环境，不能接受颗粒饲料。要经过很长时间的耐心驯诱，才能让它们接受冰鲜饵料。最好在驯诱期间为其提供活的小海虾等饵料，这样有助于它们马上开始进食。在水中硝酸盐浓度长期高于50毫克/升、pH值低于8.0的情况下，紫印鱼的体色很快就变浅，最终失去观赏价值。水温和光线对其体色的深浅也有影响。一般水温控制在24～26℃，水中光线尽量保持较为昏暗，这种鱼的鲜艳颜色保持更久。

△紫印鱼的鲜艳体色在人工环境下极难稳定住，通常饲养几个月后会变成橘红色甚至黄褐色

紫印鱼对药物很敏感，虽然铜离子和甲醛不会直接杀死它们，但是会损伤其肠道黏膜，使其失去消化食物的能力，渐渐消瘦死去。

三色宝石 *Pseudanthias rubrizonatus*

中文学名	红带拟花鮨
其他名称	三色海金鱼、红心宝石
产地范围	西太平洋的热带珊瑚礁区域，主要捕捞地为日本冲绳地区
最大体长	20厘米

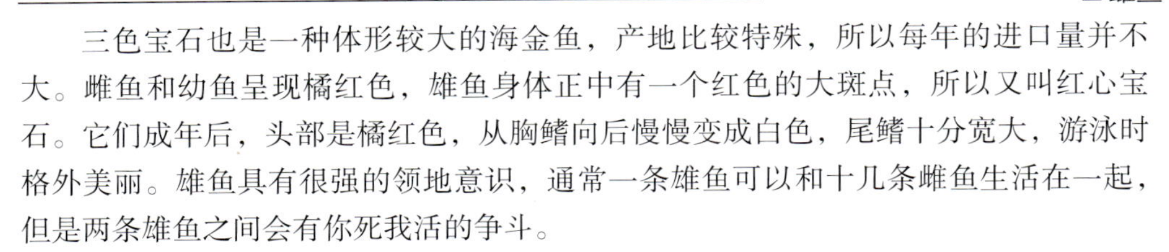

△雄鱼

△雌鱼

三色宝石也是一种体形较大的海金鱼，产地比较特殊，所以每年的进口量并不大。雌鱼和幼鱼呈现橘红色，雄鱼身体正中有一个红色的大斑点，所以又叫红心宝石。它们成年后，头部是橘红色，从胸鳍向后慢慢变成白色，尾鳍十分宽大，游泳时格外美丽。雄鱼具有很强的领地意识，通常一条雄鱼可以和十几条雌鱼生活在一起，但是两条雄鱼之间会有你死我活的争斗。

极少数的三色宝石能接受颗粒饲料，大部分需要用冰鲜饵料一直喂养下去。它们虽然个体大，但是不欺负其他个体小的海金鱼，对同体形的紫印鱼、红线宝石等品种具有较强的攻击性。这种鱼在人工饲养环境下也会出现褪色问题，最好能在饲料中添加虾青素和综合维生素，试验证明，这样有助于保持其鲜艳的体色。

这种鱼可以接受含有铜离子药物的检疫和治疗，但不能使用含甲醛的药物。它们对氯霉素等抗生素类也比较敏感，常会因药物刺激出现过度的应激反应，用药时需特别慎重。

东加碧丽宝石 *Pseudanthias pictilis*

中文学名	锈色拟花鮨
其他名称	画家海金鱼
产地范围	仅分布在大堡礁地区和新格里多尼亚附近
最大体长	18厘米

△ 雄鱼

△ 雌鱼

东加碧丽宝石只产于南太平洋的一些特殊地区，观赏鱼贸易中非常难以见到。成年的雄鱼非常美丽，前半身是紫罗兰色，身体中部有一条纵向白色条纹，白色条纹之后的尾部是橘红色，在尾鳍中央还有一条白色条纹，显得鲜艳明快。雌鱼前半身是藕荷色或粉色，后半身为黄色，没有白色条纹。这种鱼比较难得，但不难养，饲养方法可以参照蓝眼海金鱼。

异唇鮨属 *Mirolabrichthys*（现已归入拟花　属）

异唇鮨属现已归入拟花鮨属，但是这些鱼在体形上和传统拟花鮨属的鱼类有明显的区别。雄鱼一般不具备拟花鮨属雄鱼背鳍前端的长长硬棘，取而代之的是成年后上唇会发生变化，像比诺曹的鼻子一样高高翘起，异唇鮨属的名字也因此而来。另外，异唇鮨属鱼类的体形一般比拟花鮨属鱼类小很多，其中只有少数几个品种体长能超过10厘米，绝大多数品种是体长8厘米左右的小鱼。

在人工饲养条件下，它们的表现和传统拟花鮨属鱼类的差异更大。这些鱼比较温顺，很少攻击同类和其他鱼。不论雌雄都可以多条混养在一起，而且在群体中如果没有雄鱼，某条雌鱼会变成雄鱼。异唇鮨属的鱼类在适应人工环境的表现出现两极分化，有些非常容易适应人工环境，能轻松接受颗粒饲料，如紫罗兰海金鱼、马尔代夫金背宝石等。有些品种却非常难以适应人工环境，在水族箱中长期绝食直至饿死，如紫色鱼、金背紫色鱼等。所以我还是将这个已经废弃了的分类单元，单独拿出来进行介绍。

紫色鱼 *Pseudanthias pascalus*（曾用名：*Mirolabrichthys pascalus*）

中文学名	紫红拟花鮨、异唇鮨
其他名称	紫后
产地范围	太平洋西部和南部的热带珊瑚礁区域，主要捕捞地有菲律宾、印度尼西亚、澳大利亚东北部地区等
最大体长	16厘米

△ 雄鱼

△ 雌鱼

紫色鱼是公认最难饲养的海金鱼品种，非常难以让这种鱼在人工环境下吃东西，所以往往都会被饿死。这种鱼不论雌雄，全身都呈现紫罗兰色，成群游泳时非常美丽，所以虽然难养，还是经久不衰，在贸易中十分常见。

这种鱼胆子非常小，只要进入新环境就会马上躲藏在礁石缝隙，很久都不会游出来。如果水族箱中没有礁石，它们就趴在水族箱角落，即便别的鱼去咬它们的鳍，也不肯游出来。对于初级爱好者，别说养好这种鱼，就连让这种鱼在水族箱中游一下都是很难办到的事情。

我对这种鱼情有独钟，经过多年的实验摸索，我总结了如下几条方法，能帮助你将紫色鱼养活、养好。

首先，准备一个长度80厘米以上、容积150升左右的检疫缸，除了设置合理的过滤设备来保持水质，里面要铺设底沙，并放入少量礁石。注意，礁石不能放太多，否则鱼藏起来就不出来。一次多购买几条紫色鱼，最少购买5条，这样在群体中有助于缓解它们的紧张情绪。放入事先准备好的检疫缸后，要保证缸中没有其他凶猛的鱼，可以同时投放几条小型雀鲷，如粉红魔、青魔等。如果能同时放入几条紫罗兰海金鱼，就再好不过了。这些鱼非常重要，它们游泳时可以让紫色鱼感觉周边环境安全，它们进食时能帮助紫色鱼确认饵料是可以吃的东西。

第二，从购买紫色鱼当天开始，就要准备器皿孵化丰年虾。紫色鱼进入检疫缸后，会趴在底沙上一动不动。这种情况可能会持续好几天，不用理它们，保持灯光昏暗即可。将丰年虾孵化好后，可以用滴管吸取丰年虾投入检疫缸中，此时应关闭水泵，以免大部分丰年虾被吸入过滤器。一开始，雀鲷和紫罗兰海金鱼会疯狂抢食丰年虾，紫色鱼可能不会理睬这些食物。慢慢加大投喂量，当其他鱼吃饱后，丰年虾会集中在光线较好的水面游动。这时，紫色鱼看到成群游动的丰年虾就会上前试探着吃。一开始，它们吃一口吐一口，慢慢就会狼吞虎咽。

第三，用活丰年虾喂养一周左右的时间后，紫色鱼开始认识到滴管是食物的来源，当你来到检疫缸前，它们就会游过来，并吸吮、啃咬滴管头。这时，可以将剁碎的虾肉和贝肉用水稀释成糊状，用滴管吸取着投喂，紫色鱼慢慢也能接受这些食物。然后，放弃滴管，直接投喂虾肉和贝肉碎末，它们也能狼吞虎咽地吃了。驯诱过程就算成功。不要奢望这种鱼能适应颗粒饲料，目前我还没有见过吃饲料的紫色鱼。

第四，在检疫缸中喂养约1个月的时间，就可以将紫色鱼放入展示缸中混养了。放入前，应先将它们放在隔离盒里，挂在展示缸中，让其他鱼适应它们的存在。如果能在建缸初期就先放入紫色鱼再放其他鱼，则是更好的事情。因为一旦其他鱼驱赶、攻击新来的紫色鱼，它们会马上躲藏起来，很长时间又不出来吃东西了。炮弹类、神仙类和体形较大的隆头鱼类非常爱追紫色鱼，啃咬它们的尾鳍。将紫色鱼放入前，可以先将这类鱼捞出来暂时养在检疫缸里一周，等紫色鱼充分适应新环境后，再将这些鱼放回。

紫色鱼虽然不容易开口，但是对含有铜离子的药物不敏感，在驯诱开口期间，可以用铜药对其进行检疫。这种鱼非常怕含有甲醛的药物，即使用福尔马林对其进行20分钟的药浴，也会迅速使其死亡。它们还不耐高水温，夏季水温高于29℃时，它们就会呼吸急促，当水温高于30℃后，紫色鱼就会逐渐死亡了。

最好将紫色鱼放养在水质良好的礁岩生态缸中，如果饲养在纯鱼缸中，它们的鲜艳颜色很快就会退去，变成淡淡的粉色。在日常喂食时，应用虾肉和不同品种的贝肉混合投喂，使食物营养较为均衡，也可以在饵料中添加鱼用维生素、电解多维等添加剂，这样可以更好地保持它们的颜色。

金背紫色鱼 *Pseudanthias tuka*（曾用名：*Mirolabrichthys tuka*）

中文学名	静拟花鮨
其他名称	金背紫后
产地范围	西太平洋的热带珊瑚礁区域，主要捕捞地有菲律宾、印度尼西亚等
最大体长	11厘米

△雄鱼　△雌鱼

金背紫色鱼的幼鱼和雌鱼身体呈紫罗兰色，背部有一条金黄色的横线，雄鱼成年后背部黄线消失，和紫色鱼的雄鱼非常接近。它们要比紫色鱼好养一些，对人工环境的适应能力很强。这种鱼很喜欢和紫色鱼、紫罗兰海金鱼等同属鱼类混居，如果和这些鱼混养在一起，则不用刻意驯诱就能很快接受冰鲜饵料。

和紫色鱼一样，它们对铜药不敏感，但不能接受含有甲醛的药物。适应环境后，金背紫色鱼非常活跃，总是游来游去，体能消耗很大。每天至少要喂食一次，有条件应当喂食2～3次。

紫罗兰海金鱼 *Pseudanthias dispar*（曾用名：*Mirolabrichthys dispar*）

中文学名	发光拟花鮨
其他名称	金花宝石
产地范围	印度洋的热带珊瑚礁区域，主要捕捞地有印度尼西亚、马尔代夫等
最大体长	9厘米

△雄鱼

雌鱼▷

紫罗兰海金鱼是非常好养的一种小型海金鱼，它们看上去很脆弱，实际对人工环境的适应能力非常强。和同属的许多鱼类不同，它们不需要很大的生存空间，即使在容积小于50升的微型水族箱中也能饲养。雌雄鱼差异不大，雄鱼成年后上唇向前突出，背鳍呈现鲜红色。雄鱼之间经常发生冲突，但是不会有致命的风险。这种鱼一进入水族箱就能马上接受冷冻的丰年虾和虾肉泥，经过短期驯诱就可以吃小颗粒的人工饲料。我们在观赏鱼市场上见到的紫罗兰海金鱼多数因为运输中产生的应激反应而呈现粉色或肉色，如果将这些鱼一直放养在纯鱼缸中，体色很难再恢复成鲜艳的玫红色。最好用礁岩生态缸饲养它们，这样雄鱼很快就会发情，恢复鲜艳的体色。在雄鱼的追逐下，雌鱼也会慢慢展现出更加艳丽的色彩。

紫罗兰海金鱼是小型海金鱼里对水质要求最低的品种，对铜离子和甲醛有一定的耐受能力，但是过度用药会损伤它们的肠道，使其逐渐消瘦而死亡。通常，铜药用量不应超过0.3毫克/升，在使用含甲醛药物时应选择短时间的药浴方式，而不可以在水族箱中直接投药。

火焰宝石 *Pseudanthias ignites*

中文学名	刺盖拟花鮨
其他名称	金花宝石
产地范围	太平洋中部和西部的珊瑚礁区域，主要捕捞地是印度尼西亚
最大体长	8厘米

△雄鱼

雌鱼▷

火焰宝石长得和紫罗兰海金鱼非常接近，一般混杂在紫罗兰海金鱼中一同出售，并不被区分开来。它们喜欢集大群活动，单独饲养一条时不容易成活。其饲养方法和紫罗兰海金鱼基本一样，饲养方法可以参考紫罗兰海金鱼。

日落宝石 *Pseudanthias parvirostris*

中文学名	小吻拟花鮨
其他名称	暂无
产地范围	西太平洋的热带珊瑚礁区域，主要捕捞地是印度尼西亚
最大体长	8厘米

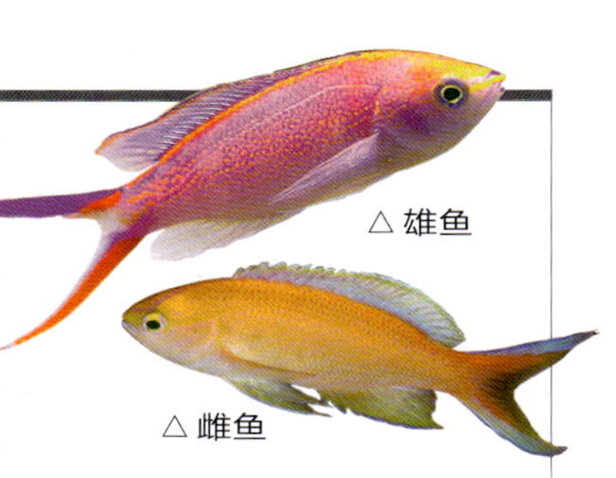
△雄鱼

△雌鱼

日落宝石是像小精灵一样的小型海金鱼，它们也和紫罗兰海金鱼十分相近。这种鱼同样喜欢成大群活动，比较容易适应较小的饲养环境，经过驯诱能接受颗粒饲料。饲养方法可以参照紫罗兰海金鱼。

彩虹仙子海金鱼 *Pseudanthias ventralis*

中文学名	大腹拟花鮨
其他名称	暂无
产地范围	南太平洋的热带珊瑚礁区域，主要捕捞地有斐济、印度尼西亚等
最大体长	8厘米

△雄鱼

△雌鱼

彩虹仙子是非常美丽且娇小的海金鱼，而且很少出现的市场上，零售价格也不是很低。雄鱼身体呈紫罗兰色，鱼鳍呈金黄色并带有红色斑点，雌鱼和雄鱼颜色接近，只不过鳍上无红色斑点。虽然不多见，但是这种鱼不难养。它们的胆子比体形大的本属鱼类要大很多，进入水族箱后能快速适应环境，到处寻找食物。经过驯诱，它们能接受小颗粒的人工饲料。它们爱单独或成对活动，一般不爱结群，更不融入其他海金鱼的群体中。

马尔代夫金背宝石 *Pseudanthias evansi*

中文学名	黄尾拟花鮨
其他名称	暂无
产地范围	仅分布于马尔代夫群岛附近的海域
最大体长	12厘米

马尔代夫金背宝石非常美丽。雌雄鱼的身体都呈紫罗兰色，背部有一条宽大的黄色条纹延伸到尾鳍，尾鳍也是金黄色。成年的雄鱼身体上还会出现很多紫色的亮斑，在光线的照耀下映射出七彩的光辉。这种鱼在市场上并不多见，不过它们非常好养，能直接接受小颗粒的人工饲料。这种鱼喜欢成群活动，彼此间比较和谐，很少出现打斗现象，也不攻击其他鱼类。如果饲养水质不好，美丽的颜色就会渐渐消失。

夏威夷宝石 *Pseudanthias bartlettorum*

中文学名	香拟花鮨
其他名称	暂无
产地范围	仅分布于太平洋中部夏威夷群岛附近海域
最大体长	9厘米

△ 雄鱼

△ 雌鱼

夏威夷宝石乍看上去和马尔代夫金背宝石非常像，成年的雄鱼上唇比马尔代夫金背宝石更加突出，并且在身体正中有一个暗黄色的斑块。这种鱼也喜欢成大群活动，彼此之间很少发生冲突，也不攻击其他鱼类。我们主要将这种鱼放养在大型礁岩生态缸中，一般不进行药物检疫，所以不知道它们对药物是否敏感。

太平洋宝石 *Pseudanthias aurulentus*

中文学名	金拟花鮨
其他名称	暂无
产地范围	仅分布于太平洋中部的莱恩群岛附近
最大体长	12厘米

太平洋宝石是非常少见的珍稀海金鱼品种，只产于太平洋中部很局限的一些地区。这种鱼很少出现在观赏鱼贸易中，但价格不是很高。它们不是很难养，行为和习性上很接近于虎斑宝石。喜欢集群活动，单独饲养一两条很不容易成活。经过驯诱，这种鱼能接受小颗粒的人工饲料，但在喂养期间必须穿插投喂冰鲜饵料。

虎斑宝石 *Pseudanthias lori*

中文学名	罗氏拟花鮨
其他名称	暂无
产地范围	西太平洋的热带珊瑚礁区域，主要捕捞地有菲律宾、印度尼西亚等
最大体长	10厘米

虎斑宝石也是一种较为传统且常见的小型海金鱼，虽然没有紫罗兰那样好养，也很容易适应人工环境。可以用冰鲜饵料喂养，极少有个体能接受颗粒饲料。它们怕高温，当水温高于29℃后，就会逐渐死亡。最好一次饲养10条以上，单独饲养一两条时很不容易成活。虎斑宝石对铜药不敏感，但是水中铜离子浓度突然升高时，也很容易死亡。它们需要较好的水质环境，最好饲养在大型礁岩生态缸中，如果水中硝酸盐浓度长期高于50毫克/升，它们经常无征兆地突然死亡。

双色宝石 *Pseudanthias bicolor*

中文学名	双色拟花鮨
其他名称	双色海金鱼
产地范围	西太平洋至印度洋的热带珊瑚礁区域，主要捕捞地有菲律宾、印度尼西亚等
最大体长	16厘米

雄鱼▷

△雌鱼

双色宝石的雄鱼背部呈现橘红色和紫罗兰色，腹部是粉色和白色。虽然不是很常见，但是这种鱼比较强健，容易饲养。它们能很快接受人工颗粒饲料，并且十分活跃，爱在水族箱中最显眼的地方游来游去。双色宝石的雌雄鱼差异不是很大，幼鱼十分难以分辨。这种鱼耐铜药，但不能接触含有甲醛的药物。一般不攻击其他鱼类，比较适合混养在礁岩生态缸中。

海金鱼与宝石类是否有区别?

现在海金鱼和宝石这两种商品名的使用非常混乱，似乎所有海金鱼都可以被称为“**宝石”。实际上，海金鱼这个名字最早是专指花鮨属和拟花鮨属的鱼类，而宝石类专指异唇鮨属的鱼类。后因为异唇鮨属并入了拟花鮨属，这两种名字才被混用起来。拟花鮨属和异唇鮨属的鱼类区别还是很大的，典型的特征是异唇鮨类成年后上唇会向前突出，而拟花鮨类成年后往往下唇比上唇略长。除去少数几个品种，拟花鮨类的雄性成年后体长一般能达到15厘米以上，而异唇鮨类中大多数品种的成体体长都小于10厘米。异唇鮨类比拟花鮨类生活的水层要深一些，它们更不耐热。

其他海金鱼类

丝鳍花鮨属、宽身花鮨属、牙花鮨属和拟姬鮨属的一些鱼类也时常可以在观赏鱼贸易中见到。其中，丝鳍花鮨属中只有一种，即小红莓宝石；其余三属中的鱼类由于都生活在水深50米以下的礁石区，所以常被称为深水宝石类。深水宝石类和其他海金鱼类不同，它们喜欢单独生活，很少集群活动。这些鱼一般身体更短，体幅更高，看起来比其他海金鱼更加强壮。深水宝石类都十分怕热，必须将饲养水温控制在28℃以下，最佳水温是20～24℃，水温一旦高于29℃，它们就很容易死亡。

小红莓宝石 *Nemanthias carberryi*

中文学名	卡氏丝鳍花鮨
其他名称	暂无
产地范围	西印度洋的热带珊瑚礁区域，主要捕捞地有马尔代夫、东非沿海地区等
最大体长	12厘米

△雄鱼

△雌鱼

市场上的小红莓宝石和马尔代夫金背宝石通常来自一个产地，而且长得十分相像，普通爱好者很难将它们区分开来。成年的小红莓宝石雄鱼尾鳍呈夸张的剪刀形，这是它们与拟花鮨属鱼类最鲜明的区分方式。这种鱼市场价格很高，也不是很容易获得。它们并不难养，一般能接受小颗粒的人工饲料。成群活动时，成员间的争斗现象不是很明显，也不骚扰其他鱼类。

樱花宝石 *Odontanthias borbonius*

中文学名	泥楼牙花鮨
其他名称	发霉鱼、金斑深水宝石
产地范围	西太平洋至印度洋的热带珊瑚礁深水区，主要捕捞地有日本南部、菲律宾等
最大体长	15厘米

牙花鮨属中现有两个已知物种，全部生活在水深在20～150米的深水礁石区，其中樱花宝石是较为常见的观赏鱼品种。这种鱼的粉色身体上布满了黄绿色的斑点，有点儿像身上长出了霉斑，所以又叫发霉鱼。

樱花宝石一般单独生活，同种之间一旦遇到会产生比较激烈的争斗，通常一个水族箱中只能饲养一条。这种鱼比海金鱼类要好养很多，不但可以吃冷冻丰年虾和虾泥，也可以吃小块的虾肉和鱼肉，经过驯诱可以接受颗粒饲料。它们对其他鱼类没有威胁，可以混养在礁岩生态缸中。和大多数深水鱼类一样，樱花宝石很怕热，水温高于28℃会危及它们的生命。

夏威夷深水宝石 *Holanthias fuscipennis*

中文学名	额带金花鮨
其他名称	夏威夷黄宝石
产地范围	仅分布于太平洋中部夏威夷群岛附近海域
最大体长	12厘米

夏威夷深水宝石乍看上去很像樱花宝石，然而它们隶属于不同的属。这种美丽的深水小鱼偶尔可以在从夏威夷进口的观赏鱼中见到，市场售价不低。它们在深水宝石家族中算是十分美丽的一种，成鱼的金黄色身体上分布有大量紫罗兰色虫纹，色调对比强烈，使它们很容易成为水族箱中的焦点。

这种鱼不会成群活动，雌鱼和雄鱼都具有领地意识，会驱赶进入其领地的其他小型鮨类。它们喜欢吃丰年虾、糠虾和虾肉泥等食物，对颗粒饲料的接受能力不强。必须保证饲养水温长期处于28℃以下，否则夏威夷深水宝石很容易被热死。如果水中硝酸盐浓度长期较高，它们的体色会越来越浅。

深水宝石 *Serranicirrhites latus*

中文学名	宽身花鲈
其他名称	紫皇后宝石鲈、珍珠燕
产地范围	西太平洋的热带珊瑚礁区域和珊瑚海地区，主要捕捞地有印度尼西亚、巴布亚新几内亚等
最大体长	10厘米

宽身花鲈属内仅有深水宝石一个已知物种，但是它在西太平洋的分布范围非常广泛。来自菲律宾、印度尼西亚的观赏鱼中都能偶尔见到这种鱼的身影。这种鱼一般喜欢单独生活，很少集群，同时放养多条在一起会经常发生争斗现象。它们不是很难养，喜欢吃冷冻的丰年虾和虾肉泥，经过驯诱也能接受小颗粒人工饲料和薄片饲料。深水宝石不耐高温，饲养水温不能高于26℃。在硝酸盐浓度高于50毫克/升时，它们就会感到不适，长期在水质欠佳的水中饲养，很容易莫名其妙地死亡。

一般爱好者单独将其饲养在精致的小型礁岩生态缸中，通常和体形较小的隆头鱼、长鲈、小神仙鱼等混养在一起。有时候，深水宝石也会展现出攻击性，特别是晚上关灯以后，它们会驱赶进入自己洞穴附近的隆头鱼、雀鲷和小丑鱼，还会追着其他小型海金鱼到处乱跑，所以在饲养时水族箱容积不宜太小，适合的水体量为150～400升。

由于没有对这种鱼做过药物试验，目前还不知道它们对各种药物是否有不良反应。

深水天线宝石 *Plectranthias inermis*

中文学名	弱刺棘花鮨
其他名称	小仙女
产地范围	西太平洋至印度洋水深14～65米的珊瑚礁下层，主要捕捞地有印度尼西亚、菲律宾、斐济等
最大体长	4.5厘米

深水天线宝石的外观和习性都很像鹰鳊类，一般总是趴在礁石上守株待兔地等着食物自己游过来。在野外，它们生活在碎石堆或礁石裂缝中，因为栖息在较深水域，很少能被潜水者发现，所以市场上较少见到。可以用冷冻丰年虾、糠虾等食物喂养，它们基本上不会接受颗粒饲料。深水天线宝石很怕热，夏季要将水温控制在28℃以下，否则一定会被热死。

日本深水宝石 *Tosanoides flavofasciatus*

中文学名	黄斑拟姬鮨
其他名称	暂无
产地范围	只产于日本东南部的小笠原群岛附近水深30米以下的区域
最大体长	9厘米

日本深水宝石是一种非常美丽的小型鱼类，数量极其稀少，非常难以见到。这种鱼总是独来独往，不会集群活动。它们不但接受冰鲜饵料，还可以吃颗粒饲料。这种鱼很怕热，必须保证饲养水温在27℃以下。水中硝酸盐过高也会使它们感到不适，所以一般是单独饲养在小型礁岩生态缸中。

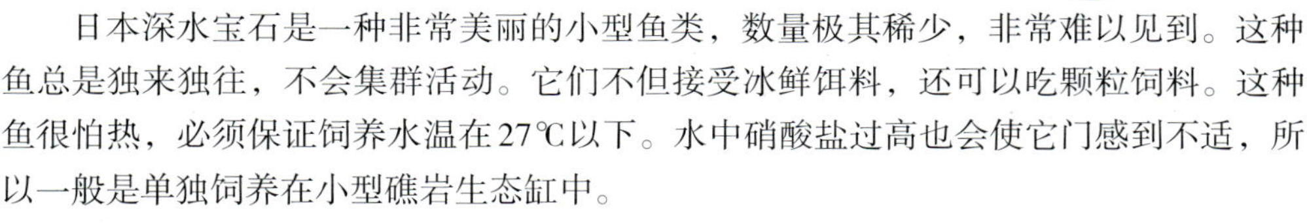

日本樱花宝石 *Sacura margaritacea*

△ 雄鱼

△ 雌鱼

中文学名	樱花珠斑鮨
其他名称	暂无
产地范围	太平洋中部到西部的珊瑚礁区域，主要捕捞地有日本、新喀里多尼亚等
最大体长	15厘米

日本樱花宝石也是较为稀少的深水小鮨类，虽然主要分布在日本的小笠原群岛附近，但国内进口的个体往往来自夏威夷。它们不难饲养，但是不能适应高水温，应将水温控制在27℃以下。饲养方法可以参照日本深水宝石。

长鲈属 *Liopropoma*

长鲈属大约有30种已知鱼类，广泛分布在世界各地的热带海洋中。本属中大多数鱼类很鲜艳，但目前只有以红长鲈为代表的几种被作为观赏鱼进行贸易。这些鱼都不大，通常在10厘米以下，爱好者和鱼商们一般会将它们误认为是隆头鱼或拟雀鲷，特别是容易与隆头鱼科普提鱼属的薄荷狐等混淆，所以红长鲈在观赏鱼贸易中的商品名为瑞士狐。本属的鱼类个体虽小，却和大型鮨科鱼类一样容易饲养，它们是肉食动物，在人工环境下也可以接受颗粒饲料。

瑞士狐 *Liopropoma rubre*

中文学名	红长鲈
其他名称	低音管鱼
产地范围	西大西洋的热带珊瑚礁区域，主要捕捞地是佛罗里达和巴哈马附近浅海区
最大体长	9厘米

橙尾瑞士狐 *Liopropoma swalesi*

中文学名	斯氏长鲈
其他名称	暂无
产地范围	西太平洋的热带珊瑚礁区域，主要捕捞地是印度尼西亚
最大体长	5厘米

瑞士狐并不产于瑞士，它的英文名是“Swissguard Basslet”，意为“瑞士的低音管”，“低音管”大概是形容这种鱼的体形和花纹，至于“瑞士”二字缘何而来就不得而知了。中文商品名中沿用了英文中的“瑞士”二字，并由于它们的长相和行为方式很像普提鱼（狐鲷），故得名瑞士狐。橙尾瑞士狐由于和瑞士狐长相接近，因而得名。

我们以前很难在国内市场上见到瑞士狐，近两年这种价格较高的小型鱼渐渐常见起来。橙尾瑞士狐是本属中体形非常小的一种，由于可以在印度尼西亚捕捞到，所以在国内市场上要比瑞士狐常见很多，价格也要便宜不少。它们非常容易饲养，一放入水族箱中就会马上寻找食物。瑞士狐是肉食性鱼类，善于捕食小螃蟹，因此可以帮助我们清理礁岩生态缸中可恶的“垃圾蟹”。它们也很容易接受人工饲料，特别是鱼粉含量较高的荤食性饲料。这种鱼具有领地意识，在小型水族箱中同时饲养两条会产生严重的争斗现象。不过，它们的行动范围不是很大，在较大的水族箱中，瑞士狐之间的争斗明显会减少。如果同时饲养一雌一雄，它们会在水族箱中配对，然后形影不离。在水质较好时，这种鱼会在岩石洞穴中产卵，但是目前没有人工繁殖成功的记录。虽然瑞士狐对水质要求不高，但是大多数人是将其饲养在水质极好的礁岩生态缸中。橙尾瑞士狐在混养时会遭到雀鲷、草莓鱼等小型鱼类的攻击，所以要特别注意混养品种的搭配。

糖果狐 *Liopropoma carmabi*

中文学名	卡氏长鲈
其他名称	暂无
产地范围	西大西洋的热带珊瑚礁区域，主要捕捞地有苏里南、圭亚那、委内瑞拉及巴西东北部沿海地区
最大体长	10厘米

糖果狐是本属被作为观赏鱼的品种中最漂亮的一种，个体也较大。它们就像放大版的橙尾瑞士狐，只不过身上的横纹是玫瑰红色，并镶嵌了蓝色细边。这种鱼也较为少见，市场价格不是很低。但是不难养，很容易适应人工环境。它们喜欢吃虾肉和鱼肉，也接受颗粒饲料。在水族箱中单独生活，两条雄鱼相遇会产生比较严重的争斗。如果饲养一对，则会举案齐眉，形影不离。它们对水质要求不高，而且不会因为水质不好而严重褪色。由于人们通常是将其饲养在礁岩生态缸中，所以不用特意为它们去调节水质。

黑带狐 *Liopropoma fasciatum*

中文学名	条长鲈
其他名称	黑带龙
产地范围	仅分布在美国加利福尼亚州到秘鲁的东太平洋的热带沿岸礁石区
最大体长	17厘米

黑带狐仅产于东太平洋地区，国内市场上难以见到。它们是长鲈属中个体较大的品种，善于捕食小鱼和小型无脊椎动物，所以不适合混养在礁岩生态缸中。这种鱼强健易养，通常作为新奇物种在公共水族馆中展示。

洒金狐 *Liopropoma aurora*

中文学名	黎长鲈
其他名称	黄边狐
产地范围	仅分布于夏威夷群岛附近海域
最大体长	17厘米

洒金狐捕获数量很少，在从夏威夷地区进口的观赏鱼中偶尔可以见到其幼鱼。这种鱼是体形较大的长鲈属成员，长大后会吞食小鱼和无脊椎动物，所以不能混养在礁岩生态缸中。它们喜欢吃虾肉和糠虾，一般不接受颗粒饲料。

石斑鱼类

不论是在水产领域还是在观赏鱼领域，我们通常把鮨科中的九棘鲈属、鳃棘鲈属、石斑鱼属、侧牙鲈属和驼背鲈属的鱼类统称为石斑鱼。它们中的大多数品种既好吃又好看，既可以当作观赏鱼，又是名贵的水产品。这些鱼类普遍较大，在海洋中以吞食小鱼、小虾、章鱼、乌贼为生，其中的大型品种还可以吞食较大的鱼类。它们在珊瑚礁区域的生态地位类似与丛林中的老虎和草原上的猎豹，属于独居性捕食动物。在水族箱中饲养石斑鱼类，往往并不会因为饲养不好而烦恼，反而常因为它们生长得太快、个体太大、没地方再养下去而烦恼。在公共水族馆中，石斑鱼类也是重要的展示品种，其中体形巨大的龙趸石斑几乎在每个水族馆中都能见到。

东星斑 *Cephalopholis miniata*

中文学名	青星九棘鲈
其他名称	红鲙、红条石斑
产地范围	从太平洋中部到东非沿岸的热带海洋中，凡在产区的热带浅海区捕鱼作业均能捕到
最大体长	40厘米

东星斑是既好看又好吃的鱼类中最具代表性的品种，广泛分布在东起夏威夷群岛西至东非沿海地区的热带海洋中，是渔业捕捞、海钓和观赏鱼捕捞中非常热门的品种。活体的东星斑在水产市场上的售价高达每公斤上千元，在观赏鱼贸易中也售价不菲，通常体长10厘米左右的幼鱼能达到数百元。由于东星斑在水产领域中也是紧俏货，所以观赏鱼贸易中并不常见。只是偶尔会有少数幼鱼出现在从印度尼西亚进口的观赏鱼中。若想饲养大且美丽的成鱼，则可到本地高端水产品市场上挑选呼吸平稳、体表伤痕较少的个体，经过检疫后放养在展示缸中。若想饲养幼鱼，则只能信凭运气，等待它出现在市场上。由于侧牙鲈和鳃棘鲈的幼鱼体色也呈鲜艳的红色，并全身布满亮蓝色斑点，观赏鱼市场上往往把此两种鱼类当作东星斑出售。其实，东星斑的幼鱼体色并不是鲜红的，而是橘红色，在体长小于10厘米的时候身上没有蓝色的斑点，只有鳃盖上具有少量蓝点，但是眼圈是蓝色。随着个体的生长，当东星斑生长到20厘米左右时，它们身体上才出现浅蓝色的斑点，蓝眼圈也渐渐消失。东星斑不论大小、尾鳍都是扇形的，而侧牙鲈和鳃棘鲈的尾鳍是三角形的。

东星斑是非常好养的鱼，喜欢吃虾肉和鱼肉，体长超过10厘米后就能吞食小型雀鲷，所以不可以和体长小鱼15厘米的鱼饲养在一起。这种鱼非常有意思，进入水族箱后会马上找到一个隐蔽处作为自己的巢穴，整日在巢穴里翻滚身体，滚动着眼珠注视着外面的情况。一旦发现食物，它们会马上从巢穴中窜出，大口吞食饵料，吃饱后就马上回到巢穴中隐藏自己。东星斑完全适应环境后，会经常在水族箱中游来游去，但是一有风吹草动马上快速回到巢穴里，露出脑袋东张西望，确认安全后才会再出来。它们的生长速度比较快，如果饵料充足，体长10厘米的幼鱼，半年就可以生长到20厘米以上。

△东星斑的幼鱼并不具备鲜红的体色，而且个体越小，体色越暗淡，将小东星斑饲养成体色鲜艳的成体是极其考验饲养者能力的事情

水质、水温和光照强度对东星斑的颜色起着至关重要的作用，在水质较好、水温较低、光线较弱的环境里成长的东星斑，颜色会较为鲜艳。相反，如果将它们饲养在pH值长期低于8.0的水中，身体上的美丽红色会渐渐变成粉色甚至白色。在水温长期高于26℃的水中，东星斑也很容易褪色，饲养它们的最佳水温是20～25℃。在光照强度很大的环境里，东星斑也容易将自己身体的颜色调节得很浅，所以饲养这种鱼的水族箱应保持较为昏暗的环境。经常喂一些海虾、鱿鱼等海洋无脊椎动物，有助于幼鱼的发色和成鱼保持体色。长期投喂单一的食物或者投喂石斑鱼饲料，也会容易造成它们褪色。

东星斑非常强壮，容易饲养。如果不考虑其褪色问题，它们对水质没有什么特殊要求，甚至可以短时间饲养在淡水中。这种鱼对含有铜离子的药物不敏感，可以用铜药驱虫。但是，使用含有甲醛的药物时要特别注意，如果在用药时不能持续高效地给水中增氧，它们很容易产生应激反应而死亡。在水产品市场上购买的成体东星斑，由于多数在转运和暂养中受到了损伤，所以饲养时成活率不是很高，这一点要做好心理准备，一旦其在水族箱中肚皮朝上了，就赶快捞出来清蒸吧。

蓝星斑 *Cephalopholis argus*

中文学名	斑点九棘鲈
其他名称	条纹石斑
产地范围	从太平洋中部到东非沿岸的热带海洋中，凡在产区的热带浅海区捕鱼作业均能捕到
最大体长	55厘米

相对东星斑，蓝星斑的市场价格就要低很多了。这种鱼在海南有比较大的捕获量，水产品市场上比较常见。成年后，鱼鳍变成如夜空一般的蓝色，上面布满了白色的亮点，好像漫天繁星。蓝星斑幼鱼的身体前半部呈肉色，后半部是黄色，随着生长，颜色会越变越深。这种鱼一般被放养在公共水族馆的大型展示缸中，它们的习性和东星斑一模一样，而且个体成年后更大。这种鱼善于将自己隐藏在礁石缝隙中，伏击过往的小鱼，白天似乎乖巧温顺，到了夜晚就变成捕食小鱼的恶魔。在日常饲养过程中，细心观察其行为是非常有趣的事情。

蓝星斑喜欢吃虾肉和鱼肉，也可以用石斑鱼饲料来喂养，因为这种鱼体色略微变得淡一些要比深体色时好看，所以不但不担心其褪色，往往还因为其褪色会变得更好看而庆幸。它们对含有铜离子和甲醛成分的药物都不敏感，可以使用这些药物来对其进行检疫和治疗。

蓝条斑 *Cephalopholis pollen*

中文学名	波伦氏九棘鲈
其他名称	彩虹斑
产地范围	西南太平洋的热带海洋中，主要捕捞地有印度尼西亚、澳大利亚东北部等
最大体长	35厘米

蓝条斑成鱼的身体大部分呈黄色，上面布满了横向的蓝色虫纹，十分美丽。幼鱼身体呈玫瑰红色，眼圈和尾鳍边缘呈金黄色，比成鱼更美丽。作为本属中体形较小的一个品种，它比东星斑和蓝星斑更常出现在观赏鱼市场上，一般是体长10～20厘米的亚成鱼。这种鱼非常好养，对水质要求不高，耐药性强，能接受各种饲料，最爱吃鱼肉和虾肉。和东星斑一样，如果不能提供良好的水质、较低的水温和丰富的饵料品种，鲜艳的体色会越来越淡。

蓝点鳃棘鲈 *Plectropomus areolatus*

中文学名	蓝点鳃棘鲈
其他名称	西星斑、假东星斑、方尾礁石斑
产地范围	太平洋至印度洋的热带海洋中，主要捕捞地有印度尼西亚、马来西亚、马尔代夫和红海地区等
最大体长	55厘米

△幼鱼

蓝点鳃棘鲈的幼鱼具有鲜红的体色，身体上布满蓝色的斑点，看上去和东星斑成鱼的色彩非常接近，故常常被当作东星斑出售。成年后，雄鱼身体大部分呈灰白色，身上布满白色并有深蓝色细边的小斑点；雌鱼呈棕红色，身上的斑点和雄鱼接近。在幼鱼期，只要通过观察尾鳍的形状就能将其和东星斑区分开来，它们的尾鳍是三角形的。

这种鱼强壮易养，一般被放养到公共水族馆的大展示缸中。少数幼鱼被爱好者饲养，但随着幼鱼逐渐长大，它们越来越不好看，就会被放弃。蓝点鳃棘鲈是非常凶猛的捕食性鱼类，在大型饲养池中，小鱼有较大的逃生空间还不会被它们全部吃光；如果在容积小于1000升的水族箱中饲养这种鱼，它们一两天就可以将所有体长小于自己体长一半的鱼类全部消灭。

△灰色型成鱼

△红色型成鱼

皇帝星鱼 *Plectropomus laevis*

中文学名	黑鞍鳃棘鲈
其他名称	杂星、豹星、黄尾鲈
产地范围	太平洋至印度洋的热带海洋中，主要捕捞地有菲律宾、印度尼西亚、澳大利亚、马尔代夫等
最大体长	100厘米

△成鱼

△幼鱼

皇帝星鱼是非常雄壮的大型鱼类，在马来西亚和新加坡被作为名贵食用鱼来招待贵客。这种鱼体长在40厘米以下时，身体大部分颜色是白色，背部有多条马鞍状黑斑，尾鳍和背鳍是金黄色的，颜色对比十分强烈，看上去非常美丽。当它们生长到50厘米以上后，雄鱼会变成浅灰色，马鞍状黑斑也变浅为深灰色，鳍上的黄色消失。雌鱼身体变成褐色，背部黑斑变成深褐色，全身布满蓝色亮点。因此，只有幼鱼期的皇帝星鱼观赏价值较高，成年后更适合作为食用鱼。这种鱼常出现在来自印度尼西亚和马来西亚的进口观赏鱼中，除了公共水族馆会将其饲养到成年，大多数爱好者只能饲养1～2年的时间，常会因没有地方再养了而放弃。皇帝星鱼强壮易养，对水质要求不高，也不会因为水质和水温问题而褪色。它们口中有尖锐的牙齿，能吞食体形相当于自己一半大的鱼类，所以一般不能和其他鱼混养在一起。

侧牙鲈 *Variola louti*

中文学名	侧牙鲈
其他名称	西兴斑、星鲙
产地范围	从太平洋中部到东非沿岸的热带海洋中，凡在产区的热带浅海区捕鱼作业均能捕到
最大体长	80厘米

△成鱼

△幼鱼

侧牙鲈是常见的石斑鱼类品种，通常在我国南方的水产品市场上可以见到冰鲜的个体，活体不多见。幼鱼在体长10厘米以下时，背部是红色布满蓝色斑点，腹部是白色，在身体中轴线上横向穿过一条暗红色的宽带状纹路。当它们生长到10～25厘米时，身体的颜色和东星斑的成鱼十分接近，所以也常被当作东星斑出售。它们的尾鳍是大月牙形，行为上没有东星斑那么爱躲藏。成年的侧牙鲈全身呈暗红色，布满白色斑点，胸鳍、背鳍、臀鳍和尾鳍的末端呈现明快的金黄色，特别是尾鳍上的黄色配上如大月牙般的形状，就如同上升的新月一般。

侧牙鲈非常容易饲养，不过在pH值较低、水温较高的环境中，颜色会变得比较暗淡。这种鱼性情凶猛，能吞食相当于自己体长一半的鱼类，混养时只能和同体形的鱼类一起饲养。它们爱吃鱼肉，也接受石斑鱼饲料。

老鼠斑 *Chromileptes altivelis*

中文学名	驼背鲈
其他名称	暂无
产地范围	西太平洋至印度洋的热带珊瑚礁区域，现已广泛养殖，贸易中的个体多数来自养殖场
最大体长	70厘米

老鼠斑是经久不衰的名贵食用鱼，在东南亚地区被广泛食用，在数十年前就被人工养殖成功。印度尼西亚、马来西亚等国有许多老鼠斑的养殖场，他们将一部分体长10厘米以下的幼鱼出售到观赏鱼市场上，从而获得更多的利润。幼年的老鼠斑十分好看，雪白的身体上布满黑色的斑点，如同斑点狗一样。它们具有很大的胸鳍，游泳时前后飘摆，如同蝴蝶在舞蹈。老鼠斑生长到20厘米以上后，身体的颜色逐渐加深，黑色斑点也越来越小，看上去就没有那么美观了。

目前观赏鱼贸易中的老鼠斑基本是人工繁育出来的，很少有野生捕捞的个体。它们非常好养，不论水族箱大小，都可以活得很好。它们对冰鲜的鱼、虾肉十分感兴趣，但很难接受颗粒饲料。

蒙面石斑 *Gracila albomarginata*

中文学名	白边纤齿鲈
其他名称	紫艳斑（幼鱼）
产地范围	太平洋至印度洋水深6～150米的热带区域，主要捕捞地有印度尼西亚、菲律宾、斐济等
最大体长	40厘米

△成鱼

△幼鱼

蒙面石斑是比较少见的观赏鱼品种，幼鱼极其艳丽，全身呈紫色或玫瑰红色，但是成年以后，这种鲜艳的颜色消失了，变成一条灰白色并具有黑斑的大鱼。通常在从夏威夷和印度尼西亚进口的观赏鱼中，偶尔能见到蒙面石斑的幼鱼，爱好者会因为其色艳而购买饲养，但是饲养不到半年的时间，它就变成了灰白色，继续养下去，颜色越来越黑，在水质不佳的饲养环境下，成年后会变得近乎为黑色。

蒙面石斑非常容易饲养，不过它们从小就喜欢吞吃其他鱼类，所以不能和小型鱼类混养。在与其他石斑类混养时，这种鱼会因为强烈的领地占有欲望而对其他石斑鱼发起攻击。由于它们个子小，一般也打不过大型的石斑鱼。蒙面石斑对药物不敏感，可以使用含有铜离子和甲醛的药物对其进行检疫和治疗。平时最好用虾肉和鱿鱼喂养，这样有助于将其绚丽的体色维持得更久。

龙趸石斑 *Epinephelus lanceolatus*

中文学名	鞍带石斑鱼
其他名称	巨石斑
产地范围	太平洋至印度洋的热带海洋中，现已被广泛养殖，贸易中的个体来自养殖场
最大体长	280厘米

△幼鱼

△成鱼

龙趸（音dǔn）石斑是体形最大的石斑鱼，成年个体可以生长到2.5米以上，在国内公共水族馆的大型展示池中都能见到它的身影。由于产量大、肉质好，这种鱼很早以前就是重要的食用鱼品种。早在几十年前，东南亚地区开始大规模养殖；近十来年，我国福建、广东、广西、海南的沿海地区也有许多专门养殖龙趸石斑的养殖场出现。龙趸石斑的幼鱼具有复杂的身体花纹和鲜艳的黄色鳍，十分美丽，而且经淡化后可以长期用淡水饲养。目前市场上淡水观赏鱼专卖店中常常有龙趸石斑的幼鱼出现，它们被和皇冠三间、银龙鱼等淡水大型观赏鱼混养在一起。

龙趸石斑是非常好养的鱼，对水质要求很低，耐药性很强，只要能吃的都吃，而且幼鱼的生长速度很快。这种鱼成年后具有强烈的领地意识，体长1.5米以上的大龙趸石斑，打架时能发出雷鸣般的撞击声，会在对手的身体上留下巨大的伤口。

其他鮨科鱼类

在鮨科鱼类中，除了前面介绍的这些品种，须鮨属、低纹鮨属、黄鲈属和线纹鱼属中也有几种常见于观赏鱼市场上的鱼类。它们既不能算小型鱼，也不是大型鱼，但是确实有比较广泛的饲养群体。这些鱼全部是肉食性鱼类，而且十分好养，一般非常适合猎奇心较强的初学者饲养。

金色低纹鮨 *Hypoplectus gummigutta*

中文学名	金色低纹鮨
其他名称	暂无
产地范围	仅分布于加勒比海地区
最大体长	13厘米

金色低纹鮨在北美地区的观赏鱼市场上很常见，但很少被进口到国内。这种鱼个体不大，但十分美丽。它们具有金黄色的身体，头部和嘴上有亮蓝色的花纹。金色低纹鮨性情孤僻，每个水族箱中只能饲养一条。虽然个体小，却可以吞食雀鲷等小型鱼，所以不可和小型鱼一起混养。目前还不知道这种鱼对水质的需求如何，也不知道它们是否能接受颗粒饲料。

小丑斑 *Pogonoperca punctate*

中文学名	斑点须鮨
其他名称	双须鲈
产地范围	西太平洋的热带珊瑚礁区域，主要捕捞地有菲律宾、印度尼西亚等
最大体长	25厘米

小丑斑是很传统的海水观赏鱼，早在30多年前就有人将它们饲养在水族箱中。它是须鮨属的唯一品种，只能生长到25厘米，虽然常被叫石斑鱼，但和石斑鱼类的体形远远不能同日而语。这种鱼主要产自印度尼西亚，贸易量不大。它们喜欢躲藏在水族箱的角落里，只有投喂的时候才活跃起来。小丑斑只能接受冰鲜饵料，对于人工饲料没有任何兴趣。

小丑斑是十分怕药的鱼类，如果水中的铜离子含量高过0.1毫克/升，就可能要了它们的命。对于含汞药物、甲醛和部分抗生素类药物，其适应能力也非常低。因此，它算是鮨科中非常难养的一种鱼。小丑斑具有很强的领地意识，一个水族箱中同时饲养两条会发生严重的打斗现象。它们还是精明的猎手，口前端的须可以用来引诱小型鱼上钩，一些愚蠢的鱼认为那是一条味道不错的虫子，前来捕食时却丧了命。这种鱼同鲅鱇目的软虎鱼、鲉形目的石头鱼一样，是公共水族馆中展示鱼类伏击狩猎行为的良好品种。

苏斯博士鱼 *Belonoperca pylei*

中文学名	派尔鱵鲈
其他名称	尖嘴肥皂鲈、长颈鹿肥皂鲈
产地范围	仅分布于太平洋中部的库克群岛附近
最大体长	8厘米

派尔鱵（音zhēn）鲈是一种小型有毒鱼类，体表可以分泌含有黑鲈素的毒液，毒液与水反应会产生如肥皂泡一样的物质，所以我们也称其为“尖嘴肥皂鲈”。其英文名“Dr. Seuss Fish ”是为了纪念这种毒素的研究者。这种小鱼只在太平洋中部极其狭窄的海域出没，所以很不容易被进口到国内。它们是比较容易饲养的鱼类，喜欢吃丰年虾、糠虾和虾肉，对颗粒饲料的接受能力不佳。这种鱼在受到威胁时，就会分泌大量有毒黏液，将包括自己在内的鱼类全部毒死，所以最好单独饲养。在捕捞时，不要用手接触它们互换的体表，如果粘在手上的黏液被带入眼睛，可能会导致失明。

苏斯博士鱼体内的毒素会和多种化学药物发生反应，所以它们不能接受任何药物的治疗。在换水操作时，也要尽量避免水质的快速大幅波动。

肥皂鲈 *Diploprion bifasciatum*

中文学名	双带黄鲈
其他名称	肥皂鱼、黄鲈
产地范围	西太平洋的热带浅海地区，主要捕捞地有中国福建、海南沿海地区，以及菲律宾、印度尼西亚等
最大体长	25厘米

早在20多年前，国内的一些水族馆饲养并展示肥皂鲈。这种鱼遇到危险时能分泌有毒的黏液，这些黏液在海水中形成泡沫，就好像肥皂泡，因此得了肥皂鲈的名字。大约15年以前，这种鱼突然从观赏鱼的队伍中消失了，连续有10多年没有在市场上见过它们的踪迹。近年来，随着原生观赏鱼爱好的兴起，捕捞于我国福建、海南沿海地区的肥皂鲈被广大新爱好者们所追捧，它们又出现在了观赏鱼市场上。

这种鱼十分好养，在人工环境下可以投喂小鱼、小虾，经过简单的驯诱就能让其接受颗粒饲料。虽说它们会分泌有毒的黏液，但毒性不大，只要不吃入肚子、溅到眼睛里，就不会对人造成伤害。我也从没看到过它们毒杀混养在一起的其他观赏鱼。这种鱼不耐药，一旦在水中添加化学药物，它们就会受到刺激而分泌有毒黏液，最终将自己毒死。当然，它们身体上这种特殊的黏液也可以预防寄生虫的侵害，所以很少携带寄生虫。

肥皂鲈生长速度很快，体长5厘米的幼鱼，饲养半年就可以生长到15厘米左右。它们对水质要求极低，也不伤害不能被其吞入的其他鱼类，可以和蝴蝶鱼、神仙鱼、狮子鱼等混养在一起。

五线谱鱼 *Grammistes sexlineatus*

中文学名	六带线纹鱼
其他名称	六线黑鲈、黑包公
产地范围	西太平洋至印度洋的热带浅海地区，主要捕捞地有中国福建、广东、广西、海南沿海地区，以及菲律宾、马来西亚等
最大体长	27厘米

线纹鱼属的唯一成员就是五线谱鱼。这种鱼十分常见，在我国南海每年都有大量捕获，南方城市的水产品市场上经常可以见到它们，被称为“黑包公”。

饲养五线谱鱼简直太容易了，它们对水质、水温、饵料都没有过多的要求。只要其他海水鱼能适应的环境，它们都可以生活得非常好。如果为其提供一个优良的环境，它们会变得十分活跃。这种鱼可以生长到25厘米以上，喜欢吞吃小鱼，不可以和体形小于10厘米的鱼混养在一起。

草莓、鬼王和七夕鱼类

［拟雀鲷、蓝纹鲈和鮗（音dōng）］

观赏鱼贸易中一般将拟雀鲷科（准雀鲷科）和蓝纹鲈科的鱼类称为草莓鱼类，在分类学上与此两科关系较近的鮗科（七夕鱼科）鱼类也常被归纳在草莓鱼类中，所以我们将这些鱼放在一起进行介绍。

这三科鱼类中大多是体长小于10厘米的小型鱼类，一般生活在热带珊瑚礁浅水区，具有鲜艳的体色和流线型的身体。以前市场上能见到的草莓鱼类最多不超过5种，近年来随着国内市场上进口海水观赏鱼的数量越来越多，一些产地非常特殊的品种也被引进我国。这些鱼多数性情孤僻，单独或成对地生活在礁石洞穴附近，有很强的领地意识，同种和同科品种之间经常因为领地的争夺而打个你死我活。这些鱼类虽然个头都不大，但其鲜艳程度远远不是其他海水鱼能匹及的。它们的分布也非常广泛，几乎所有热带珊瑚礁区域都有这些鱼的不同品种分布。每一种的分布区域都很狭窄，收集这些鱼就好像学习世界海洋地理学一样，能了解很多少为人知的群岛、海峡和珊瑚礁地区。这三科鱼类是鱼类收藏爱好者们最喜欢的小型品种，饲养占地不大，但内涵十分丰富。由于这些鱼既小又不成群活动，饲养在大型展缸中几乎看不到，所以国内公共水族馆从来不饲养这些品种。不过在西方一些小型水族馆中，将这些鱼分品种单独饲养在具有海区代表性造景的小展示缸中，作为对儿童乃至成人的海洋地理学科普素材，获得了良好效果，这一点值得我们学习和借鉴。

拟雀鲷科、蓝纹鱼科和鮗科观赏鱼分类关系见下表：

科	属	观赏贸易中的物种数	代表品种
拟雀鲷科 Pseudochromidae	绣雀鲷属（*Pictichromis*）	3种	草莓鱼、双色草莓鱼
	拟雀鲷属（*Pseudochromis*）	7～8种	日出龙、红海草莓等
	驼雀鲷属（*Cypho*）	1种	本属仅火焰鬼王一种
	奥氏拟雀鲷属（*Ogilbyina*）	1种	本属仅红头龙一种
	准雀鲷属（*Labracinus*）	3～4种	条纹红龙等
蓝纹鲈科 Grammatidae	蓝纹鲈属（*Gramma*）	3种	美国草莓、黑帽鬼王等
鮗科 Plesiopidae	燕尾鮗属（*Assessor*）	1种	燕尾七夕鱼
	丽鮗属（*Calloplesiops*）	1种	七夕斗鱼

拟雀鲷科（准雀鲷科）*Pictichromis*

拟雀鲷科共有17个属100多个品种的已知鱼类，其中拟雀鲷属、绣雀鲷属、驼雀鲷属、奥氏拟雀鲷属、准雀鲷属（丹波鱼属）中的20～30种鱼类常被作为观赏鱼进行贸易。最被人们所熟知的是绣雀鲷属的草莓鱼和双色草莓鱼，几乎所有早期喜欢礁岩生态缸的朋友都会饲养这种鲜艳的小鱼。拟雀鲷属的一些鱼类行为和小型隆头鱼接近，被很多爱好者和鱼商误认为是隆头鱼，故它们大多被叫“某某龙”。拟雀鲷科鱼类都具有非常强的领地意识，它们会对进入自己领地的同类展开致命的攻击，而且当对手逃跑时也会紧追不舍、没完没了。一般在一个水族箱中只能饲养一条这类鱼，如果是配对成功的一雌一雄，则可以很好地饲养在一起，但这种案例十分鲜见。

本科鱼类都十分好养，而且寿命较长。体长不足8厘米的草莓鱼，能在人工环境下生活10年以上，体形更大一些的品种则可能有30年以上的寿命。它们都是肉食鱼类，喜欢吃丰年虾和虾肉泥，也能很好地适应颗粒饲料和薄片饲料。别看这些鱼小，它们的耐药能力还是比较强的，对含有铜离子和甲醛的药物都不敏感，对抗生素和沙星类药物也能适应。它们对水质要求也不高，并能承受淡水浴的治疗。

草莓鱼 *Pictichromis porphyreus*

中文学名	紫绣雀鲷
其他名称	暂无
产地范围	西太平洋的热带珊瑚礁区域，主要捕捞地是菲律宾
最大体长	6厘米

双色草莓鱼 *Pictichromis paccagnellae*

中文学名	红黄绣雀鲷
其他名称	暂无
产地范围	南太平洋和印度洋的热带珊瑚礁区域，主要捕捞地有印度尼西亚、澳大利亚北部等
最大体长	6厘米

紫背草莓鱼 *Pictichromis diadema*

中文学名	紫红背绣雀鲷
其他名称	暂无
产地范围	西太平洋至印度洋的热带珊瑚礁区域，主要捕捞地有菲律宾、马来西亚等
最大体长	6厘米

△草莓鱼在野外并不是每天都能获得食物，它们善于吞食大块的肉和饲料，在饵料充足的人工环境中经常变得十分肥胖

草莓、双色草莓、紫背草莓是常见的三种草莓鱼，分布广泛，捕获量大，市场价格较低。其中，双色草莓个体最大，可以生长到7厘米，草莓为6厘米，紫背草莓个体最小，一般只有5厘米。贸易中，双色草莓的数量位居第一，紫背草莓的数量最少。很多爱好者喜欢在自己的礁岩生态缸中点缀一条草莓鱼，它们机敏而且艳丽，在礁石间或隐或现，给我们带来了许多乐趣。

草莓鱼是领地意识非常强的鱼，每条草莓鱼的领地至少要2平方米，除非拥有容积3吨以上的大型水族箱，否则不可以同时饲养两条，不论是同种草莓鱼的还是不同种的，它们之间的打斗非常激烈，只需几小时，其中一条就可以杀死对方，如果对方不死，它们会继续作战，直到一方生命结束。一些鱼店可以将几十条草莓鱼密密麻麻地集中饲养在一个很小的水族箱中，在那样的环境中，它们似乎可以暂时缓解争斗，但养不长，只要一投喂饵料，残酷的争斗马上就开始了。

草莓鱼是非常容易饲养的入门品种，不在乎水族箱的大小，对水质也无苛刻要求。它们可以接受任何人工饲料，但需要适当补充冰鲜的饵料，否则其身上的紫色会变浅。草莓鱼非常能抢夺食物，如果饵料很有诱惑力，它们会大吃大喝，快乐地生活，不久就变得十分肥胖。大型的雀鲷和小丑鱼可能对草莓鱼造成威胁，草莓鱼很喜欢挑衅这些好斗的鱼，然后被人家堵在一个礁石缝隙里打得遍体鳞伤。在饲养时，要保证先把草莓鱼放入水族箱，再放养雀鲷和小丑鱼。如果雀鲷个头太小，也可能被草莓鱼欺负。草莓鱼在人工环境下的寿命很长，即使在食物营养不足的情况下也能存活10年以上。

红海草莓鱼 *Pseudochromis fridmani*

中文学名	弗氏拟雀鲷
其他名称	金额彩雀
产地范围	只产于红海地区
最大体长	6.5厘米

红海草莓鱼全身呈紫罗兰色，雄鱼的尾鳍末端向后延伸。这种鱼在市场上不是很常见，通常在进口于红海地区的观赏鱼中偶尔见到它们的身影。它们也是比较好养的小鱼，只不过性情孤僻，会驱赶和攻击其他小鱼。如果将其和草莓鱼、美国草莓鱼等饲养在一起，它就很容易被那些鱼打死，所以最好避免将它们和其他类似鱼类混养在一起。一般可以使用肉食性鱼类增色饲料来喂养，定期补充一些丰年虾和虾肉，若长期食物单一，它们很容易褪色。

日出龙 *Pseudochromis flavivertex*

中文学名	黄顶拟雀鲷
其他名称	红海日出龙
产地范围	仅产于红海地区
最大体长	9厘米

日出龙是近两年比较火的一个品种，这种鱼早期被鱼商误认为是小型隆头鱼，而取了“日出龙”这个名字。该鱼只产于红海地区，所以市场上并不多见。它们具有淡蓝色的身体，头部至背部呈金黄色，雄鱼尾鳍也是金黄色的，颜色对比强烈，十分美丽。

这种小鱼非常适合饲养在小型礁岩生态缸中，具有较强的领地意识，除非配对成功的一对鱼，否则不能将两条日出龙放养在一起。这种鱼可以轻松接受颗粒饲料，当然更爱吃虾肉。如果饲养水的pH值长期低于8.0，它们的颜色会很快变浅，最终变得近乎为白色。

桑基龙 *Pseudochromis sankeyi*

中文学名	桑氏拟雀鲷
其他名称	暂无
产地范围	只产于红海地区，较为集中的产地是西奈半岛
最大体长	6厘米

乍一看桑基龙和隆头鱼中的黑带龙简直一模一样，难怪大家会将其误认为隆头鱼。这种小型拟雀鲷只能长到6厘米大，雄鱼具有本属中非常少见的黑白相间体色，尾鳍末端很夸张地向后延展，当它们游泳时，尾鳍好像是拖在身后的一条飘带。雌鱼身体呈蓝色，和雄鱼一样具有黑色横纹。桑基龙也是非常好养的鱼类，只不过不容易获得。它们一般是成对或单独生活，具有较强的领地意识。由于体形很小，所以对其他鱼没有什么威胁。

夕烧龙 *Pseudochromis steenei*

中文学名	史氏拟雀鲷
其他名称	暂无
产地范围	仅产于印度尼西亚巴厘岛附近海域
最大体长	12厘米

△雄鱼
△雌鱼

夕烧龙也是拟雀鲷科中比较多见的品种，主要从印度尼西亚进口。这种鱼一般是成对的捕捞出售。雌性夕烧龙的头部和身体前部呈现橙红色，由身体中部开始慢慢向尾部过渡成蓝灰色。雄鱼全身蓝灰色，在眼圈、鳃盖和胸鳍基部有亮蓝色斑纹，尾鳍和尾柄呈黄色。雌鱼的体形要比雄鱼大1/5 ~ 1/3。一对夕烧龙被放入水族箱后会形影不离，它们找到一个合适的礁石洞穴就会同居在里面，平时一起进食、一起睡觉。如果水质很好，它们会在洞穴内侧产卵，但是目前还没有人工繁育成功的记录。

和本属的其他鱼类一样，夕烧龙具有较强的领地意识，雌鱼和雄鱼会一起攻击进入它们领地的其他小型鱼，特别是其他品种的草莓鱼、雀鲷和小型隆头鱼。它们对体形和体色差异很大的鱼类没有攻击性，所以还是比较适合混养在礁岩生态缸中。

珍珠鬼王 *Pseudochromis splendens*

中文学名	闪光拟雀鲷
其他名称	闪电草莓、闪耀草莓、闪光龙
产地范围	仅产于印度尼西亚东部的弗洛勒斯岛附近
最大体长	12厘米

珍珠鬼王鱼是拟雀鲷属中比较新的一个物种，以前曾被分到其他属中，其学名在近几年才被确定下来。早在这种鱼还没有学名时，它就时常能在观赏鱼贸易中见到。它们是鱼类收藏爱好者喜欢的品种，市场价格并不高。珍珠鬼王较同属其他品种难养一些，它们对水质较为敏感。如果水中硝酸盐浓度长期高于100毫克/升，它们就很容易突然死亡，pH值长期低于8.0对其也是不利的。如果使用廉价的海水素来饲养，它们很快就会死掉。一般将其饲养在水质良好且稳定的礁岩生态缸中，并且尽量避免和同类的鱼混养。目前没有对珍珠鬼王进行过药物试验，从其对水质的敏感情况来看，这种鱼应当是不能接受化学性药物的检疫和治疗。

火焰鬼王 *Cypho purpurascens*

中文学名	紫红驼雀鲷
其他名称	暂无
产地范围	仅产于澳大利亚东部的大堡礁地区
最大体长	7.5厘米

驼雀鲷属中目前只有紫红驼雀鲷一个已知物种，在观赏鱼贸易中被称为火焰鬼王。这种鱼通常是成对出售，雌雄差异较大。雄鱼前半身呈蓝灰色，眼圈为红色，从身体中部开始到尾鳍慢慢过渡为橙色。雌鱼全身暗红色或橘红色，成年后，身体中部有一个很大的圆形红色暗斑。这种性别外形特征很像淡水观赏鱼中的红肚凤凰，不禁让我感叹生物演化的奇妙性。火焰鬼王不是很常见，是鱼类收藏者喜欢的珍稀品种。它们对水质要求不高，能接受颗粒饲料。

条纹红龙 *Labracinus melanotaenia*

中文学名	黑条纹准雀鲷
其他名称	黑线丹波鱼
产地范围	西太平洋至印度洋的热带浅海地区，主要捕捞地有菲律宾、印度尼西亚、中国南海等
最大体长	20厘米

准雀鲷属以前被称为丹波鱼属，是拟雀鲷科中体形最大一类鱼，通常可以生长到20厘米，其中最有代表性的品种是条纹红龙。因其形态和习性与隆头鱼科的一些品种有些相似，早期被误认为是隆头鱼，因此给它起了这个“龙”的名字。条纹红龙分布广泛，我国南海每年可以捕获很多，它们在观赏鱼贸易中价格低廉，但并不畅销。

条纹红龙具有很强的领地意识，互相之间会发生剧烈的争斗，因此最好只饲养一条。这种鱼性情凶猛，喜欢捕食小鱼，不可以和小型观赏鱼饲养在一起。人工饲养的很多个体都会出现褪色问题，只需几个月，这些鱼身上的鲜艳红色就会变成白色。如果能提供较好的水质环境，并保证周边环境较为昏暗，能减缓褪色的速度。

条纹红龙曾经频繁出现在公共水族馆中，甚至被饲养在水质极其恶劣的触摸池里。它们耐药性很好，可以用含有铜离子和甲醛的药物为其检疫和治疗，也能接受淡水浴，对抗生素和沙星类药物也不敏感。

澳洲草莓 *Ogilbyina novaehollandiae*

中文学名	奥氏拟雀鲷
其他名称	暂无
产地范围	仅产于澳大利亚东北部的岌巴岛附近
最大体长	9.5厘米

奥氏拟雀鲷属中只有奥氏拟雀鲷一个已知物种，在观赏鱼贸易中被称为澳洲草莓。这种鱼雌雄差异大，体色多变，很容易被误认为多个物种。雄鱼幼年期全身呈橘红色，成年以后，头部和胸鳍以前的身体呈粉红色，从胸鳍基部到尾鳍慢慢过渡为蓝灰色，随着年龄增长，雄鱼身上的粉红色会越来越多。雌鱼身体大部分呈橘红色，头后部到背鳍前端呈现浅灰色，成年后，背部呈现出一块长条形的粉红斑。它们也是稀有的海水观赏鱼品种，被鱼类收藏爱好者们所青睐。

这种鱼一般单独出售，很少有成对的情况，通常市场上见到的多为雌鱼。它们不难饲养，由于领地意识较强，不能和近似品种混养在一起。这种鱼爱吃虾肉和丰年虾，也能接受颗粒饲料。在饲养过程中应经常更换饲料品种，这样有助于维持其鲜艳的体色。它们能接受含有铜离子的药物，但是对含甲醛药物较为敏感。

蓝纹鲈科 *Gramma*

蓝纹鲈科现有2属12种已知鱼类，其中蓝纹鲈属的4种鱼类全部被作为观赏鱼进行贸易。它们主要产于加勒比海地区的珊瑚礁浅水区，国内进口量不大，属于比较少见的观赏鱼品种，市场价格不是很低。蓝纹鲈科中最早被作为观赏鱼的品种是蓝纹鲈（*G. loreto*），由于其体色十分像拟雀鲷科的双色草莓，所以在亚洲地区被称为“美国草莓”。其余3种被利用得较晚，由于它们经常在水族箱中神出鬼没，所以全被称为“鬼王”。

美国草莓 *Gramma loreto*

中文学名	蓝纹鲈
其他名称	鬼王、美国双色草莓、皇家丝鲈
产地范围	仅产于西大西洋的加勒比海地区
最大体长	8厘米

黑帽鬼王 *Gramma melacara*

中文学名	黑顶蓝纹鲈
其他名称	美国紫草莓、黑帽草莓
产地范围	仅产于西大西洋的加勒比海地区
最大体长	10厘米

美国草莓和黑帽鬼王都是分布在西大西洋加勒比海地区的著名观赏鱼，具有较长的饲养和贸易历史。由于它们的体色和产于东南亚的草莓、双色草莓接近，所以黑帽鬼王又称为美国紫草莓，美国草莓又称为美国双色草莓。

和草莓鱼一样，蓝纹鲈类也是非常容易饲养的品种，可以接受各种人工饲料，而且对不同水质的适应能力很强。但这些鱼在进入水族箱的初期会十分胆小，情绪很不稳定。如果水族箱太小或没有可以躲藏的洞穴，它们很容易因紧张而绝食。它们比东南亚产的草莓鱼更为凶残，为了争夺领地，相互之间的杀戮时有出现，一个水族箱中不可以同时饲养两条。如果饵料的营养不充分，这两种鱼会出现褪色问题，应当为它们有规律地提供虾肉和贝肉作为营养补充。两种鬼王都喜欢躲藏在礁石的缝隙，如果在大型礁岩生态缸中饲养，则每天见不到它们几次。这种鱼在感到非常放松的时候，常常以身体倾斜45° 的方式悬停在自己藏身处的上方，来回旋转身体，像一个领主那样审视周围的环境。如果细心观察，它们还有更多的复杂肢体语言，非常有趣。

这两种鱼在10多年前就可以人工繁殖，国外养殖场的工作人员将多条美国草莓饲养在一起，互相不攻击的则为一对，将其挑选出来进行繁殖。它们将卵产在洞穴里，并共同看护卵直到孵化。现在养殖产量已经非常稳定，正在源源不断地供应市场，故近年来的市场价格一直在下降。

鮗科 *Calloplesiops*

鮗科共11属约40种鱼类，几乎所有鱼类具有一定的观赏性，但观赏性不高。其中，只有丽鮗属和燕尾鮗属的2～3个品种算是出类拔萃，故常见于观赏鱼贸易，其余种皆非常少见。本科中最有名的品种是七夕斗鱼，早在30多年前，这种鱼就被作为观赏鱼饲养，但直到今天也不是主流的海水观赏鱼。

七夕斗鱼 *Calloplesiops altivelis*

中文学名	珍珠丽鮗
其他名称	彗星鱼、七夕鱼
产地范围	西太平洋至印度洋的热带珊瑚礁区域，主要捕捞地有菲律宾、印度尼西亚等
最大体长	16厘米

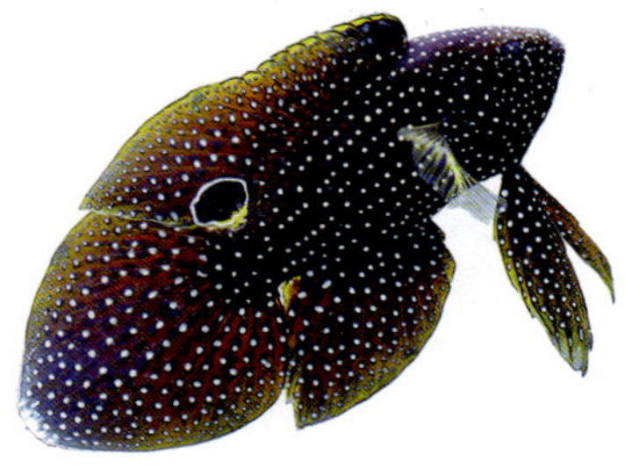

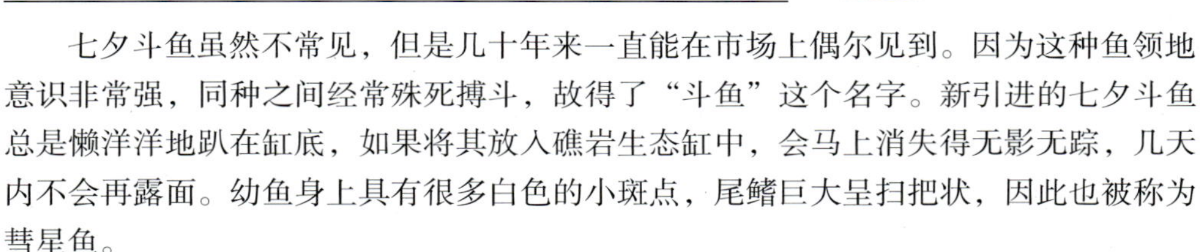

七夕斗鱼虽然不常见，但是几十年来一直能在市场上偶尔见到。因为这种鱼领地意识非常强，同种之间经常殊死搏斗，故得了“斗鱼”这个名字。新引进的七夕斗鱼总是懒洋洋地趴在缸底，如果将其放入礁岩生态缸中，会马上消失得无影无踪，几天内不会再露面。幼鱼身上具有很多白色的小斑点，尾鳍巨大呈扫把状，因此也被称为彗星鱼。

七夕斗鱼很难接受人工饲料，只能用虾肉喂养。饲养起来要特别精心，因为它们多数时间是躲藏着的。成年的七夕斗鱼体长可达15厘米以上，它们袭击并吞食小型鱼类，而且勇猛好斗，几乎无法和其他鱼混养在一起。

燕尾七夕鱼 *Assessor randalli*

中文学名	蓝氏燕尾鮗
其他名称	暂无
产地范围	仅产于日本南部到中国台湾东部的热带珊瑚礁区域
最大体长	5厘米

燕尾七夕鱼是七夕鱼家族中体形最小的品种，成鱼体长只有5厘米。身体呈现蓝丝绒色，十分美丽。这种鱼在贸易中并不常见，但非常容易饲养。如果能饲养一对的话，它们会在水族箱中产卵，雄鱼将鱼卵含在口中孵化，行为十分有趣。由于体形很小，虽然它们具有领地意识，但不对其他鱼造成严重威胁。一般可以混养在礁岩生态缸中，若为了观察其独特的孵卵习性，则需要成对地单独饲养在小型水族箱中。

后额螣

后额螣（音 téng）科共有3属约60种已知鱼类，其中只后额鱼螣属的几种具有较好的观赏性，被作为观赏鱼贸易。其饲养历史悠久，这几种鱼都有将近50年的观赏鱼贸易史。本科鱼类由于外形与虾虎鱼类较为相近，常被误认为是虾虎鱼，尤其这些年来，国内的鱼商们干脆将以前常用的“大帆鸳鸯”这个名字废弃不用，直接称本科鱼类为虾虎，造成大多数新爱好者和水族馆养殖员根本不知道这些鱼和虾虎鱼类的差异是非常大的。

美国大帆鸳鸯 *Opistognathus aurifrons*

中文学名	黄头后额螣
其他名称	美国金头虾虎、小白兔虾虎
产地范围	大西洋的热带浅海地区，主要捕捞地有古巴、海地、美国南部沿海等
最大体长	10厘米

美国大帆鸳鸯简称为大帆鸳鸯，是一种被作为观赏鱼饲养历史悠久的鱼类，早在50多年前，美国海水观赏鱼爱好者就开始饲养这种鱼。在20世纪80年代，大帆鸳鸯被出口到我国香港和台湾地区，90年代就从香港引进大陆地区。虽然历史悠久，但它在市场上一直是非主流品种，因为该鱼不适合与其他鱼类混养。这种鱼之所以很早就被人们喜欢，主要是因为它们特殊的生活繁殖习性。大帆鸳鸯鱼会在水族箱的底沙里打一个洞，然后将自己的身体埋在里面；它们也喜欢钻入礁石的洞穴中，只将头露出洞外。在挖沙时候，它们巨大的嘴好像推土机的铲子，大口大口地推动沙子。为了防止沙洞塌方，它们还能含着大量沙子游到较远的地方再扔掉。如果饲养一对大帆鸳鸯，它们就会在水族箱中产卵，卵被雌鱼含在口中孵化。它们每次的产卵量很大，卵的直径也不小。当大帆鸳鸯含着卵时，嘴里亮晶晶的鱼卵大部分清晰可见，好像是这条鱼含着无数颗珍珠。它们产的卵通常可以孵化，亲鱼不会吞食小鱼。不必刻意喂养小鱼，亲鱼可以将食物通过咽齿碾碎后再吐出，让小鱼吃饱。可能是由于水族箱中的食物品种较为单一，到目前为止，大帆鸳鸯的幼鱼在人工环境下经常大量夭折。

△口含鱼卵孵化的亲鱼

△成对穴居生活的亲鱼

大帆鸳鸯是非常好养的观赏鱼，在几十年前水族箱过滤器技术还很不发达的时候，人们就能成功养活这种鱼，并让它们在人工环境下产卵。这种鱼具有较强的领地意识，攻击其他小型鱼类，而自己脆弱的身体也常被大型鱼类所攻击，所以只适合单独饲养在小型水族箱中，观察其有趣的行为方式。它们是杂食性鱼类，既可以吃颗粒饲料和薄片饲料，也可以滤食底沙中的藻类和有机碎屑。这种鱼对水质要求不高，但短时间大幅水质波动对其是致命的。在新鱼进入水族箱前，应延长兑水时间。

蓝点大帆鸳鸯 *Opistognathus rosenblatti*

中文学名	罗氏后颌䲢
其他名称	墨西哥蓝点虾虎
产地范围	东太平洋的热带浅海地区，主要捕捞地有科特斯海、加利福尼亚湾等
最大体长	10厘米

蓝点大帆鸳鸯也是后颌䲢科中较为常见的一种观赏鱼，通常被国内鱼商称为“墨西哥蓝点虾虎”。这种鱼的习性和美国大帆鸳鸯一样，只不过它们更胆小一些。初进入水族箱，它们会躲藏起来，直到适应环境才会游出来。蓝点大帆鸳鸯没有美国大帆鸳鸯那样喜欢游泳，它们更多时间是趴在底沙上，行为倒是很像虾虎鱼。蓝点大帆鸳鸯的性情较为温和，能和小型鱼类混养在礁岩生态缸中，它们会驱赶进入其领地的底栖性鱼类，也容易遭到大型隆头鱼的攻击。

鯻鱼

鯻（音là）科共14属30多种已知鱼类，多为沿海次经济鱼类，我国沿海渔民经常捕获它们用来炖汤。早在20世纪90年代，我国刚刚开始出现现代公共水族馆的时期，鯻科中最具代表性的花身鯻鱼被大量采购到水族馆中，放养于触摸池内供游客欣赏、触摸。近年来，随着原生观赏鱼爱好的兴起，我国沿海地区产的鯻鱼被爱好者捕捞并当作观赏鱼来转卖，使它们免于被作为食材，在观赏鱼市场上闪亮登场。

花身鯻鱼 *Terapon jarbua*

中文学名	细鳞鯻
其他名称	猪肉鱼、花鯻鱼、丁公
产地范围	广泛分布在西太平洋的热带和亚热带近海地区，从我国浙江到海南的近海地区都能捕到
最大体长	36厘米

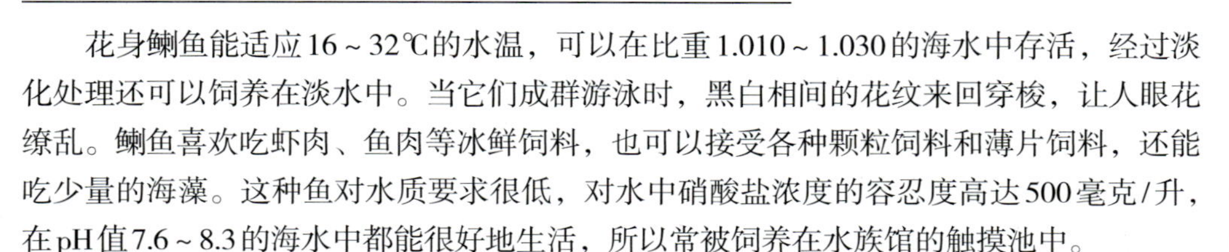

花身鯻鱼能适应16～32℃的水温，可以在比重1.010～1.030的海水中存活，经过淡化处理还可以饲养在淡水中。当它们成群游泳时，黑白相间的花纹来回穿梭，让人眼花缭乱。鯻鱼喜欢吃虾肉、鱼肉等冰鲜饲料，也可以接受各种颗粒饲料和薄片饲料，还能吃少量的海藻。这种鱼对水质要求很低，对水中硝酸盐浓度的容忍度高达500毫克/升，在pH值7.6～8.3的海水中都能很好地生活，所以常被饲养在水族馆的触摸池中。

鯻鱼生长迅速，体格健壮，无明显的领地意识，不攻击不能吞入的其他鱼类，可以和大多数海水观赏鱼混养。它们虽然不攻击珊瑚，但由于生性好动，且体形较大，不太适合放养在礁岩生态缸中。

天竺鲷

天竺鲷科共有29属500多种鱼类，从近海沿岸地区到珊瑚礁下层800米的深海都有它们的身影。它们都是夜行性鱼类，通常在傍晚成群出现在礁石周围觅食，黎明时分又回到洞穴中休息。一些品种身体上具有发光器官，能在野外发出微弱的荧光，以便能辨识同类和食物。大多数深海天竺鲷难以捕捞，活体运输也非常困难，所以被作为观赏鱼贸易的天竺鲷品种大概只有十几种，主要集中在天竺鲷属和鳍天竺鲷属。鳍天竺鲷属中的巴厘岛天使是名满世界的海水观赏鱼品种，前些年因过度捕捞已对野生种群造成严重威胁，被列入IUCN红皮书。近年来，随着大量开展人工养殖，这种鱼又在观赏鱼市场上大量出现。

所有天竺鲷都是肉食性鱼类，口很大，主要捕食水中的浮游动物。大多数天竺鲷是群居的小型鱼类，一般体长不超过10厘米。它们产卵后，雄鱼会将卵含在口中孵化，所以从正面观察时，雄鱼的口裂很宽，非常容易与雌鱼区别。天竺鲷中的很多品种能在人工饲养条件下繁殖后代，这给爱好者的饲养过程带来了很多快乐。

我国近海地区的天竺鲷科鱼类品种繁多，数量庞大。近几年来，随着原生观赏鱼爱好的兴起，许多产于福建、广东、海南的天竺鲷科小型近海鱼类被爱好者所捕捞，并在互联网上相互转卖，成为新型的观赏鱼品种。目前到底有多少种天竺鲷被当作观赏鱼饲养，是非常难以统计的事情。

玫瑰鱼 *Sphaeramia nematoptera*

中文学名	丝鳍圆竺鲷
其他名称	大眼玫瑰鱼、睡衣鱼、红眼玫瑰鱼
产地范围	西太平洋的热带浅海礁石地区，主要捕捞地有日本南部、菲律宾以及中国台湾、海南等
最大体长	8.5厘米

玫瑰鱼曾经是常见的天竺鲷科观赏鱼，但现在市场上已不是很常见。这并不是因为过度捕捞造成的，而是大量人工繁育后充实市场的巴厘岛天使几乎将玫瑰鱼完全排挤出了市场，理由是在消费者眼中的玫瑰鱼和巴厘岛天使非常接近，而后者更加漂亮一些。玫瑰鱼身体后半部具有许多褐色斑点，看上去如同具有圆点的小花布，所以也叫“睡衣鱼”。

玫瑰鱼非常容易饲养，对饲养环境的大小和水质要求很低，如果饲养在水质良好的环境中，它们会产卵。它们是夜行动物，白天喜欢躲藏在岩石缝隙里。放入水族箱的初期，可以用丰年虾诱导其开食。在适应环境后，它们可以接受颗粒和薄片饲料，即使在白天，也会跑出来和别的鱼争抢食物。它们没有明显的领地意识，对同类和同体形的其他鱼不构成威胁，是混养的优秀品种。这种鱼可以接受铜药的检疫和治疗，但不耐甲醛，不能用福尔马林和TDC等药物为其进行药浴。如果饲养得好，玫瑰鱼可以在水族箱中存活10年以上。

红玫瑰 *Apogon erythrinus*

中文学名	粉红天竺鲷
其他名称	暂无
产地范围	西太平洋至印度洋的热带浅水礁石区和珊瑚礁潟湖内，主要捕捞地有菲律宾、印度尼西亚、马来西亚、中国南海等
最大体长	8厘米

红玫瑰具有酒红色的外衣，但这种颜色很难在水族箱中维持长久，一般2个月后就变成粉红色。红玫瑰是常见的海水观赏鱼，在印度尼西亚和菲律宾进口的观赏鱼中经常可以见到，这些年捕捞于我国福建和海南沿海的红玫瑰也非常多。

这种鱼夜晚在较浅的水中捕食，白天躲在较深的阴暗环境里休息。我们的水族箱无法提供深水区的环境，也很难给予长期黑暗的环境，再加上人工饲料营养不均衡等问题，造成这种鱼褪色的问题严重。不过，它们非常好养，很容易适应人工环境，而且能轻松接受颗粒饲料，充分适应环境后，白天和夜晚都会到处寻找食物。

黑尾红玫瑰 *Apogon fleurieu*

中文学名	斑柄天竺鲷
其他名称	暂无
产地范围	西太平洋至印度洋的热带浅水礁石区和珊瑚礁潟湖内，主要捕捞地有菲律宾、马来西亚、泰国、中国南海等
最大体长	10厘米

黑尾红玫瑰是常见的小型观赏鱼，身上的红色没有红玫瑰那么鲜艳，尾柄处有一枚很大的黑斑。黑尾红玫瑰在我国南部沿海地区非常常见，渔民视之为无用的小杂鱼。一些原生鱼爱好者在海滨自行采集鱼类时，获得最多的就是这个物种。这种鱼十分好养，适合成群地饲养在礁岩生态缸中，具体饲养方法可参见红玫瑰。

红尾玻璃 *Apogon parvulus*

中文学名	小天竺鲷
其他名称	玻璃玫瑰
产地范围	西太平洋的热带近海浅水礁石区，主要捕捞地有印度尼西亚、中国南海等
最大体长	4厘米

红尾玻璃是一种非常小的观赏鱼，成鱼只有4厘米大，一般成群地在海边的浅水中穿梭。近年来，随着原生观赏鱼爱好的兴起，有人将它们捕捞并饲养在礁岩生态缸中。由于个体小、群游性好，它们还被誉为海水鱼中的“宝莲灯（一种淡水小型鱼）”。在运输过程中，红尾玻璃经常因应激反应而大批死亡，但是一旦被放养到水族箱中，就变得很强健了。它们喜欢吃冷冻的丰年虾，也能接受小颗粒饲料。如果能保证食物品种丰富，它们尾柄上的红色会特别鲜亮。这种小鱼十分不耐药，绝对不能用含有铜离子和甲醛的药物为它们进行检疫。

巴厘岛天使 *Pterapogon kauderni*

中文学名	考氏鳍天竺鲷
其他名称	珍珠飞燕、泗水玫瑰
产地范围	仅产于印度尼西亚巴厘岛附近浅水区，目前贸易中的个体多来自养殖场
最大体长	7厘米

巴厘岛天使珠光璀璨的外表和夸张延伸的鳍，让它备受人们喜爱。由于产地特殊且狭窄，它们的野生种群曾因观赏鱼贸易而受到威胁，如今这种鱼已经被大量人工养殖。在野生条件下，它们喜欢和魔鬼海胆共生在一起，这些海胆长有长而尖利的刺，巴厘岛天使藏在里面，可以防御天敌的攻击。

巴厘岛天使很容易适应人工环境，但饲养初期死亡率很高。这是由于过度紧张产生应激反应造成的，可以简单理解为吓死的。最好成小群地饲养它们，并在初期提供一个海胆或人造海胆让它们感到安全。一旦适应环境后，这些鱼能接受大多数饵料，如果用冷冻的鱼、虾肉喂养，它们生长非常快。经过驯诱，大多数个体能接受颗粒饲料。群体中的成员们时常发生打斗现象，性成熟后，一条强壮雄性会驱赶其他成员，只留下自己的老婆。因此，要提供容积200升以上的水族箱来饲养，以便弱者可以逃离攻击者的领地范围。这种鱼不耐药，不能用含有铜离子和甲醛的药物为它们进行检疫和治疗，不过它们很少携带寄生虫。

如果饲养环境水质很好，巴厘岛天使很容易在水族箱中繁殖。雄鱼的口从正面看时要比雌鱼的宽，因为它们要担当孵化的任务。两条彼此相爱的鱼会在昏暗的环境下产卵，然后雄鱼将这些卵含到嘴中。根据雌鱼的个体大小和体质，卵的数量可能是15～30枚。卵需要半个月左右的时间孵化，在此期间，雄鱼不吃东西，它是很有责任心的父亲。如果因为环境影响，雄鱼20天后还没有吐出小鱼，那么最好把它捞出来，掰开嘴放出小鱼。不然，小鱼可能会饿死，父亲也会消耗太多的体力。巴厘岛天使的幼鱼个体很大，出生后就能吃刚孵化的丰年虾，因此要比其他品种的幼鱼容易存活，孵化3个月后，小鱼可以生长到2～3厘米大，看上去和它们的父亲一模一样。雄鱼孵卵后调养1个月，就能继续繁殖后代了。如果雄鱼很有经验，它能将卵全部孵化，但多数情况下只有一半卵能孵化。

△口含鱼卵孵化的雄鱼

金线玫瑰 *Ostorhinchus cyanosoma*

中文学名	蓝带天竺鲷
其他名称	暂无
产地范围	西太平洋至南太平洋的浅水礁石区，主要捕捞地有菲律宾、斐济、印度尼西亚、中国南海等
最大体长	8厘米

金线玫瑰是很不起眼的小型观赏鱼，它们时常出现在市场上，却常常被忽视。因为它们在鱼店的暂养缸中过度紧张，通常体色都非常淡。应当将这种鱼成群放养在水质极佳的礁岩生态缸中，这样很快就能恢复出绚丽的色彩。它们都是肉食性鱼类，喜欢吃丰年虾，也能接受颗粒饲料和薄片饲料。

大眼鲷

大眼鲷科（Priacanthidae）鱼类、天竺鲷科鱼类和后面将介绍的金鳞鱼科鱼类是海洋中典型的三大夜行性鱼类家族。其中，大眼鲷科鱼类生活的水域深度最大。大眼鲷科共有4属18种鱼类，大部分品种分布范围十分广泛，一些个体较大的品种（如：大眼鲷*Priacanthus tayenus*）是我国南方沿海和东南亚地区的次经济鱼类，经常可以在水产品市场上见到。近年来，随着原生观赏鱼爱好的兴起，不少爱好者到海南岛，同渔民一起出海，在渔船上垂吊并现场收购渔船捕获的新奇鱼类，这使得大眼鲷类走入观赏鱼市场。

从名字可以看出，大眼鲷具有很大的眼睛，这对大眼睛能保证它们在夜晚活动时捕捉周边微弱的光线，以便看清猎物和同类。

木棉鱼 *Priacanthus cruentatus*

中文学名	斑鳍大眼鲷
其他名称	玻璃眼鱼
产地范围	广泛分布于全世界的热海海洋中，主要集中在水深3～35米的礁石区域，最深可生活在300米的深水区
最大体长	20厘米

木棉鱼是热带印度洋和太平洋海域的常见鱼类，是渔民对大眼鲷科鱼类的统称，本书以斑鳍大眼鲷为例进行介绍。因这种鱼很晚才被作为观赏鱼，而且是沿海爱好者自行到热带海域垂吊获得的，所以观赏鱼名沿用的渔民的叫法“木棉鱼”。因这种鱼通常生活在较深的水域，所以捕获后的减压工作十分重要，减压处理不好是无法养活的。

经过减压处理的木棉鱼还是比较容易饲养的，它们虽然不接受人工饲料，但会大口大口地吞吃虾肉。

鸳鸯鱼类

△日本方头鱼

弱棘鱼科共分5属，约有30多个已知物种，其中较被人们熟知的是南部沿海地区常作为食用鱼的日本方头鱼（*Branchiostegus japonicus*）。本科方头鱼属中的很多品种相貌怪异、颜色艳丽，很适合作为观赏鱼，总是拿来吃实在有些可惜。至今为止，只有少数方头鱼被饲养在公共水族馆中，在观赏鱼市场上还从没有出现过。相比之下，人们不怎么熟悉的拟若棘鱼属中几乎所有种都在被当作观赏鱼进行贸易，而且具有很久的贸易历史。这些鱼在华语地区被冠以"鸳鸯"的商品名，不过它们既没有鸳鸯的体形，也没有鸳鸯的颜色，当初为什么起了这个名字，还有待考证。

鸳鸯鱼类在市场上并不多见，它们具有长条状的身体，鱼商们常常将其和虾虎、鳚类混为一谈。与虾虎和鳚类完全不同的是，鸳鸯鱼类喜欢在水上层游泳，而且具有超强的跳跃能力，如果不想让它们变成鱼干，就要给水族箱加盖子。它们一般体长在12～20厘米，比虾虎类的平均体长要大。多数鸳鸯鱼类凶猛好斗，除非饲养的两条是情投意合的夫妻，否则都会互相格斗致死。它们喜欢吃冷冻的虾肉和丰年虾，很少能接受颗粒饲料。这类鱼生性胆怯，很容易受到惊吓。受到惊吓的个体会蜷缩在水族箱的角落里，很久不敢游动，而且惊吓还可能造强烈的应激反应，使其彻底绝食。在捕捞和运输中，鸳鸯鱼类的死亡率很高。这类鱼对水质的要求非常高，建议将硝酸盐浓度控制在100毫克/升以下，维持26℃的水温，并每周换水，维持较高的水硬度和pH值。鸳鸯鱼是不耐药的鱼类，很多化学药物都可能毒死它们，基本上不能做药物检疫，如果感染了寄生虫也无法治疗。它们很难接受淡水浴，它们进入淡水中可能马上就痉挛死亡。最好将其饲养在水质稳定的大型礁岩生态缸中，让它们保持良好的体质，自己抵御疾病的入侵。

鸳鸯鱼类适应环境后，就喜欢欺负一些小型鱼类，特别是草莓鱼和虾虎类非常容易受到鸳鸯鱼的攻击，在混养时应尽量避开。在饲养过程中，鸳鸯鱼经常出现无征兆的暴毙现象，此中的原因还有待于进一步分析。

变色鸳鸯 *Hoplolatilus chlupatyi*

中文学名	奇氏拟弱棘鱼
其他名称	闪光鸳鸯
产地范围	西太平洋至印度洋的热带珊瑚礁区域，主要捕捞地有印度尼西亚、马尔代夫等
最大体长	11厘米

变色鸳鸯是本属中最常见的一种，之所以称为变色鸳鸯，是因为它们的体色可以根据环境而自我调节成紫色、蓝色、灰色甚至茶色。这种鱼是本属中比较好养的一种，经过驯诱能接受颗粒饲料。如果放养在大型礁岩生态缸中，它们能活好几年。

红线鸳鸯 *Hoplolatilus marcosi*

中文学名	马氏拟弱棘鱼
其他名称	暂无
产地范围	西太平洋的热带珊瑚礁区域，主要捕捞地有印度尼西亚、菲律宾等
最大体长	12厘米

红线鸳鸯身体中部贯穿了一条红色的横线，因而得名。这种鱼是传统的海水观赏鱼，有很久的饲养历史，但贸易中的数量一直不大。最好将其饲养在容积400升以上的水族箱中，水族箱太小会使其过度紧张而死亡。

一般将其饲养在礁岩生态缸中，多数个体在到达新环境后的前几周都不开口吃东西，可以用冷冻的小海虾来驯诱开口，如果能搞到活的海虾是最好的。它们对水温波动敏感，过水时要缓慢且延长时间。如果能和成群的青魔饲养在一起，有助于它们开口吃东西。红线鸳鸯不耐药，不可以用药物对其进行检疫和治疗。

紫鸳鸯 *Hoplolatilus purpureus*

中文学名	紫拟弱棘鱼
其他名称	暂无
产地范围	西太平洋的热带珊瑚礁区域，主要捕捞地有印度尼西亚、菲律宾等
最大体长	14厘米

紫鸳鸯成年雄鱼全身为鲜艳的紫色，尾鳍上下各有一条红线。雌鱼和幼鱼呈蓝灰色，观赏鱼贸易中常将雌鱼和幼鱼按其他品种的鸳鸯售卖。紫鸳鸯在饲养几个月后会逐渐褪色，这跟饵料和海水的质量有关，如果能提供优质且丰富的饵料，并用硬骨珊瑚专用海盐饲养它们，则有助于维持体色。它们可以用丰年虾和冷冻的虾肉喂养，有时能接受人工饲料。这种鱼对水质非常敏感，轻微的pH值波动就可能造成绝食，要尽量保持饲养环境处于稳定状态。

蓝面鸳鸯 *Hoplolatilus starcki*

中文学名	斯氏拟弱棘鱼
其他名称	暂无
产地范围	西太平洋的热带珊瑚礁区域，主要捕捞地有印度尼西亚、澳大利亚北部沿海等
最大体长	20厘米

△ 雄鱼
△ 雌鱼

蓝面鸳鸯可以生长到20厘米，是本属中的大型品种，需要用容积600升以上的水族箱来饲养。成年的雄鱼头部呈现蓝色，从胸鳍开始渐渐过渡成土黄色。雌鱼和幼鱼全身呈现蓝色或蓝灰色，尾鳍和雄性一样是黄色剪刀状的。它们在海洋中成小群活动，所以在水族箱中可以多条一起饲养。蓝面鸳鸯比前两种鸳鸯容易饲养一些，更喜欢在水的中下层活动，而且有躲避到洞穴的习惯。蓝面鸳鸯能接受颗粒饲料，但需要用丰年虾驯诱一段时间后才能逐步适应。如果水族箱中有强劲的水流，它们可能会成群地逆水流游泳，往往最强健的雄性游在最前端，其余个体跟随在其左右。

羊鱼和石首鱼

羊鱼科（Mullidae）共有6属约50个已知物种，其中副绯鲤属（拟羊鱼属）中的一些品种色彩鲜艳，被作为观赏鱼进行贸易。石首鱼科（Sciaenidae）是鲈形目中数量庞大的一支，共有67属300多种，最被人们所熟知的是大黄鱼、小黄鱼、美国红鱼等常见食用鱼。石首鱼科中作为观赏鱼贸易的品种并不多，主要是产自大西洋的高鳍鰔（音huò）属中的几种。近年来，我国福建地区的大黄鱼养殖得到巨大的进展，活体大黄鱼可以通过网购从养殖场直接买到，大黄鱼腹部金黄，闪闪发光，其美丽程度不亚于大西洋所产的石首鱼品种，相信不久就会被开发成观赏鱼。除此之外，如美国红鱼、白姑鱼等养殖品种经淡化处理后，其幼鱼常出现在淡水观赏鱼贸易中，充当奇特淡水观赏鱼与银龙等大型鱼饲养在一起。就目前而言，羊鱼科和石首鱼科中被作为海水观赏鱼贸易的品种还非常少，二者分类关系较近，在人工饲养环境下的表现也颇为相同，故放在一起进行介绍。

△如果用优质的饲料在水族箱中精心培育人工繁殖的大黄鱼，它们从体长15厘米开始就会展现出如黄金一样的体色，是非常有潜质的食用和观赏双用鱼

羊鱼科副绯鲤属 *Parupeneus*

羊鱼因其下颌前端生有两根触须，好像山羊的胡子而得名。这两根触须并不是摆设，它们是为探测沙子中的猎物而生的。在自然环境中，羊鱼主要捕食底栖的无脊椎动物，如海螺或沙蚕，如果给它们机会，它们也愿意吃几条小鱼。实际上，羊鱼更像一个清洁工，它们可以清理死鱼的尸体和无脊椎动物的残骸。在大海中，羊鱼成群生活，很容易捕获，以前它们曾是南方渔民常吃的一种廉价海鲜。

羊鱼非常好养而且性情温顺，适合与所有体长在15~40厘米之间的鱼类混饲。体长10厘米以下的羊鱼可以饲养在礁岩生态缸中，但它们生长很快，容易对其他小型鱼造成威胁。鱼肉、虾肉和沉性饲料都可以用来喂养羊鱼，但它们吃不到漂浮在水面的食物。它们喜欢挖掘沙子，如果水族箱中有沙子，它们就会翻动沙子将水搅浑。

目前还没有发现羊鱼对哪种鱼用药物有不良反应，它们本身也很少患病，只要水族箱够大，它们总是那么快乐地刨坑找食。体长超过20厘米的个体在引进后，应进行淡水浴处理，因为它们多半携带有寄生虫。羊鱼能吃能拉，最好配备强劲的过滤系统，否则大量代谢物会败坏水质。它们的力量很大，受到惊吓时会到处乱撞，容易撞伤其他鱼，也容易破坏礁石造景，撞到石头上也会伤害自己。这类胆小的鱼有时候看上去不像山羊，更像老鼠。

黄羊鱼 *Parupeneus cyclostomus*

中文学名	圆口副绯鲤
其他名称	黄草
产地范围	西太平洋至印度洋的大部分热带浅海地区，主要捕捞地有印度尼西亚、菲律宾、中国南海等
最大体长	38厘米

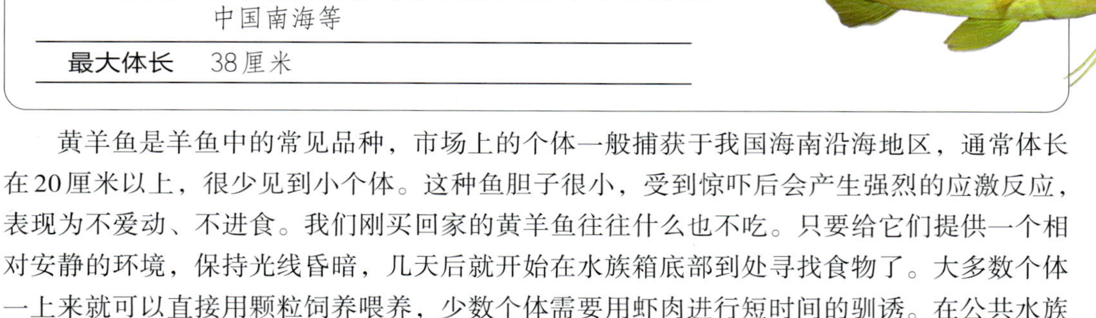

黄羊鱼是羊鱼中的常见品种，市场上的个体一般捕获于我国海南沿海地区，通常体长在20厘米以上，很少见到小个体。这种鱼胆子很小，受到惊吓后会产生强烈的应激反应，表现为不爱动、不进食。我们刚买回家的黄羊鱼往往什么也不吃。只要给它们提供一个相对安静的环境，保持光线昏暗，几天后就开始在水族箱底部到处寻找食物了。大多数个体一上来就可以直接用颗粒饲养喂养，少数个体需要用虾肉进行短时间的驯诱。在公共水族馆的大型水池中，黄羊鱼可以成群地游来游去。在家庭水族箱中通常只饲养一条，这条鱼会比成群饲养的鱼胆子更小。如果水族箱中没有同体形的其他鱼，那么黄羊鱼一样会保持紧张状态，变得食欲不振。

黄羊鱼对水质要求不高，能在水温18～30℃的水中生存。它们具有较强的耐药性，可以用含有铜离子和甲醛的药物对其进行检疫和治疗。

花斑山羊 *Parupeneus multifasciatus*

中文学名	多带副绯鲤
其他名称	变色羊鱼、红草
产地范围	太平洋中部到马六甲海峡以东印度洋的大部分浅海区域，主要捕捞地有菲律宾、印度尼西亚、中国南海、越南、泰国、马来西亚等
最大体长	35厘米

花斑山羊是一种颜色善变的观赏鱼，幼鱼期的体色较为暗淡，性成熟后，雄鱼会呈现出鲜红的婚姻色，雌鱼身体的一些部位则出现金黄色的花斑。婚姻色并不稳定，当它们感到恐惧或身体不适时，颜色又会变得暗淡。这种鱼的数量很多，每年在国产和进口的观赏鱼中都有较大的数量。国产个体一般为体长20厘米以上的亚成鱼，进口个体多数为体长10厘米左右的幼鱼。

花斑山羊是非常好养的鱼类，比黄羊鱼更容易适应人工环境，且能接受的饲料品种更多。这种鱼的胆子很小，容易受到惊吓，受惊吓后会在水族箱中横冲直撞，经常被礁石撞伤头部。它们的耐药性很强，但是经过长途运输的鱼最好先静养几天再用药物进行检疫，以防因过度应激反应造成它们死亡。

双色羊鱼 *Parupeneus barberinoides*

中文学名	拟条斑副绯鲤
其他名称	秋姑
产地范围	西太平洋至印度洋的大部分热带浅海地区，主要捕捞地有印度尼西亚、菲律宾、中国南海等
最大体长	30厘米

双色羊鱼是目前所有作为观赏鱼的羊鱼中最美丽的一种，体形也稍小一些。这种鱼在从印度尼西亚进口的观赏鱼中较为常见，其余地区的鱼类中则较少。它们前半身呈栗红色，眼睛上下有两条白色的横纹一直贯穿到背部。雌鱼后半身为金黄色，雄鱼除尾柄和尾鳍为金黄色外，腹鳍以后为白色。和其他羊鱼不同，这种鱼很少集群活动，更喜欢独来独往。双色山羊的胆量比其他羊鱼大一些，在刚进入水族箱中时不会特别紧张。

这种鱼很容易饲养，可以用各种颗粒饲料喂养。它们对水质要求不高，有较强的耐药性，可以用含有铜离子和甲醛的药物对其进行检疫和治疗。

石首鱼科高鳍鱤属 *Equetus*

高鳍鱤属中已知只有4个物种，其中3种都被作为观赏鱼进行贸易，并且有悠久的人工饲养历史。本属鱼类的幼鱼长相十分奇怪，它们具有长长的如飘带一般的背鳍，游泳时从背部高高竖起，犹如船帆。成年后，这些鱼的背鳍虽然也很高，但是远不如幼鱼期那样夸张，故其幼鱼的观赏价值远高于成鱼。

本属鱼类全部产于大西洋，特别是加勒比海地区数量较大。早在近80年前，美国的一些公共水族馆和私人爱好者就开始饲养这种鱼。直到今天，4种高鳍鱤也是美国许多水族馆中必备的鱼类，代表着石首鱼科鱼类在加勒比海地区独立且特殊的演化方向。

由于产地遥远、运输不便，高鳍鱤属鱼类在我国市场上极其少见，有时好几年也难见到一条。这使我们没有足够的个体用作观赏实验，也就很难积累丰富的养殖经验。我国公共水族馆中也很少展示高鳍鱤类，有些大型水族馆在建馆初期曾从美国引进高鳍鱤，但因后期疏于管理，这些鱼死掉后再也没有引进过。

杰克飞刀 *Equetus lanceolatus*

中文学名	矛高鳍鱤
其他名称	暂无
产地范围	西大西洋的加勒比海地区，主要捕捞地有海地、哥伦比亚、墨西哥、美国东南部沿海地区等
最大体长	25厘米

△幼鱼

△成鱼

杰克飞刀是4种已知高鳍鰔中分布最广、数量最大的品种，从美国东南部海岸地区到巴西东部亚马逊河入海口以北都有它们的分布，所以也是市场上常见的高鳍鰔。相对于珍珠飞刀和罗宾汉，杰克飞刀更容易饲养。它们对人工环境的适应能力更强，并能短时间适应30℃的水温环境。它们不挑食，爱吃虾肉和鱼肉，也吃各种颗粒饲料。成鱼对各种药物也不敏感，幼鱼对含有甲醛的药物略微有不适应的反应，用药时需注意观察。

罗宾汉 *Equetus pulcher*

中文学名	锐高鳍鰔
其他名称	暂无
产地范围	西大西洋中部和加勒比海地区、委内瑞拉、哥伦比亚、巴西北部沿海地区等
最大体长	25厘米

△成鱼

△幼鱼

罗宾汉的幼鱼身体上黑白对比更鲜明，背鳍和尾鳍更宽，观赏价值更高。成年后，它们身上布满黑白相间的横纹，成群活动时好像一群斑马。它们比较容易饲养，对水质要求不高，需要饲养在水温20～28℃的环境里，能接受各种颗粒饲料。

珍珠飞刀 *Equetus punctatus*

中文学名	斑高鳍鰔
其他名称	珍珠罗宾汉
产地范围	西大西洋的加勒比海地区，主要捕捞地有美国东南部沿海、墨西哥等
最大体长	28厘米

△幼鱼

成鱼▷

珍珠飞刀的幼鱼在体长10厘米以下阶段具有非常怪异的外表，背鳍和尾鳍就像两把飞刀从身体中部向上和向后伸展，越到末端约细，游泳时随水摆动，十分美丽。身体颜色黑白相间，虽然素雅，但与怪异的体形融合得十分完美。随着生长，背鳍和尾鳍与身体的比例越来越小，成年后除背鳍还略长一些外，尾鳍与身体的比例和普通鱼类没有什么区别。成年后，背鳍和尾柄会生长出许多白色的斑点，如珍珠镶嵌在黑色的身体上，这就是珍珠飞刀名称由来的原因。

这种鱼在市场上十分罕见，但不难养。幼鱼稍脆弱一些，需要提供稳定的水质环境，尽量避免使用化学药物对其进行检疫和治疗。成年后会变得粗糙易养，对水质的要求也没那么高。饲养这种鱼需要将水温控制得略低一些，一般不建议超过28℃，最好控制在20～26℃之间，否则它们很容易在高温下暴毙。它们对食物不苛求，喜欢吃虾肉和鱼肉，也能接受各种颗粒饲料，用石斑鱼和淡水鲈鱼的饲料也能将它们养得很好。

䲟鱼

䲟（音 yìn）鱼是非常特别的一种鱼类，它们可以利用背部的吸盘吸附在大型鱼类的身上，让大鱼带着它们周游世界。通常，䲟鱼会吸附在鲨鱼、翻车鱼、军曹鱼身上，也会吸附在鲸类和海龟身上。大型鱼类不但可以携带着䲟鱼游泳，还是䲟鱼食物的主要提供者。当大型鱼类捕食时，因撕咬猎物而散落在水中的残渣是䲟鱼最容易获得的大餐。䲟鱼的吸盘是由其第一背鳍慢慢演化而来，仔细观察就可以发现吸盘内还存留着背鳍的辐条。吸盘的吸附力非常强，当䲟鱼吸附在船底时，即使力量很大的成年人也不能将其拽下来。

䲟科有3属8种已知鱼类，其中䲟属有两种，即䲟和白鳍䲟（*E. neucratoides*）。两种鱼在观赏鱼贸易中并不区分，统称为䲟鱼，其中䲟较为常见。

䲟鱼 *Echeneis naucrates*

中文学名	䲟
其他名称	吸盘鲨
产地范围	在全世界热带和亚热带海洋中都有分布，市场上的个体一般捕获于海南岛附近
最大体长	150厘米

䲟鱼并不美丽，看上去还有些邪恶，不过它们是公共水族馆中解释大自然偏利共生的最佳展示品种，所以几乎所有的水族馆中都会饲养䲟鱼。䲟鱼本身可以作为食用鱼，但因不能大量捕获，所以没有成为主要的经济鱼类。在观赏鱼贸易中，䲟鱼也不是主流品种，每年市场上也就出现几十条，多为体长小于30厘米的幼鱼。

䲟鱼非常容易饲养，由于它们会吸附在大型海洋动物身上，甚至吸附在轮船底部，随大型动物和轮船漫游世界，故它们必须对各地的水质、水温等条件有充分的适应能力。它们能接受16～32℃的水温，对水中的硝酸盐、磷酸盐以及常用的观赏鱼药物都不敏感。它们还能短时间生活在淡水中，有些个体甚至可以在高度污染的海水中存活。䲟鱼是肉食性鱼类，喜欢吃鱼肉，饥饿时也能捕食小鱼。如果将䲟鱼放养在没有大型鱼的鱼池中，它们经常会趴在水底休息，只有投饵时才会游到水面附近。

公共水族馆的大型水池中最好不要放养太多的䲟鱼，它们的吸盘虽然不会直接伤害鲨鱼等大型鱼，但是䲟鱼长时间吸附在鲨鱼的身上，会让鲨鱼身体局部分泌大量黏液，容易被细菌和真菌所感染。䲟鱼如果长时间吸附在石斑鱼、军曹鱼等鱼类身上，更容易造成这些鱼身体局部细菌感染，危及它们的健康。在没有体形很大的鱼类时，䲟鱼甚至会吸附在和自己体长接近的黑鳍鲨身上，这就给黑鳍鲨的运动带来很大负担，直接影响它们的觅食速度，使黑鳍鲨越来越消瘦。

鲹类

鲹（音 shēn）科（Carangidae）共有30属，接近200种鱼类。品种虽然不多，但分类较为复杂。最被人们所熟知的鲹科鱼类，就是我们常吃的竹荚鱼。鲹科中丝鲹属、无齿鲹属鱼类具有较高的观赏价值，是比较传统的观赏鱼品种。鲹属和若鲹属中的一些品种强壮易养、群游性好，是公共水族馆大型水池里展示的重要品种。

鲹类是较难运输的观赏鱼，对水中的溶解氧消耗巨大，很多的鲹鱼在运输途中因缺氧或过度的应激反应死在塑料袋里。一般只有体长20厘米以下的个体才能比较安全地运输到目的地，而且必须用很大的塑料袋装很多水，让其尽量保持放松。鲹类都是群居鱼类，喜欢集大群活动，如果单独饲养一条，成活的概率不高。鲹类非常活泼，每天不停地游泳，必须用长度在150厘米以上的水族箱来饲养，饲养水体不要小于800升。如果饵料充足，它们可以生长得很快，直到被水族箱的大小所制约而停止生长。

鲹类是肉食性鱼类，喜欢的食物是新鲜的鱼、虾肉，经过简单驯诱也可以接受颗粒饲料，但要保证饲料中含有充足的动物性蛋白质。在自然环境下，鲹鱼非常强壮，很少患病。到了人工环境后，因为空间狭窄，细菌感染和过度肥胖是困扰它们的两个重要问题。在水族箱中安装造浪泵或用一个强大的水泵来增进水流，对饲养鲹鱼非常重要。必须让它们得到充分的运动，如果水流过于平缓，它们会非常容易死亡。

鲹类对水质的要求并不高，但要保持经常换水，新水可以促进它们更快的新陈代谢，进而增加自身的抵抗力。很多鲹类不耐高温，主要是因为高温下水中溶解氧含量会降低。需要将水温控制在22～28℃，夏天时尽量要避免水温在30℃以上。所有的鲹都喜欢吞吃小鱼，因此不要和小型鱼一起饲养，倒吊类和神仙鱼是和鲹鱼搭配饲养的最好品种。鲹类从不攻击不能吃下的鱼，同类间也极少发生争斗，是一群很温顺的大鱼。

鲹科观赏鱼分类关系见下表：

属	观赏贸易中的物种数	代表品种
无齿鲹属（*Gnathanodon*）	1种	本属仅黄金鲹1种鱼类
月鲹属（*Selene*）	1～2种	被统称为铁头刀
舟鰤属（*Naucrates*）	1种	本属仅舟鰤1种鱼类
丝鲹属（*Alectis*）	2种	长吻丝鲹和印度丝鲹
鲹属（*Caranx*）	4～5种	主要是水族馆中放养的大型品种，如大眼鲹
若鲹属（*Carangoides*）	3～4种	近年来新兴的原生观赏鱼类，如横带若鲹

黄金鲹 *Gnathanodon speciosus*

中文学名	无齿鲹
其他名称	金领航
产地范围	广泛分布在西太平洋至印度洋的热带浅海中，目前贸易中的个体主要来自养殖场
最大体长	100厘米

黄金鲹也被称为金领航，是常见于观赏鱼贸易的鲹类。早在十几年前，国外很多渔场就可以人工繁育这种鱼，在东南亚地区它被作为名贵食用鱼。现在观赏鱼贸易中的个体几乎全部是来自养殖场的幼鱼，体长一般在5～25厘米，体形大于25厘米的个体运输中较易死亡。成年黄金鲹可以生长到1米以上，在公共水族馆的大型展示池中通常可以生长到80厘米左右。这种鱼以前仅供给水族馆，现在经常能在鱼市上见到它们，而且价格低廉。

最好一次饲养5条以上的一群，黄金鲹幼鱼在过于孤单的情况下很难存活。体长5厘米以下的幼鱼必须用丰年虾喂养，当成长到6～8厘米后才可以逐渐更换成颗粒饲料。随着黄金鲹的生长，其身体的颜色将逐渐变淡，体长超过40厘米后，它们身上鲜艳的金黄色就不是很明显了。也有例外，有些个体即使生长到1米，身体颜色仍然很鲜艳。黄金鲹喜欢在水族箱中逆着水流成群游泳，由于来自养殖场，它们对水质的要求很低，但必须保证水中充足的溶氧量。如果遇到停电或主循环水泵损坏，最先被憋死的可能就是黄金鲹。

幼年的黄金鲹口部非常容易被细菌感染，这种感染会让它们无法闭合自己的嘴，最终被饿死。可能是弧菌类的侵害造成了这种悲剧，目前尚没有太好的治疗方法，必须注意预防。喂食肉类饵料时要提前用紫外线或臭氧消毒，并保证鱼肉块不大于它们的嘴。饵料过大，使黄金鲹无法一下子吞下，但它们贪吃，会将大块饵料直接含在嘴中，这是造成感染的主要因素。当然，我们也可以用养殖石斑鱼的饲料来喂养它们，这样能避免口部感染。

在容积800升以下的水族箱中，黄金鲹生长到25厘米后就逐渐停止生长，然后变得越来越胖。这时就要减少投喂量，保持它们正常存活即可，过度肥胖的黄金鲹很容易突然死亡。这种鱼对含有铜离子的药物不敏感，但是使用甲醛时造成的短时间缺氧是它们无法承受的，因此要避免使用福尔马林和TDC等药物为它们进行检疫和治疗。

△成群活动的黄金鲹是现代公共水族馆中的主要展示之一（摄影：刘亚军）

铁头刀 *Selene vomer*

中文学名	突额月鲹
其他名称	斧头鲹
产地范围	广泛分布在大西洋的热带和亚热带海洋中，主要捕捞地有佛得角、加那利群岛、古巴、巴哈马以及美国东南沿海地区
最大体长	48厘米

铁头刀是所有用于观赏的鲹类中最美丽的一种，身体上有细小闪亮的银色鳞片，在光线照射下如抛光过的金属表面一样晃眼。这种鱼个体不大，在水族箱中喜欢成群游泳，大群的铁头刀游来游去，水族箱对面的墙上能显现出它们身体折射出的光影，给饲养者带来很大的精神享受。这种鱼是比较传统的观赏鱼，饲养历史至少有50年之久，欧洲、美国和澳大利亚的观赏鱼爱好者们非常喜欢这种鱼，绝大多数拥有纯鱼缸的人都会将铁头刀和色彩缤纷的神仙鱼混养在一起。非常遗憾的是，由于这种鱼仅产于大西洋，我国鱼商很少进口它们，以前每年还有少量的个体能在广州和香港地区的鱼市上见到，近年来已经很久没有在国内市场上见到这种鱼了。

铁头刀是非常好养的观赏鱼，一般贸易中的个体在15厘米左右，和其他鲹类一样，体形过大的铁头刀会在运输中死亡。它们是强健的捕食性鱼类，喜欢吃小鱼、小虾和软体动物，在人工饲养环境下可以投喂鱼肉、海虾、鱿鱼和贝类肉等，也可以用含动物性蛋白较高的颗粒饲料喂养它们。

这种鱼对水质要求不高，喜欢水温略低的环境，一般饲养水温应保持在22～26℃，尽量不要超过29℃。它们能接受铜药和淡水浴的治疗，但不能接受含甲醛的药物，检疫和治疗时应特别注意。

短吻丝鲹 *Alectis ciliaris*

中文学名	丝鲹
其他名称	须鲹
产地范围	东太平洋至南太平洋的热带亚热带海洋中，主要捕捞地有日本冲绳、菲律宾、帕劳群岛、巴布亚新几内亚等
最大体长	130厘米

印度丝鲹 *Alectis indica*

中文学名	印度丝鲹
其他名称	须鲹、鬼面镜
产地范围	西太平洋至印度洋的热带海洋中，主要捕捞地有菲律宾、印度尼西亚、马尔代夫，以及中国台湾、香港、海南等沿海地区
最大体长	150厘米

△丝鲹成群活动时就好像一群游动的水母

丝鲹属共有5种已知鱼类，其中丝鲹和印度丝鲹是常被作为观赏鱼进行贸易的品种。一般是将其幼鱼作为观赏鱼，因为背鳍、后臀鳍末端拥有许多细长的软鳍丝，当丝鲹游泳时，这些鳍丝随水飘逸，有些能延伸1米多长，非常美丽。在自然界中，丝鲹幼鱼会跟随在大型水母周围，用长长的鳍丝将自己伪装成水母，让大型捕食鱼类不敢靠近。丝鲹成年后，这些鳍丝就消失了，其本身也变成一条凶猛的大型捕食动物。

丝鲹是群居鱼类，最好饲养一小群，这样有助于让它们消除在人工环境中的紧迫感。需要使用容积1000升以上的水族箱饲养丝鲹，并保证水族箱高度不小于80厘米，否则不能自由活动。它们不能忍受太高的硝酸盐，建议将硝酸盐浓度控制在200毫克/升以下，过高的硝酸盐会使它们眼球突出，容易被细菌所感染。同时，过低的pH值和长期高于28℃的水温，都不利于丝鲹的健康生长。

最好用鱼、虾肉来喂养，它们并不喜欢颗粒饲料。在投喂时，应尽量保证饵料的丰富度，这样有助于鳍丝的不断增长。在运输过程中，这种鱼会出现许多外伤，特别是眼睛和鳃盖会大量蹭伤。检疫期间，应使用呋喃西林、甲硝唑或沙星类药物对其浸泡，防止伤口的感染。当然，用药时一定要用大功率气泵为水中曝气，以免出现缺氧问题。

大眼鲹 *Caranx sexfasciatus*

中文学名	六带鲹
其他名称	马眼鲹、牛魔王
产地范围	在全世界热带和亚热带海洋中都有分布，国内市场上的个体一般捕获于海南岛附近
最大体长	85厘米

大眼鲹是公共水族馆的大水池中常见的一种大型群游鱼类，价格低廉、数量庞大、容易饲养，所以新建的水族馆都会从海南采购一批大眼鲹。由于大眼鲹生长速度快，性情凶猛，成年后吞吃其他鱼类的现象太严重，近年来大多数水族馆开始淘汰这种鱼，用黄金鲹取代之。同样是近几年，一些淡水观赏鱼养殖场将大眼鲹的幼鱼进行淡化处理后在淡水观赏鱼店中销售，商品名称为“牛魔王”，取得了良好的效果。一些爱好者喜欢将这种鱼和大型脂鲤、淡化海鲢等混养在一起，群游时蔚为壮观。

大眼鲹是非常好养的鱼，除了运输中可能因缺氧而死亡，饲养过程中几乎不会死亡。虽然它们会被细菌和寄生虫感染，但是其超强的抵抗力，完全可以自行康复。它们是肉食性鱼类，喜欢吃鱼、虾等活饵，也吃鱼肉、鱿鱼等冷冻饲料。在人工环境下，可以用养殖石斑鱼的饲料喂养。大眼鲹生长速度非常快，当生长到40厘米以上时，就不太适合普通爱好者家庭饲养了。

牛港鲹 *Caranx ignobilis*

中文学名	珍鲹
其他名称	黑鲹、帝王鲹
产地范围	在全世界热带和亚热带海洋中都有分布，国内市场上的个体一般捕获于海南岛附近
最大体长	100厘米

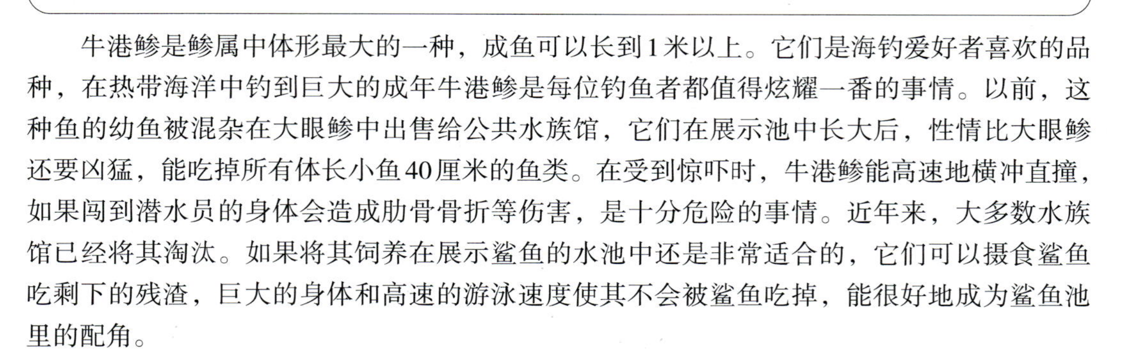

牛港鲹是鲹属中体形最大的一种，成鱼可以长到1米以上。它们是海钓爱好者喜欢的品种，在热带海洋中钓到巨大的成年牛港鲹是每位钓鱼者都值得炫耀一番的事情。以前，这种鱼的幼鱼被混杂在大眼鲹中出售给公共水族馆，它们在展示池中长大后，性情比大眼鲹还要凶猛，能吃掉所有体长小鱼40厘米的鱼类。在受到惊吓时，牛港鲹能高速地横冲直撞，如果闯到潜水员的身体会造成肋骨骨折等伤害，是十分危险的事情。近年来，大多数水族馆已经将其淘汰。如果将其饲养在展示鲨鱼的水池中还是非常适合的，它们可以摄食鲨鱼吃剩下的残渣，巨大的身体和高速的游泳速度使其不会被鲨鱼吃掉，能很好地成为鲨鱼池里的配角。

牛港鲹强壮易养，生长迅速，体长20厘米的幼鱼，饲养1年就可以生长到50厘米以上，一般在大水池中饲养3年能达到体长1米的规格。它们喜欢吃鱼肉，也可以用石斑鱼饲料喂养。这种鱼虽然性情凶猛，但从不攻击同类和自己吞不下的鱼类，因此和大型鱼类混养时不会有问题。

紫尾鲹 *Caranx melampygus*

中文学名	黑尻鲹、蓝鳍鲹
其他名称	暂无
产地范围	在全世界热带和亚热带海洋中都有分布，国内市场上的个体一般捕获于海南岛附近
最大体长	80厘米

鲹属中最美丽的品种莫过于紫尾鲹，成年后，背鳍、尾鳍、臀鳍以及后半身的一些部位会呈现蓝紫色，在光线下熠熠生辉。它们喜欢成大群游泳，在公共水族馆的大型展示池中，其美丽程度不亚于黄金鲹。这种鱼以前在我国南海能大量捕获，早期被作为食用鱼。在20世纪90年代到21世纪初的前10年经常被水族馆大量采购。近10年来，这种鱼已经很少在国内市场上见到了，但是在马尔代夫、泰国和马来西亚等地还十分常见，在这些国家度假村里的餐桌上，紫尾鲹是常出现的品种。不过，由于国外很少将这种鱼作为观赏鱼贸易，所以我们现在已经很难得到活的紫尾鲹了。

紫尾鲹喜群居，非常容易饲养。它们喜欢吃鱼肉，也可以用颗粒饲料喂养。如果能定期喂给小型鱿鱼（笔管鱼），对于保持鱼鳍上的蓝紫色非常有帮助。

橘点若鲹 *Carangoides bajad*

中文学名	橘点若鲹
其他名称	小黄金鲹、小金领航
产地范围	西太平洋至印度洋的热带浅海中，主要捕捞地有印度尼西亚、马尔代夫、中国南海等
最大体长	55厘米

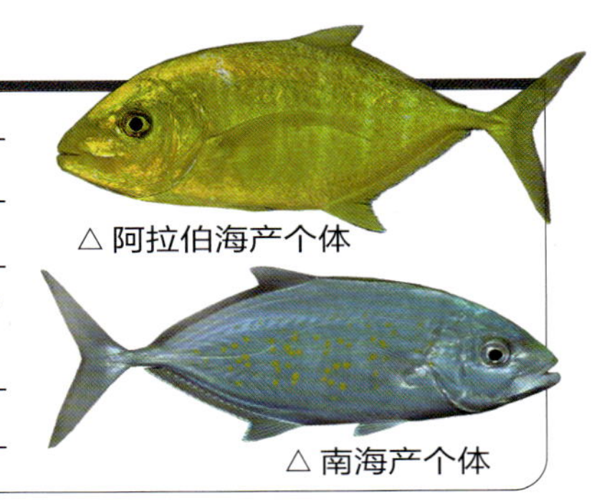

△ 阿拉伯海产个体

△ 南海产个体

橘点若鲹是非常美丽的鱼类，在幼鱼期全身呈银灰色，并不显眼，当其长到25厘米以上时，身体上开始出现许多橘色的斑点，这些斑点在鱼的长大过程中会越来越多、越来越大，逐渐成为橘色和金色的斑块布满全身。产于西印度洋的红海、阿拉伯海地区的橘点若鲹，成年后全身呈金色，比黄金鲹的金色还具有金属光泽，在水中成群游泳时宛如一群黄金制作的大鱼。观赏鱼贸易中的橘点若鲹，通常是体长10～15厘米的幼鱼，它们强壮易养，对水质要求不高。保持水中硝酸盐浓度低于200毫克/升，将pH值控制在8.0以上，有助于其生长过程中形成稳定的金色体表。

舟鰤 *Naucrates ductor*

中文学名	舟鰤
其他名称	黑带鲹
产地范围	在全世界热带、亚热带和部分温带海洋中都有分布，国内市场上的个体一般捕获于福建沿海
最大体长	70厘米

早在20世纪80年代就有人捕捞舟鰤（音shī）作为观赏鱼饲养，但是这种鱼在捕捞和运输中的成活率很低，到了90年代以后就很少有人将舟鰤作为观赏鱼了。近两年，随着原生观赏鱼爱好的兴起，一些爱好者在福建、台湾、广东等省份的沿海地区采集了舟鰤的幼鱼，并将其作为观赏鱼在互联网上出售。

舟鰤是非常难以运输的鱼类，即使幼鱼也如此。它们天性好动，在水中从不停歇，对溶解氧的消耗量很大。即使体长10厘米以下的幼鱼，也必须用大型的塑料袋包装，里面多盛海水，并充足氧气。还要在运输箱内加冰袋，确保运输期间袋中水温控制在18～24℃之间。运输到目的地后，要马上过温兑水，将鱼放入安装有造浪泵的大水池或水族箱中，并用气泵向水中曝气，保持水温在25℃以下。经过一周左右的恢复，小舟鰤就能慢慢适应人工环境。饲养舟鰤需要用容积至少在800升以上的水族箱，并安装制冷设备。这种鱼不怎么怕冷，但很怕热，冬季水温在15℃都不会冻死，但是夏季水温超过26℃时就会有生命危险。它们喜欢吃虾肉和鱼肉，最适合的饵料是小型乌贼、鱿鱼等软体动物，经过驯诱也能接受颗粒饲料。可以用含有铜离子的药物对它们进行检疫和治疗，但不能使用抗生素类和含有甲醛的药物为它们治疗，这些药物会影响鳃对水中溶解氧的正常摄取，导致其窒息而死。

鲷鱼类

鲈形目中鲷科（Sparidae）、笛鲷科（Lutjanidae）、梅鲷科（Caesionidae）、石鲷科（Oplegnathidae）、仿石鲈科（Haemulidae）、银鲈科（Gerreidae）、金线鱼科（Nemipteridae）的鱼类通常是沿海地区常见的食用鱼，其中一些由于体色美丽也被作为观赏鱼。在水产品领域，这些鱼类多被统称为鲷鱼，我们去刺身店吃的鲷鱼片就是由这些鱼类中的某一种制作的。观赏鱼贸易中沿用了水产领域对这些鱼类的称呼，它们被统一分类为鲷鱼类。在这7科鱼类中，除石鲷科的分类关系与雀鲷科较为相近外，其余6科鱼类的分类关系都彼此相邻，所以被归为一类也并非不科学。这些鱼类在人工饲养环境下的表现基本相同，所以本书也将它们放在一起进行介绍。

“鲷鱼类”观赏鱼分类关系见下表：

科	属	观赏贸易中的物种数	代表品种
鲷科 Sparidae	牙鲷属（*Dentex*）	1种	黄鲷
	棘鲷属（*Acanthopagrus*）	2～3种	黄鳍鲷等
笛鲷科 Lutjanidae	笛鲷属（*Lutjanus*）	10种左右	四线笛鲷、川纹笛鲷
	若梅鲷属（*Paracaesio*）	2～3种	灰若梅鲷
	帆鳍笛鲷属（*Symphorichthys*）	1种	本属仅台湾丽皇一种
	长鳍笛鲷属（*Symphorus*）	1种	本属仅丽皇一种
梅鲷科 Caesionidae	梅鲷属（*Caesio*）	5～6种	群游性鱼类，如：黄尾乌尾鮗
仿石鲈科 Haemulidae	胡椒鲷属（*Plectorhinchus*）	3～4种	燕子花旦
	少棘胡椒鲷属（*Diagramma*）	2～3种	小松鼠鱼
	异孔石鲈属（*Anisotremus*）	2～3种	一般被称为美国丽皇
金线鱼科 Nemipteridae	眶棘鲈属（*Scolopsis*）	2～3种	石兵、小丑鲈
	锥齿鲷属（*Pentapodus*）	2～3种	一般被称为香蕉鱼
银鲈科 Gerreidae	银鲈属（*Gerres*）	2～3种	一般被称为银鲈
石鲷科 Oplegnathidae	石鲷属（*Oplegnathus*）	2种	条石鲷和斑石鲷

鲷鱼类都是非常容易饲养的品种，它们对人工环境的适应能力很强，喜欢冰鲜饵料，也可以接受人工饲料。许多品种已经得到大规模人工养殖，人们针对它们开发了特定的饲料，这些饲料在渔业商店或农需商店就能购买到。目前饲养的许多个体也是养殖场繁育出的鱼苗，它们还没有成长到能上餐桌的体形，就被我们拿来观赏了。这些鱼苗会在水族箱中飞速生长，很快就会发现水族箱越来越拥挤了。

笛鲷和仿石鲈是公共水族馆非常喜欢引进的品种，它们强壮易养，饲养在大水体中时会成群活动，为水族馆中的大水池增色不少。很多笛鲷没有石鲈的体形那样巨大，所以通常被放养在较小的展缸中，与蝴蝶鱼、倒吊等混养。这些鱼都喜欢吞食小鱼，因此必须和体形相差不大的鱼混养。虽然它们从不攻击珊瑚，但仍不适合饲养在礁岩生态缸中，这些鱼强健有力，挣抢食物时能将礁石造景撞塌。不少人工繁育的仿石鲈和笛鲷可以经过淡化处理后饲养在淡水中，我们在淡水观赏鱼店里也能见到淡化的紫红笛鲷、川纹笛鲷等鱼类，它们与淡水鱼中的皇冠三间、大型脂鲤等混养在一起，成为凶猛的特殊“大型淡水观赏鱼”。

梅鲷科、金线鱼科的鱼类多数体形不大，喜欢成群游泳，既可以用来点缀礁岩生态缸，也可以和神仙鱼、大型隆头鱼混养在纯鱼缸中。银鲈和石鲷在我国东南沿海地区产量很大，是沿海次经济鱼类，以前只被海钓爱好者所青睐。近年来，随着原生观赏鱼爱好的兴起，这些沿海小鱼被爱好者捕捞，并成为新兴的观赏鱼品种。

黄鲷 *Dentex tumifrons*

中文学名	黄鲷
其他名称	红加吉鲷
产地范围	广泛分布于西太平洋至印度洋的热带亚热带海洋中，国内市场上的个体多数来自养殖场，少量捕捞于南海
最大体长	40厘米

黄鲷是著名的高档食用鱼，它们常被做成生鱼片，也可以清蒸或炖汤。成鱼十分美丽，但在幼鱼期，它们的美丽并没有很好地展现出来，大多呈现白色或肉粉色。成年以后的黄鲷呈现粉红色，背部具有许多金黄色的小斑点，成群游泳时十分美丽。一些公共水族馆喜欢将成群的黄鲷饲养在大型水池中供游客欣赏，不过它们很容易被同池中的鲨鱼吃掉。近年来，随着原生观赏鱼爱好的兴起，黄鲷被许多爱好者饲养在家庭水族箱中。

黄鲷在20世纪末就已人工繁殖成功，现在其养殖技术已非常成熟，来自养殖场的幼鱼十分好养。它们对水质要求极低，甚至可以经过淡化在淡水中饲养。这种鱼喜欢吃鱼肉和虾肉，也吃石斑鱼饲料。饲养过程中，要想让黄鲷展现出绚丽的色彩，应当将水温控制在18～26℃之间，如果水温长期高于28℃，则它们很快变成白色的鱼。黄鲷对药物不敏感，可以用各种观赏鱼用药对其进行检疫和治疗，也能接受淡水浴的处理。

黄鳍鲷 *Acanthopagrus latus*

中文学名	黄鳍棘鲷
其他名称	鲛腊鱼、黄脚立、赤翅、黄立鱼
产地范围	广泛分布于西太平洋至印度洋的热带亚热带海洋中，从山东到海南的沿海地区都可以捕捞到
最大体长	35厘米

黄鳍鲷也是我国南部沿海地区常见的食用鱼品种，具有银灰色的身体，腹鳍和臀鳍呈现金黄色，好像长了黄色的脚一样，所以也被称为“黄脚立”。近年来，随着原生观赏鱼爱好的兴起，这种鱼被沿海地区的观赏鱼爱好者带进了观赏鱼市场。它们是非常好养的观赏鱼，对水质适应范围很广，经过淡化后可以在淡水中饲养。我们可以用石斑鱼饲料喂养，如果用观赏鱼专用饲料，它们的颜色会更加鲜艳。这种鱼生长速度不快，体长10厘米的幼鱼饲养一年只能生长到15厘米左右。黄鳍鲷耐药性极好，可以用含有铜离子和甲醛的药物对其进行检疫和治疗。

紫红笛鲷 *Lutjanus argentimaculatus*

中文学名	紫红笛鲷
其他名称	银纹笛鲷、红槽、红厚唇、丁斑、红友
产地范围	广泛分布于西太平洋至印度洋的热带亚热带海洋中，国内市场上的个体多数来自养殖场，少量捕捞于海南省沿海地区
最大体长	120厘米

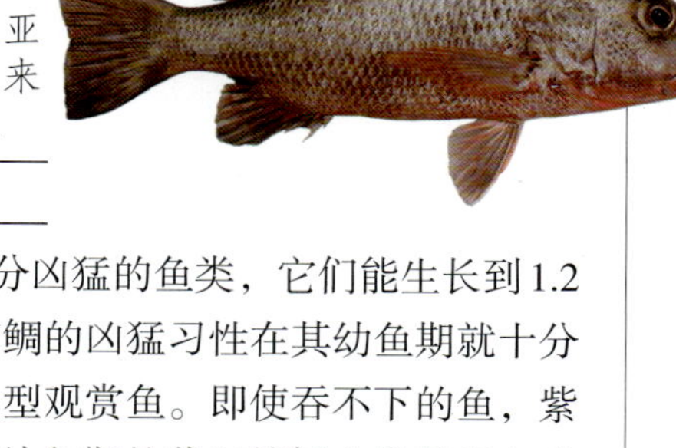

紫红笛鲷是笛鲷家族中个体最大的一种，也是十分凶猛的鱼类，它们能生长到1.2米，可以吞食体长在35厘米以下的任何鱼类。紫红笛鲷的凶猛习性在其幼鱼期就十分明显，体长10厘米的鱼苗就能吞吃小丑鱼、雀鲷等小型观赏鱼。即使吞不下的鱼，紫红笛鲷也会将其咬死，然后一点点将鱼肉撕扯下来。幼鱼期的紫红笛鲷全身呈现咖啡色或灰色，身体上有数条暗黄色的细纵纹。随着生长，它们的体色先转变为栗红色，渐渐成为紫砂色。只有体长生长到70厘米以上，它们才呈现鲜艳的紫红色，鱼鳍边缘带着一点儿金黄色，故成鱼要比幼鱼美丽得多。成年紫红笛鲷太过凶猛，即使放养在公共水族馆的大型水池中，也会对其他鱼造成严重威胁，故很少有人饲养它们。

近年来，一些养殖场将紫红笛鲷鱼苗进行淡化处理后出售到观赏鱼市场上，它们摇身一变成为新型淡水观赏鱼，而且价格不菲。很多喜欢观看鱼类捕食的爱好者纷纷购买这种淡化的紫红笛鲷，作为鱼宠物单独饲养在水族箱中，每日坐在鱼缸边给它们喂食，看它们如小狗般朝着主人摇头摆尾。紫红笛鲷是非常好养的鱼类，对水质的要求非常宽泛，而且有很强的耐药能力，可以接受各种渔药对其进行的检疫和治疗。

四线笛鲷 *Lutjanus kasmira*

中文学名	四线笛鲷
其他名称	鸡鱼
产地范围	广泛分布于西太平洋至印度洋的热带亚热带海洋中，国内市场上的个体多捕捞于海南省沿海地区
最大体长	25厘米

四线笛鲷是笛鲷科中比较传统的观赏鱼，黄色的身体上横向分布着4条镶嵌有蓝边的白色条纹，成群游泳时十分美丽。和五线笛鲷一样，这种鱼也被公共水族馆所青睐，常被成群放养在大型水池中，甚至还被放养在大型礁岩生态展缸中。它们虽然个体小，但是可以吞吃小丑鱼、三间雀等小鱼，所以不可以和体长10厘米以下的鱼混养。这种鱼不会攻击自己吃不下的鱼，也不攻击同类。其饲养方法和五线笛鲷一样。

五线笛鲷 *Lutjanus quinquelineatus*

中文学名	五线笛鲷
其他名称	黄鸡鱼
产地范围	广泛分布印度洋的热带海洋中，主要捕捞地有马尔代夫、斯里兰卡、阿曼的沿海地区等
最大体长	25厘米

五线笛鲷在20多年前就被作为观赏鱼饲养，在大多数公共水族馆中都有它们的身影。虽然这种鱼是捕食性很强的肉食鱼类，但由于个体较小，可以和神仙鱼、蝴蝶鱼、倒吊类混养在一起。它们的黄色身体上横向分布着5条镶有蓝边的白色条纹，和其他鱼混养时格外夺目。五线笛鲷非常容易饲养，适应能力很强，甚至在淡水中也可以存活3天以上。它们吃任何饲料，最喜欢吃新鲜的鱼肉。这种鱼属半夜行性动物，白天一般躲藏在礁石后面，只有投喂的时候才出来。如果饲养在水池里，它们会成群行动，五线笛鲷之间很少发生争斗，非常适合大群混养。它们的耐药性极好，可以用各种渔药对其进行检疫和治疗。

△五线笛鲷和四线笛鲷成群活动时，场景尤为壮观

金焰笛鲷 *Lutjanus fulviflamma*

中文学名	金焰笛鲷
其他名称	火点、火斑笛鲷
产地范围	广泛分布于西太平洋至印度洋的热带亚热带海洋中，国内市场上的个体多捕捞于中国南海
最大体长	35厘米

金焰笛鲷是体形较小的一种笛鲷，一般不会在观赏鱼市场上出现，通常是公共水族馆从海南鱼商那里有规模地采购，然后放养在大型展示池中。这种鱼群游性不好，一旦放入池中，就会凌乱地各自活动。它们非常容易饲养，耐药性也非常强。

白星笛鲷 *Lutjanus stellatus*

中文学名	白星笛鲷
其他名称	牙点
产地范围	广泛分布于西太平洋至印度洋的热带亚热带海洋中，国内市场上的个体多捕捞于中国南海
最大体长	65厘米

白星笛鲷和金焰笛鲷是一对“兄弟”，在公共水族馆中一个被称为牙点，一个被称为火点。由于两种鱼的供货渠道一样，价格也差异不大，但凡水族馆采购火点都会捎带买一些牙点。相对金焰笛鲷，白星笛鲷个体更大一些，在大型展示池中的欣赏效果也稍好一些。它们很少成群活动，总是在池子里分散开各自觅食。这种鱼也是特别好养的品种，饲养方法可以参见驼背笛鲷。

红笛鲷 *Lutjanus sanguineus*

中文学名	红笛鲷
其他名称	红鸡鱼、红鱼、红曹鱼、红友
产地范围	广泛分布于西太平洋至印度洋的热带亚热带海洋中，国内市场上的个体多数来自养殖场，少量捕捞于海南省沿海地区
最大体长	45厘米

红笛鲷成年后，全身呈现金红色，非常美丽，将它们放养在水族馆中的大型展示池里，与黄金鲹、独角吊等鱼的体色形成鲜明的对比，能让水中展现出一抹一抹的“彩虹”。目前，红笛鲷已被人工养殖成功，有充足的幼体和成体供应市场。它们身体健壮，捕食能力强，和行动缓慢的鱼混养时经常会将食物抢吃干净。

驼背笛鲷 *Lutjanus gibbus*

中文学名	隆背笛鲷
其他名称	大红鱼、红友
产地范围	广泛分布于西太平洋至印度洋的热带亚热带海洋中，国内市场上的个体一般捕捞于南海
最大体长	60厘米

△成鱼

△幼鱼

驼背笛鲷的成鱼身体呈暗红色，个体很大，所以也被称为大红鱼。一些公共水族馆中会放养驼背笛鲷，成年后成群在大型水池中游来游去，宛如一片红霞。驼背笛鲷是非常好养的品种，对水质要求不高，经过淡化处理后可以饲养在淡水中。一般可用石斑鱼饲料喂养，它们抢夺食物的能力很强，饥饿时会从鲨鱼嘴中抢走大条的鱿鱼和大块的鱼肉。

川纹笛鲷 *Lutjanus sebae*

中文学名	千年笛鲷
其他名称	磕头燕子
产地范围	广泛分布于西太平洋至印度洋的热带亚热带海洋中，国内市场上的个体均来自养殖场
最大体长	65厘米

川纹笛鲷常见且廉价的笛鲷类观赏鱼，在我国台湾、海南、广西都有这种鱼的养殖场。幼鱼身上有三条纵向黑色条纹，成年后条纹变成棕红色，条纹排列样式很像“川”字，故而得名。幼年的川纹笛鲷头的比例很大，游泳的时候总是向前点头，正面看上去如同在不停地给人行礼，因此也被称为“磕头燕子”。

市场上的川纹笛鲷幼鱼全部是我国南方养殖场自行繁育出的鱼苗，一般个体在3～5厘米。它们简直太好饲养了，还从没听说过将它们养死的记录。这种鱼经过淡化处理后，还能长久生活在淡水中。它们对疾病的抵抗能力也非常强，除非水族箱内爆发严重细菌性疾病，否则很难让这种鱼被感染。它们接受任何饲料，而且生长速度非常快，体长5厘米的幼鱼只需要6个月就可以生长到15厘米，2年后就可达40厘米以上。它们很喜欢捕食小鱼，连医生鱼也不放过，绝不可以和体形小于10厘米的鱼一起饲养。

川纹笛鲷在人工蓄养环境下经常会变得过度肥胖，最明显的是其充满脂肪的背部高高耸起，游泳时显得十分笨拙。在体长超过30厘米后，川纹笛鲷之间开始发生摩擦，特别是在投喂时，为了争夺饵料，它们经常会相互驱赶和撕咬，有时甚至会出现几条鱼共同将某一条鱼咬死，然后将其身体分食掉的残忍现象。

丽皇 *Symphorichthys spilurus*

中文学名	驼峰笛鲷
其他名称	暂无
产地范围	西太平洋的热带珊瑚礁区域和礁石性沿海地区，主要捕捞地有菲律宾、斐济、澳大利亚东北部沿海及日本冲绳地区等
最大体长	60厘米

丽皇是观赏性最好的笛鲷品种，一度曾是纯鱼缸必备的品种。丽皇的捕获量并不大，主要引进于菲律宾。丽皇成年后颜色会非常暗淡，背鳍的长丝也不是很明显，在其一生中只有体长30～40厘米的亚成鱼时期是最漂亮的。因此，它们一直登不上名贵观赏鱼的舞台。

丽皇非常喜欢吃软体动物和甲壳动物，在饲养中可能连你的清洁虾都会被它们吃掉，故不适合饲养在礁岩生态水族箱中。经过短时间的驯诱，它们也可接受各种颗粒饲料，特别是对含鱼粉成分较高的饲料情有独钟。为了保持背鳍上那条飘逸的长丝，必须控制好水质，当硝酸盐浓度高过150毫克/升后，它们的鳍丝就很容易折断，而且不再长出。水的pH值对其体色和鱼鳍丝条的影响也很大，只有将pH值长期维持在8.0以上，它们才会体色艳丽，鱼鳍飘逸。需要给这种鱼提供一些礁石作为隐蔽场所，如果被饲养在没有掩饰物的水族箱中，它们会始终非常紧张。

一些爱好者喜欢将它们和神仙鱼饲养在一起，这是很合理的搭配，但要注意神仙鱼可能会欺负个体太小的丽皇，最好保证引进个体的体长在15厘米以上。炮弹类不适合和丽皇饲养在一起，它们总是把丽皇飘逸的鳍丝咬断。丽皇生长速度很快，不久就能成为水族箱中的捕食高手，最好和体长在20厘米以上的观赏鱼混养。丽皇的耐药性也较好，可以用含铜离子和甲醛的药物对其进行检疫和治疗。

中国丽皇 *Symphorus nematophorus*

中文学名	丝条长鳍笛鲷
其他名称	台湾丽皇
产地范围	西太平洋的热带珊瑚礁区域和礁石性沿海地区，主要捕捞地有菲律宾、台湾海峡、印度尼西亚等
最大体长	60厘米

中国丽皇的模式种采集于台湾海峡，因而得名。它们的幼鱼和丽皇十分接近，但颜色更加艳丽。成年后，台湾丽皇全身呈现鲜红色，带有蓝色条纹。头部会生长出脂肪凸起，如同一个大犇头。目前在市场上已经很难见到中国丽皇，不知是难以捕到还是种群数量急剧下降造成的，需要鱼类保护组织适当关注一下。

灰若梅鲷 *Paracaesio sordidus*

中文学名	灰若梅鲷
其他名称	红尾鲦
产地范围	西太平洋至印度洋的热带浅海地区，主要捕捞地有印度尼西亚、中国南海等
最大体长	40厘米

笛鲷科若梅鲷属中大概有十几种鱼类，它们一般呈蓝灰色，尾鳍或红或黄，形态与梅鲷接近，所以称为若梅鲷。这些鱼的群游性非常强，很适合大群地放养在公共水族馆的大型展示池中。假若只是单独饲养一条或少量几条，既体现不出美感，又容易死掉，所以不适合家庭饲养。

以灰若梅鲷为代表的所有若梅鲷都不是很难养，但是由于其生性胆小，在运输途中常因为应激反应而大量死亡。如果被成功运输到目的地，则后期死亡率很低。它们喜欢吃鱼肉、虾肉等饵料，经过驯诱也能接受颗粒饲料，但摄食量不大。在水质良好的情况下，它们体表的光泽非常绚丽，如果水的pH值长期低于8.0或水中硝酸盐浓度高于200毫克/升，则色彩较为灰暗。这种鱼对水中溶解氧的消耗较大，在水中出现缺氧的情况时会大批死亡，所以饲养时一定要保证饲养水处于饱和溶氧状态。

黄背乌尾鲦 *Caesio teres*

中文学名	黄背乌尾鲦
其他名称	金头沙
产地范围	西太平洋至印度洋的热带珊瑚礁区域，主要捕捞地有印度尼西亚、马尔代夫等
最大体长	20厘米

花尾乌尾鲦 *Caesio lunaris*

中文学名	花尾乌尾鲦
其他名称	暂无
产地范围	西太平洋至印度洋的热带珊瑚礁区域，主要捕捞地是印度尼西亚
最大体长	30厘米

梅鲷科梅鲷属中有很多品种具有梦幻般的颜色，它们在大海中如沙丁鱼一样成大群地活动，在阳光的折射下，如一道道绚丽的彩虹。这些鱼在捕捞和运输过程中损耗很大，主要是因为其生性胆小，容易出现过度的应激反应。一些个体在捕捞上来后就马上死去了。

即便是一些活下来的成鱼，在运输和检疫时也十分困难，它们在小环境中可能自己撞死。因此，只有非常少的品种被作为观赏鱼进行贸易。

黄背乌尾鮗和花尾乌尾鮗是比较好运输的品种，在日本、新加坡、泰国的公共水族馆中常能看到它们成大群地在展示缸中游来游去。国内水族馆较少见到此类鱼。这类鱼很少在观赏鱼市场上出现，如果有幸收集到了它们，在将其安全带回家中后，一定要用容积600升以上的水族箱来饲养。建议用含蛋白质高的饲料喂养，并保证水质处于良好状态，夏季要将水温控制在28℃以下，这样它们才能慢慢展现出绚丽的色彩。当乌尾鮗类体长超过10厘米后，就应当成群放养在容积1000升以上的大型水族箱中，这样才能继续生长。

近几年，有些爱好者将采集于马尔代夫和印度尼西亚的乌尾鮗幼鱼（一般称为“金头沙”），以5～8条的小群规模放养在饲养硬骨珊瑚的礁岩生态缸中，让它们与青魔、海金鱼类结群活动。这种饲养方法取得了巨大的成功，这些原本胆小的鱼即使在容积只有500升的水族箱中也能很好地和其他鱼结群生活，但是这些鱼一般体长达到10厘米就停止生长了。

△公共水族馆大型展示池中成群活动的黄背乌尾鮗和花尾乌尾鮗

燕子花旦 *Plectorhinchus chaetodonoides*

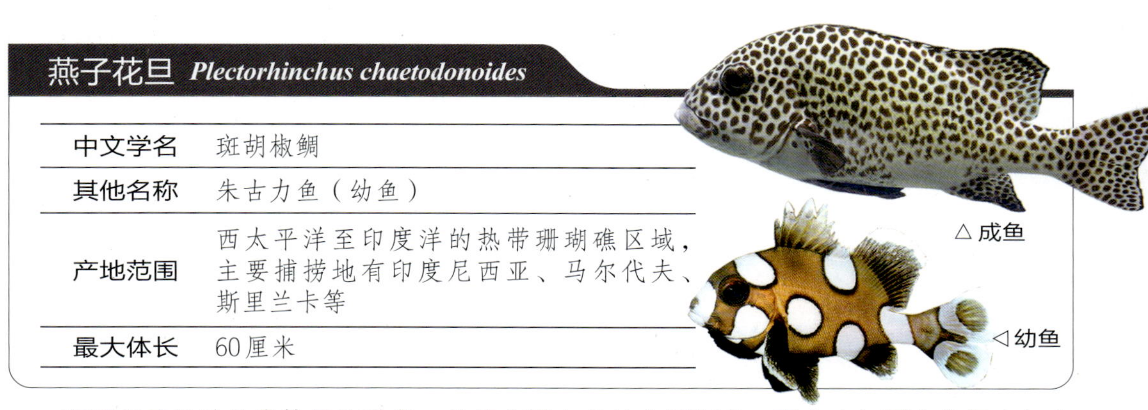

中文学名	斑胡椒鲷
其他名称	朱古力鱼（幼鱼）
产地范围	西太平洋至印度洋的热带珊瑚礁区域，主要捕捞地有印度尼西亚、马尔代夫、斯里兰卡等
最大体长	60厘米

燕子花旦的幼鱼身体呈咖啡色，并且布满白色的大圆斑点，看上去如同在牛奶中加入了巧克力酱，所以也被称为朱古力鱼。它们成年后会变成一条身上布面黑点的灰色大鱼，虽然不是特别美丽，但是很有特点。燕子花旦的幼鱼适合普通爱好者在家中饲养，成鱼则适合放养在水族馆的大型展示池中，这些年来一直经久不衰。

燕子花旦容易饲养，它们很容易适应人工环境，饲养初期用虾肉和鱼肉进行简单的驯诱，就可以接受颗粒饲料。幼鱼不适合和炮弹鱼等有攻击性的鱼类饲养在一起，因为驯幼鱼的鳍宽大，游泳速度很慢，经常会让炮弹鱼将其鳍撕咬成破抹布的样式。这种鱼也不适合和雀鲷等小型鱼类饲养在一起，它们具有很强的捕食欲望，在夜晚经常吞食熟睡中的小鱼。燕子花旦生长速度很快，体长10厘米的幼鱼，饲养1年就可以生长到20厘米以上，所以购买之前要事先想好自己水族箱的承受能力。这种鱼对水质要求不高，耐药性也很强，可以用含有铜离子和甲醛的药物对其进行检疫和治疗。

黑白花旦 *Plectorhinchus picus*

中文学名	胡椒鲷
其他名称	暂无
产地范围	西太平洋至印度洋的热带珊瑚礁区域，主要捕捞地有菲律宾、印度尼西亚、马尔代夫、斯里兰卡、中国南海等
最大体长	40厘米

△成鱼

△幼鱼

黑白花旦是常见的胡椒鲷，幼鱼的白色身体上胡乱分布着黑色的斑纹，好像用毛笔在白鱼身上随便涂抹了几笔。成年后，它们全身布满了细密的黑色或咖啡色小点，如同在鱼身上撒了胡椒，所以学名叫作“胡椒鲷”。这种鱼也是很好养的观赏鱼，幼鱼游泳速度较慢，不适合与攻击性较强的鱼类混养。它们也是夜晚的捕食者，不能和雀鲷等小型鱼饲养在一起。这种鱼对水质要求不高，能接受各种渔药的检疫和治疗，也能接受淡水浴的处理。

妞妞鱼 *Plectorhinchus lineatus*

中文学名	条斑胡椒鲷
其他名称	暂无
产地范围	西太平洋至印度洋的热带珊瑚礁区域，主要捕捞地有印度尼西亚、马尔代夫、中国南海等
最大体长	45厘米

△成鱼

△幼鱼

妞妞鱼的幼鱼身体呈黑色，上面分布着数条不规则的横向条纹。成年后，它们的身体变成白色，上面分布若干条黑色横纹，鱼鳍全部为金黄色。成鱼会成群活动，游泳时非常美丽，是放养在公共水族馆大型展示池里的优秀品种。成鱼一般是在水产品市场上冷冻销售，只有幼鱼常见于观赏鱼贸易中。

妞妞鱼的幼鱼游泳时摇头摆尾，做扭扭捏捏状，所以被称为“妞妞鱼”。它们比较容易饲养，刚买回家的幼鱼可能会不吃东西，不用理它，让其在光线昏暗的环境中静养2天，然后用鱼肉或虾肉投喂，一般能马上开口。经过短期驯诱，这种鱼可以接受颗粒饲料，而且生长速度也很快。体长10厘米的幼鱼，饲养1年可以生长到25厘米以上，体表出现成年的花纹。妞妞鱼对水质要求不高，具有很好的耐药性，可以用含有铜离子和甲醛的药物为其进行检疫和治疗，也可以对它们进行淡水浴。

六线妞妞 *Plectorhinchus vittatus*

中文学名	条纹胡椒鲷
其他名称	金松鼠鱼
产地范围	西太平洋的热带浅海地区，主要捕捞地有印度尼西亚、菲律宾、中国南海等
最大体长	60厘米

△成鱼

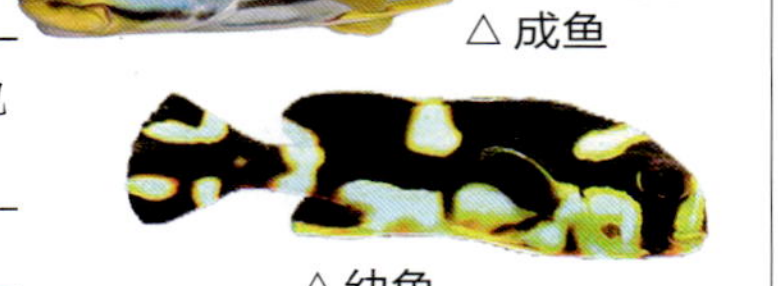

△幼鱼

成鱼身上有六条金黑色横向条纹，其余部分是白色的，鱼鳍深黄色。幼鱼体色黑白相间，在白色部分伴有少量奶黄色，这是其与花旦幼鱼的明显区别。野生状态下，它们经常在珊瑚礁下层成群出没，捕食小型鱼类。在人工环境里，六线妞妞非常容易饲养，具体饲养方法可参见妞妞鱼。

美国丽皇 *Anisotremus virginicus*

中文学名	枝异孔石鲈
其他名称	暂无
产地范围	西大西洋的加勒比海地区，主要捕捞地是美国东南沿海地区
最大体长	40厘米

△成鱼

◁幼鱼

△美国FishEye Aquaculture公司人工繁育出的美国丽皇幼鱼

美国丽皇是仿石鲈科中具有代表性的名贵品种，并不是因为这种鱼稀少，而是从其产地运输到我国较为困难，所以它们的市场价格位居所有同类鱼之首。这种鱼在美国的观赏鱼店和公共水族馆中非常常见，并已获得人工繁殖成功。每年进口到我国的数量却不足10条。它们很美丽，与大多数印度洋和太平洋所产的本科鱼类不同，美国丽皇的长相和行为更接近笛鲷。这种鱼喜欢成群活动，如果能饲养一群，那将是非常完美的事情。

美国丽皇容易饲养，对水质要求不高，唯一要注意的就是尽量将水温控制在29℃以下，这样更利于保持靓丽的色彩。平时可以用冰鲜的鱼肉喂养，也可以驯诱其摄食颗粒饲料。它们耐药性很好，能接受含有铜离子和甲醛的药物对其进行检疫和治疗。

小松鼠鱼 *Diagramma pictum*

中文学名	密点少棘胡椒鲷
其他名称	暂无
产地范围	西太平洋的热带浅海地区，主要捕捞地有中国南海、台湾海峡、菲律宾、日本冲绳等
最大体长	100厘米

△ 成鱼

◁ 幼鱼

小松鼠鱼的幼鱼身体上黑白相间，腹部和头部为奶黄色，第一背鳍常常高高耸起，喜欢在水底层觅食。其外貌和行为颇似林地里觅食野果的金花鼠，大多数人将金花鼠称为小松鼠，所以这种鱼被称为“小松鼠鱼”。它们成年后全身呈灰白色，仅背部有少量黑色斑点，基本失去观赏价值。

可能是捕捞方式有问题，这种鱼的质量通常不是很好，买回家后一般不吃东西，直到饿死。少数质量好的个体则十分好养，很快就能适应人工环境，可以用鱼肉或颗粒饲料喂养。这种鱼生长速度比较快，体长10厘米左右的幼鱼，饲养一年可以生长到25厘米以上，渐渐失去观赏价值。

石兵 *Scolopsis bilineata*

中文学名	双带眶棘鲈
其他名称	暂无
产地范围	西太平洋的热带浅海礁石区，主要捕捞地有马来西亚、印度尼西亚、泰国、中国南海、日本冲绳等
最大体长	20厘米

△ 成鱼

△ 幼鱼

石兵是金线鱼科中常见的观赏鱼，也是廉价的海水观赏鱼之一。这种鱼很胆小，喜欢在礁石洞穴附近生活，看上去如同在守卫着那块石头，因此得了“石兵”这个名字。它们非常好饲养，对水质要求很低，能接受大多数人工饲料。日常饲养应控制投喂次数和数量，平均两天投喂一次即可。石兵非常贪吃，饵料充足时会变得非常肥胖。

它们游泳速度非常快，引入礁岩生态缸中后很难再被捕捞出来。这种鱼在较大的饲养空间中会成群活动，如公共水族馆的触摸池、礁岩池中，我们常看到大群的石兵活动。在中小型水族箱中，它们会变得比较孤僻，通常每条鱼占领一个礁石洞穴，相互之间还经常因争夺位置较好的洞穴而相互撕咬。

在人工环境下，它们可以生长到15厘米左右，能吞食一些小鱼，所以混养时要注意。在水质良好的情况下，它们的大眼睛十分明亮，看上去很有气质。这种鱼对含有铜离子的药物不敏感，但由于它们对溶解氧浓度的要求较高，所以不能接受含有甲醛的药物。

小丑鲈 *Scolopsis vosmeri*

中文学名	伏氏眶棘鲈
其他名称	暂无
产地范围	西太平洋的热带浅海礁石区，市场上的个体主要捕捞于福建、广东、香港的沿海地区等
最大体长	16厘米

早在40年前，小丑鲈被欧洲海水观赏鱼爱好者所饲养，还挺招人喜欢。但是从20世纪90年代到2018年以前，我国海水观赏鱼业发展的近30年里都没有人问津这种非常容易获得的小鱼。直到近两年，随着原生观赏鱼爱好的兴起，被爱好者捕捞于福建、广东沿海的小丑鲈才被送上了观赏鱼市场。

小丑鲈身体呈咖啡色，尾鳍为金黄色，眼后有一条很宽的白色纵纹，看上去与小丑鱼颇有些神似，故而得名。它们是机警的礁石区鱼类，经常在礁石丛中成群活动，一有风吹草动就躲入礁石洞穴。这种鱼非常容易适应人工环境，能轻松地接受颗粒饲料，对水质要求也很低。小丑鲈不袭扰其他鱼类，彼此间也不会发生明显的争斗，是一种适合混养的小型鱼类。它们不会袭扰珊瑚，偶尔会攻击小螃蟹、虾和贝类，基本上是可以放养在礁岩生态缸中的鱼类。它们对药物不敏感，可以用多种药物对其进行检疫和治疗，也能接受淡水浴。

香蕉鱼 *Pentapodus emeryii*

中文学名	艾氏锥齿鲷
其他名称	暂无
产地范围	西太平洋的热带浅海礁石区，主要捕捞地是印度尼西亚
最大体长	25厘米

香蕉鱼是近几年兴起的一类观赏鱼，以前从没有被人们重视过。锥齿鲷属大概有十余种鱼类具有类似的外貌，它们在观赏鱼贸易中并不刻意区分，被统称为香蕉鱼。这里以艾氏锥齿鲷为例进行说明。

这种鱼具有蓝色或蓝灰色的身体，上面分布两条或三条闪亮的金色横纹，游泳时，随着光线的折射而熠熠生辉，故它们也常被誉为海水中“灯鱼”。香蕉鱼喜欢成群活动，爱好者们一般将其成群放养在礁岩生态缸中。不过，他们常常忽视了这种鱼可以生长到20厘米以上，成年后的香蕉鱼不但捕食虾、蟹等无脊椎动物，也能吞食体形较小的虾虎鱼、隆头鱼等。这种鱼游泳速度奇快无比，在捕猎方面绝对是超级高手。它们善于争抢饵料，所以生长速度也很快。

香蕉鱼比较怕热，当水温长期处于29℃以上时就会死亡。同时，它们对水中的溶解氧消耗也很大，一旦出现缺氧情况，肯定会最先死亡。这种鱼能接受水中铜离子浓度为0.35毫克/升，再高的铜离子含量会使它们呼吸急促，甚至死亡。它们不能接受含有甲醛的药物，甲醛会影响其对溶解氧的吸收，使其窒息而死。对于抗生素、沙星类药物，它们的耐受度也很低，用药时要特别注意。

短体银鲈 *Gerres abbreviates*

中文学名	短体银鲈
其他名称	银币鱼
产地范围	广泛分布于西太平洋至印度洋的热带亚热带沿岸地区，国内市场上的个体多捕捞于福建沿海
最大体长	30厘米

银鲈是热带和亚热带沿海地区比较常见的鱼类，成群在礁石附近活动，身体呈闪亮的银色，在光线的照射下如同水底的一枚枚银币。银鲈是这两年受原生观赏鱼饲养热潮影响而被带入观赏鱼市场的鱼类，以前根本无人问津。

这种鱼十分好养，对水质和饵料的要求都很低，能在水温15～30℃的环境下正常生活。银鲈喜欢吃虾肉和鱼肉碎末，经过短期驯诱，也能接受颗粒饲料；它们还吃少量藻类，时常翻动底沙寻找有机碎屑。成年的银鲈对无脊椎动物造成威胁，所以不适合饲养在礁岩生态缸中。它们能短期在淡水中生活，对水的pH波动不是很敏感。到目前为止还没有对银鲈做过药物试验，不知道它们对哪些药物敏感。

条石鲷 *Oplegnathus fasciatus*

中文学名	条石鲷
其他名称	日本石鲷、斑马鲷
产地范围	西太平洋的浅海礁石区，从辽宁大连向南至福建漳州的沿海礁石地区都可捕获
最大体长	80厘米

早在100多年前，欧洲人和日本人就想方设法饲养石鲷，用于观赏和食用。由于石鲷在日本是制作刺身的优秀食材，所以早在20世纪60年代，日本人就攻克了条石鲷的人工养殖技术。我国没有长期吃生鱼片的习俗，虽然具有养殖石鲷的技术，但至今没有开展大规模养殖。

条石鲷在体长小于40厘米的阶段比较美丽，身体上黑白相间，成群活动时如一群水中的斑马。这种在我国沿海分布广泛的漂亮小鱼以前从来不曾出现在观赏鱼市场上，直到近两年才有原生观赏鱼爱好者开始饲养。幼鱼通常是由海钓爱好者从海边礁石区钓得，然后转卖给饲养者。它们强壮易养，虽然在被钓到的时候身体上会有很多外伤，但是放入水族箱后会慢慢自行康复。石鲷突出的尖嘴里具有坚硬且锋利的牙齿，能咬碎贝壳，所以不要用手捕捞它们，避免被其咬伤。

饲养石鲷，要么用一个小水族箱只饲养一条，要么用容积大于600升的大型水族箱饲养10条以上的一群。如果饲养两条，其中一条身体较弱的会经常被打得遍体鳞伤。石鲷并没有领地意识，平时可以和睦相处。但是这些贪吃的家伙非常护食，在投喂饵料时，其中一条会将另一条驱赶后独享食物。即使它吃饱了，也不允许另一条进食，只要那条鱼一来吃东西，它就游过去狠狠地咬人家。当饲养一群的时候，群体中大多数成员处于防范被攻击的状态，就不会出现一条鱼玩命攻击另一条鱼的现象了。

石鲷是非常聪明的鱼，它们的生态地位和产于加勒比海地区的加州宝石（大型雀鲷）十分类似。这种鱼能记住饲养者的行为，并理解其中的含义。我每次喂鱼都要拉开抽屉取出饲料，石鲷记住了这个动作，只要我一碰抽屉，它就马上游过来等待食物，而其他鱼必须看到我临近水族箱才会有反应。有一次，我向水中扔了一个乒乓球，石鲷误认为那是可以吃的东西，就去用嘴触碰了一下，乒乓球被其顶起后，我马上投喂给它一粒饲料，然后不再给它。石鲷焦急地等待我再次投喂，在水中游来游去，不停地撞着水族箱玻璃。它可能是等得无聊了，又去触碰了一下乒乓球，我就再给它一粒饲料。如此往复，只要它触碰乒乓球就会得到饲料吃。几次以后，这条鱼就记住了这个道理。每天，我一向水中扔下乒乓球，它就游过来用嘴顶球，然后等着我给它食物。如果我没有喂给它，它就游回去再触碰一下乒乓球，再来索要食物。在饲养石鲷的过程中，我还观察到这种鱼很多匪夷所思的奇特行为，受篇幅限制无法一一举例，如果你也想观察这种鱼复杂有趣的行为，不妨饲养一条试试。

△同时饲养两条石鲷时，强势的一方经常将弱势的一方打得遍体鳞伤

柴鱼

鮵（音duò）科（Kyphosidae）共有15属30多种鱼类，其中许多属中只有1～2种，可见其分类的复杂性。鮵科中的鮵属（*Kyphosus*）鱼类品种最多，其中一些可以在我国南海大量捕获，这些鱼被国内水族馆收集放养在大型展示池中，它们强壮易养，且能成大群游泳。最典型的就是低鳍鮵（*Kyphosus vaigienis*）,在水族馆中一般称它为“柠檬鱼”。在红海地区所产的金色鮵（*K. sectatrix*）在观赏鱼贸易中被称为“金柠檬”，是本科中少有的一种颜色艳丽的鱼类。鮵科鱼类基本上不是主流观赏鱼，在观赏鱼贸易中很少能有它们的踪迹。本科柴鱼属中只有柴鱼一个物种，是唯一一种经常出现在观赏鱼贸易中的鮵科鱼类，并且被作为观赏鱼饲养的历史较长，在20世纪80年代就有人在家中饲养它们用来欣赏。

△红海金色鮵

柴鱼 *Microcanthus strigatus*

中文学名	柴鱼
其他名称	细刺鱼、财鲽鱼、斑马蝶
产地范围	西太平洋至印度洋的浅海礁石区，主要捕捞地有越南、泰国、缅甸、马来西亚、日本冲绳以及中国的福建、广东、海南等省的沿海地区
最大体长	20厘米

柴鱼在20世纪末还是比较热门的海水观赏鱼，因为那时人们能得到的海水鱼品种和数量都非常有限，这种极易在海边采集到的漂亮小鱼很容易饲养，被许多爱好者视为入门必养的品种。柴鱼幼鱼的觅食习性近似于蝴蝶鱼，也被观赏鱼爱好者称为斑马蝶。到了2000年以后，各种更加艳丽多彩的珊瑚礁鱼类逐渐被送到了观赏鱼市场上，柴鱼渐渐被人们淡忘。近年来，随着原生观赏鱼爱好的兴起，一些爱好者从海边自己采集柴鱼幼鱼，并相互交换和转让，柴鱼重新回到了我们的水族箱中。

柴鱼幼鱼生性胆小，喜欢集群活动，最好一次饲养5条以上的一小群。它们喜欢摄食沙蚕、小虾等动物，在水族箱中可以喂给虾肉、丰年虾等，也可以用颗粒饲料来喂养。这种鱼非常好养，对水质的要求很低，在硝酸盐浓度高于500毫克/升时仍可以正常生活。即使海水的pH值低到了7.6，也不会威胁其生命,这种鱼甚至还能短时间生活在淡水中。它们对含有铜离子的药物略敏感，在用铜药进行检疫和治疗时，最好先用0.15毫克/升左右的低浓度让它们适应2～3天，再将铜离子浓度提升到治疗水平。柴鱼对甲醛不敏感，可以用福尔马林和TDC等药物对其进行治疗和检疫，它们对抗生素和沙星类也有很强的耐药性。

柴鱼在人工环境下受到空间制约，生长速度很慢，如果将水质维持在较好的水平，它们身体的颜色会更加金黄，展现出更佳的观赏效果。

蝴蝶鱼

蝴蝶鱼是海水观赏鱼中非常重要的一个类别，属于主流品种。它们具有侧扁的身体、鲜艳的体色，在水中如一幅幅美丽的画片游来游去。如果不考虑饲养珊瑚等软体动物，蝴蝶鱼在大多观赏鱼爱好者心中的地位仅次于大型神仙鱼位居第二，几乎所有拥有纯鱼缸的爱好者都会饲养它们。同时，蝴蝶鱼是所有海水观赏鱼中对水质要求最复杂、对饵料最挑剔、患病率最高、对药物的适应性差异最大的一类。能够成功养好蝴蝶鱼，既是一般爱好者值得骄傲的事情，又是专业养殖员的重要考核标准。笔者也非常喜欢蝴蝶鱼，这些年来没少在它们身上下功夫，所以本书将对蝴蝶鱼类的饲养方法进行更为详细的介绍，希望能对读者有所帮助。

大多数蝴蝶鱼的头部具有掩饰眼睛的黑色条纹或斑点，而在这些鱼的尾柄和背鳍末端会生长有同头部暗纹一样的装饰条纹，有些鱼生长有类似眼睛的黑色斑点。这种斑点被称为假眼斑，蝴蝶鱼借此来迷惑捕食它们的鱼类。因为海洋中的鱼类在捕猎其他鱼时，大多会选择从头部将猎物吞入，而区分猎物头尾的方式就是看其眼睛生长的位置。捕食性鱼类受到蝴蝶鱼假眼斑的迷惑，会误认为它们的鱼尾是鱼头，一口咬上去往往只会让蝴蝶鱼失去一些鳍条，它们趁机迅速逃离危险。

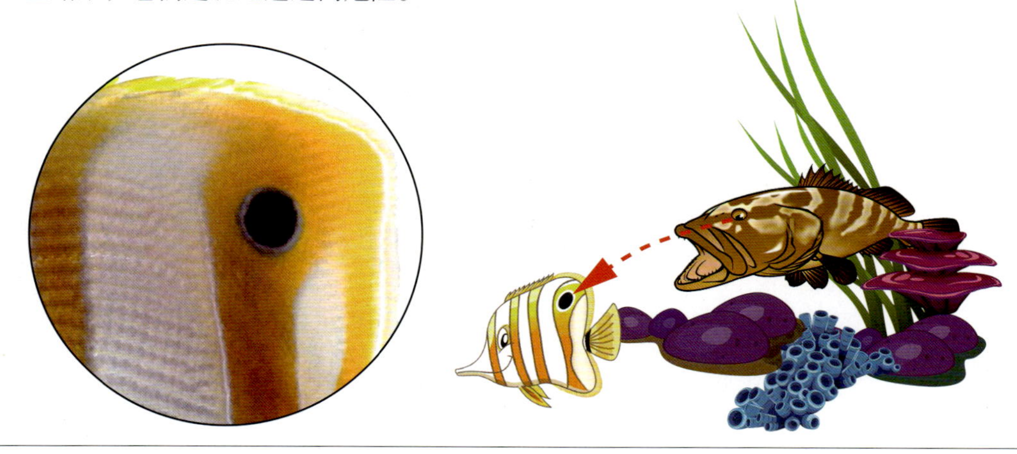

△蝴蝶鱼借助假眼斑迷惑捕食它们的鱼类

蝴蝶鱼科隶属于鲈形目，现共分12属，有128种已知鱼类。其中，约60种常见于观赏鱼贸易中，另有约25种属珍稀名贵的观赏鱼，偶尔也会被爱好者收藏。剩下的约43种或是由于体色过于暗淡，或是由于产地过于特殊，一般不会在观赏鱼贸易中见到。总体上看，蝴蝶鱼科的物种被作为观赏鱼的利用率仅次于刺盖鱼科，是品种繁多的一个观赏鱼大类别。本科中的马夫鱼属（*Heniochus*）、霞蝶属（*Hemitaurichthys*）、镊口鱼属（*Foripiger*）和钻嘴鱼属（*Chelmon*）中的鱼类全部被作为观赏鱼贸易。约翰兰德蝴蝶鱼属（*Johnrandallia*）和副蝴蝶鱼属（*Parachaetodon*）中各只有1个物种，它们是鱼类收藏爱好者所喜爱的对象。少女鱼属（*Coradion*）和朴蝶鱼属（*Roa*）中共7个物种，基本上不具有鲜艳的色彩，在观赏鱼贸易中较为边缘化。双蝶鱼属（*Amphichaetodon*）和镊蝶鱼属（*Chelmonops*）中各有2个已知物种，前者仅分布于美国西海岸以东加拉帕戈斯群岛等地区，后者只分布于澳大利亚大堡礁地区，它们的栖息地受保护禁止捕鱼，所以这四个物种在贸易中不会见到。前颌蝴蝶鱼属（*Prognathodes*）中的鱼类大多生活在较深的水域中，在观赏鱼贸易中被称为“深水蝶”类，它们是市场价格较高的品种。

蝴蝶鱼属（*Chaetodon*）是目前本科中物种数最多的一个分支，有86种已知鱼类，以夏威夷群岛以西至东非沿海地区的热带珊瑚礁区域最为丰富，多数生活在水深20米以内的浅海里，少数品种能进入百米以下深水中。目前本属的分类学还不完善，属内许多物种存在较大差异，比如冬瓜蝶与人字蝶不论在体形、鳍条数和鳞片结构上都存在明显差异，解剖观察它们的肠道长度也不相同，因此在食性上差异很大。人工饲养情况下，蝴蝶鱼属中不同鱼类的表现存在着非常明显的差异。有些品种非常容易适应人工环境，对水质要求很低，耐药性很强，很容易就可以接受颗粒饲料。有些品种则对水质变化十分敏感，非常不耐药，不但不能接受颗粒饲料，甚至不吃虾肉、丰年虾等冰鲜饵料。本书将蝴蝶鱼属中的常见观赏鱼分成五组进行介绍，即以人字蝶为代表的“易养组”，以橙尾蝶为代表的“较易养组”，以虎皮蝶和一点青蝶为代表的“难养组”和以冬瓜蝶为代表的“养不活组”，另外将一些曾被当作观赏鱼贸易但目前极少能在市场上见到的品种单独列为一组进行说明。

蝴蝶鱼科鱼类体长一般在10～30厘米，属于中型偏小的观赏鱼，其中除少数马夫鱼需要比较宽阔的活动范围外，大多数鱼可以饲养在容积100～400升的水族箱中。除霞蝶、三间火箭等少数几个品种外，其余蝴蝶鱼都能以珊瑚为食，所以不能饲养在礁岩生态缸中。即使不吃珊瑚的品种，也会伤害其余无脊椎动物，如霞蝶会摄食贝类，三间火箭捕食管虫等环节动物，故放养时要避开与这些生物混养。一些蝴蝶鱼饥饿时还摄食藻类和海绵，所以也不太适合饲养在海藻造景缸中。饲养蝴蝶鱼的过程中，保证饵料的丰富度是非常重要的，即使非常好养的品种，如果长期只投喂颗粒饲料，也很容易因营养不良而死亡。对于这些杂食性鱼类，最好保证饵料的荤素搭配均衡。除饲料外，还要适当供给虾肉、贝肉、紫菜等食物，沿海地区还可以从海滨采集海藻、海绵、小海葵等作为蝴蝶鱼的零食。

所有蝴蝶鱼在刚引进水族箱中时都不会直接接受颗粒或薄片饲料，均需要经过冰鲜饵料的驯诱，才能逐渐接受人工饲料。容易饲养的品种驯诱时间较短，难养的品种则驯诱时间长或永远不接受人工饲料。大多数蝴蝶鱼是利用突出的尖嘴在礁石上摄食小型动物，它们对漂浮在水中的食物不感兴趣，即使用游在水中的活丰年虾驯诱它们开口，其效果也不如直接沉入水族箱底部的一只蛤蜊。蝴蝶鱼都属于“吃定不吃动”的鱼类，在前期饲养阶段必须保证饵料能静置在水底，蝴蝶鱼才会前来摄食。

绝大多数蝴蝶鱼是寄生虫的主要携带者，大多携带有卵圆鞭毛虫和粘孢子虫，体形较大的成鱼一般还携带本尼登虫、鳃锚虫等大型寄生虫，有些还会携带车轮虫、斜管虫等非常危险的寄生虫。蝴蝶鱼身上的寄生虫非常容易传染给倒吊类和神仙类，严重时可能造成全缸鱼类死亡，给饲养者带来巨大的经济损失和心理伤害。新购的蝴蝶鱼必须经过严格检疫，才能与其他鱼类混养在一起。

有些蝴蝶鱼在野外成大群活动，但大多数品种是单独或成对生活的。它们不具备很强的领地意识，也从不攻击其他鱼类。蝴蝶鱼对食物的占有欲望比较强，在饲养过程中经常发现：平时相安无事的蝴蝶鱼，一到投喂时间就开始相互打架，它们竖起背鳍前端的几根硬棘斜着身体刺向对方，如果命中，往往会造成被伤害者身上大面积鳞片脱落，这时就很容易被细菌和寄生虫感染，严重时危及生命。这种现象在大水体中较少出现，在容积小于

200升的水族箱中，这种现象表现得格外突出。大型神仙鱼类对蝴蝶鱼较为仇视，经常驱赶和攻击蝴蝶鱼，在与神仙鱼混养时，应保证蝴蝶鱼先被放入水族箱中。

完全适应人工环境的蝴蝶鱼，摄食欲望变得很强，它们有时会吞吃落入水中的头发、塑料袋碎屑、塑料泡沫颗粒等，这些东西不能被消化，很容易阻塞肠道造成蝴蝶鱼死亡，所以饲养时应尽量避免异物落入水族箱中。被放养在公共水族馆大水池中的蝴蝶鱼会尾随鲨鱼、魟鱼、大型石斑鱼、军曹鱼之后，摄食它们身上的寄生虫。有时，它们能将大鱼表皮咬破，造成大型鱼类皮肤感染。一些易养的蝴蝶鱼品种还会在潜水员喂食的时候跟在其左右，啄咬潜水员的头发以及耳朵等皮肤裸露部位，一旦耳朵被咬出血，就会吸引大型鱼前来对人造成攻击，养殖员在平时工作中要格外注意。

目前观赏鱼贸易中常见的鲹科鱼类见下表：

属	观赏贸易中的物种数	代表品种
蝴蝶鱼属（*Chaetodon*）	约50种	人字蝶、红海黄金蝶等
副蝴蝶鱼属(*Parachaetodon*)	1种	仅副蝴蝶鱼一个物种
前颌蝴蝶鱼属（*Prognathodes*）	3～4种	被统称为深水蝶，如沙洲蝶
约翰兰德蝴蝶鱼属（*Johnrandallia*）	1种	仅约翰兰德蝴蝶鱼一个物种
镊口鱼属（*Foripiger*）	所有种	黄火箭和长嘴火箭
钻嘴鱼属（*Chelmon*）	所有种	三间火箭、二间火箭和黑鳍三间火箭
少女鱼属（*Coradion*）	1种	少女鱼
罗蝶鱼属（*Roa*）	2种	金发蝶和朴蝶鱼
马夫鱼属（*Heniochus*）	所有种	各种关刀鱼
霞蝶鱼属（*Hemitaurichthys*）	2种	霞蝶鱼和黑白霞蝶鱼

△在运输和贩卖过程中，蝴蝶鱼往往是和倒吊、海神像等寄生虫携带量较大的鱼类暂养在一起，这样大幅增加了交叉感染的风险

蝴蝶鱼属的易养组

本组鱼类品种较多，是蝴蝶鱼属中最容易饲养的一类，适合在人工环境下饲养，对水质要求不是很高，经过短时间驯诱都能接受颗粒饲料的喂养。这些鱼在外形上具有许多相似之处，如它们都是蝴蝶鱼属中体形很大的品种，在野生条件下基本能生长到20厘米以上，有些品种可以达到25厘米以上，这在其他组的蝴蝶鱼中是没有的。它们的嘴都略向前突出，但不会突出很长，而且比较粗壮，看上去十分有力。这些鱼身上多以黄、白、黑为主要色彩，黄色一般是主色调，或占体色比例很大。它们的身体上都具有纵向或斜向的条纹，尾柄或背鳍后部一般有与眼睛附近相似的黑斑，这些是用来迷惑敌人的假眼斑，但不如一点蝶等其他蝴蝶鱼的圆形假眼斑明显。

本组的鱼类在野外基本是杂食性，主要以珊瑚虫、海绵和环节动物为食，也捕食甲壳动物和软体动物，饥饿时也吃部分藻类。蛤蜊肉流出的汁水对它们非常有吸引力，所以我们一般用蛤肉驯诱它们开口吃食。如果运气好，有些鱼一进入水族箱就可能直接吃颗粒饲料。本组鱼类对水质要求都不高，即使水中硝酸盐浓度达到400毫克/升，它们依然可以正常生活和生长。在pH值长期低于8.0的水中，它们只会变得颜色稍暗淡，并不影响健康。这些鱼排泄量小，排出的粪便呈雾状，会迅速在水中扩散开，如果喂食含有粗纤维的饲料，则粪便中会有小颗粒但不成形。可见，它们对食物的消化利用比较充分，较耐饥饿。

我想之所以这些鱼是蝴蝶鱼属中最好养的品种，主要是因为它们的个体较大，所需的食物较多，如果食性单一，则不利于其演化发展。在大自然的优胜劣汰法则下，只有充分适应环境、对食物不苛求的动物，才能演化成强壮的大型优势种。同时，我发现本组鱼中除红海黄金蝶等少数品种的自然分布区域较狭小外，大部分品种广泛分布在太平洋和印度洋中，体形越大的品种，分布越广泛。如体形最大的单印蝶，从日本南部沿海一直到红海地区都有它们的踪迹。这更进一步说明了大型优势物种必是充分适应多变自然环境的生物，而且具有较强的繁殖力，使其物种数量与同类其他种相比占据优势地位。

人字蝶 *Chaetodon auriga*

中文学名	丝蝴蝶鱼
其他名称	扬帆蝴蝶鱼
产地范围	印度洋至西太平洋的珊瑚礁区域，主要捕捞地有印度尼西亚、菲律宾、中国南海等
最大体长	23厘米

人字蝶身体大部分呈白色，尾鳍、臀鳍和背鳍呈黄色，眼睛附近有黑色保护斑块，背鳍后部有黑色假眼斑和延长的软鳍丝。人字蝶的体色和形态可以将蝴蝶鱼的生物学特征展现得淋漓尽致，是最有代表性的蝴蝶鱼品种。人字蝶也是观赏鱼贸易中的常见品种，其野生种群分布广泛，数量庞大，在捕捞于我国南海和从菲律宾、印度尼西亚进口的观赏鱼中都很常见。人字蝶还被大多数爱好者认为是最好饲养的蝴蝶鱼品种，多数饲养蝴蝶鱼的人是从饲养人字蝶开始的。它们在公共水族馆中也被大量饲养，国内每一座水族馆中都展示有人字蝶。

人字蝶喜欢成对或单独行动，有时也成3～5条的小群，如果在较小的水族箱中饲养多条人字蝶，它们会经常出现争斗，特别是在投饵时和晚上关灯以后。为了争夺食物和睡觉的地方，它们竖起背鳍上的硬棘，刺向同类的身体，造成受害者大面积鳞片脱落。如果水族箱容积小于200升，最好只饲养一条人字蝶。如果想饲养多条，则需要使用容积大于800升的大型水族箱。人字蝶是蝴蝶鱼中比较凶的一种，为了争夺食物，它们也攻击其他蝴蝶鱼，甚至能主动攻击体形比自己体长大5厘米以上的单印蝶、双印蝶等品种，并在战斗中取得胜利。混养时要格外注意。

△红海和阿拉伯海地区产的人字蝶背部有黑影状斑块

人字蝶对水质要求不高，一般海水鱼能接受的条件它们都能接受。这种鱼喜欢吃虾肉和贝肉，对冷冻丰年虾兴趣不大。它们喜欢大块的肉，即使肉块的尺寸不能让它们的小嘴直接吞下，也会叼着肉躲到比较隐蔽的地方慢慢用力吞咽。吞咽大块食物时，它们用咽齿一点点将其碾碎，咽齿撞击时发出的嗒嗒声，离着水族箱在1米以内都能清晰听到。体长10厘米左右的人字蝶最为好养，有些进入水族箱后就可以直接吃饲料。它们还会抢夺用来喂食倒吊的海藻，但是对海藻不能充分消化，几个小时候会排出大量海藻碎屑，弄的水族箱中乌烟瘴气。体形小于5厘米的幼鱼不是很好养，虽然它们也能接受饲料，但是一般的饲料颗粒对于它们的小嘴都太大了，而只喂给丰年虾又吃不饱，所以往往会中途夭折。体长20厘米左右的成鱼也不是很好养，它们往往已经养成了比较固定的摄食习惯，对颗粒饲料的接受速度没有亚成体快。

人字蝶对药物具有很强的耐受性，能接受水中铜离子含量达到0.6毫克/升，虽然这种鱼携带的寄生虫很多，但是很容易在检疫过程中去除干净。当水中铜离子含量高于0.25毫克/升或氨浓度高于0.2毫克/升时，人字蝶嘴下方的血管会充血，肉眼能看到明显的血丝，但是不会危及其生命。不过，当水中氨浓度高于0.25毫克/升时，它们就会眼球突出，最终中毒死亡。这种鱼对甲醛、抗生素、沙星类药物也有广泛的耐受性，在对其进行检疫和治疗时，可以放心大胆地按说明书剂量用药。在饵料充足的饲养条件下，人字蝶生长速度比较快，体长10厘米的个体，饲养一年就可以生长到15厘米以上。它们不袭击其他鱼，适合混养在纯鱼缸中。

假人字蝶 *Chaetodon vagabundus*

中文学名	马掌蝴蝶鱼
其他名称	暂无
产地范围	印度洋至西太平洋的珊瑚礁区域，主要捕捞地有印度尼西亚、马尔代夫、中国南海等
最大体长	21厘米

假人字蝶身上的花纹很像人字蝶，因而得名。背鳍末端没有假眼斑和延长的软鳍丝，但尾柄上有一条和眼部一样的纵向黑纹。假人字蝶也是非常好饲养的蝴蝶鱼品种，对水质、饵料和生活空间的需求和人字蝶一样，不过这种鱼没有人字蝶那么好斗，对其他蝴蝶鱼的攻击性不强。

箭蝶 *Chaetodon trifascialis*

中文学名	三纹蝴蝶鱼
其他名称	川纹蝴蝶鱼
产地范围	印度洋热带珊瑚礁区域，主要捕捞地有印度尼西亚、马尔代夫等
最大体长	18厘米

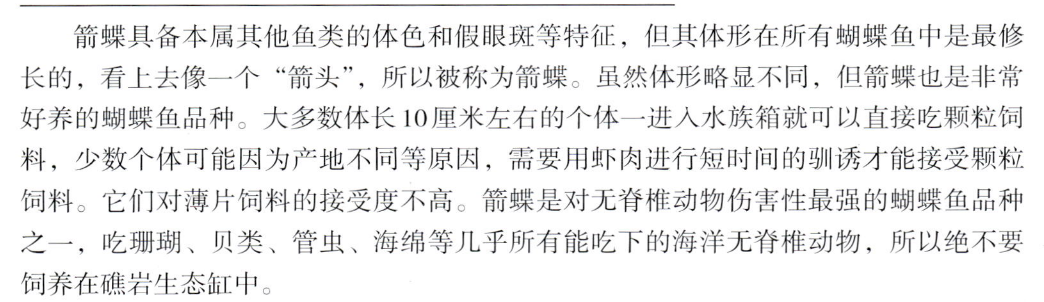

箭蝶具备本属其他鱼类的体色和假眼斑等特征，但其体形在所有蝴蝶鱼中是最修长的，看上去像一个“箭头”，所以被称为箭蝶。虽然体形略显不同，但箭蝶也是非常好养的蝴蝶鱼品种。大多数体长10厘米左右的个体一进入水族箱就可以直接吃颗粒饲料，少数个体可能因为产地不同等原因，需要用虾肉进行短时间的驯诱才能接受颗粒饲料。它们对薄片饲料的接受度不高。箭蝶是对无脊椎动物伤害性最强的蝴蝶鱼品种之一，吃珊瑚、贝类、管虫、海绵等几乎所有能吃下的海洋无脊椎动物，所以绝不要饲养在礁岩生态缸中。

这种鱼对水质的要求也不高，只要人字蝶能适应的环境它都能适应。它们从不结群活动，总是独往独来，但是对其他蝴蝶鱼的攻击性很低。箭蝶能接受各种海水观赏鱼药物的检疫和治疗，也能接受淡水浴的处理。

单印蝶 *Chaetodon lineolatus*

中文学名	细纹蝴蝶鱼
其他名称	黑影蝶、黑背蝶
产地范围	印度洋至西太平洋的珊瑚礁区域，主要捕捞地有印度尼西亚、马尔代夫、红海、中国南海等
最大体长	30厘米

单印蝶是体形最大的蝴蝶鱼，在蝴蝶鱼属中具有明显的物种优势。它们的嘴向前突出，非常粗壮，口较大，体长12厘米的幼鱼可以直接吞吃直径3毫米的颗粒饲料，这是许多其他品种成年后都难以办到的事情。通常买回来的单印蝶可以直接用颗粒饲料喂养，也许第一天只是看一下饲料，并不吃，但最多3天，就能大口大口地吞饲料了。除此之外，它们很喜欢薄片饲料，特别是鱼粉含量高的红色薄片。

单印蝶在自然界一般成对或成小群活动，很少单独或成大群活动。它们彼此间的攻击性不强，也很少攻击其他蝴蝶鱼。这些大个头的鱼经常被比自己小的鱼攻击，如人字蝶、金双印蝶和红海黄金蝶在摄食时都爱驱赶和攻击它们。单印蝶还比较傻，如果将其饲养在较小的水族箱中，它们总是在里面撞来撞去。向人索求饵料时会总用嘴蹭鱼缸内壁，这样经常会蹭破嘴前端，造成细菌感染。最好将其饲养在容积400升以上的水族箱中，尽量少放置礁石，为其提供宽阔的活动空间。

它们对水质的要求也不高，耐药性也很好，可以使用含有铜离子和甲醛的药物对其进行检疫和治疗，也可以进行淡水浴处理。细菌感染时，使用抗生素和沙星类药物都能有很好的效果。在人工饲养环境下，它们一般生长到20厘米就不再长大了，所以要想看到体形很大的单印蝶，最好直接购买成鱼。

金单印蝶 *Chaetodon oxycephalus*

中文学名	尖头蝴蝶鱼
其他名称	印度黑影蝶
产地范围	印度洋的珊瑚礁区域，主要捕捞地有印度尼西亚、马尔代夫等
最大体长	24厘米

金单印蝶和单印蝶长得十分接近，只是它们头部的黑纹是断开的，而不是直接穿过眼部。背鳍和尾鳍上有数条红色细纹，成年后比单印蝶要美丽。这种鱼很少见，鱼商通常将其和单印蝶混在一起，并不区分。它们仅分布于印度洋，在马尔代夫以西较多见，但种群数量不大。由于体形略小，所以它们对颗粒饲料的适应能力没有单印蝶强，必须用贝类或虾肉驯诱一段时间，才能让其接受颗粒饲料。

双印蝶 *Chaetodon ulietensis*

中文学名	乌利蝴蝶鱼
其他名称	三间蝶
产地范围	西太平洋的珊瑚礁区域，主要捕捞地有菲律宾、印度尼西亚、泰国、中国南海等
最大体长	18厘米

双印蝶一般只在马里亚纳海沟以西、马六甲海峡以东、马来群岛以北的太平洋中可以捕到，所以菲律宾和我国南海是其主产地。它们是所有蝴蝶属品种中最喜欢结成大群活动的鱼类，在原产地甚至可以集结数百条在一起觅食。双印蝶和单印蝶一样，都是进入水族箱就能直接吃饲料的品种。一般体长10厘米左右的个体最容易快速适应人工环境，过大或过小的鱼对人工饵料的接受速度都比较慢。它们是非常温顺的蝴蝶鱼，在摄食时经常被其他品种欺负，很少主动攻击其他蝴蝶鱼。

如果在大型水族箱或展示池中成群地饲养双印蝶，并配以黑白关刀、蓝吊等同体形的群游性鱼类，将得到非常美丽的欣赏效果。成群饲养还有助于群体中每个成员都保持较为鲜艳的体色，并提高其生长速度。

双印蝶对水质的要求也不高，人字蝶能接受的条件它都能接受。它们的耐药性也好，能用各种海水观赏鱼专用药物对其进行的检疫和治疗。这种鱼生长速度比较快，通常在水族箱中饲养1年就可以长到成体尺寸。

金双印蝶 *Chaetodon falcula*

中文学名	纹带蝴蝶鱼
其他名称	金三间蝶、印度三间蝶、黑楔蝶
产地范围	印度洋的热带珊瑚礁区域，主要捕捞地有印度尼西亚巴东地区、马尔代夫、斯里兰卡、安达曼海沿岸等
最大体长	20厘米

金双印蝶只产于马六甲海峡以西、查戈斯群岛以东的珊瑚礁浅海区域，以马尔代夫和印度尼西亚巴东地区数量最多。它们的产地与粉蓝吊重合，所以和粉蓝吊一样，这种鱼在10年前很少能在国内市场上见到，是珍稀名贵的观赏鱼，现今则变得非常普通。

金双印蝶的嘴是本组鱼类中最长的，而且随着年龄增长，其嘴的长度还会不断增加。这表明它们喜欢摄食藏在礁石缝隙里和珊瑚枝丫上的食物，故其食性没有嘴较短的蝴蝶鱼丰富。在饲养过程中，它们虽然能接受颗粒饲料，但是需要比较长的一段驯诱时间。这种鱼非常喜欢吃蛤蜊肉，只要将蛤蜊掰开扔入水中，它们就会拼命地啄食。如果同时饲养人字蝶、单印蝶等容易接受颗粒饲料的品种，在投喂时受到这些鱼的带领，金双印蝶能较快地接受颗粒饲料，但一般只吃直径小于2毫米的颗粒，而且不会接受薄片饲料。

金双印蝶一般不成群活动，所以它们对同种和其他蝴蝶鱼都有比较强的攻击性，充分适应环境后，往往追着其他温顺品种满缸乱跑，不把人家咬伤誓不罢休。除了在接受人工饲料方面略显难度大些，金双印蝶对水质、药物的适应性与本组其他鱼类基本一样，也是容易饲养的蝴蝶鱼品种。

月光蝶 *Chaetodon ehippium*

中文学名	鞭蝴蝶鱼
其他名称	鞍斑蝴蝶鱼
产地范围	西太平洋至印度洋的珊瑚礁区域，主要捕捞地有印度尼西亚、马尔代夫、红海、中国南海等
最大体长	20厘米

月光蝶是仅次于人字蝶的第二种常见蝴蝶鱼，在我国南海有丰富的产量。这种鱼的嘴粗壮有力，个体大，容易饲养。它们喜欢吃虾肉和贝肉，特别是大块的虾肉，一点点从虾仁上将肉啄食下来，也许会让它们感到快乐。有些个体进入水族箱就能马上吃颗粒饲料，大多数个体需要短期用虾肉和贝肉驯诱才能接受颗粒饲料。它们常成对生活，一般不成群。在争抢食物时比较凶暴，常驱赶和攻击其他蝴蝶鱼，能追着比自己体长大3厘米的单印蝶满缸乱跑。如果和体形相当的人字蝶在争抢食物时遭遇，则能开展一场耗时较长的相互搏斗活动。

月光蝶生长速度较快，体长10厘米的个体在人工环境下饲养1年就可以生长到15厘米以上。它们强健易养，对水质和药物有广泛的适应性，也能接受淡水浴的处理。

金月光蝶 *Chaetodon xanthocephalus*

中文学名	黄头蝴蝶鱼
其他名称	印度月光蝶、金头蝴蝶鱼
产地范围	印度洋的热带珊瑚礁区域，主要捕捞地有马尔代夫、印度尼西亚等
最大体长	22厘米

金月光蝶与金双印蝶的自然分布区重合，以马尔代夫的产量最多。它们在海洋中成对活动，观赏鱼贸易中并不多见。它们的嘴较长，成年后略向上翘起，可见其主要捕食珊瑚虫和礁石缝隙里生活的小动物。大多数体长在10厘米以下的金月光蝶不难养，经过短时间的驯诱就可以接受颗粒饲料和薄片饲料。体长超过12厘米的个体就不是很容易适应人工环境了，特别是成鱼，因绝食而死亡的现象经常出现。

金月光蝶对水质要求比本组其他品种稍高，应尽量将水中硝酸盐浓度控制在200毫克/升以下，将pH值稳定在8.0以上。适当将水的比重调配得高一些，有助于它们更好地适应人工环境，一般可以将比重调整在1.025～1.026之间。在野生条件下，金月光蝶主要成对活动，从不集结大群。一旦它们适应了人工饲养环境，就变得比较凶，经常会在投喂饵料时驱赶其他蝴蝶鱼。金月光蝶的幼鱼颜色较成鱼暗淡，随着不停长大会变得越来越鲜艳。

金月光蝶对药物较为敏感，使用铜药对其体表和鳃部进行驱虫时，应控制水中铜离子浓度在0.35毫克/升以下，并将额定药量分3天投放，让鱼从较低的铜离子浓度中慢慢地向较高浓度适应。它们对甲醛不是很敏感，但对沙星类和抗生素类药物都有不适反应，一般只能用这些药物为它们作短时间药浴，尽量不在检疫缸中直接用药。

网蝶 *Chaetodon rafflesi*

中文学名	雷氏蝴蝶鱼
其他名称	黄网格蝶
产地范围	西太平洋至印度洋的珊瑚礁及沿岸地区，主要捕捞地有印度尼西亚、马尔代夫、红海、中国南海等
最大体长	18厘米

网蝶是和人字蝶、月光蝶一样常见且容易饲养的蝴蝶鱼品种，分布广泛，数量庞大，每年鱼商都会从南海大量捕获。市场上的网蝶从体长5厘米的幼鱼到体长15厘米以上的成鱼都可以见到，一般选购10厘米左右的亚成鱼，它们更容易快速适应人工环境。

网蝶进入水族箱后就会到处寻找食物，只要投喂虾肉、贝肉，它们就开始大口大口地吃。若要其适应颗粒饲料，则需要进行几天简单的驯诱。如果将网蝶混养在具有其他蝴蝶鱼的水族箱中，网蝶看到其他鱼吃饲料就会游过来摄食，这样大幅缩短了驯诱过程的时间。完全适应环境后，它们吃颗粒饲料和薄片饲料，有时也吃海藻。它们对珊瑚的破坏性非常强，绝对不可饲养在礁岩生态缸中。网蝶在自然界一般成对或单独活动，所以争夺饵料时常常和其他蝴蝶鱼发生争斗。不过，它们的性情不是很凶，一般不会疯狂地欺负其他品种的蝴蝶鱼。

网蝶对水质要求不高，耐药性也好，可以参照人字蝶对水质和药物的适应范围对它们进行日常管理。

蓝头蝶 *Chaetodon semeion*

中文学名	细点蝴蝶鱼
其他名称	细点蝶
产地范围	西太平洋至印度洋的珊瑚礁区域，主要捕捞地有印度尼西亚、马尔代夫、红海、中国南海等
最大体长	26厘米

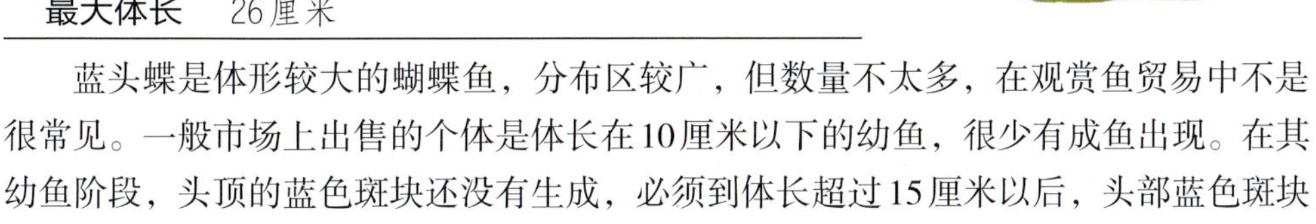

蓝头蝶是体形较大的蝴蝶鱼，分布区较广，但数量不太多，在观赏鱼贸易中不是很常见。一般市场上出售的个体是体长在10厘米以下的幼鱼，很少有成鱼出现。在其幼鱼阶段，头顶的蓝色斑块还没有生成，必须到体长超过15厘米以后，头部蓝色斑块才逐渐明显起来。

由于蓝头蝶体形大，所以摄食量很大，对食物有广泛的适应性。在野外，它们摄食珊瑚、海绵、沙蚕、小虾等多种无脊椎动物，也摄食褐藻和红藻的部分品种。人工环境下，这种鱼喜欢吃虾肉和贝肉，经过简单的驯诱就可以接受颗粒饲料，也吃薄片饲料。摄食时，常与其他品种的蝴蝶鱼发生争斗。它们对水质的要求不高，对药物也不敏感，可以用含有铜离子和甲醛的药物对其进行检疫和治疗，也可以使用淡水浴为其驱虫。

熊猫蝶 *Chaetodon adiergastos*

中文学名	项斑蝴蝶鱼
其他名称	乌顶蝴蝶鱼
产地范围	西太平洋至印度洋的珊瑚礁区域，主要捕捞地有印度尼西亚、马尔代夫、红海、中国南海等
最大体长	20厘米

从体形和行为方式上看，熊猫蝶应当和红海黄金蝶具有很近的亲缘关系，只是体色略有不同。这种鱼在东南亚地区的热带浅海中较为常见，所以市场价格要比黄金蝶低很多，但是贸易中的数量不大，属于比较少见的蝴蝶鱼品种。与红海黄金蝶一样，熊猫蝶在野生条件下也喜欢成大群觅食，进入水族箱后，其群游性变得很差。它们喜欢吃虾肉，不太爱吃贝肉，经过短时的驯诱可以接受颗粒饲料。这种鱼对水质要求不高，对各种观赏渔药不敏感，并能接受淡水浴的处理。

红海黄金蝶 *Chaetodon semilarvatus*

中文学名	黄色蝴蝶鱼
其他名称	大黄蝶、蓝颊蝶
产地范围	仅分布于红海和阿拉伯海地区，主要捕捞地为红海地区
最大体长	22厘米

一直以来，红海黄金蝶都是广受喜爱的蝴蝶鱼品种，这种鱼全身金黄色，成年后，鳃盖上有蓝紫色的斑块，在蝴蝶鱼中别具一格。饲养一群红海黄金蝶，它们成群游泳时显得高贵典雅。红海黄金蝶从其名字上可以得知，这种鱼只产于红海地区，在近两年的研究中，人们还发现在索马里、阿曼和肯尼亚的阿拉伯海沿岸地区也有它们的野生群落，有些种群甚至分布到了塞舌尔群岛附近，所以这两年红海黄金蝶在贸易中的数量有明显增加。它们依然是非常昂贵的观赏鱼品种，其零售价格比一些印度洋地区的神仙鱼还要高一些。

红海黄金蝶的嘴粗壮有力，身体上有多条栗红色的纵向暗纹，这些特征与同为大型品种的单印蝶、香港蝶颇为近似。其体形比多数蝴蝶鱼品种都要更加接近圆盘状，全身呈现金黄色，尾鳍和背鳍末端并没有假眼斑。因此推测，该物种应当是从本组蝴蝶鱼的共同祖先群体中较早分化出去的一个类别，受到洋流和海沟的影响，一直在红海地区独立演化成今天的样子。我们在红海地区可以捕捞到人字蝶和单印蝶的红海地域种，进一步说明了红海黄金蝶与这些物种有较近的亲缘关系。

△红海黄金蝶是一种非常受欢迎的蝴蝶鱼，每年国际贸易量都很大，虽然价格较高，但成活率高

红海黄金蝶与本组其他鱼类一样，都是比较好饲养的蝴蝶鱼品种，虽然新进入人工环境的个体很少能直接摄食颗粒饲料，但是只要耐心驯诱，一般会在很短的时间里接受颗粒饲料。体形较大的个体接受饲料的速度较慢，有些甚至要驯诱3个月才能接受。一次，我饲养的一条红海黄金蝶长达半年不吃颗粒饲料，一直只能喂给它虾肉，我几乎已经放弃了驯诱工作。但是突然有一天，不知它是想开了还是生理上有什么变化，开始大口大口地吃颗粒饲料了。红海黄金蝶不喜欢吃贝肉，十分爱吃丰年虾和虾肉，驯诱时可以将颗粒饲料混合在虾肉泥中投喂，慢慢减少虾泥的数量，逐步替换成用纯饲料。这种鱼不吃素，对藻类不感兴趣。在海洋中，它们一般成大群在珊瑚礁附近觅食，但到了人工环境下就变得不怎么合群。红海黄金蝶对食物的占有欲望极高，在投喂时经常因为争抢食物而竖起背鳍上的硬棘攻击同类和其他蝴蝶鱼。小型水族箱中最好只

饲养一条红海黄金蝶，如果想成群饲养，则最少饲养5条以上，并保证水族箱容积在600升以上。同时饲养两条红海黄金蝶，一般较弱的一条会因受到另一条的驱赶而长期无法吃饱，最终越来越瘦小，直至死亡。

红海地区海水的比重较高，很多人认为应当将产于红海地区的鱼类饲养在比重较高的海水中，将比重调整到1.026～1.028。这一点其实并不是很重要，红海黄金蝶完全可以适应和其他海水观赏鱼一样的海水比重，甚至在比重1.018的水中也不会有不良反应，它们也能接受淡水浴的处理。不过在饲养初期，如果能适当提高水温和海水比重，的确有利于红海黄金蝶更快速地接受颗粒饲料。红海黄金蝶对大多数药物不敏感，对水中铜离子含量的耐受度可以达到0.5毫克/升。它们也不怕含有甲醛的药物。因该鱼价值较高，为了确保成活率，杜绝暂养期间造成的寄生虫和细菌交叉感染，一般会用铜药和甲醛对红海黄金蝶进行两次检疫期处理。通常先以0.4毫克/升的铜离子药物进行体表除虫两周，然后分两次进行全缸换水。再以0.25毫克/升剂量的甲醛对其连续使用5天，以彻底去除鳃内和肠道寄生虫。用药期间配合饵料驯诱工作。约一个月的检疫期结束后，红海黄金蝶一般会变得非常活跃且食欲旺盛。

红海黄金蝶绚丽的体表颜色和水质条件的关系不是很大，在水质不佳的情况下，其鳃部紫蓝色斑块呈灰色，但身体仍能保持金黄色。这种鱼在鳍受伤后很容易感染淋巴囊肿，囊肿位置如果不影响其正常活动就不用去管它，保持有规律的换水，等囊肿充分成熟后会自然脱落。红海黄金蝶在人工饲养条件下生长速度比较快，一般体长10厘米左右的个体，饲养1年就可以生长到15厘米以上。

月眉蝶 *Chaetodon lunula*

中文学名	新月蝴蝶鱼
其他名称	浣熊蝶
产地范围	西太平洋至印度洋的珊瑚礁及沿岸地区，主要捕捞地有印度尼西亚、马尔代夫、红海、中国南海等
最大体长	20厘米

月眉蝶与人字蝶、月光蝶和网蝶是四种国内观赏鱼市场上常见的蝴蝶鱼，其数量有时甚至比月光蝶还要多。在福建、海南的近海地区，月眉蝶经常进入水中有机质丰富的水产网箱养殖区，在那里摄食养殖饵料的残渣，可见其对水质条件的适应能力极强。这种鱼嘴短而粗壮，对食物有广泛的适应性。一般新买回的个体就能马上吃虾肉、丰年虾等饵料，甚至可以直接吞吃颗粒饲料，饲养难度比较小。它们在海洋中成对或成小群活动，对食物的占有欲望比其他本组品种弱，所以通常在蝴蝶鱼们打架时，该品种总是挨打的对象。它们对水质的要求不高，并具有较好的耐药性，可以使用含有铜离子和甲醛的药物对其进行检疫和治疗，也可以对其进行淡水浴操作。在水质不佳的情况下，月眉蝶体色较深，有时甚至变成咖啡色，水质变好后，体色会变成黄色并散发出绿色的光泽。

香港蝶 *Chaetodon wiebeli*

中文学名	美蝴蝶鱼
其他名称	暂无
产地范围	西太平洋至印度洋的珊瑚礁及沿岸地区，主要捕捞地有印度尼西亚、马尔代夫、斯里兰卡、中国南海等
最大体长	19厘米

香港蝶广泛分布在从日本冲绳到东非沿岸的热带海洋中，由于在我国海水观赏鱼饲养爱好发展的初期，能在我国香港附近海中大量捕获这种鱼，故而得了香港蝶的名字。它们体形较大，强壮易养，对食物品种的适应性很广。近年来，随着原生观赏鱼爱好的兴起，被爱好者采集于福建、广东、海南沿海地区的香港蝶幼鱼，成为炙手可热的品种。其实，这种鱼在从印度尼西亚、马尔代夫、斯里兰卡进口的观赏鱼中也是常见的。香港蝶一般集小群活动，所以在喂食时它们很少驱赶和攻击其他品种的蝴蝶鱼。它们喜欢吃虾肉、贝肉等冰鲜饵料，也能很快地接受颗粒饲料和薄片饲料。这种鱼对水质的要求比较低，有很好的耐药性，对各种海水渔药都不敏感，也能接受淡水浴的处理。

红尾珍珠蝶 *Chaetodon collare*

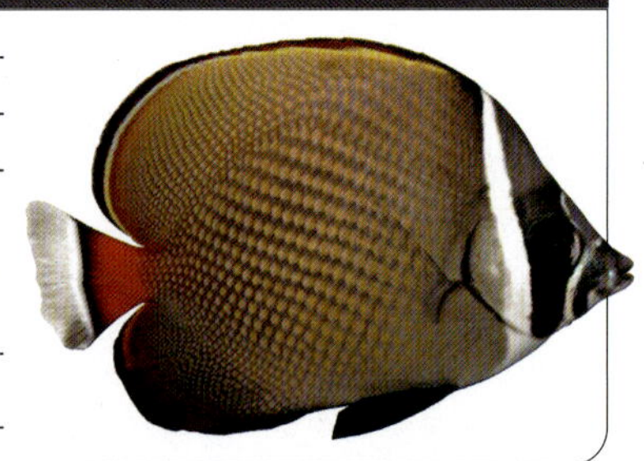

中文学名	领蝴蝶鱼
其他名称	红尾珠蝶、红尾朱砂蝶
产地范围	西太平洋至印度洋的珊瑚礁区域，主要捕捞地有菲律宾、印度尼西亚、马尔代夫、红海地区等
最大体长	18厘米

红尾珍珠蝶的体色在蝴蝶鱼属中非常独特，幼鱼期全身呈灰色，布满珍珠般的圆点，鳃后有一条白色纵纹穿过，如同围了一条白色的围巾。成年后，身体的颜色变深，在水质好时近乎为蓝灰色，尾柄和尾鳍呈现朱砂红色，鳃后的白色纵纹更加明显。这种鱼喜欢成群活动，一起游泳时尤为美丽。虽然它与其他蝴蝶鱼颜色差异很大，但在其体形和鱼鳍上的饰纹，我们可以发现它们和香港蝶应有较近的演化关系，这一点在其日常饲喂过程中也表现得非常明显。

进入水族箱后，它们可以马上接受丰年虾和虾肉的饲喂，经过驯诱后慢慢可以接受颗粒饲料，特别是含有海绵配方的品种。应当尽量提供多品种的食物，饵料过于单一会使它门的体色暗淡。在日常饲喂中，定期喂给一些含有虾青素的饲料，有助于维持尾部的鲜艳红色。最好能成群饲养红尾珍珠蝶，单独饲养一条的时候，它会将体色调节得较浅。红尾珍珠蝶对水质的要求并不高，但是为了保证其良好的食欲，最好将水中的硝酸盐浓度控制在200毫克/升以下，并将pH值保持在8.0以上。它们具有很好的耐药性，可以用含有铜离子和甲醛的药物对其进行检疫和治疗，也可以进行淡水浴处理。

蝴蝶鱼属的较易养组

本组鱼类包含两个亲缘关系比较近的蝴蝶鱼家族。一个是以红尾鲽为代表的家族，这个家族中的成员在西太平洋、南太平洋和整个印度洋的热带地区都有分布。它们的外形相似度极高，都具有银灰色的身体，身体末端和尾鳍中部一般呈红色或橙红色。鳞片很大，鳞片边缘一般呈黑色或深灰色。这些鱼体形较小，一般成鱼体长不超过15厘米，身体的厚度比其他蝴蝶鱼大，头部占身体的比例也较大，嘴短而粗壮，身形整体看上去短粗有力，游泳速度较快。它们一般在水深较浅的珊瑚礁区活动，偶尔也进入深水区。通常是单独出没，偶集成2～3条的小群，但从不成大群活动，也很少见到固定配偶关系的一对鱼一起觅食。这个家族的鱼类在观赏鱼贸易中常见的有2～3种，一般被称为红尾蝶或橙尾蝶。它们较容易适应人工环境，但对颗粒饲料的接受能力很低。一般非常喜欢吃贝类的肉，对虾肉的喜好程度一般，不爱吃丰年虾。一开始，它们只摄食落在水族箱底部的食物，对漂浮的食物不闻不睬。这个家族的鱼类对水质和水温的适应能力很强，对药物具有很好的耐受性，比较容易饲养。在小笠原群岛附近所产的珍稀海水观赏鱼日本黑蝶，虽然体色与红尾鲽等差异很大，但身体形态和鳞片结构几乎完全一样，在人工饲养条件下的表现也颇为相同。猜想该物种可能是早期从本家族中分化出的一种，在相对独立的环境中定向演化而成。

本组中第二个家族是所有的丁氏蝴蝶鱼类，它们在观赏鱼贸易中通常被称为“某某卡氏蝶”，这个家族中有6个种和2个亚种，观赏鱼贸易中一般可以见到5种。它们的体形也较小，一般成年个体仅13厘米左右，头部占身体的比例较大，整个身体看上去比上一家族的鱼类更加紧凑。背鳍前端都有6根长且坚硬的硬棘，在受到威胁时会竖立起来刺向敌人。这些鱼名字中的“黑丁”“金丁”也许就因此而得来。本家族中的大部分品种分布在太平洋的热带海域中，只有印第安鲽鱼一种分布在印度洋中。它们一般单独栖息在水深25～180米的礁石区域，很少成对生活，从不集群，具有较为明显的领地意识，这一点在蝴蝶鱼属中是非常特殊的。本家族中的鱼类都是比较难得的名贵观赏鱼，市场价格都不是很低。它们并不难养，一般能在适应人工环境后接受颗粒饲料。它们对水质要求不高，但通常不耐高温，如果水温长期处于28℃以上，很可能造成它们的死亡。这些鱼具有一定的耐药性，但对药物的承受能力不强。

红尾蝶 *Chaetodon xanthurus*

中文学名	红尾蝴蝶鱼
其他名称	暂无
产地范围	西太平洋至印度洋的珊瑚礁区域，主要捕捞地有菲律宾、印度尼西亚、马尔代夫、中国南海等
最大体长	15厘米

红尾蝶是常见的蝴蝶鱼品种，在市场上出现的频率和人字蝶、月光蝶基本相同。一般贸易中的个体体长在10厘米左右，偶能见到小于5厘米的幼鱼。这种鱼对水质要求不高，在水中硝酸盐浓度高达400毫克/升时仍能正常活动，即使pH值长期处于7.6，它们也不会出什么大问题。它们通常不接受颗粒饲养，在进入水族箱后会绝食1～3天，期间会啄咬礁石和沙粒，慢慢地，当投喂虾肉和贝肉时，它们会游过来撕扯着吃。如果水族箱中有人字

蝶等较贪吃的品种，则受到这些鱼的带领，红尾蝶会马上上前进食。一些体形小于8厘米的幼鱼，在经过耐心驯诱后，会接受小颗粒的人工饲料，但往往是吃进10粒，吐出3粒，不会一直吃到饱。即使能接受颗粒饲料的个体，在日常喂养时也要适当补充冰鲜饵料。

红尾蝶体形较小，在摄食时很少对其他蝴蝶鱼造成威胁，大型蝴蝶鱼也较少攻击它们。背鳍前端的硬棘很长，平时倒伏在背上，遇到攻击时迅速竖起，刺向敌人，侧面看整条鱼就像是刺猬的剪影。它们对水质要求不高，人字蝶接受的水质条件都能接受。这种鱼对含有铜离子和甲醛的药物不敏感，可以放心大胆地按剂量用铜药和福尔马林为其除虫。也可以接受淡水浴的处理。由于鳞片较大，这种鱼极容易因寄生虫和细菌感染鳞片底部而造成竖鳞病和出血病，在检疫过程中应特别注意。可适当延长杀虫药使用的时间，并提高水中的溶解氧含量，避免因缺氧造成寄生菌的滋生。

橙尾蝶 *Chaetodon mertensii*

中文学名	默氏蝴蝶鱼
其他名称	暂无
产地范围	西太平洋至印度洋的珊瑚礁区域，主要捕捞地有印度尼西亚、马尔代夫、斯里兰卡等
最大体长	13厘米

橙尾蝶的长相和红尾蝶极其相似，只是身上有“巛”形条纹。它们在市场上并不多见，这几年来难得一见。这种鱼喜欢躲藏在礁石的缝隙里，独往独来，神出鬼没。和红尾蝶一样，它们对水质和药物有广泛的适应性，但是不容易接受人工饲料。在被引入水族箱的初期，我们只能用贝肉和虾肉喂养，在与其他蝴蝶鱼混养时，有可能受到其他鱼的带领下摄食一些颗粒饲料，但摄食速度很慢，摄食量很小，往往会盯着一粒饲料看半天，才下嘴将其吃下，期间饲料往往会被其他鱼抢走。

红海红尾蝶 *Chaetodon paucifasciatus*

中文学名	稀带蝴蝶鱼
其他名称	暂无
产地范围	仅产于红海和非洲东部沿海的部分地区
最大体长	14厘米

红海红尾蝶只产于红海和东非沿海地区，在原产地有较大的群体数量，并且偶尔结小群活动。由于受到其他红尾蝶低廉价格的影响，这种鱼很少被鱼商进口到国内。红海红尾蝶对水质和药物的适应能力和红尾蝶近似，在水温稍高一些的环境中显得更加活跃，将水族箱水温控制在28℃左右，有助于提高它们的摄食欲望。经过驯诱，这种鱼对颗粒饲料的接受程度比红尾蝶要高一些。

日本黑蝶 *Chaetodon daedalma*

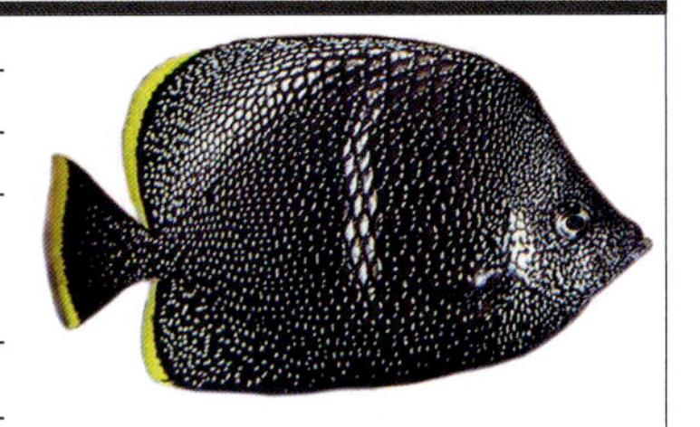

中文学名	绣蝴蝶鱼
其他名称	黑蝶
产地范围	仅分布于小笠原群岛和伊豆群岛的部分珊瑚礁区域
最大体长	15厘米

日本黑蝶只分布在伊豆群岛和小笠源群岛附近，偶尔能在冲绳附近海域见到。这些地区的海水观赏鱼捕捞量和出口量都非常小，这种颜色并不显眼的蝴蝶鱼成为蝴蝶鱼中少有的收藏级品种。在日本冲绳的黑潮之海水族馆，这种鱼作为当地代表性鱼类被单独蓄养展示，日本玩具公司“海洋堂”还专门为它出品了价格昂贵的收藏模型，在日本很多速食海鲜制品的包装上也印有这种鱼的图案。这种蝴蝶鱼虽然得来不易，但十分好养。2007年，我饲养过两条，没有经过任何驯诱就吃颗粒饲料，而且对水质要求不比任何蝴蝶鱼高。如果是饲养在很好的水质环境下，它们比任何蝴蝶鱼都活跃。因为分布区水温较低，它们很不耐热，最好保持水温在26℃左右。

这种鱼在捕捞、暂养和零售环节都被鱼商格外重视，所以携带的疾病并不多。它们对药物也不是很敏感，可以用含铜离子和甲醛的药物进行检疫和治疗。日本黑蝶还喜欢吃紫菜等鲜嫩的藻类，在饲喂过程中应适当添加藻类或含藻类的颗粒饲料。

金丁卡氏蝶 *Chaetodon declivis*

中文学名	斜蝴蝶鱼
其他名称	暂无
产地范围	仅产于夏威夷群岛附近
最大体长	13厘米

金丁卡氏蝶是一种产于夏威夷地区的蝴蝶鱼，通常在鱼商进口火焰仙、黄金吊时可以在市场上见到其踪影。金丁卡氏蝶的进口量不大，属于市场价格较高的蝴蝶鱼品种。它们较为容易饲养，喜欢吃虾肉、贝肉，有些个体可以直接接受颗粒饲料。即使不能马上吃饲料的个体，经过驯诱也能接受颗粒饲料。这种鱼一般单独生活，具有明显的领地意识，在水族箱中会占领一个相对隐蔽的礁石缝隙，驱赶进入该区域的蝴蝶鱼和小型神仙鱼，对其他鱼没有攻击性。

金丁卡氏蝶不耐高温，当水温持续在29℃以上一周后，就会明显出现呼吸急促、食欲减退的情况，不及时处理有可能会死亡。它们适合生活在23～26℃的水中，水温过低也不活跃。这种鱼对含有铜离子的药物具有一定的耐受能力，只要水中铜离子浓度不超过0.45毫克/升，它们就不会有不良反应。这种鱼对含有甲醛的药物较为敏感，最好不用福尔马林、TDC等药物对其进行检疫和治疗。由于其市场价格较高，在运输和暂养过程中会得到单独照料，故携带的寄生虫较少。

黑丁卡氏蝶 *Chaetodon tinkeri*

中文学名	丁氏蝴蝶鱼
其他名称	暂无
产地范围	西太平洋至南太平洋的珊瑚礁深水区域，主要捕捞地有印度尼西亚、菲律宾、斐济、澳大利亚北部沿海地区等
最大体长	12厘米

黑丁卡氏蝶和金丁卡氏蝶的外形相近，只是背部后方呈黑色。这种鱼在海洋中一般成对生活，从不结群觅食。它们摄食时会驱赶其他蝴蝶鱼，在夜晚攻击进入其休息场所的体形相近鱼类。贸易中的黑丁卡氏蝶一般从印度尼西亚东南部和澳大利亚北部地区捕获，所以我们常常将其定义为澳洲鱼，在鱼商进口澳洲神仙、鸡心吊时往往能见到它们混杂其间。

黑丁卡氏蝶对水质要求略高，如果水中硝酸盐浓度高于150毫克/升，它们就会出现不适反应，表现为体表黏液增多，呼吸急促，所以应尽量为其提供良好的水质环境。和金丁卡氏蝶一样，它们也不耐高温，需要将饲养水温控制在28℃以下。它们对药物略敏感，在使用含有铜离子的药物时，应将水中铜离子浓度控制在0.3毫克/升以下，不可以向检疫缸中投放含有甲醛的药物；必须使用甲醛时，可将鱼捞出药浴30分钟后再放回缸中。黑丁卡氏蝶对颗粒饲料的接受程度没有金丁卡氏蝶好，需要用贝肉耐心驯诱，才能让其顺利吃颗粒饲料。

皇冠卡氏蝶 *Chaetodon flavocoronatus*

中文学名	黄冠蝴蝶鱼
其他名称	暂无
产地范围	仅分布于小笠原群岛到帕劳群岛的珊瑚礁深水区域
最大体长	12厘米

皇冠卡氏蝶与黑丁卡氏蝶外形极其相近，只是头后部背前方有一条黑色的宽带状纵纹，这条纵纹会在该鱼成年后变成金色，如同给黑丁卡氏蝶戴了个金色的帽子，故而得名皇冠卡氏蝶。该品种仅产于小笠原群岛到帕劳群岛附近的珊瑚礁区域，数量稀少，难以获得，是价格较高的名贵海水观赏鱼。

这种鱼对水质条件要求较高，需要将水中的硝酸盐浓度控制在100毫克/升以下，pH值维持在8.0以上，才能将其养好。它们也不耐高温，水温必须控制在23~27℃之间。皇冠卡氏蝶对颗粒饲料的接受能力较强，有些个体未经驯诱就可以直接吃饲料，但是食量不大。由于数量稀少，缺少实验对象，暂时没有对这种鱼进行过药物试验，猜想它们对药物的耐受能力应该和黑丁卡氏蝶接近。

皇帝蝶 *Chaetodon burgessi*

中文学名	柏氏蝴蝶鱼
其他名称	坦克蝶
产地范围	西太平洋的珊瑚礁深水区，主要捕捞地有印度尼西亚、菲律宾等
最大体长	16厘米

皇帝蝶是丁氏蝴蝶鱼家族中的常见品种，在菲律宾、印度尼西亚进口的观赏鱼中都能见到它们的身影。在本家族各物种中，它们的个体也是最大的，而且较为温顺，一般不驱赶和攻击其他蝴蝶鱼。它们对人工饲料的适应能力不强，需要非常耐心地用贝肉进行驯诱，即使这样也有相当比例的个体永远不接受颗粒饲料。

这种鱼对水质的要求比家族中其他品种略低，耐药性也较好，可以用正常剂量的铜药对其进行检疫和治疗，也可使用含有甲醛的药物。它们对抗生素类药物有不良反应，表现为鳃部分泌大量黏液，最终窒息死亡。最好不使用青霉素、氯霉素和土霉素等药物对其进行治疗。

波斯蝶 *Chaetodon mitratus*

中文学名	僧帽蝴蝶鱼
其他名称	印度蝶、印第安蝶
产地范围	印度洋的珊瑚礁深水区，主要捕捞地有马尔代夫、东非沿海地区等
最大体长	13厘米

波斯蝶是丁氏蝴蝶鱼家族中唯一分布于印度洋的物种，在印度洋的大部分珊瑚礁区域都有它们的身影。不过，一般进口个体捕捞于东非沿海，所以它们常被认为是“东非线”的鱼类，在鱼商进口耳斑神仙、火背仙等鱼类时，有可能在鱼店看到这种鱼。波斯蝶个体较小，对颗粒饲料的适应能力不佳，一开始必须用丰年虾和虾肉泥喂养几周，才能逐步驯诱其摄食人工饲料。相比之下，它们更容易适应含有鱼粉较多的红色薄片饲料，对颗粒饲料始终会时而吃，时而不吃。波斯蝶没有本家族中其他鱼那样怕热，它们可以安全地和其他海水观赏鱼饲养在一起。这种鱼较少患病，但对药物不敏感，可以用含有铜离子和甲醛的药物对其进行检疫和治疗，也可以接受淡水浴的处理。

杂交现象：黑丁卡氏蝶、金丁卡氏蝶和皇帝蝶的自然分布区域有重合，这就使它们会产生自然杂交的后代。在观赏鱼贸易中，由黑丁卡氏蝶和皇帝蝶杂交的个体时常出现，它们通常被认为是花色特殊的皇冠卡氏蝶，价格略贵一些。另外，早期人们误认为皇冠卡氏蝶是黑丁卡氏蝶和皇帝蝶的杂交后代，后期由于在产地发现的标本越来越多，才被确立成独立物种。卡氏蝶家族中的所有种都可以相互杂交，并产下具有生殖能力的后代。它们是很晚才独立分化出的物种，其共同祖先的分化现象很可能是地壳运动所造成的。

蝴蝶鱼属的难养组

按所推测出的演化关系，本组鱼类主要可分为三个家族：第一个家族是所有在观赏鱼贸易中被称为虎皮蝶的鱼类；第二个家族是以一点青蝶为代表的，身体大部分呈黄色，并具有明显圆形假眼斑的蝴蝶鱼类；第三个家族是具有极其相似特征的天皇蝶家族。另外，麻包蝶和太阳蝶虽然与前三个家族的鱼类不具备较近的亲缘关系，但它们在人工环境下的表现与前三个家族的鱼类相近，故放在一起进行说明。

这些鱼对水质的要求都不高，但是对饵料十分挑剔。我们一般能让它们接受冰鲜饵料，但基本上不可能让它们吃颗粒饲料。这些鱼中的多数品种对药物敏感，无法使用有效杀虫剂量的渔药为它们驱虫，这也是造成它们在人工环境下死亡率极高的一个因素。

虎皮蝶 *Chaetodon punctatofasciatus*

中文学名	点斑横带蝴蝶鱼
其他名称	暂无
产地范围	西太平洋至印度洋的珊瑚礁区域，主要捕捞地有菲律宾、印度尼西亚、马尔代夫、中国南海等
最大体长	12厘米

虎皮蝶实际上是一个大家族，至少有4种来自太平洋和印度洋的相似鱼类在观赏鱼贸易中被称为虎皮蝶。它们都是小型蝴蝶鱼，一般体长仅10厘米左右。本书以点斑横带蝴蝶鱼为例对虎皮蝶家族进行说明。

△从左到右分别为*C. miliaris*、*C. multicinctus*、*C.pelewensis*，它们都是虎皮蝶家族的成员，前两种有时也被称为芝麻蝶

虎皮蝶在市场上十分常见，而且价格低廉，许多爱好者会在选购其他鱼时捎带买上一条，但是它们到家后一般不吃东西，一两周后就死去了。虎皮蝶家族的鱼类是蝴蝶鱼属中体形最小的一个分支，一般单独在珊瑚丛中觅食，主要食物是小水螅体珊瑚，偶尔会捕食一些甲壳动物的幼虫和极少量的浮游生物。如果幸运，买回家的虎皮蝶可能会对冷冻丰年虾感兴趣，它们会试探着啄上几口，吞下少量，大部分被嚼碎后又吐出来。如果投喂活的丰年虾幼虫，多数虎皮蝶会去吃，不过长期吃这个是吃不饱的。可以像训练海金鱼那样，在丰年虾幼虫中一点点增加虾肉泥，最终让它们适应细碎的虾肉。

虎皮蝶对水质要求不高，在硝酸盐浓度高达300毫克/升的水中依然不会有不良反应，也可以长期生活在pH7.6的水中。它们不耐药，水中铜离子浓度高于0.2毫克/升时，会有呼吸急促等不良反应，基本上无法使用铜药为其进行检疫和治疗。只要水中不缺氧，可以用含有甲醛的药物为它们进行检疫和治疗，也可以对它们进行淡水浴。它们对抗生素的适应能力也不高，在处理细菌感染时，最好使用沙星类药物。

一点青蝶 *Chaetodon unimaculatus*

中文学名	单斑蝴蝶鱼
其他名称	暂无
产地范围	太平洋中部至印度洋的珊瑚礁区域，主要捕捞地有菲律宾、印度尼西亚等
最大体长	14厘米

非洲一点青蝶 *Chaetodon zanzibarensis*

中文学名	桑吉巴蝴蝶鱼
其他名称	暂无
产地范围	大西洋东部非洲西海岸地区，主要捕捞地有科特迪瓦、佛得角等
最大体长	12厘米

一点蝶 *Chaetodon interruptus*

中文学名	点斑蝴蝶鱼
其他名称	暂无
产地范围	红海和东非沿海地区，主要捕捞地是东非沿海地区
最大体长	12厘米

一点青蝶和一点蝶明显具有很近的亲缘关系，它们可能是很晚才从同一个祖先分化而来。非洲一点蝶和后面要介绍的一点黄蝶亲缘关系更近，但它在水族箱中的表现近似于一点青蝶，所以将它们放在一起说明。这三种鱼都不大，身体后部具有明显的圆形假眼斑。它们常成对或集小群在珊瑚丛中穿梭，主要摄食石珊瑚和海绵，也吃少量鱼卵。在人工饲养条件下，它们对虾肉和贝类都不感兴趣。如果幸运，有些个体可能会吃丰年虾，但是大部分会活活饿死，其中只有非洲一点青蝶在充分适应人工环境后可能会接受一些品牌的蝴蝶鱼专用饲料。

这三种鱼对水质要求不高，但非常不耐药，在含有铜离子的水中会表现出不吃东西并排出白色粪便，类似肠炎的症状。它们能接受的驱虫方式是淡水浴，但是淡水浴对原虫类和鳃内寄生虫没有任何效果，所以即便这些鱼不死于饥饿，也往往会死于疾病。

八线蝶 *Chaetodon octofasciatus*

中文学名	八带蝴蝶鱼
其他名称	印度蝶、印第安蝶
产地范围	西太平洋的珊瑚礁区域，主要捕捞地有菲律宾、印度尼西亚、中国南海等
最大体长	12厘米

八线蝶十分常见，但非常难养，在演化关系上可能和较为少见的澳洲彩虹蝶亲缘关系比较近。它的嘴很适合啄咬珊瑚和海绵，但不适合咬死虾或从贝壳里取出肉，因此它们的食性相对单一。有些八线蝶可以接受冷冻的丰年虾，经过耐心的驯诱，可以接受虾肉等冰鲜饵料，但是还没有见过吃饲料的个体。

如果将八线蝶饲养在水质极佳的环境里，它们的食欲会很好。我当时将这种鱼放入隔离盒，悬挂在饲养硬骨珊瑚的水族箱中，然后给它一枚虾仁。即使不吃虾肉，它也会用嘴将虾肉啄来啄去，往往啄几次就能吃下一点。

红海天皇蝶 *Chaetodon larvatus*

中文学名	怪蝴蝶鱼
其他名称	红海贵族蝶
产地范围	仅产于红海地区
最大体长	22厘米

红海天皇蝶确实很美丽，个头也大，但是这种鱼在贸易中的数量十分少，所以并没有给我多少实验机会。它们进入水族箱后能吃丰年虾和虾肉，但对掰开的蛤蜊不感兴趣。饲养一两周后，这种鱼也能吃一点儿薄片饲料，但对颗粒饲料不闻不问。只有将红海天皇蝶饲养在水质非常好的水族箱中，才能保证它们总有良好的食欲，一旦水质突变或大幅换水，都可能造成它们突然绝食。因为缺少实验机会，目前还没有尝试过对红海黄金蝶进行药物试验，不知道它们对各种药物的适应能力如何。

天皇蝶 *Chaetodon baronessa*

中文学名	曲纹蝴蝶鱼
其他名称	印度天皇蝶
产地范围	西太平洋至东印度洋的珊瑚礁区域，主要捕捞地有菲律宾、印度尼西亚、中国南海等
最大体长	16厘米

天皇蝶以前在市场上数量很多，后来大家都知道它不好养，其被捕捞的数量就越来越少了，今天它已经很少出现在市场上。将天皇蝶买回家，它们可能一进入水族箱就到处找吃的，只要投喂一些丰年虾，它们就会来吃。几天后，当你还沉浸在这么轻松就养活了它的快乐中时，它就变得什么也不吃了，一直消瘦下去，最终饿死。实际上，它们在野生条件下主要摄食海绵，偶尔捕食些珊瑚和浮游动物作为点心。如果长期喂给它们甲壳动物，它们特殊的肠胃无法将这些食物充分消化吸收，很快会患上肠炎，然后绝食死掉。当然凡事都有例外，有的特殊个体在食物的适应方面较好，不但可以接受丰年虾，甚至可以接受用虾肉来喂养。这全凭饲养者碰大运，就好像饲养纹吊、石美人这类鱼那样，如果买回家就吃东西的，则很容易养活，如果到家什么都不吃，那以后也很难再让它们吃东西，直至饿死。我试过将这种鱼放在不同水质条件下驯诱其开口，但结果都是看运气。

麻包蝶 *Chaetodon kleinii*

中文学名	黄色蝴蝶鱼
其他名称	暂无
产地范围	西太平洋至印度洋的珊瑚礁区域，主要捕捞地有菲律宾、印度尼西亚、马尔代夫、中国南海等
最大体长	16厘米

麻包蝶是比较常见的蝴蝶鱼品种，其在鱼店中出现的概率有时比人字蝶还高。它们很容易接受虾肉、贝肉等冰鲜饵料，但不吃人工饲料。可能是由于食物营养不均衡，麻包蝶一般很少能在水族箱中活过1年。即使是饲养在公共水族馆的大型水池中，让它们自主觅食想吃的东西，它们也会在几个月后就死去了。

太阳蝶 *Chaetodon melannotus*

中文学名	黑背蝴蝶鱼
其他名称	黑斜蝶
产地范围	西太平洋至东印度洋的珊瑚礁区域，主要捕捞地有菲律宾、印度尼西亚、中国南海等
最大体长	17厘米

太阳蝶是常见的蝴蝶鱼品种，市场上的个体通常在10厘米左右。在福建和海南沿海地区，爱好者可以捕到体长仅2~3厘米的幼鱼。不论是成鱼还是幼鱼，它们进入水族箱后都会吃丰年虾和虾肉，幼鱼还会啃咬颗粒饲料，但一段时间后就死掉了，这很可能是由于饵料营养成分不能满足该鱼的需求造成的。太阳蝶在野生条件下主要以石珊瑚和纽扣珊瑚类为食，在水族箱中放入腐烂了一半的榔头珊瑚和纽扣珊瑚，它们会非常兴奋，大口大口地啄食。它们对水质要求不高，能接受各种渔药的检疫和治疗。

蝴蝶鱼属中养不活的品种

本组鱼类由两个典型的家族组成。第一个家族以冬瓜蝶为代表，这些鱼在演化上基本可以看作是同一物种在较晚的时期分化而出的多种鱼类，它们具有非常明显的相似体形特征。在所有蝴蝶鱼中，这一组鱼类的嘴长度最短，从侧面看上去身体轮廓近乎为椭圆形。多数品种身体上具有明显的横向纹路，这一点与人字蝶家族的区别十分大。从嘴的形状就可以看出，它们主要摄食礁石顶部生长的石珊瑚，这些硬珊瑚无法移动身体，更不能躲藏，鱼类捕食它们非常方便。显然，它们不吃善于躲藏在缝隙里的环节动物和甲壳动物以及具有坚硬保护壳的软体动物，所以这些蝴蝶鱼不需要较长的嘴。一旦我们将这些鱼饲养在水族箱中，它们就得不到食物了，除非用石珊瑚来喂养它们，否则根本不可能养活。石珊瑚是宝贵的自然资源，用于欣赏的人工养殖珊瑚是高价值的商品，没有人舍得用珊瑚长期喂鱼。

另一个家族以镜斑蝶为代表，它们身体后部有非常明显的假眼斑。这个家族的蝴蝶鱼和上一家族有明显的相同之处，就是嘴很短。这种嘴型很适合啃咬珊瑚，但不适合捕食礁石缝隙里的动物。一些资料上记载，本家族的鱼类往往是杂食性，它们吃珊瑚、海绵和海藻，但是我从没见过它们在水族箱中吃海藻，它们倒是非常喜欢吃腐烂了一半的榔头珊瑚和脑珊瑚。这几种鱼较为常见而且市场价格低廉，所以给我提供了大量实验素材，在反复实验观察后，我觉得它们真的是在人工环境下不能养活的品种。

综上所述，我们最好放弃饲养本组的鱼类，这样既可以减少自己的经济损失，也避免了对自然物种的浪费性获取。由于本组鱼类不适合人工饲养，下面只列出它们的基本信息，不对其饲养方法进行说明。

冬瓜蝶 *Chaetodon trifasciatus*

中文学名	弓月蝴蝶鱼
产地范围	西太平洋至印度洋的珊瑚礁区域，主要捕捞地有菲律宾、印度尼西亚、中国南海等
最大体长	12厘米

红海冬瓜蝶 *Chaetodon austriacus*

中文学名	红海蝴蝶鱼
产地范围	仅产于红海地区
最大体长	14厘米

风车蝶 *Chaetodon meyeri*

中文学名	麦氏蝴蝶鱼
产地范围	西南太平洋至印度洋的珊瑚礁区域，主要捕捞地有菲律宾、印度尼西亚等
最大体长	20厘米

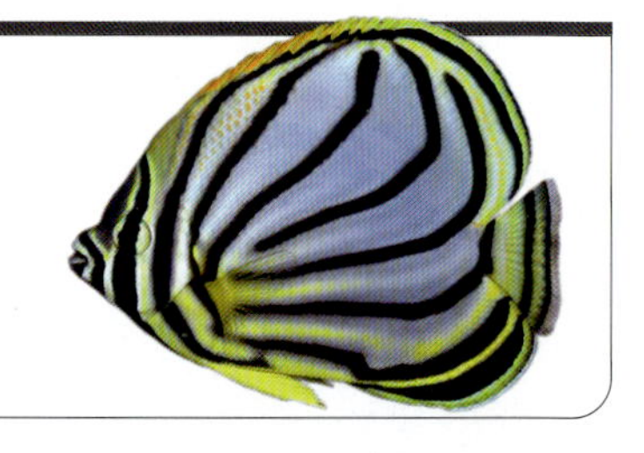

黄风车蝶 *Chaetodon ornatissimus*

中文学名	华丽的蝴蝶鱼
产地范围	西太平洋至印度半岛以东的印度洋的珊瑚礁区域，主要捕捞地有菲律宾、印度尼西亚、中国南海等
最大体长	20厘米

蓝斑蝶 *Chaetodon plebeius*

中文学名	蓝斑蝴蝶鱼
产地范围	红海和东非沿海地区
最大体长	15厘米

一点黄蝶 *Chaetodon andamanensis*

中文学名	黄蝴蝶鱼
产地范围	印度洋的大部分珊瑚礁区域，主要捕捞地有印度尼西亚、马尔代夫等
最大体长	16厘米

法国蝶 *Chaetodon bennetti*

中文学名	双绦蝴蝶鱼
产地范围	太平洋中部至印度洋的珊瑚礁区域，主要捕捞地有菲律宾、印度尼西亚等
最大体长	20厘米

镜斑蝶 *Chaetodon speculum*

中文学名	镜斑蝴蝶鱼
产地范围	西太平洋至东印度洋的珊瑚礁区域，主要捕捞地有菲律宾、印度尼西亚、马来西亚、中国南海等
最大体长	15厘米

蝴蝶鱼属中极少见于贸易的观赏鱼品种

蝴蝶鱼属中的一些品种分布区域十分狭窄，其身体形态与其他同属鱼类有较大的差异，区域种被隔离后单独演化的表现十分明显。这些品种的蝴蝶鱼大多数很少出现于观赏鱼贸易中，所以我们也缺少实验和观察的对象。本书只能对它们进行简单介绍，具体饲养细节还有待于饲养者自己研究与总结。

蓝线蝶 *Chaetodon fremblii*

中文学名	蓝纹蝴蝶鱼
其他名称	狐锦蝶
产地范围	仅产于夏威夷群岛附近
最大体长	15厘米

蓝线蝶是夏威夷地区的特有蝴蝶鱼种，捕捞数量很少，市场上非常难以见到。2007年我曾饲养过一条，它很容易地接受了颗粒饲料，而且喜欢吃海藻成分较高的饲料。这种鱼对水质突变比较敏感，可能也不耐药物，故饲养时应保持水质处于良好稳定状态。关于检疫和治疗方面的经验，还有待于饲养者进一步摸索。

犰狳蝶 *Chaetodon mesoleucos*

中文学名	中白蝴蝶鱼
其他名称	白面蝶
产地范围	仅分布于红海地区
最大体长	13厘米

犰狳蝶仅分布于红海和阿拉伯海的少部分地区，在观赏鱼贸易中非常难以见到。它们具有白色的前半身、灰黑色的后半身，在灰黑色的身体上纵向排列着黑色纵纹，好像犰狳的皮甲，因此得名。这种鱼的嘴很长，较为粗壮，体形为卵圆形，背鳍和臀鳍常紧紧贴靠在身体之上。这种相貌让犰狳蝶在所有蝴蝶鱼中显得非常特殊，它们可能和金双印蝶有较为亲密的演化关系，目前还不能确定。

犰狳蝶个体不大，成年后对食物的适应性狭窄，一般不接受人工饲料。它们很喜欢吃贝类肉，将掰开的蛤蜊投入水族箱，就会来啄食。体长小于8厘米的个体经过较长时间的驯诱，能接受小颗粒饲料，但不吃薄片饲料。它们对水质的要求不高，对含有铜离子的药物具有较好的适应能力，但是不耐甲醛。这种鱼似乎不能接受淡水浴的处理，在接触淡水后有明显的痉挛现象。因为实验个体数量有限，目前这种鱼是否真的怕淡水浴，以及它对其他药物的反应如何，尚不明确。

四目蝶 *Chaetodon capistratus*

中文学名	四目蝴蝶鱼
其他名称	加勒比蝴蝶鱼
产地范围	仅分布于加勒比海地区
最大体长	16厘米

四目蝶是仅产于加勒比海少数岛屿附近的蝴蝶鱼品种，在我国观赏鱼市场上极为罕见。这种鱼能接受丰年虾和虾肉，但是不吃饲料。没有对其做过药物试验，目前还不知道它们对各种药物是否敏感。这种鱼是加勒比海地区的代表物种，在美国的一些公共水族馆中经常成群饲养展示。偶尔有进口商引进它们时，往往每次也只有1～2尾，所以国内公共水族馆无法成群驯养这个品种，它们极具特色的假眼斑在群体活动时所体现出的作用也无法展现出来。对于个人爱好者来说，花费很多而单独饲养一尾四目蝶，很难充分体会到它们特有的群体美。

双色蝶 *Chaetodon smithi*

中文学名	史密斯蝴蝶鱼
其他名称	史密斯蝶
产地范围	仅分布于太平洋东部少数珊瑚礁区域
最大体长	19厘米

双色蝶金分布于临近中美洲的太平洋珊瑚礁区域，因产地离我国太远，所以国内市场上基本见不到。双色蝶个体较大，嘴突出且稍细长，常成对或成小群的活动，其生态位有些像印度洋的霞蝶。这种蝴蝶鱼能很好地接受颗粒饲料，有时也会摄食紫菜。由于缺少实验材料，目前还不知道这种鱼对各种药物的适应能力。

澳洲彩虹蝶 *Chaetodon rainfordi*

中文学名	林氏蝴蝶鱼
其他名称	金间蝶
产地范围	仅分布于珊瑚海地区
最大体长	16厘米

澳洲彩虹蝶的体形近乎正圆形，拥有蝴蝶鱼家族中最丰富的体色，红铜色和紫蓝色线条在浅黄的身体上勾勒出一缕缕灿烂的霞光。它们对饲养环境和饵料的适应程度很像红海黄金蝶。我们必须维持水质处于非常好的状态，否则它们美丽的颜色会很快退去。

前颌蝴蝶鱼属 *Prognathodes*

前颌蝴蝶鱼属共有11个已知物种，在观赏鱼贸易种可以见到3～4种，但都不常见。本属11个物种都是鱼类收藏爱好者们喜欢收集的对象，特别是在欧美和日本等国家尤为受到重视，所以本属所有种实际上都可以被广泛地认为是观赏鱼。前颌蝴蝶鱼属中的鱼类大多生活在水深30～200米的区域，也能进入400米以内更深的礁石区。它们还被统称为“深水蝶”。由于深水潜水捕鱼作业对潜水员的身体素质要求更高，其捕获量更少，捕获后的减压操作较为费时费力，所以这些鱼的市场价格都不低。

本属鱼类基本是环绕加勒比海分布，在墨西哥、危地马拉、伯利兹、哥斯达黎加、巴拿马、哥伦比亚的东西两侧沿海地区较为丰富。少数品种分布地延伸到美国西海岸和东南沿海地区、秘鲁西部沿海地区、委内瑞拉、圭亚那、苏里南和巴西的北部沿海地区。这些产地离我国都较远，运输成本很高，故本属鱼类以前很少被我国鱼商进口到国内。近年来，由于许多产于亚马逊河流域的淡水观赏鱼被进口到国内的数量越来越多，美洲沿海地区的稀有蝴蝶鱼也逐渐开始在国内市场上频繁出现，其中的典型品种就是镰刀蝶和沙洲蝶等。

本属鱼类在自然环境中一般单独生活，很少成对出没，从不成群活动。它们的食物范围很广，主要以软体动物和甲壳动物为食物，也爱捕食沙蚕等环节动物，食谱中珊瑚占的比例很少，所以它们都比较容易饲养。有些爱好者发现只要从幼体开始饲养，将其一直饲养在礁岩生态缸中，它们就不会伤害珊瑚，可以安全地和无脊椎动物混养。我观察到这些蝴蝶鱼确实不摄食鹿角珊瑚、蔷薇珊瑚、轴孔珊瑚等小水螅体珊瑚，但它们会啄咬脑珊瑚、纽扣珊瑚和宝石花珊瑚，对贝类兴趣极大，故放养在礁岩生态缸中并不是永远安全。

镰刀蝶 *Prognathodes falcifer*

中文学名	镰形前颌蝴蝶鱼
其他名称	暂无
产地范围	卡罗来纳到墨西哥湾的加勒比海地区，水深20～200米的区域
最大体长	15厘米

镰刀蝶是加勒比地区深水蝶中最常见于贸易的品种，每年都会有十来条被引进到我国观赏鱼市场上。它们平时貌不惊人，当兴奋或受到惊吓时竖立起背鳍前端3根长长的硬棘，就显得别具一格。在争抢食物时，它们也会用这3根硬棘攻击其他蝴蝶鱼，但由于它们体形较小，一般不对其他鱼造成威胁。相反，如果和人字蝶、关刀等大型蝴蝶鱼混养在一起，在进食时，镰刀蝶到总会被欺负。

这种鱼比较容易接受颗粒饲料，大多数个体在检疫缸中饿几天，自己就会主动接受饲料。如果喂给它们虾肉和贝肉，它们则更喜欢吃。它们对水质的要求不是很高，但是不能接受过高的水温。夏季应将水温控制在28℃以下，水温长期高于29℃，镰刀蝶很容易突然死亡。它们对药物的耐受性不高，如果使用含铜离子的药物对其进行体表驱虫，则必须将额定药量分成多份，逐日缓慢增加水中的铜离子含量，直至达到0.3毫克/升。经过对铜药的缓慢适应后，镰刀蝶对铜离子的耐受程度可以逐渐增加到0.45毫克/升。可以用含有甲醛的药物对其进行药浴，但不可在水族箱中直接投放福尔马林。它们对多数抗生素类药物都会有不良反应，最好不要使用这类药。不过，沙星类对它们是安全的，在治疗细菌感染时可以使用这类药物。

镰刀蝶对同类具有较强的排斥性，在一个水族箱中同时饲养两条，它们一见面就会打架，除了用背棘相互刺外，它们还会咬伤彼此的鱼鳍。对于其他品种的深水蝶，它们也不友好，所以混养时应特别注意。

沙洲蝶 *Prognathodes aya*

中文学名	沙洲前颌蝴蝶鱼
其他名称	史密斯蝶
产地范围	东太平洋的圣卡塔琳娜岛、加拉帕戈斯群岛以及美国和秘鲁的西部沿海地区，水深12～150米的区域
最大体长	17厘米

沙洲蝶偶尔会被进口到国内，一般是体长小于10厘米的幼鱼。它们活跃且容易饲养，进入水族箱后就会到处找食物。这种鱼喜欢吃虾肉和贝肉，经过简单驯诱就可以接受颗粒饲料，但一般对薄片饲料不感兴趣。在摄食时，它们会攻击同品种和同类别的蝴蝶鱼，一个水族箱中最好只饲养一条沙洲蝶。

这种鱼对水质要求不高，也不像其他同属鱼类那样怕热，只要水温不长期处于30℃以上，它们就可以健康生活。它们对药物的耐受能力比镰刀蝶强，但是在用药时最好分批投放，让它们缓慢适应药物，以免发生应激反应。

三间蝶 *Prognathodes guyanensis*

中文学名	圭亚那蝴蝶鱼
其他名称	法国蝶
产地范围	加勒比海地区的牙买加、波多黎各、巴巴多斯岛、伯利兹和法属圭亚那附近水深60～300米的珊瑚礁海域
最大体长	15厘米

三间蝶生活在较深的水域中，捕捞困难，所以产量很少。其市场价格较高，但由于运输和暂养期间受到了特殊照看，鱼的质量一般很好。一般用容积400升左右的水族箱饲养三间蝶，在太大的水族箱中不容易观察到它的踪迹。也可以将三间蝶饲养在没有贝类和软珊瑚的礁岩生态缸中，它们对小水螅体珊瑚是安全的。如果饲养在纯鱼缸中，则需将硝酸盐浓度控制在100毫克/升以下，pH值维持在8.0以上，将水温控制在20～27℃之间。夏季必须使用制冷设备，若水温长期高于28℃，这种鱼很容易死亡。它们吃虾肉和贝肉，也可以接受颗粒饲料。目前没有对这种鱼进行过药物试验，不清楚它们对各种药物是否敏感。

罗蝶鱼属（前齿蝴蝶鱼属）*Roa*

罗蝶鱼属以前只有一个物种，即朴蝶鱼，所以当时该属被称为朴蝶鱼属。随着鱼类分类学的发展，目前该属已经有6种鱼类，并更名为罗蝶鱼属，我国台湾地区称之为前齿蝴蝶鱼属。本属鱼类大多生活在太平洋的较深水域中，在澳大利亚北部水深60～300米的区域较为丰富，其他海域并不多见。不过，最被人们熟知的朴蝶鱼在我国南海、日本南部和中南半岛以东的太平洋浅海区较为丰富，在我国福建、广东、广西和海南的沿海礁石浅水区经常可以采集到。实际上直到现在，我们在观赏鱼市场上能见到的本属鱼类也只有朴蝶鱼，其余品种偶尔会在国外的公共水族馆中展示，但从未见于贸易。

朴蝶鱼 *Roa modesta*

中文学名	朴罗蝶鱼
其他名称	史密斯蝶
产地范围	西太平洋的珊瑚礁和礁石性沿岸区域，主要捕捞地是福建、海南的沿海地区
最大体长	17厘米

以前没有人刻意捕捉朴蝶鱼作为观赏鱼饲养，近海地区的朴蝶鱼经常会游到观赏鱼暂养网箱附近寻找食物，有时会被渔民捞起，作为廉价的观赏鱼出售。近年来，随着原生观赏鱼爱好的兴起，一些爱好者亲自到福建、海南等地的沿海礁石区捕捞这种鱼，然后在互联网上转售，于是市场上的朴蝶鱼慢慢多了起来。

这种鱼喜欢吃沙蚕、小虾和贝类，也吃大型观赏鱼身上的寄生虫。在人工饲养环境下可以用虾肉和贝肉喂养，经过驯诱能接受小型颗粒饲料，但不吃薄片饲料。它们对水质的适应能力很强，一些个体分布在红树林与河口地区，所以能在淡水中存活数日。朴蝶鱼对药物不敏感，可以接受用含有铜离子和甲醛的药物对其进行检疫和治疗。在人工饲养条件下，它们的生长速度很慢；在饵料充足的情况下，幼鱼一年仅能生长2厘米左右。

海滨野采鱼类的暂养处理：自己在海滨采集的观赏鱼，应先用原产地海水暂养1～2天，让鱼在水质不变的情况下适应较为狭小的生存环境。之后进行包装运输，并使用人工海水饲养。如果将新捕获的鱼直接放养在人工海水中，往往会因为人工海水的pH值波动较大、硝酸盐浓度较高等问题，使鱼出现应激反应。暂养新鱼的环境应尽量保持光线昏暗、水温略低，这样有助于让鱼的情绪保持稳定，避免它们在暂养箱中到处乱撞，伤到自己。

少女鱼属 *Coradion*

少女鱼属共有4～6个品种，均不常见，大部分分布在我国台湾以南、澳大利亚以北的西太平洋珊瑚礁区域，少数分布于夏威夷群岛附近。它们大多体色洁白，身上有褐色宽带状纵纹，成年后体表鳞片散发金色的光辉。幼鱼期，背鳍和臀鳍末端具有假眼斑，有些品种成年后假眼斑消失，有些则保留一生。少女鱼属的鱼类身体呈圆盘状，游泳速度慢，用尖嘴在礁石上觅食时显得十分优雅。它们的体色有些像古代少女头上的围巾，故多数在观赏鱼贸易中被称为头巾蝶。本属鱼类全为肉食性，对虾肉和贝肉很感兴趣，但是不爱接受颗粒饲料。

褐带少女鱼 *Coradion altivelis*

中文学名	褐带少女鱼
其他名称	少女蝶、头巾蝶
产地范围	西太平洋和南太平洋的珊瑚礁区域，主要捕捞地有印度尼西亚、澳大利亚北部沿海和中国南海等
最大体长	18厘米

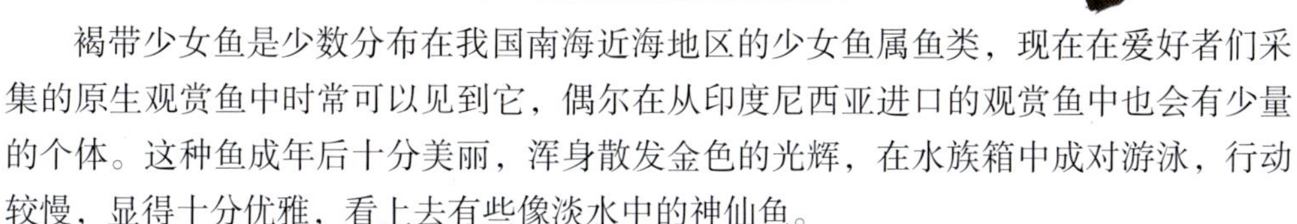

褐带少女鱼是少数分布在我国南海近海地区的少女鱼属鱼类，现在在爱好者们采集的原生观赏鱼中时常可以见到它，偶尔在从印度尼西亚进口的观赏鱼中也会有少量的个体。这种鱼成年后十分美丽，浑身散发金色的光辉，在水族箱中成对游泳，行动较慢，显得十分优雅，看上去有些像淡水中的神仙鱼。

褐带少女鱼很容易接受人工饲养环境，对水质要求不高，其他蝴蝶鱼能生活的环境都可以接受。这种鱼喜欢吃虾肉和贝肉，如果经过耐心驯诱，也能接受颗粒饲料。它们偶尔还吃少数藻类，可以时常投喂一些紫菜。褐带少女鱼可以接受水中铜离子浓度为0.35毫克/升，过高的铜离子浓度会造成其死亡。

双点少女鱼 *Coradion melanopus*

中文学名	双点少女鱼
其他名称	小头巾蝶
产地范围	西太平洋的珊瑚礁区域，主要捕捞地是印度尼西亚
最大体长	15厘米

双点少女鱼成年后，背鳍和臀鳍末端仍然保留两个假眼斑，故此得名。它们偶尔会出现在从印度尼西亚进口的观赏鱼中，但数量很少。这种鱼比较容易饲养，对水质要求不高，对药物略敏感，在使用含铜离子药物时，应让其慢慢适应。对于含甲醛类的药物，可以放心按说明书剂量使用，它们不会有不适反应。双点少女鱼进入水族箱后就会摄食虾肉和贝肉，但对颗粒饲料的接受能力很差，需要耐心驯诱才能让其逐步适应颗粒饲料。

钻嘴鱼属 *Chelmon*

钻嘴鱼属共有3个已知物种，其中只有三间火箭常见于观赏鱼贸易中。其余两种主要产于大堡礁海区，受该地区商业捕鱼限制，这两种鱼很少在贸易中出现。钻嘴鱼属鱼类具有圆盘状的身体、细长的嘴。它们主要觅食管虫、沙蚕等环节动物以及小型海葵，不摄食石珊瑚。很多人将它们饲养礁岩生态缸中，作为清除垃圾海葵的工具鱼类。钻嘴鱼属鱼类在人工饲养环境下一般只接受冰鲜饵料，不会接受人工饲料的喂养。

三间火箭 *Chelmon rostratus*

中文学名	钻嘴鱼
其他名称	铜带蝴蝶鱼、哔哔鱼
产地范围	西太平洋的珊瑚礁区域，主要捕捞地有印度尼西亚、菲律宾、马来西亚、斯里兰卡等
最大体长	20厘米

三间火箭在观赏鱼贸易中十分常见，几乎每个鱼店中都能长期见到这种鱼。它们性情孤僻，胆子也很小，一般一个水族箱中只能饲养一条；如果同时饲养两条，它们会总打架。别看这种鱼只有细小的尖嘴，相互撕咬鱼鳍时却能造成较大的伤害。刚进入水族箱的三间火箭会马上躲藏到岩石后面，只有确认完全安全后才会游出来。起初，它们什么也不吃，只是偶尔啄一啄礁石。这种鱼是典型“吃定不吃动”的鱼类，对于漂浮在水中的食物一点儿兴趣也没有，所以在驯诱过程中要尽量让虾肉或贝肉沉入水底，它们才会游过来啄食。如果将蛤蜊掰开投入水族箱中，它们会在蛤肉上啄来啄去，但是吃入的肉很少。因为它们的嘴很不适合撕扯贝肉，所以通常可以去掉大部分肉质较硬的部分，只留下鲜嫩的贝类内脏供三间火箭吃，这样还可以避免大量残饵污染水质。在驯诱三间火箭进食的初期阶段，最好不要同时饲养捕食速度快的鱼类，因为三间火箭在摄取食物时，要盯着食物看很久才会去吃，期间很容易被其他鱼将食物抢光。

一旦三间火箭在水族箱中吃东西了，它们不久就会发现原来从水面上漂落下来的虾肉也是可以吃的，这之后会慢慢形成条件反射，你一走到水族箱边，它就游过来，有时甚至将长嘴伸出水面，叼走你手中的虾肉。到目前为止，我还没有观察到它们进食人工饲料，

△虽然不伤害珊瑚，但是三间火箭对管虫的威胁是巨大的，只需要几分钟它就可以将这种多毛动物的毛啄咬得一根不剩

即使我将小颗粒饲料混合在虾泥中，它们也会在吃入后再吐出来。如果将三间火箭饲养在大型礁岩生态缸中，就不用刻意地喂它们，它们会以礁石上生长的沙蚕、管虫、羊遂足、蠕虫和小型甲壳动物为食，甚至会吞吃少量海藻。

三间火箭鱼平时行动缓慢，如果和游泳速度快的鱼饲养在一起，经常会受到惊吓变得神经质，总是躲藏起来不敢露头，所以最好和行动缓慢且温顺的鱼混养。它们对水质不敏感，即使长期饲养在硝酸盐浓度达200毫克/升的水中也不会有问题。如果能保持优良的水质环境，它们的食欲会更好。这种鱼常常携带有寄生虫，特别是体长超过10厘米的个体。新鱼必须用含有铜离子的药物进行检疫后，方可与其他鱼混养。它们对铜药的耐受度不高，必须分批投药，让它们从0.1毫克/升的铜离子浓度逐渐适应到0.35～0.4毫克/升的铜离子浓度，再高的铜离子含量会让它们呼吸急促，并在几天内死亡。三间火箭对含甲醛的药物不敏感，也可以利用福尔马林和TDC为它们做检疫驱虫。它们也能接受淡水浴和抗生素类药物，但一般不会携带本尼登虫和严重的病菌。

二间火箭 *Chelmon marginalis*

中文学名	缘钻嘴鱼
其他名称	哔哔鱼
产地范围	南太平洋的珊瑚海等地区，主要捕捞地是印度尼西亚
最大体长	18厘米

二间火箭虽然没有三间火箭看上去漂亮，却是十分难得的观赏鱼品种。它们很少出现在贸易中，即使偶尔出现也就1～2条的数量。这种鱼对水质的要求和饲养方法与三间火箭基本相同，可以参照三间火箭的饲养方法。这种鱼同种之间的敌意比三间火箭小，即使在小型水族箱中也可以同时混养两条。

黑三间火箭 *Chelmon muelleri*

中文学名	黑鳍钻嘴鱼
其他名称	暂无
产地范围	南太平洋的珊瑚海等地区，主要捕捞地有印度尼西亚、巴布亚新几内亚等
最大体长	18厘米

黑三间火箭仅产于澳大利亚东北部的珊瑚海地区，是非常难以获得的观赏鱼品种，在国内市场上似乎还没有出现过。拥有这种鱼的国外爱好者通常将其放养在大型礁岩生态缸中，它们不摄食珊瑚，但捕食虾类和贝类。资料上记载，这种鱼比本属的另两个品种更容易接受颗粒饲料，并且在喂食时能和其他鱼争抢食物。由于缺少实际饲养经验，对于这种鱼的其他信息目前尚不了解。

镊口鱼属 *Forcipiger*

镊口鱼属只有2个已知物种，即黄火箭和长嘴火箭，它们自然分布区重合，长相也极其形似，只是长嘴火箭的嘴略长一些。镊口鱼属的两种鱼类都喜欢单独生活，一般不会结群，具有较强的摄食能力，可以利用长嘴捕食沙蚕、小虾和贝类。

黄火箭 *Forcipiger flavissimus*

中文学名	黄镊口鱼
其他名称	暂无
产地范围	从太平洋中部到印度半岛以东的印度洋的热带珊瑚礁区域，主要捕捞地有马绍尔群岛、菲律宾、中国南海、斐济、印度尼西亚、马尔代夫、斯里兰卡等
最大体长	22厘米

长嘴火箭 *Forcipiger longirostris*

中文学名	镊口鱼
其他名称	黄火箭
产地范围	从太平洋中部到印度半岛以东的印度洋的热带珊瑚礁区域，主要捕捞地有印度尼西亚、斯里兰卡等
最大体长	22厘米

△黑化个体

镊口鱼属中的两种鱼类在观赏鱼贸易中一般被混在一起出售，它们的商品名都是黄火箭。由于外观极其相似，特别在幼鱼期很难分辨，所以我将它们放在一起进行介绍。

虽然它们拥有比三间火箭更长的嘴，但饲养难度要低得多。任何冰鲜的饵料都可以被接受，它们尤为喜欢吃丰年虾，而且抢食的速度绝不比其他蝴蝶鱼慢。黄火箭是一种很孤僻的蝴蝶鱼，如果水族箱不是足够大，绝对不可以同时饲养两条在一起，它们之间的打斗会非常明显。即便水族箱容积在1000升以上，两条黄火箭遇到时仍然会发生争端。两条鱼会竖立起背鳍相互威吓，如果没有认输的，就互相用长嘴刺来刺去。它们的嘴十分脆弱，如果在战争中折断，将不可能再长好，最终受伤者会饿死。但是在大型水族箱中一次饲养5条以上时，它们相互间的打斗现象明显变少，多数时间处于彼此防御的状态。

黄火箭在被放入水族箱后，会头向下地蜷缩在一个角落里，日后那个角落就是它的领地。在适应环境后，它们休息时也要回到那个角落，如果有鱼闯入了那个角落，它将奋起驱逐。目前还没有它们能接受人工饲料的记录，我们只能用丰年虾、虾肉和贝肉一直喂养这种鱼。当水质不好或饵料营养不足时，它们头上的黑色会逐渐变浅，直到完全褪为灰色。这种鱼对水质要求不高，水中硝酸盐浓度高达400毫克/升时仍然可以很好生活。它们的耐药性也很强，可以使用含有铜离子和甲醛的药物对其进行检疫和治疗，也能给它们作淡水浴处理。

霞蝶鱼属 *Hemitaurichthys*

霞蝶鱼属共4~5个物种，其中多鳞霞蝶和多棘霞蝶在观赏鱼贸易中较为常见。它们的长相基本一样，只是产地不同，所以在贸易中被统称为霞蝶。霞蝶喜欢成大群活动，成群放养在公共水族馆的大型展示缸中，展示效果十分好。它们不摄食珊瑚，但对贝类造成威胁，故可以饲养在没有贝类的礁岩生态缸中。

霞蝶 *Hemitaurichthys polylepis*

中文学名	多鳞霞蝶鱼
其他名称	暂无
产地范围	太平洋中部至西部的热带珊瑚礁区域，主要捕捞地有夏威夷群岛、琉球群岛、菲律宾和中国的台湾海峡和南海
最大体长	18厘米

在分类学上，霞蝶鱼和关刀类的演化关系较近，故而不难饲养。它们活泼好动，喜欢成大群活动，所以最好一次多养几条。刚引进到水族箱的霞蝶会十分胆怯，但适应环境后则十分活跃，终日里游来游去，似乎有用不完的精力。必须用容积400升以上的水族箱饲养它们，当然越大越好。它们喜欢吃丰年虾和虾肉，经过简单的驯诱就可以接受颗粒饲料，也能接受薄片饲料和紫菜。

在水质不佳的情况下，霞蝶身体上会呈现出许多灰黑色的小斑点，特别是在头部和胸部，好像蒙上了一层黑雾。一般将水中硝酸盐浓度控制在100毫克/升以下，维持pH值在8.0以上，这种现象就会消失。当水质极好时，霞蝶身体上会展现出灿烂的金色光泽。有些爱好者将霞蝶饲养在礁岩生态缸中，它们不会伤害珊瑚，特别是小水螅体珊瑚。但是，它们会摄食贝类，饿极了也咬纽扣珊瑚、香菇珊瑚和榔头珊瑚，所以与无脊椎动物混养时要选择合适的品种。霞蝶的耐药性很好，可以使用含有铜离子和甲醛的药物对其进行检疫和治疗，也可以对它们进行淡水浴操作。

黑白霞蝶 *Hemitaurichthys zoster*

中文学名	霞蝶鱼
其他名称	暂无
产地范围	仅产马尔代夫群岛和斯里兰卡附近的珊瑚礁区域，偶见于安达曼海
最大体长	18厘米

黑白霞蝶自然分布区较为狭窄，只在印度半岛南端到印度洋中部的查戈斯群岛有分布，所以很少在观赏鱼贸易中见到。这种鱼在人工饲养环境下的表现和霞蝶一样，也喜欢成群活动，最好成群饲养在大型水族箱中。

马夫鱼属 *Heniochus*

马夫鱼属共有8种已知鱼类，广泛分布在太平洋和印度洋的热带海洋，除印度洋马夫鱼较少在市场上出现外，其余7种全部是观赏鱼贸易中的常见品种。其中，马夫鱼、独角马夫鱼和四带马夫鱼的贸易量最大，每批都在10尾以上，多时可能上百尾，是爱好者们非常熟悉的海水鱼类。

所有的马夫鱼在观赏鱼贸易中都被称为“关刀”，这是因为马夫鱼成群竖起背鳍时，如一群武士拔出了关东刀，所以它们得了“关刀”这个名字。马夫鱼属中，5种非常好养，3种非常难养。好养的5种马夫鱼对水质条件的适应能力极广，耐药性也非常好，有些甚至能在淡水中正常生活好几天。它们甚至不用驯诱就可以直接用颗粒饲料来喂养。

黑白关刀 *Heniochus acuminatus, Heniochus diphreutes*

中文学名	马夫鱼，多棘马夫鱼
其他名称	关刀
产地范围	从琉球群岛以西到西非沿岸都有分布，主要捕捞地有菲律宾、印度尼西亚、中国南海、马尔代夫、斯里兰卡和红海地区等
最大体长	25厘米

有两种马夫鱼在观赏鱼贸易中被称为黑白关刀，它们的长相十分接近，并且部分自然分布区重合。本书不对这两个物种刻意区分，放在一起介绍。

黑白关刀强壮易养，可以单独饲养一条，但如果成群饲养，则会得到更佳的欣赏效果。一个黑白关刀群落进入水族箱后，它们会马上选出一个首领来，这条鱼往往是个体最大的雌性，其他鱼完全听从它的号令。首领去觅食，它们也跟着去觅食；首领突然紧张地藏起来，其他成员也会马上躲起来。一些年轻的个体喜欢时常挑战首领的地位，它们会向首领展示自己的背鳍有多么高大，但成功者甚少。大多数情况下，首领的背鳍会生长得最宽大，即便投喂很有营养的饲料，其他个体的背鳍也不会超过首领。首领的背鳍如同一面旗帜，指挥着它的族群在水族箱中快乐生活。如果只同时饲养两条黑白关刀，它们常会因为争抢食物而打架，不会有一条体现出首领的特征。如果黑白关刀的个头足够大，在争抢食物时，它们还会驱赶和攻击其他蝴蝶鱼。

黑白关刀很容易接受人工饲料，对颗粒、薄片饲料都情有独钟。如果用鱼、虾肉喂养，它们会长得很肥。它们的生长速度很快，体长10厘米的幼鱼饲养一年就可以生长到20厘米。有人将体长5厘米以下的关刀幼鱼混养在礁岩生态缸中，随着小关刀慢慢地长大，它们会将珊瑚祸害得什么也不剩。

黑白关刀是寄生虫的主要携带者，必须经过严格检疫才可以与其他鱼混养。它们的耐药性很强，水中铜离子含量达到0.5毫克/升也不会对其造成伤害。如果采取分批次下药的方法，让它们逐渐适应，体长超过15厘米的关刀甚至可以接受水中铜离子浓度为0.8毫克/升。所以对于它们身上造成白点病的原虫类寄生虫，我们可以轻松杀灭。只要水中不缺氧，黑白关刀对含甲醛类药物也不敏感，可以放心用来驱除鳃内的寄生虫。它们还能在淡水中存活很久，所以对新鱼进行几次淡水浴是去除本尼登虫最好的办法。黑白关刀可以长期生活在pH值7.6～7.8的水中，对水中硝酸盐浓度的耐受能力可以达到500毫克/升。我们最好还是将硝酸盐浓度控制在200毫克/升以下，这样它们会非常活跃且食欲旺盛。

花关刀 *Heniochus singularius*

中文学名	四带马夫鱼
其他名称	独角花关刀
产地范围	西太平洋至印度洋的热带珊瑚礁区域，主要捕捞地有印度尼西亚、马来西亚、澳大利亚北部沿海等
最大体长	30厘米

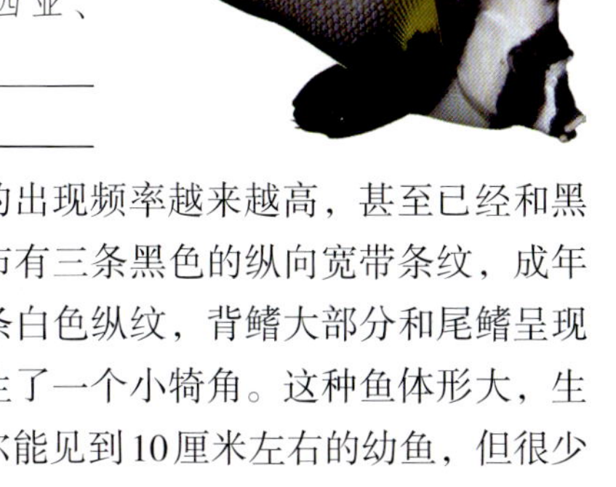

以前，花关刀不常见，近两年它们在市场上的出现频率越来越高，甚至已经和黑白关刀的贸易数量差不多了。幼鱼时期，身上分布有三条黑色的纵向宽带条纹，成年后从身体中部慢慢变为银灰色，鳃盖部位保留一条白色纵纹，背鳍大部分和尾鳍呈现黄色。成鱼背部前方出现一个小小的凸起，如同生了一个小犄角。这种鱼体形大，生长速度快，一般贸易中的个体在15厘米以上，偶尔能见到10厘米左右的幼鱼，但很少有小于10厘米的个体。它们在海洋中呈大群生活，在水族箱中既可以单独饲养一条，也可以成群饲养。花关刀一般不需要刻意地进行人工驯诱就可以轻松接受颗粒饲料的喂养。它们在争抢食物时占据优势地位，会驱赶和攻击其他品种的蝴蝶鱼。这种鱼强壮易养，其对水质、药物的适应能力和黑白关刀一样。

鬼面关刀 *Heniochus monoceros*

中文学名	单角马夫鱼
其他名称	独角关刀、印度金刀、乌面立旗鲷
产地范围	西太平洋至印度洋的热带珊瑚礁区域，主要捕捞地有印度尼西亚、马来西亚、马尔代夫、澳大利亚北部沿海等
最大体长	30厘米

鬼面关刀成年后，背部前方有一个明显的凸起，犹如长了一个犄角，所以也被称为“独角关刀”。它们的体形很大，而且越大越漂亮，完全成年后，身体后方大部分区域呈现出金黄色，故也被称作“金刀”。鬼面关刀是非常好养的品种，新鱼不必驯诱，可以直接用颗粒饲料喂养。这种鱼的群游性没有黑白关刀和花关刀好，一般喜欢单独活动，在争抢食物时会驱赶和攻击其他品种的蝴蝶鱼。它们生长速度很快，体长10厘米左右的幼鱼，饲养一年就可以生长到20厘米以上。它们对水质要求不高，有很强的耐药性，可以参照饲养黑白关刀的饲养方法。

红海关刀 *Heniochus intermedius*

中文学名	红海马夫鱼
其他名称	红海金刀
产地范围	仅分布于红海地区
最大体长	18厘米

由于产地特殊，红海关刀在观赏鱼贸易中不多见。它们的个头没有黑白关刀大，成年后一般只有18厘米，但是经常会集大群活动。红海关刀虽然价格略高，但非常容易饲养，它们不用刻意驯诱就可以接受颗粒饲料，在水族箱中还会吃薄片饲料和紫菜。如果和其他品种的大型关刀饲养在一起，红海关刀容易遭到驱赶和攻击，所以最好不与黑白关刀、花关刀混养在一起。它们对水质要求不高，耐药性也很好，可以参照饲养黑白关刀的饲养方法。

羽毛关刀 *Heniochus chrysostomus*

中文学名	金口马夫鱼
其他名称	暂无
产地范围	西太平洋的热带珊瑚礁区域，主要捕捞地有菲律宾、中国南海等
最大体长	19厘米

羽毛关刀是本属中最难饲养的品种，以前一度被认为是根本养不活的品种。在海洋中，它们竖着如一片羽毛的背鳍，成群地在珊瑚礁丛中觅食，食物主要是珊瑚上的寄生虫和多毛类环节动物，偶尔也吃珊瑚虫。进入水族箱后，我们很难用丰年虾、虾肉和贝肉驯诱它们开口，最简单的办法是给它们一块腐烂了一半的珊瑚。如果将其饲养在容积1000升以上的大型水族箱中，或成群放养在水族馆的大水池中，它们则会变得较好饲养。这些鱼能够逐渐接受鱼、虾肉，但通过对海洋馆中饲育个体的观察，它们似乎更喜欢吃大型鱼身上的腐皮和寄生虫，很多情况下，它们跟随在鲨鱼和巨石斑鱼左右，啄食它们身上的东西。

在水质极好的礁岩生态缸中，也能较好地饲养这种鱼，它们会啄食礁石和珊瑚上的小虫，然后慢慢在其他鱼的带领下接受虾肉碎末。它们一旦完全适应环境，就会破坏珊瑚，给礁岩生态缸内的生态平衡带来巨大的影响。

这种鱼对水体大小和水质的要求都很高，不太适合爱好者在家中饲养。它们很脆弱，容易受到其他蝴蝶鱼的驱赶。它们对药物也比较敏感，水中铜离子浓度高于0.25毫克/升时，就会有呼吸急促等不良反应。但是它们对含甲醛的药物不敏感，可以用福尔马林和TDC等为其进行体表和鳃内的驱虫操作。

咖啡关刀 *Heniochus varius*

中文学名	白带马夫鱼
其他名称	暂无
产地范围	太平洋中部至西部的热带珊瑚礁区域，主要捕捞地有马绍尔群岛、菲律宾等
最大体长	19厘米

咖啡关刀是和羽毛关刀很接近的一种鱼类，它们很少自己结合成大群，通常是混杂在羽毛关刀群体中活动，一起在珊瑚丛中捕食寄生虫和管虫。成年后，身体前部长出很小的凸起，与眼眶上方的两个更小的凸起对称呼应，看上去如同海藻叶片上的缺刻。它们会经常借此伪装隐蔽在海藻丛中，以防大型鱼类的攻击。这种鱼也是非常难养的品种，在中小型纯鱼缸中几乎没有饲养成功的案例。如果将其放入大型饲养池中，则会尾随在大型鱼之后，摄食其身上的寄生虫。

黑关刀 *Heniochus pleurotaenia*

中文学名	印度洋马夫鱼
其他名称	幻影斑蝶
产地范围	印度洋的热带珊瑚礁区域，主要捕捞地有印度尼西亚、马来西亚等
最大体长	17厘米

黑关刀一直很少见于观赏鱼贸易，它们在海洋中一般不集大群，主要是尾随在其他蝴蝶鱼群体后活动。摄食的种类和羽毛关刀接近，主要是珊瑚和鱼类身上的寄生虫以及多毛类环节动物。幼鱼在市场上很少见到，养过这种鱼的人也不多，目前还没有该品种在人工环境下饲养成功的案例。

神仙鱼

△神仙鱼鳃盖后方延伸出的棘刺是它们学名“刺盖鱼”的由来

神仙鱼类是海水观赏鱼中的重要组成部分，它们与小丑鱼类同为主流的观赏鱼。在不考虑饲养海洋无脊椎动物的情况下，纯鱼缸中如果不饲养大型神仙鱼，即便饲养再多的其他品种，饲养者也通常被其他人视为非主流玩家。神仙鱼的体色是大自然中的色彩与线条在动物身上完美展现的方式之一，它们与美艳的蝴蝶、华丽的鸟类一样都是大自然杰出的“艺术作品”。

海水神仙鱼指的是鲈形目、刺盖鱼科（Pomacanthidae）的鱼类，全世界只有89种，并且该科已经很多年没有新物种被发现了。这89种鱼类全部被作为观赏鱼在国际市场上进行贸易，其中有约30种频繁出现在贸易中，约有40较为常见但价值较高，约10种为极其名贵的观赏鱼（国际市场上的单尾价格都在一万美元以上），其余9种因体色较为暗淡或产地十分特殊，一般很少见于观赏鱼贸易中，但是在大型公共水族馆中都有收藏和展示。

刺盖鱼科鱼类与蝴蝶鱼科鱼类在演化上的关系很近，有些分类学著作甚至将这两个科合并入蝴蝶鱼总科中。与蝴蝶鱼类的最大不同在于，刺盖鱼类的鳃盖后方长有一对硬刺。这对刺大概是用来防御大型鱼从头部将它们吞掉的，而这个特征也是本科名称的由来。

所有的刺盖鱼科鱼类均为杂食性动物，一般单独或成对地在珊瑚礁核心区生活，极少数大型品种喜欢集群在珊瑚礁周边甚至大陆架边缘活动。它们的食物品种十分复杂，包括红藻、褐藻、绿藻、海绵、苔藓虫、珊瑚虫、多毛类环节动物、贝类等软体动物、虾类等甲壳动物等，一些大型品种还会尾随鲨鱼摄食鲨鱼捕食后的碎屑和鲨鱼体表的寄生虫。本科鱼类都具有较强的领地意识，非常不喜欢同类进入自己的领地。这些鱼骁勇善战，对待不速之客常常是一边用尾巴抽打一边用嘴撕咬，直到一方落荒而逃为止。在相对空间狭小的水族箱中，战败的神仙鱼往往无处可逃，它会被胜利者不停地追打，直到遍体鳞伤失去性命为止。非同品种的神仙鱼也会经常发生摩擦，特别是演化关系较近的类别，如：皇后神仙与耳斑神仙、马鞍神仙与蓝面神仙、紫月神仙与蓝环神仙等，这些鱼虽不同种，但体形和体色上具有很多相近之处，一旦碰面也免不了一场摩擦。非同种神仙鱼之间的打斗现象要比同种间少很多，也很少彼此造成致命的伤害，一般是将敌人打跑了就拉倒。因此，在同一水族箱中一般只能饲养一条同品种的神仙鱼，但是经过科学搭配和管理，可以将多品种的神仙鱼混养在一起。

别看神仙鱼对入侵者格外凶，它们对配偶却是百般温存。大多数神仙鱼是一夫一妻制的忠实捍卫者，它们从性成熟开始与一条异性结为伴侣，之后的数十年内形影不离，出则同行，入则同穴。在大型神仙鱼中，如果一对夫妻中的一条死去，另外一条很难再找到伴侣，它会孤老到死。

刺盖鱼科由7属组成，其中刺盖鱼属（*Pomacanthus*）、刺蝶鱼属（*Holacanthus*）、荷包鱼属（*Chaetodontoplus*）和甲尻（音kāo）鱼属（*Pygoplites*）的鱼类成年后体长大多在25厘米以上，大者可达60厘米，因此被称为大型神仙鱼，目前市场上将它们简称为“大仙”。阿波鱼属（*Apolemichthys*）和月蝶鱼属（*Genicanthus*）的鱼类成年后体长在15~25厘米，一般被称为中型神仙鱼。以前人们常将阿波鱼属鱼类归入大神仙鱼类，但是它们的体形实在是不够大。而月蝶鱼类的体形对比小型神仙鱼又有些大，故现今将它们单分为一类。刺尻鱼属（*Centropyge*）是刺盖鱼科中品种最多的一属，有34个已知物种，一般体形在10厘米左右，因此被称为小型神仙鱼或礁岩神仙鱼（coral reef angelfish）。

大型神仙鱼通常对珊瑚礁有破坏性，一般是饲养在纯鱼缸中。它们是纯鱼缸中的灵魂物种，任何一个只养鱼的海水水族箱中缺少了大型神仙鱼，都好像失去了灵魂。小型神仙鱼是礁岩生态缸中最靓丽的成员，五光十色，活泼可爱，好像镶嵌在珊瑚丛中的一枚枚游动的宝石。

在自然界中，同属的神仙鱼存在着自然杂交现象，我们时常可以看到同时具有两种神仙鱼特征的野生神仙鱼，这些鱼被鱼类收藏者视为珍品，市场售价极高。神仙鱼的自然杂交现象在其他珊瑚礁鱼类中并不多见，为何演化过程中具有高度亲缘关系的鱼类却没有被自然隔绝开来，至今还很难找到答案。

大型神仙鱼是寄生虫的主要携带者，而且在与其他鱼类混养时很容易被寄生虫所感染。中、小型神仙鱼虽然不太容易感染寄生虫，却对大多数药物有不良反应。在海水观赏鱼中，出现在神仙鱼类身上的寄生虫品种是最多的，在对神仙鱼类的检疫和治疗方面的药物也是五花八门。对于海水鱼饲养者来说，能轻松治愈各种神仙鱼的疾病，就代表具有了较高的技术水平，再处理其他鱼类的疾病时，就会显得游刃有余。

由于神仙鱼类十分美丽，几十年来世界各地的海水鱼饲养爱好者都会不断地购买它们，这造成了海洋中的神仙鱼被大量捕捞，影响到野生种群的数量。为了保护这些美丽的海洋鱼类免遭过度捕捞的灭顶之灾，早在20世纪80年代，欧洲许多国家实施了禁止进口大型神仙鱼的条例，随后美国和澳大利亚也开始严格控制神仙鱼的捕捞和进口数量。2000年以后，美国夏威夷地区和我国台湾地区的渔场率先在人工环境下成功繁育了火焰仙和紫月神仙。之后，位于美国佛罗里达州的ORA海水鱼繁育中心相继繁育成功了蓝神仙、灰神仙、哥迪士神仙等4种大型神仙鱼和2种小型神仙鱼；位于澳大利亚北部的大堡礁鱼类保育研究中心成功繁殖了澳洲神仙和澳洲蓝面神仙。2013年前后，在印度尼西亚巴厘岛的观赏鱼养殖场，马鞍神仙和蓝面神仙得以人工繁殖成功。截止到现在，89种神仙鱼中，约有30种已经被人工繁殖成功，其中10余种已经有稳定的产量，能充分满足观赏鱼市场的需求。到2006年，欧洲各国相继撤销禁止大型神仙鱼进口的条例，并实施每年定额进口计划。美国和澳大利亚已逐渐放开了对大型神仙鱼的商业进口限制。

神仙鱼类体态典雅，色彩艳丽，行为有趣，与人互动能力强，是优秀的观赏鱼品种。它们的脑容量相对较大，在鲈形目中的演化等级较高，具有复杂的肢体语言和群体交流能力，是动物行为学观察的理想品种。神仙鱼类广泛分布在全世界热带海洋中，其各族群、各物种或分布区狭窄，已具明显的单独演化迹象，或处于种间杂交频繁的不断变化过程中。对神仙鱼自然种群分布的追踪研究，有助人们更好地了解大陆漂移和海洋洋流等地理学现象。大型神仙鱼是海洋中为数不多的既具有绚丽色彩又具有较大体形的动物，在公共水族馆中放养能带来良好的展示效果。多数神仙鱼是高档观赏鱼，市场价格均较高，人工养殖神仙鱼的前景广阔，能带来很高的经济效益。同时，大力开展神仙鱼养殖，还能够通过保种保育、增殖放流等方式维持自然物种的生态平衡。

刺盖鱼科观赏鱼的分类关系如下表：

属	品种	观赏鱼贸易中的分类
刺盖鱼属（*Pomacanthus*）	所有种（共13种）	大型神仙鱼
刺蝶鱼属（*Holacanthus*）	所有种（共8种）	
甲尻鱼属（*Pygoplites*）	所有种（共1种）	
荷包鱼属（*Chaetodontoplus*）	所有种（共14种）	
阿波鱼属（*Apolemichthys*）	所有种（共9种）	中型神仙鱼
月蝶鱼属（*Genicanthus*）	所有种（共10种）	
刺尻鱼属（*Centropyge*）	所有种（共34种）	小型神仙鱼

刺盖鱼属 *Pomacanthus*

刺盖鱼属共有13个已知物种，全部可以在观赏鱼贸易中见到，其中一半以上十分常见，约有6种已经人工繁殖成功，并具有稳定的养殖数量。它们是神仙鱼中个体最大的一类，为标准的大型神仙鱼，即使在除鲨和魟以外的所有硬骨海水观赏鱼中，它们的体形也都位居前列。

刺盖鱼科的鱼类具有典型的幼鱼期保护色，幼鱼与成鱼体色完全不同，但是所有品种的幼鱼体色都全身布满蓝色、黄色和白色的条纹，看上去颇为相似。从幼鱼体色转变为成鱼体色的阶段称为“变态期”，每种刺盖鱼的变态期都不尽相同，有些品种在体长仅6厘米时就开始变态，当体长达到12厘米时基本已经是成鱼的色彩了。有些品种的变态期很晚，体长达到10厘米以上时才开始逐渐变色，直至体长20厘米有余时仍多少带有一些幼鱼的体色特征。由于刺盖鱼的幼鱼与成鱼体色完全不同，一些品种的幼鱼和成鱼在贸易中的商品名也不同，如皇后神仙的幼鱼称为“篮圈”，蓝纹神仙的成鱼称为“北斗神仙”等。

刺盖鱼属的鱼类在幼鱼期生长速度比较快，通常处于变态期的幼鱼生长速度最快，一般能在一年里生长10厘米以上，并完成变态过程。当它们体色完全转变为成鱼的颜色后，生长速度逐渐缓慢下来。一般体长超过25厘米的亚成鱼在人工饲养条件下的生长速度非常慢，每年仅能生长几厘米。刺盖鱼科鱼类几乎终生生长，寿命很长，体形较小的马鞍神仙、耳斑神仙约能活16～22年，皇后神仙、蓝面神仙等的寿命可以达到30年以上，体形非常大的法国神仙和灰神仙可以活60年，甚至100年之久。饲养一条大神仙鱼在家中，它们陪伴人的岁月会比猫、狗这些宠物还要长久。要想把一条幼鱼养成体长40厘米以上的大鱼，不花费十年八年的功夫是办不到的。这也使得成鱼的市场价格可以是幼鱼的十几倍甚至几十倍。

刺盖鱼科鱼类都是领地意识极强的鱼类，它们对伴侣很忠贞，成年后一般结对活动。但是非配偶关系的两条同种鱼类被放到一起后，就会马上发生严重的打斗事件。如果两条鱼体形相当，那么它们会相互撕咬到遍体鳞伤，被打败的一条很可能因伤势过重而丢了性命。这些鱼的好斗性格从小就有，即便是将体长仅5厘米的同种幼鱼放养在一起，它们也总会打来打去。不过，体形相差较大的同种刺盖鱼之间很少发生严重的摩擦，只要水族箱足够大，一般个体较小的一条能时刻避开体形较大的那条。体形较大的一条，也只是偶尔驱赶小个子的同类，一般不会玩命追着撕咬。大体形的成鱼对于还没有变形的幼鱼基本不会发出猛烈的攻击，因为它们觉得这些“小孩”对自己不造成威胁。非同种的刺盖鱼也会经常产生摩擦，在混养时应采取一定的方法来避免它们彼此造成过大的伤害。在同一水族箱中放养多种刺盖鱼的时候，应遵循从小到大依次放入的方法：如第一批放入的鱼体长在15厘米左右，那么第二次放入的鱼体长应当在20厘米左右，第三次放入的鱼体长就要更大一些，最少也要23厘米。以此类推，每次购买的新神仙鱼都要比自己现在养的品种个头略大一点儿，这样新鱼进入水族箱后就不会被老鱼欺负。还要注意，应先放入较为胆小的品种，后放入胆子较大的品种。如，马鞍神仙、蓝面神仙在所有刺盖鱼中胆子最小，最容易受到惊吓，应最早被放入水族箱。等它们充分适应环境后，再放入蓝环神仙、皇后神仙等胆子较大的鱼，而像法国神仙、灰神仙这样活跃好动的品种应最后放入。当然，在逐条将神仙鱼放入水族箱的过程中，也不用过于教条。如果实在购买不到比自己水族箱内现养鱼类个体大的新品种，也可以购买体形略小的个体，但最好不要让新鱼和老鱼的体形非常接近，这样它们会变得势均力敌，打斗时往往会出现你死我活的结局。如果新来的鱼个体较小，可以先用隔离盒（网箱）悬挂在水族箱（鱼池）一侧，让原来的鱼能隔着网板看到新鱼，使它们彼此适应对方的存在，隔离1～2周后再将新鱼放入，可以有效避免其遭到严重攻击。放入新鱼的时间最好选在晚上关灯以后，这时鱼类进入睡眠状态，不会马上聚到新鱼周围对其进行驱赶。等到次日天明，新鱼已经完全熟悉了水族箱内的空间格局，遇到其他鱼的驱赶会非常迅速地避开，这样也可以避免新鱼受到严重伤害。

放养在一个水族箱中的不同品种的刺盖鱼，即使彼此相当熟悉后，也会时常发生小的摩擦，它们竖起鱼鳍彼此炫耀身体，利用鱼鳔发出如打鼓一样的砰砰声，偶尔还会咬掉对方尾鳍上的一两根鳍条。这些神仙鱼中存在着不同的等级关系，一般皇后神仙或紫月神仙容易成为群体中的霸主，别的鱼不敢向它示威。当两条鱼打架时，如果“霸主”游过来，它们会马上罢手并迅速躲到礁石后边去。即便水族箱中有比皇后神仙和紫月神仙个体大的法国神仙、灰神仙，也很少会超越皇后和紫月的地位。但是水族箱中的风水总会轮流转，有时霸主的地位也会被其他神仙鱼短时间取代，像北斗神仙、耳斑神仙，最容易在挑战领袖时获得成功，短时间成为新的霸主。如果水族箱足够大，可以在其间放养体形较大的苏眉、石斑等大型鱼类，这些鱼并不攻击刺盖鱼，却对刺盖鱼类具有震慑作用，它们在水中游动，刺盖鱼们就很少彼此发起攻击。将蝴蝶鱼和刺盖鱼饲养在一起不是非常明智，除非蝴蝶鱼的数量占绝对优势，刺盖鱼的数量很少，否则刺盖鱼总会驱赶蝴蝶鱼，让它们无法进食和休息，严重影响蝴蝶鱼的生长发育。

由于刺盖鱼类的日常摩擦时常出现，它们的鱼鳍和体表常常带有小伤口，这就使得它们很容易患淋巴囊肿。特别是在水中硝酸盐浓度较高时，大多数刺盖鱼的背鳍、臀鳍、尾鳍和鳃盖上都会生长淋巴囊肿，这种东西虽然不会致命，但是严重影响美观。我们在饲养过程中应尽量将硝酸盐浓度控制在200毫克/升以下，将pH值稳定在7.8以上，这样可以有效减少淋巴囊肿的生长。

刺盖鱼属中的好几个品种都是超级寄生虫携带者，它们在运输和暂养的过程中大多已经感染了鳃内寄生虫，特别是体形很大的成鱼，寄生虫携带量非常大。本属所有鱼类不论大小，都必须经过严格的药物检疫过程才能与其他鱼类混养。不过，这些鱼大多对药物不敏感，并且能接受淡水浴的处理。有些饲养者为了不让鱼患病，长期将鱼饲养在含有铜离子的水中，这种方法是错误的。对于刺盖鱼来说，长期生活在含有铜离子的水中，增加了其肝肾负担，经常会造成肝肿大而死亡。故在检疫和治疗时，应将每个用药周期控制在30天以内。

刺盖鱼属的鱼类食性很杂，摄食各种海洋无脊椎动物和海藻，有些品种甚至会捕食水母这种具有刺细胞的动物。有时，我们发现刺盖鱼的幼鱼往往不会啃食珊瑚，就将它们放养到礁岩生态缸中。只要我们保证充足的投喂量，即使它们已经长得很大了也不摄食珊瑚。不过，当饲养者出差几天回到家后，就会发现珊瑚已经被蓝圈、马鞍等啃食成斑秃石头棍。其实，刺盖鱼类都是吃珊瑚的动物，只不过它们觉得珊瑚没有饲料好吃，更没有虾肉可口，所以只要能吃饱一天就绝不去啃珊瑚。一旦几天没人喂食，它们就饿红眼了，别说珊瑚，就连岩石上的藻类都能啃光，所以将刺盖鱼类放养在礁岩生态缸中绝对不安全。公共水族馆中那些长期有专人管理的大型礁岩生态缸另当别论。

刺盖鱼的身体健康程度和日常投喂的饲料具有密切的关系，因为这些鱼是杂食动物，所以需要用品种尽量丰富的饵料来喂养它们。一般可以用1~2种海水神仙鱼专用颗粒饲料为基础食物，定期增加虾肉、贝肉等冰鲜动物性饵料，以及紫菜、各种海藻等植物性饲料。如果每个月还能给它们点儿生蚝壳上的海绵吃，那就更好了。虽然刺盖鱼非常爱吃虾肉、贝肉等肉类，但这种饵料不可投喂过多，一般占饵料总量的5%~10%即可。过多给予肉类食物，会让刺盖鱼过度肥胖，其肝脏附近堆积大量的脂肪，影响循环系统和神经系统，会造成它们失明，一些鱼还会出现身体畸形等现象。我们经常会在公共水族馆的大型展示缸中看到身体严重变形的法国神仙和因失明而行动迟缓的灰神仙。藻类和含有藻类成分的颗粒饲料应当经常投喂，其投喂总量应占全部日常饵料的50%左右，长期使用海洋植物类饵料，非常有利于刺盖鱼保持鲜艳的体色。针对处于变态期的幼鱼，更应重视藻类的投喂比例，如果饵料中缺少了藻类，它们的体色会变得非常暗淡。为了能让处于变态期的幼鱼更好地完成变色过程，也为了让刺盖鱼保持匀称优雅的身体形态，最好能定期在饵料中添加一些海水鱼专用的维生素、电解质等滋补品。现在市场上这类产品非常多，大多是针对神仙鱼开发的。

刺盖鱼属鱼类非常聪明，只要你走近水族箱，它们就会转着眼珠上下审视你，这些鱼好像能猜出你的心理活动。如果你正想投饵，它们就会马上聚拢过来，朝着你摇头摆尾。如果你正要擦洗水族箱，它们就会立马躲开，寻找安全的角落躲避起来。它们还能记住你将鱼饲料放在家中的哪个抽屉里了，只要你一动那个抽屉，它们就会兴奋起来。定期投喂虾肉和贝肉的鱼还能记住那些食物来自冰箱，你一打开冰箱，它们就会朝着你的方向游过来。一些品种在完全适应人工饲养环境后，会对人类放松警惕，允许你将手伸入水中摸它们，当其感到身上痒痒时，还特别希望你用指甲挠它们的背和腹部。

皇后神仙 *Pomacanthus imperator*

中文学名	主刺盖鱼
其他名称	皇帝神仙（emperor angelfish）、篮圈（幼鱼）
产地范围	东起夏威夷、西至红海、北起日本南部、南至澳大利亚大堡礁地区的太平洋和印度洋大部分珊瑚礁区域，主要捕捞地有马绍尔群岛、菲律宾、印度尼西亚、马来西亚、中国南海、越南、马尔代夫、阿曼以及红海地区等
最大体长	40厘米

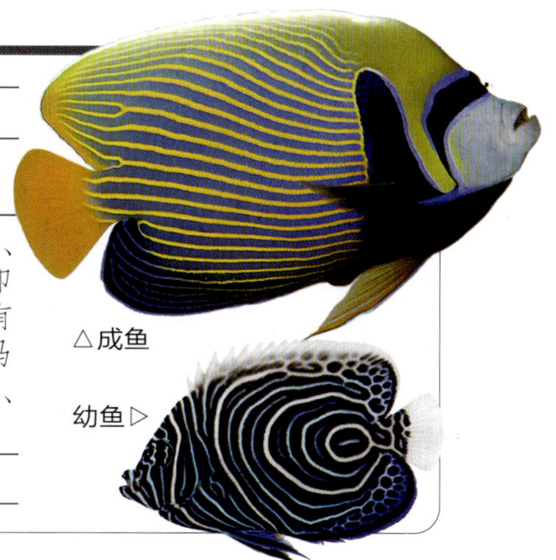
△成鱼
幼鱼▷

Imperator在拉丁语中是“皇帝”的意思，如果从学名直译的话，这种鱼更应该称为“皇帝神仙”。在西方和我国香港地区，这种鱼确实被称为“皇帝神仙”，你仔细看看扑克牌老“K”的服装，就不难明白为什么给一种满身蓝黄条纹的鱼起这样一个名字。“皇后神仙”的叫法最早出现在我国台湾地区，最后被大陆地区大部分养鱼人所采用。之所以将“皇帝”改名为“皇后”，是因为还有一种同样穿着锦绣条纹“服装”的神仙鱼*P. diacanthus*，它看上去更加金光灿烂，于是爱好者们不得不把“皇帝”这个名字授予了它，而将*P. imperator*降为“皇后”。不过，皇帝和皇后这两种鱼绝不是夫妻关系。

皇后神仙是刺盖鱼科中自然分布最广的鱼类，在太平洋中部、南部、西部和整个印度洋的珊瑚礁地区都有它们的踪迹。在观赏鱼贸易中，既可以看到捕捞于我国南海的个体，也有大量从印度尼西亚、马尔代夫等国进口的个体，有时还能见到从印度尼西亚西南部的圣诞岛、红海亚丁湾地区以及肯尼亚捕捞来的皇后神仙。通过多年对观赏鱼贸易中皇后神仙的观察，我发现被称为皇后神仙的鱼很有可能不只是同一个物种。虽然目前分类学上只给予了这种鱼一个学名——*P. imperator*，但是不同产地的皇后神仙，体形和体色明显不同，甚至在同一产地也能捕到两种完全不同体形和体色的皇后神仙。首先，有些皇后神仙在背鳍末端有数根鳍条会随着年龄的生长而延长，像飘带那样漂在身后。另一些皇后神仙即使完全成年也不会长出“飘带”，它们的背鳍形状更像蓝面神仙，是椭圆形的。背鳍具有飘带的个体，尾鳍可能是黄色，也可能是橙黄色；而背鳍上没有飘带的个体，尾鳍一般是橙黄色或鲜艳的橙红色。

观察不同产地的皇后神仙生长情况，我们会发现一般背鳍末端具有飘带的个体成年后体形较小，通常只有30厘米左右，有些甚至只能长到25厘米。而背鳍末端呈椭圆状的皇后神仙，成年后一般较大，如捕捞于印度尼西亚的个体至少可以长到32厘米，而东非地区和圣诞岛所产的个体成年后均能达到40厘米。印度尼西亚的这一片群岛横卧在东亚大陆和澳大利亚之间，所以我们在该地区既可以采集到黄色尾鳍的皇后神仙也可以采集到橙红色尾鳍的皇后神仙，既有体形只能长到25厘米的个体，也有体形达40厘米的个体，说明这两种类型皇后神仙的生存空间并没有完全被地理隔绝，它们一直生活在一起，外观却没有因为世代杂交而被统一。同一产地的不同两类皇后神仙，哪一类都不是另一类的地域亚种或变种。很有可能它们原本就是两个物种，只是因为身上的花纹类似，我们才一直将它们误认为是一个物种。在贸易中，因为产于红海、东非和圣诞岛的皇后神仙个体最大，且身体上的蓝色底色最深，金色条纹细密且匀称，尾鳍颜色也最鲜艳，故售价要比其他产区的高若干倍，其中尤以圣诞岛的皇后神仙最为出名，它们在国际贸易中会被特殊注明为“Emperor angelfish – Christmas Island”国内鱼商直接将其简称为“圣帝”。圣诞岛皇后神仙的幼鱼也与其他产地的幼鱼有所不同，它们身体中部没有白色的圆圈状花纹，而是呈马蹄形的线条，这些幼鱼被国内鱼商简称为“圣圈”。圣帝和圣圈是目前最贵的皇后神仙类型，继它们之后，捕捞于东非、红海以及南太平洋的皇后神仙也价值颇高。而产于菲律宾、我国南海和马尔代夫的大部分皇后神仙，由于都是黄色尾鳍的小体形个体，在市场上的价位不高。

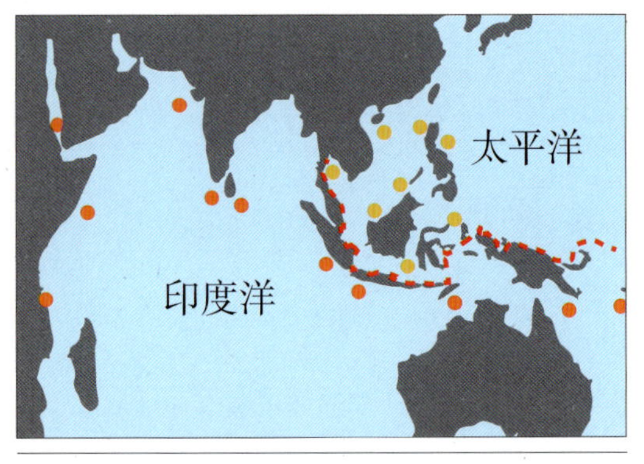

● 背鳍末端呈圆形的皇后神仙主要产地
● 背鳍末端延长软条的皇后神仙主要产地
– – 两种不同体形皇后神仙产地在西太平洋和印度洋的明显分界线

皇后神仙的幼鱼具有深蓝色的身体，上面布满一圈圈的白色和浅蓝色花纹，人们把它叫作“蓝圈”。这种花纹实际是用来迷惑捕食者的，如果你全神贯注地盯着一条蓝圈神仙看，混乱旋转的花纹会很快让你感到头晕目眩，小皇后神仙则借此逃避天敌的侵害。蓝圈生长到10厘米左右开始进入变态期，变态期的长短与其生活环境有密切关系。如菲律宾的野生个体，一般在体长12厘米就全部为标准的皇后神仙了，而在采集于肯尼亚的个体中却能见到体长16厘米后仍没有变形的蓝圈。现在处于变态期的皇后神仙在市场上也有其专用的名字“圈帝”。人工饲养条件下的蓝圈变形较为迟缓，而且由于食物和生活空间的关系，往往变色不是很充分，不是头部完全变化了而尾部还保持了蓝色圈纹，就是身体完全变成横向条纹但面部还保留着幼鱼的花纹。为了能让小篮圈更好地完成变态，应为其提供较大的生存空间和多样性的饵料，特别要注意在变态期增加海藻类饵料的投喂数量。

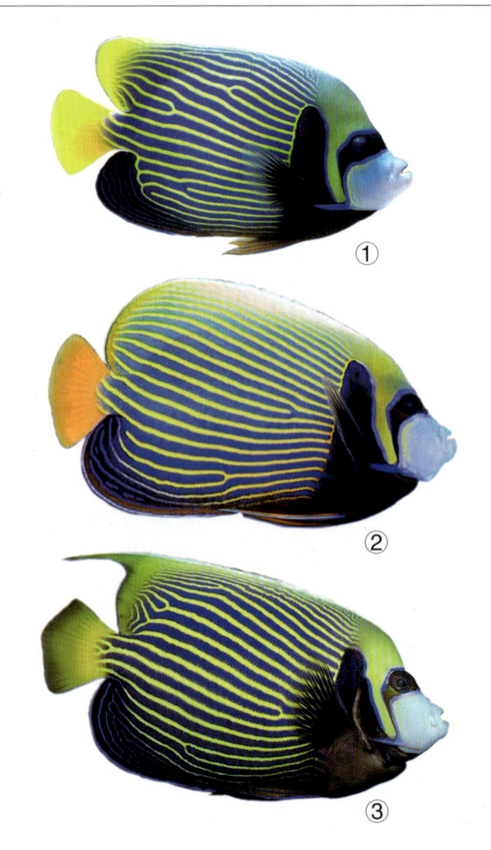

①捕捞于马尔代夫群岛附近的皇后神仙（体长20厘米左右的亚成鱼）
②捕捞于印度尼西亚南部圣诞岛附近的皇后神仙（体长25厘米左右的亚成鱼）
③捕捞于菲律宾群岛附近的皇后神仙（体长25厘米左右的成鱼）

体长超过25厘米的亚成体和成鱼在运输中会产生应激反应，表现为进入水族箱后不吃东西，喜欢躲藏在角落里。不用刻意照顾它，只要保持水质稳定和光线昏暗，过不了几天，它就开始啃食水族箱底部的藻类了，这时用颗粒饲料投喂，一般能马上接受。饲喂皇后神仙的饲料主要以大型神仙鱼专用的颗粒饲料为主，平时多注意补充紫菜等藻类。可以每周喂给它们一些虾肉，来补充新鲜的动物性蛋白质。不用给贝类肉和鱼肉，皇后神仙一般不爱吃这些食物。

皇后神仙是鳃锚虫的重要携带者，体长超过15厘米的个体携带率特别高。鳃锚虫是非常讨厌的寄生虫，一旦其在水族箱中大肆泛滥就无药可医了，我们唯一能做的就是看着鱼一条条死亡。鳃内寄生虫感染在早期不容易被人们所发现，其主要表现有：①在水中不缺氧的条件下，皇后神仙呼吸时仍将鳃盖张开很大；②它们闭上一个鳃，只有另一个鳃呼吸；③当水中有医生鱼时，皇后神仙会追上医生鱼，张开鳃让医生鱼钻进去；④它非常能吃，但怎么吃也不长胖，甚至越来越消瘦。如果发现新买的皇后神仙有以上四种现象的任意一种，那么它十有八九是感染了鳃疾。这种病鱼在检疫期里必须用2.5毫升/升的福尔马林每隔1天用药一次，连用5天后停药15天，再按相同剂量和方法用药5天，以确保有效杀灭鳃锚虫等鳃内寄生虫。不要奢望铜药和淡水浴能帮你祛除鳃寄生虫，这些办法无济于事。除了讨厌的鳃疾，皇后神仙也很容易被原虫类感染而患上白点病，被细菌感染出现烂肉或烂鳍。不过，这些疾病相对鳃疾要好治很多。对于白点病，首选还是铜离子的药物，只要水中铜离子浓度达到0.4毫克/升以上，原虫类一般2～3周就会被基本消灭干净。但是对于野生的皇后神仙使用铜药，必须给它一个适应的过程。新鱼一般能接受水中铜离子浓度为0.25毫克/升，再高的铜离子含量会让它感到不适。只要在这个浓度上维持2～3天，再将铜离子浓度提升到0.35毫克/升，皇后神仙就可以逐渐适应。如此每两天提高一点儿铜药浓度，直至将铜离子浓度提升到0.5毫克/升，这个浓度维持2周，卵圆鞭毛虫和黏孢子虫基本就团灭了。那些讨厌的线虫、本尼登虫也会被抑制住。不过在之前使用含有甲醛的药物时，这些寄生虫基本已经被消灭光了。皇后神仙不怎么耐淡水浴，每次淡水浴都会让其十分紧张，全是色彩失衡而出现很多暗色斑块，俗称“出水印”。出了水印的皇后神仙需要静养好几天才能恢复活跃，所以除非必须，否则尽量不给它们做淡水浴。如果水中氨浓度超过0.2毫克/升，或pH值长期低于7.7，或水中钙镁离子失衡，再或水中硝酸盐浓度超过400毫克/升，皇后神仙的身上都会出现水印。该鱼身上的水印迹象是水体质量

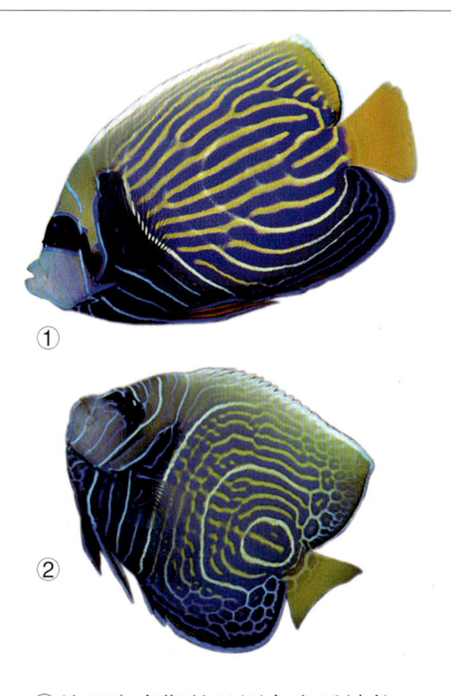

①处于变态期的圣诞岛皇后神仙
②处于变态期的菲律宾皇后神仙

的直观参照物，如果水族箱中的皇后神仙开始出水印，就要测试一下水质的各项指标，找到问题尽快解决。

△因水中的氨离子或药物刺激而全身出现“水印”的皇后神仙，这种情况在长途运输或鱼受到惊吓时也时常出现

体长超过20厘米的皇后神仙，在人工饲养条件下头部很容易出现许多小洞，特别是集中在两眼间和鼻孔附近，这种现象俗称为“头洞病”。通常，我们认为头洞病是线虫寄生或食物营养不足造成的，预防头洞病的发生可以先增加饵料的品种，使其营养均衡。在使用含甲硝唑的药物（如大白片）进行驱虫。同时，可以将含有甲硝唑的药物拌在饵料里投喂，这样在去除头部线虫的同时可以去掉肠道寄生虫。除此药之外，用来驱除人体内蛔虫的肠虫清等药物对皇后神仙鱼的头洞病、肠道寄生虫有治疗效果，在公共水族馆内养殖时可以尝试使用。用药期间，应确保饲养水质较好，一般应将水中硝酸盐浓度控制在100毫克/升以下，并在饵料中添加适量的维生素和电解质，帮助鱼体表组织和黏液快速自我修复。

在刺盖鱼属中，皇后神仙可以算是最凶悍的了，这种鱼长到30厘米以后，基本会成为水族箱中的“老大”，即便是比它体形大的法国神仙和灰神仙，也被它揍得抱头鼠窜。它们对耳斑神仙和蓝环神仙具有较强的攻击性，前者可能因为与皇后神仙的亲缘关系较近，后者是因为体色比较接近。在与耳斑神仙和蓝环神仙混养时，应尽量保证这两种鱼略大于皇后神仙，或者挑选比皇后神仙小5厘米以上的个体，最好不要让它们的体形和皇后神仙过度接近。皇后神仙一般只驱赶蓝面神仙、马鞍神仙等体形较小的本属品种，不会追着撕咬它们。体长超过25厘米的皇后神仙也很少攻击体长小于10厘米的蓝圈，所以将它们混养在一起反而很安全。在容积超过5000升的大型水池中，可以将多条皇后神仙混养在一起，它们会划分各自的领地范围，彼此间泾渭分明。如果恰好有成熟的雌鱼和雄鱼，它们就能结成伴侣，在水池中举案齐眉，形影不离。

东南亚的海水鱼饲养场有很多皇后神仙产卵的记录，近年来也传来许多成功孵化的消息。目前，这种鱼的人工繁殖技术还不太成熟，人工养殖种群的数量还无法满足市场需求，仍需要进一步的摸索与实践。

六间神仙 *Pomacanthus sexatriatus*

中文学名	六带刺盖鱼
其他名称	六线神仙（sixbar angelfish）
产地范围	太平洋至阿拉伯海以东的印度洋热带珊瑚礁区域，主要捕捞地有菲律宾、马来西亚、印度尼西亚、中国南海等
最大体长	45厘米

△成鱼

◁幼鱼

六间神仙是所有大型神仙鱼中市场价格最低的品种，十分常见，但体色相比其他神仙鱼较为暗淡，故不被大多数爱好者所青睐。每年在我国南海都有相当数量的六间神仙被捕获，它们中的一些直接被送入了菜市场。观赏鱼商偶尔会从印度尼西亚等国进口体长8~15厘米的幼鱼，这些幼鱼相对成鱼色彩更鲜艳一些，它们会被正准备饲养神仙鱼的新手买走练手。六间神仙是神仙鱼中比较好饲养的品种，即使体长40厘米的成鱼在进入人工环境后，也能顺利接受颗粒饲料。和皇后神仙一样，体长超过20厘米的六间神仙也是寄生虫的主要携带者，必须经过严格检疫才能与其他鱼类混养。它们对其他神仙鱼的攻击性不是特别强，在混养时可以选择个体稍大的六间神仙。这种鱼对水质和药物的适应能力和皇后神仙基本一样。

蓝面神仙 *Pomacanthus xanthometapon*

中文学名	黄尾刺盖鱼
其他名称	黄面具神仙（yellow-mask angelfish）
产地范围	主要分布在从马绍尔群岛到我国台湾海峡的西太平洋珊瑚礁区域，在印度洋也有少量分布，最西到马尔代夫，主要捕捞地有马绍尔群岛、菲律宾、印度尼西亚等，少量个体来自养殖场
最大体长	38厘米

△成鱼

◁幼鱼

蓝面神仙这几年在国内市场上的数量越来越多，这主要是因为目前我们主要从印度尼西亚进口观赏鱼，而且这种鱼在一些渔场已经有人工繁殖记录，所以我们在市场上可见到体长仅5厘米还没有进入变形期的小蓝面神仙。在不同产地的蓝面神仙中，产于马绍尔群岛附近的个体最大，颜色也最鲜艳，通常会比其他地区的个体零售价稍高些。目前贸易中多见的蓝面神仙体长一般为10~20厘米的亚成鱼，成鱼非常不容易适应人工环境，所以已经很少有人捕捞和进口体长在30厘米以上的个体了。

这种鱼对其他神仙鱼比较凶，却十分怕人，往往在引入后的数周都处于神经高度紧张的状态，一接近水族箱，它就迅速躲避起来。如果水族箱中没有设置供其藏身的躲避处，它将一直处于非常恐惧的状态，躲在角落里不吃食。如果用渔网将其从水族箱中捞起，还能清楚地听到它们利用鱼鳔发出砰砰的“呼救声”。完全适应人工环境后，蓝面神仙非常喜欢挑衅其他神仙鱼，包括它们绝对打不过的大体形皇后神仙，所以我们时常看到水族箱中的蓝面神仙拖着破碎的背鳍和尾鳍游来游去。蓝面神仙的成鱼在人工环境下很难迅速开始进食，而且它们一般不认为丰年虾和虾肉是可以吃的东西，所以用冰鲜饵料驯诱的方法几乎无济于事。成鱼只摄食礁石上生长的海绵、珊瑚和藻类，所以如果要让它们尽快恢复活力，在水中多放置一些礁石是非常有帮助的。相比之下，幼鱼很容易快速适应人工环境，越小的个体适应速度越快。它们既吃丰年虾也吃虾肉、贝肉，有些进入水族箱后马上开始吃颗粒饲料，这使其成活率变得非常高。

△蓝面神仙变态发育较早，一般体长8厘米左右基本完成变态

蓝面神仙是偏素食性的神仙鱼，海藻和含有海藻成分的颗粒饲料应在其饵料中占据较高的比例，一般不应少于50%。当然，吃素的鱼总比吃肉的鱼生长速度慢，所以体长15厘米的蓝面神仙在人工环境下饲养一年也只能生长3～5厘米。没有进入变态期和正处于变态期的幼鱼可以多吃些肉类，生长速度会比较快，体长5厘米的幼鱼一年后就可以长到15厘米。

蓝面神仙携带的鳃寄生虫要比皇后神仙少很多，患病的概率在所有神仙鱼中比较低。在检疫期间，我们可以使用含有铜离子的药物杀灭其体表的原虫类寄生虫，新购买来的鱼用药，剂量应先减半，之后数日慢慢增加到额定剂量，让鱼有一个适应过程。对于已经用过一次药的鱼来说，直接将铜离子浓度提升到0.45毫克/升也没有关系。蓝面神仙也可以接受淡水浴和含有甲醛类药物的治疗，对沙星类也不敏感。它们对某些抗生素有不良反应，典型的就是青霉素和氯霉素，当水中含有这两种药物时，一些蓝面神仙会大量分泌黏液，呼吸急促，直至抽搐死亡。

养定了的蓝面神仙可以在硝酸盐浓度高达300毫克/升的情况下仍然正常吃喝，但是如果将新鱼直接饲养在水质较为恶劣的环境里，它往往会不吃东西。一般建议将硝酸盐浓度控制在150毫克/升以下，将pH值稳定在7.8以上。和很多其他鱼不一样，蓝面神仙体表靓丽的金色和鳃部金属光泽的蓝色，不会在水质不佳的情况下迅速褪色。它们在受到氨和硝酸盐刺激时，往往会在鳍部和腹部生长大量的淋巴囊肿。

马鞍神仙 *Pomacanthus navarchus*

中文学名	马鞍刺盖鱼
其他名称	极品神仙、 蓝环神仙（blue girdled angelfish）
产地范围	西太平洋至印度洋热带珊瑚礁区域，主要捕捞地有菲律宾、印度尼西亚等
最大体长	28厘米

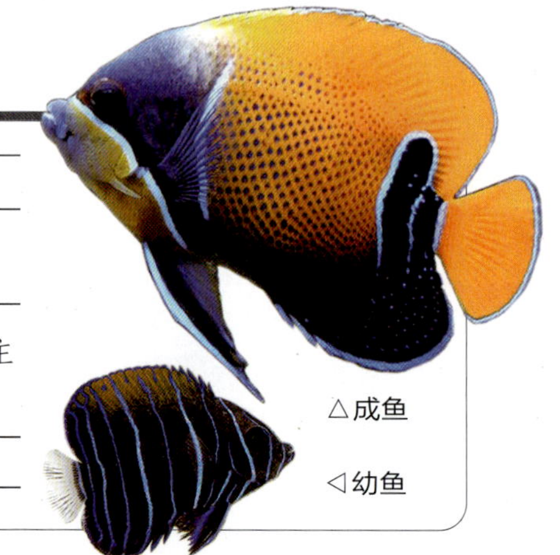

△成鱼

◁幼鱼

马鞍神仙是刺盖鱼属中体形最小的一种，成鱼最大体长仅28厘米。它们是常见的神仙鱼，观赏鱼贸易中的个体一般捕捞于菲律宾和印度尼西亚。我们一般在鱼店中见到的都是体长10厘米以内的幼鱼，但是它们基本上已过了变态期，这种鱼在体长4厘米时开始变色，到8厘米左右就能完全表现出成鱼的体色。体长超过20厘米的马鞍神仙在市场上非常少见，因为它们很不容易适应人工环境，所以大多数鱼商不会捕捞它们。

△马鞍神仙在体长6厘米时基本完成变态发育过程，所以很少看到带有幼鱼花纹的个体

马鞍神仙的幼鱼很容易接受颗粒饲料，它们会撕咬五爪贝和脑珊瑚，但是水族箱中的小水螅体珊瑚基本上是安全的，所以这种鱼被认为是可以饲养在礁岩生态缸中的品种。小马鞍神仙生性胆怯，被放入水族箱后就马上躲藏起来，有时候可以一躲好几天不出来。这种鱼十分温顺，可以和小型神仙鱼一起混养，有时马鞍神仙喜欢追逐小神仙鱼，但不造成伤害。如果将马鞍神仙和同属的大型神仙鱼混养在一起，它们很容易受到欺负，特别是和皇后神仙、蓝面神仙、耳斑神仙这些性情暴躁的品种混养时，最容易被打伤。但是和美国石美人、澳洲神仙等混养时就很安全了，它们之间几乎不会发生冲突。马鞍神仙生长速度不快，而且受到水族箱环境的限制，很少能在人工环境下生长到20厘米以上，一般饲养好几年的幼鱼也仅能生长到18厘米左右。

马鞍神仙在硝酸盐浓度达到300毫克/升、pH值长期处于7.6的水中也能照常进食和生长。但是在水质不佳的环境里，它们常会被头洞病侵害，一开始会发现它们头部从鼻孔附近开始褪色，之后两眼间出现许多小空洞。这种情况一旦出现，即使改良水质到非常好的状态，也很难让它们头部的色彩恢复。一般应将马鞍神仙饲养在水质较好的环境里，放养在礁岩生态缸中的个体不用说了，为了适应珊瑚的生长，礁岩生态缸的水质通常很好。如果是将马鞍神仙饲养在纯鱼缸中，则应保证硝酸盐浓度始终低于150毫克/升，pH值稳定在8.0以上。

和其他大型神仙鱼一样，马鞍神仙也容易携带寄生虫，所以必须经过严格检疫才能与其他鱼类混养。新捕捞的马鞍神仙对药物较为敏感，特别是体形小于8厘米的幼鱼。在使用含有铜离子药物时，应分批用药，让它们逐步适应药物对身体的刺激。当马鞍神仙逐步适应药物后，它们能耐受水中0.5毫克/升的铜离子浓度。它们对甲醛不敏感，也能接受淡水浴，但对一些抗生素有不良反应，在使用时应尽量避免。

耳斑神仙 *Pomacanthus chrysurus*

中文学名	黄尾刺盖鱼
其他名称	金龙神仙（chrysurus angelfish）
产地范围	印度半岛以西至东非沿海以东环阿拉伯海的热带珊瑚礁区域，主要捕捞地有索马里、阿曼、马尔代夫等
最大体长	30厘米

△成鱼

幼鱼▷

耳斑神仙应当和蓝面神仙具有较近的亲缘关系，二者都是比较喜欢在礁石丛中栖息的品种，具有相近的体形，鳃部蓝色的斑纹也十分类似。和蓝面神仙一样，耳斑神仙属于既

胆小又喜欢向其他鱼发起挑衅的品种，尤其喜欢挑战皇后神仙，在体形相近的情况下二者往往还能势均力敌。如果在它们打架的时候拍一下水族箱，耳斑神仙就会被吓得躲到角落里，皇后神仙则显得非常淡定。

耳斑神仙是东非沿海地区具有代表性的观赏鱼，虽然在马尔代夫也能捕获它们，但是贸易中的个体主要捕于肯尼亚沿海地区。受到产区狭窄且运输距离较远的影响，耳斑神仙的市场价格一直比较高。通常被进口到国内的个体体长在12～18厘米之间，过大和过小的个体都难得一见。

新引进的耳斑神仙可能会因为对环境的不适应而绝食几天，但是只要这种鱼在水族箱中开始吃东西了，就绝不挑食。它们爱吃虾肉和贝肉，也能大口大口地吞食颗粒饲料。这种鱼喜欢攻击五爪贝等软体动物，也啃咬榔头珊瑚和脑珊瑚，但对大多数小水螅体珊瑚没有太多兴趣，所以如果能长期保证它们不处于饥饿状态，也可以将其放养在没有贝类的礁岩生态缸中。绝对不要将两条耳斑神仙饲养在一起，它们在水族箱中具有强烈的排他性，即使放养在容积2000升的大型水族箱中，它们也会找到一起打架。在与其他神仙鱼混养时，它们和蓝面神仙、皇后神仙、六间神仙、蓝环神仙会频频发生小摩擦，但对法国神仙、紫月神仙等本属鱼类的仇视程度不高。

在检疫期间，我们应使用含有铜离子的药物对耳斑神仙进行体表驱虫，体长15厘米左右的亚成鱼能承受水中0.5毫克/升的铜离子浓度，但是对于新鱼应先减半用药量，然后慢慢增加到驱虫的理想浓度，给它们2～3天的时间来适应药物。它们对含有甲醛的药物也不敏感，并能接受淡水浴的处理。耳斑神仙对水质的要求不高，可以参照饲养蓝面神仙的水质要求来为其提供合理的饲养水质。

蓝纹神仙 *Pomacanthus semicirculatus*

中文学名	半环刺盖鱼
其他名称	古兰经神仙（koran angelfish）、北斗（成鱼）
产地范围	从日本南部到东非沿岸的西太平洋至印度洋热带珊瑚礁区域，主要捕捞地有菲律宾、印度尼西亚、中国南海等
最大体长	40厘米

△成鱼

◁幼鱼

当欧洲人第一次把蓝纹神仙饲养在水族箱中时，他们发现这种鱼身上有着如阿拉伯文字一样的花纹，有人觉得那是在富有寄托的鱼类身上书写的古兰经文，就给它们命名为“古兰经神仙”。在国内观赏鱼贸易中，它们的幼鱼和成鱼大多数时间被称为蓝纹神仙，偶尔会将成鱼称为“北斗”。

蓝纹神仙是市场上常见的大型神仙鱼，零售价格一直不高。我们可以在鱼店里看到捕捞于我国南海的个体，也有大量从印度尼西亚、马来西亚进口的个体。其中，进口个体大多为体长10厘米以下、没有进入变态期的幼鱼。

这种鱼比较容易饲养，胆子较大，对人工饲养环境的适应速度较快，很多小蓝纹神仙一被放入水族箱中就可以进食颗粒饲料。它们具有领地意识，会与其他神仙鱼发生冲突，但在与同体形的其他神仙鱼打斗中较少取胜。它们在进食时和晚上关灯后会驱赶蝴蝶鱼，偶尔也会将进入自己睡觉区域的其他小型鱼赶跑。蓝纹神仙对水质要求不高，保证水中硝酸盐浓度不高于200毫克/升、pH值在7.8以上就可以将它们饲养得很好。这种鱼的消化吸收能力很强大，即使在水族馆中长期喂给冷冻虾肉也不会造成失明和身体畸形。它们也很少患淋巴囊肿。

一般体长6厘米以下的小蓝纹神仙对珊瑚等无脊椎动物并不感兴趣，不少爱好者会将其放养在礁岩生态缸中，但它们生长速度很快，当其体形达到10厘米以上时就开始撕咬贝类、啃食珊瑚了。体长小于6厘米的幼鱼，如体表没有明显的外伤和寄生虫感染迹象，可以不对其进行药物驱虫，因为这么小的蓝纹神仙很容易因药物刺激产生应激反应而死亡。但是体长超过10厘米的亚成鱼，必须使用含有铜离子的药物进行驱虫后才能与其他鱼类混养，以防黏孢子虫等寄生虫的传播。亚成鱼一般能接受的铜离子浓度是0.45 ~ 0.6毫克/升，体长超过20厘米的个体对铜药的耐受能力更强。它们也能接受含甲醛药物的治疗，并能接受淡水浴。

贵妇神仙 *Pomacanthus rhomboids*

中文学名	拟菱形刺盖鱼
其他名称	老妇神仙（old woman angelfish）
产地范围	西印度洋的南非、莫桑比克沿岸礁石区
最大体长	46厘米

△成鱼

◁幼鱼

贵妇神仙是仅产于南非至莫桑比克海峡的一种神仙鱼，在马达加斯加岛西侧的环礁地区较为常见。这种鱼很少能在国内观赏鱼市场上见到，主要是因为它们的成鱼体色过于暗淡，观赏价值不高。幼鱼的体色和体型与蓝纹神仙幼鱼十分相似，在其变态期也与蓝纹神仙有许多相近的特征。成年以后，它们全身呈暗灰色，在身体后部有一个倒三角形的灰白色斑块。这种鱼在野外会与该区域的蓝纹神仙自然杂交，产生兼有二者特征的鱼类，被观赏鱼商捕捞到后，通常会将这种鱼误认为是珍稀的蓝纹神仙突变个体。

△处于变态期的贵妇神仙

由于很少被进口到国内，所以目前对于贵妇神仙的饲养经验并不多。以前会有一些大型公共水族馆为了展现南非沿海地区生物多样性而进口这种鱼。它们十分容易饲养，甚至比蓝纹神仙还要好养。由于它们不会混杂在其他观赏鱼中一同进口，所以避免了寄生虫的交叉感染。它们属于偏素食性的鱼类，过量投喂肉类会使其非常肥胖，甚至身体严重畸形。这种鱼彼此间的攻击性较小，具有如国王神仙、西非神仙那样的小规模集群性，在大水池中往往会三五成群地在一起觅食。

阿拉伯神仙 *Pomacanthus asfur*

△成鱼

◁幼鱼

中文学名	阿拉伯刺盖鱼
其他名称	暂无
产地范围	仅分布于红海地区，市场上大部分个体来自养殖场，少量在原产地捕捞获得
最大体长	40厘米

阿拉伯神仙是比较传统的海水观赏鱼，具有至少30年的饲养历史，早在21世纪初该品种就在我国台湾地区人工繁殖成功，现在这些人工养殖个体能源源不断地供应市场。当然，目前仍有很多捕捞于红海地区的野生阿拉伯神仙在观赏鱼贸易中出现，通常人们会认为野生鱼的颜色更加艳丽，实际上只要饲养得当，成年后的养殖个体和野生个体，体色没有什么区别，而且人工繁殖的幼鱼十分容易饲养。

市场上阿拉伯神仙一般体长在8～18厘米，较少见到大体形的个体，也很少出现未完成变态期的幼鱼。它们对人工环境的适应能力很强，一些个体进入水族箱后会到处找食，这时如果投喂一些颗粒饲料，它则马上大口大口地吃起来。它们对水质要求略高，当水中硝酸盐浓度高于200毫克/升时，其体表分泌的黏液就会增多，形成一个个白色的黏液团，好像得了白点病。饲养水的pH值如果长期低于7.8，则会使其体表的金属般光泽消失，并处于食欲不振的状态中，所以应将水中硝酸盐浓度控制在150毫克/升以下，将pH值尽可能维持在8.0以上。阿拉伯神仙是偏肉食性的鱼类，日常食物中，虾肉、贝肉和含鱼粉成分很高的人工饲料稍微多一些也没有关系，一些养殖场甚至会使用石斑鱼饲料喂养它们。如果能保证充足的海藻类饲料供给，它们的藏蓝色体色会更加靓丽，身体中部的黄色月牙斑块也会显得更加明亮。

体长在12厘米以上的阿拉伯神仙对各种药物都不是很敏感，它们能承受水中铜离子浓度达到0.5毫克/升，也可以接受含有甲醛类药物的治疗，并能接受淡水浴处理。在和其他神仙鱼混养时，它们经常被蓝纹神仙和蓝环神仙攻击，其他神仙品种对它们的敌意不大。这种鱼对其他神仙的攻击性也不高，如果水族箱容积在1000升以上，甚至可以同时饲养多条阿拉伯神仙的成鱼。

紫月神仙 *Pomacanthus maculosus*

△成鱼

◁幼鱼

中文学名	斑纹刺盖鱼
其他名称	黄斑神仙（yellowbar angelfish）、半月神仙
产地范围	西印度洋的红海、波斯湾、阿曼湾珊瑚等地区的珊瑚礁区域，市场上大部分个体来自养殖场，少数捕捞于红海地区
最大体长	50厘米

紫月神仙主要产于红海，在阿拉伯海和东非沿岸也有分布，但以红海所产的紫月神仙体形最匀称，颜色最艳丽。2003年，我国台湾的观赏鱼养殖场成功地在人工环境下繁殖了这种鱼，现今能繁殖这种鱼的养殖场已经很多，市场上有大量的人工繁殖幼鱼出售。人工繁育不但保护了野生种群的稳定，而且通过人工分离选育，还出现了身体上的月牙斑呈现白色的个体，市场上称其为“白紫月”。

紫月神仙体形硕大，性情凶悍，野生成鱼在水族箱中喜欢袭扰其他神仙鱼。由于它们强壮有力，其他神仙在和紫月的较量中一般会惨败。但是紫月神仙一般不会争夺水族箱中的霸主地位，它们喜怒无常，有时连着几天将其他鱼打得无处躲藏，有时则只是自己游来游去对其他鱼视而不见，这种行为和爱争夺统治权的皇后神仙形成了鲜明的对比。健康程度极佳的紫月神仙，背鳍末端会延伸出与身体等长的鳍丝，如戏曲中大将军头上插的翎羽。当它兴奋时，翎羽就随着身体摇曳起来，气质非凡。

野生的紫月神仙本身就十分强壮易养，而且不论大小，进入水族箱后就开始傻吃傻喝。人工繁育的个体，很大程度避免了寄生虫感染，故而更为好养。每次投喂应控制饵料的数量，不然它们吃得太多，肚子总会鼓得像个丸子，时间久了常会因肠道压力太大而患上肠炎。它们对水质的要求不高，一般神仙鱼能接受的环境都可以接受。当水质频繁波动时，紫月神仙的体色往往较为暗淡，呈蓝灰色甚至灰色。如果将水中硝酸盐浓度长期控制在150毫克/升以下，并将pH值维持在7.8以上，它们的体色会逐渐成为蓝紫色，十分靓丽。这种鱼对各种药物也不敏感，可以使用含有铜离子、甲醛的药物对其进行检疫和治疗，也可以进行淡水浴操作，甚至在淡水浴期间它们会吃你扔下来的饲料。

蓝环神仙 *Pomacanthus annularis*

中文学名	环纹刺盖鱼
其他名称	白尾蓝纹、肩环神仙
产地范围	从日本南部到东非沿岸的西太平洋至印度洋热带珊瑚礁区域，主要捕捞地有印度尼西亚、斯里兰卡、中国南海等
最大体长	45厘米

△成鱼

◁幼鱼

蓝环神仙因肩部具有蓝色圆环状花纹而得名，它们是比较常见的海水观赏鱼，以前在我国海南和广西北海总能大量捕获，很多鱼被直接送入菜市场。在越南、泰国的旅游度假村里，我们现在仍能吃到用蓝环神仙制作的菜肴。这种鱼在观赏鱼市场上的价格也不是很低，特别是这几年，其价格涨幅比其他神仙鱼都要大。观赏鱼贸易中的个体一般是捕捞于印度尼西亚和马来西亚的幼鱼和亚成鱼，体长通常在10～20厘米，体形超过30厘米的成鱼和小于10厘米的幼鱼都不常见，特别是还没有完成变态的幼鱼更为少见。

蓝环神仙成年后，身体比其他同属品种要厚实，它们强壮有力，在打架时一般不会处于劣势。但是这种鱼的胆子比较小，幼鱼和成鱼在运输中都会有很强的应激反应。幼鱼进入新环境后往往数天不吃东西，躲藏在礁石后面，人一走过来就将头拼命往石头缝里扎。成鱼的应激反应更剧烈，它们到达目的地后会斜躺在水族箱底部，呼吸急促，身体一动不动，只转动眼珠审视着人在做什么，一旦受到惊吓就会在水族箱中横冲直撞地乱游，将自己的嘴、眼和鳃撞坏。在捕捞和运输中，大个体的蓝环神仙会因自身的剧烈反抗行为而在体表留下许多伤口，伤口很容易被细菌和寄生虫感染，造成大面积溃烂。一些成年蓝环神仙在人工环境下甚至可以数月不吃东西，所以体长超过30厘米蓝环神仙被引入人工饲养环境后的成活率不高。

体长在20厘米以下的蓝环神仙，在相对安静的检疫缸中可以慢慢适应人工环境，充分适应环境后很容易接受颗粒饲料的喂养。我们应保证日常饵料中藻类和含有藻类成分的饲料占较大的比例，这样对维持蓝环神仙的绚丽蓝色条纹有很大帮助。它们非常喜欢吃纽扣珊瑚和贝类，所以不能饲养在礁岩生态缸中。蓝环神仙的领地意识很强，在水族箱中会找到一个角落作为自己晚上睡觉的地方，如果别的鱼进入这个角落，它就会游过去咬人家，并利用鱼鳔发出“砰砰”的声音。在纯鱼缸中混养一条蓝环神仙，你每晚睡觉时都能听到水族箱那里频繁传来“砰砰、咚咚”的响动，好像里面在搭台唱戏。

如果体形相差不大，蓝环神仙会和蓝面神仙、蓝纹神仙、哥迪士神仙、耳斑神仙发生剧烈的摩擦，还会跟皇后神仙打个没完没了。混养这种鱼时，要么让它的体形在所有鱼中最小，要么让它的体形在所有鱼中最大，尽量避免与体形相近的神仙鱼饲养在一起。

蓝环神仙对水质的要求不高，其他神仙鱼能接受的环境都能接受。它们对药物不敏感，可以使用含有铜离子和甲醛的药物对其进行检疫和治疗，也可以进行淡水浴操作。在水中铜离子浓度高于0.5毫克/升时，它们初期会稍有不适，身上分泌更多的白色黏液团，仿佛用药后白点病反而更加严重了，但是适应几天后，它们身上的黏液团就会和寄生虫一起消失。

法国神仙 *Pomacanthus paru*

中文学名	巴西刺盖鱼
其他名称	法仙（french angelfish）
产地范围	从美国佛罗里达州向南到巴西亚马逊河入海口以北的西大西洋沿岸礁石区和大陆架附近，市场上的一部分个体来自养殖场
最大体长	61厘米

法国神仙主要产于西大西洋的热带海洋中，因其模式标本采集地最早为法国殖民地而被称为法国神仙。对于这种超大型神仙鱼来说，只要它愿意，可以随着洋流在大海中任意漫游，潜水爱好者们在西非、南非的近海礁石区都发现过法国神仙，有些人还在印度洋的毛里求斯附近发现过它们。目前观赏鱼贸易中的法国神仙大多从美国和巴西进口，少数是来自美国养殖场的人工繁育个体。

法国神仙是本属中体形最大的一种，成年后可以超过60厘米，其寿命可达100年。成年后，它们乌黑的身体上镶嵌着黄金甲胄一样的鳞片，看上去典雅端庄、雍容华贵。它们是非常有价值的观赏鱼品种，也是能伴随人一生的宠物鱼。观赏鱼贸易中的法国神仙通常体形在10～30厘米，有时能见到仅5厘米长的幼鱼，但体长超过35厘米的个体因运输成本太高而很少有鱼商进口到国内。

①体长5厘米
②体长12厘米
③体长30厘米

通常不必担心新购买的法国神仙幼鱼不能存活，它们是非常容易饲养的观赏鱼。这些鱼性情活跃，进入水族箱后就会到处寻找食物。人工繁育的个体还懂得游到水族箱前面来，向人摇头摆尾地索要饵料。如果不是在暂养期间交叉感染，法国神仙幼鱼很少携带寄生虫，但是由于大多数鱼店的暂养缸内都生活着大量的寄生虫，所以买回家后的幼鱼还是需要进行药物检疫。它们对含有铜离子和甲醛的药物不敏感，可以放心使用。体长超过30厘米的亚成鱼在运输过程中容易出现应激反应，到达新环境后要适应数天才开始吃东西。体长超过50厘米的成鱼在运输过程中通常带有外伤和寄生虫，必须进行严格的检疫操作。成鱼比幼鱼对人工环境的适应能力差很多，如果在空间较小的检疫缸中进行检疫，它会总保持紧张状态，很不容易恢复。最好用容积800升以上、深度70厘米以上的水池来对法国神仙成鱼进行检疫，这样能让它们更快地恢复体力。

法国神仙能生活在水温24～32℃的水中，但最佳的饲养水温是26℃，不要让水温长期高于30℃，这种水温下它们很容易突然死亡。和所有产于大西洋的神仙鱼一样，法国神仙也容易在鳍上生长淋巴囊肿。维持较好的水质可以减少淋巴囊肿的生长，并能使已经长出的囊肿尽快消退。一般建议将水中硝酸盐浓度控制在150毫克/升以下，pH值维持在7.8以上。在投喂给法国神仙的日常饵料中，植物性饵料的比例应多一些，最好保证含海藻成分的素食颗粒比例在50%以上，荤食颗粒在40%左右，其余10%左右用紫菜、石莼和虾肉等新鲜饵料作为补充。

法国神仙的生长速度不快，虽然体长10厘米以下的幼鱼一年可以生长到15厘米以上，但是体长15厘米的个体要想长到30厘米，一般需要2～3年的时间，从体长30厘米生长到50厘米需要6～8年的时间。在人工饲养环境下，它们一般长到50厘米就很少再继续长大了。

成年的法国神仙在野外一般成对活动，一雌一雄可以在大水池中自然配对并和谐地饲养在一起。幼鱼对于同性和异性都具有攻击性，但是它们很少主动攻击其他神仙鱼，在容积2000升以上的水族箱中同时放养6条以上的幼鱼，它们则会形成群落，彼此之间除短暂的摩擦，一般相安无事。一起饲养长大的幼鱼即便体长达到50厘米以后，仍能在一个水族箱中和谐共处。体形较大的成体也很少追着幼鱼不停攻击，所以将体长差异15厘米以上的两条法国神仙混养在一起不会出大问题。

法国神仙是脑容量很大的鱼，它比我们想象中的鱼都聪明，懂得隔着水族箱的玻璃用肢体与你交流，摇头摆尾地欢迎你回家。这种鱼的眼珠极其灵活，经常转来转去，似乎在思考什么问题。它能记住饲料瓶子的样子以及饲料瓶放在哪个抽屉、饲养者一般什么时间来喂食等信息。每天它会在固定的时间于水族箱中最容易抢到食物的地方等着你到来，并时刻注视着存放饵料的那个抽屉。它也能认出捞鱼网，即使你在很远的地方拿起鱼网，它就会马上躲藏起来。当我们手中拿着一个法国神仙从没见过的东西来到水族箱前时，它们会好奇地注视这个东西很久。它们还很喜欢看手机屏幕，也许是屏幕发出的彩色光对其有特殊的吸引力。我的水族箱旁边有一个沙发，我经常坐在那里看手机，于是法国神仙就游到水族箱底部，转动眼珠和我一起看着手机屏幕，直到我离开时它才游走。如果将一枚乒乓球投入水中，它们会将球顶来顶去，经过训练，它们就会通过顶球来讨好你，以便换取食物奖励。也许这种鱼也会感到无聊，如果饲养者长时间不理睬它，它就会游到水面附近用嘴吐气泡，发出“啪啪”的声音。这种行为既不是觅食也不是索求饵料，不论家中有人或无人，它们一觉得寂寞了就会这样做，有时还会追着自己吐出的气泡游来游去，一玩就是1~2小时。

灰神仙 *Pomacanthus arcuatus*

中文学名	弓纹刺盖鱼
其他名称	灰仙（gray angelfish）
产地范围	从美国新英格兰州向南，沿着西大西洋沿岸环绕加勒比海内侧一圈，继续沿着南美洲沿岸向南一直分布到巴西的里约热内卢，市场上一部分幼鱼来自养殖场
最大体长	60厘米

△成鱼

幼鱼▷

灰神仙是大西洋西部的常见海水鱼之一，一些原产地国家将其作为食用鱼。这种鱼像法国神仙的孪生兄弟，体形和颜色都与法国神仙较为相近。观赏鱼贸易中的个体多是从巴西进口，少量幼鱼来自美国的养殖场。国内市场上见到的个体通常是体长在10~25厘米正处于变态期的幼鱼。

这种鱼十分粗糙好养，不需驯诱就可以接受颗粒饲料。日常投喂中需多增加海藻等植物性饵料的比例，避免它们吃肉太多而变得肥胖。它们的生长速度比法国神仙快很多，体长15厘米的幼鱼饲养一年就可以长到30厘米。

灰神仙是较为温顺的神仙鱼品种，很少和其他神仙鱼发生争斗，如果能同时引进，一个水族箱中甚至可以饲养多条灰神仙。值得一提的是，它们的脑容量也很大，饲养一段时间后和人十分亲近，甚至可以平躺在水面上让你去抚摩它的身体。有些灰神仙似乎十分喜欢人摸它们的身体，当你将手放进水族箱，它会游过来将身体倒向一侧，并且转动眼珠看着你。如果你不去摸它，它还会轻轻啄咬你的手指，好像在祈求你快一些摸我吧。

在鱼店暂养期间，灰神仙常常会因交叉感染而携带寄生虫，在检疫期间可以用含有铜离子和甲醛的药物对其进行驱虫操作，也可以采取淡水浴操作。它们对水质的要求也不高，可以参照饲养法国神仙的水质条件来饲养它们。

哥迪士神仙 *Pomacanthus zonipectus*

中文学名	胸带刺盖鱼
其他名称	科特斯神仙（cortez angelfish）、金圈神仙（幼鱼）
产地范围	从美国加利福尼亚湾马格达莱纳河以北的沿海地区向南，经墨西哥到秘鲁的东太平洋礁石区，市场上大部分幼鱼来自养殖场
最大体长	45厘米

△成鱼

◁幼鱼

哥迪士神仙是本属唯一一种产自东太平洋的鱼类，以前国内观赏鱼市场上很少能见到它的踪迹，这几年来随着美国某观赏鱼养殖场对该物种的成功繁殖，人工繁育的幼鱼在观赏鱼贸易中频繁出现，我国市场上的哥迪士神仙也越来越多。这种鱼的幼鱼十分美丽，身体上有黄色和蓝色的圆圈状花纹，被称为“金圈神仙”。但是成年后，它们的体色主要由灰色和褐色组成，就显得不是很漂亮了。即便现在这种鱼在贸易中的数量开始增加，它们也不是主流的观赏鱼品种。

哥迪士神仙是比较好养的神仙鱼，一般得到的幼鱼体长在5～15厘米，它们一进入水族箱就可以直接用颗粒饲料来喂养。这种鱼对水质要求不高，能适应其他神仙鱼适应的水质条件。它们对含有铜离子和甲醛的药物也不敏感，并能接受淡水浴处理。哥迪士神仙是攻击性比较强的神仙鱼，常会和体形相近的皇后神仙、女王神仙打得不可开交。

△在大型纯鱼缸中，体形硕大且颜色鲜艳的神仙鱼不是主角，哪种鱼还能是主角呢？

刺蝶鱼属 *Holacanthus*

刺蝶鱼属共有8个已知物种，7种可以在观赏鱼贸易中见到，其中女王神仙、国王神仙、蓝神仙（2种）和美国石美人为常见品种，西非神仙、橙神仙为名贵观赏鱼品种。女王神仙、美国石美人两个品种均已人工繁殖成功，并具有稳定的养殖数量。刺蝶鱼属的鱼类主要分布在大西洋，其产地离我国较远，运输成本较高，因此它们的平均市场价格高于刺盖鱼属的神仙鱼。本属中的橙神仙个体较小，成鱼体长20厘米左右，严格意义上讲不应算作大型神仙鱼。

本属鱼类在人工饲养条件下的适应能力不如刺盖鱼属的鱼类强，多数品种对药物较为敏感，并且不能忍受较差的水质环境。它们在野生条件下的食物品种和刺盖鱼类似，所以对于颗粒饲料的接受能力也是很强的。本属中不同鱼类的大小差异较为明显，生存习性也不尽相同。它们的生活习性也可以按体形分成两类，以女王神仙为代表的大体型品种多独居或成对生活，具有很强的领地意思。而像蓝钻神仙和橙神仙这样的小体型品种，常会集群在礁石附近觅食，彼此之间虽有争斗但不严重。这些鱼类在行为上与石鲷和大型雀鲷类有许多相近之处。

本属中的几个常见品种由于受到运输和暂养期间的交叉感染，也是寄生虫的主要携带者，尤以女王神仙最为突出，所以必须经过严格的检疫才能与其他鱼类混养。橙神仙和西非神仙由于市场价格极高，在捕捞和运输中得到鱼商的单独照顾，寄生虫感染率很低，一般可以缩减检疫期的用药品种和剂量。刺蝶鱼属鱼类基本不太耐热，如果饲养水温长期超过30℃，它们很容易暴毙。刺蝶鱼类都是杂食偏肉食性鱼类，喜欢吃虾肉、贝肉等冰鲜饵料，但是如果食物中缺少藻类，也会和刺盖鱼一样失明或身体畸形。同时，藻类中的一些微量元素还是保证它们鲜艳体色的重要营养，所以饲喂素食性饲料的比例不应少于30%。本属中大多数品种的幼鱼不摄食珊瑚虫，所以将幼鱼放养在礁岩生态缸中是比较安全的。但是它们成年后，一遇到饥饿就会啃咬珊瑚，所以如果将其放养在有专人照看的公共水族馆礁岩池内，也不会对珊瑚造成很大威胁。

刺蝶鱼幼鱼的体色虽然也与成鱼不同，但还是比较接近成鱼的体色，并没有刺盖鱼幼鱼与成鱼的区别那么大。它们的生长速度普遍比刺盖鱼属的鱼类快，一般在体长10厘米前完成了变态，并且可以在3～4年里生长到成体的大小。它们的平均寿命也没有刺盖鱼类长，一般在10～25年之间。它们的脑容量虽然在鱼类中也不算小，但是很少和人亲近，一般不会像刺盖鱼那样与人互动。

女王神仙 *Holacanthus ciliaris*

中文学名	额斑刺蝶鱼
其他名称	太后神仙（香港）、冰蓝太后、金色神仙（golden angelfish）
产地范围	在环加勒比海地区都有分布，市场上大部分幼鱼来自养殖场
最大体长	45厘米

△成鱼

◁幼鱼

女王神仙是刺蝶鱼属中最常见的观赏鱼，也是本属中体形最大的一种，从体长5厘米还没有进入变态期的幼鱼到体长30厘米左右的亚成鱼都可以见到，有时鱼商甚至会进口体长超过40厘米的成鱼。这些成鱼大部分捕捞于加勒比海地区，幼鱼则多数来自养殖场。女王神仙的名字是从其英文名“queen angelfish”翻译而来。在我国香港地区，很多爱好者将女王神仙称为“太后”，这可能因为中国古代只出过一位女皇，但是有好几位摄政的太后本身就相当于女王的地位。由于女王神仙的自然分布区域较广，所以各地产出的鱼在体色上略有差异，一般在墨西哥湾和巴西北部捕捞的个体身体大部分呈金黄色，在百慕大附近水深80～90米地区捕捞的个体全身呈现出水蓝色并带有金属光泽，我国香港地区的爱好者曾称之为“冰蓝太后”，这种鱼数量稀少，身价不菲。

体长在30厘米以下的女王神仙一般很容易接受颗粒饲料，但是完全成熟的个体在运输到目的地后会因应激反应而绝食几天到几个月。水质越好，女王神仙越活跃，在水中硝酸盐浓度低于80毫克/升、pH值稳定在8.0以上时，女王神仙对新环境的好奇心十分强，刚进入水族箱时会一下子躲到石头后面，但不久就会游遍水族箱的每一个角落，在几小时内会将每一个洞穴探察一翻，并不住转动眼珠观察每一块礁石，甚至每一粒沙子。这时投喂颗粒饲料，它就会游过来试探地吃几粒，然后游走。在日后的几天，它的食欲越来越旺盛，直到可以将肚子撑得像个小饺子。当水质条件较差时，它们的食欲一直不会很旺盛，总是吃两口就游开。体长小于10厘米的幼鱼对大多数珊瑚不造成伤害，它们只是偶尔啄咬脑珊瑚、纽扣珊瑚和五爪贝，所以常有爱好者将小女王神仙放养到礁岩生态缸中，这些鱼长大后也很少伤害无脊椎动物，如果它们饿极了就不好说了。

女王神仙原本携带的寄生虫较少，特别是体长小于15厘米的幼鱼。由于其运输和暂养期间很容易被其他神仙鱼、倒吊类身上的寄生虫所感染，故必须要做好新鱼的检疫工作。女王神仙对含有铜离子的药物较敏感，在利用铜药杀灭原虫类寄生虫时，需要将标准用药量分5天缓慢加入水中，让鱼慢慢适应药物刺激。经历过一次完整用药过程的鱼，第二次用药时对铜离子的耐受度就变得较高了，能承受0.5毫克/升的铜离子浓度。不过，体长小于8厘米的幼鱼格外脆弱，用药时必须减少1/3的剂量，并延长药物适应时间，将药分成5份，每隔1天下药一次，分10天将药全部投放完成。

新引进的女王神仙身体中部经常会出现红色斑块，如果不及时治疗，红斑位置开始溃烂，最终感染到全身而造成该鱼死亡。这种疾病可能是由斜管虫造成的，因为在镜检时发现最多的是这种寄生虫。它的传染速度很快，1周里就能让所有饲养在一起的神仙鱼感染，必须马上进行治疗。这种讨厌的寄生虫对铜离子有抗性，只能用含有甲醛的药物才能杀死它们。女王神仙对甲醛的耐受能力也不强，体长小于10厘米的幼鱼基本不能用含有甲醛的药物进行药浴，体长15厘米左右的鱼对甲醛也会有不良反应。这是最让人头疼的事情，目前只能通过缓慢增加福尔马林用量的方法，在鱼逐步适应药物的过程中消灭这种寄生虫。一般以每升水中添加0.25毫升的福尔马林对鱼药浴2小时，每天一次，反复5次以上有望彻底消灭寄生虫。在用药时，应先向检疫缸中按0.05毫升/升的比例加入福尔马林，24小时后待甲醛全部挥发干净，再以0.1毫升/升的比例添加一次福尔马林，并增大曝气量，关注鱼的反应，鱼出现倾倒现象应马上换水50%。第三日，如果鱼没有不良反应，就可以进行福尔马林药浴了。实验中，我发现硝化系统较为成熟的检疫缸中，按每100升水加入30毫升TDC，每隔24小时用药一次，连用5天，能较为安全地处理女王神仙的红斑病，虽然不是每次都能奏效，但是成功率在80%

以上。使用这种方法时，只要水中不缺氧，鱼一般不会有什么不良反应，但是用药5天后一定要换水50%，以免因药物杀死太多异养腐生菌，而使几天后水中的氨浓度大幅飙升。

女王神仙在与其他神仙鱼打斗后，伤口部位也很容易生长淋巴囊肿，只要保证水质处于较好状态，一般淋巴囊肿能自行脱落。不建议给女王神仙作淡水浴，淡水浴对鱼的刺激太大，有时原本轻微的疾病经过淡水浴刺激反而会加重。

蓝神仙 *Holacanthus bermudensis*

中文学名	百慕大刺蝶鱼
其他名称	蓝仙（blue angelfish）
产地范围	从百慕大向南和沿美国北卡罗来纳州沿岸到墨西哥尤卡坦半岛的礁石区域，市场上大部分幼鱼来自养殖场
最大体长	45厘米

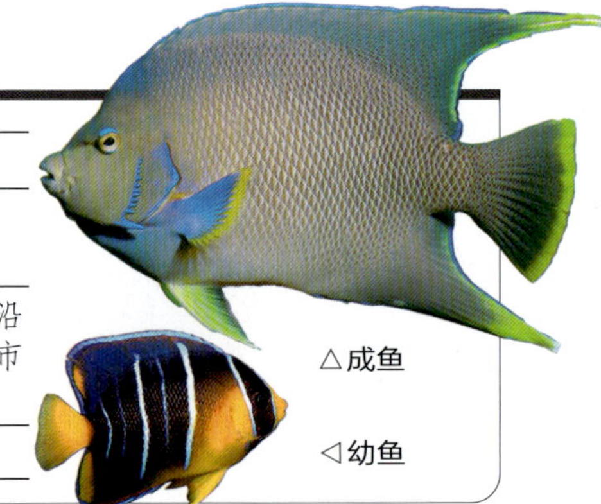

△成鱼

◁幼鱼

蓝神仙 *Holacanthus isabelita*

中文学名	伊萨刺蝶鱼
其他名称	蓝仙（blue angelfish）
产地范围	从美国卡罗来纳州沿岸向南，沿加勒比海沿岸，经佛罗里达、墨西哥湾、波多黎各、巴哈马到委内瑞拉沿岸的礁石区
最大体长	45厘米

△成鱼

幼鱼▷

汤臣神仙 *Holacanthus ciliaris × bermudensis*

该物种为女王神仙和蓝神仙自然杂交所得，也有人认为这种鱼是一个新物种，英文名为“townsendi angelfish”，“townsendi”有时也作学名使用。

乍看上去，蓝神仙和女王神仙简直一模一样，只是头顶上没有美丽的“王冠”。将其叫作蓝神仙有点名不属实，因为它除了鳃盖和各鳍边缘呈现蓝色，其他部位都是黄褐色。有两种亲缘关系非常近的鱼都被称为蓝神仙，它们的体型一样，体色相近，就连自然分布区都重合，直到今天很多时候，我也不能将这两种鱼彻底分清楚，特别它们的幼鱼简直是一模一样。查了大量标本资料，我一直搞不清为什么这两种蓝神仙被定义为两个品种，而太平洋和印度洋中截然不同的两种皇后神仙被始终定义为一个物种。

在观赏鱼贸易中，*H. bermudensis*和*H. isabelita*并没有被区分开来，都叫作蓝神仙。因为它们的原产地重合，所以捕捞、运输成本接近，这就使得它们的市场价格差不多，更没有人费心去区分它们了。这两种鱼中的一种还可以和女王神仙自然杂交产生后代，其后代兼具了二者的许多不同特征，在观赏鱼贸易中被称为“汤臣神仙”。在一些分类学著作上，汤臣神仙甚至还有自己的独立学名“*Holacanthus townsendi*”，而不是直接标记为*H. ciliaris* × *bermudensis*。说明也有人认为汤臣神仙是一个独立的物种，到底这三种鱼的关系如何，还有待于进一步学习考证。

蓝神仙和女王神仙都是不太好养的品种，也是“红斑病”的主要携带和传播者。这种鱼对水质和水温都有较为严格的要求，一般要将水中硝酸盐浓度控制在100毫克/升以下，维持pH值在8.0以上，并将水温稳定在24～25℃。虽然它们能接受短暂30℃的高温，但长期的高水温必然会让其突然死亡，这种因高温造成的死亡现象在新引进的鱼中表现得尤为明显。一般市场上能买到的蓝神仙个体体长都在12～20厘米，它们的进口量比较少，所以其他规格的鱼基本不能见到。这种鱼对饵料不挑剔，进入水族箱后能马上接受颗粒饲料。它们对药物的耐受度不佳，需参照让女王神仙适应药物的方法使蓝神仙逐渐适应药物。淡水浴和水质的突然波动，对它们的刺激性也非常大，经常会因为这种刺激而产生严重的应激反应，表现为突然绝食。健康的蓝神仙生长速度也很快，体长15厘米的个体饲养2年就能生长到35厘米左右。

国王神仙 *Holacanthus passer*

中文学名	雀点刺蝶鱼
其他名称	一栋神仙（香港）、白脚国王神仙（雄鱼）
产地范围	从美国加利福尼亚州沿海到巴哈马西侧，向南到秘鲁西岸的东太平洋礁石区以及大陆架附近，市场上的一部分幼鱼来自养殖场
最大体长	35厘米

△成鱼

◁幼鱼

国王神仙是刺蝶鱼属中最强健的品种，尤其是成鱼，甚至比刺盖鱼属的一些品种还容易饲养。它们能吃能闹、骁勇善战，即便和霸道的紫月神仙、凶悍的蓝环神仙、霸气的皇后神仙饲养在一起，也不会被这些鱼欺负。国王神仙可以生长到30厘米以上，成年后非常容易分辨雌雄，雄性的腹鳍是白色的，雌性则为黄色。

野生国王神仙会集大群跟随鲨鱼在大陆架边缘活动，摄食鲨鱼撕咬猎物所产生的碎屑，并啄食鲨鱼身上的寄生虫。因此，它们属于偏肉食性的神仙鱼品种，饲喂时可增加动物性饵料。不过，日常要控制投饵数量，以免它们过度肥胖。生长到成年后，国王神仙甚至会吞吃小鱼，这种行为在其他神仙鱼中是极其罕见的。

虽然野外的国王神仙会成群活动，但在容积小于2000升的水族箱中还是只能饲养一条，如果想多条混养在一起，则应同时引入5条以上，让它们时刻处于彼此防备的状态，以免某条强健的个体对另一条发起致命的攻击。这种鱼不像女王神仙那样容易被“红斑病”感染，它们对疾病的抵抗能力有些像法国神仙。即使患病也不太要紧，它们对药物的耐受程度比较高。体长10厘米的幼鱼可以承受水中0.4毫克/升的铜离子含量，体长超过20厘米的亚成鱼可承受的铜离子浓度达0.65毫克/升，所以杀灭它们身上造成白点病的原虫类十分轻松。它们也耐含甲醛的药物，并能接受淡水浴的处理，有小病小灾的下点儿药就能恢复。

国王神仙生长速度较快，体长10厘米的幼鱼饲养1年就可以生长到20厘米以上。它们一般在水族箱中占据优势地位，但很少对其他品种的神仙鱼发起猛烈的攻击。

美国石美人 *Holacanthus tricolor*

中文学名	三色刺蝶鱼
其他名称	石美人（rock beauty）
产地范围	从百慕大至加勒比海，向南延伸至巴西亚马逊河入海口以北的大西洋礁石区域，市场上大部分个体来自养殖场
最大体长	35厘米

△成鱼

◁幼鱼

美国石美人以前在国内市场上非常少见，近年来由于人工繁殖的成功，它们变得越来越常见。虽然野生美国石美人可以生长到35厘米，但在水族箱中一般只能长到25厘米左右。它们在自然界中偶尔会结小群生活，所以彼此间的攻击性不是特别强。如果水族箱容积大于800升，则可以同时饲养两条美国石美人。这种鱼比较容易适应人工环境，在进入水族箱后的1～2天内就能摄食颗粒饲料，它们爱吃虾肉，但要尽量将食物中的植物性饲料比例控制在40%以上。

养定了的美国石美人对水质要求不高，能在硝酸盐浓度达到300毫克/升、pH值长期在7.6的水中正常生活。如果将新鱼直接放入水质较差的水中饲养，它们会变得非常胆小怕人，食欲不振，而且很容易被寄生虫所感染。一般应将用来检疫饲养新鱼的水质控制稍好一些，最好将硝酸盐浓度控制在100毫克/升以下，pH值维持在8.0以上。美国石美人也很容易被女王神仙所携带的“红斑病”所感染，由于产地相近，这两种鱼通常会一起出现在鱼店中，而且被隔离饲养在一套暂养缸中，这样就增加了美国石美人感染红斑病的概率。这种鱼的耐药性非常不好，在到达新环境的最初一段时间里，若水中铜离子浓度高于0.2毫克/升，或按0.15毫升/升的比例投放福尔马林，都会让它们感到非常不适，甚至会死亡。通常，我们必须分阶段一点点儿地让它们接受铜药，每天将水中铜离子的浓度提高0.05毫克/升，5天后提高至0.25毫克/升时停药观察3天，如无不良反应，则可以继续按每天提高0.05毫克/升的速度加药3天，当水中铜离子浓度达到0.4毫克/升时以能起到杀灭原虫类寄生虫的目的，就可以不再添加了。如果美国石美人被红斑病所感染，可分别按0.05、0.1、0.15、0.2毫升/升的比例逐步提高福尔马林的剂量，每次用药后停药48小时，再高剂量进行第二次投药。投药中要注意观察，如鱼有不适应，马上换水50%。不建议将美国石美人捞出来进行药浴，虽然捞出来药浴时间较短，但对鱼的惊吓和伤害都较大，几次药浴下来很容易因应激反应而死亡。美国石美人对淡水浴的耐受程度也不高，根据产地不同，有些鱼可以接受淡水浴，可是淡水浴后产生的强烈应激反应会造成连续几日不进食。有些产地的个体根本不能接受淡水，进入淡水中不到1分钟就开始抽搐并停止呼吸。在应对本尼登虫等大型寄生虫时，应尽量使用含甲醛药物为美国石美人驱虫，不采用淡水浴的方法。

健康的美国石美人非常好养，它们在水族箱中十分活跃，争夺食物的速度很快。这种鱼很能吃，生长速度也不慢，体长10厘米左右的幼鱼饲养一年就可以生长到18厘米以上。

西非神仙 *Holacanthus africanus*

中文学名	非洲刺蝶鱼
其他名称	几内亚神仙（guinean angelfish）
产地范围	仅分布于佛得角向南到刚果西部沿海的东大西洋礁石区域
最大体长	45厘米

△成鱼

◁幼鱼

西非神仙一般被爱好者们简称为“西非仙”，幼鱼非常美丽，成鱼略逊色。这种鱼仅分布在非洲西部沿海到大陆架之间的礁石区，部分种群会进入地中海生活，野生种群比较丰富，在毛里塔尼亚、几内亚和加蓬等国经常被沿海渔民捕捞后作为食用鱼。由于西非地区观赏鱼资源还没有得到适当的开发，加之产区一些国家和地区政治较不稳定，所以很少有人捕捞西非神仙并将其作为观赏鱼贸易。作为刺蝶鱼属中难获得的品种之一，西非仙成为许多鱼类收藏爱好者追求的目标。近20年来，仅有数条西非仙被引进我国香港和台湾地区，大陆观赏鱼市场上目前还没有见过。

这种鱼的生活模式和形态特征与国王神仙十分近似，虽然难以获得，但不难饲养。它们对其他神仙鱼的攻击性不强，身体强壮，自身也很少遭到严重的伤害。幼鱼进入水族箱就能马上吃饲料，并且非常贪吃。由于成鱼的进口数量太少，缺少观察对象，目前还不知道其对人工环境的适应能力如何。对于这种鱼的耐药程度，现在也不得而知。

①国王神仙

②女王神仙

③美国石美人

△我们在市面上见到的刺蝶鱼属神仙鱼大多数是体长10～15厘米、正处于变态期的幼鱼，这是因为这种规格的鱼最容易适应人工饲养环境，而且对于刺蝶鱼属鱼类来说，变态期往往是它们一生中最美丽的一个阶段。

橙神仙 *Holacanthus clarionensis*

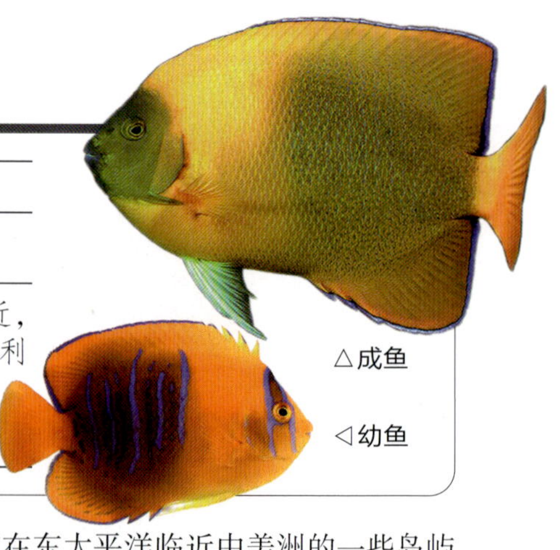

中文学名	塞拉利昂刺蝶鱼
其他名称	号角神仙（clarion angelfish）
产地范围	主要分布于东太平洋的克利珀顿岛附近，少量见于墨西哥、巴哈马以及美国加利福尼亚以西东太平洋礁石区
最大体长	20厘米

△成鱼

◁幼鱼

橙神仙一般被爱好者们简称为“橙仙”，它们仅分布在东太平洋临近中美洲的一些岛屿附近，是非常珍贵的观赏鱼品种。每年在全世界观赏鱼贸易中出现的橙神仙寥寥几十尾，大部分供应给美国、日本等发达国家，我国仅在香港和台湾地区的观赏鱼市场上偶尔见到。这种鱼和西非仙一样，幼鱼期极其美丽，成鱼却较为逊色。通常被进口的个体是体长6～10厘米的幼鱼。它们很容易适应人工环境，进入水族箱后就能接受颗粒饲料，活泼好动，而且攻击性较弱，即便和一些小型神仙鱼混养在一起的幼鱼，也很少主动攻击小型神仙鱼。由于缺乏实验对象，目前还不知道这种鱼的耐药性如何。现在已有观赏鱼贸易公司开始进行橙仙的人工繁育实验，相信不久以后人工繁殖的橙神仙就会出现在观赏鱼贸易中。

蓝钻神仙 *Holacanthus limbaughi*

中文学名	林博氏刺蝶鱼
其他名称	克利珀顿神仙（clipperton angelfish）、尾蓝仙、紫蓝仙
产地范围	仅分布于东太平洋的克利珀顿岛附近
最大体长	25厘米

△成鱼

◁幼鱼

蓝钻神仙是刺蝶鱼属中最难见到的一种鱼类，别说在观赏鱼贸易中，就是在以海洋为主题的生态影视纪录片中都很少出现。这种鱼仅产于克利珀顿岛附近，是该地区的特有物种，系在第四纪早期从其他东太平洋所产的刺蝶鱼种群中分化出来的独立演化的种群，其演化关系可能和国王神仙较近。据研究者统计，该鱼种群数量大概在52000条左右，为了保护其野生种群，该鱼产地对商业捕捞有严格的控制。我们除了能在美国的一些公共水族馆中看到蓝钻神仙外，其余地方见到它们的机会很少。现在已经有观赏鱼贸易公司开始对这种鱼开展了人工繁殖计划，也许过些年它们就会在市场上常见起来。本书对蓝钻神仙的介绍就这么多了，如果10年后本书能有幸再版，希望那时我能系统地介绍一下这种鱼的饲养方法。

甲尻鱼属 *Pygoplites*

甲尻鱼属仅有一个物种，即甲尻鱼（也称双棘甲尻鱼），但该物种的分布范围十分广，数量也非常多。从夏威夷群岛到红海地区都能捕获甲尻鱼，每年它们在观赏贸易中的数量非常大，其数量在近20年里从来没有衰减过。西太平洋地区所产的甲尻鱼和南太平洋、印度洋所产的甲尻鱼在体色上略有不同，后者胸腹部呈现金黄色，现在爱好者们通常将其称为“金毛巾”，而将西太平洋的个体称为“毛巾”。这两种类型的甲尻鱼在未来分类学逐步完善的过程中也许会被分成两个亚种，甚至可能是两个种。在人工环境下，这两个准物种的表现也非常不同，西太平洋的个体非常难以在人工环境下养活，而南太平洋和印度洋的个体就要好养很多。有人认为这和它们在野外的食性有直接关系，西太平洋地区的甲尻鱼只以海绵为主食，而印度洋的甲尻鱼偏杂食性。具体是不是这样还有待于进一步研究，本书主要以印度洋所产的甲尻鱼作为范例进行说明。

皇帝神仙 *Pygoplites diacanthus*

中文学名	甲尻鱼
其他名称	毛巾、金毛巾、 皇室神仙（regal angelfish）
产地范围	东起夏威夷、西至红海、北起日本南部、南至澳大利亚大堡礁地区的太平洋和印度洋大部分珊瑚礁区域，主要捕捞地有菲律宾、印度尼西亚、马来西亚、中国南海、马尔代夫地区等
最大体长	25厘米

△成鱼

◁幼鱼

现在已经很少有人将这种美丽的鱼称为皇帝神仙了，大多数鱼商和爱好者叫它们“毛巾”，把腹部金黄色的个体称为“金毛巾”。“毛巾”这个名字确实有些让这种极其华丽的鱼显得有些低档，希望未来大家还能恢复使用它最早的名字“regal angelfish”，也算是我们对这种在人工饲养条件下九死一生的鱼类一种尊称吧。

在10年前，国内市场上能见到的多数是捕捞于我国南海的皇帝神仙，其胸腹部呈灰白色，也就是现在大家常说的“毛巾”。它非常难以饲养，尤其是成年个体在水族箱中什么也不吃，慢慢就饿死了。今天，我们在市场上见到更多的是捕捞于印度尼西亚巴东、爪哇以及马尔代夫的皇帝神仙，由于它们胸腹部呈现金黄色，被称为金毛巾。金毛巾与毛巾的自然分布区被马来群岛天然地隔绝开来。从马六甲海峡开始向东南延伸到巴布亚新几内亚的一系列岛屿是两种皇帝神仙产区的分界线，界线以南、以西所产的都是金毛巾，其中包括印度尼西亚西南部的几个岛屿附近、斯里兰卡、马尔代夫、阿拉伯海地区、红海地区以及东非的肯尼亚、坦桑尼亚和莫桑比克。界线以北、以西到菲律宾海沟以东的区域主要产出的是胸腹部灰白色的毛巾，其中主要包括菲律宾海域、印度尼西亚北部几个岛屿附近、中国南海和台湾海峡地区。以琉球群岛和帕劳群岛之间连接成一条直线，这条线再向东的皇帝神仙也以腹部金黄色的金毛巾为多。如果定义种和亚种的话，金毛巾应当是*P. diacanthus*

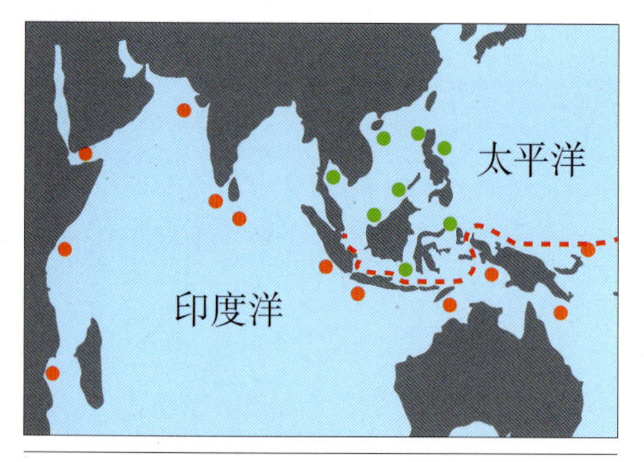

● 金毛巾（腹部金黄色）的主要产地
● 毛巾（腹部灰白色）的主要产地
— — 两种不同腹部颜色的毛巾鱼产地在西太平洋和印度洋的明显分界线

的正种，而普通毛巾是它的西太平洋亚种。这也就是说，虽然市场上金毛巾的价格要高于普通毛巾，但实际野生种群数量比普通毛巾要多。既然数量多，自然是优势物种，故金毛巾的天然食谱要比毛巾广泛很多，所以在人工环境下就较为容易接受颗粒饲料了。

近两年捕捞于我国南海的成年皇帝神仙基本已经不能在市场上见到了，大多数贸易中的皇帝神仙是从印度尼西亚进口的幼鱼，一般体长在8～16厘米，偶尔也能见到体长小于5厘米的幼鱼。由于印度尼西亚横跨了两种不同类型皇帝神仙的分布区，所以我们既能买到金毛巾，也能买到比较传统的毛巾。由于腹部灰白色的品种太难适应人工环境，且没有腹部金黄色的品种观赏价值好，本书不再对其进行介绍，希望一段时间后人们就不再捕捞这种鱼了，以免造成对自然物种的浪费。

金毛巾幼鱼比较容易饲养，它们对水质要求不高，如果水中硝酸盐浓度低于100毫克/升，pH值稳定在8.0以上，它们进入水族箱后会非常活跃。假如水质不好，那么进入新环境的幼鱼会变得较为胆小，而且长时间拒绝食物。如果水质没有什么问题，小金毛巾还是非常容易直接接受颗粒饲料的。用丰年虾和虾肉驯诱的做法对它们基本没什么用，因为想吃食的鱼就会直接吃饲料，不想吃食的鱼给它什么也不吃。对于开口较难的品种，可以通过适当换水的方式提高检疫缸中的水质，并将水温提高到28℃左右，这样3～5天内，金毛巾幼鱼一般能接受颗粒饲料。这种鱼很喜欢吃紫菜，在饲养初期多提供一些紫菜非常有利于它们恢复体力。日常饲养过程中，应尽量用神仙鱼专用饲料喂养，并添加20%左右的海藻类饲料，虾肉、贝肉等饵料的比例不应超过10%。它们吃太多的肉后会变得肥胖，而且颜色越来越暗淡。

在观赏鱼贸易中，皇帝神仙常与皇后神仙、各种蝴蝶鱼等寄生虫携带率较高的观赏鱼暂养在一起，这就使它们经常被感染寄生虫。新购买的皇帝神仙必须经过严格的检疫才能与其他鱼类混养。这种鱼的耐药性较好，其对药物的适应能力与各种蝴蝶鱼近似，通常新鱼不能马上用大剂量高浓度的药物处理，但是只要让其从低浓度逐渐适应到高浓度后，它们对药物的耐受性还是很强的。因此，对于一些常见的体表和鳃内寄生虫，可以用含有铜离子和甲醛的药物轻松祛除。

①腹部呈灰白色的皇帝神仙（毛巾）
②腹部呈金黄色的皇帝神仙（金毛巾）

皇帝神仙性情较为孤僻，成鱼和亚成鱼凶猛好斗，在自然环境中除具有夫妻关系的一对鱼会生活在一起外，其余个体都是独往独来。将两条皇帝神仙饲养在一个水族箱中是比较危险的，除非水族箱容积在1000升以上，能给予弱者充分的逃跑空间。在与其他神仙鱼混养过程中，皇帝神仙经常挑衅刺盖鱼属和刺蝶鱼属的鱼类，并引发较为严重的打斗现象，他由于它的体型比那些鱼小，经过角逐后，皇帝神仙都会败下阵来。其他神仙鱼一般不会对皇帝神仙主动发起致命的攻击，所以如果将不同品种的神仙鱼幼鱼混养在一起，应保证皇帝神仙的幼鱼个体最小。有些皇帝神仙的习性比较差，在体长15厘米以上的个体中表现尤为明显，它们不但挑衅其他神仙鱼，还会攻击雀鲷、小丑鱼和小型神仙鱼，在混养时要格外注意。体长超过10厘米的皇帝神仙会撕咬脑珊瑚、纽扣珊瑚和五爪贝，吞吃海绵，但是不啃咬小水螅体珊瑚，所以在没养能被它们吃掉的生物时，也可以将其放养在礁岩生态缸中。

皇帝神仙的生长速度不是很快，体长8厘米的幼鱼饲养一年仅能生长5～6厘米。即使已经饲养了几年的老鱼，如果因突发事件造成水质突变，它们也可能马上绝食几天，不用太担心，只要维持后期的水质稳定，它们能马上恢复进食。

荷包鱼属 *Chaetodontoplus*

荷包鱼属有14个已知物种，其中7种为较常见的观赏鱼，剩下的7种多不具备艳丽的色彩，虽有捕获但不作为观赏鱼进行贸易。本属中有好几种为产自南太平洋的名贵观赏鱼，其中巴林荷包鱼的产区延伸到了塔斯马尼亚，是世界上自然分布最靠南的神仙鱼品种。

荷包鱼属鱼类不像刺盖鱼属鱼类那样具有很强的领地意识，它们在海洋中时常结群活动，彼此之间虽有打斗现象，但多数时间可以和平共处。因此，在大型水族箱中可以将多条不同种的本属鱼类混养在一起。荷包鱼属的大多数鱼类食性较杂，很容易接受颗粒饲料，一般不需要特殊的人工驯诱步骤。这些鱼偏肉食性，在日常饲料中应适当增加动物性蛋白的含量。

由于绝大多数荷包鱼属鱼类产于南太平洋地区，受到捕捞限制和运输成本的制约，它们的市场价格都不是很低。本属中已有2～3种在人工条件下繁育成功，并有一定量的幼鱼供应市场。荷包鱼属鱼类一般体长不超过30厘米，其中一些品种体长还不足20厘米，所以它们可以定义为介于大型神仙鱼和中型神仙鱼之间的一类。

澳洲神仙 *Chaetodontoplus duboulayi*

中文学名	眼带荷包鱼
其他名称	涂鸦神仙（scribbled angelfish）
产地范围	印度尼西亚东部到巴布亚新几内亚以南，澳大利亚东北部沿海地区到豪伊勋爵岛附近，在大堡礁地区较多；市场上的幼体、亚成体主要来自养殖场，成体一般捕捞于印度尼西亚东南部
最大体长	25厘米

△雌鱼

◁幼鱼

△澳大利亚东部所产的澳洲神仙雄鱼

澳洲神仙一般被简称为“澳仙”，是常见的南太平洋观赏鱼之一，在国内市场上较为常见。这种鱼也是荷包鱼属中较为美丽的一种，全身呈现丝绒光泽的深蓝色，鳃盖后方有一条黄色的纵带，嘴前端、背鳍基部和尾鳍为金黄色。雌鱼和雄鱼身体花纹有明显差异，雄鱼身上布满规律的横向细纹，雌鱼身体中部颜色变深，花纹纹路不明显。由于澳仙在印度尼西亚和澳大利亚都有分布，所以我们通常可以见到两个类型的个体：一类来自澳大利亚东部海域，鳃盖后的黄色宽带更宽，且白色区域非常少；另一类来自印度尼西亚与澳大利亚之间的帝汶海，通常鳃盖后的黄色区域较窄，并有大块的白斑。澳大利亚东部的个体很难获得，这种鱼会在贸易中特别注明产地，以彰显其身价。贸易中的大部分澳洲神仙均来自印度尼西亚。

澳洲神仙是比较好养的神仙鱼，对水质要求不高，进入水族箱后就可以直接用颗粒饲料喂养。现在有许多幼鱼来源于养殖场，这些人工繁殖的个体更加容易饲养。平时要适当控制投喂数量，一味地给它们食物会使其过度肥胖。澳洲神仙的体色艳丽程度会随着水质变化而变化，在水质良好的情况下，它们身上会散发出金丝绒一样的光泽。如果水中氨、硝酸盐的浓度过高，或pH值、硬度过低，它们的体色就会变得灰暗，像蒙上了一层灰纱。由于在进口和暂养期间，澳洲神仙会和其他神仙鱼存放在水流相通的暂养缸中，所以它们通常也会携带有寄生虫，特别是体长超过15厘米的个体，一般带有原虫类寄生虫和鳃内寄生虫。这种鱼对药物不敏感，只要让它们短暂适应一下低浓度的药物，就可以按正常剂量进行药物驱虫。澳洲神仙也能接受淡水浴的处理，对抗生素和沙星类药物也不敏感。

澳洲神仙幼体的生长速度很快，体长8厘米左右的幼鱼在人工环境下饲养1年就可以生长到16厘米以上。它们很少主动攻击其他神仙鱼，在遭受其他神仙鱼攻击时常常处于劣势，所以混养时应尽量保证澳洲神仙个体大于其他神仙鱼。如果水族箱容积超过800升，就可以同时混养2～3条澳洲神仙。在新鱼进入水族箱前，可以将其放在隔离盒中暂养一周，让老鱼充分适应新鱼的存在，当将新鱼放入时，它就不会拼命地攻击对方。新放入的澳洲神仙如果体长比原养的个体大5厘米以上，也不会遭到原来那条鱼的攻击。

黄尾仙 *Chaetodontoplus mesoleucus*

中文学名	中白荷包鱼
其他名称	天皇仙、 新加坡美人（singapore beauty）、 朱砂神仙（vermiculated angelfish）
产地范围	从日本南部到印度半岛以东的太平洋至印度洋热带珊瑚礁区域，主要捕捞地有菲律宾、印度尼西亚、中国南海等
最大体长	17厘米

黄尾仙是荷包鱼属中体形最小的一种，市场上常见的个体一般仅为7～8厘米，在人工饲养条件下通常只能生长到15厘米。这种鱼常被鱼商分类到小型神仙鱼和蝴蝶鱼中，但是它们确实是荷包鱼属的成员，而且和澳洲神仙的亲缘关系非常近。黄尾仙是西太平洋地区数量最多的荷包鱼品种，每年都有大量捕获，其市场价格也很低。这种鱼在人工环境下的表现呈两极分化，能迅速接受颗粒饲料的个体一般非常好养，而不能迅速接受颗粒饲料的个体多数会很快死亡。这可能和不同产地的捕捞方式不同有关，难活的那些个体也许是因为药物中毒损伤了内脏和循环系统。

黄尾仙依产地不同而有2～3个不同的地域类型，但是它们都不是很鲜艳美丽，所以一直属于非主流的观赏鱼品种。它们彼此之间很少打斗，所以在一个水族箱中可以同时饲养多条。大多数大型神仙鱼的成鱼和亚成鱼不会攻击黄尾仙，只是进食时偶尔驱赶它们。大型神仙鱼的幼鱼和小型神仙鱼有时会攻击黄尾仙，但不会发起致命的攻击。在大型水池中，黄尾仙喜欢尾随在蝴蝶鱼群之后活动，和它们一起觅食。质量较好的黄尾仙，一般在进入水族箱后的5天内就能接受颗粒饲料，一些个体需要用虾肉和丰年虾驯诱后，才能慢慢接受颗粒饲料。如果一开始连丰年虾都不吃的个体，就可以判定为养不活的类型了。

黄尾仙对水质要求不高，但耐药性不好。经过从低浓度到较高浓度的适应过程，它们慢慢可以接受水中铜离子浓度为0.35毫克/升。黄尾仙对于含甲醛的药物非常敏感，在水族箱中使用福尔马林后，会马上呼吸急促而死亡。如果不是在鱼店里造成严重的交叉感染，这种鱼一般只携带原虫类寄生虫，所以除了用铜药进行治疗外，其余药物和淡水浴最好不用在它们身上。

西澳蓝面神仙 *Chaetodontoplus personifer*

中文学名	罩面荷包鱼
其他名称	澳洲黄尾神仙（yellowtail angelfish）
产地范围	从我国台湾东南沿海到澳大利亚西北部沿海地区的珊瑚礁区域，主要捕捞地有印度尼西亚、巴布亚新几内亚等
最大体长	35厘米

△成鱼

幼鱼▷

东澳蓝面神仙 *Chaetodontoplus meredithi*

中文学名	梅氏荷包鱼
其他名称	澳洲花面神仙（personifer angelfish）
产地范围	澳大利亚昆士兰州至新南威尔士州的沿岸礁石区及豪勋爵群岛附近水域，市场上的少量幼鱼来自养殖场
最大体长	25厘米

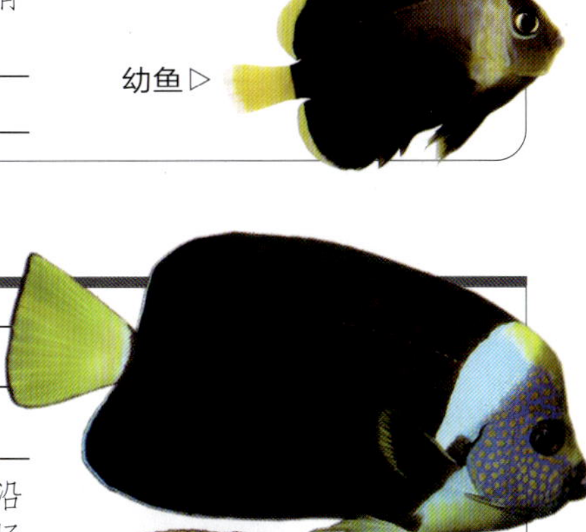

△成鱼

◁亚成鱼

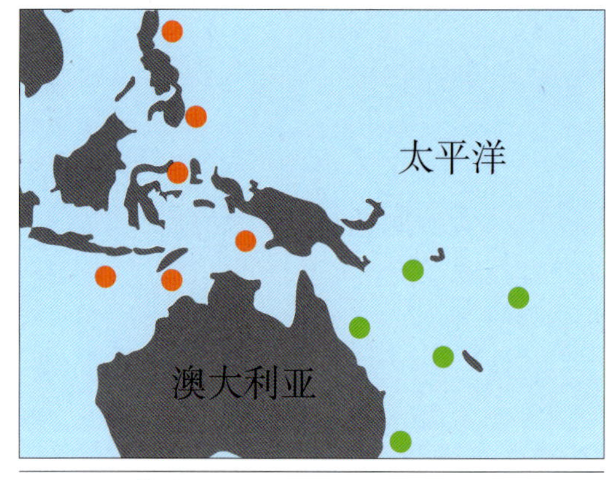

*C. personifer*和*C. meredithi*在观赏鱼贸易中统称为澳洲蓝面神仙，依据两种鱼的不同产地，又分为西澳蓝面和东澳蓝面，其中西澳蓝面因在印度尼西亚也有分布，所以较常见于观赏鱼贸易，东澳蓝面又称“澳洲花面神仙、人脸神仙”，体形比西澳蓝面小很多，是比较少见的观赏鱼品种。由于两种澳洲蓝面神仙在人工饲养环境下的表现基本一样，故将二者放在一起介绍。

澳洲蓝面神仙是比较好养的神仙鱼品种，对水质要求不高，放养新鱼的水质一般可将硝酸盐浓度控制在100毫克/升以下，pH值维持在8.0以上。随着鱼对人工环境的适应，它们对水质的要求越来越低。完全养定的鱼在水中硝酸盐浓度达到250毫克/升时也能正常摄食。市场上的大多数澳洲蓝面神仙是体长在10~20厘米的亚成鱼，过小或过大的个体都很少见。它们不需经过驯诱就可以接受颗粒饲料，而且能吃能拉，非常强壮。澳洲蓝面神仙很少主动攻击其他鱼，也较少受到其他神仙鱼的攻击。如果水族箱较大，就可以同时放养多条澳洲蓝面神仙，它们除了偶尔会彼此炫耀一下身体外，大多数时间可以和平共处。

市场上体长超过15厘米的澳洲蓝面神仙一般携带有寄生虫，所以要经过严格的检疫才能与其他鱼混养在一起。这两种鱼对药物多不敏感，可以接受含有铜离子和甲醛的药物对其进行检疫和治疗，也能接受淡水浴的处理。它们的生长速度比较快，体长10厘米左右的幼鱼，饲养一年就可以生长到20厘米左右。

眼镜神仙 *Chaetodontoplus conspicillatus*

中文学名	大堡礁荷包鱼
其他名称	极品神仙（conspicuous angelfish）、澳洲怪面神仙
产地范围	仅分布于澳大利亚大堡礁南部到豪勋爵群岛附近的礁石区
最大体长	25厘米

眼镜神仙是荷包鱼属中鼎鼎大名的名贵品种，全世界的海水观赏鱼发烧级爱好者都会以饲养这种鱼为荣耀。这种鱼仅产于澳大利亚东部的部分珊瑚礁区域，以大堡礁地区最为常见。由于产地严格限制商业捕鱼数量，所以每年市场上能见到的眼镜神仙都不多，而且价格不菲。近两年，澳大利亚某观赏鱼养殖场传来已经人工繁育眼镜仙的消息，但是否属实还无法考证，不过就目前荷包鱼属鱼类的总体人工繁育情况看，这种高价值的观赏鱼被大量人工养殖是早晚的事。

△体长在10厘米以下的幼鱼，眼睛周围的蓝色圈纹还没有完全展现出来

我国香港和台湾地区的鱼商会偶尔进口眼镜神仙，大陆地区一般只有少量资本雄厚的广州鱼商偶尔会进到此鱼，这几年观察下来，平均每年都能有1～2条眼镜仙通过不同渠道进入大陆地区。

在荷包鱼属中，眼镜仙算是比较难养的品种，虽然长得和非常好养的黑宝马神仙比较接近，却不能像那种鱼一样进入水族箱就马上接受颗粒饲料。这种鱼胆子很小，而且比较聪明。它们对新环境充满了恐惧，进入检疫缸后就会马上躲在角落里。用虾肉、丰年虾驯诱它们基本上无济于事，它们只有充分认为环境安全了才会出来吃东西，而且直接就可以吃颗粒饲料。

我在2008年和2011年分别饲养过两条眼镜神仙，但是因为鱼最终要被卖掉，所以饲养的时间都不长，第二条饲养了大概3个月，第一条仅饲养了1个多月就被买走了。想要让眼镜神仙开口吃东西，初期的水质必须控制好。可能是其原产地水质很好的缘故，它们在刚进入人工环境的初期阶段不能适应一般纯鱼缸中的水质条件。我们需要单独为其设置一个检疫缸，将水中硝酸盐浓度控制在50毫克/升以下，最好用纯净水调配海水，这样硝酸盐浓度几乎可以控制为0。当然，氨和亚硝酸盐浓度肯定要控制为0。水的pH值应控制在8.1～8.4，并用大功率气泵向水中曝气，在增加溶解氧的同时维持较高的pH值。检疫缸内放置一节直径110毫米的PVC管，或一个中号花盆，供鱼躲藏。可以适当放几块生物礁石，鱼会在感觉安全后啃食石头上的藻类。

将鱼放入后保持灯光昏暗1天，然后开灯观察，如果它已经不是总躲藏在管子里了，就可以投喂几粒颗粒饲料。如果鱼没有什么毛病，基本上会转着眼珠看饲料，然后试探地咬上一口就游走了。晚上用虹吸管抽出没有吃掉的饲料，次日继续投饵，鱼几天后就会开始吃饲料。如果鱼一周没有吃饲料，那么很可能是感染有鳃内寄生虫。眼镜神仙虽然身价昂贵，但对药物不是十分敏感，只要让它们从低浓度到较高浓度缓慢适应几天，它们就可以接受含有铜离子和甲醛的药物进行治疗。在使用铜药时可以分三次将水中铜离子浓度从0.15毫克/升提升至0.4毫克/升，期间鱼可能因药物刺激而在身上出现白点，不必惊慌，只要它不始终张着大嘴快速呼吸就没有问题，3～5天后就能适应铜药，会变得和其他大型神仙鱼一样对铜离子的耐受程度很高。在使用铜药期间，可以将水温调整到28℃左右，加快鱼的新陈代谢，如果它的身体和鳃内的大部分寄生虫被祛除，则会在此期间开始吃饲料。如果还不成，可以继续用含有甲醛成分的TDC对其进行鳃内驱虫，该鱼只要适应了一种药物的刺激，就会对其他药物的刺激也不敏感。由于眼镜神仙身价颇高，一般在人工环境下死亡的个体都是因为饲养者心理压力太大，不敢用药也不敢换水而延误治疗造成的。只要心态平和，按照一般神仙鱼那样对其进行检疫，都能获得成功。现今国外很多渔场出口的眼镜神仙等高端鱼类已经过严格的检疫和饵料驯诱，如果在中转商那里的暂养时间较短，并没有与其他鱼造成交叉感染，这样的鱼放入水族箱2～3天后基本上变得非常活跃，并大口大口地吃饲料。

养定的眼镜神仙和其他大型神仙鱼一样都不是很娇气，对水质条件的适应范围越来越大。一般在检疫缸中饲养1个月后，随着检疫缸内水质逐渐变差，它们也会逐渐适应。检疫40天后就可以将它们与其他神仙鱼混养了，这时它们能适应的水中硝酸盐浓度为200毫克/升以下，并能在pH值处于7.8的水中正常生活。眼镜神仙一般不主动攻击其他神仙鱼，也很少遭到其他鱼的攻击，只要混养前在隔离箱内隔离饲养几天，让水族箱中的老鱼们认识一下它，就可以将其放入了。眼镜神仙虽然很少啃食小水螅体珊瑚，但是会撕咬脑珊瑚、榔头珊瑚等品种，所以放养在礁岩生态缸中不是很安全。

黑宝马神仙 *Chaetodontoplus melanosoma*

中文学名	黑身荷包鱼
其他名称	黑丝绒神仙（black-velvet angelfish）
产地范围	西太平洋至印度洋的珊瑚礁区域，主要捕捞地有印度尼西亚、马来西亚等、中国南海
最大体长	20厘米

△成鱼
◁幼鱼

黄尾宝马神仙 *Chaetodontoplus dimidiatus*

中文学名	秀美荷包鱼
其他名称	丝绒神仙（velvet angelfish）、黄尾黑宝马
产地范围	太平洋中部到西部的珊瑚礁区域，主要捕捞地是印度尼西亚
最大体长	22厘米

△成鱼
幼鱼▷

黑宝马神仙、黄尾宝马神仙是长相十分接近的两种鱼，在荷包鱼属中还有两种不常见的鱼也和它们的长相酷似，这些鱼都被称为“宝马神仙”，基本上分布在太平洋中部到西部的珊瑚礁区域，体长均在20厘米左右，属于市场价格不高的中型神仙鱼。下面以黑宝马神仙为例进行介绍。

黑宝马神仙是常见的中型神仙鱼，十分好养。体长10厘米以内的幼鱼，一般进入水族箱中就接受颗粒饲料，体长15厘米左右的亚成鱼进入新环境会绝食几天，甚至一个月，但最终能接受颗粒饲料。体长20厘米的成鱼以前能在市场上见到，它们非常不容易适应人工环境，会因应激反应而长久绝食。现在大个体的鱼在贸易中已经很少出现，所以不用再刻意进行说明了。

宝马神仙类都非常贪吃，完全适应人工环境后会每天等在水族箱最显眼的位置，你一走过来，它们就摇头摆尾索要食物。如果投喂量较大，它们会非常肥胖，这种鱼体表鳞片十分细腻，肥胖以后摸起来像婴儿的皮肤一样细嫩。它们对各种药物的适应能力很强，可以使用含有铜离子和甲醛的药物对其进行检疫和治疗。通常，它们也是鳃内寄生虫的主要携带者，必须严格检疫才能与其他鱼混养。宝马神仙同类之间会产生比较激烈的打斗现象，但很少攻击其他神仙鱼，甚至可以和小型神仙鱼一起混养。在与大型神仙鱼混养在纯鱼缸中时，只要大型神仙鱼的体形不是和它们极其接近，就不会主动攻击这些小个子的近亲。

宝马神仙鱼类非常活跃好动，如果长时间没人理睬它，它就会游到水面附近吐水泡玩，并发出“啪啪”的声音。它们时常会啃咬和撕扯贝类和纽扣珊瑚等无脊椎动物，但对大多数石珊瑚是安全的。

黄尾黑金蝶 *Chaetodontoplus caeruleopunctatus*

中文学名	淡斑荷包鱼
其他名称	蓝点神仙（bluespotted angelfish）、星空神仙
产地范围	仅产于西太平洋的菲律宾群岛西侧和中南半岛南端的部分海域，主要捕捞地是菲律宾
最大体长	20厘米

△成鱼

◁幼鱼

黄尾黑金蝶的身体前部为浅棕褐色，其余部位为深褐色至蓝黑色，全身覆盖着闪亮的蓝色小圆点，尾鳍呈鲜黄色。这种鱼是西太平洋地区分布较为狭窄的鱼类，一般只能在菲律宾地区捕捞到，虽然它不算很名贵的神仙鱼，但是很少被引进到国内市场。它们很受日本爱好者的欢迎，大量个体被卖到日本，日本人爱好者叫它们“星空神仙”。

黄尾黑金蝶也是和黑宝马神仙亲缘关系非常近的鱼类，所以并不难养。体长10厘米以下的幼鱼进入水族箱后会到处找吃的，并能很快接受颗粒饲料。体形较大的成鱼在运输到目的地后会绝食几天，然后也能直接用颗粒饲料来喂养。这种鱼的耐药性很好，可以使用含有铜离子和甲醛的药物对其进行治疗，也能接受淡水浴的处理。

花蝴蝶 *Chaetodontoplus chrysocephalus*

中文学名	黄头荷包鱼
其他名称	蓝线神仙（bluelined angelfish）、珍珠宝马
产地范围	西太平洋至印度洋的珊瑚礁区域，主要捕捞地有菲律宾、马来西亚、中国南海、台湾海峡
最大体长	25厘米

△成鱼

◁幼鱼

花蝴蝶是西太平洋地区产量很大的观赏鱼，却很少有人关注它们。这种鱼的幼鱼和雌鱼的体色很像黑宝马神仙，经常混杂在黑宝马神仙中一起出售。雄鱼体色则和金蝴蝶十分接近，常被误认为是金蝴蝶。在观赏鱼贸易中，雄鱼往往被称为花蝴蝶，而雌鱼大多数时间被称为“珍珠宝马”。

这种鱼强壮且容易饲养，喜欢成群活动，所以领地意识不强，可以多条混养在一起，也可以和金蝴蝶等同属神仙鱼混养。它们不啃咬石珊瑚，不是非常饥饿也不袭击软珊瑚类，但会撕咬贝类，所以可以在没有五爪贝的礁岩生态缸中饲养。这种鱼不论大小，放入水族箱内就会马上接受颗粒饲料。它们对水质要求很低，能短时间在淡水中生存。耐药性也很好，能接受含有铜离子和甲醛的药物对其进行检疫和治疗。

依产地不同，花蝴蝶的体色略有差异，其中产于菲律宾的雄鱼全身布满黄色的条纹，而产于越南、马来西亚的雄鱼则前半身布满条纹，后半身渐变为蓝黑色。捕捞于不同产地的花蝴蝶，往往会被误认为是不同的品种。

金蝴蝶 *Chaetodontoplus septentrionalis*

中文学名	蓝带荷包鱼
其他名称	蓝蝴蝶、蓝条纹神仙（bluestriped angelfish）
产地范围	西太平洋的热带珊瑚礁区域，主要捕捞地有菲律宾、马来西亚、中国南海
最大体长	22厘米

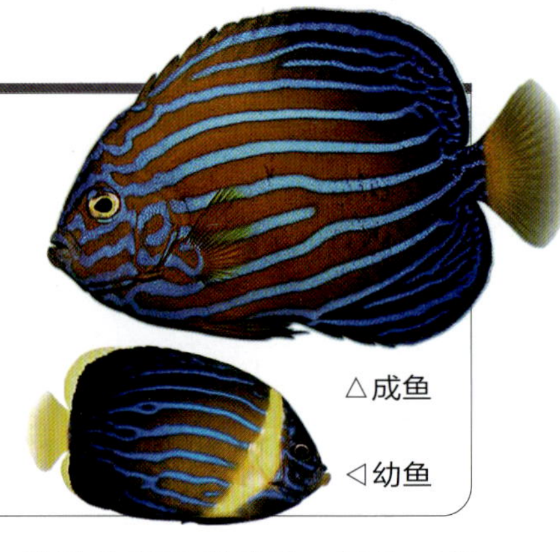
△成鱼
◁幼鱼

金蝴蝶主产于西太平洋地区，在我国南海有大量捕获。这种鱼不是很难看，但是一直属于非常边缘化的神仙鱼品种，以前很少有爱好者饲养它们。近年来，随着原生观赏鱼爱好的兴起，捕捞于我国福建和海南的金蝴蝶作为原生海水观赏鱼才被许多爱好者所注意到。

金蝴蝶喜欢成群活动，所以不像其他神仙鱼那样具有强烈的领地意识，虽然它们有时也会打架，但大多数时间可以和睦相处，所以在较大的水族箱中可以同时混养多条。它们从不主动攻击其他神仙鱼，同时很少受到其他神仙鱼的攻击，可能别的神仙鱼会将它们看成另类。

△金蝴蝶会成群活动，行为很像蝴蝶鱼，彼此间的打斗行为较少，一个水族箱中可以同时放养多条。

金蝴蝶对水质的要求不高，比较容易饲养。体长超过15厘米的个体，需要用丰年虾驯诱一段时间才能接受颗粒饲料。而体长10厘米左右的亚成鱼进入水族箱后就能直接摄食颗粒饲料。体长小于8厘米、没有完成变态期的个体在市场上很少出现。这种鱼具有较好的耐药性，可以使用含有铜离子和甲醛的药物对其进行检疫和治疗。由于金蝴蝶会偶尔进入红树林地区，所以对海水盐度具有较宽的适应范围。它们不但可以接受淡水浴，甚至可以在淡水中存活几小时之久。日常饲喂过程中，应保证植物性饲料的比例不少于40%，给它们吃太多的肉，会让其体表失去鲜艳的颜色。

熊猫神仙 *Chaetodontoplus ballinae*

中文学名	巴林荷包鱼
其他名称	巴林神仙（ballina angelfish）、 箭背神仙（arrow-backed angelfish）
产地范围	仅分布于澳大利亚以东的塔斯曼海地区
最大体长	20厘米

熊猫神仙是荷包鱼属观赏鱼中最难得到的一种，是鱼类收藏爱好者的追求目标之一。这种鱼只分布在澳大利亚东部偏南的塔斯曼海地区，此处已属温带，冬季陆地上的气温会降到0℃以下，因受到东澳暖流的影响，海水常年比较温暖，这种鱼在该地不断繁衍。受到产地商业捕鱼的限制，所以贸易中的个体非常少，大部分流向美国和日本的观赏鱼市场，国内市场上难得一见。我没有养过熊猫神仙，资料上记载它们和澳洲神仙差不多，并不难养。一般成鱼需要几天来适应人工环境，之后会接受颗粒饲料。由于缺少试验对象，目前还不知道它们对各种药物的适应情况。

阿波鱼属 *Apolemichthys*

阿波鱼属共有9种已知鱼类，在太平洋中部到印度洋西部的热带海洋中分布很广，但大多数单独品种的产地较为狭窄。其中除三点阿波鱼（*A. trimaculatus*）和黄褐阿波鱼（*A. xanthurus*）为常见观赏鱼外，余下7种均不常见，其中5种为价值较高的名贵观赏鱼。本属的大眼阿波鱼（*A. guezei*）因产地极为特殊，只在少数公共水族馆中有展示，至今未见于观赏鱼贸易中。本属在国内鱼类分类学中原被称为"琪蝶鱼属"，近年来逐渐开始统一采用拉丁文学名音译的"阿波鱼"。这些鱼在行为上与一些蝴蝶鱼较为接近，并不像其他刺盖鱼科鱼类那样凶悍好斗。阿波鱼属鱼类一般体长在20厘米左右，是典型的中型神仙鱼。它们既可以与大型神仙鱼混养，也可以和小型神仙鱼混养。这些鱼都是杂食性鱼类，食物中甲壳类比例比较高，偶尔会摄食珊瑚、海绵和藻类，所以它们基本上算偏肉食性鱼类。本属鱼类在自然环境下一般单独行动，有时也会结成松散的小群一起觅食，还会夹杂在蝴蝶鱼、倒吊类的鱼群中活动。

阿波鱼属鱼类在人工饲养环境下的表现呈非常明显的两极分化，即使同一品种中，有些个体非常容易适应人工环境，有些则根本养不活。总体上看，幼鱼要比成鱼更容易快速适应人工环境，并能很好地接受颗粒饲料。

蓝嘴黄新娘 *Apolemichthys trimaculatus*

中文学名	三点阿波鱼
其他名称	三点神仙（threespot angelfish）
产地范围	西太平洋至印度洋的热带珊瑚礁区域，主要捕捞地有菲律宾、印度尼西亚、马来西亚、中国南海等
最大体长	26厘米

△成鱼

◁幼鱼

从蓝嘴黄新娘这种体形的神仙鱼开始，"新娘"这个名词开始时常出现在中小型神仙的商品名中。最早人们给那些眼睛周围和唇部呈现出蓝色、紫蓝色和金色的神仙鱼起名为"新娘"，是因为它们头部的那些浓艳色彩很像新娘子化妆时使用的眼影和唇膏。这种商品名很受欢迎，所以一直被沿用至今。

蓝嘴黄新娘非常容易适应人工环境，不论是体长20厘米以上的成鱼，还是5厘米左右的幼鱼，它们进入水族箱后都能很快接受颗粒饲料。成鱼对贝类、纽扣珊瑚、脑珊瑚有攻击性，但不啃咬石珊瑚。幼鱼对所有无脊椎动物不具威胁性，可以放心饲养在礁岩生态缸中。

由于蓝嘴黄新娘在鱼店里经常和倒吊类、蝴蝶鱼和大型神仙鱼暂养在一起，所以它们经常被感染寄生虫，是造成白点病的原虫类寄生虫的主要携带者，有些还携带有本尼登虫和鳃锚虫，所以必须经过严格的检疫才能将这种鱼与其他鱼混养在一起。蓝嘴黄新娘的耐药性很好，可以接受含有铜离子和甲醛的药物对其进行检疫和治疗，也能接受淡水浴。它们对水质的要求也不高，在水中硝酸盐浓度不高于300毫克/升时都能很好地生活。

军仕仙 *Apolemichthys armitagei*

中文学名	易变阿波鱼
其他名称	阿米蒂奇神仙（armitage angelfish）
产地范围	塞舌尔群岛至马尔代夫的西印度洋珊瑚礁区域，主要捕捞地是马尔代夫
最大体长	21 厘米

军仕仙乍看上去和蓝嘴黄新娘十分近似，但它们的背鳍末端具有明显的黑色斑块。幼鱼期的军仕仙背鳍后部大半都是黑色，这一点十分容易和蓝嘴黄新娘的幼鱼区分。它们的长相并没有什么特别之处，但是捕获量极少，所以被归入本属的名贵品种中。

军仕仙也是非常容易饲养的品种，对水质要求不高，但成鱼在人工环境下对颗粒饲料的接受速度较慢，需要用虾肉和丰年虾进行一段时间的驯诱才能逐渐接受颗粒饲料。这种具有一定的耐药性，在经过较低浓度的药物适应后，可以接受含有铜离子和甲醛的药物对其进行检疫和治疗，也能接受淡水浴的处理。

火花仙 *Apolemichthys xanthopunctatus*

中文学名	金点阿波鱼
其他名称	金箔神仙（goldflake angelfish）、火花新娘
产地范围	仅分布于太平洋中部的吉尔伯特群岛附近海域
最大体长	25 厘米

△成鱼

幼鱼▷

△正处于变态期的幼鱼常见于观赏鱼贸易中

火花仙是本属中知名度最高的一个品种，其产量不大，算是较为名贵的海水观赏鱼。这种鱼成年后，全身鳞片的边缘散发出金色光泽，好像在鱼的身上撒了金箔碎片，所以又被称为“金箔神仙”。

在饲养初期，火花仙对水质有一定的要求，需要将水中硝酸盐浓度控制在100毫克/升以下，将pH值稳定在8.0以上。如果初期水质较差，它们很容易出现烂肉和烂鳍等疾病，而且不吃东西。随着鱼对人工环境的逐渐适应，对水质的要求也越来越低。养定以后，它们能忍受水中硝酸盐浓度高达300毫克/升，在pH值长期处于7.6的水中也能正常生活。但是，如果不能将pH值长期稳定在8.0以上，它们身上的金箔色会渐渐退去，失去较高的观赏价值。

这种鱼是偏肉食性鱼类，喜欢吃虾肉和丰年虾，也能接受颗粒饲料和薄片饲料。在日常饲喂中应时常添加虾肉作为补充食物，这样能让其体表更加有光泽。现在国内市场上见到的个体多为体长15厘米左右的亚成鱼，偶尔能见到体长5厘米左右的幼鱼。成鱼对药物的耐受能力很好，可以接受含有铜离子和甲醛的药物对其进行检疫和治疗，幼鱼则不具较强的耐药性，用药后常会出现强烈的应激反应而死亡。如果饲养幼鱼，最好将其放养在水质极好的礁岩生态缸中，这样可以尽量避免寄生虫类疾病的爆发。这种鱼不耐淡水，尽量不要对其进行淡水浴处理。它们对其他鱼不具攻击性，同种之间时常会有短暂的摩擦行为，但很少发生致命的攻击行为。

黄尾珠仙 *Apolemichthys xanthurus*

中文学名	黄褐阿波鱼
其他名称	珠仙、烟色神仙（smoke angelfish）
产地范围	西印度洋的珊瑚礁区域，主要捕捞地有斯里兰卡、马尔代夫等
最大体长	15厘米

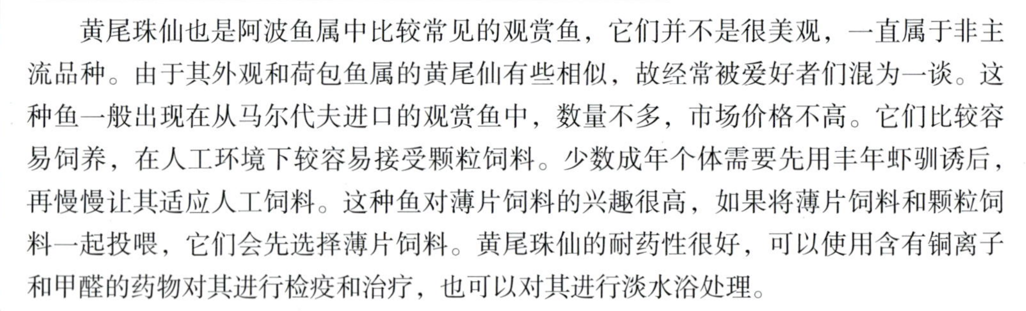

黄尾珠仙也是阿波鱼属中比较常见的观赏鱼，它们并不是很美观，一直属于非主流品种。由于其外观和荷包鱼属的黄尾仙有些相似，故经常被爱好者们混为一谈。这种鱼一般出现在从马尔代夫进口的观赏鱼中，数量不多，市场价格不高。它们比较容易饲养，在人工环境下较容易接受颗粒饲料。少数成年个体需要先用丰年虾驯诱后，再慢慢让其适应人工饲料。这种鱼对薄片饲料的兴趣很高，如果将薄片饲料和颗粒饲料一起投喂，它们会先选择薄片饲料。黄尾珠仙的耐药性很好，可以使用含有铜离子和甲醛的药物对其进行检疫和治疗，也可以对其进行淡水浴处理。

金珠神仙 *Apolemichthys xanthotis*

中文学名	蓝嘴阿波鱼
其他名称	黄耳神仙（yellow-ear angelfish）
产地范围	主要分布于红海地区，少量见于东非沿岸的礁石区域
最大体长	20厘米

金珠神仙一般被爱好者简称为“金珠仙”，它们只偶尔出现在从东非地区进口的观赏鱼中，较为少见。虽然它们的色彩不是很艳丽，但市场价格不低。这种鱼的鳃盖后方上部有一对黄色的小斑点，所以也被称为“黄耳神仙”。它们是比较好养的神仙鱼品种，对水质要求不高，对大多数药物不敏感。金珠神仙很少主动驱赶和攻击其他神仙鱼，同类之间也较少打斗，可以和各种神仙鱼混养。它们喜欢撕咬贝类和纽扣珊瑚，但对大多数石珊瑚不构成威胁，可以放养在礁岩生态缸中。

格氏仙 *Apolemichthys griffisi*

中文学名	格氏阿波鱼
其他名称	格里菲斯仙（griffis angelfish）、霸王仙
产地范围	太平洋中部到西部的珊瑚礁区域，主要捕捞地有印度尼西亚、所罗门群岛、卡罗琳群岛等
最大体长	20厘米

格氏仙也是本属中十分少见的观赏鱼，偶尔会从进口于印度尼西亚的观赏鱼中见到它们的身影，故其身价较高。格氏仙的不同个体往往在人工环境下具有不同的表现，有些表现得非常好养，一进入水族箱中就会接受颗粒饲料。有些则十分难养，不但不吃东西还十分紧张，几天就死去了。这可能和不同产地的不同捕捞、运输方式有关，所以购买格氏仙有时还要凭运气。

如果能在人工环境下接受颗粒饲料，那么格氏仙还是十分好养的。它们比较活跃，几天后就知道追着人手索要食物。这种鱼从不攻击其他鱼，也很少被大型神仙鱼攻击。它们偶尔会啃咬珊瑚，所以放养在礁岩生态缸中并不安全。因为缺少实验对象，目前还不知道这种鱼对药物的适应能力怎样。

贼仙 *Apolemichthys arcuatus*

中文学名	弓形阿波鱼
其他名称	黑帮神仙（black bandit angelfish）
产地范围	仅分布于夏威夷群岛附近的海域
最大体长	17厘米

△成鱼

◁幼鱼

贼仙是本属中最为知名的名贵神仙鱼之一，只产于夏威夷地区，一般在鱼商进口黄金吊、火焰仙时会搭配一两条贼仙。之所以叫作贼仙，就是因为它们从眼部开始一直到尾柄有一条黑色的横带条纹，很像用黑布遮住眼睛的强盗。虽然看似强盗，但是这种鱼十分温顺，它们从不攻击其他鱼，同种之间也很少发生矛盾。既可与其他鱼混养，也可以同种多条混养在一起。

因为这种鱼太贵，以前国内很少有贼仙进口。近年来，随着人们收入水平的大幅提高，从体长5厘米左右的贼仙幼鱼到体长15厘米以上的成鱼，都时常会在国内市场上出现。新购入的贼仙需要饲养在水质较好的环境中，否则它们会绝食。需要将硝酸盐控制在50毫克/升以下，将pH值稳定在8.0以上。进入检疫缸后，贼仙会马上躲藏起来，但是数小时后就会到处游动，啃咬鱼缸壁和礁石，这时可用颗粒饲料投喂，一般能被接受。少数不接受颗粒饲料的个体，可以用丰年虾和虾肉驯诱一段时间，然后就能慢慢接受颗粒饲料和薄片饲料。随着它们对人工环境的慢慢适应，其对水质的要求也越来越低。如果同时饲养3～5条的一小群，则要比单独饲养一条更容易快速适应人工环境。

新进入人工环境的贼仙比较怕药，在检疫初期，除了可以适当使用臭氧来抑制病菌的泛滥外，其余药物暂时都不要投放。待鱼开始大口大口吃饲料后，可以按0.1毫克/升的铜离子浓度向检疫缸中添加铜药，观察3天后，若鱼无应激反应，则可将铜离子浓度提高到0.25毫克/升，5天后提高到0.4毫克/升，维持此浓度15天，可以杀灭鱼身上和鳃内的寄生虫。贼仙一般在运输和暂养期间会得到鱼商的单独照顾，所以很少感染严重的大型寄生虫。一般不使用福尔马林为它们驱虫，如果非要使用时，也要从低浓度到高浓度让它们逐步适应药物。这种鱼不耐淡水浴，从淡水中捞入海水后会出现呼吸急促、全身抽搐等应激反应，所以不适合用淡水浴对其进行驱虫操作。

△贼仙对石珊瑚的破坏很小，可以放养在饲养SPS的水族箱中

完全适应人工环境后的贼仙会变得非常好养，我们既可以将其和其他神仙鱼混养在纯鱼缸中，也可以将其放养在没有贝类和脑珊瑚的礁岩生态缸中。自2020年起，由于美国禁止了夏威夷地区观赏鱼出口，所以贼仙已经很难在市场上见到了。

老虎仙 *Apolemichthys kingi*

中文学名	金氏阿波鱼
其他名称	暂无
产地范围	仅分布于南非、莫桑比克沿岸和马达加斯加岛附近海域
最大体长	21厘米

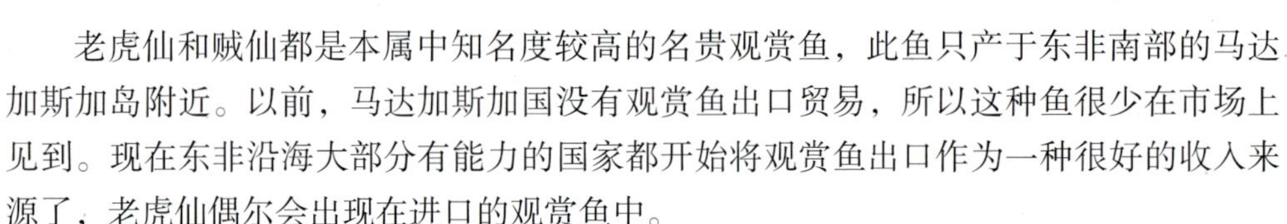

老虎仙和贼仙都是本属中知名度较高的名贵观赏鱼，此鱼只产于东非南部的马达加斯加岛附近。以前，马达加斯加国没有观赏鱼出口贸易，所以这种鱼很少在市场上见到。现在东非沿海大部分有能力的国家都开始将观赏鱼出口作为一种很好的收入来源了，老虎仙偶尔会出现在进口的观赏鱼中。

这种鱼不是很难养，在人工环境里一般能直接接受颗粒饲料，它们爱吃虾肉，饲养初期不接受饲料的个体，可以用虾肉驯诱其开食。它们饥饿时会啃咬珊瑚和贝类，不适合饲养在礁岩生态缸中。在日常饲喂中，应注意添加含有藻类成分的饲料，长期大量摄入动物性蛋白和脂肪会让老虎仙变得很胖，影响其肝肾功能，增加“暴毙”的出现概率。长期吃不到藻类，它们也可能像很多大神仙鱼那样失明。这种鱼对水质要求不高，能耐受水中硝酸盐浓度达到240毫克/升，只要水的pH值长期处于7.8以上，它们就能活得很好。老虎仙不攻击其他鱼，同类之间也很少发生冲突，是纯鱼缸中混养的好品种。由于缺少实验对象，目前还不知道老虎仙对各种药物的适应能力如何。

月蝶鱼属 *Genicanthus*

月蝶鱼属共10种已知鱼类，其中8种见于观赏鱼贸易中，有4种较为常见，另外4种为稀有的名贵观赏鱼。本属中的鱼类和刺盖鱼科其他属鱼类明显不同，它们雌雄间的差异很大，一般雄鱼体形是雌鱼的两倍，并且具有更鲜艳的体色和更夸张的鱼鳍，这种雌雄差异特征在隆头鱼类中较为明显，在蝴蝶鱼和刺盖鱼中仅月蝶鱼一属如此。月蝶鱼类一般体长在20厘米左右，属于中型神仙鱼。它们的尾鳍都呈大月牙状，雄鱼尾鳍末端会有极其延长的软鳍丝，游泳时如拖着两条细线。这些鱼在观赏鱼贸易中又被称为“燕尾神仙”。

本属中体形最大的两个物种——皮特凯恩神仙（*G. spinus*）和竹内月神仙（*G. takeuchii*）的雄鱼体长均能达到30厘米以上，前者只产于太平洋库克群岛附近，后者只产于小笠原群岛附近，都是非常稀有的海洋鱼类，除产区国家的公共水族馆有收藏展示外，从没在观赏鱼贸易中出现过。由于本属中的许多鱼类被作为观赏鱼饲养的历史较长，故一些市场价格较高的品种已获人工繁殖成功。由于人工繁育的鱼市场价格还普遍高于野生捕捞的个体，所以目前它们还很少出现在国内市场上。

月蝶属鱼类一般不啃咬珊瑚等大多数无脊椎动物，可以被饲养在礁岩生态缸中。它们都不是很好养，这些鱼对人工饵料的适应能力极差，有些品种进入水族箱后会一直不吃东西，直到活活饿死。在自然界中，这些鱼虽然成对或单独生活，但是它们的领地意识并不强，从不攻击其他鱼类，同种之间也较少发生争斗。

拉马克神仙 *Genicanthus Lamarck*

中文学名	月蝶鱼
其他名称	拉马燕
产地范围	西太平洋至印度洋的珊瑚礁区域，主要捕捞地有菲律宾、印度尼西亚等
最大体长	23厘米

△雄鱼

雌鱼▷

拉马克神仙是本属鱼类中两性外观最为接近的一种，尤其在幼鱼时期难以分辨。成熟的雄鱼体形较大，尾鳍末端拖着长长的软鳍丝，腹鳍为黑色。雌鱼和幼鱼尾鳍较短，腹鳍为白色。雄鱼能生长到20厘米以上，雌鱼体长很少超过12厘米。

观赏鱼贸易中的拉马克神仙以雌性居多，雄鱼难得一见。它们需要较大的活动空间，所以饲养水族箱的容积至少要达到400升。这种鱼在进入水族箱初期什么也不吃，可以每天投喂一些丰年虾，它们熟悉环境后就会游过来试探地吃。如果和青魔、海金鱼等成群游动的小型观赏鱼混养在一起，能提高拉马克神仙对人工环境的适应能力，在这些小鱼的带领下，它们往往很容易开始吃东西。

在水质不佳的环境下，拉马克神仙尾鳍上的长丝会经常折断，并且常出现鳞片底部出血等问题，所以要尽量将硝酸盐浓度控制在50毫克/升以下，维持pH值在8.0以上。这种鱼的耐药性不是很好，能接受的水中铜离子浓度为0.3毫克/升。它们对甲醛较为敏感，在水中投放福尔马林时经常出现严重的应激反应，然后快速死亡。

蓝宝神仙 *Genicanthus watanabei*

中文学名	渡边月蝶鱼
其他名称	蓝宝王（雄鱼）、蓝宝新娘（雌鱼）
产地范围	太平洋南部到西部的珊瑚礁区域，主要捕捞地有菲律宾、印度尼西亚等
最大体长	15厘米

△雄鱼
雌鱼▷

这种鱼的雌性和雄性在观赏鱼贸易中有不同的名字，雄鱼大部分体色为蓝灰色，身体上拥有横向黑色条纹，被称为“蓝宝王”。雌鱼身上没有花纹，在眼睛上方有黑色斑块，背鳍、臀鳍和尾鳍带有黑边，被称为“蓝宝新娘”。一般在鱼店里见到的是蓝宝新娘，蓝宝王比较少见。蓝宝神仙是非常难养的海水观赏鱼，它们在水族箱中经常因绝食而死掉，至今我也没有找到它们不吃东西的确切原因。如果饲养者幸运，新买来的蓝宝神仙会吃丰年虾，然后逐渐接受虾肉泥；如果它们吃薄片饲料了，那你就算走大运了。要想让它们接受颗粒饲料，比登天还难。

这种鱼不啃咬珊瑚等无脊椎动物，也不会主动攻击其他鱼。在水质不佳的情况下，蓝宝神仙的体色会越来越浅，最终变成白色。尽量将硝酸盐浓度控制在50毫克/升以下，维持pH值在8.0以上。它们对含有铜离子的药物不是很敏感，可以使用铜药为它们驱虫。这种鱼不能接受甲醛，对淡水浴的适应能力也很差。

土耳其仙 *Genicanthus bellus*

中文学名	美丽月蝶鱼
其他名称	贝卢斯神仙（bellus angelfish）、华丽神仙（ornate angelfish）
产地范围	太平洋中部到印度洋东部的珊瑚礁区域，主要捕捞地有菲律宾、帕劳、库克岛等
最大体长	18厘米

△雄鱼
◁雌鱼

土耳其仙是饲养历史较为悠久的燕尾神仙鱼，但是在观赏鱼贸易中并不常见。雄鱼身体呈灰褐色，身体中部有一条金色横纹，背鳍呈金色。雌鱼身体中部有一条黑色横纹，背鳍呈黑色，背鳍和臀鳍边缘呈橘色。这种鱼雌雄之间的色彩差异非常明显，而且体形差异也很大，雄鱼体长通常为雌鱼的两倍。

相对本属的其他鱼类，土耳其仙比较好养，进入水族箱后就会接受丰年虾等冰鲜饲料，有些个体经过驯诱也会吃颗粒饲料。一般将其饲养在礁岩生态缸中，它们不袭击珊瑚等无脊椎动物，也不攻击其他鱼类。这种鱼常会吃藻类，所以在日常投喂时要定期补充一些紫菜等薄片状的海藻。由于缺少实验对象，目前还不知道土耳其仙对各种药物的适应能力如何。土耳其仙已获人工繁殖成功，市场上偶尔能见到人工繁育的幼鱼。

虎皮燕尾仙 *Genicanthus melanospilos*

中文学名	黑斑月蝶鱼
其他名称	斑马燕、日本燕尾神仙 （japanese swallowtail angelfish）
产地范围	西太平洋至印度洋的珊瑚礁区域，主要捕捞地有菲律宾、印度尼西亚等
最大体长	18厘米

△雄鱼
雌鱼▷

红海虎皮仙 *Genicanthus caudovittatus*

中文学名	纹尾月蝶鱼
其他名称	斑马神仙（zebra angelfish） 红海虎皮王（雄鱼）、虎皮新娘（雌鱼）
产地范围	西印度洋的珊瑚礁区域，主要捕捞地有马尔代夫、莫桑比克和红海地区等
最大体长	20厘米

△雄鱼
雌鱼▷

虎皮燕尾仙和红海虎皮仙是亲缘关系非常近的两种鱼，雌鱼长得几乎一模一样，只是红海虎皮仙雌鱼头顶有一块黑斑。雄鱼都具有纵向的灰色虎皮纹，只是花纹颜色深浅略不同。通常，我们在市场上见到的是雌鱼，雄鱼非常稀少，雄鱼体长是雌鱼的一倍以上。这两种鱼在人工饲养环境下的表现也相似，所以放在一起介绍。

任何一种虎皮燕尾仙都是非常挑战饲养者技术的鱼，虽然它们比蓝宝神仙容易接受饲料，但由于体形较大，所携带的寄生虫比较多。尽量用大型水族箱饲养它们，给予充分的游泳空间，这样有助于缓解其对人工环境的不适应。这些鱼都吃紫菜等纤薄的海藻，如果能够给予一些新鲜的海藻片吃，它们会更容易适应人工环境。适应人工环境后它们能接受丰年虾和薄片饲料，但一般不吃颗粒饲料。水质不佳时，它们极容易患病，而且耐药性不强，所以死亡率很高。

半带神仙 *Genicanthus semicinctus*

中文学名	半带月蝶鱼
其他名称	暂无
产地范围	南太平洋、西太平洋至印度洋的珊瑚礁区域，主要捕捞地有印度尼西亚等
最大体长	20厘米

△雄鱼
◁雌鱼

半带神仙是比较少见的燕尾神仙鱼，我们偶尔能在市场上看到它们的雌鱼，但雄鱼几乎见不到。这种鱼很受日本观赏鱼爱好者的喜爱，所以通常捕捞到的雄鱼还没有到达暂养场，就被日本观赏鱼进口商预定走了。这种鱼对珊瑚等无脊椎动物不造成威胁，可以在礁岩生态缸中饲养。它们需要比较大的活动空间，否则很容易因为过度紧张而绝食。新鱼一般可以吃冷冻丰年虾和虾肉碎末，经过较长时间的驯诱可以接受薄片饲料和颗粒饲料。

它们对水质要求不高，但耐药性不好，如果使用低浓度铜药让它们逐渐适应铜离子的刺激，最终能接受水中铜离子的浓度为0.35毫克/升。在运输和暂养过程中，它们通常被其他鱼交叉感染有较多的寄生虫，所以大多数鱼死于检疫期。在与其他燕尾神仙类混养时，雌鱼一般会尾随在虎皮燕尾仙等近缘种之后，与它们成群活动。它们从不攻击其他鱼，但是与大型神仙鱼混养时会遭到蓝面神仙、耳斑神仙等品种的驱赶。

面具神仙 *Genicanthus personatus*

中文学名	夏威夷月蝶鱼
其他名称	蒙面神仙（masked angelfish）
产地范围	仅分布于夏威夷群岛附近海域等
最大体长	22厘米

雄鱼▷

雌鱼▽

面具神仙是本属中鼎鼎大名的名贵品种，只分布于夏威夷群岛附近的海域，市场价格很高。雄鱼全身灰白色，头部金黄色，背鳍、臀鳍呈橘红色，尾鳍基部为黑色。雌鱼体形略小，全身呈汉白玉色，头部前端具有黑斑，腹鳍末端为金黄色，尾鳍基部为黑色。这种名贵的观赏鱼常常会被成对出售，所以其零售价显得更高。

虽然身价高，但是面具神仙应当算本属中好养的一个品种了。可能是由于在捕捞、运输和暂养期间都得到特别照顾，所以它们往往进入新水族箱1～2天后就能接受颗粒饲料。一般将其放养在礁岩生态缸中，它们不会啃咬珊瑚，也不攻击其他鱼。虽然是成对的夫妻，但是雌鱼和雄鱼往往不在水族箱中一起活动，它们会分头在不同的礁石上啃来啃去。在日常投喂过程中，应保证含有海藻成分的饵料占总饵料比例在40%以上，这样有助于维持其绚丽的颜色。由于缺少实验对象，目前还不知道这种鱼对药物的适应能力如何。

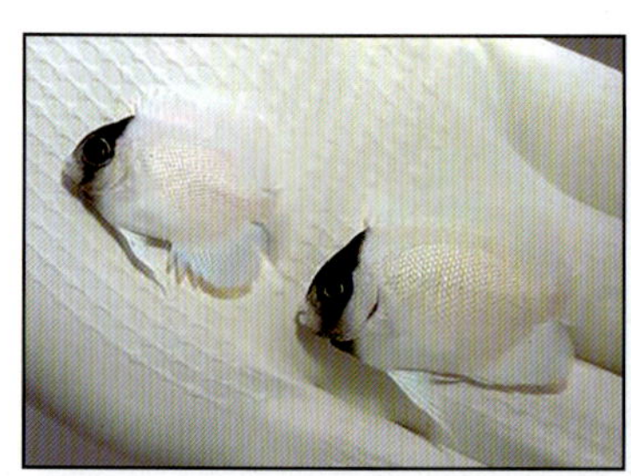

△人工繁育的面具神仙幼鱼

△人工繁育的土耳其仙幼鱼

刺尻鱼属 *Centropyge*

刺尻鱼属是刺盖鱼科中种类最多的一属，本属鱼类的体长都在15厘米以下，大多数品种仅10厘米左右，所以被称为小型神仙鱼。小型神仙鱼在海洋中的活动范围没有中大型神仙鱼那么广，它们一般只集中在一片珊瑚礁附近生活，有些品种甚至世代在某一块沿岸礁石的附近繁衍。因此，本属鱼类中的许多品种为产区狭窄的名贵观赏鱼。其中，仅产于拉罗汤加岛和库克岛附近的薄荷仙（*C. boylei*）是所有神仙鱼中最为名贵的一种。如果把所有的小型神仙鱼产地都认真地查阅一遍，那么地球上大部分由珊瑚礁或火山爆发形成的小岛就能记忆在心了。

小型神仙鱼体色艳丽，行为复杂，对无脊椎动物不构成伤害，放养在礁岩生态缸中，会像小精灵一样时隐时现，为水族箱添色不少。所有刺尻鱼属鱼类历来是海水观赏鱼爱好者们最热衷于饲养的品种。由于大多数本属鱼类自然分布区域狭窄，野生种群数量有限，如果过度捕捞很可能造成物种灭绝，所以近十多年来小型神仙鱼类是继小丑鱼类之后人工养殖数量最多的海水观赏鱼，在北美、大洋洲、东南亚和太平洋的一些岛屿上都有小型神仙鱼的养殖场。目前有十余个品种已经人工繁殖成功，其中5~6种已有稳定的养殖产量，可以供应市场。许多海水观赏鱼养殖场还在大力钻研更多品种的人工繁殖方法，相信随着鱼类养殖技术的不断提高，市场上所有美丽可爱的小型神仙鱼都将是人工养殖个体。

火焰仙 *Chaetodontoplus conspicillatus*

中文学名	鹦鹉刺尻鱼
其他名称	喷火神仙（flame angelfish）
产地范围	主要分布于夏威夷群岛附近的海域，在马绍尔群岛、所罗门群岛等地也有分布，贸易中的个体主要来自养殖场
最大体长	9厘米

△雄鱼
◁雌鱼

海水观赏鱼中红色系品种并不多，而能红得如火焰般的鱼就更少了。我们把鹦鹉刺尻鱼评选为最红的海水鱼，并将其命名为火焰仙。从夏威夷到所罗门群岛附近都有这种鱼出没，所罗门群岛的火焰仙身体上只有一条黑色的纵纹或黑色斑点。这个地域种的产量十分少，一般在市场上见不到。观赏鱼贸易中的火焰仙基本来自夏威夷群岛，而且有相当数量是人工繁育的个体。

△施氏刺尻鱼（*C. shepardi*）长得和火焰仙的幼鱼十分相似，它们只分布于小笠原群岛到帕劳群岛附近的珊瑚礁区域，鱼贸易中被称为“橘红新娘”

火焰仙可以算好养的小型神仙鱼之一，它们适应新环境的能力非常强，一般进入水族箱后就会马上接受颗粒饲料。这种小鱼是大胆的冒失鬼，对任何礁石的空洞，它们必须进去探访一番，如果有鱼阻拦，它就展开背鳍向人家示威。即使个体悬殊很大的大型神仙鱼阻挡了它猎奇的步伐，它一样会向其示威。当然，打得过就打，打不过自然就跑了。它们不会欺负非同种的小型鱼，除了偶尔啄咬几下纽扣珊瑚，基本上不会伤害无脊椎动物，是混养在礁岩生态缸中的理想品种之一。火焰仙对水质要求不高，但长期生活在水质较差的环境中，体色会越来越浅，最终变成橘黄色。为了维持它们体表鲜艳的红色，我们应将硝酸盐浓度控制在100毫克/升以下，维持pH值在8.0以上。当水温长期高于30℃时，火焰仙很容易出现无征兆的突然死亡，所以夏季应将水温控制在30℃以下，最好是24～27℃之间。新购得的火焰仙耐药性不强，当铜离子浓度高于0.2毫克/升时，它们就会出现呼吸急促的现象。但是如果分多次用低浓度的铜药让它们慢慢适应，则最高能接受0.45毫克/升的铜离子浓度。如果不是饲养在水质稳定的礁岩生态缸中，应让新购得的火焰仙在检疫缸中逐步适应铜药，这样万一日后感染寄生虫就方便治疗了。可以每天将水中铜离子浓度提高0.05毫克/升，连续4天后，停药2天，如鱼不再出现呼吸急促现象，则继续按此比例提升铜离子浓度，直至提升到0.4毫克/升为止。火焰仙不耐甲醛，让其逐步适应含甲醛药物的步骤繁琐，且成功率不高，所以不建议用福尔马林和TDC等药物为其进行治疗。大多数火焰仙不能接受淡水浴，它们很容易在淡、海水环境突然转变的情况下抽搐死亡。它们对大多数抗生素和沙星类药物不敏感，可以在处理细菌感染时使用这些药物。

△火焰仙的繁殖环境

△人工繁育的火焰仙幼鱼

火焰仙是少数能在私家水族箱中产卵的小型神仙鱼，如果饲养者能搞到小型海洋浮游生物作为新孵化幼鱼的饵料，则可以成功繁殖火焰仙。在市场上出售的火焰仙中，体形小于5厘米的基本是幼鱼，它们没有雌雄之分。如果一次购买多条，并将它们成功放养在同一个较大的水族箱中，随着这些幼鱼的生长，其中个体最大的一条会变成雄性，而个体第二大的那条会变成雌性。这两条鱼会结为伴侣一起生活，并驱赶其他的火焰仙。此时，应将其余火焰仙捞出另养，剩下一对亲鱼会慢慢一起长大，当它们完全成熟后，就会经常在水族箱中相互对着打转，跳起同房前的快乐舞蹈。一对火焰仙会将卵产在礁石背面，如果在水族箱中倒置一个小花盆，它们就会在花盆内壁上产卵。亲鱼会看护鱼卵到其孵化。

市场上出售的体长在5厘米以上的火焰仙可以直接辨别出雌雄，挑选一雌一雄共同饲养，一般都能配对成功。雄鱼个体较大，颜色比雌鱼红，背鳍和臀鳍末端的深蓝色区域非常大，且呈尖角状。雌鱼一般呈橘红色，身体中部接近黄色，身上的黑色条纹比雄鱼少且更细，背鳍和臀鳍末端的深蓝色区域很少，且呈圆角状。一对新买回的火焰仙不能马上放到一起，需要利用亚克力板将水族箱从中间隔开成两个区域，将雌雄分别放养在两侧，使它们平时能通过亚克力板彼此看到。起初，雄鱼见到雌鱼就会冲过去示威，试图将其咬死，慢慢地对雌鱼的态度开始缓和，直至看到它们彼此隔着亚克力板打转游泳，就说明两条鱼已经“相亲”成功，此时就可以将隔板打开让它们在一起生活了。有时，一条雄鱼可以和多条雌鱼一起生活，它对雌鱼具有选择性，喜欢就会纳为“嫔妃”，不喜欢就会追着咬，直到将人家咬死。有时，我们可以在同一水族箱中饲养多条雌鱼，但如果同时饲养两条雄鱼，必然有一条会被另一条攻击致死。

火焰仙一般不攻击其他小型神仙鱼，但是如果水族箱容积小于200升，则它们很容易受到石美人、黄新娘、蓝眼黄新娘等小神仙鱼的攻击，即使这些鱼的体长比火焰仙小，它们也能将火焰仙的背鳍和尾鳍咬成“碎布条”。自2020年起，由于美国禁止了夏威夷地区观赏鱼出口，故而火焰仙已经在市场上难得一见。

可可仙 *Centropyge joculator*

中文学名	乔卡刺尻鱼
其他名称	黄头神仙（yellowhead angelfish）
产地范围	仅分布于东太平洋的科科斯群岛附近海域
最大体长	9厘米

△复活节岛神仙

△人工繁育的可可仙幼鱼

可可仙是大名鼎鼎的小神仙鱼，在全世界观赏鱼领域的知名度绝不低于火焰仙。它们仅产于哥斯达黎加以东的科科斯群岛（Cocos Islands）附近，所以被称为可可仙（Cocos Angelfish）。由于产地极其狭窄，可可仙自然成为身价颇高的鱼。它与廉价的石美人相貌很接近，不知情的爱好者很不理解为什么这种“石美人”如此昂贵。说到了可可仙，就不能不提一下复活岛神仙（*C. hotumatua*），它们两个是近亲，身体形状完全一样，复活岛神仙好像只是将可可仙的体色染成了暗红色。复活岛神仙只产自南太平洋东部的复活节岛附近海域，其价格比可可仙还高，而且更难在市场上碰见。

可可仙虽贵，但不难养，它们很容易接受颗粒饲料。新鱼对水质的要求较高，需要保证水中硝酸盐浓度低于50毫克/升，将pH值稳定在8.0以上。养定的鱼会逐渐适应质量更低一些的水质环境。大多数人是用它们来装点绚丽的礁岩生态缸，让可可仙在五彩缤纷的珊瑚丛中自由穿梭，是爱好者们梦寐以求的。

新引进的可可仙如果被放养在很小的环境中，则会十分紧张，所以最好不要用隔离盒饲养它们，检疫缸的尺寸也应稍微大一些。在其刚进入水族箱的前几天，最好保持灯光较为昏暗，如果给其照相，不要用闪光灯，有些个体会被闪光灯突然的强光吓死。由于没有对这种鱼进行过药物试验，目前还不知道它们对各种药物的适应能力。近几年，一些观赏鱼养殖场已经成功繁殖了可可仙和复活岛神仙，甚至尝试了利用两种进行杂交繁殖，相信不久以后，这种美丽的小鱼就会在市场上常见起来。

火碳仙 *Centropyge ferrugata*

中文学名	锈红刺尻鱼
其他名称	红闪电、锈红神仙（rusty angelfish）
产地范围	西太平洋的珊瑚礁区域，主要捕捞地是菲律宾
最大体长	9厘米

火炭仙是西太平洋地区常见的小型神仙鱼之一，所以国内市场上经常可以见到它们，而且零售价格很便宜。由于这种小鱼经常躲在礁石后面，神出鬼没的，所以也被称为“红闪电”。在10多年前，人们的收入还不是很高，那时大多数人买不起火焰仙，就喜欢在礁岩生态缸中饲养火炭仙。而今天，火焰仙已经不算贵鱼了，于是大家逐渐冷落了火炭仙。

火炭仙是非常好养的小型神仙鱼，通常在人工环境下很快接受颗粒饲料，一些个体较大的成鱼到达新环境会绝食几天，如果用丰年虾驯诱它们，则能马上开始吃东西。它们对水质要求不高，但耐药性不好，水中铜离子浓度高于0.2毫克/升时就会有不良反应，并且不能接受含有甲醛的药物，也不能接受淡水浴的处理。

花豹仙 *Centropyge potteri*

△雄鱼

▽雌鱼

中文学名	波氏刺尻鱼
其他名称	栗色神仙（russet angelfish）、花豹新娘、虎纹仙
产地范围	仅分布于太平洋中部的夏威夷群岛附近海域
最大体长	10厘米

花豹仙主要产于夏威夷群岛附近，是比较少见的名贵小型神仙鱼。爱好者一般将它们放养在水质稳定的礁岩生态缸中，水质极佳时，其体表色彩十分靓丽。如果水质突然波动或出现问题，花豹仙会将身体颜色调节得非常深，有的时候甚至近乎变成黑色。这个时候就要赶快处理一下水质了，不然即使鱼能照常活着，珊瑚也会逐渐死亡。花豹仙胆大活跃，喜欢在水族箱中最显眼的地方游来游去，它们能很快地接受颗粒饲料，也吃海藻和丰年虾。这种鱼的领地意识不是很强，如果水族箱容积大于400升，则可以同时混养2条以上。由于缺少实验对象，目前还没有对花豹仙做过药物试验，不清楚它们对各种药物的耐受程度如何。

日本仙 *Centropyge interruptus*

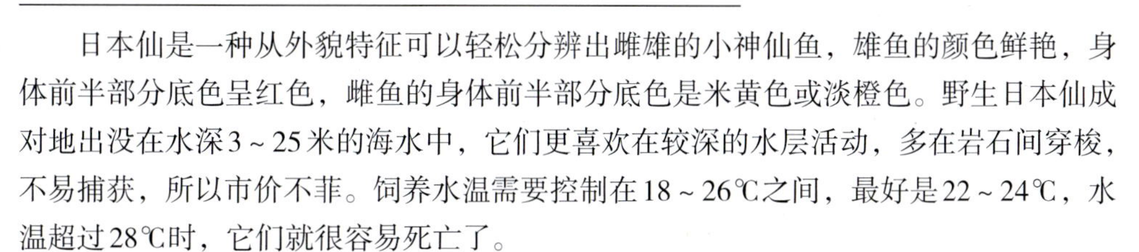

中文学名	断线刺尻鱼
其他名称	中途岛神仙、蓝新娘
产地范围	仅分布于太平洋的伊豆群岛、中途岛和千岛群岛附近的海域
最大体长	15厘米

日本仙是一种从外貌特征可以轻松分辨出雌雄的小神仙鱼，雄鱼的颜色鲜艳，身体前半部分底色呈红色，雌鱼的身体前半部分底色是米黄色或淡橙色。野生日本仙成对地出没在水深3～25米的海水中，它们更喜欢在较深的水层活动，多在岩石间穿梭，不易捕获，所以市价不菲。饲养水温需要控制在18～26℃之间，最好是22～24℃，水温超过28℃时，它们就很容易死亡了。

日本仙很容易接受颗粒饲料，一般只要熟悉环境后就会开始寻觅食物。它们不攻击珊瑚和其他无脊椎动物，尽可放心地混养在礁岩生态缸中。当用高色温的灯光照射它们时，可以看到其身体上璀璨的蓝色星光。由于没有对这种鱼进行过药物试验，目前还不知道它们的耐药程度如何。美国、日本的一些鱼场正在开展日本仙的人工繁育实验，相信不久它们就能在人工环境下繁殖成功。

多彩仙 *Centropyge multicolor*

中文学名	多彩刺尻鱼
其他名称	多色神仙（multicolor angelfish）
产地范围	南太平洋的珊瑚礁区域，主要捕捞地有马绍尔群岛、社会群岛、库克岛、斐济等
最大体长	9厘米

依产地不同，多彩仙的体色富于变化，有时同一产地的两条鱼颜色也不完全相同。这种鱼在不同水质环境下也会调节体色的深浅程度。在水质很好的情况下，它们体色是粉白色并带有蓝色光辉。如果水族箱中硝酸盐浓度偏高，它的体色就开始加深，从黄色一直发展成褐色，头顶的蓝色斑块也会变成黑色。水质越差，鱼的颜色越深，当完全发展成褐色的时候，它可能就快要离开你了。早期被寄生虫感染的多彩仙并不会有严重的反应，当被发现时恐怕已经濒临死亡，所以日常饲养中应注意观察鱼的体色变化，及时做出处理。

多彩仙进入水族箱后能直接接受颗粒饲料，并且非常活跃，会与其他鱼争抢食物。它们对大多数无脊椎动物不构成伤害，可以饲养在礁岩生态缸中。如果水族箱容积大于400升，则可以同时混养2条以上。这种鱼不耐药，水中铜离子浓度高于0.2毫克/升会出现呼吸急促等反应，如果不马上降低药物浓度，就会很快死亡。在对其进行福尔马林药浴时，它也会产生强烈的应激反应。

拿克奇神仙 *Centropyge nahackyi*

中文学名	纳哈奇刺尻鱼
其他名称	暂无
产地范围	仅分布于太平洋的夏威夷群岛至约翰斯顿环礁附近的海域
最大体长	9厘米

拿克奇神仙也是一种产于夏威夷群岛附近的稀有小型神仙鱼，它们与多彩仙有较近的亲缘关系。这种鱼在国内市场上非常难以见到，多数个体被日本和美国的爱好者买走。拿克奇神仙一般被放养在水质稳定的礁岩生态缸中，它们能轻松接受颗粒饲料。雄鱼之间偶尔会有争斗，但异性之间能和平相处。它们不耐高温，如果水温长期高于28℃，则很容易死亡。目前还没有对拿克奇神仙做过药物测试，不清楚它们对各种药物的反应如何。

小结说明

火焰仙、火炭仙、可可仙、多彩仙等以上介绍的小神仙鱼品种是亲缘关系非常近的一个家族，它们均产于太平洋，在印度洋和大西洋中没有分布。这些鱼的上嘴唇比下嘴唇长，看上去像鹦鹉嘴，所以火焰仙的学名就是“鹦鹉刺尻鱼”。本家族的鱼雌雄差异不大，仔细观察还是可以分辨出来的。它们较适合作为人工养殖的对象，而且在人工繁殖过程中可以培育杂交品种和变异个体。左图为体表黑斑变异的火焰仙。

渔夫仙 *Centropyge fisheri*

中文学名	条尾刺尻鱼
其他名称	橘色小神仙（orange angelfish）
产地范围	仅分布于太平洋中部的夏威夷群岛和约翰斯顿环礁附近海域
最大体长	6厘米

渔夫仙是体形非常小的神仙鱼，成鱼体长仅5～6厘米，还没有大多数雀鲷大。这种小鱼在市场上并不常见，所以购买到它的爱好者都会将其放养到水质稳定的礁岩生态缸中，几乎没见过单独饲养这种鱼，它们也从不在公共水族馆中出现。渔夫仙很容易接受小颗粒的饲料，也吃薄片饲料。虽然个体小，但同种之间的打斗现象还是很严重的，所以通常一个水族箱中只能饲养一条。由于没有对它们进行过药物试验，不清楚这种鱼对各种药物的适应能力如何。

东非火背仙 *Centropyge acanthops*

中文学名	荆眼刺尻鱼
其他名称	橙背仙（orangeback angelfish）
产地范围	分布于从索马里到南非沿岸的西印度洋礁石区，主要捕捞地是莫桑比克和肯尼亚
最大体长	10厘米

美国火背仙 *Centropyge aurantonotus*

中文学名	金背刺尻鱼
其他名称	金背仙
产地范围	主要分布在加勒比海地区，贸易中的大部分个体来自养殖场
最大体长	7.5厘米

东非地区出产的小神仙鱼里最出名的就是火背仙，加勒比海地区出产的小神仙鱼里最著名的也是火背仙。它们是不是一种鱼呢？当然不是。仔细观察就会发现，产在东非的火背仙尾鳍呈黄色，而加勒比地区的火背仙尾鳍延续身体的颜色呈深蓝色。人们习惯把加勒比地区出产的火背仙称为"美国火背仙"。

在观赏鱼贸易中，东非火背仙的数量要远远多于美国火背仙，价格也略低一些。东非火背仙体长8～10cm，美国的则小一些，一般仅5～6厘米。每年的主要出产季节是春季和秋季，如果运气好，会在观赏鱼市场上同时看到两个品种的火背仙。美国火背仙在近两年被人工繁殖成功，估计它的贸易数量以后会超过东非的品种。

两种火背仙是非常适合饲养在礁岩生态缸中的鱼。美国火背仙稍微有些喜欢咬五爪贝的肉，饲养时要避开五爪贝。它们都非常容易接受颗粒饲料，东非火背仙甚至可以到你的手上来取食物。它们都不适合饲养在纯鱼缸中，这两种鱼需要时常摄食礁石上滋生的小型动植物，来维持特殊的营养需求。幼体的火背仙几乎没有领地意识，可以多条放养在一起，长大以后，其中最大的一对会自然成为夫妻，然后开始驱赶其他个体。它们会在水族箱中产卵，但在私人爱好者家中繁殖成功的记录并不多。如果水族箱容积大于600升，甚至可以同时放养多条成年的火背仙，因为每条鱼占领的空间都不大。

△人工繁殖的美国火背仙幼鱼

两种火背仙对药物的耐受度都不高，新鱼一般不能接受任何药物的治疗。如果通过低浓度分批下药的方式让它们慢慢适应铜药，这两种鱼则可以逐渐适应水中的少量铜离子刺激，东非火背仙能接受水中铜离子浓度最高为0.35毫克/升，而美国火背仙能接受的铜离子浓度仅为0.25毫克/升。

金背小神仙 *Centropyge resplendens*

中文学名	闪光刺尻鱼
其他名称	华丽小神仙（resplendent angelfish）
产地范围	主要分布在大西洋中部的阿森松岛附近海域，贸易中的个体主要来自养殖场
最大体长	6厘米

金背小神仙也是少数分布在大西洋的刺尻鱼品种中的一种，国内市场上不容易见到。通常，爱好者会将其放养在礁岩生态缸中，由于体形太小，它们时常遭到蓝魔等雀鲷的袭击，所以混养时应尽量避免有大型雀鲷。这种鱼很容易接受颗粒饲料，同种间彼此攻击性不强，可以同时饲养一小群在同一水族箱中。它们的耐药性不强，经过从低浓度缓慢适应后，勉强能接受水中铜离子浓度为0.25毫克/升。金背小神仙也不耐热，水温长期高于29℃时很容易突然死亡。

金背小神仙是被人工养殖时间较早的海水观赏鱼品种，由于其自然产区过度狭窄，目前已经很少有人捕捞野生鱼了。观赏鱼贸易中的个体主要来自美国的养殖场。

◁人工繁殖的金背小神仙幼鱼

金头小神仙 *Centropyge argi*

中文学名	百慕大刺尻鱼
其他名称	小神仙（cherub angelfish）
产地范围	从百慕大向南沿加勒比海地区到巴西北部沿海的大西洋沿岸礁石区，主要捕捞地有巴西、墨西哥、委内瑞拉等，部分个体来自养殖场
最大体长	8厘米

金头小神仙是分布在大西洋的刺尻鱼品种中的一种，一般在进口灰神仙和女王神仙等鱼时会夹杂有这种小鱼。它们很容易接受颗粒饲料，一般被爱好者放养到礁岩生态缸中。这种鱼已获人工繁育成功，并有较为稳定的养殖产量。金头小神仙比较怕热，夏季水温高于30℃后就很容易死亡，一般应将饲养水温控制在24～28℃。它们对水质的要求不严格，但是非常怕药，野生个体基本上沾一点儿药就死，人工繁殖的后代如经过缓慢的低浓度药物适应，则可以接受含有铜离子的药物对其进行检疫和治疗。如果不被严重交叉感染，这种鱼很少携带寄生虫，一般能直接放入水质稳定的礁岩生态缸中饲养。

侏儒仙 *Centropyge flavicauda*

中文学名	黄尾刺尻鱼
其他名称	蓝鳍小神仙（blue fin angelfish）
产地范围	西太平洋到印度洋东部的珊瑚礁区域，主要捕捞地有菲律宾和莫桑比克等
最大体长	7.5厘米

从名字就能看出，侏儒仙是一种体形很小的鱼，它们成年后只有6～7厘米。它们在市场上非常少见，通常被爱好者饲养在礁岩生态缸中。这种鱼能很快地接受颗粒饲料，并且啃食礁石上的藻类。它们彼此间的攻击性不是很强，如果水族箱容积大于400升，则可以同时放养2条。由于没有对这种鱼做过药物试验，目前还不知道它们对不同药物的反应如何。

小结说明

火背仙、渔夫仙、金头小神仙、金背小神仙和侏儒仙是亲缘关系非常近的一组小神仙鱼。它们不但在鳃盖后方具有棘刺，在其眼睛下方也有三根不明显的小棘刺，这个特征是它们区别于其他小神仙鱼的主要标志。东非火背仙的学名“荆眼刺尻鱼”就因其眼下棘刺而来。这一组鱼是刺尻鱼属中分布最广的一个家族，在太平洋、印度洋和大西洋中都有它们的成员。这一家族的小神仙鱼目前被人工繁育的数量最多，而且杂交品种时常可以见到。

虎纹仙 *Centropyge eibli*

中文学名	虎纹刺尻鱼
其他名称	老虎新娘、 艾伯氏神仙（Eibl's angelfish）
产地范围	西太平洋到印度洋的珊瑚礁和沿岸礁石区，主要捕捞地有菲律宾、印度尼西亚、马尔代夫等
最大体长	15厘米

虎纹仙是非常常见的低价位小型神仙鱼，它们在观赏鱼贸易中的数量非常大，而且从体长4厘米的幼鱼到体长15厘米的成鱼都能在市场上见到。和大多数廉价的小神仙鱼一样，它们也是不好养的品种，主要体现就是在人工环境下很难开口吃东西。

一般个体越小的虎纹仙越容易接受人工饲料，而体长超过10厘米的成鱼在水族箱中基本上不会吃东西，它们也许偶尔吞入几枚丰年虾，但很快会吐出来。选购这种鱼时，应尽量挑选小一些的个体。体长超过10厘米的虎纹仙，即使什么也不吃，领地意识仍然很强。

①太平洋地区的虎纹仙
②印度洋地区的虎纹仙

如果将它们混养在礁岩生态缸中，它们会攻击火焰仙、火背仙等小神仙鱼，还会和石美人、黑尾仙打得不可开交。它们不攻击珊瑚，但会咬纽扣珊瑚、香菇珊瑚和五爪贝，所以要尽量避免和这些生物混养。

幼鱼贸易量大，价格低，鱼商常将其和大型的倒吊、神仙、狐狸、神像等寄生虫超级携带者暂养在一起，而且这种鱼在鱼店里的销售速度很慢，所以几乎所有个体都被交叉感染上了寄生虫。我们时常可以看到鱼店里的虎纹仙身上布满白点，体表有一块一块的红斑，这更增加了它们在人工环境下的死亡率。和其他小型神仙鱼一样，它们对药物也较为敏感，经过逐渐适应后，能接受水中铜离子的浓度为0.35毫克/升。但是不能接受含有甲醛的药物进行治疗，进行淡水浴时的应激反应也比较强烈。在被感染了多种寄生虫后，最终能被治愈虎纹仙少之又少。

当然，我们偶尔也能见到质量非常好的小虎纹仙，并且能将其饲养好几年，这主要看你的运气。

黑尾仙 *Centropyge vrolikii*

中文学名	福氏刺尻鱼
其他名称	珠鳞神仙（pearlscale angelfish）
产地范围	西太平洋到印度洋的珊瑚礁和沿岸礁石区，主要捕捞地有菲律宾、印度尼西亚、马来西亚等
最大体长	12厘米

黑尾仙是非常常见的小型神仙鱼，我们几乎每次去海水鱼店都可能见到它们。这种价格低廉的小型神仙鱼，一般被初学者买回家作为练手的素材。黑尾仙非常强壮，它们对水质的要求不高，而且对水中的铜离子具有耐受性，最高可以接受水中铜离子浓度为0.5毫克/升。能接受淡水浴的处理，但是对含有甲醛的药物较为敏感。虽然是这样，但此鱼并没有那些怕药的神仙鱼好养，主要是因为它们在人工环境下很难开口吃东西。一般体长在6厘米以下的幼鱼较为容易适应人工环境，如果利用丰年虾和虾肉驯诱它们，不久就有可能会接受颗粒和薄片饲料。体长超过10厘米的成鱼基本上是养不活的，它们在水族箱中什么也不吃，整天游来游去直到饿死。有些爱好者经过试验发现，这种鱼会吃紫菜等藻类，但如果长期只能用紫菜喂养它们，它们一样会消瘦致死。

黑尾仙是太平洋和印度洋热带海域中分布最广的小型神仙鱼，它们与虎纹仙的亲缘关系极近，所以我们经常能见到黑尾仙与虎纹仙自然杂交的后代。在鱼店里，它们一般会被当作虎纹仙出售。这些杂交后代身体强健，比其两种亲本都容易饲养，如果继承了虎纹仙和黑尾仙的优点还十分好看。爱好者们在逛鱼店时不妨留意，如果选到杂交个体，饲养起来就十分轻松了。

黄新娘 *Centropyge heraldi*

中文学名	海氏刺尻鱼
其他名称	黄色神仙（yellow angelfish）
产地范围	西太平洋的珊瑚礁区域，主要捕捞地是菲律宾
最大体长	12厘米

黄新娘是一种常见的小型神仙鱼，每年的贸易数量非常大。这种鱼也是在人工环境下死亡率最高的海水观赏鱼之一，很少有人将它们养得长久。

体长6厘米以下的黄新娘比较好养，它们进入水族箱后很快就能接受颗粒饲料。但是体长超过8厘米的成鱼则会绝食很久，即使用虾肉和丰年虾驯诱也不会吃，最终活活饿死。这种鱼在贸易中的死亡率非常高，不仅是不好养，这种鱼大多是药捕而来，很多在运输中就死在了袋子里。

不要同时混养两条黄新娘在水族箱中，它们生性好斗，彼此之间容易造成严重的伤害。黄新年会啃食纽扣珊瑚、脑珊瑚，所以饲养在礁岩生态缸中不安全。这种鱼的耐药性不好，新鱼一般不能接受任何药物的治疗，即使让它们从低浓度缓慢适应铜药，其能接受的铜离子浓度最高也就0.25毫克/升。

△南太平洋所产黄新娘背鳍上有褐色

黄新娘的自然分布区很广，不同产地的个体间存在差异。如产于菲律宾的个体多半在成年后眼睛周围是黑褐色，而产自印度尼西亚的个体则没有黑褐色的眼圈。一些产自南太平洋的个体会在背鳍、尾鳍的末端出现红色或褐色边缘，背鳍和臀鳍上还可能有浅绿色花纹。这些品种在贸易中并不多见，因此得来也不容易。黄吊的幼鱼喜欢模仿黄新娘的外表特征，有些个体甚至模仿得惟妙惟肖，我们必须通过黄吊的黑色鳃才能将它们分辨开来。

蓝眼黄新娘 *Centropyge flavissima*

中文学名	黄刺尻鱼
其他名称	柠檬批、柠檬皮（lemonpeel angelfish）
产地范围	太平洋中部到印度洋东部的珊瑚礁区域，主要捕捞地有印度尼西亚、夏威夷等
最大体长	13厘米

△印度尼西亚蓝眼黄新娘

夏威夷蓝眼黄新娘

夏威夷黑尾蓝眼黄新娘

黑尾蓝眼黄新娘幼鱼

现在我们一般喜欢将蓝眼黄新娘称为“柠檬批”，它们是价格较高的小型神仙鱼，在市场上出现的频率一直不高。它们与黄新娘的亲缘关系很近，但产区十分狭窄，贸易中的个体主要来自澳大利亚北部的珊瑚礁区域。

蓝眼黄新娘饲养起来要比黄新娘容易很多，它们能在较短的时间里接受薄片饲料，也可以顺利接受颗粒饲料。几乎不用刻意驯诱，它们非常活跃且贪吃。蓝眼黄新娘不伤害珊瑚，可以放养在礁岩生态缸中。这种鱼胆子比较小，检疫时需要在检疫缸中放入可以供其躲藏的花盆、PVC管等。它们对药物较为敏感，但是由于在运输和暂养过程中得到鱼商的特殊照顾，所以携带寄生虫的概率很小。如果让它们从低浓度慢慢适应铜药，则最高可以接受水中铜离子的浓度为0.35毫克/升，这一特性使其不幸患白点病后的治疗过程变得比较简单了。

△人工繁殖的蓝眼黄新娘幼鱼

同一水族箱中不能同时饲养两条雄性蓝眼黄新娘，它们熟悉环境后的领地意识很强。它们也会偶尔攻击其他小型神仙鱼，不过只要水族箱容积大于200升，一般不会造成严重的伤害。

石美人 *Centropyge bicolor*

中文学名	二色刺尻鱼
其他名称	双色神仙（bicolor angelfish）
产地范围	太平洋中部到印度洋东部的珊瑚礁区域，主要捕捞地有菲律宾、印度尼西亚、马来西亚等
最大体长	15厘米

石美人是我国鱼商每年从菲律宾进口的小神仙鱼中数量最大的一种，有时一批鱼中甚至能有上百条石美人，这种规模在其他神仙鱼中是很难见到的。以前，来自菲律宾的石美人存在着严重的药捕问题，药物对鱼的内脏、神经系统造成了损害，所以这些鱼基本养不活。近年来，一些从印度尼西亚和马来西亚进口的小个体石美人成为市场上的热销货，它们一改之前人们对这种鱼的认识，有些个体一被放入水族箱中就能接受颗粒饲料。

当然，大多数石美人还是要经过驯诱才能接受颗粒饲料，对这种鱼的驯诱工作相对比较繁琐。刚进入水族箱的石美人会迅速躲藏到岩石缝隙里，并在第一天夜里将水族箱的每一个角落探索清楚。如果没有意外，第二天就会在水族箱中到处游弋了。它们胆子很小，一有风吹草动仍然会快速躲藏到缝隙里，只露出头来窥探四周。

没有携带寄生虫的石美人不出4天就对水族箱外站着的人不具戒心了，并且在石头上啄来啄去，寻找可以吃的东西。对于投入水中的虾肉和丰年虾，石美人一般只是看看就离开了，少数个体会啄上一啄，然后甩着头吐出来。与其用冰鲜饵料驯诱，不如直接投喂饲料，即使它们不吃也坚持每天投饵，并将前一日残留的饵料捞出。反复多次后，往往大多数石美人会接受颗粒饲料。

如果给石美人提供一些“老师”来引领它们吃东西，则它们接受饲料的速度会快一些。当水族箱中鱼很多时，投喂的饲料会遭到群鱼的哄抢，这时石美人就会过来凑热闹，盯着饲料转动眼珠不停地看，偶尔试探地啄一口，然后吐出来，再吞进去，再吐出来，如此不停反复，直到再也不将饲料吐出来为止。大蒜汁浸过的饲料具有刺激性气味，很吸引石美人。它们也喜欢吃几口紫菜，但是一开始最好不给它们提供藻类，而是逼着它们吃饲料。当石美人适应了颗粒饲料后，其抢食速度会很快，抢不到饵料还会愤怒地驱赶雀鲷等小型鱼。石美人不是一种温顺的小神仙鱼，一旦完全适应人工环境后，它们就会经常攻击其他小型神仙鱼。它们的打架能力很强，能将其他小神仙鱼的鳍撕咬得如破布条一样。

这种鱼十分不耐药，含有铜离子和甲醛的药物对它们都致命。它们基本上不能接受淡水浴的处理，对于一些抗生素和沙星类药物也较为敏感。经过对石美人进行反复低浓度铜药测试后发现，虽然它们最终能在铜离子浓度0.3毫克/升的水中保持正常呼吸和活动，但是药物刺激仍会让已经顺利接受颗粒饲料的石美人马上停止吃任何东西。因此，这种鱼一旦得病，就非常难以治愈。遗憾的是，由于进口数量大，它们常被同蝴蝶鱼、倒吊类等超级寄生虫携带者暂养在鱼店的同一售卖缸中，一般会被交叉感染寄生虫。这也可能是石美人在人工条件下活不长久的一个主要原因吧。

珊瑚美人 *Centropyge bispinosa*

中文学名	双棘刺尻鱼
其他名称	蓝闪电、双棘神仙（twospined angelfish）
产地范围	西太平洋到印度洋的珊瑚礁和沿岸礁石区，主要捕捞地有菲律宾、印度尼西亚、马尔代夫、中国南海等
最大体长	10厘米

捕捞于我国南海的珊瑚美人身体大部分呈具有光泽的深蓝色，所以以前我们称这种小神仙鱼为“蓝闪电”，后来进口的个体越来越多，这些鱼身体大部分是红铜色的，只有鱼鳍和背部是深蓝色，所以人们逐渐开始叫它们“珊瑚美人”。

珊瑚美人是低价位小神仙鱼中少数非常好饲养的品种，它们很容易接受颗粒饲料，而且对水质要求不高，既可以饲养在礁岩生态缸中，也可以放养在纯鱼缸中。珊瑚美人在被引进新水族箱中后会马上躲藏起来，不过几个小时后就会到处找食物，这时就可以投喂颗粒饲料了。有些个体可能开始不接受饲料，没关系，饿它几顿就什么都吃了。在饥不择食时，它们也会去啄咬软珊瑚，特别是纽扣珊瑚和脑珊瑚，所以放养在礁岩生态缸中的个体要尽量喂饱。珊瑚美人是比较耐药的小型神仙鱼，这可能和其主要分布在岸边礁石区而不是珊瑚礁潟湖区有关系。它们能耐受水中铜离子浓度为0.35毫克/升，也能接受含有甲醛成分的药物对其进行治疗，但对淡水浴有较强的应激反应。它们一般不会主动攻击其他小型神仙鱼，不过夜晚睡觉时经常由于争夺礁石洞穴而和其他神仙鱼打起来。

小型神仙鱼中与珊瑚美人亲缘关系较近的品种很多，如蓝翅黑神仙和蓝丝绒神仙。它们大多身体呈蓝黑色，在热带岸边的礁石区生活繁衍。由于观赏价值没有其他小型神仙鱼高，故很少在观赏鱼贸易中见到。蓝翅黑神仙和蓝丝绒神仙的饲养方法和珊瑚美人一样。

蓝丝绒神仙 *Centropyge deborae*

中文学名	蓝刺尻鱼
其他名称	暂无
产地范围	南太平洋的珊瑚礁和沿岸礁石区域，主要捕捞地有斐济
最大体长	10厘米

黑金刚 *Centropyge nox*

中文学名	黑刺尻鱼
其他名称	午夜神仙（midnight angelfish）
产地范围	西太平洋的珊瑚礁和沿岸礁石区域，主要捕捞地有菲律宾、帕劳、印度尼西亚、中国南海等
最大体长	12厘米

这种身体颜色全黑的小型神仙鱼是和珊瑚美人亲缘关系很近的品种，它们广泛分布在西太平洋的岸边礁石区，常常成对生活。这种神仙鱼领地意识比较强，我在海边礁石区采集标本时曾不小心走到了它们的洞口边，于是那对夫妻就窜出来咬我的腿，虽然不疼，但真的吓了我一大跳。

黑金刚是东南亚和南亚热带沿海地区非常常见的小型海水鱼，由于不具备鲜艳的颜色，并没有被国内爱好者所重视，所以鱼商很少进口它们。产地的大量个体被出口到美国和日本。这种鱼也是非常好养的小神仙鱼，它们进入新环境后就能马上接受颗粒饲料和薄片饲料，还会吃虾肉和藻类。它们的耐药性很好，能接受含有铜离子和甲醛的药物对其进行检疫和治疗，也能接受淡水浴的处理。这种鱼很凶，和其他小型神仙鱼混养时，一般会拼命驱赶比它体形小的个体，将人家咬得遍体鳞伤。

麒麟仙 *Centropyge aurantia*

中文学名	金刺尻鱼
其他名称	金色神仙（golden angelfish）
产地范围	南太平洋的珊瑚礁区域，主要捕捞地有萨摩亚、印度尼西亚等
最大体长	10厘米

麒麟仙是仅产于南太平洋部分珊瑚礁区域的小型神仙鱼，市场上非常少见，是比较名贵的品种。它们对人工环境的适应能力不强，进入水族箱后会绝食几天，期间可以每天投喂少量颗粒饲料，晚上将没有吃掉的残饵捞出。如此反复数日，它们一般能接受饲料。新购的麒麟仙最好单独饲养在光线昏暗的检疫缸中，这种鱼胆子很小，如果在饲养初期受到人和其他鱼的惊吓，会长久地不吃东西。

匙孔仙 *Centropyge tibicen*

中文学名	白斑刺尻鱼
其他名称	白点仙、一栋仙
产地范围	西太平洋到南太平洋的珊瑚礁和沿岸礁石区域，主要捕捞地有菲律宾、马来西亚、印度尼西亚、中国南海等
最大体长	19厘米

匙孔仙也是珊瑚美人的近亲，它们是体形最大的小型神仙鱼，野生个体可以生长到19厘米。虽然匙孔仙不能马上受颗粒饲料，但只要用虾肉进行短时间驯诱，它们就能开始吃饲料。匙孔仙是对水质要求不高的小神仙鱼，并且具有较好的耐药性，能接受含有铜离子和甲醛的药物对其进行检疫和治疗，也能接受淡水浴的处理。它们会啃咬部分珊瑚，喜欢袭击贝类和虾类，不适合放养在礁岩生态缸中。充分适应环境后，它们会攻击比其体形小的其他神仙鱼，有时还攻击雀鲷和小丑鱼。

小结说明

△蓝眼黄新娘与黑尾仙的自然杂交后代

一旦两种小型神仙鱼的自然分布区重合，它们就可能产生杂交的后代。并不是所有品种的小型神仙鱼都可以相互杂交。如蓝眼黄新娘和火焰仙在夏威夷都有分布，但绝不会产生后代。在自然界中，蓝眼黄新娘和黑尾仙的杂交后代最多，黑尾仙还会和虎纹仙产生后代。我们可以通过小型神仙鱼之间的自然杂交规律来辨析刺尻鱼属各物种之间的亲缘关系远近。

十一间神仙 *Centropyge multifasciata*

中文学名	多带刺尻鱼
其他名称	多带神仙（multibar angelfish）
产地范围	太平洋至印度洋的珊瑚礁区域，主要捕捞地有印度尼西亚、马尔代夫、斯里兰卡等
最大体长	12厘米

以前人们对这种神仙鱼的饲养难易说法不一，有人认为它们十分易养，有人则认为根本养不活，这都是罪恶的药捕惹出来的事。在十多年前，对于这种喜欢在洞穴中躲藏的小神仙鱼，不先用药物麻醉，渔民很难将它们从水中弄出来。市场上的一些个体，由于药物伤害造成长期腹部朝上游泳，已无法正常活动。现在，随着潜水捕鱼技术的提高，更多的十一间神仙是通过潜水围网的方式捕捞得到。

健康的十一间神仙身体具有光泽，即便是暂养在条件很差的售卖缸中也会到处寻觅食物。它们被引入水族箱后会很快适应环境，一开始可以用冷冻的丰年虾诱导其吃东西，然后逐步调换为人工饲料。当水质不好时，十一间神仙身体会略微发黑，需要将水中的硝酸盐浓度控制在80毫克/升以下。处于紧张状态的新鱼彼此不具有强烈的攻击性，一旦适应人工环境以后，十一间神仙会因为争夺礁石洞穴而大打出手，容易在彼此身上造成严重的创伤。如果要将两条十一间神仙混养在一起，必须保证水族箱容积在600升以上，并至少用礁石搭建出4处可以供其躲藏的洞穴。这种鱼具有一定的耐药性，可以承受水中铜离子浓度为0.35毫克/升，经过让其从低浓度慢慢适应，也能接受含甲醛药物的治疗。它们不太能接受淡水浴，淡水浴过后经常出现严重的应激反应。

黄肚仙 *Centropyge venusta*

中文学名	仙女刺尻鱼
其他名称	紫斑神仙（purplemask angelfish）、仙女仙
产地范围	日本南部到菲律宾附近的珊瑚礁区域，主要捕捞地是菲律宾
最大体长	12厘米

黄肚仙在观赏鱼贸易中出现的频率不高，属于较为少见的名贵神仙鱼。这种鱼不是很好养，进入新环境后往往会绝食很长时间，必须用丰年虾和紫菜等饵料进行驯诱才能逐渐让其接受薄片饲料和颗粒饲料。它们喜欢生活在光线昏暗的洞穴里，所以新鱼检疫期应当保证检疫环境的光线昏暗，昏暗的环境也有利于它们对食物的慢慢适应。应当保证水中硝酸盐浓度长期低于50毫克/升，否则这种鱼很容易死。水温要控制在26℃以下，这样它们会比较活跃。如果水温长期高于28℃，黄肚仙很容易死亡。它们不能接受含有甲醛的药物对其进行检疫和治疗，能承受水中铜离子的最高浓度为0.3毫克/升。

紫背仙 *Centropyge colini*

中文学名	科氏刺尻鱼
其他名称	科林神仙（colin's angelfish）
产地范围	南太平洋的珊瑚礁深水区，主要捕捞地是斐济，少量幼鱼来自养殖场
最大体长	12厘米

紫背仙也是非常少见的小型神仙鱼，它们的习性和黄肚仙极其相似。这种鱼需要较好的水质环境，要经过很长时间的驯诱过程才能接受人工饲料。可参照黄肚仙的饲养方法饲养它们，最好放养在礁石较多的礁岩生态缸中。紫背仙雄鱼之间有明显的争斗行为，不能分辨雌雄时，一个水族箱中只能饲养一条。

小结说明

以前的分类学中将十一间神仙、黄肚仙、紫背仙、刑警仙（*C. narcosis*）以及大名鼎鼎的薄荷仙（*C. boylei*）独立于其他刺尻鱼，单独列为副刺尻鱼属（*Paracentropyge*）。现今这个属已经基本不再使用，属内的5种鱼归入刺尻鱼属中。2001年新发现的阿部神仙（*C. abei*）也是这个家族的成员，所以现在这类小神仙鱼共有6种。其实当初单独分类的方法有科学的道理，这6种鱼从体形到行为方式上确实与其他刺尻鱼有着明显的不同。这6种鱼具有比其他刺尻鱼更高的体形，侧面看上去它们的身体近乎正方形而不是其他鱼那种卵形或长卵形。这6种鱼喜欢在较深的水层单独活动，不会集群，主要活动区是礁石的背面，常常以腹部朝上的方式贴着片状礁石的背面游泳，觅食在礁石背面活动的小动物。这些鱼喜欢较为昏暗的环境，如果水族箱中有片状礁石，我们也能看到它们肚皮朝上游泳。这个家族中的黄肚仙和紫背仙是十分少见的珍贵品种，刑警仙、薄荷仙和阿部神仙更加罕见，至今还未在国内市场上出现过，只有十一间神仙较为常见。在饲养时一定要注意，由于本家族的小神仙鱼生活在较深的海洋中，该区域一般水温为17～24℃，所以它们极不耐高温，饲养水温最好不超过26℃。

刑警仙（*C. narcosis*）
仅产于库克群岛附近

阿部仙（*C. abei*）
仅产于帕劳群岛附近

薄荷仙（*C. boylei*）
仅产于库克群岛附近

海鲢

海鲢是比较古老且原始的大型海洋硬骨鱼类，该分支在下白垩纪就已形成，现今海鲢目的大部分远古品种都已灭绝，仅存2科2属9种现生鱼类。其中，大海鲢属（*Megalops*）中仅存大海鲢和大西洋大海鲢两种，它们一直是食用价值非常高的经济鱼类，也是全世界海钓爱好者梦寐以求的猎物。两种大海鲢的成鱼广泛分布在海洋中，一般成群活动，猎食小型鱼类。它们体形太大，被捕捞或钓上来之后会很快死亡，所以很难在市场上见到活体。大海鲢的幼鱼会在海岸边生活觅食，还能逆流进入江河中捕食小型鱼类。近10年来，先是产于亚马逊河的大西洋大海鲢的幼鱼被淡水鱼贸易商捕捞，并作为大型淡水观赏鱼引入观赏鱼市场上。随后，产于太平洋和印度洋的大海鲢的幼鱼也被我国和东南亚各国的观赏鱼贸易商捕捞，作为淡水观赏鱼出售。大海鲢身体呈流线型，体表被银色的鳞片，在水中游动和捕食时与银龙鱼、大型脂鲤类颇为相似，现在已成为比较有名的大型淡水观赏鱼，常被爱好者和银龙、黄金河虎、非洲猛鱼等混养在一起。

泰庞海鲢 *Megalops atlanticus*

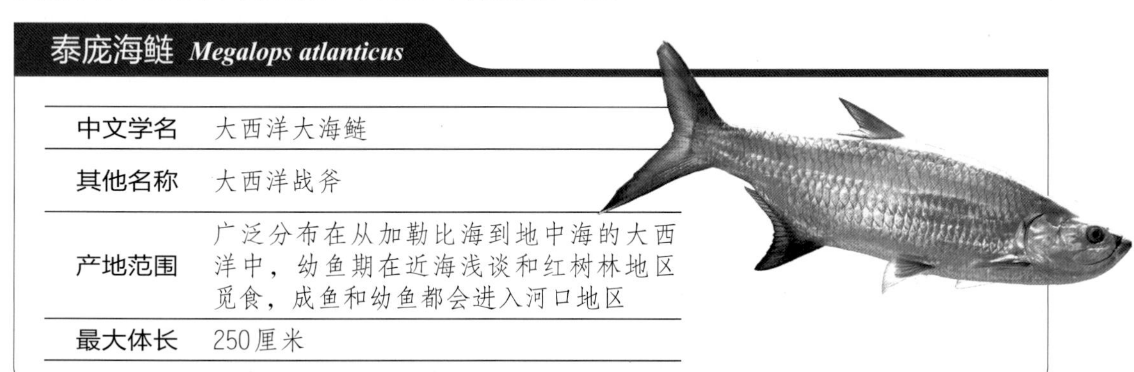

中文学名	大西洋大海鲢
其他名称	大西洋战斧
产地范围	广泛分布在从加勒比海到地中海的大西洋中，幼鱼期在近海浅谈和红树林地区觅食，成鱼和幼鱼都会进入河口地区
最大体长	250厘米

泰庞海鲢能在各地淡水观赏鱼店中见到，却没有一家海水观赏店售卖这种海洋鱼类。市面上出售的个体都是淡水中长大的幼鱼，一般体长为18～35厘米。它们是非常容易饲养的鱼类，主要捕食小鱼，人工饲养环境下可以投喂小河鱼、泥鳅和冷冻海杂鱼，经过驯诱也能用石斑鱼、大口黑鲈和鲟鱼的养殖饲料来喂养。它们身体强健，很少患病，尤其是在淡水中养大的个体，一般不携带寄生虫。可以一直将泰庞海鲢饲养在淡水中，如果适量在水中添加海水素，提升水的盐度、硬度和pH值，可以让它们活得更好。大海鲢更适合在公共水族馆中饲养展示，它们只有在水族馆的大型展示池中才能生长到成年的体形。

如果不对淡水养殖的幼鱼进行咸化处理，让它们真正回归到海水中生活，幼鱼则很少能生长到成年，所以海洋馆中饲养大海鲢需要先对幼鱼进行咸化处理。通常选择体长50厘米左右的幼鱼进行咸化处理，先将它们放养在比重1.010的海水中，饲养一周后将水的比重提升至1.014，再饲养一周提升比重到1.016，第三周提升到1.018～1.019，一个月后就可以用比重1.020～1.025的海水正常饲养了。在宽阔的大型海水展示池中，大海鲢摄食量大，生长速度快，通常饲养1年就可以生长到1.2米以上。它们成年后能捕食体长50厘米以下的大多数鱼类，所以一般是搭配鲸鲨、黑背鳐等鲨鱼和鳐类作为群游性大鱼饲养，也可以与成年的黄金鲹、大眼鲹、军曹鱼等混合饲养，在池中形成不同品种的大型鱼群。成体大海鲢身体散发银色的光泽，成群活动时蔚为壮观，是水族馆中展示的优良品种。

鳗鲡类

鳗鲡是看上去很像蛇的鱼类，很多人都对它们心生恐惧，特别是当体长达2米的海鳝张开布满獠牙的嘴注视你时，更觉得毛骨悚然。它们应当属于观赏鱼中的“另类宠物”。作为观赏鱼常出现在贸易中的鳗鲡主要是鳗鲡目（Anguilliformes）中海鳝科（Muraenidae）的成员，包括裸胸鳝属（*Gymnothorax*）、管鼻鳝属（*Rhinomuraena*）、勾吻鳝属（*Enchelycore*）和蛇鳝属（*Echidna*）的一些品种。另外，蛇鳗科（Ophichthidae）花蛇鳗属（*Myrichthys*）中产于加勒比海地区的一两个品种，由于花色美丽、行为有趣，近两年也被引入观赏鱼市场中。它们都是凶猛的捕食动物，如果和小型鱼一起饲养，它们会将小鱼逐渐消灭光。

多数鳗鲡类具有锋利的牙齿，它们用这些牙齿从鱼和软体动物身上将肉撕下来，这些牙齿同样可以用来攻击人。鳗鲡在陆地上也能转过头咬你的手，它们的牙齿上携带了大量的细菌，这些细菌是用来帮助它们消化食物的，如果这些细菌进入伤口，会造成严重的感染。被咬者会感到非常疼痛，而且伤口很难愈合。因此，在捕捞和日常饲喂时都要注意防范它们咬人。

初进入水族箱的鳗鲡可能并不知道什么东西能吃，你必须用镊子夹着鱼、虾肉放到它们嘴边，帮助它们找到食物。鳗鲡几乎都是瞎子，它们的眼睛就是摆设，主要通过嗅觉和味觉感知世界。熟悉环境后，鳗鲡可以自己游到水面来从你的镊子上取走食物，它们的嗅觉都非常灵敏，水中只要有一丁点儿鱼血或虾的味道，它们就会狂躁不安。鳗鲡在水族箱中成长很快，大型的品种在2年内就能长成1米以上的庞然大物，所以在购买前要事先考虑好。

鳗鲡多数时间里将身体隐藏在岩石缝隙里，只露出头来张着大嘴东张西望。它们并不是安分守己的乖鱼，饲养鳗鲡的水族箱必须加一个盖子，它们非常喜欢在夜间从水中窜出来，满地乱爬。虽然它们离开水也能活数小时，但如果不能被及时发现还是会变成鱼干。过滤系统的上下水管也要用PVC网掩盖住，它们非常喜欢钻管子，很多鳗鲡会钻到下水管子里被憋死。它们的尸体将下水管道堵住，使水族箱中的水溢出来，泡坏地板和家具。

鳗鲡没有鳞片，它们裸露的皮肤不能抵御化学药物的刺激，故不能接受化学药物的治疗。不过，它们很少患病，即使病了在水质良好的情况下也能自愈。鳗鲡对水质要求不高，很容易饲养。要保持正常的海水比重处于1.018以上，比重过低的海水和淡水浴，它们都不能承受。鳗鲡生长到50厘米以后就开始有领地意识，两条鳗鲡之间经常因为争夺一个洞穴而互相撕咬，它们的牙齿很容易在对方裸露的皮肤上留下深深的伤痕，有些可能被打得皮开肉绽。伤口很容易被细菌感染，危及它们的生命。因此，要在水族箱中多制造洞穴，帮助它们和平共处。

观赏鱼饲养技术近10年来在飞速发展，以前被认为无法养活的鱼类，现在也成为常见且好养的品种。康吉鳗科（Congridae）中的园鳗属（*Gorgasia*）和异康吉鳗属（*Heteroconger*）的鱼类具有将身体大部分埋在沙子中、只露出头来捕食的习性，通常我们称这些鱼为“花园鳗”。以前只有少数几家公共水族馆中饲养并展出这种奇特的鱼类，如今拥有花园鳗的水族馆几乎遍地都是。花园鳗甚至被少数鱼商引入观赏鱼市场中，并被一些喜好观察奇特鱼类行为的爱好者所收集饲养。这些年，原生观赏鱼饲养爱好者群体越来越大，我国浙江、福建、广东、广西、海南等地沿海所产的多种小型鳗鲡目鱼类，也被爱好者们收集并饲养。这使作为另类鱼宠物的鳗鲡类，在观赏鱼贸易中的品种和数量变得越来越多。

黑点海鳝 *Gymnothorax melanospilos*

中文学名	黑点裸胸鳝
其他名称	斑点海鳝
产地范围	广泛分布于西太平洋至印度洋的沿岸浅海礁石区，主要捕捞地有中国东海、南海及日本南部海域等
最大体长	100厘米

豹斑海鳝 *Gymnothorax favagineus*

中文学名	豆点裸胸鳝
其他名称	花边海鳝
产地范围	广泛分布于西太平洋至印度洋的沿岸浅海礁石区，主要捕捞地有中国南海、菲律宾、马来西亚、印度尼西亚等
最大体长	180厘米

黑点海鳝和豹斑海鳝是我们在公共水族馆中见到最多的海鳝，它们捕捞于我国东海和南海，在沿海地区是一种较为高级的食用鱼，称为“油锥”。意思是说它们身上的肉很肥，而且没有刺。以前，人们认为油锥的肉有壮阳的作用，因此很多男士都喜欢食用，以好吃油锥肉出名的有古代日本的天皇和古罗马的皇帝。

作为大型的鳗鲡，黑点海鳝和豹斑海鳝很少出现在观赏鱼贸易中，所以通常在鱼店里见不到。饲养者可以去水产品市场上寻找，在那里会大有收获。这两种大型鳗鲡可以和人十分亲密，如果从小饲养它们，它就会慢慢熟悉你的气味，并对你产生充分的信任。在生长到50厘米以后，它们格外愿意和主人亲近，只要从小练习抚摩它们，长大后它们会经常游到水面上来让你抚摩。它们每次游过来时都会张着大嘴，那并不是要咬你，而是它们需要张着嘴呼吸。想一想用手靠近一张布满尖牙的大嘴，即使不会有什么危险，也是一件需要胆量的事情。我们可以用冰鲜鱼肉和乌贼喂养这两种海鳝。每周喂1次就可以了，它们的生长速度非常快，体长40厘米的幼鱼饲养一年就能长到1米左右。

绿 鳗 *Gymnothorax funebris*

中文学名	绿裸胸鳝
其他名称	暂无
产地范围	主要分布在西大西洋的加勒比海地区
最大体长	240厘米

巨海鳝 *Gymnothorax javanicus*

中文学名	爪哇裸胸鳝
其他名称	狮头海鳝
产地范围	广泛分布于太平洋至印度洋的沿岸浅海礁石区，主要捕捞地有马来西亚、印度尼西亚等
最大体长	240厘米

巨海鳝和绿鳗是裸胸鳝属中体形最大的成员，成年后可以生长到2.4米，身体像人的小腿那样粗，头部硕大，颈部膨胀且布满褶皱，如同狮鬃。这两种大型鳗鲡是公共水族馆最喜欢收藏展示的品种，但是由于其产量不高，所以我们不一定在每一座水族馆中都能见到它们。巨海鳝分布于西太平洋到印度洋的浅海，在我国有分布。绿鳗只分布在大西洋加勒比海地区，通常只有在美国的公共水族馆中有展示。

这两种大型鳗鲡的幼鱼在观赏鱼贸易中并不起眼，因为它们没有其他鳗鲡那样的花纹，它们的美丽必须饲养到70厘米以上才会显现出来。这两种鱼成年后具有较强的领地意识，一般一条会占据一个礁石洞穴。如果其他海鳝靠近它的洞穴，就会发生残酷的撕杀行为。它们不但具有锋利的尖牙而且咬合力很大，经常会将对手撕咬得皮开肉绽。这两种鱼的皮下脂肪非常厚，这也可以在打斗过程中保护它们。我们在公共水族馆的大水池中有时可以看到被撕开皮肤的巨海鳝，露着它雪白的皮下脂肪在水中游来游去。

黄金鳗 *Gymnothorax melatremus*

中文学名	黄体裸胸鳝
其他名称	金色侏儒鳗、香蕉鳗
产地范围	广泛分布于太平洋至印度洋的珊瑚礁区域，主要捕捞地有夏威夷、马尔代夫、肯尼亚等
最大体长	75厘米

裸胸鳝属的鱼类一般是体形非常大的巨型鳗鲡，它们由于没有胸鳍而得名。这个属中的黄金鳗算是难得的小个子。这种鱼一般只能生长到50厘米左右，像一条黄色的小蛇。由于体形小，它们被大量作为观赏鱼进行贸易，现在已经成为常见的观赏鳗鲡。黄金鳗的捕获数量远没有它们的大型亲戚那样多，所以市场价格也较高，购买一条30厘米黄金鳗的钱可以买好几条1米长的豹斑海鳝。黄金鳗的产地范围非常广，各地捕捞的个体颜色略有不同，其中夏威夷出产的个体颜色最为金黄好看，而菲律宾地区的个体全身呈现奶黄色。

黄金鳗十分温顺，一般不会捕捉活鱼，它们彼此间也很少发生争斗。如果在一个水族箱中同时放养多条黄金鳗，它们则会挤在一个礁石洞穴中休息。一般可以用冷冻的虾肉、鱼肉和贝肉喂给它们，最佳的食物是新鲜的小章鱼和乌贼。现在，这种小型软体动物在海鲜市场上也十分常见，而且价格似乎要比虾和贝类便宜一些。黄金鳗的视觉很差，主要凭嗅觉觅食。如果将食物直接扔到水族箱中，它们自己找到食物的速度比较慢，常被其他鱼类将食物抢走。最好用长镊子夹着小乌贼送到它们嘴边，让它们直接吞下。喂食一次后，黄金鳗可以5～6周不吃东西。它们很少运动，所以体能消耗很小。不要天天喂它们，这样会让这种鱼过度肥胖，使其内脏压力过大而死亡。黄金鳗不能接受任何药物的检疫和治疗，一般也不会感染其他鱼类身上的寄生虫。

云纹海鳝 *Echidna nebulosa*

中文学名	云纹蛇鳝
其他名称	雪花海鳝
产地范围	广泛分布于西太平洋至印度洋的沿岸浅海礁石区，主要捕捞地有中国南海、马来西亚、印度尼西亚等
最大体长	70厘米

环纹海鳝 *Echidna polyzona*

中文学名	多带蛇鳝
其他名称	警示海鳝
产地范围	广泛分布于西太平洋至印度洋的沿岸浅海礁石区，主要捕捞地有中国南海、马来西亚、印度尼西亚等
最大体长	60厘米

蛇鳝属中的鱼类属于中小型海鳝类，一般体长在1米以内，都是沿海地区的常见鱼类。本属中的云纹海鳝和环纹海鳝是在观赏鱼贸易中常见的鳗鲡品种，它们只能生长到60～70厘米，因此比较适在水族箱中饲养。我国南海和东南亚各国都可以大量捕获这两种鱼，它们的幼鱼以低廉的价格出售给观赏鱼贸易商，而成鱼则送去海鲜市场。

一些爱好者喜欢将云纹海鳝和环纹海鳝饲养在大型礁岩生态水族箱中，用它们清理死在角落里而不能被捞出来的鱼尸体。这是个好办法，因为它们是彻头彻尾的食腐动物，只要死鱼发出一点儿腐败的味道，它们就可以顺利找到。这两种小型海鳝还算温顺，只要水族箱中的鱼很健康，就不会被它们活捉吃掉。它们即使半年不吃东西，也不会被饿死。它们多数时间蜷缩在礁石洞穴里，露出头来四处张望。它们从不攻击珊瑚、贝类和虾类，但非常喜欢吃章鱼，也没有人会在礁岩生态缸中饲养章鱼。如果将这两种海鳝饲养在没有礁石的纯鱼缸中，它们会非常紧张，在夜晚会试逃出水族箱，去寻找可以藏身的地方。与所有无鳞鱼一样，它们不能接受药物处理。不过，海鳝基本不会感染其他硬骨鱼身上的寄生虫，它们皮肤下层会寄生特殊的寄生虫，这种寄生虫也不会感染其他鱼，健康的海鳝可以和这些寄生虫一直共生下去。

龙鳗 *Enchelycore pardalis*

中文学名	豹纹勾吻鳝
其他名称	豹纹鳝、夏威夷龙鳗、日本龙鳗
产地范围	广泛分布于太平洋至印度洋的珊瑚礁区域，主要捕捞地有夏威夷、日本南部、莫桑比克等
最大体长	92厘米

龙鳗是当前所有用于观赏鱼贸易的鳗鲡中价格最高的一种，通常只有从夏威夷进口的观赏鱼中才能见到它们的身影，平均零售价在万元以上。这种鱼的鼻孔向外突出呈管状，看上去如同龙须。其眼上方还有两个向上凸起的管状物，这是它们特化出的综合感应器官，兼有嗅觉、味觉和触觉的功能。它们几乎是瞎子，只能凭着头上这四个管状物来了解周边世界。由于长相很像龙，故此得名“龙鳗”。

虽然售价高昂，但是龙鳗并不难养。和其他鳗鲡一样，它们对水质的要求很低，只是不能接受药物治疗。一般建议用冰鲜的乌贼、鱿鱼（笔管鱼）、章鱼来喂养它们，平时也可以补充一些螃蟹、虾等食物。不建议用鱼肉长期饲喂龙鳗，这种鱼在野生条件下很少吃鱼，长期用鱼肉喂养会使其头部脱皮、全身褪色，失去观赏价值。饲养龙鳗的爱好者几乎都是将它们作为宠物鱼单独饲养在一个水族箱中，虽然它们可以和多数观赏鱼混养，但是一大家不这样做。

五彩鳗 *Rhinomuraena quaesita*

中文学名	大口管鼻鳝
其他名称	蓝带鳗
产地范围	广泛分布于西太平洋至印度洋的沿岸浅海礁石区，主要捕捞地有菲律宾、马来西亚、印度尼西亚等
最大体长	120厘米

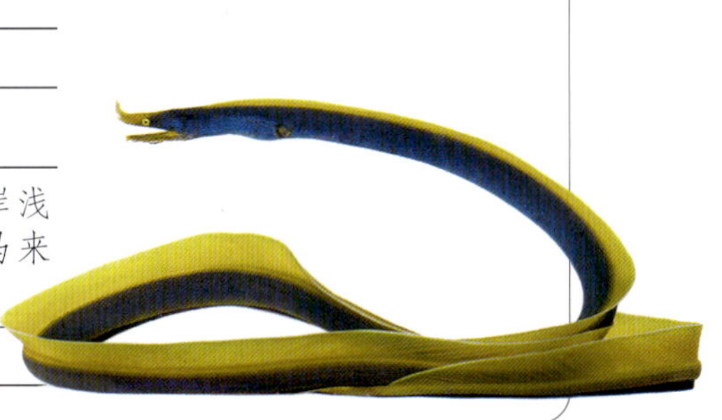

管鼻鳝（管鼻鯙）属中只有五彩鳗一个物种，但它们的颜色富于变化，使我们经常认为有2～3种不同的五彩鳗，还有人将雄鱼称为七彩鳗。幼年的五彩鳗全身呈现黑色，背鳍金黄色。成熟后，雄性体色变为蓝色，背鳍维持金黄色，而雌性则完全变成金黄色。五彩鳗无疑是最美丽的鳗鲡，所以很早就被当作观赏鱼进行贸易。它们可以生长到1.2米，但并没有其他鳗鲡那么粗壮，看上去像一片长长的彩带，当其盘起身体时体形显得十分小。

别看它们个头小，其捕食能力却远强于大型海鳝，经常会在水族箱中游来游去捕食小鱼，所以无法和体长小于10厘米的鱼混养在一起。这种鱼在野外主要捕食活鱼和软体动物，所以最初饲养的几周最好投喂活的饵料，那时它们还不知道不能游动的东西也能吃。一般可以用小河鱼作为驯诱开口的饵料，逐渐转为冰鲜海洋鱼肉。五彩鳗的嗅觉非常发达，它们演化出了两个管状的外鼻孔，用来捕捉水中的血腥味。这个器官也是它们是否健康的标志，没有外鼻孔的个体可能受到了伤害或感染了疾病。

饲养五彩鳗的水族箱中必须放置供其藏身的洞穴，一段直径2厘米的塑料管是很好的东西，它们非常喜欢在里面钻来钻去。没有隐蔽处会使其非常紧张，造成长期绝食。很多种鱼会伤害五彩鳗，特别是蝴蝶鱼、神仙鱼和倒吊类，它们经常啄咬五彩鳗裸露的皮肤，混养时要尽量避开。在饵料营养不充分的时候，雄性五彩鳗绚丽的蓝色会逐渐退却，每周要补充一些蛤肉和虾肉才能维持这种颜色。买来的幼鱼很少能在人工环境下变出成鱼那样美丽的蓝色，所以饲养者最好直接购买成鱼。

金斑花蛇鳗 *Myrichthys ocellatus*

中文学名	金斑花蛇鳗
其他名称	金点鳗
产地范围	大西洋西部加勒比海地区沿岸海藻丰沛的浅水区，主要捕捞地有海地、墨西哥、巴西北部沿海
最大体长	100厘米

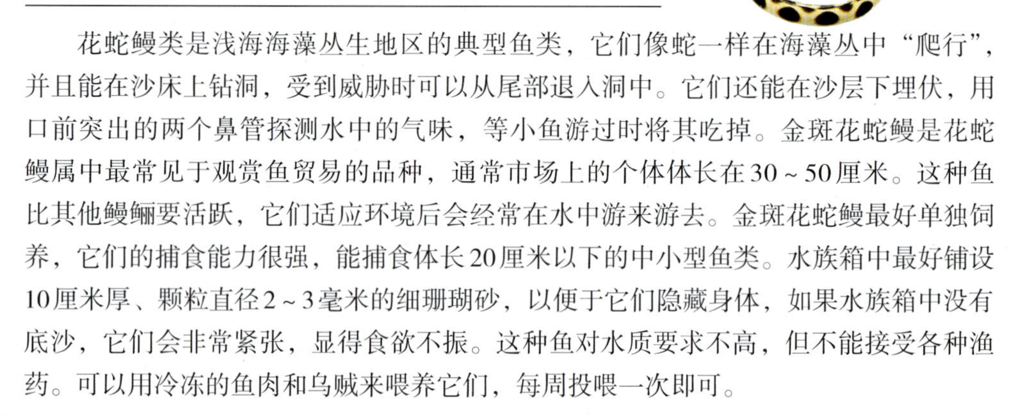

花蛇鳗类是浅海海藻丛生地区的典型鱼类，它们像蛇一样在海藻丛中“爬行”，并且能在沙床上钻洞，受到威胁时可以从尾部退入洞中。它们还能在沙层下埋伏，用口前突出的两个鼻管探测水中的气味，等小鱼游过时将其吃掉。金斑花蛇鳗是花蛇鳗属中最常见于观赏鱼贸易的品种，通常市场上的个体体长在30～50厘米。这种鱼比其他鳗鲡要活跃，它们适应环境后会经常在水中游来游去。金斑花蛇鳗最好单独饲养，它们的捕食能力很强，能捕食体长20厘米以下的中小型鱼类。水族箱中最好铺设10厘米厚、颗粒直径2～3毫米的细珊瑚砂，以便于它们隐藏身体，如果水族箱中没有底沙，它们会非常紧张，显得食欲不振。这种鱼对水质要求不高，但不能接受各种渔药。可以用冷冻的鱼肉和乌贼来喂养它们，每周投喂一次即可。

橙花园鳗 *Gorgasia preclara*

中文学名	横带园鳗
其他名称	园丁鳗
产地范围	西太平洋至印度洋的浅海地区，主要捕捞地有菲律宾、印度尼西亚等
最大体长	100厘米

康吉鳗科的许多鱼类都将大半身体埋在沙层中，只将前半身露在沙层外寻觅食物。成群的康吉鳗在平坦的砂质海底定居时，就好像从沙层中生长出的一片植物随着水流摇曳，

因此我们喜欢将它们统称为花园鳗。康吉鳗科、园鳗属的鱼类是典型的花园鳗，其中橙花园鳗由于身体上布满橙色的斑纹而得名。它们不仅行为有趣，而且色彩很漂亮，许多公共水族馆中都会饲养展示这种鱼。

橙花园鳗虽然可以生长到1米长，但是只有筷子粗细，而且头很小。它们在水族箱中能摄取的食物品种不多，通常只能用冷冻丰年虾、虾肉碎屑来喂养它们。刚进入新环境的橙花园鳗胆量很小，只要有少许风吹草动，就马上全身隐藏在沙层中不出来。如果水族箱中没铺设沙子，它们会终日恐惧地躲藏在角落里，最终死去。为了能让橙花园鳗充分适应人工环境，水族箱底部最少要铺设30厘米厚的细砂。适应环境后，它们就会从沙子中探出头来，初期只露出脑袋，慢慢地露出沙层的身体部分越来越多。完全感到安全后，在投喂饵料时，有些花园鳗甚至会直接从沙层中窜出，抢夺食物。如果此时用手拍打水族箱玻璃，它们又会变得十分胆小，钻入沙层不敢露头。公共水族馆中死亡的花园鳗大多是因为游人拍打玻璃而被吓死的。

一般饲养1~2条橙花园鳗很不容易成活，最好一次饲养20条以上的一小群，这样有助于消除它们对新环境的紧张情绪。如果一个品种的花园鳗数量很少，可以将它们与其他品种的花园鳗混养在一起。

花园鳗 *Heteroconger hassi*

中文学名	哈氏异康吉鳗
其他名称	园丁鳗
产地范围	西太平洋至印度洋的浅海地区，主要捕捞地有菲律宾、印度尼西亚等
最大体长	140厘米

哈氏异康吉鳗在观赏鱼贸易和公共水族管中也被称为花园鳗，它们和橙花园鳗一样具有钻沙的习性。这种鱼要比橙花园鳗的个头大一些，也好养一些。将其与橙花园鳗混养在一起时，它往往能先适应环境。在这种胆子稍大的花园鳗带动下，橙花园鳗也会逐渐胆大起来，所以一般是将这两种鱼混养在一起。由于花园鳗体形比橙花园鳗更大一些，所以水族箱底沙要铺得更厚一些，建议铺设40厘米厚的底沙。由于底沙过厚时，其底层会滋生有害微生物，产生有害物质败坏水质，故应在沙层底部放置隔板将沙子与水族箱底板隔开，并用水泵向这个区域注水，保证沙层内水流畅通，以免产生有害物质。同时，可以在饲养花园鳗的水族箱中混养虾虎鱼、海星、海参等翻沙动物，保证沙层内部的有机物质被充分分解。

鳗鲇

鳗鲇 *Plotosus lineatus*

中文学名	线纹鳗鲇
其他名称	条纹海鲇鱼
产地范围	西太平洋至印度洋的浅海地区，主要捕捞地有中国南海、马来西亚、泰国等
最大体长	25厘米

鲇形目（Siluriformes）中的大多数物种是淡水鱼，生活在海洋中的品种并不多，在观赏鱼贸易中能见到的海洋鲇形目鱼类只有鳗鲇一种。这种鱼常被公共水族馆饲养展示，它们在大型展缸中成群游动时的场面十分抢人眼球。由于这种鱼的习性特殊，很难和其他观赏鱼混养，所以并不被大多数私人爱好者所饲养。

鳗鲇是一种非常好养的海水鱼，它们对水质要求很低，在比重1.010～1.026的海水中都可以存活。这种鱼是杂食性，饲料可以剁碎的鱼肉为主，适当补充一些新鲜的海藻碎末；也可以用石斑鱼饲料喂养。鳗鲇是群居鱼类，它们总是挤在一起游泳，饲养的数量过少则不容易存活。最好一次饲养30条以上的一群，这样每条鱼身边都挤满了同类，它们就会感到十分安全。鳗鲇虽然很少捕食其他鱼类，但饥饿时会趁着其他鱼睡觉将它们吃掉，所以不适合和其他海水鱼混养。它们的胸鳍前端具有毒刺，被刺伤后会有强烈的疼痛感，在捕捞时要格外小心。成群的鳗鲇会不断翻动水族箱底部的沙子，饲养有鳗鲇的水族箱底沙总是雪白的。

鳗鲇体表没有鳞片，和其他无鳞鱼一样，它们不能忍受含有铜离子和甲醛的药物，不过这种鱼基本上不会感染寄生虫。

在公共水族馆中，鳗鲇群在展缸中游来游去，虽然这种鱼不具备华丽的外表，但依然能让游客为之惊叹。经常有小孩子问家长“瞧这种鱼怎么总是挤在一起，它们很冷吗？”我们对鳗鲇的了解还不够丰富，所以在介绍它们的展板上往往只有寥寥几句。如果认真观察会发现，鳗鲇鱼群的活动是非常有规律的，它们就像一锅被煮开了的豆子，每一个成员总是从中心向鱼群外侧“翻滚”。

软虎鱼

彩色软虎鱼 *Antennarius maculatus*

中文学名	大斑躄（音bì）鱼
其他名称	红娃娃、白娃娃、黄娃娃
产地范围	西太平洋、南太平洋和印度洋东部的珊瑚礁区域，主要捕捞地有印度尼西亚、斐济、夏威夷、菲律宾及澳大利亚北部沿海地区等
最大体长	15厘米

软虎鱼 *Antennarius pictus*

中文学名	白斑躄鱼
其他名称	蛤蟆鱼、五脚虎
产地范围	西太平洋至印度洋的珊瑚礁区域，主要捕捞地有菲律宾、印度尼西亚、马来西亚、马尔代夫、中国南海等
最大体长	16厘米

软虎鱼是比较传统的海水观赏鱼，它们的外文名字很多，如钓鱼（Anglerfish）、蛤蟆鱼（Frogfish）、娃娃鱼（Babyfish）等。在国内一般统称它们为“软虎”或“五脚虎”。软虎鱼类是鮟鱇（音ān kāng）目（Myxiniformes）、躄鱼科（Antennariidae）的成员。它们的远房亲戚鮟鱇生活在深海中，常常在自然科学教材中被介绍。软虎不像鮟鱇生活在深海，它们独居在珊瑚礁的附近，用看上去杂乱的体形和复杂的花纹把自己隐藏在礁石当中，伺机捕食小型鱼类。

观赏鱼贸易中最大的软虎鱼也只有15厘米，多数个体在10厘米以下。它们拥有巨大的嘴，可以帮助其吞下与自己身体几乎一样大的鱼。有的时候，它们也会吞一条比自己还大的鱼，把猎物的一半放到胃里消化，另一半还露在嘴的外面。这种鱼只能单独饲养。

世界上大部分珊瑚礁区域有软虎鱼类的分布，国内市场上常见的是产自印度洋的躄鱼属（*Antennarius*）成员，其中一些具有非常美丽的颜色。最具代表性的品种是大斑躄鱼(*A. maculatus*）和白斑躄鱼（*A. pictus*），每一种都有不同颜色的类型，如白斑躄鱼通常可以是褐色、黄色、橙色或白色，而大斑躄鱼有红色、黄色、红白花、红黄花和肉色的个体。分辨躄鱼的品种不能看颜色，只能按体形来判断。白斑躄鱼由腹鳍演化成的足肢非常明显，经常在海底如蟾蜍那样爬行，所以常被称为蛤蟆鱼。大斑躄鱼个体较小，身上的色彩好像是画上去的，头部很大，看上去像大头娃娃。依据这些鱼的颜色，人们也会称它们

△黄娃娃是彩色软虎中较为常见的一种

为“红娃娃”“白娃娃”“粉娃娃”等。软虎鱼多变的体色与它们生活的环境息息相关，它们的体色是并不和父母一样，而是按照生长环境附近海绵的颜色而变化形成。如在一对红色软虎的后代中，生活在黄色海绵附近的个体呈现黄色，生活在橙色海绵附近的软虎呈现橙色，如果生活在海藻和裸露的礁石区域，它们的身体就呈现肉色或白色。软虎的体色一旦形成就不会再变化，它们并不像一些善于伪装的鱼一样可以变色，所以这种非亲体遗传而产生的体色特征是怎样演化而来的，至今还是个谜团。

软虎鱼类不善游泳，它们移动时靠腹鳍和臀鳍支撑着在海底“行走”，看上去很笨拙也很吃力，所以它们很少运动。为了能捕捉到食物，这类鱼演化出了一个非常适合它们的器官，在其头部上方有一个小肉瘤（有的呈绒毛状）。软虎在水中一动不动时，那个器官会不停抖动，如同一个正在挣扎的小蠕虫。这对很多正在觅食的小鱼造成了吸引，它们游过来吃这条“小虫子”，却被软虎一口吞了。

饲养软虎类鱼难度并不大，它们喜欢的水温是25～30℃，在这个范围里，水温越高，其食欲越旺盛。硝酸盐只要维持在300毫克/升以下就可以，而且它们的排泄量不大，如果单独饲养，不必经常换水。软虎鱼一般不携带寄生虫，也很少有其他疾病。不要对它们进行药物治疗或淡水浴，这类鱼无法接受化学药物和淡水，就算是用来抑制细菌的抗生素类药物，也可能对其造成剧烈的刺激。一般情况下，软虎鱼身上的颜色很稳定，不会因为食物的匮乏和水质的不良而褪色。如果软虎鱼体表出现褪色，则很可能是因为食物内有大量细菌而使其患上了肠炎。这种情况下，可以在饵料中填入大蒜或大蒜素，对其进行治疗。

新引进的软虎鱼必须用活饵驯诱开食，一般可以用体长5厘米以下的小河鱼作为开口饵料。饲养一段时间后，软虎鱼开始形成投喂的条件反射，此时则可用镊子夹着海洋鱼肉放到其口边让其吞食。通常，每次投喂量保持在相当于软虎鱼体重的1/10就可以了，每周喂1～2次。不要喂得太多，即使1个月不给它们食物，它们也饿不死，但吃多了往往会撑死。

软虎鱼具有强烈的领地意识，一个水族箱中不能同时饲养两条或多条，它们见面后会发生剧烈的攻击现象。即使用透明的隔板将它们隔离饲养，因为彼此可以看到，它们也会终日只顾得生气，谁也不吃东西。

左图：软虎整日晃动它的鱼竿，等待猎物自投罗网；右图：偶尔游动的软虎显得十分笨拙

金鳞鱼类

金鳞鱼是非常古老的一类硬骨鱼，典型特征是全身覆盖有如铠甲一般的大鳞片。它们属金眼鲷目（Beryciformes），在白垩纪早期就已分化出来，比鲈形目鱼类的形成早了几千万年。金眼鲷目的很多鱼都是深海鱼类，少量品种在浅海的礁石下层活动，都是夜行性或半夜行性鱼类。观赏鱼贸易中的金鳞鱼类多半是金鳞鱼科（Holocentroidei）的成员，如赤鳍棘鳞鱼（*Sargocentron tiere*）等。另外，金眼鲷目中的灯眼鱼科（Anomalopidae）和松球鱼科（Monocentridae）也各有一种值得一提的观赏鱼，既闪电侠和松球鱼。

由于这些鱼是夜行性动物，在饲养过程中较少能欣赏到它们四处游泳的景象。白天，这些鱼隐藏在礁石洞穴和阴暗的地方，晚上才出来觅食。在人工饲养环境下，它们也会在白天来摄食饵料，但需要驯诱一段时间。金鳞鱼多半不能接受人工饲料，最好用虾肉喂养它们，它们很能吃，但生长速度不快。观赏鱼贸易中出现的金鳞鱼多数是红色的，新捕获的鱼鲜红美丽，但饲养几周后就会逐渐褪色，有些个体甚至变成了白色。这种褪色问题可能与水的深度和饵料的营养有关系，金鳞鱼在野生条件下大多生活在水深10米以下的海域，摄食深水区的小型甲壳类动物。如果能长期保证饲养环境处于黑暗状态，并用新鲜的虾、蟹肉喂养它们，则可以将它们体表红色维持更长的时间。

将军甲 *Sargocentron tiere*

中文学名	赤鳍棘鳞鱼
其他名称	艳红、大红鱼、大红鳂、红松鼠鱼
产地范围	广泛分布于太平洋至印度洋的珊瑚礁和大陆架地区，主要捕捞地有菲律宾、印度尼西亚、马来西亚、中国南海等
最大体长	33厘米

将军甲是金鳞鱼科中的代表品种，在我国南方沿海城市常被当作很廉价的海鲜出售。这种鱼的捕获量很大，而且肉质不好，因此不论是在食用鱼中还是观赏鱼中市场价格都不高。将军甲可以生长到30厘米以上，它们属于捕食性鱼类，不可以和小型鱼饲养在一起。这种鱼是夜行性动物，白天在水族箱中不是很活跃，经常躲藏在一个角落里睡大觉，夜晚关灯以后开始在礁石附近寻找食物。只需要饲养一段时间，它们就能适应人工环境下的白天投喂规律，不必单独选择夜晚投喂它们。

这种鱼十分好养，对水质条件的要求很低。它们喜欢吃鱼肉和虾肉，经过短暂驯诱也能接受颗粒饲料。在人工饲养环境下，这种鱼极易褪色，新买来的鱼饲养1～2个月就会变成粉红色。在公共水族馆的大型水池中，将军甲有时会集群活动，特别是在夜晚关灯以后，它们会成群在人造礁石附近觅食。

将军甲的耐药性很好，能接受含有铜离子和甲醛的药物对其进行检疫和治疗，也能接受淡水浴的处理。

大眼鸡 *Sargocentron diadema*

中文学名	黑鳍棘鳞鱼
其他名称	条纹大眼鲷、皇冠松鼠鱼
产地范围	广泛分布于太平洋至印度洋的珊瑚礁和大陆架地区，主要捕捞地有菲律宾、印度尼西亚、马来西亚、中国南海等
最大体长	17厘米

大眼鸡是广东的朋友们给这种带有条纹的金鳞鱼起的名字，这种鱼眼大嘴尖，这个名字到十分贴切。大眼鸡身上具有多条白色或米黄色横向条纹，它们算是本类别鱼中最贵的品种了，因为其捕捞数量比别的品种少一些。

大眼鸡是金鳞鱼家族中的小个子，成年个体也就15厘米左右，市场上从体长5厘米的幼鱼到体长15厘米以上的成鱼都可以见到，小个体一般来自菲律宾，大个体则捕捞于我国南海。它们也是很容易饲养的品种，而且是本类别中最活跃一种，即使在白天也愿意到处游泳寻找食物。它们的捕食能力非常强，其尖嘴可以将藏在岩石缝隙里的小型雀鲷抓出来吃掉，因此绝不能和小型鱼饲养在一起。这种鱼的褪色问题没有其他大型品种那样严重，而且多数时间体表散发出美丽的光泽。大眼鸡也是耐药性很好的鱼类，可以接受各种药物的检疫和治疗。

闪光侠 *Anomalops katoptron*

中文学名	菲律宾灯颊鲷
其他名称	灯眼鱼、闪光鱼
产地范围	西太平洋的深水礁石区和热带岛屿附近，主要捕捞地是菲律宾
最大体长	35厘米

灯颊鲷在观赏鱼贸易中被称为“闪光侠”，这个名字非常贴切，虽然现在不少人更愿意使用“灯眼鱼”这个名字，但是并没有“闪光侠”这个名字贴切。这种鱼是夜行性动物，白天在海中较深的礁石洞穴中休息，夜晚成群地游到浅水区摄食浮游动物。它们头上发光的器官并不是眼睛，所以“灯眼鱼”的名字不符合事实。其眼睛下方有两个囊，这两个囊中共生着一种荧光细菌，夜晚，闪光侠借助细菌发出的光来看清食物和同伴。发光细菌并不能持续发出同样强度的光，在食物充沛的时候，共生菌得到更多的营养来源，发出的光更亮，而食物匮乏时，它们发出的光暗淡很多，甚至不能发光。这就是为什么这种鱼眼下的光斑总会一闪一闪的原因。闪光侠也不是整晚都在浅水区摄食，它们一般傍晚出来，午夜之后就慢慢游回海底了，所以很难捕获到，好像隐在世间的大侠，神龙见首不见尾。因此，说“闪光侠”这个名字更为贴切。

闪光侠绝对是一种另类的观赏鱼，饲养它的爱好者一般把它们单独放养在一个没有光照的水族箱里，看它们如何发光。这种鱼非常难养，它们一般捕捞于菲律宾，在长途运输后会出现严重的应激反应。将新鱼放入水族箱后，应保持环境昏暗，并在水中投放渔用维生素C、电解多维、应激灵等药物，来帮助其缓解应激反应。新鱼在一周内往往什么也不吃，可以用刚孵化的丰年虾幼虫诱导其开口，之后慢慢改喂冷冻丰年虾和虾肉。闪光侠需要摄入含有大量有机磷的食物，来维持发光细菌的正常繁育，所以最好一直用虾类喂养它们。经过一段时间的驯诱后，这种鱼会慢慢适应人工环境，不再怕人，但是很少会追着人索要食物。目前没有对闪光侠做过药物试验，主要是因为它们很少携带寄生虫，而且一般不会将其和其他鱼混养。尚不知道它们对药物的适应能力如何。

大目仔 *Myripristis vittata*

中文学名	无斑锯鳞鱼
其他名称	大眼鱼、白鳍士兵鱼
产地范围	广泛分布于太平洋至印度洋的珊瑚礁和大陆架地区，主要捕捞地有菲律宾、印度尼西亚、马来西亚、中国南海等
最大体长	25厘米

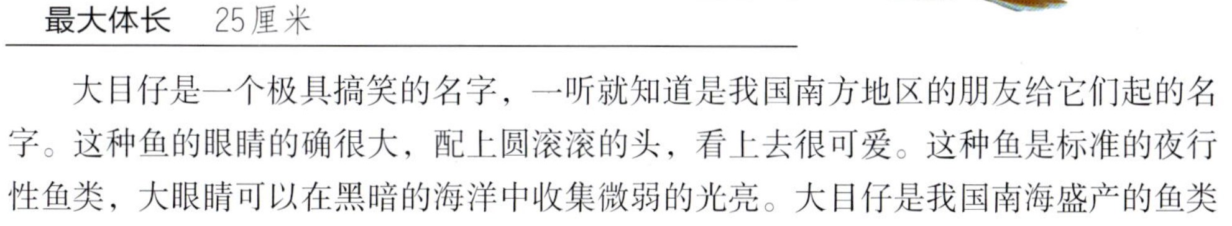

大目仔是一个极具搞笑的名字，一听就知道是我国南方地区的朋友给它们起的名字。这种鱼的眼睛的确很大，配上圆滚滚的头，看上去很可爱。这种鱼是标准的夜行性鱼类，大眼睛可以在黑暗的海洋中收集微弱的光亮。大目仔是我国南海盛产的鱼类之一，它们可以生长到25厘米左右，也是南方渔民餐桌上的常客。

和将军甲一样，它们也是非常好养的品种，对饲养环境和饵料的适应能力都很高。它们白天喜欢在礁石洞穴中休息，如果在水族箱中用礁石搭建一个大洞穴，就会成为大目仔的乐园。它们可以成群地在洞穴中生活，彼此之间并不发生争端。大目仔也存在褪色的问题，饲养时间久了，它们的体色就不鲜艳了。这种鱼的耐药性也很好，可以接受各种药物对其进行检疫和治疗。

粗鳞大目仔 *Myripristis adusta*

中文学名	焦黑锯鳞鱼
其他名称	坚松球鱼、幻影士兵鱼
产地范围	印度至太平洋的热带礁石区域，主要捕捞地有菲律宾、印度尼西亚、中国南海等
最大体长	35厘米

粗鳞大目仔和大目仔的分布区基本重合，它们经常被混杂在大目仔中一起出售，有些饲养者抱怨自己购买的大目仔没养几天就变成灰色的了，其实他买到的是粗鳞大目仔。这种鱼的饲养方法和大目仔一样。

松球鱼 *Monocentris japonicus*

中文学名	日本松球鱼
其他名称	松果鱼
产地范围	西太平洋至印度洋的礁石区域，主要捕捞地有菲律宾、印度尼西亚、马来西亚、日本南部和中国南海等
最大体长	17厘米

松球鱼长得十分像松果，它们身体浑圆并覆盖巨大的金黄色鳞片，十分美丽。这种鱼是非常传统的海水观赏鱼，但今天已经很少能在鱼店见到它们，大量捕获的松球鱼都被日本料理店收购去了，被作为高档的刺身食材，现在渔民将松球鱼卖给饭店比卖给观赏鱼批发商赚的钱要多得多。

松球鱼不是很容易饲养，它们对饵料十分挑剔，基本不会接受颗粒饲料，终生要用虾肉和丰年虾来喂养。这种鱼是群居动物，如果单独饲养一条可能会抑郁而终。它们对水质的要求也很高，需要将硝酸盐的浓度控制在50毫克/升以下。

红金眼鲷 *Beryx splendens*

中文学名	红金眼鲷
其他名称	大红鲷、红大眼鱼
产地范围	除北冰洋外，全世界海洋中均有分布，主要栖息在水深25～1300米的礁石区，通常幼鱼生活水域较浅
最大体长	70厘米

红金眼鲷的数量非常多，在世界各地都是廉价的食用鱼类。它们是深海鱼类，所以通过拖网捕捞和垂钓所获的个体出水后就马上死亡了。以前并没有人将它们当作观赏鱼来饲养。近年来，美国和日本的一些公共水族馆中相继展出了这种深海鱼类，它们在深海生物生存方式的科学知识普及上具有重要意义。红金眼鲷并不是很难饲养，它们除了怕热外，对水质和饵料的要求不高。总的来说，只要解决了活体捕捞问题，这种鱼养起来和大目仔没有什么区别。

公共水族馆中展示的红金眼鲷一般通过两种方式获得。第一种是在水深30米左右的礁石区投放深水网笼陷阱，待夜间幼鱼进入网笼后，缓慢将笼子拉起，每上升10米在该深度停留2小时，使鱼缓慢适应水压变化。第二种是通过捕捞鱼卵和稚鱼的方式获得。金眼鲷的幼鱼和成鱼虽然生活在25米以下的深水中，但是其卵为漂浮型，会漂在水面孵化，孵化后的幼鱼携带卵黄囊漂浮于水面。水族馆工作人员通过对自然环境的观察，找到金眼鲷集群产卵的海域，在夏末秋初的该鱼产卵季节，每天清晨无风浪时到此海域收集鱼卵和刚刚孵化的稚鱼，然后人工环境下养大。这些人工环境下成长起来的金眼鲷对水压和水温都没有特殊要求，还可以和其他鱼类混养。

海马和海龙

海马和海龙都是海龙科（Syngnathidae）的成员，以前这些鱼单独分列为海龙目（Syngnathiformes），它们的共同特征就是嘴是个管子。现在的分类学将这些鱼统一纳入刺鱼目（Gasterosteiformes）中，海龙目降一级为海龙亚目（Syngnathoidei）。本亚目中最大的一科——海龙科，下有60个属，300多个品种，见于观赏鱼贸易的不过寥寥几种。

21世纪以前，由于制药业的需要，海马和海龙被大量捕捞，晾干后出售到世界各地。据说它们是非常好的天然壮阳药，以前欧美各国每年都会从我国进口很多。这对自然资源造成了严重的破坏，所有的海马不得不被列入《国际濒危动植物种贸易保护公约》（CITES）附录Ⅱ中限制贸易。于是在十几年前，用于制药的海马养殖业开始发展起来，今天大多数热带沿海地区都有海马养殖场，其中主要养殖品种为线纹海马（*H. erectus*）和斑海马（*H. trimaculatus*）。

饲养海马和海龙是件很费心的事情，它们只对活的食物感兴趣，最喜欢的是海水小虾、小鱼。但在非沿海地区，搞到活的小海虾、小海鱼是非常困难的事情，所以很多水族箱中的海马都是被饿死的。一般用小河虾作为替代品，其体长0.5～1厘米，很容易在观赏鱼市场上买到。大自然造物从来不偏向谁也不排挤谁，万物都有自己的弱点，也都有自己的特长。海马和海龙游泳缓慢，大自然偏偏给了它们一个管状的口和强劲的吸水能力。它们口吻的吸力很大，体长1厘米的河虾被海马吸上一口，马上就能皮开肉绽，饲养者能在水族箱外听到清脆的“啪”一声。海马和海龙会将破了皮的虾分食，也会吸吮虾体内的汁液，但多数时候它们喜欢一口能吞入的小虾。到了冬季和盛夏，小河虾就很难获得了，必须在饲养初期驯诱海马接受冷冻丰年虾。在投喂活虾的同时投喂冷冻饵料，饵料在水中漂浮，海马和海龙会误认为是活的而吃下。逐渐减少活饵的投喂量，直至不投喂，使它们饥肠辘辘，慢慢地就能习惯冷冻饵料了。现在还可以用咸化后的黑玛丽幼鱼来喂养海马和海龙，黑玛丽能适应海水环境，并且繁殖速度快，它们的幼鱼正好能被海马一口吸入。

除了吃东西困难外，海马和海龙行动也非常笨拙。水族箱内一定要多摆放一些珊瑚的枯枝，以便它们栖息。它们十分懒惰，只有觅食的时候才在水族箱中游泳，吃饱后会整天用尾巴缠绕在珊瑚枝丫或任何可以缠绕的物体上睡大觉。如果水族箱内没有可以攀附的物体，它们会互相缠绕在一起，拥成一个“海马团”沉在水底休息。尽量不要在水族箱中制造过强的水流，因为海马和海龙不善于游泳，过强的水流会使得它们无地自容。

海马和海龙对水质的要求不高，只要其他海水观赏鱼能适应的条件都能适应。它们也很少患疾病，只要食物充足就会非常强健。不要让水族箱内出现小气泡，海马和海龙非常喜欢追逐吞食气泡，气泡积存在体内造成身体协调性失衡（俗称气泡病），这是不治之症，只能眼看着它们死亡。如果你愿意花很多的时间来照顾海马和海龙，它们很可能在水族箱中繁殖后代。其繁殖行为十分奇特，雄鱼拥有类似育儿袋的器官，卵在袋子里孵化，并由雄鱼“生”出小海马。

另外，刺鱼目中的玻甲鱼科（Centriscidae）和烟管鱼科（Fistulariidae）中各有一种在观赏鱼贸易中出现的鱼类,在这里一并进行介绍。

线纹海马 *Hippocampus erectus*

中文学名	直立海马
其他名称	美国线纹海马
产地范围	从百慕大向南沿美国东海岸经加勒比海沿岸地区一直到巴西东部沿海的浅水区，主要栖息在水深0.5~70米的海藻丛和珊瑚礁附近，贸易中的个体全部来自养殖场
最大体长	19厘米，体长7厘米性成熟

△雌鱼 △雄鱼

斑海马 *Hippocampus trimaculatus*

中文学名	三斑海马
其他名称	长鼻海马
产地范围	日本南部、澳大利亚北部、中南半岛沿海地区、印度半岛西部以及中国福建、广东、海南、广西、台湾的沿海浅水区，贸易中的个体全部来自养殖场
最大体长	22厘米，体长8厘米性成熟

野生海马是珍贵的自然资源，不可以随意捕捞和利用。饲养野生海马的单位和个人需向地方渔业部门申请《驯养繁殖许可证》，并确保海马种源来源合法。因此，野生海马不能被视为观赏鱼，不建议爱好者饲养。随着药用海马养殖数量的逐渐增加，我们可以从市场上获得由养殖场大量繁育的海马个体，人工养殖的海马被爱好者饲养在水族箱中欣赏是不会影响海马自然种群的行为，在科普展览中也有较为重要的意义。本书只以现今养殖量很大的线纹海马和斑海马为例进行说明，其余海马品种不再进行介绍。

海马是一种终生生长的鱼类，通常在市场上买到的海马体长都在10厘米左右，这个尺寸是养殖场出货的标准尺寸。如果饲养得好，3~4年后，线纹海马和斑海马都能生长到20厘米以上。由于体长8厘米以上的海马就具备了繁殖能力，所以从这个尺寸开始，海马的生长就非常缓慢了。在缓慢生长期，海马会根据饲养环境的光线情况，改变自己身体的颜色，由于水族箱中光线较好，最终都能变为金黄色。饲养海马要有充分的耐心，才能看到它们最美丽的生命阶段。

海马最好不要和其他海水观赏鱼饲养在一起，它们行动太慢，混养中不容易抢到食物。最好不要和无脊椎动物混合饲养，它们经常到处乱“躺”，容易被珊瑚的刺细胞蛰伤，还可能被大海葵吃掉。饲养海马需要很弱的水流，并保证每周换10%的新水。

一般体长10厘米左右的海马可以直接用淡水小虾、冷冻丰年虾投喂。大部分养殖场繁育的个体可以直接接受冰鲜饵料，少数不接受冰鲜饵料的个体可以用小活虾进行驯诱，慢慢就能接受冷冻丰年虾。一些养殖场中培养的强健个体，还能吃海马专用的颗粒饲料。体长超过15厘米的海马能接受很多品种的饵料，如虾肉碎、小鱼、小虾、鱼籽甚至薄片饲料。

只要认真饲喂，海马很容易在水族箱中繁殖。其繁殖行为非常有特色，一般情况下饲养海马的水温控制在20~26℃，虽然很多海马能适应10℃的低温，但不推荐尝试。若要繁殖，则应在原水温的基础上适当提升1~2℃，以28℃为上限，绝不要超过30℃。当水温在30℃以上的时候，海马会出现绝食，32℃的时候开始呼吸急促甚至死亡。水温26℃时，成熟的海马最容易发情。最初，海马会一反常态地相互追逐游泳，仔细观察还可以看到雄性海马用嘴轻轻撞击雌性的腹部。如果它们真的恋爱了，在今后的几天都会这样。直到某日一对海马双双沉到水族箱底部，或侧躺着或立着，相互纠缠。成年的海马，一般雄性比雌性大一些，并且粗壮得很，雌海马有时候会用尾巴缠绕住雄海马。雄海马在排泄孔的下方还有一个类似袋鼠育儿袋的育儿囊。当雌海马紧贴着雄海马腹部排卵的时候，雄海马会将尾巴奋力地向头部勾起，这样育儿囊的开口会打开，卵被产在囊内。我没有看出卵是在进入囊之前受精的还是之后受精，只是当时确有精液排出。产卵过程大概要持续十几分钟，我看到的都是在早上7点左右。产卵结束后，雌海马离开小憩，雄海马带着它们的爱情果实，跃到贴近水面的地方游泳，不久雌海马也会赶来。海马对感情十分忠贞，一旦许配成婚，就会长相厮守在一起不分开。还会一起驱逐其他的同类。如果捞走其中一尾，另外一尾会惊恐地在水族箱每一个角落里细心地查找。大概需要一周，它才能慢慢释怀，恢复正常觅食活动。

在水温26℃的情况下，大概两周小海马就可以孵化。实际上，1周就已经孵化了，仔鱼阶段可能在育儿囊内多待一周。临产的雄海马会离开它的妻子，独自寻找水流最平缓的地方，用尾巴缠绕在攀附物上固定身体，身体一仰一伏前后摆动。雌海马有时候会赶来在一边助阵。起初的摇摆算是热身，几分钟后，随着摇摆育儿囊口便张开了，每一次仰伏就会将囊内的小海马挤出一些。刚开始的时候，一次也就挤出2~3尾，越到后面挤出的越多，最多一次挤出30多尾。产仔一般要持续20~30分钟，体长10厘米的海马每次大概能产200~300尾幼鱼。小海马刚出世时大概有5毫米左右，可以喂给轮虫或人工孵化的丰年虾幼虫。

左图：雌雄海马的“交配”行为；右图：幼海马摄食丰年虾

斑节海龙 *Dunckerocampus boylei*

中文学名	博氏斑节海龙
其他名称	宽边海龙
产地范围	印度洋的热带浅海地区，主要捕捞地有印度尼西亚巴厘岛北岸、红海地区等
最大体长	16厘米

斑节海龙属中只有3～4种已知鱼类，都是非常美丽的观赏鱼，其中斑节海龙产量最大，在观赏鱼贸易中最常见。这种鱼身体上布满红白相间的花纹，还具有一条火炬一样的尾鳍，颜色对比强烈，看上去十分别致。观赏鱼贸易中的斑节海龙大多来自印度尼西亚，它还有一个长相十分接近的亲戚斐济斑节海龙（*D. naia*），主要捕捞于南太平洋和菲律宾。

△斑节海龙的卵附着在雄鱼腹部孵化

斑节海龙嘴很小，所以很难喂养。初期阶段需要用刚孵化的丰年虾幼虫驯诱其开口，之后慢慢改喂冷冻丰年虾。最好多条一起饲养，单独饲养一条时，它会非常紧张，不容易存活。斑节海龙对药物比较敏感，不能使用含有铜离子和甲醛的药物对其进行检疫和治疗，不过它们很少携带寄生虫。如果饲养得好，斑节海龙也能在水族箱中繁殖后代，它们没有像海马那样的育儿囊，卵会粘附在雄鱼肛门之后的尾柄下方，每次产卵数量有几十至数百粒，幼鱼孵化后体形较大，可以用刚孵化的丰年虾喂养。

红线海龙 *Dunckerocampus baldwini*

中文学名	鲍氏斑节海龙
其他名称	夏威夷火焰海龙
产地范围	仅产于夏威夷群岛附近
最大体长	14厘米

红线海龙是比较难得的斑节海龙属鱼类，它们只产于夏威夷地区，一般在鱼商进口黄金吊时会偶尔搭配一两条这种鱼。它们也是嘴很小的鱼，所以饲养过程中的难度主要体现在如何为其提供适口的饵料。基本上只能用丰年虾喂养它们，如果幸运的话，有些个体能接受虾肉碎屑。它们的摄食速度非常缓慢，即便是和其他海龙混养在一起，也不容易争抢到食物。饲养这种鱼，最好在水族箱安装比较强大的蛋白质分离器，这样可以每次为其提供大量的食物，供其缓慢捕食。剩余的饵料可以通过蛋白质分离器分离出去，不会败坏水质。最好一次饲养2条以上的红线海龙，单独饲养一条很不容易存活。

趴趴海龙 *Corythoichthys haematopterus*

中文学名	红鳍冠海龙
其他名称	先生海龙
产地范围	西太平至印度洋的热带浅海地区，主要捕捞地有菲律宾、印度尼西亚、斐济、瓦努阿图等
最大体长	20厘米

趴趴海龙是观赏鱼贸易中常见的海龙品种，也是最好养的海龙品种之一。它们不善于游泳，大多数时间像蛇那样在水底趴着，游泳时贴着底床类似爬行，所以得名“趴趴海龙”。这种海龙的嘴虽然不大，却能吃下糠虾、淡水小虾等较大的食物。一般可以用冷冻糠虾作为主饵，搭配丰年虾和淡水虾一起饲喂。趴趴海龙的行动速度很慢，进食速度也慢，投喂时需要有耐心。它们看到食物后会慢慢“爬”过去，转动眼珠看好久，才会用嘴将食物吸入。每次吃完一枚糠虾，需要停顿几分钟后再吃另一个，所以每天至少投喂3次才能使其吃饱。一些珊瑚爱好者会饲养这种海龙，因为它们可以帮助消灭珊瑚上的寄生虫，不过被放养在礁岩生态缸中的趴趴海龙很容易被饿死，因为它们无法和其他鱼争抢食物。

趴趴海龙不能接受各种药物的检疫和治疗，它们也很少携带寄生虫。饲养它们的水族箱中最好多放置珊瑚枯枝，供它们缠绕和隐藏身体。

藻海龙 *Phyllopteryx taeniolatus*

中文学名	澳洲叶海龙
其他名称	暂无
产地范围	仅分布于澳大利亚南部到塔斯马尼亚岛附近
最大体长	46厘米

叶海龙 *Phycodurus eques*

中文学名	澳洲枝叶海龙
其他名称	暂无
产地范围	仅分布于澳大利亚南部沿海地区
最大体长	35厘米

叶海龙属和枝叶海龙属中各有一个已知物种，即叶海龙和藻海龙，它们都只分布在澳大利亚湾到塔斯马尼亚岛附近的浅海中，属于澳大利亚特有物种。这两种海龙是海龙家族中名气最大的品种，它们身体上会生长出许多酷似鳍的衍生物，借此将自己伪装成海藻的

△叶海龙的幼鱼

样子。这两种海龙海都是大型海龙，都能生长到30厘米以上。由于它们在解释生物拟态现象方面具有非常强的代表性，许多公共水族馆都争相引进它们，用于科普展示。由于这两个物种是澳大利亚特有物种，所以其捕捞和出口受到严格的控制，虽然它们并不在CITES附录中，也没有被IUCN评定为濒危物种，而且在一些公共水族馆中得到了成功繁育，但是澳大利亚对这两种鱼的出口仍然管控很严，即使是人工繁育的个体也不能轻易出口。目前，除澳大利亚的水族馆中有叶海龙和藻海龙展示外，美国、日本和欧洲部分国家的许多水族馆中也有展示。我国仅有2～3家水族馆内蓄养有叶海龙，并没有人工繁殖记录。美国和日本的一些私人爱好者会花重金收购这两种鱼，尤其是叶海龙，2015年时市场价格约在3万～5万美元一条。这些在美国和日本的叶海龙得到了精心的照料，并能很好地繁殖后代，其中一些人工繁育的个体正在被作为观赏鱼出售到世界各地。

虽然非常难得，但是大型海龙叶海龙和藻海龙要比小型海龙好养很多，它们能接受的食物品种多样。如可以用养虾场出售的白对虾虾苗喂养它们，也可以用制作虾皮的小海虾来作为饵料，还可以用体长小于3厘米的小型海水鱼苗来喂养它们，甚至可以用咸化了的淡水罗非鱼、鲈鱼鱼苗喂养。它们需要较低的水温，一般控制在18～25℃，超过28℃的水温很容易造成死亡。它们需要平缓的水流，如果想要繁殖，则需要将水中的硝酸盐浓度控制在25毫克/升以下。和其他海龙科鱼类一样，这两种海龙很少携带寄生虫，当然也不能用一般药物进行检疫和治疗。希望在不久的未来，这两种美丽的海龙能被大量人工繁育，并作为常规观赏鱼在贸易中出现。

刀片鱼 *Centriscus scutatus*

中文学名	玻甲鱼
其他名称	剃须刀鱼
产地范围	西太平洋至印度洋的热带浅海区，主要捕捞地有菲律宾、中国南海、越南、泰国等
最大体长	15厘米

刀片鱼全身由透明的骨甲包裹，所以不能向其他鱼那样靠扭动身体或摇摆尾巴前行。为了减少阻力，不至于被水流任意摆布，它们演化出了独特的游泳姿势，即头向下、尾向上、背向前的姿势，如同在水中倒立一般。刀片鱼分布在我国台湾、西沙、北海，以及国外的红海、东非等海域。由于刀片鱼主要生活在低潮线水流相对平缓的地区，且游泳能力较差，非常容易捕捞。

刀片鱼对水质和饲养空间的要求并不高，困扰饲养者的主要是其口小，行动迟缓，无法进食一般的观赏鱼饵料。在市场上出售的刀片鱼，大的体长不超过10厘米，多数只有6～7厘米长，体高不超过1.5厘米，体宽更只有0.2厘米左右。它们还长有一个又细又长的吻，吻端一个大概1毫米的小孔就是嘴。吻像一根管子，能将食物吸入吃掉。由于嘴的特殊形状，刀片鱼只能摄食很小的浮游动物，人工饲养条件下的刀片鱼几乎都是被饿死的。

刀片鱼一定要尽量多养，最好饲养20尾以上，一次引进少于10尾时的成活率会大大降低。人们通常会错误地认为，它们能吃下冷冻丰年虾，也见过它们吸食这些小型甲壳动物，但实际上体长小于10厘米的个体不能吃下成年的丰年虾。过度饥饿的刀片鱼会奋力地吸食水中悬浮的丰年虾，但由于饵料个体太大，加之刀片鱼不具备很强的吸水能力，常有丰年虾卡在其管状吻的中间，吐不出来也咽不下去，久了影响呼吸，造成伤亡。新引进的刀片鱼可以用刚孵化的丰年虾幼虫来饲喂，也可以用淡水水蚤（俗称：蹦虫）来饲养它们。一天至少要喂两次才能保证其正常的生活，每次不要喂太多，以5分钟内能吃完为好。最大的刀片鱼可以长到15厘米左右。当其体形超过10厘米时，就可以吃冷冻丰年虾了，这时饲喂工作就变得简单了。

刀片鱼不能接受水中的铜离子和甲醛，故不能用常规渔药对其进行检疫和治疗。实践观察中发现，它们几乎不携带寄生虫。

红烟管鱼 *Fistularia petimba*

中文学名	鳞烟管鱼
其他名称	马鞭鱼、枪管鱼、马戍
产地范围	广泛分布于太平洋和印度洋的热带浅海中，主要捕捞地有菲律宾和中国福建、海南、台湾的沿海地区等
最大体长	200厘米

烟管鱼是沿海地区常见的大型鱼类，在网捕和海钓时都能获得。我国东南沿海地区的水产品市场上经常会有这种鱼出售，将其切成段清蒸或炖汤都是非常好的食材。烟管鱼的嘴也呈管状，看上去像一条放大了的海龙，它们是刺鱼目中体形最大的成员。本属中有6～7个已知物种，其中红烟管鱼颜色美丽，可以作为观赏鱼饲养。成年的烟管鱼可以生长到2米，一般海捕个体体长在80～120厘米之间，这些大鱼出水后很快就会死亡，即使被活着带上岸也很难运输到其他地方。烟管鱼幼鱼较容易运输，饲养者可购买幼鱼慢慢养大。

烟管鱼是凶猛的捕食性鱼类，可以用管状的嘴吞食小鱼小虾。体长30厘米左右的幼鱼可以喂给糠虾、虾肉和切碎的小海鱼，当其体长超过50厘米以后，就可以用小黄鱼、沙丁鱼、黄鲚等海杂鱼喂养了。如果长期喂食海虾，它们的体色会非常红，显得更加漂亮。烟管鱼的生长速度很快，需要较大的饲养空间，较适合在公共水族馆中展示，私人爱好者家中很难为其提供合适的生长环境。与刺鱼目的大多数鱼类一样，烟管鱼也是不耐药的鱼类，不能用常规渔药对它们进行检疫和治疗。

鲉类

鲉（音yóu）形目（Scorpaeniformes）是和鲈形目分类关系较近的一个演化分支，也有人将鲉形目、鲀形目、鳎形目与鲈形目一起归入鲈形总目中，可见这些物种在演化过程中有着千丝万缕的联系。鲉形目共分27科279属约1500个物种，其中仅有60种为淡水鱼，其余是海洋鱼类。鲉形目、鲉科（Scorpaenidae）的蓑鲉属（*Pterois*）和短鳍蓑鲉属（*Dendrochirus*）中所有鱼类在观赏鱼贸易中被统称为狮子鱼，按照其鱼鳍的长度分为长须狮子鱼和短须狮子鱼。它们是非常传统的海水观赏鱼，早在50多年前就被爱好者们广泛饲养。从西太平洋和印度洋捕捞的狮子鱼在20世纪80年代被大量出口到美国，由于一些爱好者将不想再饲养的狮子鱼放生到美国东南沿海地区，这些鱼在加勒比海中自由繁殖，造成了外来物种入侵。

所有的鲉科鱼类都具有毒腺，它们的毒腺主要分布在胸鳍棘、腹鳍棘、臀鳍棘和13根背鳍棘的基部。那些鳍棘都是中空的管子，里面注满了毒液，被刺后立即产生急性剧痛，伤口局部发白，继而青紫、红肿、灼热，出现组织腐败或肢体麻痹。严重者心率衰弱、痉挛、神经错乱、恶心、呕吐、淋巴发炎、关节痛、发烧，甚至呼吸困难，危及生命。所以在饲养狮子鱼的时候一定要预防被它刺到。若论本科中毒性最强的鱼，狮子鱼要屈居石头鱼之后。石头鱼是毒鲉属（*Synanceia*）鱼类的统称，它们是海洋中最毒的鱼类之一，被大个体毒鲉刺到的人很可能会丢了性命。

鲉科的鱼类长相都很古怪，除了狮子鱼和石头鱼外，吻鲉属（*Rhinopias*）和帆鳍鲉属（*Ablabys*）中的多数鱼类，以及带鲉属（*Taenianotus*）中的三棘带鲉、须蓑鲉属（*Apistus*）中的棱须蓑鲉，也时常在观赏鱼贸易中出现。这些鱼长相古怪，行为有趣，虽然不是主流观赏鱼品种，但是有一定的爱好者群体。

鲉形目海水观赏鱼分类关系见下表：

科	属	观赏贸易中的物种数	代表品种
豹鲂鮄科 Dactylopteroidei	豹鲂鮄属（*Dactylopterus*）	1种	豹鲂鮄
鲂鮄科 Triglidae	红娘鱼属（*Lepidotigla*）	1~2种	绿鳍鱼
鲉科 Scorpaenidae	虎鲉属（*Minous*）	1~2种	单指虎鲉
	蓑鲉属（*Pterois*）	所有种	所有长须狮子鱼
	短鳍蓑鲉属（*Dendrochirus*）	所有种	所有短须狮子鱼、白针狮子鱼、象鼻狮子鱼等
	吻鲉属（*Rhinopias*）	所有种	所有蝎子鱼
	帆鳍鲉属（*Ablabys*）	所有种	所有济公鱼
	带鲉属（*Taenianotus*）	1种	本属仅叶鱼一个物种
	须蓑鲉属（*Apistus*）	1种	本属仅棱须蓑鲉一个物种
	毒鲉属（*Synanceia*）	1种	玫瑰毒鲉

近年来，随着原生观赏鱼爱好的兴起，一些产于我国南部沿海地区的小型鲉类被爱好者自行采集并饲养，其中像三指虎鲉等行为有趣的品种还颇有名气，成为新型海水观赏鱼。另外，鲉形目中常被作为食用鱼的鲂鮄（音 fáng fú）科（Triglidae）和豹鲂鮄科（Dactylopteroidei）鱼类，由于长相怪异、色彩鲜艳、行为独特，其幼鱼也时常被当作观赏鱼出售。

所有鲉形目鱼类都无法忍受水中的铜离子，狮子鱼在水中铜离子浓度高于0.05毫克/升时就会死亡。这种现象可能和鲉类体内本身可以合成毒素有关，也许是它们的毒素正好可以和重金属离子发生反应。除了铜离子外，水中微弱的汞、铅离子都会杀死鲉形目鱼类，它们对水中的甲醛也会有强烈的不适反应，所以基本上不能对这些鱼使用渔药。鲉形目鱼类也不会像鲈形目鱼类那样携带许多寄生虫，即使和带有寄生虫的鲈形目鱼类饲养在一起，也很少被寄生虫感染。

狮子鱼 *Pterois miles*

中文学名	斑鳍蓑鲉
其他名称	火鸡鱼、国公、火花鱼、石狗酣
产地范围	西太平洋至印度洋的热带珊瑚礁区域，主要捕捞地有菲律宾、印度尼西亚、中国南海等
最大体长	35厘米

白针狮子鱼 *Pterois antennata*

中文学名	触角蓑鲉
其他名称	红狮子鱼
产地范围	太平洋和印度洋的热带珊瑚礁区域，主要捕捞地有菲律宾、印度尼西亚、马来西亚等
最大体长	20厘米

蓑鲉属中共有10种已知鱼类，其中除触角蓑鲉在观赏鱼贸易中被称为“白针狮子鱼”外，其余9种统称为“狮子鱼”，为了和短鳍蓑鲉属的狮子鱼区分，在两属鱼同时出现时，本属鱼类一般称为“长须狮子鱼”。这些鱼的长相和体形大小都差不多，在人工饲养环境下的表现也基本相同，故以斑鳍蓑鲉为例，对所有的长须狮子鱼进行说明。

狮子鱼是很好养的鱼类，它们对水质的要求很低，喜欢较高的水温，在26℃以上的水中比较活跃，最高能忍受32℃的高温。如果水温长期低于24℃，它们则很容易患各种疾病。成年的狮子鱼可以生长到30厘米以上，所以最好使用容积大于100升的水族箱饲养。新购的狮子鱼只吃活饵，可用小河鱼喂养它们。但长期使用淡水鱼作为饵料会使其营养不良，造成头部和各鳍的表皮脱落，影响观赏效果。最好的办法是驯诱它们接受冷冻海洋鱼虾肉和颗粒饵料，这样就能保证狮子鱼始终美丽。虽然刚进入水族箱的狮子鱼对颗粒饲料看也不看，但是只要饲养者耐心地让饲料随着水流漂动，狮子鱼就会追逐过去试探性地吞吃。起初，被吃进去的饲料往往又会被吐出来，那是因为狮子鱼觉得口感不对。只要耐心尝试几次，就可以让它们逐渐接受颗粒饲料。体长小于10厘米的狮子鱼摄食量很大，且生长速度快，它们的大嘴可以吞下和自己头部一样大的食物，如果食物是长条状的，吞咽的比例则可以加大到体长的一半。只要舍得喂，小狮子鱼每餐都会把肚皮吃得溜圆，然后找个地方睡大觉。如果想让它们在水族箱中总是游来游去，就不要将其喂得太饱。在食物充足的情况下，体长10厘米的狮子鱼饲养2～3个月就可增长一倍，狮子鱼体长超过20厘米时，生长速度逐渐缓慢下来，但鱼鳍上的“飘带”会越来越宽。

观赏鱼贸易中的狮子鱼从体长5厘米到35厘米都有，一般爱好者应尽量选择小个体饲养，成年的狮子鱼对人工环境的适应能力不强，容易绝食死亡。幼鱼非常活跃，并且很容易成功驯诱它们接受颗粒饲料。

饲养狮子鱼的水族箱中绝不能添加含有铜离子的药物，也不要使用甲醛和抗生素类药物。不用担心狮子鱼会有寄生虫，它们皮肤上的毒素是防御寄生虫的天然屏障。狮子鱼可以成群饲养，它们之间很少产生争斗。也可以将其和蝴蝶鱼、神仙鱼、大型隆头鱼等混养在一起。鲀类会撕咬狮子鱼的鳍，在混养时应尽量避免。体长小鱼15厘米的鱼类在混养时全部会被狮子鱼吃掉。

△环纹蓑鲉 *P. lunulata*

△魔鬼蓑鲉 *P. volitans*

短须狮子鱼 *Dendrochirus brachypterus*

中文学名	短鳍蓑鲉
其他名称	暂无
产地范围	西太平洋至印度洋的热带珊瑚礁区域，主要捕捞地有菲律宾、印度尼西亚、中国南海等
最大体长	17厘米

短鳍蓑鲉属中共有6种已知鱼类，其中双眼斑短鳍蓑鲉在观赏鱼贸易中被称为“象鼻狮子鱼”，巴氏短鳍蓑鲉被称为“绿鳍狮子鱼”，其余4种短鳍蓑鲉皆统称为“短须狮子鱼”，或直接就叫“狮子鱼”。

短须狮子鱼大多数时间隐藏在礁石背面睡觉，只有非常饥饿的时候才出来觅食。它们每周吃一次东西就不会感到饥饿，所以很少能看到它们在水中游泳。短须狮子鱼不像长须狮子鱼那样接受颗粒饲料，只能用活鱼、虾喂养它们，如果足够幸运，你养的短须狮子鱼可能会吃一些鱼肉块。这类鱼可以将自己的体色调节得和礁石造景浑然一体，在清理水族箱中的造景时，要格外注意它们的存在，以免被其棘刺扎伤手。

在短须狮子鱼中，只产于夏威夷地区的绿鳍狮子鱼因为很少被进口到国内，所以显得格外珍贵。象鼻狮子鱼在观赏鱼贸易中的数量也不多，所以市场价格比其他短须狮子鱼要高一些。最好不将短须狮子鱼和长须狮子鱼混养在一起，因为长须狮子鱼长得太快，用不了几个月，它们就会把同一水族箱中的短须狮子鱼全部吃掉。

象鼻狮子鱼 *Dendrochirus biocellatus*

中文学名	双眼斑短鳍蓑鲉
其他名称	双斑狮子鱼
产地范围	西太平洋至印度洋的热带珊瑚礁区域，主要捕捞地有菲律宾、印度尼西亚、马尔代夫等
最大体长	13厘米

绿鳍狮子鱼 *Dendrochirus barberi*

中文学名	巴氏短鳍蓑鲉
其他名称	夏威夷绿狮子鱼
产地范围	仅分布于夏威夷群岛附近海域
最大体长	16厘米

石头鱼 *Synanceia verrucosa*

中文学名	玫瑰毒鲉
其他名称	暂无
产地范围	广泛分布于太平洋至印度洋的热带浅海中，主要捕捞地有菲律宾、泰国、中国南海等
最大体长	40厘米

毒鲉属中共有5种已知鱼类，因为它们形状和体表颜色同海中的礁石极其相似，故而都被称为“石头鱼”。它们借此伪装隐匿在海底的沙床上，等待过往的小鱼游到它们的嘴边。在所有石头鱼中，玫瑰毒鲉由于体形大，且鱼鳍内侧颜色鲜艳，常被公共水族馆饲养展示，所以我们以它为例对石头鱼进行说明。

新引进的石头鱼会趴在水族箱的最底层，如果水族箱内铺设有沙床，它则会扭动屁股坐入沙中，将自己的大半个身体埋起来，只露出嘴和一对小眼睛。此时可以投入一些小河鱼，当小鱼游过石头鱼眼前时就会被其吞掉。石头鱼两三天才会挪动一个地方，然后继续趴着一动不动，所以这种鱼只有科普展示价值，并不具备观赏价值。养了一段时间的石头鱼会适应人的投喂动作，我们可以用长镊子夹着切成段的海水鱼肉来喂养它们。

石头鱼一般不会得病，它们也不能接受水中的化学药物。最好不要将体形小于它的鱼与石头鱼一起混养，它们会吞掉所有小于自己身体的动物。

叶鱼 *Taenianotus triacanthus*

中文学名	三棘带鲉
其他名称	叶片蝎子鱼
产地范围	太平洋和印度洋的热带珊瑚礁区域，主要捕捞地有印度尼西亚、澳大利亚北部沿海地区等
最大体长	10厘米

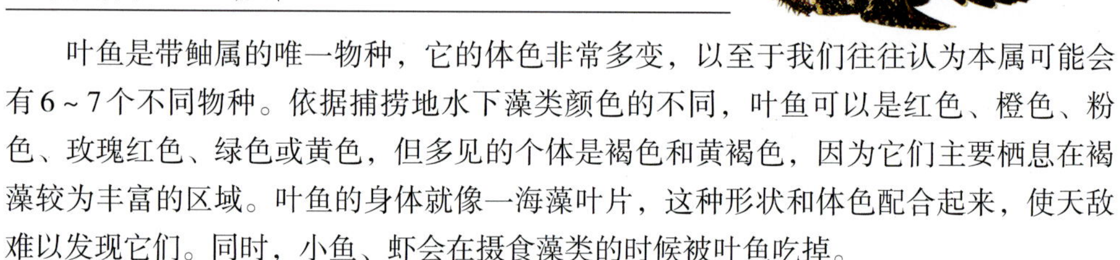

叶鱼是带鲉属的唯一物种，它的体色非常多变，以至于我们往往认为本属可能会有6~7个不同物种。依据捕捞地水下藻类颜色的不同，叶鱼可以是红色、橙色、粉色、玫瑰红色、绿色或黄色，但多见的个体是褐色和黄褐色，因为它们主要栖息在褐藻较为丰富的区域。叶鱼的身体就像一海藻叶片，这种形状和体色配合起来，使天敌难以发现它们。同时，小鱼、虾会在摄食藻类的时候被叶鱼吃掉。

叶鱼非常好养，但是需要在水族箱中多放置礁石，最好能培植一些海藻，这样它们会感到很安全。一般可以用糠虾和剁碎的虾肉喂养它们，经过一段时间的驯诱，叶鱼也能接受少量颗粒饲料。和其他鲉形目鱼类一样，它们不能接受各种渔药的治疗。

蝎子鱼 *Rhinopias frondosa*

中文学名	前鳍吻鲉
其他名称	海龙王鱼、杂草蝎子鱼
产地范围	西太平洋至印度洋水深10~300米的热带珊瑚礁下层区域，主要捕捞地有印度尼西亚、马尔代夫等
最大体长	23厘米

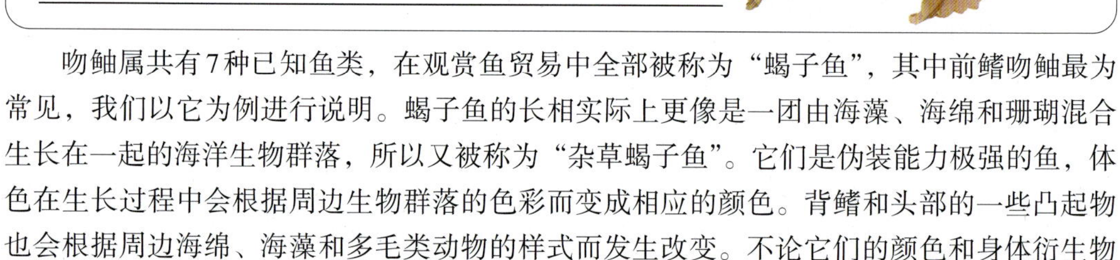

吻鲉属共有7种已知鱼类，在观赏鱼贸易中全部被称为“蝎子鱼”，其中前鳍吻鲉最为常见，我们以它为例进行说明。蝎子鱼的长相实际上更像是一团由海藻、海绵和珊瑚混合生长在一起的海洋生物群落，所以又被称为“杂草蝎子鱼”。它们是伪装能力极强的鱼，体色在生长过程中会根据周边生物群落的色彩而变成相应的颜色。背鳍和头部的一些凸起物也会根据周边海绵、海藻和多毛类动物的样式而发生改变。不论它们的颜色和身体衍生物

△紫色的蝎子鱼非常难得，它们身上还会长出许多类似海藻的凸起

生怎样的变化，其一张巨大的嘴是永远不会变的。它们的嘴不但大而且向上翘起，猛地一看有些像龙头，所以又被称为“海龙王鱼”。

蝎子鱼一般生活在较深的水中，所以捕捞难度很大。它们在观赏鱼贸易中比较少见，而且价格有些高。通常，我们只能将蝎子鱼单独饲养在一个水族箱中，因为它们会吞吃所有可以吞下的鱼类。这种鱼不善于游泳，如果和大型鱼类混养很难争抢到食物。蝎子鱼比较怕热，夏季应保证水温在29℃以下，如果水温过高，它们会很快死亡。

济公鱼 *Ablabys macracanthus*

中文学名	大棘帆鳍鲉
其他名称	黄蜂鱼
产地范围	西太平洋至东印度洋的热带浅海中，主要捕捞地有菲律宾、印度尼西亚、我国台湾地区等
最大体长	20厘米

济公鱼是饲养历史比较早的一种海水观赏鱼，共有3种，因其背鳍前端宽后端窄，展开时如同济公头上的僧帽，所以称为“济公鱼”。在这些鱼的背鳍前端有数根毒刺，被扎伤会产生剧烈的疼痛感，所以西方多称它们为“黄蜂鱼”。它们体表颜色大部分呈褐色，三种中以大棘帆鳍鲉最为常见，我们以它为例进行说明。

济公鱼对水质要求不高，不过它们有些胆小，饲养这种鱼的水族箱中应多放置礁石，以便它们躲藏。适应环境后，它们会游到礁石表面守株待兔地等待小鱼、虾游过。此时可以用冷冻丰年虾、糠虾和剁碎的虾肉喂食，济公鱼一般会游起来摄食。它们能吞吃雀鲷、小丑鱼、清洁虾等小生物，所以不能和体形小于10厘米的鱼、虾混养在一起。如果水族箱中缺少颜色很深的礁石，济公鱼的体色会慢慢变浅，最终变成黄色或肉色。和其他鲉类一样，济公鱼也不能接受含有铜离子的药物。

棱须蓑鲉 *Apistus carinatus*

中文学名	棱须蓑鲉
其他名称	单眼黄蜂鱼
产地范围	西太平洋至印度洋的热带浅海中，主要捕捞地有菲律宾、泰国、中国南海等
最大体长	20厘米

棱须蓑鲉是须蓑鲉属中的唯一物种，因为被作为观赏鱼利用的时间较晚，人们还没有给它起一个叫得响的观赏鱼商品名。它们的一对胸鳍非常大，呈明黄色，游泳时会将胸鳍向两侧展开，看上去好像安装了机翼的小鱼在水底飞行一般。其口前端有四根触须，可以帮它们感知沙层底下隐藏的小生物，通过这种能力，棱须蓑鲉可以捕食喜欢钻入沙中的鱼、虾和乌贼等小动物。

单独设置一个水族箱铺设10厘米厚的细沙，在里面放养一条棱须蓑鲉，每日观察它有趣的行为是件非常惬意的事情。它时而在水下高速“飞行”，时而停下来不停转动眼珠，好像在思考问题，不一会儿又在沙子上到处刨坑，好像发现了海盗的宝藏。一般可以用冷冻的糠虾、小海虾、小墨斗鱼等饵料喂养棱须蓑鲉。如果将食物埋在沙子里，它会很快发现，并围着埋藏食物的地方不停打转，甚至会用胸鳍将沙子煽动得满缸飞舞。唯一的遗憾是，这种鱼不适合于其他鱼混养，它们很神经质，当其他鱼快速游泳时会使其受到惊吓而疯狂乱游，甚至撞在水族箱内壁上将自己的头磕伤。

单指虎鲉 *Minous monodactylus*

中文学名	单指虎鲉
其他名称	灰刺鱼
产地范围	西太平洋至印度洋的热带浅海中，主要捕捞地是我国福建沿海地区
最大体长	15厘米

单指虎鲉是这两年被原生观赏鱼爱好者发现并开发出的一种近海小型鲉类观赏鱼，通常在我国漳州、厦门、海口、三亚等地区的沿海浅滩可以发现它们的踪迹。这种小鱼很有趣，它们的腹鳍前端演化出两根手指一样的触须。当它们贴着沙床游泳时，这对触须会如走路一样在沙子上前后摆动，看上去好像在练习一指禅行走法。单指虎鲉的胸鳍呈橘红色到玫瑰红色，游泳时展开，十分美丽。

这种小鱼主要以底栖性小虾为食，人工饲养时可以喂给糠虾和剁碎的虾肉。它们胆子很小，如果受到惊吓会迅速躲藏起来，很久不敢出来觅食。一般只能将其单独饲养，如果需要混养时，要和体形相差不大且游泳速度较慢的鱼类混养在一起。

绿鳍鱼 *Lepidotigla japonicas*

中文学名	日本红娘鱼
其他名称	暂无
产地范围	西太平洋的热带亚热带海洋中，观赏鱼贸易中的个体捕捞于我国福建沿海地区
最大体长	20厘米

红娘鱼科有9属约50个已知物种，其中大部分为沿海地区次经济鱼类，是渔民们经常食用的海杂鱼。其中，日本红娘鱼又被称为“绿鳍鱼”，全身呈粉红色，两个巨大的胸鳍呈黄绿色并带有蓝色的花纹，十分美丽。随着原生观赏鱼爱好的兴起，不少爱好者从渔民手中收购体形较小的活体绿鳍鱼，饲养在水中箱中欣赏。

这种鱼不是很好养，它们胆子很小，不容易适应人工环境。体长10厘米以下的幼鱼相对较容易养活，应作为购买时的首选。巨大的胸鳍可以帮它们在水中快速游泳，一旦受到惊吓，这种鱼就很有可能因短时间加速游泳撞上水族箱壁而受伤死亡。饲养它们的水族箱必须加盖子，它们还可以利用一对胸鳍在空气中滑行，一旦“飞”出水族箱，就很有可能被活活摔死。

绿鳍鱼主要摄食底栖性无脊椎动物，人工环境下可以用丰年虾、糠虾、虾肉碎末等饵料喂食，经过驯诱也能接受颗粒饲料。虽然绿鳍鱼不是鲉科鱼类，但是和鲉科的亲缘关系很近，所以它们也是非常不耐药的鱼类。

豹鲂鮄 *Dactylopterus orientalis*

中文学名	东方豹鲂鮄
其他名称	飞角鱼
产地范围	广泛分布于太平洋至印度洋的热带浅海中，观赏鱼贸易中的个体捕捞于我国福建、海南沿海地区
最大体长	40厘米

豹鲂鮄被当作观赏鱼贸易的历史很悠久，资料显示大概50年前就有人试图饲养这种有趣的鱼类。全世界共有7种豹鲂鮄，分为两属。以前，分类学上将它们独立分成“豹鲂鮄目”，归入鲉形目后，变更为“豹鲂鮄亚目”。可见，这种鱼的分类关系比较独立且特殊。它们还有一个名字叫“飞角鱼”，这是因为其第一背鳍是一根又长又细的棘刺，游泳时总是立在背上，就像一个角。其胸鳍十分宽大，在受到惊吓时会越出水面，靠胸鳍在空气中滑行数米之远。这种鱼在20世纪80年代末到90年代末常见于观赏鱼贸易中，但能养活它们的人很少。近两年，随着原生观赏鱼爱好的兴起，捕捞于我国南部沿海地区的豹鲂鮄幼鱼被许多爱好者所追捧，一下子成为非常难得的收藏级鱼类。

体长超过20厘米的豹鲂鮄非常神经质，经常莫名其妙地感到恐慌，然后在水族箱中到处乱窜，直到将自己撞死。这是无数老爱好者曾经经历过的事情，所以我们一直回避饲养这种鱼。那些体长只有5厘米的幼鱼娇小可爱，十分容易饲养，而且不会时常自己吓唬自己，更不会在水族箱内壁上撞死。如果幼鱼在人工环境下长大，即使体长达到30厘米以上也不会出现神经质的问题。我们可以用丰年虾、糠虾和剁碎的虾肉喂养它们，经过一段时间的驯诱，它们也能接受少量颗粒饲料。随着小豹鲂鮄的生长，它们需要比较大的生存空间，一条体长10厘米的幼鱼至少需要提供容积300升的水族箱。这种鱼不太适合与其他鱼混养，所以饲养豹鲂鮄是比较占用养鱼空间的事情。和其他鲉形目鱼类一样，豹鲂鮄的耐药性也不好，不能接受含有铜离子的药物。

比目鱼

鲽（音dié）形目（Pleuronectiformes）的鱼类成年后双眼长在头的一侧，所以我们称它们为比目鱼。本目中共有9科118属约540种已知鱼类，其中一些是我们熟悉的食用鱼，比如大菱鲆（音píng）（多宝鱼）、舌鳎（音tā）（龙利鱼）等。以前并没有人将鲽形目的任何一种鱼类作为观赏鱼饲养，因为它们多数时间里将自己埋在沙子中，很难欣赏到。近年来，随着原生观赏鱼爱好的兴起，捕捞于我国南海和东南亚地区的小型鲆、鳎类也被爱好者收集饲养，作为博物学观察的理想素材。一些具有明显仿生学特征的物种还被公共水族馆收集饲养，用于科普展示。当前，鲽形目的鱼类逐渐开始在观赏鱼贸易中出现，但是仍然属于边缘型观赏鱼。本书只选取3种具有代表性的鱼类进行简单介绍。

斑马角鳎 *Aesopia cornuta*

中文学名	角鳎
其他名称	独角鳎、狗舌头
产地范围	广泛分布于太平洋至印度洋的热带浅海中，观赏鱼贸易中的个体捕捞于我国福建、海南沿海地区
最大体长	25厘米

斑马角鳎是我国南部沿海地区较为常见的一种比目鱼，在沿海的浅滩地区经常可以捕到它们。以前，它们被视为海杂鱼，和其他小海鱼一起或腌制咸鱼，或炖煮鱼汤。当原生海水鱼爱好者发现它们以后，它们就成为很多人水族箱中的宠儿。

斑马舌鳎大多数时间里喜欢将自己的身体埋在沙层之下，所以饲养它们的水族箱中一定要铺设底沙。一开始，我们可以用活的小海虾或河虾来驯诱它们吃食，当其慢慢适应人工环境以后，就可以改喂糠虾和剁碎的虾肉，体长超过10厘米的个体还可以用大菱鲆和石斑鱼的专用饲料来喂养。这种小比目鱼不伤害珊瑚和无脊椎动物，所以一些爱好者会将它们放养在礁岩生态缸中。这种鱼善于捕食虾、蟹等甲壳动物，所以如果水族箱中有观赏虾蟹就不要饲养它们了。当它们将自己一次次埋入底沙的时候，正好起到翻动沙层、避免有机物过度沉淀的作用，所以也被视为良好的翻沙生物。它们不会攻击其他鱼类，同种之间也很少发生争斗。但是，蝴蝶鱼、神仙鱼等喜欢啄咬它们的皮肤，饲养时应尽量避开。

斑马舌鳎的生长速度较快，体长6厘米的幼鱼饲养一年的时间可以生长到15厘米以上，而且在光线较强的水族箱中，它们生长得越大，体色会变得越暗淡，渐渐失去了观赏价值。若要保持其靓丽的体色，应尽量选择铺设深颜色的沙子，并将水族箱背景设计为黑色。这种鱼对药物较为敏感，当水中铜离子浓度高于0.2毫克/升时，就会出现呼吸急促的现象，甚至死亡。它们对含有甲醛的药物具有一定的耐受能力，在检疫驱虫期间可以考虑使用TDC等药物。

冠鲽 *Samaris cristatus*

中文学名	冠鲽
其他名称	白须公
产地范围	太平洋至印度洋水深20～120米的热带海洋中，主要捕捞地是印度尼西亚
最大体长	25厘米

冠鲽是一种非常奇特的比目鱼，它们背鳍最前端的几根鳍条非常夸张地延长，当冠鲽平躺在水底时，这些鳍条会展开随着水流来回飘逸。通过观察发现，冠鲽可能是用这些鳍条来模仿水底的多毛类动物，吸引小鱼前来啄食，然后一口将小鱼吞下。冠鲽在观赏鱼贸易中并不常见，偶尔会出现在进口于印度尼西亚的观赏鱼中，虽然我国南部沿海地区也能捕捞到它们，但是由于其多栖息于较深的水域，通常出水后不久就死去了。从印度尼西亚进口的冠鲽往往是体长5厘米左右的幼鱼，这个体形的个体在人工环境下的成活率较高。

冠鲽比较容易饲养，但饲养它们的水族箱中必须要铺设底沙，这种鱼平时总是将自己的身体埋在沙子里，如果没有沙子，它们会始终感到非常紧张。一开始可以用冰鲜的虾肉喂养它们，待其适应环境后，也能接受颗粒饲料的喂养。它们对水质要求不高，但是非常不耐药，在进行检疫时不可使用含有铜离子的药物。夏季最好将水温控制在28℃以下，否则冠鲽很容易被热死。

蓝圈比目鱼 *Bothus mancus*

中文学名	凹吻鲆
其他名称	蒙鲽、残鲆、异鳞鲆
产地范围	广泛分布于太平洋至印度洋的热带浅海中，主要捕捞地有印度尼西亚、马来西亚、马尔代夫等
最大体长	51厘米

蓝圈比目鱼的灰色身体上布满了不规则的蓝色圆环图案，因而得名。它们是体形较大的比目鱼，可以生长到50厘米。我们一般选择从幼鱼开始饲养，在人工环境下不会长得很大，一般在体长30厘米左右就停止生长了。

这种鱼大多数时间将自己的身体埋在沙子中，只露出一对眼睛观察四周。它们是捕食性鱼类，会吞吃小型鱼类，所以不能和雀鲷、小丑、小型隆头鱼等混养在一起。新引进的篮圈比目鱼可以用小河虾来驯诱开口，之后慢慢改喂糠虾和虾肉碎末，最终用大菱鲆饲料喂养即可。它们很贪吃，每次喂食都会从沙层中窜出来与其他鱼争抢食物。这种鱼对水质要求不高，甚至可以在纯淡水中存活好几个小时。它们能接受低浓度的药物治疗，在使用铜药时应将水中铜离子浓度控制在0.3毫克/升以内。

鲀类

鲀（音tún）形目（Tetraodontiformes）是当今地球上演化最成功的一群鱼类，也是非常年轻的一个鱼类分支，它们的祖先在距今约5000万年前的第三纪始新世才从与鲈形目的共同祖先中分化出来，逐渐演变成了今天的9科101属357个已知物种。其中，只有10几种为淡水鱼，其他都是海洋鱼类。它们的共同特征是腹鳍以及连接腹肌的腰带骨在演化中彻底消失或退化为硬棘，游泳时像一枚投入水中的炮弹，所以在观赏鱼贸易中一多半的鲀形目鱼类被称为“炮弹鱼”。

现生鲀形目鱼类可分为四个亚目，即鳞鲀亚目（Balistoidei）、箱鲀亚目（Ostracioidei）、鲀亚目（Tetraodontoidei）和翻车鲀亚目（Moloidei）。在2006年前后，体形巨大的翻车鲀已经能在日本和美国的公共水族馆中成功地饲养展示；到2012年以后，我国少数几家大型水族馆中也开始饲养展示有翻车鲀。至此，鲀类四亚目中均有鱼类作为观赏鱼进行贸易，其品种总数占全部鲀形目鱼类的1/5左右，主要集中在鳞鲀亚目和箱鲀亚目中。

△公共水族馆中蓄养的翻车鲀是非常吸引游客的“明星”动物

多数鲀类是非常好养的鱼类，它们对水质的要求极其宽泛，具有良好的耐药性，对饵料不苛求，所以成为比较主流的观赏鱼品种，深受观赏鱼爱好者的喜欢。一些鲀鱼可以在淡水中存活好几天，甚至可以经过淡化处理作为淡水观赏鱼饲养。它们都是食肉动物，虽然有些品种也吃一些海藻，但主要的食物是海洋无脊椎动物。鲀类的食物中包括虾、蟹等甲壳动物，贝类、乌贼等软体动物，海胆、海参等棘皮动物，沙蚕、管虫等环节动物。有些品种还会啃食海绵和珊瑚，体形巨大的翻车鲀多以水母为主食，一些凶猛的鳞鲀还会捕食小鱼。在人工饲养环境下，生来胃口大、不挑食的鲀类一般能接受颗粒饲料。许多鲀类具有坚硬且锋利的牙齿，如果饿极了就会在水族箱中搞破坏，如将礁石咬碎，撕咬其他鱼的鱼鳍，啃咬水泵和加热棒的电源线等，甚至会将水族箱的底沙全部刨开，看看底下是否埋藏着好吃的。

鲀形目的演化地位较高，它们是鱼类中较为聪明的一个群体。它们的记忆力比较强，只需要看几次就能记住饲养者将鱼饲料放在家中哪个抽屉里，你只要一碰那个抽屉，它们就能马上赶到喂食地点，准备开饭。它们还能记住什么好吃什么不好吃，如果同时拿着虾仁和颗粒饲料走到水族箱前，让鲀鱼看到这两种食物。当先将颗粒饲料投入水中时，它们尝一两口就不吃了，继续向你摇头摆尾索要食物，投入虾仁后，它们才会开始大快朵颐。如果饲养者手中只有颗粒饲料，它们在投入饲料后就会一直吃到肚歪，绝不会再等待什么。

除少数夜晚在礁石洞穴中睡觉的鲀类有护巢的习性外，其余鲀类都不具备领地意识。它们不会主动攻击看上去不能吃的东西，同种之间也很少出现打斗现象。在生存竞争中，鲀类并不以蛮力和速度来获取优势，它们中的多数品种有毒，以防大型鱼类将其吃掉。鳞鲀具有坚实的皮甲，抗击打能力极强。刺豚的鳞片演化为一身的棘刺，在受到攻击时会将自己变成一个刺球，使敌人不敢咬它。在鲀类憨态可掬的外表之下，隐藏着的是它们优于大多数鱼类的生存竞争能力。

鲀形目观赏鱼分类关系见下表：

科	属	观赏贸易中的物种数	代表品种
鳞鲀科 Balistidae	拟鳞鲀属（*Balistoides*）	2种	小丑炮弹和泰坦炮弹
	鳞鲀属（*Balistes*）	1～2种	女王炮弹
	钩鳞属（*Balistapus*）	1种	本属仅黄纹炮弹一种鱼
	疣鳞鲀属（*Canthidermis*）	1种	珍珠炮弹
	角鳞鲀属（*Melichthys*）	1种	玻璃炮弹
	红牙鳞鲀属（*Odonus*）	1种	本属仅魔鬼炮弹一种鱼
	副鳞鲀属（*Pseudobalistes*）	1种	蓝纹炮弹
	锉鳞鲀属（*Rhinecanthus*）	所有种	鸳鸯炮弹、黑肚炮弹等
	黄鳞鲀属（*Xanthichthys*）	所有种	蓝面炮弹、红尾花炮弹等
单角鲀科 Monacanthidae	革鲀属（*Aluterus*）	1种	扫把鱼
	前角鲀属（*Pervagor*）	3～4种	火焰炮弹
	棘皮鲀属（*Chaetodermis*）	1种	本属仅龙须炮弹一种鱼
	尖吻鲀属（*Oxymonacanthus*）	2种	本属两种都称为尖嘴炮弹
箱鲀科 Ostraciidae	粒突六棱箱鲀属（*Anoplocapros*）	1种	火焰木瓜
	六棱箱鲀属（*Aracana*）	2种	龙纹木瓜和武士木瓜
	箱鲀属（*Ostracion*）	3～4种	均称为木瓜鱼或花木瓜
	角箱鲀属（*Lactoria*）	1种	牛角鱼
四齿鲀科 Tetraodontidae	叉鼻鲀属（*Arothron*）	4～5种	均称为狗头鲀
	扁背鲀属（*Canthigaster*）	2～3种	日本婆和花婆
刺鲀科 Diodontidae	刺鲀属（*Diodon*）	2～3种	统称为刺鲀
翻车鲀科 Molidae	翻车鲀属（*Molamola*）	1种	翻车鲀

鳞鲀科 *Balistidae*

鳞鲀科的鱼类是在观赏鱼贸易中出现数量最多的鲀类，本科有11个属，仅40种已知鱼类，几乎所有品种都可以作为观赏鱼。其中，像花斑拟鳞鲀（小丑炮弹）、叉斑锉鳞鲀（鸳鸯炮弹）等品种都是饲养历史非常悠久的观赏鱼。现代鱼类学研究发现，鳞鲀科鱼类可能和鲈形目刺尾鱼科的鱼类具有较近的亲缘关系，二者可能是由同一祖先分化而出。这两个家族的形成年代均较晚，很有可能在第三纪中期鲈形目已经成熟起来后，鳞鲀类才开始从中分离出来。由于鳞鲀的体形很像一枚炮弹，所以它们在观赏鱼贸易中都被称为“炮弹鱼”。西方人也称它们为“Triggerfish”，译为扳机鱼，这是因为它们都拥有一个如手枪扳机结构的背棘，在遇到危险时“扳机”可以竖起防御，也可以和演化成硬刺的腹鳍配合使用，将自己的身体牢牢卡在礁石缝隙里，保护自己不被大鱼吞食。

鳞鲀科鱼类都是非常好养的品种，它们可以接受很多种饵料，最喜欢的是新鲜的鱼肉和虾肉。当其体长生长到20厘米以上时，就开始具备捕食小鱼的能力，所以不能和小型观赏鱼饲养在一起。在野生环境中，多数鳞鲀以海胆、贝类为主食，海胆具有长而锋利的刺，这迫使鳞鲀的眼睛在演化过程中不断向后方生长，让它们的嘴看上去格外突出。这种结构帮助它们将嘴伸到海胆的密刺中咬碎它的壳，而不会被海胆刺扎伤眼睛。为了将海胆的壳咬碎，它们还演化出了锋利的牙齿，这些牙齿很像老鼠的牙，能终生不停地生长。鳞鲀类不得不经常用啃咬珊瑚或礁石的方式磨牙，这使其无法被饲养在礁岩生态缸中。

鳞鲀白天东游西逛，对所有不能吃的东西都不感兴趣。夜晚，它们需要在一个洞穴中休息，如果水族箱中没有洞穴，它们会躺在角落里。这时的鳞鲀变得十分暴躁，它们驱赶所有接近其睡眠区的鱼类，两条鳞鲀还会因争夺一个洞穴而相互碰撞、撕咬。体长超过20厘米的鳞鲀很喜欢攻击小型鱼，特别是游泳速度很慢的小丑鱼、虾虎鱼和天竺鲷类。它们攻击这些鱼的目的不是将其从自己的领地里赶走，而是想将其吃掉。鳞鲀饥饿的时候，会突然冲向一条游泳速度慢的鱼，用它坚实的嘴将对方撞伤，然后狠狠地从对方身上咬下一块鱼鳍或鱼肉，小丑鱼、天竺鲷和小型蝴蝶鱼经常会被它们这样杀死。放养在水族馆大水池中的大型鳞鲀，有时甚至能把鲨鱼的眼睛咬下来。这让鳞鲀类成为最不适合与其他鱼混养的品种，不过它们生长速度很慢，在面对比自己体形大的倒吊类、蝴蝶鱼、神仙鱼时一般不会主动攻击。鳞鲀都具有坚韧的皮肤，如果体形足够大，它们的皮甚至比牛皮还要厚。马来西亚等一些国家的渔民喜欢用鳞鲀皮制作钱包、挂件等工艺品，在旅游市场上出售。除了鲨鱼能咬伤鳞鲀，其他鱼一般无法伤害到它们。

鳞鲀类在遇到危险的时候会竖立起背部和腹部的硬棘，这两个棘刺坚硬且锋利，很容易扎伤人手。当它们把自己卡在一个缝隙里时，我们很难将其捕捉出来。一些鳞鲀的刺是有毒的，如果不幸被扎伤，要及时就医。鳞鲀被捕捞出水后，会显得十分暴躁，它们会张着嘴到处乱咬。不要用手去碰它们的嘴，一条30厘米长的鳞鲀，足可以将人的手指咬断。如果它们被捕捞时太紧张了，就会出现短时间休克。休克的鱼竖立背部棘刺，牙关紧锁，不能呼吸，这个时候要用手将它们背部棘刺按下来，它们的嘴才能张开，然后用海水从鱼嘴冲进去，流过鳃部，直到鱼苏醒。在运输和转水的过程中，过度紧张的鳞鲀可能会咬住一个物体不撒嘴，这样会对其他鱼造成严重危害，因此新引进的鳞鲀必须单独包装、单独过水。

大多数鳞鲀类观赏鱼比较便宜，因为它们的产地范围十分广泛，而且数量庞大。但是少数产于夏威夷、加勒比海等地区的品种数量很少，国内市场上难以见到，是较为名贵的观赏鱼品种。多数鳞鲀雌雄难辨，也很少成对活动。目前还没有鳞鲀类在人工饲养环境下产卵的记录，它们在自然界会挖掘沙坑，然后在里面产卵，亲鱼有看护鱼卵的习性。

小丑炮弹 *Balistoides conspicillum*

中文学名	花斑拟鳞鲀
其他名称	皇冠炮弹、花斑皮裸鲀
产地范围	广泛分布于西太平洋至印度洋的热带海洋中，主要捕捞地有印度尼西亚、马来西亚、马尔代夫、菲律宾、中国南海等
最大体长	50厘米

△成鱼
◁幼鱼

小丑炮弹是所有鳞鲀中知名度最高的一种，这种鱼十分美丽，是饲养历史悠久的海水观赏鱼。在国内市场上，我们既可以见到从菲律宾、印度尼西亚等国进口的小丑炮弹，也可以见到捕捞于我国南海的小丑炮弹。体长5厘米的幼鱼到体长30厘米以上的成鱼都可以买到。

小丑炮弹非常容易饲养，它们对水质的要求很低，并且能接受各种人工饲料。体长小于20厘米的幼鱼对人工环境的适应速度很快，放入水族箱后就会四处寻找食物，此时将颗粒饲料投入水中，它们就会吞吃。体长大于20厘米的亚成鱼和体长超过30厘米的成鱼，对人工环境的适应速度较慢，被放入水族箱后，它们会靠在一个角落里，好几天不游泳，也不吃东西。此时可以保持饲养环境的光线昏暗，并用气泵向水中曝气，让水中的溶解氧处于饱和状态。几天后，当这些鱼开始游泳时，就可以用虾仁、贝肉等驯诱它们开始吃食了。有些体形超大的个体，甚至需要2～3周才能在人工环境下开始吃东西，不过不用担心，它们身体里储存了很多脂肪，一般不会被饿死。

养定后的小丑炮弹会慢慢成为水族箱中的“破坏狂”，它们有很强的挖沙能力，能平躺在沙层上用尾巴不停上下抽打，将沙子弄的满缸乱飞。它们还能叼起相当于其体重1/3的礁石，将其扔到它认为不碍事的地方。这种鱼具有坚硬锋利的牙齿，不但会从小鱼身上咬下大块的肉，还能将水泵和加热棒的电线咬断。饲养者在擦拭水族箱内壁时，要避免被其咬伤手。当小丑炮弹饥饿的时候，它们会攻击海金鱼、小丑鱼、雀鲷等小型鱼类，初期装作若无其事地游来游去，当它锁定目标的时候会突然加速游泳冲向猎物，利用坚硬的嘴狠狠撞击小鱼的身体，如果小鱼因撞击而出现短暂的昏厥，它就可以一口从其身上咬下一块鱼鳍或大量的鱼鳞。当小丑炮弹生长到35厘米以后，就不太适合作为家养观赏鱼了，它们会给水族箱和家人的安全带来隐患。幸好这种鱼生长速度很慢，体长10厘米左右的幼鱼在人工环境下饲养一年也就生长5～6厘米。将体长20厘米的幼鱼放养在容积小于200升的水族箱中，它们的体形会被空间所限制，几乎不再生长。

在转运和暂养过程中，小丑炮弹常被寄生虫感染，是造成白点病、鳃病寄生虫的主要携带者，必须经过严格检疫才能与其他鱼类混养在一起。这种鱼耐药性很好，体长10厘米左右的幼鱼可以接受水中铜离子浓度为0.7毫克/升，也能接受含有甲醛的药物对其进行药浴，所以去除它们身上的寄生虫还是比较容易的。

小丑炮弹白天从不攻击它认为不能吃掉的鱼，但是晚上它会找一个洞穴睡觉。这时，它会驱赶所有游过洞穴旁边的其他鱼，甚至可以将体形是它两倍的神仙鱼、笛鲷、蝙蝠鱼咬伤。在将小丑炮弹与其他鱼混养时，应尽量多搭建礁石洞穴，或者在水族箱中一块石头也不放，不给其制造可以占有的领地。

泰坦炮弹 *Balistoides uiridescens*

中文学名	褐拟鳞鲀
其他名称	暂无
产地范围	南太平洋、西太平洋至印度洋的热带海洋中，主要捕捞地有印度尼西亚、马来西亚、中国南海等
最大体长	75厘米

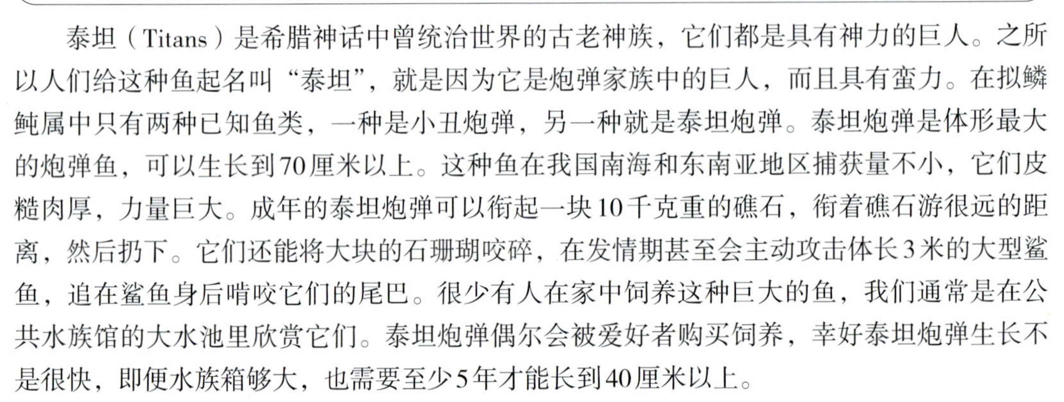

泰坦（Titans）是希腊神话中曾统治世界的古老神族，它们都是具有神力的巨人。之所以人们给这种鱼起名叫“泰坦”，就是因为它是炮弹家族中的巨人，而且具有蛮力。在拟鳞鲀属中只有两种已知鱼类，一种是小丑炮弹，另一种就是泰坦炮弹。泰坦炮弹是体形最大的炮弹鱼，可以生长到70厘米以上。这种鱼在我国南海和东南亚地区捕获量不小，它们皮糙肉厚，力量巨大。成年的泰坦炮弹可以衔起一块10千克重的礁石，衔着礁石游很远的距离，然后扔下。它们还能将大块的石珊瑚咬碎，在发情期甚至会主动攻击体长3米的大型鲨鱼，追在鲨鱼身后啃咬它们的尾巴。很少有人在家中饲养这种巨大的鱼，我们通常是在公共水族馆的大水池里欣赏它们。泰坦炮弹偶尔会被爱好者购买饲养，幸好泰坦炮弹生长不是很快，即便水族箱够大，也需要至少5年才能长到40厘米以上。

泰坦炮弹非常强健，易养，对水质的要求很低。它们什么都吃，颗粒饲料、鱼肉、海藻都可以用来喂养这种鱼。它们不像其他炮弹鱼那样彼此相安无事，经常相互攻击，虽然在争执中很少使用巨大的牙齿，但一旦有一方被咬了一口，就可能是致命的。泰坦炮弹的生长过程中需要大量的石头来磨牙，如果水族箱中铺设沙子，它们还会咀嚼沙粒。

女王炮弹 *Balistes vetula*

中文学名	姬鳞鲀
其他名称	暂无
产地范围	广泛分布在大西洋的热带海洋中，主要捕捞地有佛得角、古巴、巴西东北部沿海地区等
最大体长	60厘米

女王炮弹是一种产于大西洋的鳞鲀，拥有华丽的蓝色花纹，尾鳍呈大月牙状，末端的软丝可以生长得很长。这种鱼可以生长到50厘米以上，是大型的海水观赏鱼，在国内水族市场赏很少见到，但公共水族馆中多有展示。女王炮弹对水质的要求不高，但不耐高温，饲养水温应控制在28℃以下，最佳水温是22～26℃。它们既吃鱼肉也吃海藻，饲养时可用荤食和素食颗粒饲料混合投喂，食物中长期缺少植物纤维会造成体表褪色的现象。体长超过10厘米的女王炮弹，游泳速度很快，经常会攻击其他小型鱼类，也会主动撕咬大型鱼类的鳍，故不太适合与其他鱼类混养。它们的耐药性很强，能接受含有铜离子和甲醛的药物对其进行检疫和治疗，也能接受淡水浴的处理。

蓝纹炮弹 *Pseudobalistes fuscus*

中文学名	黑副鳞鲀
其他名称	暂无
产地范围	广泛分布于太平洋至印度洋的热带浅海中，主要捕捞地有印度尼西亚、马来西亚、菲律宾等
最大体长	55厘米

△亚成鱼

蓝纹炮弹是这几年刚刚兴起的新观赏鱼品种，贸易中的个体基本是捕捞于印度尼西亚的幼鱼。这种鱼成年后全身呈铅灰色，并不好看，在东南亚各国和日本被当作食用鱼。幼鱼较为美丽，全身布满橙色和蓝色的虫纹，在光线照射下能发出金属光泽，可能是由于捕捞食用鱼的渔民发现了幼鱼的这个特征，就将其引入观赏鱼贸易中了。

△幼鱼

蓝纹炮弹很好饲养，它们对人工环境的适应速度很快，新鱼放入水族箱后就会到处寻找食物。可以先用虾肉和鱼肉喂养它们，将它们在运输途中消耗掉的脂肪迅速补充回来，然后改用颗粒饲料喂养。不要喂太多，保证它们不过分消瘦即可，这种鱼是炮弹家族中生长速度比较快的品种，投喂量太大会让它们快速长大而失去观赏价值。

黄纹炮弹 *Balistapus undulates*

中文学名	波纹勾鳞鲀
其他名称	橙纹炮弹
产地范围	广泛分布于太平洋至印度洋的热带浅海中，主要捕捞地有印度尼西亚、菲律宾、中国南海等
最大体长	30厘米

勾鳞鲀是所有鳞鲀中最温顺的一种，自然产区很广，但由于一般是独往独来，所以捕捞量并不大。这种鱼总喜欢夹起尾巴在水族箱中灰溜溜地游泳，看上去好似受了什么委屈。它们具有绿色的表皮，上面布满了斜向的橘黄色条纹，猛一看会觉得很平常，但是在饲养过程中看的时间越长，越会觉得它们漂亮。

黄纹炮弹可以生长到30厘米左右，实际上在水族箱中的个体一般保持在25厘米以下。通常，一个水族箱中只能饲养一条；如果同时饲养两条，它们之间可能会有争斗。这种鱼喜欢吃虾肉和贝肉，也能接受颗粒饲料。它们很少攻击体长在10厘米以上的其他鱼类，幼鱼甚至可以饲养在礁岩生态缸中。黄纹炮弹对药物的耐受能力很强，能接受含有铜离子和甲醛的药物对其进行检疫和治疗，也能接受淡水浴处理。

鸳鸯炮弹 *Rhinecanthus aculeatus*

中文学名	叉纹锉鳞鲀
其他名称	毕加索鱼
产地范围	广泛分布于太平洋至印度洋的热带浅海中，主要捕捞地有印度尼西亚、菲律宾、中国南海等
最大体长	30厘米

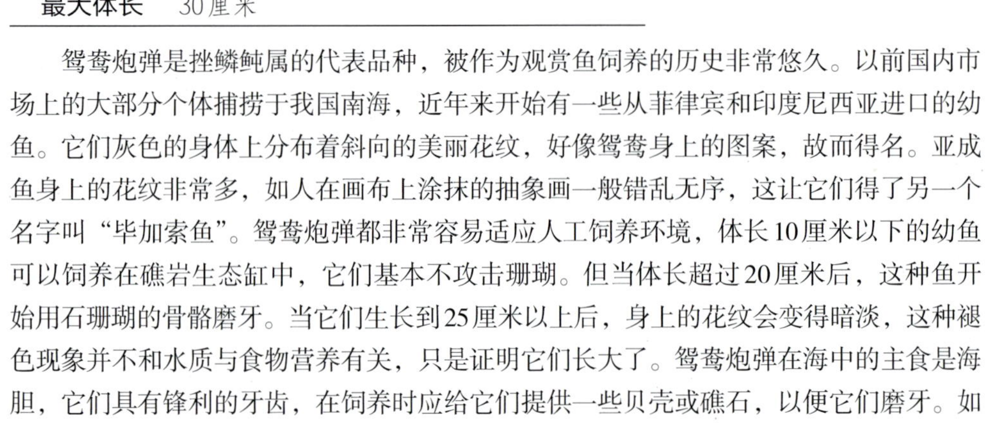

鸳鸯炮弹是挫鳞鲀属的代表品种，被作为观赏鱼饲养的历史非常悠久。以前国内市场上的大部分个体捕捞于我国南海，近年来开始有一些从菲律宾和印度尼西亚进口的幼鱼。它们灰色的身体上分布着斜向的美丽花纹，好像鸳鸯身上的图案，故而得名。亚成鱼身上的花纹非常多，如人在画布上涂抹的抽象画一般错乱无序，这让它们得了另一个名字叫“毕加索鱼”。鸳鸯炮弹都非常容易适应人工饲养环境，体长10厘米以下的幼鱼可以饲养在礁岩生态缸中，它们基本不攻击珊瑚。但当体长超过20厘米后，这种鱼开始用石珊瑚的骨骼磨牙。当它们生长到25厘米以上后，身上的花纹会变得暗淡，这种褪色现象并不和水质与食物营养有关，只是证明它们长大了。鸳鸯炮弹在海中的主食是海胆，它们具有锋利的牙齿，在饲养时应给它们提供一些贝壳或礁石，以便它们磨牙。如果条件允许，可以在海鲜市场上购买一些活的海胆喂给鸳鸯炮弹，这样我们可以观察到这种聪明的鱼如何将刺球一样的海胆翻转过来。鸳鸯炮弹对药物的耐受能力很强，能接受含有铜离子和甲醛的药物对其进行检疫和治疗，也能接受淡水浴处理。

黑肚炮弹 *Rhinecanthus verrucosus*

中文学名	毒锉鳞鲀
其他名称	暂无
产地范围	西太平洋至印度洋的热带浅海中，主要捕捞地有印度尼西亚、马尔代夫、菲律宾等
最大体长	23厘米

以前，这种鱼通常被混杂在鸳鸯炮弹中出售，人们往往认为它们是长有一块黑斑的鸳鸯炮弹，后来随着这种鱼被捕捞数量的增大，才发现它是一个单独的物种。黑肚炮弹在印度洋地区有广泛的分布，包括一些沿海的河口地区都能见到它们的踪迹。它们是海水观赏鱼中最容易饲养的品种，几乎没有任何经验的人也能将其养好。

黑肚炮弹十分活跃，每天都不停地在水族箱中游来游去，在高色温的光照条件下，可以看到它们的鳍散发出亮蓝色的光泽。它们喜欢吃虾肉和贝肉，也吃各种人工饲料，饥饿时还会啃食藻类。黑肚炮弹同种之间极少发生争斗现象，也不会主动攻击其他鱼类，是混养的优秀品种。它们对药物的耐受能力很强，能接受含有铜离子和甲醛的药物对其进行检疫和治疗，也能接受淡水浴处理。

三角炮弹 *Rhinecanthus rectangulus*

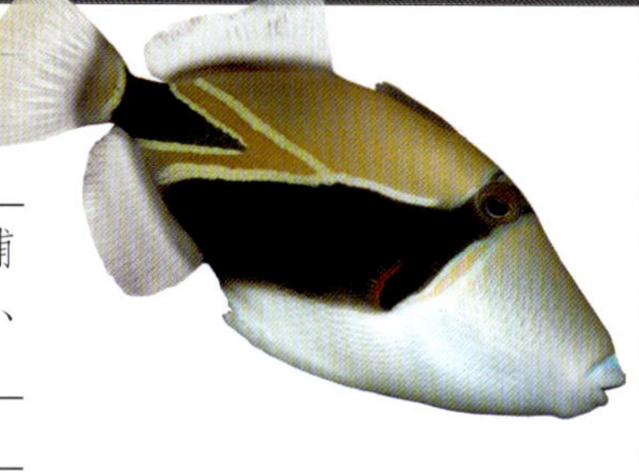

中文学名	黑带锉鳞鲀
其他名称	蒙面炮弹
产地范围	太平洋至印度洋的热带海洋中，主要捕捞地有印度尼西亚、马尔代夫、菲律宾、莫桑比克、红海地区等
最大体长	30厘米

三角炮弹也是锉鳞鲀属中很常见的一种，尤其近年来在观赏鱼贸易中的出现频率比鸳鸯炮弹还要高。幼鱼期，它们的体色十分暗淡，并不起眼；成年后期，尾柄前端会出现两组金色的三角形花纹，十分夺目，其商品名因此而得。这种鱼十分容易饲养，可以参照鸳鸯炮弹的饲养方法饲养它们。

毛里求斯三角炮弹 *Rhinecanthus cinereus*

中文学名	灰锉鳞鲀
其他名称	灰吻棘鲀、金色毕加索
产地范围	西印度洋的热带海洋中，主要捕捞地有马尔代夫、斯里兰卡、毛里求斯、莫桑比克等
最大体长	22厘米

毛里求斯三角炮弹在本属所有鱼中嘴部最为突出，好像长了一张“大驴脸”。拥有了这张向前突出的嘴，它们在捕食长刺海胆时就不会被海胆刺扎到眼睛。这种鱼在贸易中很少出现，但零售价格不高。它们十分容易饲养，可以参照鸳鸯炮弹的饲养方法来饲养这种鱼。

红海毕加索鱼 *Rhinecanthus assasi*

中文学名	阿氏锉鳞鲀
其他名称	阿氏吻棘鲀
产地范围	红海、阿拉伯海的沿岸珊瑚礁区域，以及非洲东部和马达加斯加岛附近的浅海中
最大体长	30厘米

红海毕加索鱼是锉鳞鲀属中产地较为狭窄一种，所以在贸易中很少出现。它们的幼鱼颜色较为暗淡，成年后身体上的各种颜色都非常鲜艳，对比强烈，是非常好看的一种观赏鱼。红海毕加索鱼容易饲养，对水质要求不高，可以接受各种人工饲料。这种鱼对药物不敏感，能接受含有铜离子和甲醛的药物对其进行检疫和治疗。

蓝面炮弹 *Xanthichthys auromarginatus*

中文学名	金边黄鳞鲀
其他名称	金边扳机鲀
产地范围	广泛分布于太平洋至印度洋的热带浅海中，主要捕捞地有印度尼西亚、菲律宾、斯里兰卡等
最大体长	30厘米

雌鱼▷

△雄鱼

黄鳞鲀属的鱼类雌雄体色差异很大，很容易分辨它们的性别。本属中产量最大、最有代表性的鱼就是蓝面炮弹。蓝面炮弹的雄鱼鳃部有一个很大的蓝色斑块，因此得名。雌鱼没有蓝色斑块，鱼鳍上的颜色也没有雄鱼那样鲜艳。

蓝面炮弹在野生环境下以乌贼、贝类等软体动物为主食，在人工饲养环境下可以喂给虾肉、贝肉和颗粒饲料。新引进的蓝面炮弹可能不会马上接受颗粒饲料，可以使用贝肉驯诱其慢慢接受。它们是十分温顺的鱼类，同种之间很少出现打斗现象，也不会主动攻击其他鱼类。对于大多数珊瑚和无脊椎动物，它们都是安全的，可以放养在大型礁岩生态缸中。如果水温长期处于28℃以上，雄鱼的蓝色斑块和鱼鳍边上的鲜艳黄色会慢慢褪去，所以应将饲养水温尽量控制在26℃左右。

蓝线炮弹 *Xanthichthys caeruleolineatus*

中文学名	黑带黄鳞鲀
其他名称	红尾蓝线炮弹、金线炮弹
产地范围	西太平洋至印度洋的热带浅海中，主要捕捞地有印度尼西亚、马尔代夫等
最大体长	35厘米

蓝线炮弹自然分布区较广，但在观赏鱼贸易中并不常见。它们是黄鳞鲀属中个体较大的一种，生性活跃，强壮易养。饲养时，应控制水中的硝酸盐浓度，并将pH值维持在8.0以上，否则它们很容易褪色。

马尾藻炮弹 *Xanthichthys ringens*

中文学名	线斑黄鳞鲀
其他名称	线纹炮弹
产地范围	仅分布于加勒比海地区
最大体长	25厘米

马尾藻炮弹是仅产于加勒比海地区的黄鳞鲀品种，由于产地离我国较远，国内市场上很少能见到这种鱼。它们不难饲养，可以参照蓝面炮弹的饲养方法来饲养这种鱼。

红尾花炮弹 *Xanthichthys mento*

中文学名	门图黄鳞鲀
其他名称	红鳍扳机鲀
产地范围	太平洋中部到西部的热带浅海中，主要捕捞地有夏威夷、帕劳、菲律宾、日本冲绳等
最大体长	30厘米

△雄鱼

△雌鱼

红尾花炮弹是黄鳞鲀属中比较名贵的品种，直到近几年才逐渐有少量的个体被进口到我国。这种鱼一般捕捞于夏威夷地区，所以市场价格比较高。雄鱼每个鳍的边缘呈红色，雌鱼的鳍边缘呈黄色，一眼就可以将它们区分开来。

红尾花炮弹比较容易饲养，对水质的要求不高，喜欢吃虾肉和贝肉，也能接受颗粒饲料。这种鱼比较温顺，不会主动攻击其他鱼，适合混养在纯鱼缸中，也可以放养到大型礁岩生态缸中。它们对药物的耐受能力较强，可以使用含有铜离子和甲醛的药物对其进行检疫和治疗，也可以接受淡水浴的处理。

魔鬼炮弹 *Odonus niger*

中文学名	红牙鳞鲀
其他名称	黑炮弹、红牙扳机鲀
产地范围	广泛分布于太平洋至印度洋的热带浅海中，主要捕捞地有印度尼西亚、马来西亚、马尔代夫、斯里兰卡、泰国、中国南海等
最大体长	50厘米

红牙鳞鲀属中只有魔鬼炮弹一种鱼，它们不同于其他炮弹的独居习性，而是喜欢成大群地在浅海地区觅食。它们那黑色或墨蓝色的身体，巨大的月牙形尾巴，游泳时背鳍和臀鳍如蝙蝠翅膀一样扇动，再加上一口红色的尖牙，活生生是吸血鬼的模样。

魔鬼炮弹的适应能力极强，可以适应低温、低盐分、低硬度、低pH值和高硝酸盐的环境。如果每天为水族箱换不超过2%的淡水，2个月后，就可以用比重1.010的海水饲养这种鱼了，在低盐度环境下，它们似乎更活跃。在大型水族箱中单独饲养一群魔鬼炮弹，它们会像夜晚的蝙蝠一样成群地游来游去，配上昏暗的灯光，给人以无限梦幻的感觉。这种鱼虽然相貌凶恶，其实十分温顺，不会攻击其他鱼类，可以和大多数观赏鱼混养在一起，也可以放养在大型礁岩生态缸中。

魔鬼炮弹喜欢吃糠虾和虾肉，也接受各种人工饲料。它们对药物的适应能力很高，成鱼能接受水中铜离子浓度为0.8毫克/升，并能接受用其他药物和淡水浴对其进行检疫和治疗。

玻璃炮弹 *Melichthys vidua*

中文学名	黑边角鳞鲀
其他名称	粉鳍扳机鲀、红尾炮弹
产地范围	广泛分布于太平洋至印度洋的热带浅海中，主要捕捞地有印度尼西亚、菲律宾、马尔代夫、中国南海等
最大体长	40厘米

玻璃炮弹以前十分常见，这几年在观赏鱼贸易中出现频率有所降低，不过一直以来饲养这种鱼的人并不多。它们的体色并不鲜艳，但粉色的尾鳍显得格外吸引人。成年的玻璃炮弹有40厘米左右，一般贸易中的个体体长在15～20厘米。它是一种温顺的炮弹鱼，很少袭击其他鱼，同种之间也鲜见打斗现象。即便是成年的玻璃炮弹，也很少吞吃小鱼，除非小鱼足够虚弱，而它们的确饿急了。在人工饲养环境中，玻璃炮弹尾鳍的粉红色会逐渐退去，这可能和硝酸盐的浓度有关系，如果能有效将硝酸盐浓度控制在50毫克/升以下，就能较好地维持玻璃炮弹尾鳍的颜色。

玻璃炮弹有些胆小，新鱼需要对人工环境适应几天才会开始吃东西。个体很大的成鱼，可能需要3周左右才能适应新环境，这期间它什么也不吃。但一般不会饿死，等到它确信周围的环境没有危险后，就会出来吃饲料。

珍珠炮弹 *Canthidermis maculatus*

中文学名	大鳞疣鳞鲀
其他名称	斑点炮弹、黑炮弹
产地范围	全世界的热带海洋中，所有热带沿海地区都能捕获
最大体长	50厘米

珍珠炮弹实际上是一种类似于马面鲀（*Thamnaconus septentrionalis*）的食用鱼，在热带国家有比较大的捕捞数量，特别是非洲沿海国家的人们，经常将这种鱼烤来吃。这种鱼的幼鱼在沿海的浅水区生活，成年后成群地在远洋地区捕食。幼鱼全身呈铅灰色，并布满白色斑点，看上去如同素雅的花裙子。

珍珠炮弹是非常好养的鱼类，很容易适应人工环境，但是需要比较大的活动空间，如果水族箱容积小于400升，最好不饲养这种鱼。它们在野外的主食是鱿鱼和乌贼，在人工环境下可以接受各种饲料。由于它们在海洋中的活动范围很广，经常携带有各种寄生虫，特别是锚头虱这样的大型寄生虫。新鱼一定要经过严格检疫才可以和其他鱼混养。珍珠炮弹对各种药物都不敏感，可以使用含有铜离子和甲醛的药物对其进行检疫和治疗，也能接受淡水浴的处理。它们生长速度比较快，体长15厘米的幼鱼，饲养1年就可以生长到30厘米左右。

箱鲀科 *Ostraciidae*

箱鲀科共有14属约33种鱼类，广泛分布于印度洋和太平洋的热带珊瑚礁区域。它们身体粗短，体内有骨板，骨板坚硬，支撑身体，使身体呈长方形、三角形、五角形和六角形等。受到骨板的制约，箱鲀游泳时不能扭动身体，只能靠煽动鱼鳍推进身体，所以它们的游泳速度很慢。将箱鲀拿在手中，它们好像一个有生命的盒子，故在观赏鱼贸易中将它们称为“木盒鱼”。为了使它们的名字更加有趣，我们又将木盒鱼改称为“木瓜鱼”。

许多鲀鱼都具有河鲀毒素（Tetrodotoxin），它是一种蛋白质的衍生物，这些毒素主要囤积在鲀鱼的内脏和生殖器官。人食用了会导致呕吐、眩晕、腹泻、休克甚至死亡。箱鲀类将河鲀毒素利用得淋漓尽致，它们不但内脏有毒，而且表皮能分泌有毒的黏液。在箱鲀受到攻击时，会增加有毒黏液的分泌量，让攻击者异常难受，打消攻击箱鲀的念头。箱鲀在水族箱中放毒是非常可怕的事情，在狭小的水体中，毒素的浓度非常大，而且不能快速被稀释和分解，一次这样的事故就可能夺去水族箱中所有鱼的生命，也包括放毒的箱鲀本身。箱鲀科的观赏鱼最好不与其他鱼类混养在一起。

牛角鱼 *Lactoria cornuta*

中文学名	角箱鲀
其他名称	牛角箱鲀
产地范围	广泛分布于太平洋至印度洋的热带海洋中，主要捕捞地有印度尼西亚、菲律宾、中国南海等
最大体长	46厘米

牛角鱼也称角箱鲀，是非常古怪的一种海水观赏鱼。在它们的头顶上和身体后部，分别生长出了一对尖角，那可能是背鳍和臀鳍的衍生物，这些角十分锋利，牛角鱼用它们来防御敌人的攻击。这种鱼在太平洋和印度洋地区产量很大，仅我国南海每年就可以捕获许多。牛角身体内具有闭合的骨骼，身体摸起来非常坚硬，即使死去也不会变形。一些旅游景点将牛角鱼晒干当作工艺品出售，如果环境干燥，这些干尸可以保存许多年。

因为它们的角太过锋利，运输时不得不用橡皮筋将角套起来，再将鱼装入塑料袋，以防袋子被角扎破。购买回来后，应将橡皮筋小心拿掉，要格外注意，不要让角扎了手，其上布满毒腺，被扎后可能造成感染和中毒。饲养牛角鱼的水族箱中不可使用臭氧，而且量避免使用化学药物，突如其来的药物刺激会使牛角鱼马上分泌大量有毒黏液，在狭小的空间里，首先被毒死的就是牛角鱼本身。当你提着装有牛角鱼的袋子回家时，也要尽量避免颠簸，有很多事例证明，运输途中的颠簸也可能让它们放毒。

野生条件下，牛角鱼可以生长到30厘米以上，观赏鱼贸易中一般是5～15厘米的幼鱼。它们非常喜欢吃冷冻的鱼虾肉，如果用人工饲料饲喂，可能会有短时间的绝食现象。不建议将牛角鱼饲养在礁岩生态缸中，虽然体长10厘米以下的幼体似乎并不伤害无脊椎动物，但当它们生长得足够大时，就开始啃食珊瑚了。在水质稳定的水族箱中，牛角鱼非常容易饲养，不过换水和向水中添加pH提升剂时要尽量缓慢，以防过度刺激牛角鱼，使其放毒。在饲养一段时间后，牛角鱼的体色可能开始变浅，这是食物营养不全面造成的，不过一般不会危及生命。如果想让它们维持健康的体色，可以试试在饵料中添加新鲜的蛤肉和紫菜，这两种食物可以补充许多颗粒饲料中含量不足的微量元素。

木瓜鱼 *Ostracion cubicus*

中文学名	粒突箱鲀
其他名称	木盒鱼
产地范围	广泛分布于太平洋至印度洋的热带浅海中，主要捕捞地有印度尼西亚、菲律宾、中国南海等
最大体长	45厘米

木瓜鱼也是箱鲀科的代表品种，体内也有闭合的骨骼，身体接近正方形。木瓜鱼是一种自然分布很广的鱼，在太平洋和印度洋的沿岸地区都可以捕获到。成熟的木瓜鱼可以生长到35厘米以上，在观赏鱼贸易中的个体多是2~10厘米的幼鱼，特别是体长2~3厘米的超小幼鱼，格外受到爱好者的欢迎。

如果受到化学药物的刺激，木瓜也会大量分泌有毒黏液，毒死水族箱中包括自己在内的所有鱼类。体长10厘米以上的木瓜鱼非常容易患被寄生虫感染，而患上白点病。这是很令人头疼的问题，对于轻微的白点病，木瓜鱼自己可以抵御并康复；如果患了严重的白点病，宁可将木瓜鱼捞出来扔掉，也不要加药治疗，因为那样可能一下子牺牲了所有的鱼。木瓜鱼很喜欢啄咬珊瑚的触手，不适合饲养在礁岩生态缸中。我们可以用丰年虾、糠虾和虾肉喂养它们，饲养一段时间后，木瓜鱼也能接受颗粒饲料。它们对海水的盐分、温度、硬度、pH值、硝酸盐都有很宽的适应能力，而且可以在水族箱中活许多年。

花木瓜鱼 *Ostracion meleagris*

△雄鱼
△雌鱼

中文学名	白点箱鲀
其他名称	花木盒
产地范围	广泛分布于太平洋至印度洋的热带浅海中，主要捕捞地有夏威夷、印度尼西亚、菲律宾、马尔代夫等
最大体长	25厘米

花木瓜鱼在观赏鱼贸易中并不多见，饲养它们的爱好者也比较少。这种鱼雌雄体色不同，雄鱼背部呈黑色，密布白色斑点，身体侧面和腹部呈蓝色，密布橙色斑点，在背部和身体侧面的结合部位分布有许多橙色的条纹。这些鲜艳的颜色是一种警告色，它在时刻提醒其他鱼不要试图吞食有毒的自己。雌花木瓜鱼全身呈黑色，布满白色斑点，没有雄鱼那么明显的警告色。

花木瓜鱼对水质要求不高，但不能接受各种渔药的治疗，水中铜离子的浓度高于0.1毫克/升就可能造成其死亡。它们喜欢吃丰年虾、糠虾和虾肉，经过驯诱也能接受颗粒饲料。这种鱼分泌的黏液毒性很大，最好单独饲养。

武士木瓜 *Aracana ornate*

中文学名	丽饰六棱箱鲀
其他名称	丽牛角鱼
产地范围	仅分布于澳大利亚南部沿海至塔斯马尼亚岛附近的珊瑚礁区域
最大体长	15厘米

武士木瓜仅产于澳大利亚湾到塔斯马尼亚岛附近的珊瑚礁区域，是稀有难得的观赏鱼品种。它们长相古怪，色彩艳丽，与人的亲近程度高，适合单独放养在小型水族箱中作为宠物鱼饲养。观赏鱼贸易中的武士木瓜一般会受到鱼商的精心照料，所以不必担心它们携带有寄生虫。只要保持饲养水质的稳定，就能长久地将这种鱼养好。它很喜欢吃虾肉，也吃各种颗粒饲料，在日常喂养过程中不断更换饵料的种类，有助于维持它们绚丽的体色。

龙纹木瓜 *Aracana aurita*

中文学名	金黄六棱箱鲀
其他名称	条纹牛角鱼
产地范围	仅分布于澳大利亚南部沿海至塔斯马尼亚岛附近的珊瑚礁区域
最大体长	20厘米

△雄鱼

△雌鱼

龙纹木瓜和武士木瓜一样，都是澳大利亚南部沿海地区特有的鱼类，属极其稀有且名贵的观赏鱼。贸易中的龙纹木瓜大部分被日本鱼商收购，很少有个体流入国内。它们也是只适合单独饲养的宠物鱼，不能和其他观赏鱼混养。

火焰木瓜 *Anoplocapros lenticularis*

中文学名	白带粒突六棱箱鲀
其他名称	白条木盒鱼
产地范围	仅分布于澳大利亚西部和南部沿海地区
最大体长	33厘米

火焰木瓜只产于澳大利亚西部和南部沿海地区，在观赏鱼贸易中的数量很少。火焰木瓜不耐热，如果饲养水温长期高于28℃，则很容易死亡。最好将水温控制在22～26℃。它们喜欢吃丰年虾、糠虾和虾肉碎末，也能接受颗粒饲料。幼鱼期可以放养在礁岩生态缸中，但是体长超过10厘米后会啃食部分珊瑚。这种鱼不能接受各种渔药，也不能对其进行淡水浴的处理。

其他鲀类

在鲀形目中，除了鳞鲀科和箱鲀科的大量观赏鱼外，其他一些科中也有不少品种被当作观赏鱼进行贸易，如单角鲀科（Monacanthidae）、四齿鲀科（Tetraodontidae）和刺鲀科（Diodontidae）的一些鱼类。这些鱼类大多容易饲养，能很快接受人工环境和饲料。它们一般体表无鳞，不能接受化学药物的治疗，但是身体非常强健，很不容易因患病而死亡。体形较大的鲀鱼都比较喜欢和人亲近，它们会隔着水族箱玻璃追逐你划动的手指，还可以从你手里把食物取走。如果拿一块虾肉在水面上晃动，它们会向水面以上不停吐水，似乎急不可待地想品尝那美味。刺鲀和狗头鲀具有不停生长的锋利牙齿，在饲养时必须在水族箱中放置一些礁石，以便它们用来磨牙。它们饥饿的时候会攻击其他鱼，并将它们身上的肉咬下来吃掉，所以一般只能单独饲养。饲养鲀类的水族箱中不要放置塑料制品，它们可以轻易将这种装饰物咬下来吃掉，由于塑料制品无法消化，会堵塞消化道而造成死亡。

扫把鱼 *Aluterus scriptus*

中文学名	拟态革鲀
其他名称	花斑革鲀
产地范围	广泛分布于全世界的热带浅海中，国内市场上的个体主要捕捞于我国南海
最大体长	110厘米

扫把鱼是一种可以生长到1米以上的大型鲀类。它们具有极其侧扁的身体，借此伪装成一片巨海藻的叶子，成群地在巨藻丰沛的海洋中生活。这种鱼在观赏鱼市场上一般见不到，但十分受公共水族馆的欢迎。它们被饲养展示在大型展缸中，借此向游客解释生物拟态的自然现象。

观赏鱼贸易中的扫把鱼一般体长多在15～20厘米，偶尔能见到体长40厘米左右的亚成鱼。它们是非常容易饲养的观赏鱼，只要能提供鱼肉和虾肉等冰鲜饲料，就可以在水族箱中不停生长。它们的食量很大，每次摄食都能将自己的肚子撑得很鼓，在投喂时应控制给饵数量，如果每天都让扫把鱼吃得很饱，它们很容易换上肠炎。幼鱼身上具有许多黑点和蓝色条纹，当其生长到30厘米以上后，条纹和黑点逐渐变浅。在人工环境中，更大个体身上的花纹可能完全消失。当扫把鱼受到威胁时，会将体色调节得很深，而且展开巨大的尾巴，形态很像有高粱秸秆绑成的笤帚，故而有了“扫把鱼”这个名字。

扫把鱼游泳速度很慢，在水族箱中经常头向下静止不动，看上去似乎非常温顺。实际上，这种鱼具有很强的攻击性，非常喜欢啄食其他鱼的眼睛。特别是体长30厘米以上的个体，常会悄悄地靠近某条鱼，然后突然发起攻击，将对方的眼球啄出来吃掉。所以不可以和一些游泳速度慢的观赏鱼混养。如果它们体形够大，也喜欢捕捉小鱼，小虾，故也不能和小型鱼混养在一起。它们不耐药，不能使用各种药物对其进行检疫和治疗，但是可以接受淡水浴，甚至可以在纯淡水中存活好几天。

龙须炮弹 *Chaetodermis penicilligerus*

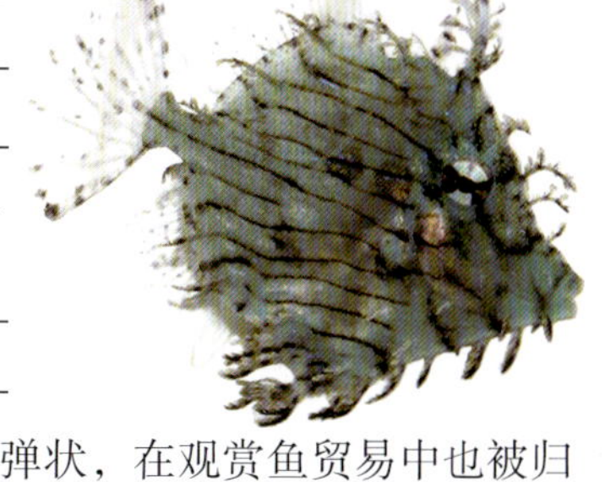

中文学名	单棘棘皮鲀
其他名称	毛炮弹、塔斯勒鲀
产地范围	西太平洋至印度洋的热带浅海中，主要捕捞地有印度尼西亚、马来西亚等
最大体长	31厘米

龙须炮弹虽然不是鳞鲀科鱼类，但是由于体形呈炮弹状，在观赏鱼贸易中也被归入炮弹类。成年的龙须炮弹身上会生长出很多如毛发一样的衍生物，这是它们的伪装，如果在海藻茂密的礁石区域，凭借这身“毛皮大衣”，捕食者很难发现它的存在。这种鱼可以生长到30厘米左右，在体长达到10厘米以后，身上开始长出“须发”。这种鱼被当作观赏鱼的历史较为悠久，但一直以来在贸易中的数量都很少。

龙须炮弹虽然相貌古怪，但不需要特殊照顾。它们可以吃鱼肉、虾肉、丰年虾等饵料，对人工饲料的接受程度不高，即便偶尔吃一些颗粒饲料，也可能在嚼碎后再吐出来。饲养这种鱼不需要太大的空间，大概一个容积100升的水族箱就足够了，如果能在里面栽培海藻，就可以欣赏到龙须炮弹隐藏在海藻丛中的场景。不要把龙须炮弹和鳞鲀类混养在一起，鳞鲀类非常喜欢啄咬龙须炮弹身上的“须”。神仙鱼和蝴蝶鱼不适合与龙须炮弹饲养在一起，它们会像对待珊瑚触手那样对待龙须炮弹身上的“须”。

火焰炮弹 *Pervagor melanocephalus*

中文学名	黑头前角鲀
其他名称	红尾炮弹
产地范围	西太平洋至印度洋的热带浅海中，主要捕捞地有印度尼西亚、菲律宾等
最大体长	16厘米

前角鲀属中有好几种鱼都在观赏鱼贸易中偶尔出现，不过只有火焰炮弹的观赏价值较高。它是一种小型的鲀类，成鱼体长不过15厘米左右。在从印度尼西亚和斯里兰卡进口的观赏鱼中偶尔能见到它们。

火焰炮弹鱼的第一背鳍特化为一根和身体等长的尖刺，这根刺平时贴在背部，当它们兴奋或恐惧时就会竖立尖刺，被刺伤手会非常疼，而且很容易感染，因此在捞鱼时要格外小心。鱼、虾肉是火焰炮弹最喜欢的饵料，他们偶尔也会吃一些颗粒饲料。这种鱼在水中游动时经常变化自己的体色，有时它们的尾巴看上去鲜红如火，有时则暗淡得像咀嚼过的口香糖。不要将这种鱼和鳞鲀等大型鲀类混养在一起，它们很容易遭到这些鱼的攻击。火焰炮弹也不适合饲养在礁岩生态缸中，它们会经常啃食珊瑚的触手。

尖嘴炮弹 *Oxymonacanthus longirostris*

中文学名	尖吻鲀
其他名称	定海神针、小丑鲀
产地范围	西于太平洋至印度洋的热带浅海中，主要捕捞地有印度尼西亚、菲律宾、中国南海等
最大体长	12厘米

尖嘴炮弹是少数非常不好养的鲀类，口很小，平时总是头朝下地在礁石缝隙附近活动。自然环境中的尖嘴炮弹主要以轴孔珊瑚为食，一条尖嘴炮弹在1小时内就可以吃掉几百只珊瑚虫。成年后的尖嘴炮弹能捕食少量的小型甲壳动物，但主要还是吃珊瑚。在人工环境下，它们对冷冻饵料的接受能力不强，更不会理睬颗粒饲料。90%的尖嘴炮弹都是在水族箱中饿死的，这些年来人们基本上知道这种鱼难养，它们在贸易中出现的频率越来越少。

我从来没有看到过体长小于10厘米的尖嘴炮弹吃漂浮在水中的饵料。如果水族箱中礁石足够多，它们可能活得久一些，石头上生长的海鞘、苔藓虫等小生命会被这种鱼用来充饥。除非用轴孔珊瑚、鹿角珊瑚喂养它们，否则没有希望。这种鱼可以慢慢从观赏鱼队伍中淘汰出局了，就像那些只吃珊瑚的蝴蝶鱼一样，我们最好不再饲养这些品种。

日本婆 *Canthigaster valentini*

中文学名	横带扁背鲀
其他名称	瓦氏尖鼻鲀
产地范围	广泛分布于太平洋至印度洋的热带浅海中，主要捕捞地有印度尼西亚、马来西亚、中国南海等
最大体长	11厘米

花 婆 *Canthigaster solandri*

中文学名	靓丽扁背鲀
其他名称	提灯托比鱼
产地范围	广泛分布于太平洋至印度洋的热带浅海中，主要捕捞地有印度尼西亚、马来西亚、斯里兰卡、菲律宾等
最大体长	12厘米

扁背鲀属（*Canthigaster*）的鱼类中除了横带扁背鲀在观赏鱼贸易中被称为“日本婆”外，其余品种都被称为“花婆”。本属鱼类在太平洋和印度洋有大量分布，在观赏鱼贸易中十分常见。它们都是体长在10厘米左右的小型鲀类，非常容易饲养。由于横带扁背鲀的背部隆起，游泳时的动作很像穿着和服的日本女性，因此得名“日本婆”。其他扁背鲀好像身上有花纹的日本婆，所以都被叫“花婆”。

日本婆和花婆对水族箱环境和人工饲料的适应能力非常强。这种鱼非常温和，是鲀类家族中唯一适合和小型观赏鱼混养的品种，而且它们不攻击珊瑚，能够放养到礁岩生态缸中。与所有无鳞鱼一样，日本婆和花婆不能接受药物治疗，对淡水浴也非常敏感，不过它们很少被寄生虫感染，更很少因患病而死亡。

乌斑狗头 *Arothron nigropunctatus*

中文学名	黑斑叉鼻鲀
其他名称	狗头鲀
产地范围	广泛分布于太平洋至印度洋的热带浅海中，主要捕捞地有：印度尼西亚、菲律宾、中国南海等
最大体长	33厘米

黄狗头 *Arothron meleagris*

中文学名	白点叉鼻鲀
其他名称	狗头鲀、黄金狗头
产地范围	广泛分布于太平洋至印度洋的热带浅海中，主要捕捞地有印度尼西亚、菲律宾、中国南海等
最大体长	50厘米

珍珠狗头 *Arothron meleagris*

中文学名	白点叉鼻鲀
其他名称	白点狗头鲀
产地范围	广泛分布于太平洋至印度洋的热带浅海中，主要捕捞地有印度尼西亚、菲律宾、中国南海等
最大体长	50厘米

黑斑叉鼻鲀的头部形状和颜色与狗头的模样十分接近，所以在观赏鱼贸易中被称为“狗头鲀”。叉鼻鲀属的其他品种随着黑斑叉鼻鲀起名，所以都被称为“某某狗头”。在观赏鱼贸易中大概可以见到3～5种狗头鲀，它们都是非常好养的鱼类。其中，黄狗头还有许多

名称，如金狗、珍珠狗头等。这是因为它们的体色一生中会不断变化。当它们全身呈现深蓝色带白色斑点时，就被称为珍珠狗头。当全身呈现黄色或黄色带有黑色斑点时，就被称为黄狗头。在水族箱环境中，黄狗头很少改变体色，一般饲养者买来时它是什么颜色，一生就会保持这种颜色。狗头鲀在印度洋和西太平洋地区分布很广，其捕获量往往超过市场需求量。这类鱼并不被大多数爱好者青睐，因为它们太凶了，无法和其他鱼和平相处。但公共水族馆中通常会展示这种怪异的鱼，小孩子看到它们后会惊讶地问妈妈“它们就是海狗吗？”

狗头鲀可以生长到50厘米长，它们有锋利的牙齿和巨大的咬合力，可以轻松咬碎珊瑚骨骼，捕捞它们最好不要直接用手，被其牙齿咬一下可不是闹着玩的。狗头鲀对人工环境的适应能力非常强，对水质和水温都没有太高的要求。它们喜欢吃肉，如果用颗粒饲养喂养，可能会长得很瘦。它们的牙齿不停生长，需要提供一些礁石给它们磨牙，如果缺乏磨牙的石头，小狗头鲀的牙齿可能会刺穿它们的下颌。

饲养一条狗头鲀就像是饲养了一只水中小狗，它们非常喜欢和人亲近。如果饲养了足够长的时间，它们甚至可以任凭你将其捞出水来，抚摸它们的全身。

刺鲀 *Diodon holacanthus*

中文学名	六斑刺鲀
其他名称	暂无
产地范围	广泛分布于全世界的热带海洋中，主要捕捞地有印度尼西亚、马来西亚、菲律宾、马尔代夫、斯里兰卡、日本冲绳以及中国南海等
最大体长	50厘米

即使不养鱼的朋友对刺鲀也绝不陌生，它们作为动物世界的奇异明星，早就名扬天下了。刺鲀受到惊吓时会迅速吸水将身体鼓成一个球，竖立起由鳞片演化而来的硬刺，以达到保护自己的目的，故它们也被称为“水中刺猬”。刺鲀有很多品种，这里以最常见的六斑刺鲀为例进行介绍。

其实饲养刺鲀时并不会经常看到它们鼓成刺球。在完全适应人工环境后，它们的胆子变得格外大，对大多数刺激都司空见惯了，即使你用木棍捅它，它也只是转过头来咬木棍，不会害怕得鼓成刺球。刺鲀不需要精心照料就可以生活得很好，只要水族箱容积大于200升，它们就会不停地生长到完全成年。它们非常喜欢捕食小型鱼类，绝不可同体长20厘米以下的观赏鱼一起混养；它们啃咬珊瑚和礁石，也不能饲养在礁岩生态缸中。刺鲀还喜欢撕咬一些鱼类的鳍，狮子鱼和神仙鱼最容易受到刺鲀的骚扰，在饲养上要尽量规避。

不要经常想办法让你的刺鲀竖立起它的刺，虽然我们很想看它鼓成刺球的样子，但是鼓成刺球是刺鲀在危机时刻的应激反应。设身处地想一想，如果有一个人经常用超出你心理最大承受能力的方式吓唬你，你的身体也一定会日见衰弱。

鲨鱼和魟

△今天很多公共水族馆内都已经可以蓄养体形巨大的鲸鲨（拍摄：丁宏伟）

软骨鱼类是比硬骨鱼类古老许多的鱼形动物，它们在距今4亿年前就出现在了地球上。它们和硬骨鱼虽然都被称为鱼，但是在脊椎动物家族中的亲缘关系不是非常近，从某种意义上讲，一条鲨鱼和人类的关系要比它和一条神仙鱼的关系近得多。

现生的软骨鱼类包括鲨鱼、魟（音hóng）和银鲛，淡水中的鲟鱼也是软骨鱼，与鲨鱼是“表亲”。软骨鱼常被认为是较为原始的物种，在数亿年的发展中变化不大。在生殖方面，软骨鱼既有卵生，也有卵胎生，甚至有胎生的品种。雄性鲨鱼、魟和银鲛的臀鳍特化成棒状，可以插入雌鱼的泄殖腔完成交配，而不是像大多数硬骨鱼那样在水中完成受精。鲨鱼的卵具有角质的外壳，个体很大，胚胎附着在一个大的卵黄上，看上去不像鱼卵，倒是很像鸡蛋。卵胎生和胎生的软骨鱼，生殖器官的构造更接近两栖动物和哺乳动物，与硬骨鱼相差比较远。

世界上已知的软骨鱼类约有837种，分成13个目、40余科。其中，约有300种被称为鲨鱼，500多种被归为魟鳐类，还有30多种银鲛。这些鱼广泛分布在全世界的海洋中，从靠近岸边的浅海地区到海底数千米的深渊中皆有软骨鱼的踪迹。一些鲨鱼和魟还会逆流进入河流中觅食，而江魟科（Potamotrygonidae）的十几种鱼类已经可以完全生活在淡水中。软骨鱼的寿命一般比硬骨鱼类长，随随便便一条小鲨鱼就可以活到20岁以上，大型鲨鱼的平均寿命几乎与人类相同，深海中的睡眠鲨（*Somniosus microcephalus*）平均寿命可达400岁以上，活到150岁时才成年。

在所有软骨鱼中，适合作为家养观赏鱼的品种非常少，除了江魟科的品种都是知名的淡水观赏鱼外，海洋中的软骨观赏鱼只有黑鳍鲨、猫鲨、蓝点魟等几种。体形硕大的软骨鱼类是公共水族馆鱼类展示中不可缺少的重要主题，自从水族馆诞生那天开始，鲨鱼一直是水族馆最吸引游客的展示项目之一。初期水族馆中能养的软骨鱼品种也不多，主要是一些生活在礁石区的中小型鲨鱼和魟类。近年来，公共水族馆大型鱼类养殖技术不断提高，配合大型鱼类捕捞和运输技术的提升，使得许多以前不敢想象能在人工环境下饲养的鱼类，能成功地在公共水族馆中展示。如世界上最大的鱼类鲸鲨（*Rhincodon typus*）、游泳速度较快的锤头双髻鲨（*Sphyrna zygaena*）以及生活在深海的米氏叶吻银鲛（*Callorhinchus milii*）等。到目前为止，可以在公共水族馆中饲养展出的软骨鱼有50多种，并且已经有很多品种能在人工环境下繁殖后代，其中人工繁育技术已基本成熟的品种如猫鲨、黑鳍鲨、豹纹鲨、牛鼻鲼（音fèn）、鹰嘴鳐（音yáo）等。

在公共水族馆中展示大型鲨鱼、鳐鱼和深海银鲛，为不能进行深海潜水的大多数人提供了近距离观察软骨鱼的机会，在科学普及和文化休闲领域有巨大的贡献。但是，仍有数量庞大的软骨鱼类品种不能在人工环境下饲养，如生活在深海和远洋地区的鲨鱼类。在众多的鲨鱼中，大白鲨（*Carcharodon carcharias*）无疑是知名度最高的一种，从20世纪70年代开始，美国和日本的一些水族馆尝试人工饲养大白鲨，但是都没有成功。2004年到2011年，美国蒙特利湾水族馆开展了为期6年多的“大白鲨圈养计划”，最终大白鲨只在为其专门设计的水池中存活了6个月，仅仅与游客见面16天就死去了。最终，人们放弃了驯养大白鲨的企图，像大白鲨、灰鲭鲨（*Isurus oxyrinchus*）、鼬鲨（*Galeocerdo cuvier*）这样的远洋性鲨鱼，在捕食和受到刺激后会瞬间极速游泳，它们生活的空间没有礁石和其他障碍物，所以不用考虑高速运动时的极速转弯问题。在人工环境下，它们一旦加速游泳，就会马上撞上水池壁而受到重伤。也许我们永远不能将这些鱼类饲养在水族馆中。

鲨鱼和魟的鳃盖由多个板状组织构成，这也是板鳃纲（Elasmobranchii）名称的由来。因为缺少像硬骨鱼一样的坚硬鳃盖保护，在捕捞时要尽量避免碰触其鳃部，以防对脆弱的鱼鳃造成伤害。鲨鱼和魟没有鳔，它们不游泳时就会沉到水底。有些鲨鱼和大多数魟可以靠嘴的一张一合来使水流过鳃，完成呼吸作用。也有一些鲨鱼和牛鼻鲼这样的魟类必须终生不停游泳，才能保证有新鲜的海水从鳃部流过。这些鱼类在运输中需要很大的包装袋，以便让它们能在袋子中不停游动。对于软骨鱼来说，很多种化学药物都是致命的，特别是常被用作杀虫的硫酸铜和甲醛，绝对不可以对它们使用。通常，软骨鱼携带的寄生虫品种与硬骨鱼不同，大型的鲨鱼和魟类还会长期和某些寄生虫共生在一起。

采集并食用鲨鱼翅是一种落后而愚昧的行为，我们应彻底摒弃食用鱼翅的习惯。鲨鱼鳍既不美味，也没有什么营养，其主要成分就是脆骨。我们在水族馆中圈养鲨鱼已经对它们野生种群有所影响，但是考虑到它能给大多数人带来知识与快乐，并且水族馆中的鲨鱼得到了精心的照料，所以只要按照国家法律和国际公约的要求合理利用鲨鱼，还是说得过去的。为了吃鱼翅而杀死大量鲨鱼是绝对不正确的行为。

近年来，人们保护动物的意识大幅提高，除了猫鲨和黑鳍鲨这两种能大量人工繁育的小鲨鱼偶尔还能在观赏鱼市场上见到外，所有其他鲨鱼都只供给有饲养资质的公共水族馆。本书关于软骨鱼的这一部分主要是写给水族馆的养殖员朋友们，供你们在实际工作中参考运用。对于鲸鲨、沙虎鲨（*Carcharias taurus*）、蝠鲼（*Manta birostris*）等大型珍贵物种来说，在饲养资质的审批和引进它们的时候，养殖员都会得到专业团队的培训和辅导，以确保珍稀物种的成活率。而对于一些中小型软骨鱼类，就很少有专业的饲养技术说明了。因此，本书主要介绍这些在水族馆中常见的中小型软骨鱼类的饲养方法，希望能对广大养殖员朋友们有所帮助。

黑鳍鲨 *Carcharhinus melanopterus*

中文学名	污翅真鲨
其他名称	黑翼鲨、黑鳍礁鲨、污翅白眼鲛
产地范围	广泛分布于太平洋和印度洋的热带浅海中，主要捕捞地是印度尼西亚和菲律宾，贸易中大部分个体来自养殖场
最大体长	110厘米

真鲨科（Carcharhinidae）中的鲨鱼都具有充沛的精力，大多数品种睡觉的时候也在游泳，如果停止游泳，这些鱼会因水无法流过鳃部而窒息死亡。真鲨类中能作为观赏鱼饲养的品种很少，它们体长一般在2～3米之间，游泳速度很快，是海洋中的高级猎手。黑鳍鲨主要生活在热带珊瑚礁附近，它们是真鲨科中的小个子，成年个体体长仅有1米左右，是最早被作为观赏鱼饲养的鲨鱼品种。黑鳍鲨广泛分布在印度洋和太平洋的热带海洋中，在菲律宾、印度尼西亚、马来西亚等海域的珊瑚岛周围繁殖后代。成年的黑鳍鲨无法进行活体运输，所以渔民都是捕捉体长30～50厘米的幼鱼，转卖给观赏鱼收购商。20世纪末到21世纪初，由于水族馆和私人爱好者对黑鳍鲨需求量很大，一些原产地对幼鱼过度捕捞，导致该物种的野生数量急剧下降，为此，该物种2007年曾被列入CITES附录中进行保护。但是由于这种小鲨鱼性成熟早，所需繁殖空间不大，很容易在人工饲养环境下繁殖后代，所以很快就在一些东南亚国家的沿海渔场中得到大规模养殖。目前贸易中的黑鳍鲨基本是印度尼西亚、马来西亚等国养殖场中人工繁育的后代。考虑到人工养殖种群已基本稳定，很多地方的黑鳍鲨野生种群已恢复到十分丰富的状态，现在该物种已不在CITES附录中。

由于体形小，善于躲避障碍物，黑鳍鲨是非常容易饲养的鲨鱼。体长50厘米以下的个体非常容易适应人工环境，它们喜欢吃新鲜的墨斗鱼和鳕鱼肉，只要每周投喂2～3次就可以生长得很快。运输黑鳍鲨应用较大的箱子，保证它们在里面能正常活动。新鲨鱼进入水族箱后不要马上开灯，突然的光线刺激可能让它受到惊吓，受惊后可能高速游泳，撞到玻璃上导致昏迷。饲养黑鳍鲨的水族箱至少要200厘米长、90厘米宽，因为它们在一年内就可以生长到体长70厘米以上，如果游泳空间不足，很可能造成脊椎畸形。

△碘缺乏综合征引起的鲨鱼下巴肿大

不要用淡水鱼喂养鲨鱼，因为淡水鱼肉中缺少鲨鱼所需的微量元素。长期生活在人工海水中，并且食物单一的黑鳍鲨容易患上碘缺乏综合征，俗称“大下巴病”。病鱼下颚膨大，但不影响正常游泳和觅食。这种疾病是人工海水和日常饵料中缺乏一些必要的微量元素造成的，放养在天然海水中的鲨鱼即使食物单一也不会患上该病，放养在人工海水中的鲨鱼只要注意日常食物的丰富度，也可有效预防这种疾病发生。可以增加乌贼、鱿鱼等软体动物在饵料中的比例，也可以在鱼肉中定期添加一定量的碘化钾、电解多维、综合维生素等药品，以预防碘缺乏综合征的发生。

大多数鱼不适合与黑鳍鲨混养在一起，太小的鱼会被它们吃掉，太大的鱼可能会惊吓到它们。大型的炮弹鱼喜欢啄咬鲨鱼的眼睛，神仙鱼喜欢啄咬它们的皮肤，白鳍鲨会吃掉只有自己一半大的黑鳍鲨。黑鳍鲨不会攻击雀鲷、医生鱼等体长不足10厘米的小鱼，它们不会费力气去涉猎这些连塞牙缝都不够的食物。黑鳍鲨很少被寄生虫侵扰，它们的皮肤似乎能防止寄生虫的附着。新鱼到达目的地后，应先检查一下其口腔，一般只有如鱼虱这样肉眼可见的大型寄生虫会附着在鲨鱼嘴中，如果发现，可以用不锈钢夹子将它们从鱼嘴中夹出。

黑鳍鲨非常容易在人工环境下繁殖后代，黑鳍鲨在公共水族馆中产仔已经是司空见惯的事情了。如果饲养者具有较大的养殖水池，都可以尝试繁育黑鳍鲨。黑鳍鲨非常容易辨别雌雄，雄鱼的臀鳍前端特化出了两根棒状交配器，雌鱼则没有交配器。年龄3岁以上、体长达到1米的黑鳍鲨就具备了繁殖能力，亲鱼培育期间应多用冰鲜的鱿鱼、乌贼喂养，还可以补充一些活体海杂鱼。雄鱼发情后，会跟随在雌鱼身后游泳，待雌鱼同意交配后，就会将交配器插入雌鱼泄殖腔，将精子注入雌鱼的繁殖道。精子会和雌鱼体内成熟的卵子结合，形成受精卵。每次交配后，雌鱼体内会产生许多受精卵，但是这些卵不同时发育，一般每年会有3～4枚卵发育成幼鱼，待幼鱼产出后，其余的卵才开始发育。雌黑鳍鲨与雄鱼交配一次后，几年内都能陆续产下小鲨鱼。黑鳍鲨的生长发育过程对水质的要求不高，即使水中的硝酸盐浓度高达300毫克/升，pH值长期处于7.6，它们也能正常的生长发育和发情交配。但是在这些年的观察中，我发现鱼卵的发育和幼鱼的成活率与水质有密切关系。在水质较差的环境中，黑鳍鲨的卵不能很好地发育，经常产出畸形的死胎，有时雌鱼甚至无法产出已经死亡的幼鱼，幼鱼长时间拖在雌鱼泄殖腔后，影响雌鱼正常游泳，威胁其生命。要想成功繁育黑鳍鲨，必须保证水中硝酸盐浓度低于100毫克/升，将海水的pH值维持在8.0以上。雌鱼腹中的鱼卵开始发育后，其腹部会略显膨胀，这时的鲨鱼对食物的摄取量较大，需要的营养更多，我们应增加饵料中软体动物和活鱼的数量，增强雌鱼体质，避免出现“难产”现象。由于黑鳍鲨不是羊膜动物，它们的卵在体内靠卵黄发育，并不靠亲体输送营养，所以卵在雌鱼腹中的发育速度并不固定。在生存环境较为适宜的情况下，雌鱼50天左右就可以产出一尾小鲨鱼。而在生存环境较恶劣的情况下，雌鱼甚至在交配后1～2年才能开始产仔。雌鱼开始产仔时，先是泄殖孔张开，里面流出少量体液。如果是在大型混养展示池中，这些液体的气味会吸引石斑鱼、苏眉、鲫鱼和其他鲨鱼等捕食性动物追着雌黑鳍鲨游泳，一旦幼鲨被产出，就会马上成为这些鱼的口中食，所以在公共水族馆的展示池中，黑鳍鲨产出的幼鱼往往不能成活。如果想使其成功繁育，应将亲鱼单独饲养在大型繁殖池中。一般繁殖池长4米，宽3米，高1.2米，容水10～12吨即可。条件有限的时候，可用直径2.4米、深1.2米的工厂化水产养殖桶作为繁殖池使用。总之，如果用矩形水池，就要尽量使其容积大一些；若用圆柱形水池，则可以适当减小容积。这是因为雌鱼在产仔过程中会通过瞬间加速游泳的方式将幼鱼甩出体外，在圆形养殖容器中它会沿着圆形内壁加速游泳，而在矩形饲养池中，如果池体长度不够，雌鱼加速游泳时会撞在池壁上，造成致命的伤害。雌鱼产仔时，雄鱼也会紧随其后，它并不是为了捕食幼鱼，而是等待雌鱼产仔后、泄殖孔没有收缩前，马上再次和雌鱼进行交配。这种行为在大多数软骨鱼中非常明显，往往交配的成功率还非常高。如果水中的雄鱼太多，它们会争先恐后地追着雌鱼，给雌鱼的正常运动带来不便，影响雌鱼正常产仔。因此，每个繁殖池中饲养一条雄鱼即可，每条雄鱼可以和10条以上的雌鱼交配。

雌黑鳍鲨每次通常只产出一尾幼鱼，极少数情况会一次产2～3尾。产仔数量的多少一般取决于雌鱼的年龄，年龄越大的雌鱼每次产出2尾以上幼鱼的概率越大。新产出的黑鳍鲨幼鱼一般体长在30厘米左右，它先是沉入水底几分钟，然后能马上在水中游泳。幼鱼游泳时，头向上微微倾斜，奋力摆动尾巴，很像一只大蝌蚪。幼鱼一被产出，应马上捞出单独饲养，防止亲鱼捕食幼鱼。产出24小时后，就可以用冰鲜的乌贼饲喂幼鱼，半年后，当幼鱼生长到50厘米左右时，就可以放入较大的水池中与成年黑鳍鲨混养了。

黑鳍鲨是非常美丽的小型真鲨，想要保证它们一直能被当作观赏鱼利用，我们应当大力开展黑鳍鲨的人工繁育工作。人工繁育黑鳍鲨不仅可以保护野生种群不受人类活动的干扰，还能为饲养者带来可观的经济收入。

白鳍鲨 *Triaenodon obesus*

中文学名	灰三齿鲨
其他名称	白鳍礁石鲨
产地范围	广泛分布于太平洋和印度洋的热带海洋中，主要捕捞地有印度尼西亚、菲律宾、泰国、马来西亚、中国南海等
最大体长	210厘米

白鳍鲨是真鲨科、三齿鲨属中的唯一物种，它们是典型的珊瑚礁区鲨鱼，身体细长，口裂非常靠前，这些特征有助于它们在礁石缝隙中捕食鱼类。白鳍鲨可以通过嘴部的开合动作让水流过鳃，而且它们是夜行性动物，一般在太阳落山后才会成群游出来觅食。大多数时间里，我们看到的白鳍鲨都是趴在水族馆大水池底部，很少到处游动。白鳍鲨野外数量多，成群活动，容易大量捕获。以前，它们在观赏鱼贸易中的数量非常大，而且价格低廉，零售价格只有黑鳍鲨的一半。近年来，随着环境保护意识的提高，人们不再随意捕捉白鳍鲨的幼鱼作为观赏鱼，市面上基本见不到白鳍鲨了，少量捕获个体只供应给公共水族馆，它们的贸易价格也增长了将近10倍。

白鳍鲨会形成有组织性的狩猎群体，在捕食礁石缝隙里的小鱼时，一些白鳍鲨只管将小鱼驱赶出来，另一些则守在小鱼逃窜的必经之路上，伺机猎食。在一个展示池中饲养3条白鳍鲨，它们能把一同饲养的其他鱼全部吃掉，能整吞的鱼就吞掉，不能整吞鱼则会合力撕碎吃掉。因此，白鳍鲨只能单独饲养，即使和大型鱼混养在容积千吨以上的大型展示池中，也不是很安全，它们饿极了还会主动攻击潜水员。将白鳍鲨幼鱼和黑鳍鲨幼鱼饲养在一起是非常不明智的，白鳍鲨要比黑鳍鲨生长速度快很多，不久就能将黑鳍鲨吃掉。每周给白鳍鲨喂一次食物就可以了，吃得太多，它们会过度肥胖，影响健康。鲅鱼肉、鳕鱼肉和乌贼都是非常好的饵料，如果想让它们长得更好，还可以偶尔喂给它们几只螃蟹。白鳍鲨可以生长到2米以上，若要人工繁育，则需要较大的单独饲养空间。它们的观赏性不高，市场需求量非常小，所以到目前为止还没有这种鱼的人工繁育记录。

柠檬鲨 *Negaprion acutidens*

中文学名	尖齿柠檬鲨
其他名称	暂无
产地范围	广泛分布于太平洋和印度洋的热带海洋中，主要捕捞地有印度尼西亚、菲律宾、泰国、马来西亚、斯里兰卡、莫桑比克、中国南海等
最大体长	380厘米

柠檬鲨是少数能在水族馆中饲养的大型真鲨品种之一，它们成年后可以生长到3米以上，是凶猛的掠食性鱼类。成年柠檬鲨饥饿时会攻击所有能见到的鱼类，还会主动袭击潜水饲养员，是危险性较大水生动物，在日常饲养管理中应充分做好饲养员的防护工作。柠檬鲨平时游泳速度缓慢，正面看时它们的嘴角上翘，好像一个大娃娃时刻在向你微笑。这种表情其实是因它们鼻腔附近膨大的嗅觉器官挤压，造成嘴不能完全合拢而形成的。柠檬鲨嗅觉灵敏，能感受到一公里以外的血腥气味。当它们嗅到食物的味道时，就会开始快速游泳，张开血盆大口冲向猎物。

在公共水族馆中，柠檬鲨一般只能和沙虎鲨混养在一起，它们很喜欢捕食牛鼻鲼、黑背鳐等魟类，也捕食黑鳍鲨、猫鲨等小型鲨鱼，将龙胆石斑鱼和巨大的军曹鱼一口斩为两段是它们的基本能力，所以无法在大型混养池中展示。20多年来，虽然绝大多数公共水族馆中都展示有柠檬鲨，但是它们的数量并不大。加之这种鱼对水质和食物的适应能力很强，寿命也很长，国内水族馆对柠檬鲨的需求已接近饱和状态。人工蓄养下的柠檬鲨是碘缺乏综合征的主要患者，它们出现大下巴的频率比黑鳍鲨和白鳍鲨都要多。日常饲养中应尽量保证食物的多样性，而且不要总将它们喂得很饱。实践观察中发现，越是肥胖的柠檬鲨，患上碘缺乏综合征的现象越多。严重时甚至使其牙齿完全外露，口腔内的组织不停脱落。这种问题非常严重时，养殖员在饵料中增加碘化钾和综合维生素的同时，可采取肌肉注射氯化钾和维生素B_{12}的方式来促进营养的吸收。

宽纹虎鲨 *Heterodontus japonicas*

中文学名	宽纹虎鲨
其他名称	日本异齿鲨
产地范围	主要分布在我国黄海、东海、台湾海峡以及日本海
最大体长	120厘米

宽纹虎鲨在所有鲨鱼的分类中比较原始而独立，早期国内外公共水族馆中必要展示这个物种，用以间接说明鲨鱼的演化过程。现代水族馆逐渐向主题公园方向发展，更重视娱乐性，而不是博物馆的科普性，所以已经很少有水族馆展示这种鱼了。

宽纹虎鲨形态怪异，体色素雅，在鲨鱼中算是比较艳丽的一种。它们是冷水性鱼类，主要以贝类和甲壳类为食。其牙齿形态非常特殊，如同一组粉碎机的齿轮那样，在摄取到贝类时，可以通过牙齿的研磨将贝壳碾得粉碎。虽然是冷水性鱼类，但它们对水温的适应范围比较广，只要夏季水温不长期处于30℃以上，就不会影响其正常生长，适宜的饲养水温是18 ~ 24℃。

宽纹虎鲨体形不大，以产卵的方式繁殖。其卵呈螺旋状，如一枚短粗的钻头。在日本的一些公共水族馆中已经能成功繁育宽纹虎鲨，而国内尚无人工繁育的记录。对于这种非常有展示意义的鱼类，我们还应当进一步探索其人工繁育技术，以便让它们世世代代都能和水族馆的游客们见面。

△左图：小水体中饲养的宽纹虎鲨；右图：宽纹虎鲨卵

半带皱唇鲨 *Triakis semifasciata*

中文学名	半带皱唇鲨
其他名称	暂无
产地范围	主要分布在美国加利福尼亚湾到墨西哥东南部沿海地区
最大体长	190厘米

皱唇鲨科（Triakidae）的鱼类在国内外公共水族馆中出现的频率很高，但是认识它们的人很少。这些鱼常被误认为是某种猫鲨、狗鲨或平常的须鲨来贩卖和饲养。该科的皱唇鲨属和星鲨属（*Mustelus*）中物种较为丰富，广泛分布在全世界的温带和热带海洋中。它们大多具有类似须鲨类的体表花纹，像真鲨类那样喜欢到处游动，体长一般在1.1 ~ 2米，以甲壳类和软体动物为食，性情比较温顺。不论是单列主题展示还是在大型混养池中展示都有良好的效果。其中，半带皱唇鲨主要生活在美国加利福尼亚湾的巨藻林地区，在世界各地的水族馆展示巨藻林生态结构时，它都是非常具有说明性的物种，所以成为皱唇鲨家族中知名度最高的一种。我们以它为例来介绍品种丰富的皱唇鲨家族。

皱唇鲨身体呈铅灰色或褐色，布满深褐色到黑色的近圆形斑点。它们喜欢在中下层活动，觅食螃蟹、贝类等无脊椎动物，也捕食小型鱼类。这种鱼既可以通过游泳让水流过鳃来完成呼吸，也可以在静止时通过嘴的开合来完成呼吸。皱唇鲨对人工环境的适应能力非常强，它们可以被放养在容积千吨以上的大型水池中，也可以用容积仅1000升的小型展缸饲养。在与须鲨、猫鲨、宽纹虎鲨、星鲨等温顺的鲨鱼混养时，不会发生任何冲突。它们也不能捕食体长超过30厘米的硬骨鱼类，可以和许多种硬骨鱼混养在一起。日常喂养中可以用贝类作为其主食，适当添加鳕鱼肉。如果能定期给予一些螃蟹，则会让它们生长得更好。

在我国渤海、黄海和东海，渔民经常能捕到皱唇鲨（*Triakis scyllium*），这个物种虽和美国所产的半带皱唇鲨不是一种，但具有很高的科普展示价值，是表现我国黄渤海地区藻类群落生态结构的代表性物种。这种鱼被渔民们称为“九道箍”或“竹鲨”，常被腌制成干鱼等廉价的低档食品，实在有些可惜。该皱唇鲨比其美国的近亲体形更小，更适合人工饲养展示，如果取其少量放养在水族馆中，那它带来的价值比制成鱼干高很多。

皱唇鲨科所有种皆为卵胎生，从它们对人工环境的适应能力上看，其人工繁育技术应当不难，有待于广大养殖员朋友们进行摸索实践。

护士鲨 *Ginglymostoma cirratum*

中文学名	铰口鲨
其他名称	暂无
产地范围	广泛分布于世界各地的热带海洋中，国内水族馆中的个体主要来自我国南海
最大体长	400厘米

护士鲨是公共水族馆中常见的大型鲨鱼，它们是一种非常不爱运动的大鱼，小朋友经常说它们是“大白胖子”。这种鱼总是趴在水底休息，只有潜水员喂食的时候才会在水中慢悠悠地游动一会儿。护士鲨曾是经济价值较高的鲨鱼，它们的皮格外坚韧且具有弹性。第二次世界大战期间，太平洋地区的美军伤员使用的绷带就是用热带海洋中的护士鲨皮制作的。护士鲨（Nurse shark）这个名字就是因此而来。

这种可以生长到4米的温顺大鱼经常被放养在公共水族馆的大型混养池中，它们不会攻击其他鱼类，每天就等着饲养员来喂食。护士鲨的牙齿呈履带状，很像安装在嘴中的一组粉碎机，摄食时，它们会用很大的力气将食物吸入嘴中，然后利用牙齿将食物研磨成碎屑。体长2米以上的护士鲨摄食吸力非常强，潜水员在喂食它们时必须佩戴钢环手套，或用金属工具夹着鱼肉喂给它们。如果被它们将手吸入口中，将会造成非常严重的创伤，成年护士鲨有足够的力量碾碎人手，所以一定要做好充分的自我保护工作，再进行潜水饲喂鲨鱼。

△在饲养池中，医生鱼总陪伴在护士鲨的左右

护士鲨很少运动，成鱼摄取的食物会形成脂肪沉积在皮下和肝部附近。野生护士鲨不是每天都能吃饱，人工饲养环境下最好也不让它们总能吃饱，这不是虐待它们，而是更好地保证它们的健康。

体形超过1米的护士鲨可能携带有少量寄生虫，我们不能用给硬骨鱼治疗的渔药对它们进行治疗。去除鲨鱼身上寄生虫最好的办法是生物处理法，可以在饲养池中放养一些医生鱼、蝴蝶鱼，这些鱼会啄食鲨鱼身上的寄生虫，使寄生虫不能泛滥成灾。

虽然护士鲨很好养，但是目前只有少数水族馆传出护士鲨产仔的消息，而且成活率很低。护士鲨虽然是卵胎生的软骨鱼，但由于其体形大，所以性成熟晚，且繁殖周期很长。如果它们在人工环境下不是被养得太过肥胖，在8～10岁的时候就会出现交配现象，雌鱼交配后5～6个月可以产仔，每次可产20多尾幼鱼。一次产仔后需要间隔2～3年，雌鱼才会再次产仔。

猫鲨 *Chiloscyllium plagiosum*

中文学名	条纹斑竹鲨
其他名称	狗鲨
产地范围	广泛分布于西太平洋至印度洋浅海中，主要捕捞地有印度尼西亚、马来西亚、菲律宾、泰国以及我国黄海、东海和南海等地区，贸易中的一部分个体来自养殖场
最大体长	80厘米

在观赏鱼贸易中，我们把须鲨目中的很多品种都称为“猫鲨”，因为它们大多体长不超过1米，身上具有花猫一样的条纹。其中常见的品种是条纹斑竹鲨，我们以它为例进行介绍。

猫鲨是底栖性鲨鱼，主要以软体动物和节肢动物为食，很少捕食鱼类。许多品种的猫鲨在幼鱼期具有美丽的花纹，但成年后就黯然失色。最佳的欣赏阶段是体长15～40厘米的生长阶段。近年来，随着猫鲨的人工养殖数量越来越多，很多鱼商开始出售猫鲨卵，这些卵被爱好者拿回家自行孵化，既能观察到鲨鱼胚胎在角质卵夹中的发育过程，又能更长时间地欣赏美丽的小猫鲨，是非常有趣的科学观察活动。

猫鲨是非常好饲养的小鲨鱼，它们可以生长到70厘米以上，所以要用容积大于400升的水族箱饲养。猫鲨并不喜欢在水中游来游去，尤其是白天，它们大半时间是在睡觉。可以用海洋鱼肉和乌贼喂养猫鲨，经过驯诱后，它们会游到水面附近从人手中取走食物。在容积1000升以上水族箱中，成熟的猫鲨会自由交配，并产下如荷包一样的卵。小鲨鱼经过1个月左右的时间就可以从卵里孵化出来了，刚出生的猫鲨可以喂给虾仁和小墨斗鱼，随着体长的增长，可逐渐改用鱼肉喂养它们。雌猫鲨交配一次，就会在日后的好几年里不断产卵，但是如果不进行再次交配，通常3年后产下的卵就不能再孵化了。猫鲨可以和大多数海水观赏鱼混养，它们不会捕食活鱼，也不会驱赶攻击其他鱼。

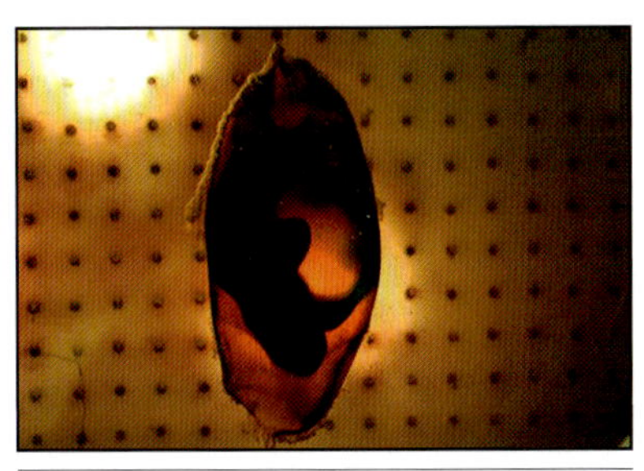

△公共水族馆中设置的猫鲨卵孵化展示项目

日本须鲨 *Orectolobus japonicas*

中文学名	日本须鲨
其他名称	暂无
产地范围	我国渤海、黄海、东海、南海以及日本、泰国、马来西亚等地的沿海到大陆架地区
最大体长	120厘米

日本须鲨长得有些像鞋垫，它们在公共水族馆中偶尔出现，被作为奇特的鱼类进行展示。幼鱼期的日本须鲨长得和小猫鲨非常相近，当它们生长到30厘米以上后，头部就会长出许多短且分叉的触须。日本须鲨通过这些触须感知砂层中隐藏的甲壳动物和贝类。

日本须鲨是非常容易饲养的小鲨鱼，它们平时不爱运动，总是趴在饲养池的底部。如果饲养池内铺设了沙子，它们还会将大半个身体埋在沙中。一旦我们向水中投入乌贼和鱼肉，它们就会寻着气味游过来，大口吞食。成年的日本须鲨在容积3000升以上的饲养池中很容易交配繁殖，它们产出的卵与猫鲨卵较为接近，但是孵化率不高。小须鲨生长速度较快，一般饲养一年就能生长到体长60厘米以上。

豹纹鲨 *Stegostoma fasciatum*

中文学名	豹纹鲨
其他名称	大尾虎鲨
产地范围	分布于西太平洋到印度洋的热带海洋中，主要捕捞地有菲律宾、马来西亚、我国南海等，一部分贸易个体是水族馆人工繁育而来
最大体长	350厘米

△成鱼

△幼鱼

豹纹鲨是大型须鲨中最爱游泳的一种，它们在水族馆大型展示池中拖着长长的大尾巴游来游去，就像一只巨大的蝌蚪。豹纹鲨的体表花纹很美丽，不论幼鱼还是成鱼的观赏价值都很高，所以它们曾被大量捕捞并圈养在水族馆中，对自然种群造成了比较严重的影响。10多年前，我国南海地区能捕捞到的豹纹鲨非常多，它们一般只以3000多元一尾的价格出售给水族馆。今天，我国南海的豹纹鲨资源近乎枯竭，水族馆必须花数十倍于从前的价格从国外订购。豹纹鲨的逐渐变少是我国公共水族馆发展历程中出现的最大问题之一，是值得所有业内人士认真反省的错误。

自2006年以来，逐渐有一些水族馆开始人工繁育豹纹鲨，并取得了较大的成功。其实，这种鲨鱼的人工繁殖技术并不难，它们和猫鲨一样成年后会自行交配，并产下很大的卵。雌鱼往往会在一段时间里连续产卵，每天产出一枚，可连产30多枚。卵通过其上衍生的丝状物挂在人造礁石附近，潜水员可以将其捞出放在单独的孵化池中孵化。卵的孵化时间不是非常固定，在水温26℃的情况下一般40～50天可以孵化。可能是由于人工海水缺少一些元素，幼鱼会比野生个体脆弱，通常不能自己顶开卵夹。在发现幼鱼腹部卵黄已经非常小并且开始不停在卵夹内蠕动时，可以人工将卵夹破开放出幼鱼。人工环境下繁殖的幼鱼十分脆弱，它们起初趴在水底逐渐将腹部的卵黄吸收完，然后开始觅食。一开始可以用新鲜的乌贼肉、虾肉喂养它们，最好不要使用经过冷冻的产品，水产市场上出售的活海虾和活体小章鱼是非常好的幼鱼开口饵料。如果直接用冷冻海鲜喂养幼鱼，它们往往会在成长到第3～4周时因缺少某种必要的营养摄入而夭折。幼鱼一旦生长到40厘米长，就会变得非常容易饲养，这时就可以用常规的冰鲜饵料喂养它们了。

△豹纹鲨的卵

在沿海地区，人们可以利用网箱来养殖豹纹鲨，实践观察中发现，豹纹鲨幼鱼在天然海水中的成活率非常高，而且其幼鱼要比内陆水族馆中繁育的个体强健很多。如果开展大规模的豹纹鲨养殖，应选择沿海地区进行。特别是一些沿海地区的公共水族馆，可以利用沿海网箱进行豹纹鲨的繁育工作。大量繁育的豹纹鲨不但可以保证本馆的展示效果，将人工繁育的豹纹鲨放流到南海中，将对恢复我国南海豹纹鲨野生种群具有非常大的意义。

犁头鳐 *Rhinobatos schlegeli*

中文学名	许氏犁头鳐
其他名称	暂无
产地范围	分布于我国黄海、东海以及日本、朝鲜、韩国的沿海地区
最大体长	100厘米

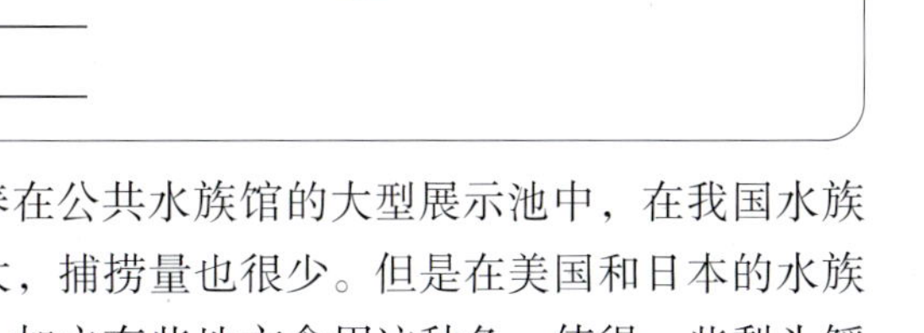

犁头鳐一般会作为相貌古怪的鱼搭配饲养在公共水族馆的大型展示池中，在我国水族馆中，它们不是主角，被饲养展出的数量不大，捕捞量也很少。但是在美国和日本的水族馆中，犁头鳐被认为是非常重要的展示品种，加之有些地方食用这种鱼，使得一些犁头鳐的野生种群极速下降，如巴西犁头鳐（*Rhinobatos horkelii*），几乎已经濒临灭绝。

这种鱼大多数时间趴在砂层上，只有嗅到食物的味道后才会到处游动。我们可以用鱼肉和乌贼喂养它们，它们的摄食量不大，生长速度也不快。柠檬鲨、白鳍鲨等鲨鱼喜欢摄食犁头鳐，不能将它们饲养在一起。一些类似线虫的小型寄生虫会寄生在犁头鳐的皮肤下层，这是造成这种鱼死亡的主要原因。一些人认为甲硝唑和阿苯达唑可杀灭这些寄生虫，并确保不伤害犁头鳐，但是目前还没有完全成功的记录。对于这个问题，现在最有效的办法是利用医生鱼、蝴蝶鱼等摄食寄生虫的鱼类，对其进行生物防控。但是在大型饲养池中，犁头鳐携带的寄生虫也很少会泛滥到危及它的生命。

黑背鳐 *Taeniura meyeni*

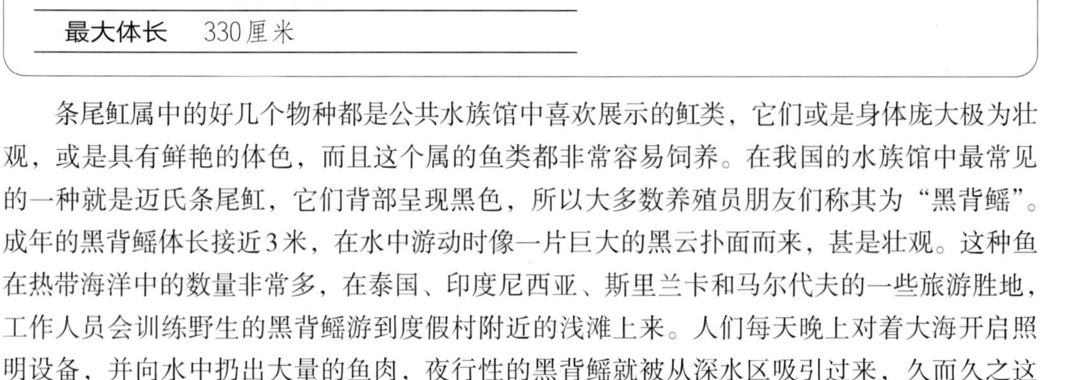

中文学名	迈氏条尾魟
其他名称	黑鳐
产地范围	广泛分布于太平洋和印度洋的热带海洋中，国内市场上的个体主要捕捞于南海
最大体长	330厘米

条尾魟属中的好几个物种都是公共水族馆中喜欢展示的魟类，它们或是身体庞大极为壮观，或是具有鲜艳的体色，而且这个属的鱼类都非常容易饲养。在我国的水族馆中最常见的一种就是迈氏条尾魟，它们背部呈现黑色，所以大多数养殖员朋友们称其为“黑背鳐”。成年的黑背鳐体长接近3米，在水中游动时像一片巨大的黑云扑面而来，甚是壮观。这种鱼在热带海洋中的数量非常多，在泰国、印度尼西亚、斯里兰卡和马尔代夫的一些旅游胜地，工作人员会训练野生的黑背鳐游到度假村附近的浅滩上来。人们每天晚上对着大海开启照明设备，并向水中扔出大量的鱼肉，夜行性的黑背鳐就被从深水区吸引过来，久而久之这些鱼就记住了每晚这里都有食物可以分享。一到夜幕降临，工作人员开启海边照明设备，成百上千条巨型的黑背鳐涌向浅滩，整个海滩都会被它们“染”成黑色，游客们不停地惊呼、拍照，那些黑背鳐随着工作人员播放的音乐在水中觅食，就好像翩翩起舞一样。在这些度假岛上每晚欣赏鱼类狂欢舞会，是一件非常快乐的事情。

水族馆中的黑背鳐会沿着透明的海底隧道在游客的头顶上游过，小朋友们会指着它们大喊：“看那，这是魔鬼鱼”。这种鱼非常容易饲养，而且生长速度很快，海洋馆引进的个体一般身体直径在50厘米左右，在水池中放养一年就可以生长到1米以上。我们一般用鱼肉喂养它们，如果定期能补充一些蛤蜊就更好了。它们很少像鲨鱼那样患上碘缺乏综合征，一般也不会因为进食过量而过度肥胖。有一种类似线虫的黑色小寄生虫是危害黑背鳐的主要生物，它们能在鳐鱼裸露的皮肤上打洞，并在其中钻来钻去，当寄生虫数量非常多时，看上去十分恐怖。在水池中放养一定数量的医生鱼和蝴蝶鱼，可以有效控制这种寄生虫的数量。在寄生虫非常严重时，可以对黑背鳐进行逐步淡化处理，将其饲养在低比重的海水中一段时间，寄生虫会在不同渗透压的作用下，随着鳐鱼体表的黏液脱落水中。黑背鳐是一种广盐性鱼类，它们偶尔会游入河口地区，所以对淡水有较强的适应能力，有些个体甚至可以完全饲养在淡水中。

△体形庞大的黑背鳐是水族馆中展示的亮点

目前已有好几家水族馆公布了黑背鳐产仔的消息，这种鱼成熟期较晚，但是不难繁殖。它们是卵胎生鱼类，雌鱼每次可产下5～8尾幼鱼。

蓝点魟 *Taeniura lymma*

中文学名	蓝斑条尾魟
其他名称	暂无
产地范围	西太平洋至印度洋的热带浅海中，主要捕捞地有印度尼西亚、马来西亚、菲律宾等
最大体长	35厘米，加尾长度75厘米

和黑背鳐比起来，蓝点魟就是条尾魟属中的小个子了，它们成年后体盘直径只有30多厘米，但是体表颜色非常美丽，在褐色的背部密布了大量的蓝色斑点。自然界中，越漂亮的生物越有毒，蓝点魟身上的蓝斑点是一种警告色，这种鱼的尾刺内含有强烈的毒素，人被扎伤后会有生命危险。观赏鱼贸易中的蓝点魟主要捕捞于菲律宾和印度尼西亚，为了防止它们扎伤人，一些个体在捕捞上来后就将尾刺摘除了。但是，尾刺在几个月后会再次生长出来，所以饲养者还是要格外小心。

蓝点魟是很怕冷的鱼，水温低于24℃时就不进食了，长时间的低温可能会造成死亡，最好维持饲养水温在26～28℃。如果水族箱内铺了沙子，蓝点魟会经常将身体潜伏到沙子中，只有觅食时才游出来。和其他魟鱼一样，蓝点魟也是体内受精的卵胎生鱼类，雄性成熟后的交配欲十分强烈，会追着雌鱼要求交配；如果雌鱼不同意，它就会撕咬雌鱼的身体边缘。雌鱼如果还击，它们就会发生争斗，事实上，雄鱼多半是将雌鱼强暴了。我们应尽量让繁殖缸的空间大一些，给雌鱼多一些逃避的空间，防止雄鱼给它带来严重的伤害。这种小型魟鱼比较容易在人工环境下繁殖成功，小蓝点魟出生的时候直径大概12厘米左右，非常可爱。我们可以用虾仁和乌贼肉喂养它们。

赤魟 *Dasyatis akajei*

中文学名	赤魟
其他名称	老板鱼、蒲鱼、黄貂鱼、黄鳐
产地范围	分布于我国黄海、东海以及日本海，我国南海中的亚种会逆流进入珠江水系
最大体长	200厘米

赤魟在我国黄海、东海和南海都有分布，渔民称它们为“老板鱼”，捕捞到后，或是直接煎着吃，或是晾晒成干鱼。产于我国南海的赤魟会逆流进入珠江流域，最远能达到西江上游地区，而且能在淡水中长期生存繁衍。我国鱼类学家一直在研究这种赤魟到底是海洋中逆流而来的物种，还是淡水中土生土长的物种。由于赤魟有较大的科研价值，加上沿海地区确实存在过度捕捞的问题，近年来我国相关部门已拟将其列为保护动物。

在20世纪末至21世纪初，南海地区捕捞到的体长小鱼30厘米的赤魟会被作为观赏鱼出售，公共水族馆还会收购体盘1米左右的成鱼放养在大型展示池中，由于其背部呈黄褐色，饲养员一般叫它们“黄鳐”。

赤魟比其他魟类更为活跃，饲养时可经常看到其游泳。它们的适应能力很强，摄食量较大，生长速度也快。一般用鱼肉喂养它们，一年内体盘可以增长一倍。赤魟非常喜欢吃鱿鱼头和蛤蜊肉，经常喂给这类食物，有助于它们更好发育。这种鱼还可以进行淡化处理，同一些喜欢偏高pH值的淡水鱼混养在一起。

豹纹窄尾魟 *Himantura uarnak*

中文学名	花点窄尾魟
其他名称	暂无
产地范围	分布于西太平洋至印度洋的热带浅海中，主要捕捞地有印度尼西亚、马来西亚、菲律宾、中国南海等
最大体长	45厘米，加尾长度200厘米

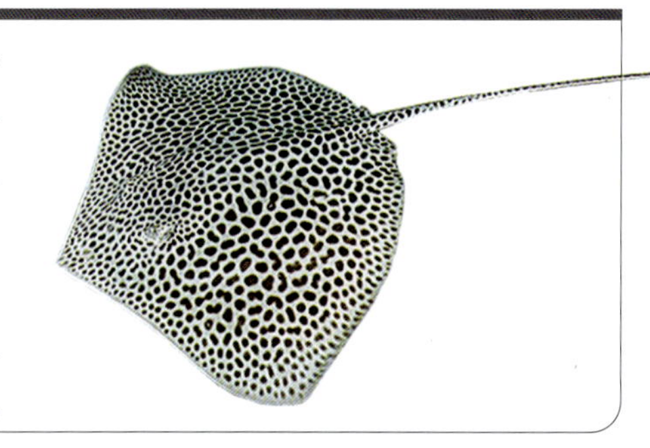

豹纹窄尾魟以前经常被公共水族馆放养在触摸池等水位较浅的展示池中，它们拖着大尾巴游来游去，格外吸引游客的注意力。窄尾魟属的鱼类对水质波动极其敏感，新鱼在过水时应尽量放慢速度，减小水质波动对其造成的刺激。经过长途运输的新鱼进入新环境后，可能会在几天到几个月的日子里不吃东西，应耐心驯诱其开口。用新鲜的乌贼肉和掰开的蛤蜊可以有效吸引它们的注意力，只要鱼没有内伤，慢慢都能开口吃食。日常管理中，我们也要尽量放慢换水的速度，保持饲养水质的稳定。最好不要将其和鳞鲀、倒吊类等鱼混养，这些鱼经常会将窄尾魟的尾巴咬断。

鹰嘴鳐 *Aetobatus narinari*

中文学名	纳氏鹞鲼
其他名称	暂无
产地范围	分布于全世界的热带海洋中，主要捕捞地有印度尼西亚、马来西亚、菲律宾、日本冲绳以及中国南海地区等
最大体长	120厘米，加尾长度330厘米

鹰嘴鳐是非常美丽的小型鳐鱼，是水族馆中最吸引游客的鱼类品种之一。它们像燕子一样在水中不停游来游去，其背部密布的白色斑点，好像蓝色夜空中的繁星。现在的水族馆一般会在大型展示池中放养几条，它们不难饲养，适应人工环境后，会追着潜水员索要食物。野生的鹰嘴鳐以软体动物为主食，人工环境下投喂乌贼和鱿鱼是最合适的。如果水池中有白鳍鲨、柠檬鲨，就不要放养鹰嘴鳐了，这些鲨鱼非常喜欢吃它们。它们长长的尾巴也经常会被鳞鲀类和倒吊类咬断，混养时最好避开这些鱼。

鹰嘴鳐是卵胎生鱼类，性成熟比较晚，在水族馆中产仔的记录目前还较少。比较详细记录是北京海洋馆饲养了10多年的鹰嘴鳐曾多次产仔，其余各馆因引进该鱼的时间较短，目前尚未有繁育记录。我相信，不久的将来，这种美丽的鱼就会被大多数水族馆繁育成功，使它们世世代代地为游客带来欢乐。

牛鼻鲼 *Rhinoptera hainanica*

中文学名	海南牛鼻鲼
其他名称	黄貂鱼
产地范围	主要分布在泰国、马来西亚东部的沿海地区以及我国南海、台湾海峡等地区
最大体长	50厘米，加尾长度140厘米

鸢鲼 *Myliobatis tobijei*

中文学名	鸢鲼
其他名称	黄貂鱼
产地范围	主要分布于我国黄海、东海、南海以及朝鲜、韩国、日本的沿海地区
最大体长	65厘米，加尾长度150厘米

在水族馆业中，牛鼻鲼属和鸢鲼属的鱼类常被统称为牛鼻鲼，二者的外观较为相似，产地也基本重合，在人工饲养环境下的表现也基本一样。故本书将它们放在一起进行介绍。

牛鼻鲼和鸢鲼都是小型的群居性鲼类，比它们的大个子表亲蝠鲼更容易适应人工饲养环境。由于这些鱼喜欢在水中成群游泳，游动时好像一群飞行中的大雁，所以只要拥有上千吨大型展示池的国内外水族馆都会饲养展示这种鱼。在国外一些水族馆的大水池中，成群的牛鼻鲼和鸢鲼会自然交配产仔，不用人们刻意的照料，它们在水池中的数量就会越来越多。我国各水族馆引进这两种鱼的时间较晚，并且真正拥有可供鲼类繁殖的超大型展示池的水族馆是在2013年后才陆续建设起来的，故还没有成熟的繁育经验。

野生的牛鼻鲼和鸢鲼主要以软体动物为食，它们可以利用履带一样的牙齿磨碎贝类的硬壳。在人工环境下，鱿鱼、乌贼和贝类是喂给它们的合适饵料，也可以用鱼肉喂养它们。这些鱼喜欢在沙层中觅食贝类，我们经常可以看到它们将池底的沙子吞入口中，然后含着沙子游到水面再吐出来。如果饲养水池较小，或过滤系统不够完善，牛鼻鲼和鸢鲼的这种行为常会将水搅得很浑浊。它们对水质的适应能力很强，甚至可以短时间在淡水中生存。单独饲养1~2条牛鼻鲼，它们很不容易存活，最好一次放养10条以上的一群。黑鳍鲨、白鳍鲨以及所有具有尖牙的鲨鱼都会捕食牛鼻鲼和鸢鲼，体长超过1.5米的龙趸石斑鱼也能吞吃它们，就连体长1米左右大眼鲹也能一口将鸢鲼的大半个身子咬下来，混养时要避开这些凶猛的捕食鱼类。

海洋鱼类的保护

海洋是生命的摇篮，也是地球上最大的宝库，人类的生存和发展离不开海洋的馈赠。早在远古时代，沿海生活的人类部落就懂得结网捕鱼、采集贝类。来自大海的鱼、虾、贝、蟹含有丰富的营养，是我们食物中重要的蛋白质来源。随着对人们海洋资源开发利用的不断发展，现代人不但能在沿海地区进行捕捞工作，还能进行远洋捕捞，并在沿岸地区开展水产品养殖活动。五彩缤纷、相貌奇特的珊瑚礁鱼类被开发成为人们喜闻乐见的观赏鱼，它们在家庭水族箱和公共水族馆中给我们带来了许多快乐和美的享受。但是我们要清醒地认识到，虽然海洋资源非常丰富，如果在利用上不讲究有节制的科学方法，这些资源早晚会被我们利用枯竭。那时，我们再也吃不到鲜美的海鲜，再也不能欣赏到美丽的观赏鱼。

△鱼以产卵的方式使自己的种群数量在脊椎动物中处于优势

△珊瑚礁鱼类是公共水族馆中最吸引人的展示项目之一

鱼类和陆生动物不同，它们有较强的繁殖能力和种群自我修复能力。如一头牛一次只能产出一头牛犊，一头猪最多一胎生下10几只猪仔。而体形娇小的小丑鱼一次可以产下300～500枚鱼卵，一条体形硕大的石斑鱼每次产数万甚至数十万枚鱼卵。鱼类正是用这种超强的繁殖能力来适应竞争激烈的水下环境，避免种群的灭亡。大量的鱼卵在孵化成幼鱼后会被众多的天敌吃掉，真正生长到成年的幼鱼往往不足鱼卵总数的1/100。如果某种鱼类的数量太少了，其新生的幼鱼就会获得更多的生存空间，此时幼鱼的成活率会有一定幅度的提高，将种群整体数量恢复到合理的范围。所以，我们的海洋渔业设立了休渔期，在休渔期里，鱼类通过大量繁殖来恢复因捕捞而损失的种群数量。相反，当某种鱼类自然种群数量太多的时候，它们的幼鱼就会受生存资源严重不足的影响，而极难存活。科学合理地捕捞海洋鱼类，并不会对其物种造成毁灭性的破坏。对于少数性成熟晚、产卵（仔）量小的鱼类，如鲨鱼、鲟鱼等，我们的渔业部门还采取了人工采集鱼卵进行孵化，在没有天敌动物影响的人工环境下，将幼鱼饲养到能抵御恶劣环境的年龄，再放入大海中，一次性就能大量增加该物种野生种群的数量。这就是我们常说的“增殖放流”。

我国古代圣贤孟子曾说“数罟不入洿池，鱼鳖不可胜食也”，告诉我们：除非滥无节制的捕捞，否则鱼类资源是用之不完的。如果我们破坏了鱼类生存繁衍的环境，就将给鱼带来灭顶之灾。海洋鱼类并不是漫游在广袤的大海中生活，它们主要聚集在礁石和大陆附近繁衍生息。由沿海滩涂、岛屿、珊瑚礁等构成的浅海地区，光线充足，能使藻类和浮游动物大量滋生，这为鱼类提供了充足的食物来源。沿岸的岩石洞穴和珊瑚礁洞穴是鱼类和许多海洋无脊椎动物的家园，它们需要在这些洞中产卵，幼鱼和体形小的鱼类需要依靠这些洞来躲避天敌的攻击。对于鱼类来说，人们世代捕捞它们的子孙没有什么大问题，但若是拆了它们的家，就算彻底毁了它们的生活。如果海洋中的浅滩被污染、礁石被破坏，即使我们不再捕捞鱼类，许多鱼也会因失去家园而纷纷灭绝。在20世纪末到21世纪初，人们就认识到了这一点，许多捕捞并出口海水观赏鱼的国家和地区都立法保护珊瑚礁，不允许采集珊瑚和礁石。除了在非休渔期捕鱼外，渔民甚至不可以从海中捞取一块石头。在盛产淡水观赏鱼的亚马逊河流域和印度尼西亚的一些湿地地区，人们可以合法捕鱼，但是不允许采集水草、破坏湿地，更不允许砍伐大树。鱼的家被保住了，我们就能世世代代地获取用之不竭的观赏鱼资源。

△人工鱼礁的投放

△有计划的增殖放流活动

为了让海洋鱼类有更多的家园，修复以前因过度开发而被破坏的鱼类繁育场所，近年来渔业部门通过调查研究，还开展了人工鱼礁的投放工作。这些人工鱼礁在大海中迅速被藻类和无脊椎动物附着，很快就成了鱼类的新产卵场，使海洋鱼类的野生种群数量得到了显著的增加。

休渔期、保育养殖、增殖放流、人工鱼礁等措施，是渔业主管部门和科研单位为保护海洋环境、促进人与海洋动物和谐发展做出的突出贡献。作为观赏鱼爱好者和专业观赏鱼养殖员，我们也应树立科学的海洋生态保护观念，并努力成为一名海洋生态保护知识的科普宣传员：拒绝采集和饲养野生珊瑚；不使用“活石”作为水族箱过滤材料；在沿海和岛屿地区旅游时，不踩踏礁石；不向大海中投放垃圾。应常向来水族馆参观的游客以及身边的亲朋好友，宣传科学的海洋资源保护知识，正确认识保护与利用之间的关系，既不为了一己私利而滥捕鱼类，也不危言耸听地到处宣传鱼类要灭绝的谣言。

亲爱的朋友们，为了让我们的事业和爱好更加积极向上，给更多人带来快乐，让我们一起严于律己，文明养鱼。

在饵料充足的水族箱中，黄金吊的生长速度很快，不经意间，饲养者就会觉得水族箱已经快放不下它们了。

第三部分

海水观赏鱼日常饲养管理

鱼店中出售的饲料品种琳琅满目，我们该选哪一种来饲喂自己的爱鱼？鱼怕不怕饿？鱼会不会撑死？如果鱼病了该怎么办，哪种渔药可以治疗白点病，哪种能防止鱼类烂鳍？诸如此类的问题，将在本部分的文字中进行系统介绍。

饵料与日常饲喂方法

海水观赏鱼分类复杂，品种繁多，它们在野生环境下摄取的食物也不尽相同。饲养海水鱼时，如果不能充分了解所养海水观赏鱼的食性和觅食习惯，就不能很好地将它们喂养长大，更不能让它们在人工环境下展现出矫健的身姿和绚丽的色彩。下面就海水鱼饲喂中常用的饵料品种、日常投喂方法和营养添加等方面进行介绍。

一、饵料

依据海水鱼类日常摄食品种不同，可将它们大致分为肉食性、素食性和杂食性三类。其中，杂食性的鱼类最多，肉食性鱼类较少，纯素食性鱼类非常少。绝大多数海洋鱼类在幼鱼期都是杂食性的，主要摄食海洋浮游动植物。到了成年以后，鱼类会根据自己的体形大小、栖息地环境等因素，转而只摄取某种或某些特定食物。比如大多数蝴蝶鱼在幼体时期会摄食轮虫、海绵和虾蟹类的漂浮期幼体，但是一些品种长大后就只摄食石珊瑚和少量其他珊瑚；一些倒吊类的幼鱼会摄食浮游植物和浮游动物，但成年以后就只啃食岩石上的藻类；大部分鹦嘴鱼的幼鱼会捕食贝类、虾类，撕扯吞食大型海藻，但成年以后就只啃食石珊瑚，不再吃别的东西。故此，同种鱼在不同生长周期，其摄食的食物类型也不完全相同。很少有一生只吃某一类食物的鱼。在喂养海水观赏鱼的时候，要尽量丰富饵料的品种，根据鱼类不同生长周期的营养需求，准备合适的饵料品种。

海水鱼的日常饵料可以分成活体饵料、冰鲜饵料、合成饲料和海藻四大类，家庭饲养海水观赏鱼时常使用合成饵料，而在公共水族馆中常用冰鲜饵料来喂鱼。活体饵料主要用来投喂人工环境下孵化的幼鱼以及特种鱼类等。海藻通常不作为鱼类的主食，而是当作补充营养的食物。

1.活饵

（1）丰年虾　活饵中常用的是人工孵化的丰年虾幼虫，这种活饵非常容易获得。早在十几年前，丰年虾的休眠卵就很容易在观赏鱼市场上买到。只要将少量的卵放到含有15%～20%盐分的盐水中，保持水温在20℃以上，一两天就能孵化出丰年虾幼虫。大规模孵化时，还可以利用气泵给水中打气，增加水的溶氧量。丰年虾幼虫一般用于喂养人工环境下孵化的小丑鱼幼鱼、天竺鲷幼鱼等，在驯诱新买回来的各种海金鱼、海马等喜欢吃小型浮游动物的鱼类时也能发挥非常好的作用。丰年虾幼虫在人工环境下很难养大，一般在常温环境下只能存活4～6天，如果将孵化好的幼虫放置在4℃的冷藏环境下，其寿命可延长至15天。所以每次孵化丰年虾的数量不要太多，以3天内喂完为宜，避免不必要的浪费。

成体丰年虾在内陆地区很不容易获得，但沿海地区可以在适当的时间于海滨或盐碱水坑等地大量捕捞，将其投喂给小型海水鱼，是非常不错的天然饵料。

（2）轮虫　在人工繁殖海水观赏鱼和饲养珊瑚时，会使用轮虫作为稚鱼和珊瑚虫的饵料。我们可以通过网购等渠道获得轮虫种，在人工环境下大量繁育它们。轮虫主要以海洋微藻为食物，人工繁育时，要同时培育小球藻等海洋微藻作为其食物来源。繁育轮虫的水要经过严格的消毒处理，在调配海水前，应将淡水通过煮沸或利用RO反渗透方式进行净化，杀死和去除里面可能残留的浮游动物卵，以免将这些捕食轮虫的小动物引入繁育环境中。一只丰年虾一晚上可以吃掉上千个轮虫，一旦将它们带入轮虫繁育空间，就会损失惨重。

（3）小海虾　糠虾等小型海水虾类是饲养海马、海龙、玻甲鱼等口部特化为管状鱼类比较重要的前期驯诱饵料。没有活的小海虾，海马、海龙很难快速适应人工饲养环境。现在内陆地区虽然可以通过网购的方式获得活体糠虾，但成本很高，运输的成活率很低，所以用活体小海虾喂鱼，在内陆地区是比较奢侈的事情。沿海地区获得活体小海虾的途径非常多，清晨海边的一块岩石附近就可能有成百上千的小虾生活，捞取十分容易。它们是鱼类非常好的天然饵料，各种肉食性和杂食性鱼类都非常喜欢吃。在内陆地区，如果购买不到天然小海虾，也可以通过水产苗种场购买南美白对虾苗，这些虾苗能在人工海水中存活较长时间，作为挑嘴鱼类的开口饵料十分好用。

考虑到饲养成本，除沿海鱼类养殖场外，大部分海水鱼饲养者不会将活海虾作为鱼类的日常主食，它们的主要作用是在鱼类没有适应人工环境的初期阶段促使其尽快地吃东西。

（4）贝类　相对小海虾，海洋贝类更容易获得。在城市的超市、农贸市场中都可以买到。如花蛤、青蛤、蛏、扇贝、牡蛎等海洋贝类，是非常普遍的小海鲜。在大海中，以贝类为代表的多数软体动物处于食物链的底层，它们数量庞大，分布广泛，是许许多多海洋动物的主要食物。从螃蟹、虾姑等甲壳动物到海獭、海象等哺乳动物，甚至许多海鸟都会摄食贝类。摄食贝类的鱼类品种繁多，从体形不超过10厘米的海猪鱼，到体长超过4米的护士鲨都会以贝类为主要食物。鳞鲀类（炮弹鱼）、隆头鱼类、神仙鱼类、多数蝴蝶鱼类都非常爱吃贝类，掰开蛤蜊壳后流出的具有浓腥味的蛤汁，能让这些鱼兴奋不已。活体贝类是驯诱蝴蝶鱼、神仙鱼在人工环境下开始吃食的良好材料，也是肉食性海水鱼日常饲喂时的优质滋补品。在条件允许的情况下，每周给鱼喂一次贝类，可以提高它们的活跃度和体色鲜艳度。有些贝类生活在具有污染的海水中，如毛蚶、蛏等，这些贝类体内可能含有重金属等污染物，也可能携带病菌，所以不建议用来喂鱼。常用的贝类是紫石房蛤（*Saxidomus purpuratus*，俗称天鹅蛋）、环纹蛤（*Cyclina sinensis*，俗称青蛤）、鸟尾蛤（*Cardiidae* sp.,俗称鸟贝）、马珂蛤（*Mactra nipponica*，俗称白贝）等生活在较为清澈水域的贝类。

△蛤蜊是大多数鱼类非常喜欢的食物

另外，活的小乌贼（墨斗鱼）、小章鱼（八爪鱼）等软体动物，也是大型肉食海水观赏鱼最爱吃的天然食物，如能定期少量投喂，对于其综合营养的补给有非常好的效果。

（5）小鱼　在海滨地区退潮时，能捕捉到非常多的小海鱼，其中包括双边鱼类、虾虎鱼类、银汉鱼类等。如果饲养狮子鱼、软虎鱼、石头鱼、石斑鱼等凶猛的捕食性鱼类，活的小海鱼是最佳的食物。但是在内陆地区很难获得活的小海鱼，而狮子鱼等捕食性鱼类在进入水族箱的初期不能接受冰鲜饵料，必须用活饵驯诱，才能逐渐适应人工饲养环境。这时，我们通常用小型淡水鱼来投喂，淡水鱼在海水中能存活几个小时，捕食性海水鱼看到它们跌跌撞撞地游来游去，就会上前将其吞食。不过，淡水鱼只能在初期驯诱时使用，不能长期用来喂养海水鱼。因淡水鱼体内缺少海水鱼需要的一些氨基酸和微量元素，长期用淡水鱼喂养海水鱼会使其出现褪色、脱皮等不良生理反应。当饲养的鱼形成了饲喂条件反射后，就应当逐步用冰鲜海鱼或海虾替换淡水鱼作为其主食。

有些海水观赏鱼在水族箱中生活一辈子也不会接受冰鲜饵料，更不接受合成饲料。如一些软虎、烟管鱼等，虽然这些鱼很少在观赏鱼贸易中出现，但作为水族馆中的科普展示品种还是非常重要的。在饲养这些鱼时，如果不能持续供应活体小海鱼，可以通过咸化黑玛丽鱼（*Poecilia sphenops* var.）的方式为其提供饵料来源。黑玛丽鱼是生活在中美洲河口至红树林地区的淡水鱼类，它们时常进入海水中觅食海藻，所以能适应没有风浪的咸水环境。早在100多年前，人们就驯养黑玛丽鱼作为观赏鱼，它们在人工环境下繁殖速度快、周期短、产量很大。由于黑玛丽鱼属卵胎生鱼类，幼鱼直接从雌鱼体内产出，很容易大规模养殖，成活率非常高。作为数量庞大、价格低廉的淡水观赏鱼，我们很容易买到它们。可以将黑玛丽鱼逐步咸化到海水中饲养，并让其在海水中不断繁殖。咸化的黑玛丽鱼幼鱼啃食海藻，将其作为饵料时，营养成分接近野生海水鱼。用它们投喂难以接受冰鲜饵料的海水观赏鱼，效果要比长期投喂淡水小鱼好很多。

△黑玛丽鱼

2.冰鲜饵料

冷冻的海虾、鱿鱼、乌贼、鲅鱼、鳕鱼等，是人工环境下饲养肉食性海水鱼类的良好饵料。在公共水族馆中，绝大多数鱼类的日常食物就是这些冷冻海产品。在家庭养鱼时，我们一般只会用冷冻海虾和少量的乌贼。虾肉、乌贼肉是肉食性鱼类非常喜欢吃的食物，对于在自然环境下以珊瑚为食的蝴蝶鱼，虾肉和乌贼肉是它们在水族箱生活中的替代食物。对于石斑鱼、狮子鱼等捕食性鱼类，一旦它们适应了人工环境，我们就开始要用鱼肉来喂养它们。我们一般会将鱼肉切成骰子大小的颗粒，分成小份冷冻保存，每次取出一份化冻后投喂。在加工冷冻鱼肉时，应用臭氧、紫外线杀菌灯等对其进行消毒，消毒后的鱼肉再经冷冻，可以有效去除上面附着的细菌，避免在投喂后使鱼患上肠炎。

对于在野外主要摄食海藻的倒吊类，不能投喂太多的虾肉。如果长期吃虾肉，很容易使倒吊类消化不良。绝不能给它们吃鱼肉（虽然有些人一直这样操作），倒吊类的肠胃不能消化鱼肉，很快就会患上肠炎，在不知不觉中它就死去了。这也是一些水族馆总养不好倒吊类的重要原因。对于神仙鱼和蝴蝶鱼，它们在野外主要摄食海绵和珊瑚，可以用虾肉和乌贼肉喂养它们，但不能使用鱼肉。因为这两类鱼在漫长的演化历史中从来没有吃过鱼，其肠胃对鱼肉的消化能力很差。一旦大量食用了鱼肉，神仙鱼和蝴蝶鱼就会患上肠炎，最终死去。

今天，人工合成饲料技术高度发达，市场上合成饲料的品种琳琅满目。合成饲料比冰鲜饵料的营养更加均衡，更加卫生，更容易储存，而且它的价格不比冰鲜饵料高。所以，对于大多数可以接受人工合成饲料的海水观赏鱼来说，应尽量使用合成饲料喂养，逐渐放弃冰鲜饵料。

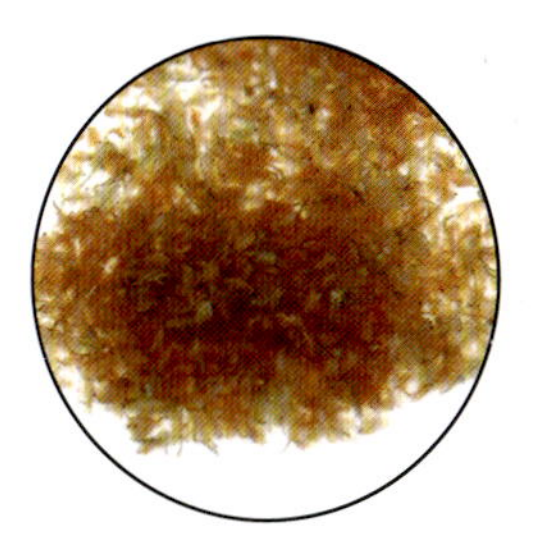

△各种冰鲜饵料，从左到右分别为：丰年虾、虾仁、糠虾和冷冻鳕鱼

3.合成饲料

观赏鱼饲料的历史大概有50～60年，早期的产品由于营养不均衡、适口性不好等原因，没有被养鱼人广泛使用。到21世纪初，在水产养殖饲料业高速发展的带动下，观赏鱼饲料的质量有了突飞猛进的提高，如今已经成为观赏鱼饲养中的主要饵料来源。

合成饲料也被称为“鱼粮”，是将鱼粉、豆粕、海藻等原材料，通过合成加工，制成颗粒状或片状的干燥鱼食。现在，我们一般将颗粒状的称为“颗粒粮”，将薄片装的称为“片粮”。根据所投喂鱼类的食性不同，又可分为“素粮”和“荤粮”。在海水观赏鱼饲料中，素粮一般以海藻粉为主要原材料，荤粮主要以红鱼粉为主要原材料。海水鱼饲料很少像淡水鱼饲料那样添加用于扬色的虾红素等添加剂，在制作工艺上也很少作喷油和膨化处理。海水鱼饲料如果要在气味和适口性上更加吸引鱼类，就必须使用较好的原材料。如豆粕、玉米芯这类常用于淡水鱼饲料的原料，在海水鱼饲料中含量很少。因此，海水鱼饲料一般比淡水鱼饲料价格稍贵，其保质期也略短。

为了更好地帮助读者在喂养海水观赏鱼时挑选适合自己使用的饲料，下面我对目前市场上常见的海水观赏鱼饲料品种进行简单介绍，并通过实践经验，对各种饲料的投喂效果做简单说明。考虑到传统海水观赏鱼饲料的生产厂家主要分布在美国、德国、英国和日本，近年来国内观赏鱼饲料厂家也越来越多，为了介绍文字更有条理，我将以不同生产地区的方式来分类介绍市场上的常见饲料品牌。

△海洋牌海藻配方饲料

（1）美国产的饲料，美国海洋牌（OCEAN NUTRMON）海水观赏鱼饲料，可能是现在海水观赏鱼爱好者最熟悉、使用量最

多的饲料。该品牌饲料分为素食颗粒、素食薄片、荤食颗粒和荤食薄片四个主要类型，根据饲养鱼类的体形大小，素食颗粒和荤食颗粒又可以分为大、中、小三种不同的直径规格。这种饲料在2006年左右开始进入我国市场，其素食颗粒饲料因海藻成分高，在喂食倒吊鱼类时具有很好的效果，早期较受大家欢迎。而荤食类饲料不是很受重视，主要是其适口性不如其他品牌的饲料。总体来讲，海洋牌饲料在海水鱼的喂养实践中算是很不错的产品。他们生产的饲料进入水中融化的速度很慢，这减少了饲料溶解污染水质的问题，但降低了饲料的适口性。一些较为挑嘴的鱼（如蝴蝶鱼、小型神仙鱼、天竺鲷等）不接受或很难接受这种饲料。

施彩牌（Newlife）观赏鱼饲料也是市场上较为多见的美国产品牌饲料。该厂家是综合性水产饲料厂，不但生产海水鱼饲料，也生产淡水观赏鱼饲料和食用鱼饲料。其产品基本是颗粒饲料，并且各种规格的产品都标注淡、海水通用。实际使用中，这个品牌的饲料腥味浓郁，颗粒较为松软，适口性非常好，肉食性鱼类很爱吃。长期使用施彩牌饲料，鱼类的生长速度较快，脂肪堆积较多。施彩几乎没有素食性鱼类专用饲料，所以不能作为倒吊类和神仙鱼类的主食来源。

（2）德国、英国及欧洲其他国家产的饲料，德彩（Tetra）、喜瑞（SERA）和JBL三种德国产品，都是历史悠久的观赏鱼饲料品牌，其中JBL为世界上最早研发观赏鱼饲料的厂家。他们的创始人都是20世纪40～50年代的观赏鱼爱好者出身，从鱼店或小加工作坊做起，渐渐成为产品销售全世界的大型国际水族企业。可能由于这三个厂家的产品线过长，生产包括了过滤器、加热棒、灯具、饲料、药品、添加剂等几乎所有观赏鱼用的产品，所以就海水鱼专用饲料来说，质量并不比其他厂家好，反而输给了一些新兴的专业只做海水领域产品的厂家。德彩、喜瑞和JBL都生产有海水鱼薄片和颗粒饲料，但规格和种类不多。实践中，这些老牌饲料用于饲喂小丑鱼、雀鲷等容易饲养的常规鱼类品种时，还算能较好地发挥作用。在饲养蝴蝶鱼、神仙鱼和倒吊类时，这些饲料的营养成分和适口性都欠佳。

△JBL（左）和德彩（右）饲料是知名的老品牌产品

COVE品牌海水鱼专用饲料，是德国AB公司旗下的产品。这家公司是历史悠久的海水观赏鱼产品生产厂，其蛋白质分离器、水泵等产品是业内性能卓越的名牌产品。由于专业做海水领域，其饲料的质量要比前面三个老品牌好一些。COVE海水饲料有素食和荤食两种颗粒饲料产品，适口性都非常好，鱼类很爱吃。不过，其市场价格较高，在家庭养鱼小规模使用时尚且能够被承受，大水体养鱼时则饲喂成本太高，无法让大家承受。

英国一口牌（Marine Pellets）海水鱼专用饲料是前几年才进入中国市场的产品，但是一经引入就引起了很多人的追捧。这是因为这种饲料采用了独特的软质颗粒工艺，鱼将其吃入嘴的感觉好像是吃鱼籽的感觉，故而大幅增加了合成饲料的适口性，曾被认为是挑食鱼类的克星。这个品牌的名字并没有按英文原意翻译（Marine Pellets应译为海洋颗粒），观赏鱼爱好者为其起了一个响亮的名字"一口牌"，是否是说所有鱼都想吃一口呢？笔者未经详细考证。在实际使用中，这种饲料并没有那么神奇。虽然大多数海水鱼都很喜欢吃，但是诸如紫色海金鱼、紫印鱼、虎斑宝石鱼等不能接受合成饲料的鱼类，依然也不接受这种像柔软如鱼籽的颗粒饲料。Marine Pellets品牌下还有很多罐头类海水生物饲料，如罐头鱼籽、天然珊瑚饵料等，用来喂养挑嘴的鱼和珊瑚有较为良好的效果。

西班牙EasyReefs MASSTICK贴片黏性饲料采用了和其他品牌饲料不同的生产工艺，他们重视鱼类的觅食习性，所以将饲料制作成具有黏性的贴片，可以贴在玻璃上，使鱼如在珊瑚礁上摄取食物一样地啃食或啄食。其配方可能还有待提高，虽然很难接受合成饲料的蝴蝶鱼非常愿意上去啄几下，但真正被鱼咽下去的饲料很少，说明蝴蝶鱼还是觉得这种东西不是食物。对于大多数能接受合成饲料的海水鱼来说，EasyReefs贴片非常吸引它们，几秒钟就能将一大片抢食光。不过能用来喂养这些鱼类的饲料品种很多，我们一般不会花更高的价钱购买效果一样的贴片饲料。

△高够力海绵配方饲料是目前较为廉价且适口性好的饲料品种

（3）日本产的饲料，日本产的观赏鱼饲料近两年被国内爱好者广泛使用，大规模顶替了美国和欧洲产品的市场份额，成为后起之秀。由于日本饲料在营养配方和适口性上都非常出色，使用后，鱼不但爱吃，生长速度也快。日本观赏鱼饲料的出色表现，归功于日本水产养殖饲料加工业的高度发达。我在从事编辑工作时，曾到访过几家国内的水产养殖饲料厂，他们在高档产品的制作方面大多采用日本设备和配方。

高够力（Hikari）是当前市场上常见的日本观赏鱼饲料品牌，该品牌旗下包括金鱼、锦鲤、慈鲷、异形鱼、龙鱼、海水鱼等类别的产品，几乎囊括了所有观赏鱼品种。在相对较好的品质下，平均低于欧美产品30%的市场价格，也使这个品牌的饲料备受欢迎。其品牌下生产的海绵配方中颗粒海水鱼饲料（MARINE-A）具有独特的气味，结构较为松软，包括“毛巾仙”在内的大多数神仙鱼都很爱吃；樱花蝴蝶鱼饲料（MARINE Carnlvore），对大多数挑嘴的蝴蝶鱼具有很强的吸引力；素食海藻颗粒（SEAWEED EXTREM），在喂食倒吊类时，不但受到鱼的喜爱，而且易于消化。高够力牌饲料的缺点是在水中分解的速度较快，如果投喂量过大，很容易使水浑浊。

△SURE饲料适口性非常好，但价格很贵

SURE SEALIFE品牌是较早进入国内市场的日本高档海水鱼饲料产品，其品牌下产品不多，只有四种不同型号的颗粒饲料。这种饲料配方中的益生菌使其散发淡淡的酸味，这种气味很吸引海水鱼。和高够力饲料一样，SURE饲料适口性也非常好，综合营养也不错，特别是用来饲喂小丑鱼和神仙鱼时，鱼的成长速度很快。SURE饲料是比较贵的商品，长期用它作为观赏鱼主食，是一笔较大的开支。

（4）国产饲料，国内在20世纪90年代就有生产观赏鱼饲料的厂家，不过那时主要是水产饲料厂兼做观赏鱼饲料，作为企业拓展产品线的途径。近年来，由于国内观赏鱼饲料销售量日益增加，出现了一些专门生产某类观赏鱼系列产品的厂家。如北京AMF小丑鱼农场，该场最早从事海水观赏鱼的养殖和出售，之后扩大产品范围研发出了AMF品牌的海水

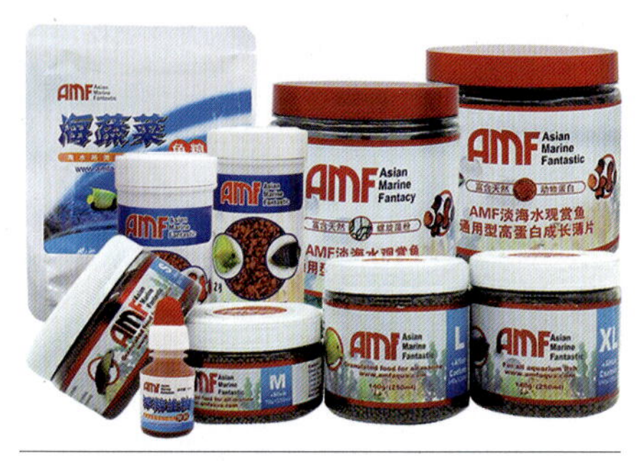

△ AMF系列鱼粮是优秀的国产海水鱼饲料产品之一

观赏鱼饲料。由于该品牌的饲料配方是从海水鱼人工养殖的实践经验中逐步摸索而来，因此投喂效果非常好。除AMF外，百因美（BIOZYM）、卓比客（Tropical）等国内品牌饲料，在实际投喂中也有良好的表现。

对于养鱼爱好者来说，由于饲养的观赏鱼数量不会太多，日常饵料消耗量有限，因此不用太过重视饲料成本。选择比较好的品牌饲料，既可以使鱼更加健康活跃，也减少了因饵料污染饲养用水带来的麻烦。但是在公共水族馆进行大水体养鱼的过程中，日常饵料消耗量较大，就要根据计划投资数量来规划冰鲜饵料和合成饲料的投喂比例，有时还要将精料（较好的饲料）和糙料（较差的饲料）混合投喂，控制饲养成本。

在大规模养殖时，我们可以用石斑鱼饲料、大菱鲆饲料、大黄鱼饲料、鳗鲡饲料等水产养殖用饲料，来喂养石斑鱼、隆头鱼、笛鲷、胡椒鲷、鲳鲹类等肉食性海水观赏鱼。用鲍鱼饲料和对虾饲料来投喂大型倒吊类（鼻鱼属等）、蝴蝶鱼（单印蝶等）、蝙蝠鱼、狐狸鱼等素食性和杂食性鱼类。这些水产养殖饲料能为鱼类生长提供充足的碳水化合物、蛋白质、脂肪来源，但由于其不是针对观赏鱼的产品，在保持鱼类色彩方面缺少必要的微量元素。因此，可以在投喂这些饲料的同时，增加一定量的冰鲜饵料和海藻，作为食物结构中的微量元素补充来源。在饲料使用量很大的情况下，可以与饲料厂协商，由水族馆出配方，饲料厂代为加工专用饲料。现在一些饲料厂在一次订单超过半吨时，就能为客户提供定制服务，这种服务使水族馆更容易获得良好的鱼类合成饲料，大幅降低冰鲜饵料日常加工的人力投入，是非常有前景的发展方向。

4.海藻

紫菜、海白菜、石花菜、鹿角菜等人类食用的海藻，都可以用来喂养海水观赏鱼，这些海藻在超市和自由市场中很容易买到。它们含有丰富的营养，特别是含有诸如碘、锶等来自大海的微量元素。适当地用海藻投喂海水观赏鱼，可以保持它们鲜艳的体色，还可以提高其对疾病的免疫力。人工环境下，我们常用来喂鱼的海藻是紫菜。将干紫菜用专用的海藻夹夹住，吸附在水族箱内壁上，喜食海藻的鱼类就会游过来撕扯着吃。倒吊类、狐狸鱼、神仙鱼等一次能吃很多紫菜，像炮弹鱼、蝴蝶鱼、雀鲷这样在自然环境下很少吃海藻的鱼类，也会凑过来撕一些吃。不过，鱼类对藻类的吸收利用量有限，几小时过后，它们就排出许多没有完全消化的紫菜碎末。过多的紫菜末容易阻塞过滤棉，也会让蛋白质分离器发生“爆冲”现象，所以最好每周只喂一次藻类，每次都在换水和清洗过滤棉前的几个小时进行投喂。

现在市场上也有专门用来投喂海水观赏鱼的干制海藻类商品，这些产品的原料已经不局限于紫菜，其中包括海膜类的红藻、石莼类的绿藻等。定期使用这些海藻喂养鱼类，比单纯投喂紫菜的效果更好。

一些水族馆喜欢用大白菜来代替海藻喂给素食性鱼类。大型倒吊类、狐狸鱼、大神仙鱼的确也会啃食白菜，但白菜中并不含有它们需要的矿物质和微量元素，所以鱼吃多少就拉出多少，除了污染水质，这种食物对鱼没有任何好处。

二、日常投喂方法

抓一把饲料，坐在鱼缸边，鱼就会聚拢在你面前。用手指捏着饲料，一小撮一小撮地投入水中，鱼就会疯狂地抢食。期间，鱼类伸展开所有鱼鳍，将体表颜色调节成最鲜艳的状态，一边向其他鱼示威，一边忙着吞食落下的每一粒饲料。它们都努力地游向水面，拥挤在一起，泛起粼粼的水波。红的、黄的、蓝的、绿的、紫的，以及更多说不上来的颜色，穿插交织在一起，在你面前展现出一幅由海水鱼“描绘”的美艳绝伦的图画。对于所有人来说，喂鱼的过程都是养鱼爱好中最享受的一件事情。只要有时间，我们就想在鱼缸边喂喂鱼。只要来到鱼缸边，我们就想拿起盛饲料的罐子。喂鱼带来的那种美丽景致，我们怎么也看不够。所以有些人说：水族箱中的鱼一般不会饿死，很多时候会被“撑死”。

△焦急地等待主人投饵的鱼群

以前的写书人都会建议读者尽量控制自己的冲动，喂鱼时要做到“宁少勿多，定时、定点”。说实在的，这样喂鱼太无聊了。在我的养鱼经历中，除了在公共水族馆工作时我会按制度定时、定量喂鱼外，只要是我自己家中养鱼，我从没有遵守过这个原则。虽然我也用传统的方式劝告过别人，但我直到今天也做不到。定时、定点地喂鱼，简直就是剥夺养鱼的大部分快乐，这种把爱好中的快乐变成例行公事的行为，太“残忍”了。所以这次写书，我决定不再那么恪守陈规，因为实际经验中，只要在维生系统建设方面下的功夫足够大，在配合选择合理的饲料，那么喂鱼时稍微任性点儿，也没什么坏处。

怎样才能在保证鱼类健康的前提下，尽量将喂鱼方法变得更灵活、更有趣呢?

首先我们要知道，定时、定点、定量喂鱼是鱼类养殖中效果最好的投喂方法，能使鱼苗生长速度快且均匀，发病率低。但是就饲养观赏鱼来言，大多数时候不是为了让鱼生长速度快，也不会在一个水族箱中大量饲养同品种的鱼，所以没必要死板套用水产养殖方面的投喂方法，可以根据自己的时间、精力以及心情来灵活把握喂鱼的方式。一般爱好者可以在每天下班以后，在家中干完必要的家务，坐在水族箱边上一边欣赏一边投喂。遇到工作特别忙的时候，一两天不喂鱼也没什么关系。周末时间充裕，心情格外好时就多喂几次。作为公共水族馆中的养殖员，在投喂一般海水观赏鱼时，只要不是为了快速育成，也可以隔一天投喂一次，来降低工作压力。这些投喂方式符合大多数海水观赏鱼的自然习性。

目前被作为观赏鱼饲养的大部分海洋鱼类，在自然界的觅食习惯大概可以分为三类。第一类是一天到晚都在觅食，但每次觅到的食物都很少，总处于5～7成饱的状态。这种觅食形式的鱼类以倒吊类、蝴蝶鱼类、神仙鱼类、虾虎鱼类等为代表，它们有的觅食附着在岩石上的藻类，有的觅食珊瑚，还有的以随水漂来和埋在浅沙中的有机颗粒为食物。这些食物来源在大海中虽然非常多，但是鱼类很挑剔，倒吊类并不是将所有从石头上啃下的藻类都吃了，而是选择性地咽下一小部分，不好吃的就通过鳃排出去了；蝴蝶鱼和神仙鱼并不是找到一丛珊瑚、海绵就大啃大嚼起来，而是细心地观察上面濒临死亡或正在腐烂的珊瑚组织，用嘴一点一点儿地啄着吃；我们观察到虾虎鱼在整个白天无时无刻不在追逐海水中漂着的小颗粒，总是繁忙地翻动沙子，似乎一直在吃，其实真正被它们咽下去的食物很少，多数有机颗粒因为它们不能吃或不爱吃，吞入口中后会迅速吐出来。所以喂养这些鱼的时候，可以随性一些。少喂或一两天不喂，它们也扛得住，一次喂多了，它们就变得很挑剔，只挑最爱吃的食物吃，不会傻傻地吃撑。在过滤系统运行良好的情况下，只要水中剩余的饵料不是很多，微生物足可以将其有效转化分解，对水不会造成太多的污染。

第二类鱼类觅食习惯是三五天不一定吃一顿，只要吃一顿就最少能饱三五天。这种觅食方式中最具代表的是石斑鱼、狮子鱼、石首鱼、鳗鲡、大型鲳鲹类、多数鲀类和鲨鱼等捕食性鱼类。它们以海洋中的小鱼、小虾、螃蟹、贝类、海胆为食，除鲀类外，其他类别多在傍晚和夜间出来觅食。虽然这些鱼各自都有捕食绝技在身，但在生存竞争激烈的珊瑚礁区域，并不是每天都能找到食物。它们会尽可能捕食较大的猎物，这样吃一顿就可以饱好几天。我们在投喂这些鱼类时，可以几天喂一次，模仿它们在野外的觅食方式。也可以每天都喂，这样它们每天都能把肚子吃得圆滚滚的，但对食物的吸收利用率降低了，大量食物没有完全消化就被排出体外。这是因为肉食性鱼类一般肠道较短，食物进入肠胃量较少的时候，就存在其内慢慢消化；食物进入量加大，就赶快排出之前剩余在肠道中的食物，腾出地方装新食物。因此，我们常常看到老鼠斑、狮子鱼、大眼鲹等一边吃一边拉，如果喂养时间长了，它们看到你托着饵料盘来到水族箱前，就会先排出大量烟雾似的粪便，在这些灰白色的粪便中，有很多没有完全消化的食物。

第三类鱼类觅食习惯是多好吃的东西也只吃一点儿，过一会儿再吃一点儿，就像小孩吃零食那样，一边玩一边吃。如小丑鱼、雀鲷、小型隆头鱼、少数海金鱼等，这些小型鱼类在其自然栖息地里，并不会因为缺少食物而饥肠辘辘。它们一般以浮游动物、岩石缝隙里的沙蚕、小型贝类、小虾、沙蚤为食，这类食物在珊瑚礁区非常多，鱼类每天都面对着丰富的“菜单”，有足够的时间和条件从中选择自己最爱吃的“菜品”。这些鱼永远不会让自己吃得很饱，因为它们不确定一会儿能不能有一个更好吃的虫子出现在自己眼前，总得在肚子里留下一部分空间，时刻准备装它们认为最好吃的东西。我们用合成饵料投喂这些鱼时，它们也会吃，但吃几粒就游到一边去了。如果这时换成投喂松软的薄片饲料，马上它们又游回来吃一点儿，然后又跑了。如果再投放一些冷冻的虾肉末或丰年虾，它们就又跑回来吃几口。如此鬼灵精怪，既不懂得珍惜食物，也永远不会大快朵颐。对于这些鱼，我们想起来了就喂，忙了就饿它一两顿，可能才是最科学的饲喂方式。

在喂鱼过程中，不论使用哪种饲料，都不要一下子投喂太多，而是分批分次，每次只给鱼一小撮，让它们抢着吃。鱼类都是“贱骨头”，同样是20克饲料，一下都扔水里，它们吃一半就不吃了。分成10份一点点儿给，全吃完后，它们还会停在水面下伸着头找你要。这多像我们生活中的一些事情啊！得不到的永远是最好的，充足供给的永远不会被珍惜。

至于我们最担心的残余饵料，如果是坐在鱼缸边，一边逗鱼玩一边喂，也就不会有什么残余饵料，因为你能发现它们什么时候真吃饱了。爱好者养鱼，难道不是都这样喂吗？我们不会像养殖场那样，每天例行公事地把称好重量的饲料投入池中，所以几乎不用考虑残余饵料的问题。即便是在公共水族馆中饲喂鱼类，为了展示效果，我们也基本是一点儿一点儿地逗着鱼吃食，所以在观赏鱼饲养这个领域里，残余饵料问题不是什么大问题。

鱼吃的多，排泄量就大，这让我们担心水质变坏。但这些年不断发展的过滤器材产品，不就是要解决这个问题吗？本书前面列举了很多高密度养鱼的过滤系统设计方案，读者可以参考。如果我们过滤器中菌床的体积足够大，加之定期换水，何愁鱼粪坏水呢？

如果能做到，最好每周饿你养的鱼一天，不论是家庭养鱼还是在公共水族馆，都应当这样。一般可以选择最繁忙的周一作为“饿鱼日”。每周一天不给鱼食物，有助于它们排空肠胃，减少因食物积存给肠道带来的负担。同时，疾饿能模拟鱼在自然界中找不到食物的情况，提高它们的捕食欲。在观赏鱼快速育成实践中，用每周间隔性停饵一天的方式投喂的鱼苗，其生长速度反而比每天供给充足食物的鱼苗生长速度快。

三、营养添加剂

为了让观赏鱼在水族箱中生长得更好，我们有时还会在饵料或水中添加电解质、维生素、氨基酸等营养添加剂，使鱼体色更为鲜艳，抗病能力更强。在治疗和检疫鱼类时，营养添加还可以起到加速伤口愈合、避免感染的良好效果。

市面上用于海水鱼的营养添加剂品种很多，一般分为电解多维和氨基酸多维两大类。两类产品都含有可以通过水溶或拌饵的方式让鱼类吸收的综合维生素，只是在电解质和氨基酸的作用不同。

电解质是溶于水中的导电化合物，在海水中含有大量电解质，如溶于海水中的碳酸钙等，所以我们常说海水就是一种电解质溶液。一般情况下，并不需要经常给鱼补充电解质，因为电解质既不是补品也不是饵料，而是起到缓解鱼体内电解质不平衡的物质。由于捕捞、运输、药物刺激等情况会给鱼带来压力，在压力刺激下，鱼血液中的肾上腺素含量增加，产生应激反应。应激反应影响鱼的消化系统和循环系统正常运转，鱼会出现不吃食、消瘦、胆小怕人等表现。大多数鱼在人工环境下适应几个小时到几天，应激反应就会消失，恢复正常觅食与生长。但如果应激反应长久不能消失，就会使鱼瘦弱，容易患病，甚至死亡。为了减少在捕捞、运输和用药时鱼类产生的应激反应，我们可以用泛酸钙、氯化钙等配合维生素B族、维生素E等溶于水中，协助鱼类尽快将失衡的体内电解质调节平衡，并通过维生素的作用，刺激细胞分裂，尽快修复鱼体内外伤口。这就是电解多维的作用。一般在大规模观赏鱼到达检疫场或鱼店后，可以适当使用电解多维，降低鱼类运输损耗。水族馆新到的大型鲨鱼、龙趸石斑、大型军曹鱼等体长在1米以上的鱼类，在检疫期间通常会用到电解多维，使其迅速适应人工饲养环境。一般家庭养鱼很少会用到这种产品。

氨基酸是蛋白质的主要成分，在动物的生长发育中占有重要地位。在饲养蝴蝶鱼、神仙鱼、小丑鱼等杂食性的体色鲜艳鱼类，饲养东星斑、金鳞鱼、红笛鲷等具有鲜艳红色外表的肉食性鱼类时，常常要在饵料中添加多维氨基酸。这是因为体色鲜艳的珊瑚礁鱼类，其色彩来源于丰富多样食物中的不同营养成分，在人工环境下使用较为单一的饵料投喂这些鱼，日

△市场上的鱼用维生素和氨基酸类产品

久必然褪色。为了保证鱼类颜色始终鲜艳，就要额外给它们添加营养物。以前我们对珊瑚礁鱼类在水族箱中的褪色问题没有解决办法，近些年的研究发现，在海洋鱼类体内提取的活性氨基酸，可以直接被观赏鱼吸收利用，可以让鱼类在饵料品种匮乏的饲养条件下，补充类似自然环境中摄取的营养，避免或减轻褪色现象的发生。各种品牌的海水观赏鱼专用氨基酸产品被养鱼爱好者广泛使用，如德国ZEO、英国水生命（Waterlife）、美国海化、两只小鱼等品牌的氨基酸产品。由于氨基酸可以帮助鱼快速修复体表损失的黏膜，所以一些品牌的产品也称“鱼膜保护剂”，如德国TM的产品等。

不论是家庭养鱼还是水族馆内养鱼，都建议在珊瑚礁鱼类的饵料中适当添加氨基酸，用以维持它们的色彩和健康状态。为了繁殖而培养的亲鱼（如小丑鱼、火焰仙等），应特别注意氨基酸的补充，以确保亲鱼的产卵质量。

四、难开口鱼类的驯诱

有些鱼在进入水族箱后就是不吃东西，冬瓜蝶、眼斑蝶等成年后只吃固定的某种海洋生物，在水族箱中不能喂给同样的食物时，它们就会活活饿死。这类鱼是我们目前不能人工饲养的海水鱼品种，最好不要捕捞，也不要购买。“没有买卖就没有杀害”这句话用到这很合适。还有一些鱼，如虎皮蝶、海神像、毛巾仙、紫色鱼等，它们能吃虾肉、丰年虾、颗粒饲料，但进入水族箱的初期阶段什么也不吃，需要经过耐心驯诱，让它们接受各种饲料。这些鱼之所以一开始不吃东西，主要因为它们在水族箱中找不到平时吃习惯了的食物，比如海神像常吃海绵，三间火箭常吃管虫，紫色鱼常吃浮游动物等。它们不认为颗粒饲料甚至冷冻丰年虾是能吃的东西，所以一直在饥饿中寻找“真正的食物”，直至饿死。要让这些鱼类接受人工环境下提供的饵料，就得经过耐心的驯诱。

驯诱鱼类开口前，我们应充分了解鱼类的食性和觅食习惯，采取有效的驯诱方法，才能达到良好的目的。其中，了解鱼的觅食习惯尤为重要，以鱼的觅食习惯为依据，可以将需要驯诱开口的鱼种分为三大类，即吃定不吃动类（只吃固定生长或趴伏在岩石上的食物，对水中漂浮的食物不感兴趣）、吃动不吃定类（只吃在水中漂浮游动的东西，对停留在岩石和水底的东西不感兴趣）、吃活不吃死类（只捕食游泳或爬动的东西，对已经死去的鱼虾不感兴趣）。我们的目的是将“只吃定”和“只吃动”的鱼类训练成漂动和沉底的饲料都能吃，将“吃活不吃死”的鱼类训练成什么都吃，这样才能方便日常饲养管理，易于观察欣赏。

驯诱的过程总体可分为4个环节：

（1）让鱼知道水族箱中有能吃的东西；

（2）让鱼知道它以前不认为能吃的东西其实也能吃，而且很好吃；

（3）让鱼知道你给它什么，它就可以吃什么；

（4）让鱼知道你是它的食物供给源，形成看到你就知道食物来了的条件反射。

下面就“吃定类”“吃动类”和“吃活不吃死”的鱼类的常用驯诱开口方法做具体介绍。

1.吃定不吃动类的驯诱方法

多数蝴蝶鱼类、神仙鱼类、鹦嘴鱼类和海神像鱼是典型的“吃定型”鱼类，在野外，它们用突出或喙状的嘴啄食岩石洞穴和珊瑚缝隙里的小动物，经过漫长的物种演化过程，这些鱼类在成年后完全丧失对水中漂浮物的兴趣，即使水中漂浮着一大块好吃的海绵，它们也未必去追着吃，还是低着头在石头缝里找海绵的小碎屑。其中，石美人、毛巾仙、海神像是代表性的品种。为了让这些鱼尽快知道水族箱中也能找到食物，就要模拟自然环境，给它们先提供一些不会动的食物来源。

掰开的蛤蜊是非常好的初期驯诱饵料，蛤蜊沉入水底或落在石头上一动不动，体内散发浓郁腥味的汁水随着水流扩散，鱼类嗅觉灵敏，并且头部和侧线都有味蕾的分布，能“尝”到水中蛤蜊汁的滋味。这些鱼在野外大多吃过蛤蜊或类似蛤蜊的其他软体动物，尝到熟悉的味道后，会游到蛤蜊旁边开始啄食蛤肉。这就完成了第一步驯诱，也能基本保证它们不会饿死了。一些蝴蝶鱼并不啄食蛤肉，如红海黄金蝶、红尾珍珠蝶等，它们没有觅食软体动物的习惯，但是在自然环境中觅食甲壳动物。这时可用虾肉代替蛤肉，来驯诱它们吃食。用虾肉驯诱吃定鱼类的方法有两个：方法一是将虾仁绑在小石头上，沉入水族箱，任凭鱼来啄食；还有一种办法是将虾肉斩成虾泥，粘在手指上，让鱼来啄手指上的虾泥。如果鱼不怎么怕人，那么使用第二种方法是最好的，因为这个方法便于后面开展进一步的驯诱工作。如果鱼还有些怕人，可以先用虾仁捆绑在石头上驯诱，待其不怕人了，再用虾泥粘附在手指上驯诱。

当蝴蝶鱼能大口大口地吃粘在手指上的虾泥时，就可以开始第二步驯诱工作。在斩好的虾泥内掺入合成饲料，让虾的汁水浸泡饲料直至柔软。用手指粘着混合有饲料的虾泥一起喂给鱼，此时的鱼已经适应了从手指上获取食物，所以一将手指伸入水中，它们就游过来啄食，仓促间会吞入饲料，有些鱼会将饲料再次吐出，有些鱼则咽下了。随着这样投喂的次数变多，鱼慢慢适应了掺有饲料的虾泥，此时逐渐减少虾泥的数量，直到只用极少的虾泥起到黏合作用，手指上大部分都是虾汁泡软了的饲料。

蝴蝶鱼接受了粘在手指上的饲料后，就要开始驯诱工作的第三步，也是最关键的一步。有些鱼很长时间也过不了这一关，成为不能完全接受人工饲料的观赏鱼，给日常饲养工作带来麻烦。这一步操作要极为耐心，认真观察并总结经验。第三步开始时，我们不再用虾肉汁将饲料泡软，而是直接用两个手指捏着饲料喂鱼。鱼习惯了从手上获取食物，看到手指就会游过来啄食物。如果鱼吞入了饲料，就说明它已经完全接受了饲料；反之，如果吞入的饲料又被吐出来，则说明鱼还没有接受饲料。可以饿鱼两天，再用手指捏着饲料喂它，如果还将饲料吐出来，就再用粘着虾肉的饲料喂两天，之后再捏着干饲料喂。如此反复几次，鱼仍然吐饲料，说明这种饲料的适口性比较差，可更换其他品牌的饲料再进行试验，直到鱼吃了饲料再不吐出来为止。有时，为了增加颗粒饲料对鱼的吸引力，我们可以用大蒜素、EM菌等浸泡饲料，再喂给它们。这一办法在驯诱神仙鱼时非常奏效，因为神仙鱼很喜欢大蒜味和EM菌发出的酸腐味。

在蝴蝶鱼接受了用手捏着喂饲料后，每次喂食时就可以适当将手指松开，让饲料在水中漂浮，看鱼是否吞食。这就是驯诱的最后一步，当鱼可以吃水中漂浮和落在水族箱底部的饲料时，可以尝试更换多种饲料（包括鱼一开始不喜欢吃的那种饲料）。鱼慢慢能接受大部分颗粒饲料后，驯诱工作就算成功了。

△将颗粒饲料与虾泥混合，然后粘在手指上喂鱼，这样既可加快蝴蝶鱼对颗粒饲料的接受速度，又可以消除它们对人的恐惧感。在治疗肠炎等疾病时，可以在虾泥中添加抗生素来喂鱼。

2.吃动不吃定类的驯诱方法

紫色鱼、雷达鱼、巴厘岛天使鱼和大部分海金鱼等是典型“吃动型”鱼类，在野外环境，它们只摄食水中的浮游生物和随水漂动的微小有机颗粒，从来不会在岩石和沙子上寻找食物，也不吃漂在水中的较大颗粒物。虽然紫色鱼、雷达鱼和巴厘岛天使鱼摄取食物时，嘴能张得很大，酷似一条小号的石斑鱼，但它们所爱吃的却是只有针尖大小的浮游生物，与其说它们在捕食，倒不如说这些鱼是在拌着海水喝食物。通常将这类鱼买回家后，它们怎么也不吃东西，很快就饿死了。

在驯诱这类鱼开口时，首先要准备一些刚刚孵化的丰年虾。丰年虾休眠卵很容易买到，孵化方法在前文已经讲过。孵好的丰年虾要滤去坚硬的卵壳，卵壳被鱼类误吞后无法消化，严重时会阻塞肠道。丰年虾有趋光性，可以用手电在孵化瓶底部照射，它们就会聚集在瓶底，然后用虹吸管将其吸出。只要将丰年虾倒入水族箱，紫色鱼、雷达鱼和巴厘岛天使鱼就会疯了似的跑过来捕食。不要一下全喂给它们，可以用一个滴管每次吸取少量丰年虾，一点儿一点儿地挤入水中。几天以后，鱼认准了滴管就是食物来源，在没有大型鱼和它们争抢时，这些鱼会在喂食时游上来吸吮、啄咬滴管头，这就是良好的开始。

驯诱的第二步是用斩成碎末的贝肉代替活的丰年虾幼虫，因为每次孵化丰年虾幼虫很费时间，它们的营养也有限，不能作为鱼类的长期主食，所以只要鱼已经知道滴管是食物来源，就应用碎的贝肉代替丰年虾了。超市里出售的冷冻扇贝柱在这时是最好的饵料，因为它味道足够浓郁，鱼很爱吃，而且贝柱是扇贝的闭壳肌，其头、内脏和外套膜都已经去掉了，斩碎后不会有很多污染水的汁水流出。用刀拍扁已经化冻的贝柱，就能破碎成细小的颗粒，然后将碎末混合到少量海水中，用吸管吸取着喂鱼。鱼看到滴管就冲上来，等它的嘴快要碰到滴管头时，再将贝肉挤出。运气好时，一下子就挤入鱼的嘴里，直接通过咽齿部位，让鱼想吐也吐不出来。如果没有将碎贝肉直接挤入鱼嘴也没有关系，鱼会捡食碎贝肉。一开始，少量肉会被咽下去，大量会被吐出。不要灰心，慢慢来，随着投喂次数的增多，鱼逐渐完全接受贝肉了，每次能吃到肚子很鼓。然后，我们将碎贝肉换成碎虾肉、碎鱼肉再试验几次，如果这些食物都开始接受了，就要准备进行第三步的驯诱工作。

△紫色鱼是最典型的“吃动不吃定”型鱼类

第三步工作是最关键的，这步的成功与否，直接决定了被驯诱的鱼是否能成为完全适应水族箱生活的个体。在投喂前，可以在碎贝肉中加入一些细小颗粒饲料，必须选择适口性好的产品，如英国一口牌的S号颗粒饲料或美国施彩牌的SS灯鱼及小型鱼饲料都是不错的选择。用吸管吸取由碎贝肉、小颗粒饲料和少量海水混合的羹状物，慢慢挤入水中，鱼会上来吞食。一开始，它们只将肉吃掉，将饲料吐出来。随着喂食次数的增多，逐渐减少碎肉的数量，增加颗粒饲料的数量，这时就逼得饥饿的鱼开始吞咽饲料。如果鱼不再吐出饲料了，就可以开始驯诱工作的最后一步了。

第四步是彻底不再给贝肉吃，只将饲料泡水后用滴管喂给它们，一开始鱼吃得很少。如果鱼突然不吃食了，就再在羹状物中添加一些贝肉末，它们吃后，继续改用纯饲料。如此反复几次，直到鱼完全接受饲料。当鱼完全接受泡软的饲料后，就可以直接用干饲料试着投喂给它们，一开始可以先给一些干饲料，然后挤入少量泡软的饲料。只要鱼已经知道饲料是可以吃的东西了，不论干的还是泡软的，它们饿了就都会吃。如此，对于这些“吃动型”鱼类的驯诱工作就完成了。不要奢望这些鱼什么饲料都吃，它们很挑剔，即使养一辈子，恐怕也只能用适口性很好的小型颗粒饲料喂养它们。

3.吃活不吃死类的驯诱方法

五彩鳗、软虎鱼、石头鱼、海马、烟管鱼等只对活着的小鱼小虾感兴趣，它们进入水族箱的初期阶段，不会接受冰鲜饵料，更不吃合成饲料。我们称这类鱼为“吃活不吃死”的类型。像青蛙、蛇和变色龙一样，一些鱼在演化过程中，眼睛的结构发生了变化，它们看到的世界扭曲变形、模模糊糊，分不清食物的轮廓。它们认为凡是不能动的东西，都是不能吃的。不同品种的鱼只对小猎物不同的运动方式感兴趣，软虎鱼喜欢慢慢游过其头部前方的猎物，五彩鳗喜欢贴着沙子游动的东西，海马喜欢在沙子和海藻上爬行的猎物，烟管鱼则爱捕食贴着水面漂动的物体。所以，要想让这些鱼在水族箱中开始进食，就要顺着它们的“脾气”来，给它们提供一些类似自然环境中猎物的饵料。

活鱼、活虾是这些鱼类的最好开口饵料，但如果长期给它们活的东西吃，一来成本较高，二来饵料卫生无法保证，所以我们要让这些鱼接受冰鲜饵料，甚至接受合成饲料。让“吃活不吃死”的鱼接受冰鲜的鱼和虾并不困难，只要用活饵喂养它们一段时间，让其形成对投喂者的条件反射，达到人一到水族箱边，它们就会游过来做捕食状。虽然五彩鳗等鳗鲡类鱼的视力极差，它们却可以通过你的脚步声或水族箱上方的轻微震动来判断你要给它喂食了。当它们游上来的时候，将化冻的小鱼、虾仁扔入水中，一次只扔一个。小鱼和虾仁在水中缓慢下沉，这些鱼就会扑上来吞吃。等它们将饵料咽下去了，再扔一个给它们。不用太费功夫，这些鱼就都可以用冰鲜饵料喂养了。

让“吃活不吃死”的鱼类接受颗粒饲料稍微困难一些，因为从口感上讲，颗粒饲料进入嘴中的感觉和小鱼进入嘴中的感觉完全不一样。一开始，它们即使吞下饲料也会马上吐出来，所以要慢慢来。狮子鱼、石头鱼、软虎和烟管鱼在长时间驯诱后，能接受颗粒饲料。海马、海龙和五彩鳗吃颗粒饲料的可能性很小。在驯诱狮子鱼时，可以先扔给它一枚大颗粒的饲料，待其将饲料吞入口中后，马上扔一条小死鱼进去。狮子鱼会立刻再将小鱼吞入，此时小鱼挡住饲料，狮子鱼只有将饲料和鱼一起咽下，否则就要都吐出来。它们一般将就着都咽了，这样就诱骗其吃了饲料。如此反复多次后，大部分狮子鱼不再吐出饲料，这时就不用再扔给它们小鱼了。需要注意的是，投喂给狮子鱼、软虎等鱼类的饲料要使用专门喂石斑鱼的大颗粒肉食性鱼类饲料，这样它们吞吃一枚是一枚。这些鱼不喜欢细碎的颗粒饲料和薄片饲料，它们会认为小颗粒是沙子，一定要吐出来。

总之，驯诱鱼类在人工饲养环境下接受人工合成饲料是非常重要的一件事情，因为一旦养鱼时间长了，我们的兴趣逐渐淡漠了，每天给冰鲜饵料化冻、加工、消毒等事情就变成了一种累赘。喂鱼的快乐渐渐成为负担。只有观赏鱼能吃方便保存和投喂的颗粒饲料，才能让它扛过你对它的“冷漠期”。

△左图:用咸化处理后的淡水小鱼驯诱海马吃食；右图：经过驯诱的海马可以摄食冷冻糠虾

海水观赏鱼的疾病防治

鱼病是一个很大的话题，就此单写一本书也不为过，特别是在专业观赏鱼养殖领域，鱼病的类型可以说是多种多样，治疗方法也是五花八门，层出不穷。为了让读者通过最少的文字，了解最有实用价值的鱼病预防和治疗方法，我想就鱼病的由来、常备药物、症状和治疗方法以及检疫四部分，对本书中这一最复杂的话题进行阐述。其中，省略掉一些不常见鱼病和特定情况下使用的药物。对于鱼病治疗期的水质控制，可以参见前文中关于维生系统和观赏鱼各论方面的相关内容。

一、鱼病从何而来?

所有养过海水观赏鱼的人都会发现，只要新鱼一进入水族箱，就会在短期内爆发一次或多次鱼病，或是白点病，或是烂肉、烂鳍。有时刚刚购买了一条新鱼，不到两周就在这条鱼的传染下，使原本养得已经非常好的一缸鱼“全军覆没”。我们为此懊恼不已，愤愤地抱怨自己不该一时冲动地买鱼。其实不论你买不买新鱼，鱼病可能一直在水族箱中存在，只不过它没有爆发而已。一次停电造成的缺氧，因出差没有及时换水，或者一周没有喂鱼造成它们消瘦，都可能使水族箱中爆发一次毁灭性的“疫情”。这些造成鱼病的病原体从何而来呢？我们明明看到鱼店中的鱼非常活跃，身上没有一点伤病，为什么还是把病原体带回来了呢？下面先了解一下常见海水观赏鱼疾病病原体的由来。

目前常见的海水观赏鱼病原体主要分为寄生虫感染和细菌感染两类，其中爆发频率最多的是寄生虫类疾病。细菌类疾病往往紧随寄生虫类疾病之后，使鱼类伤口感染，进而死亡。单纯的寄生虫感染很少直接杀死鱼。单独的细菌感染在海水水族箱中非常少见。致病菌主要是一些在贫氧状态下活跃的异养寄生菌，这些细菌广泛存在于淡水水源、冰鲜饵料、观赏鱼体表和肠道内。理论上讲，我们不可能营造无菌水族箱，所以对于细菌感染类的疾病，我们只能预防其爆发，控制其传染速度，并无法彻底消灭病原。有效地杀灭寄生虫，可以大幅减少鱼类细菌感染的概率，因为大多数病原菌必须附着在鱼类的伤口上，如果鱼的体表和鳃部没有被寄生虫啄咬造成的伤口，细菌就难以侵害观赏鱼了。

几乎所有野生海水鱼都或多或少携带着寄生虫。笔者曾对直接从海洋中捕捞的狐狸鱼、蝴蝶鱼和豆娘鱼进行过镜检分析，这些刚刚捕捞的鱼都携带着纤毛虫等寄生虫。纤

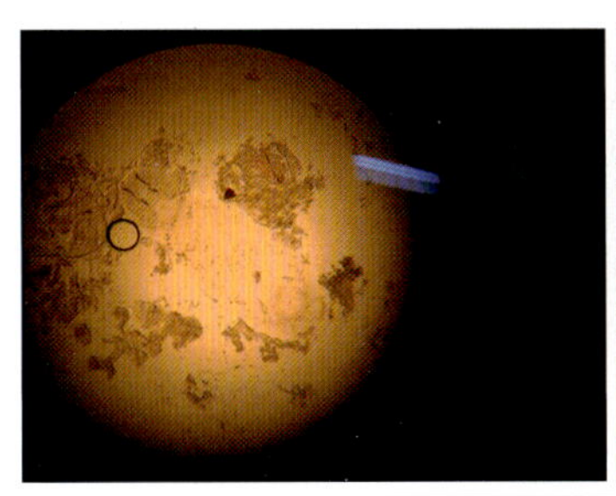

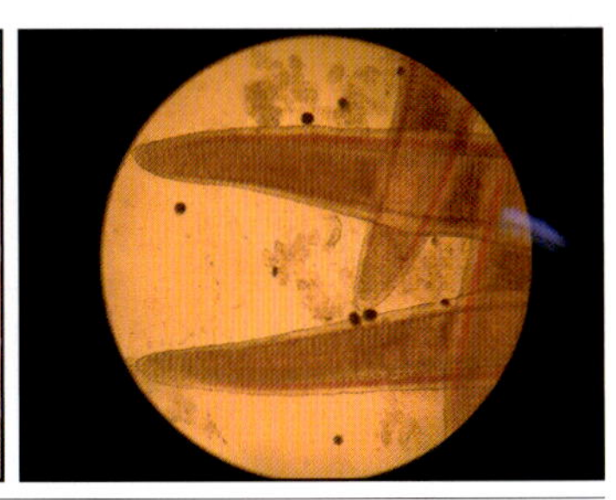

△对海南渔船活鱼仓及沿岸鱼排、网箱内的观赏鱼进行镜检，发现了许多品种的寄生虫，故此说明海水观赏鱼的检疫是十分必要的（镜检人：刘默兴）

△鱼店的暂养缸是寄生虫交叉感染的重要场所

毛虫等主要寄生在鱼的鳃里，在显微镜下，虽然大多数野生鱼鳃里的寄生虫很少，但没有发现一例不携带寄生虫的。在海洋中，类似卵圆鞭毛虫（*Amyloodinium ocellatum*）和海水小瓜虫（*Cryptocaryon irritans*）这样的寄生虫长期和鱼类共存在一起，形成了偏利或偏害的共生关系。这些寄生虫在大海中并不会杀死鱼，它们就好像陆生动物身上的跳蚤那样，长期寄生在寄主身上，也不会无限制地增多。当一条鱼鳃内的寄生虫繁殖太多时，它们的卵、孢子以及幼虫就会离开鱼鳃去寻找新的寄主。海洋环境无比广大，有足够的鱼类供寄生虫寄生。当然，大量的孢子、虫卵和幼虫会在没有找到寄主前就死在风浪里了，所以大海中的鱼和寄生虫保持着微妙的平衡关系，寄生虫既不会灭绝，也不会杀死它的寄主。

当鱼进入人工环境后，寄生虫与鱼类之间的平衡关系被打破了。鱼类被从海中捕捞后，会先暂养在海滨渔场的鱼池或网箱中，鱼在这里被以超高的密度饲养在一起，彼此间“交换着”所携带的寄生虫。当鱼离开暂养池时，它的鳃和身体基本上成了寄生虫“博物馆”，虽然每种寄生虫数量都很少，但品种基本是全的。鱼被长途运输到批发商那里，信誉良好的批发商会对鱼进行检疫，期间可能使用药物去除大部分寄生虫。但是一些批发商的所谓检疫工作就是将鱼放在一排一排的鱼缸里养几天，甚至连食物都不给，一旦有订单，鱼就被再次打包运走。之后，鱼就到了鱼店里，这时的鱼虽然仍然携带着很多品种的寄生虫，但是在颠簸的路上，寄生虫和鱼一样没有得到充分的喘息机会，所以也不会爆发。这就是我们很少在鱼店里看到鱼满身是病的原因。未来一周，鱼店里的鱼基本会被卖空，海水观赏鱼很受欢迎，从20世纪末到现在几乎所有海水鱼店每周至少要进一次货，否则店里的鱼缸将总空着，大的鱼店一周要进货2～3次才能满足市场需求。鱼和它身上的寄生虫在鱼店里仍然得不到喘息，就被你带回了家。当鱼进入家庭水族箱中，生活开始稳定起来，就在鱼完全适应人工环境后，寄生虫也开始大肆繁衍了。

水族箱空间有限，寄生虫的孢子、卵和幼虫不会随着海浪漂流很远，它们比其野外的“亲戚”幸运，刚刚开始过漂流生活就马上可以找到寄主，因为鱼在水族箱中没法游离“疫区”。在寄主非常容易被寄生的情况下，寄生虫在2～3周里迅速繁殖，除了鱼鳃，它们也感染鱼的皮肤和鳍，于是鱼病爆发了。当你发现鱼开始到处蹭痒、浑身起白点、张着嘴大口呼吸时，寄生虫的数量已经非常多了，鱼身上被寄生虫叮咬出的伤口可能已经感染，也许明天就要大规模死鱼了。

面对鱼病问题，我们不能存侥幸心理，不要认为鱼身上看不到白点就没有寄生虫。在饲养海水观赏鱼之前，检疫和治疗用的药物要先准备好，对于大多数新买的鱼，必须用药物检疫后方可正常养护。在公共水族馆中，药物检疫工作更为重要，因为那些大型展示池一旦被使用，就再不可能被清空作完全消毒。一旦带入传染性很强的寄生虫病原，它们就将永远在展示池中快乐地生活着。

二、常备药物

为了做好海水观赏鱼的检疫和鱼病治疗工作，我们必须常备一些药物，包括具有良好杀虫效果的硫酸铜（包括所有含铜离子药物）、甲醛（通常是福尔马林或TDC）、土霉素、呋喃西林（通常是鱼用黄粉）。如果条件允许，再备上一些氯霉素、甲硝唑以及环丙沙星等药物，它们有时是非常有用的。下面对常用药物及其使用方法做简要说明。

1.硫酸铜（$CuSO_4$）

硫酸铜以及所有用其配制而成的含铜离子药物，是迄今为止海水观赏鱼检疫和治疗方面的常用药物，属于养鱼必备药物。虽然食用鱼养殖中已经禁止使用硫酸铜，但在观赏鱼饲养方面，我们还真离不开它。水中铜离子达到一定浓度时，可以毒死大多数无脊椎动物，如虾、珊瑚、海星，当然还包括大多数寄生虫，所以铜离子药物不能直接在礁岩生态缸中使用。铜含量过高时，也会杀死鱼，不过大多数鱼比无脊椎动物对铜离子的适应能力强。我们通常利用铜药杀灭引发白点病的卵圆鞭毛虫和海水小瓜虫，一般使用剂量为0.25～0.5毫克/升，大约是使每升水中铜离子含量达到0.25～0.5毫克。因为硫酸铜在海水中会迅速与氢氧根离子反应，生成氢氧化铜［$Cu(OH)_2$］沉淀，所以直接在海水中投放硫酸铜基本上是不管用的，必须让硫酸铜与其他药物反应生成螯合物或络合物，才能有效避免沉淀现象的发生，保证用药效果。一般用硫酸铜与柠檬酸按1：3的比例调配成柠檬酸螯合铜（$C_6H_4Cu_2O_7 \cdot 2.5H_2O$）溶液，再按铜离子比例使用。调配时，先将柠檬酸溶于纯净水，再用柠檬酸水溶化硫酸铜，最终得到淡蓝色清澈液体，没有沉淀也不浑浊，方可使用。也可直接使用农用络氨铜溶液，在使用前应在100升水中做浓度实验，掌握添加比例后，再用于鱼类治疗。络氨铜溶液呈深蓝色，应采取滴加法加入水族箱中，直接将大量络氨铜加入水中，会因扩散速度太慢而造成局部产生白色沉淀现象。

目前市场上能买到很多种含有铜离子的观赏鱼专用药，大多是含铜络合物。其中，海化牌的白点水、海宝牌的鱼湛是这类药物中的代表产品。使用成品渔药省去了自己配药的麻烦，而且容易掌握比例。不论是家庭养鱼还是公共水族馆，只要不是买不到成品药，还是使用成品药比较划算。作为职业观赏鱼饲养者，配药也是应当掌握的一项技术，但是现在养殖员学习配药技术更多是为了完善自我，不一定非要死板地去使用。

铜离子可以杀死寄生虫的成虫和幼虫，但不能杀死虫卵。我们必须保持水中铜离子浓度在整个寄生虫繁殖周期里的稳定，直到所有寄生虫卵都孵化成幼虫并被杀死。因此，铜药需按疗程使用才能奏效。一个铜药疗程一般是21天，检疫和轻度寄生虫感染使用一个疗程，重度寄生虫爆发需要间隔性使用2～3个疗程，间隔期换水停药一周。

不同鱼类对水中铜离子浓度的适应能力不同，有些鱼可以接受0.5毫克/升的铜离子浓度，有些鱼则在铜离子浓度高于0.1毫克/升时就被毒死了。大型神仙鱼、大型倒吊、隆头鱼、石斑鱼、海金鱼等对铜药的适应能力最强，可以接受0.5毫克/升以上的铜离子浓度。一些蝴蝶鱼（如人字蝶、单印蝶、红海黄金鲽）也能适应0.5毫克/升的浓度，但三间火箭、卡氏蝶对铜离子的承受浓度只有0.25毫克/升。狮子鱼、鳗鲡、石头鱼、海神像等基本是粘上一点儿铜药就会被毒死，所以这类鱼不能使用铜药进行检疫和治疗。关于鱼类对铜离子

△海化牌白点水是目前最典型的铜离子成分渔药

的适应能力，前文各论中已有说明，此处不再赘述。需要特别注意的是，同种观赏鱼在不同饲养情况下对铜离子的耐受度也不一样，通常新从海里捞上来的鱼要比在人工环境下饲养了一段时间的鱼更不耐铜药；曾经使用过铜药进行检疫、治疗的鱼对铜离子的适应力要远远高于从来没有接触过铜药的新鱼。

在用铜药给新购买的鱼类进行检疫、治疗时，应采取分步骤下药的方法。对于新鱼来说，第一天用药可以先使用0.1毫克/升的剂量，第二天增加至0.25毫克/升，第三天不用药，观察一天，如鱼无不良反应，则可在第四天将药量增加至0.35毫克/升或更高些。水中的铜离子达到一定浓度时会抑制鱼的食欲，使鱼感到压力而变得非常紧张。在铜离子浓度高于0.3毫克/升的水中，即使鱼进食正常，生长速度也非常缓慢。长期生活在含有铜离子的水中，鱼会褪色、胆怯，严重的会出现肝肾肿胀而死亡。因此，给鱼驱虫后，应通过换水去掉水中的铜离子，不能长期将鱼饲养在含有铜离子的水中。

铜离子在海水中可能和多种其他物质发生反应，并且可能被珊瑚砂、陶瓷环等多微孔滤材所吸附，也可能被蛋白质分离器分离出去。不论使用自配药还是成品药，为了确保用药精准度，应在用药后用铜离子测试剂检测水中的铜离子含量。若测试发现铜离子含量没有达到预期浓度，则可能是铜离子与其他物质发生了反应或被滤材吸附掉了，此时应按额定剂量追加用药。

铜药虽然能杀死原虫类和鞭毛虫类的大多数寄生虫，也能抑制吸虫类的繁殖，但是不能杀死如本尼登虫、斜管虫、指环虫等寄生虫。因此，只准备铜药是不够的，对于杀灭寄生虫这一艰巨任务来说，含甲醛的药物也是必备的。

2.甲醛（HCHO）

甲醛可以使生物蛋白烷基化,引起蛋白质变性、凝固,造成生物死亡。在观赏鱼饲养中，甲醛既可以用来杀虫，也可以用来杀菌，甚至当水族箱中藻类太多时，也可以用甲醛来除藻。通常，我们无法得到100%纯度的甲醛，一般购买到的是含37%甲醛的福尔马林。市场上也可以买到观赏鱼专用的含甲醛药物，如神阳公司出品的TDC（Taiyo Diseases Control）、美国海化牌的烂肉水（ParaGuard）都是此类产品。甲醛可以杀死铜药杀不死的多数寄生虫，特别是对生命力非常顽强的鳃吸虫和体表吸虫（本尼登虫）具有很好的杀灭效果。含甲醛药物不用和任何其他药物配合使用，就可以在杀虫的同时消灭病菌。但是，含甲醛的药物毒性很大，对鱼鳃和侧线系统的刺激较剧烈，有很多鱼不能适应该药，过量使用甲醛类药物，可能会杀死所有的鱼。

甲醛进入水中后会迅速和水中的溶解氧发生反应，产生夺氧现象，所以使用甲醛给鱼做检疫和治疗时，一定要用大功率的气泵向水族箱中曝气。甲醛与氧反应后生成甲酸，能大幅降低海水的pH值，如果使用甲醛后水的pH值一下跌到7.6，不用紧张，这是必然现象，短时间不会给鱼造成危害，待用药完毕后，使用pH提升剂或通过换水将pH值恢复就可以了。甲醛和铜离子不一样，我们使用含甲醛药物24小时后，它就在水中消失了。一部分反应为甲酸，一部分挥发到空气里，所以使用甲醛类药物时，应按疗程持续用药几天，而不是只进行一次投药。由于甲醛兼具杀菌效果，所以投药后会杀死水中大量的异养腐生菌和硝化细菌，使水呈白浊状，并使氨浓度升高。因此，在使用含甲醛药物时，还要阶段性地给水族箱换水。

△TDC是目前最典型的含甲醛成分渔药

一般在处理鳃寄生虫、斜管虫、指环虫等严重寄生虫时，我们在每100升水中施加3～5毫升的福尔马林（甲醛含量37%），如果是体形较大的神仙鱼、蝙蝠鱼等对甲醛适应能力很强的鱼，则可以将用药量提升到每100升水中投放8毫升福尔马林。一般使用福尔马林杀灭寄生虫时，以7天为一个疗程，期间第一、二、四、五、七日用药，第三、六两日停药观察，第四日换水30%～50%，将氨浓度控制在鱼能接受的范围里。用药一个疗程后，大部分寄生虫的成虫和幼虫都会被杀死，但处于休眠状态的卵不会全部死亡，所以第一疗程结束20～30天后，可在追加进行一个疗程的除虫工作，确保寄生虫被全部杀灭。

也可以将鱼捞到每10升水中含2.5毫升福尔马林的治疗桶中，药浴半小时，连续药浴5天为一个疗程。用高浓度福尔马林给鱼药浴，会灼伤鱼纤薄的鱼鳍，损害鱼体表的黏液，破坏一部分鳃组织。因此，只有对甲醛不敏感的大型鱼类能适应这种治疗方法，而且在治疗期间，鱼会非常虚弱。

一些鱼类不能承受甲醛类药物的刺激，比如所有海金鱼、石美人等小型神仙鱼以及狮子鱼、石头鱼等。其他能承受甲醛刺激的鱼类，对水中甲醛浓度的耐受能力也是有限的。一些寄生虫的成虫（特别是鳃锚虫、格兰登斜管虫）对甲醛浓度的耐受能力和鱼类接近，所以当我们使用对鱼类安全的福尔马林剂量时，这些寄生虫的成虫也不会被杀死。我们只能通过多个疗程的治疗，一次一次杀灭其幼虫，限制其繁殖，让所有成虫在老死前不能留下后代，才能确保消灭这类寄生虫。这种用药方法非常麻烦，间断用药要延续将近半年的时间。因此，这类寄生虫被认为是最麻烦的品种，要特别注意，尽量预防它们进入水族箱中。

3.土霉素精粉

在饲养海水观赏鱼的过程中，我们通常要准备一些土霉素精粉（渔药），这种抗生素是治疗和预防鱼类肠炎的最佳药物，特别是饲养一些需要投喂冰鲜饵料和活饵的鱼类时，土霉素非常重要。一旦鱼出现脱肛、肛门红肿、拉白便等肠炎的症状，就可以用土霉素精粉拌鱼虾肉泥喂给病鱼，能有效地治好肠炎。

△上野黄粉是目前市场上最有代表性的含呋喃西林成分的渔药

4. 呋喃西林粉

呋喃西林粉常用于淡水鱼细菌感染的预防和治疗，在海水中使用效果不是很好。这种药通常以“黄粉”的名字作为观赏鱼专用药在市场上出售。如果碰到了，可以储备几包，反正价格也很便宜。其主要用途是防止鱼类体表伤口的感染。鱼类长途运输和暂养期间，因捕捞和鱼类之间的争斗，可能在鱼体表和鱼鳍上会有伤口，这些伤口有可能被细菌感染。当新鱼进入检疫缸后，不能马上使用福尔马林刺激它，这时为了避免伤口感染，可适量向水中投放呋喃西林。呋喃西林也能杀死一些品种的异养腐生菌，所以除了能把水染黄，还会让水变浑。在使用呋喃西林后，如需再用其他药物，需至少换水50%后方可投放新药。呋喃西林只用于新鱼的初步检疫工作，通常用药不超过3天，很少用于海水鱼疾病的长期治疗。

5. 氯霉素

氯霉素的作用和呋喃西林类似，都是防止鱼体表伤口感染的药物。与呋喃西林相比，氯霉素见效更快，且不会将水染成黄色。但是，氯霉素不容易买到，也没有专用的含有氯霉素成分的渔药。用药量不好计算，使用周期也不容易掌握，故很少使用。只是遇到如魟、鳗鲡等不耐甲醛的鱼类遭受细菌感染时，才会使用氯霉素。另外，很多神仙鱼对氯霉素有类似人类的过敏反应，当在水中投放氯霉素后，鱼会大量分泌黏液，在水面形成一层黏稠的气泡。如不马上停药换水，鱼会出现呼吸困难的症状，进而死亡。这种鱼类的“过敏”现象，在使用青霉素、链霉素等抗生素时也有发生。因笔者没有专门针对抗生素进行过研究，在实际养鱼工作中使用这类抗生素的次数很少，经验有限。具体这种“过敏”现象到底是怎样造成的，还有待进一步研究。

6. 甲硝唑和阿苯哒唑

甲硝唑具有较好的杀菌效果，阿苯哒唑是肠虫清的主要成分，可以驱除鱼类体内寄生虫。两种药物常一起使用，在淡水观赏鱼饲养中，我们常用它们给七彩神仙鱼、水虎鱼等进行体内驱虫，并预防肠道感染。在海水观赏鱼饲养过程中，它们也能起到驱除体内寄生虫的效果。但由于海水中盐分较多，药效会大打折扣。在使用此药前，最好先将海水的比重调整到1.017 ~ 1.018，促使药效能更好发挥。市场上含有阿苯哒唑和甲硝唑成分的渔药很多，爱好者可以选择使用观赏鱼专用药，比如英国水生命公司出品的“大白片”等。

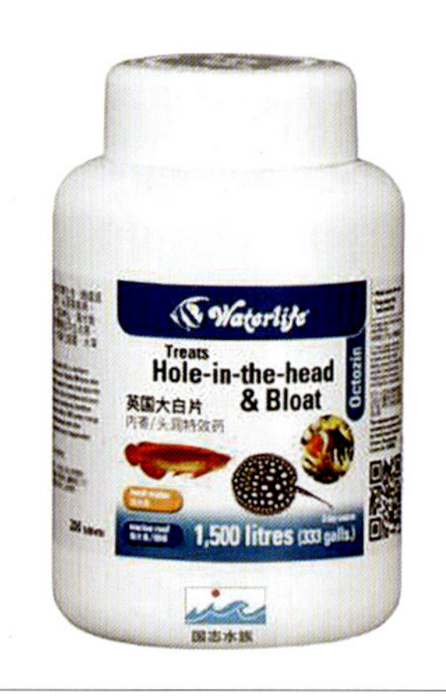

△大白片是典型的含甲硝唑和阿苯哒唑成分的渔药

除以上药物外，海水鱼疾病治疗中还可能用到环丙沙星、氧氟沙星等抗菌药物，以及甲苯咪唑等除虫药物。这些药物的功效与以上介绍的药物多有重复，且不常用。为控制篇幅，本书中不予详细介绍。

三、海水鱼的检疫

由于来自野外的海水鱼大多携带有寄生虫，所以在饲养海水鱼的过程中，检疫环节尤为重要。即使你只有一个容水100升的水族箱，如果用它饲养海水观赏鱼，也至少要为其配置一个50升左右的检疫缸。在公共水族馆中，需要设专门的检疫隔离区来检疫暂养新引进的鱼类。直到今天，笔者从没有见过没有检疫缸的爱好者能养好海水鱼，也更没有见过不设立检疫区的水族馆能将鱼类展示好。检疫缸可以说是养海水鱼的标准配置，除非你决定只买一次鱼，将这些鱼在用来欣赏的水族箱中做完药物检疫后，就不再购买新鱼。

检疫缸可以根据自己要饲养的鱼类体形设立，一般为容积50～400升，为了方便计算用药量，容积通常设计成50升、100升、200升、300升等整数的尺寸规格。因每次检疫过后，检疫缸都要全缸换水，为了节约用水、用药，在基本上满足鱼类正常存活的情况下，检疫缸应尽量设计得小一些。公共水族馆中最大的检疫池通常不超过2吨容积，更大体形的鱼类（如沙虎鲨、鲸鲨等），以及需要大游动空间的鱼类（如双髻鲨、鲕、海鲚等），可因其引进渠道不同，一般不检疫或异地检疫，这种现象在养鱼过程中属特殊情况，因此不归类于常规检疫范畴。

一些养鱼的朋友认为检疫就是将鱼单独饲养一段时间，期间既不用药，也不换水，甚至很少细致观察鱼类的表现，只是等着检疫时间够了，就将鱼放入饲养展示缸中。这种形式主义的检疫和不检疫没有区别，仍然会造成寄生虫在水族箱中大规模传播。检疫过程应至少由定水、除虫、驯饵三个环节组成，确保鱼进入混养展示缸前能处于健康、活跃、无寄生虫且能接受人工饵料的状态。关于驯饵方法，我在前面饵料部分已经介绍过了，这里不再赘述。本部分主要介绍海水观赏鱼在检疫过程中的定水和除虫工作。

水温和水的pH值瞬间大幅波动会刺激鱼的侧线和鳃丝，水温瞬间波动3℃，pH值瞬间波动3，就可能让脆弱的鱼死亡。因此，新购买的鱼回到家后，应先不打开包装袋，连袋一起泡在水族箱中30～60分钟，使袋内水温与水族箱中水温一致后，再将鱼放入水族箱（这个过程俗称：泡袋）。经过长途运输的鱼类，其包装袋内的水长时间不与空气接触，鱼排出的二氧化碳大量溶解在水中，袋内水的pH值一般较低，这时如果泡袋过后就将鱼放入水族箱中，势必因pH值剧烈变化给鱼造成伤害。因此，长途运输后的鱼应先连同袋内的水一起放入一个水盆中，用细硅胶管从水族箱中向水盆中一点点抽水，使两种水慢慢混合。同时，利用气泵给盆中水曝气，带走过多的二氧化碳。一般30分钟后，抽入水盆中的水已经是原袋中水的2～3倍，这时盆中水的pH值已经接近水族箱中水的pH值，就可以将鱼捞入水族箱中了（这个过程俗称：过水）。

泡袋、过水后，鱼就开始了检疫隔离生活。刚刚进入新环境的鱼会对周边事物有些恐惧，在缸中放置小花盆、小段PVC管等，让鱼躲藏在里面，可以缓解新环境给鱼带来的压力。一开始应保持检疫缸内光线昏暗，并尽量使水流平缓一些。一些领地意识很强的鱼类（如大型神仙鱼、倒吊类），不能多条放在一个检疫缸内检疫。检疫缸每放入一批鱼后，直到这批鱼彻底检疫完成被捞走前，不能再放入新鱼。多批次、不同时间进入检疫缸的鱼，将会增加交叉感染的概率，也会让鱼因领地意识而产生剧烈的打斗现象。

因检疫期间需经常向检疫缸内投药，并通过各种形式对鱼进行驯饵工作，检疫缸使用时经常要面临捞鱼、换水等工作，所以既要设计得方便操作，还要能应对药物对其过滤系统的长期影响。一般采用侧面溢流过滤方式的水族箱作为检疫缸，内部滤材应用网兜装好，当使用大规模杀菌药物（如福尔马林）时，可先将一兜一兜的滤材取出，单独存放在流动水中，待药物完全降解或已经大幅换水后，再将滤材重新放回过滤箱中。检疫缸一般不用设置蛋白质分离器、硝酸盐去除器等设备，过多的营养盐都通过换水去掉。但要安装性能良好的加热棒，以便在检疫治疗期间精准控制水温。在处理一些对药物敏感的鱼类时，我们常常利用臭氧和紫外线杀菌灯来杀灭水中的有害细菌，降低细菌感染概率，所以检疫缸应有安装臭氧机和杀菌灯的空间。

除一些不耐药物的鱼类外，大多数常规海水观赏鱼采取“三遍药法”进行检疫，大型神仙鱼、蝴蝶鱼、倒吊类、石斑类、隆头鱼类等全部适用本方法。所谓三遍药法，即在一定固定的检疫周期内的不同阶段，主要对鱼类使用三种药物，分别进行内外寄生虫的去除和有害病菌的杀灭，期间还会通过饵料和营养添加剂的调整，帮助长途运输的鱼类恢复体质。经长期实践，三遍药法是目前效果最好的海水观赏鱼检疫方法，下面用图示方式对其操作流程和检疫周期进行具体介绍。

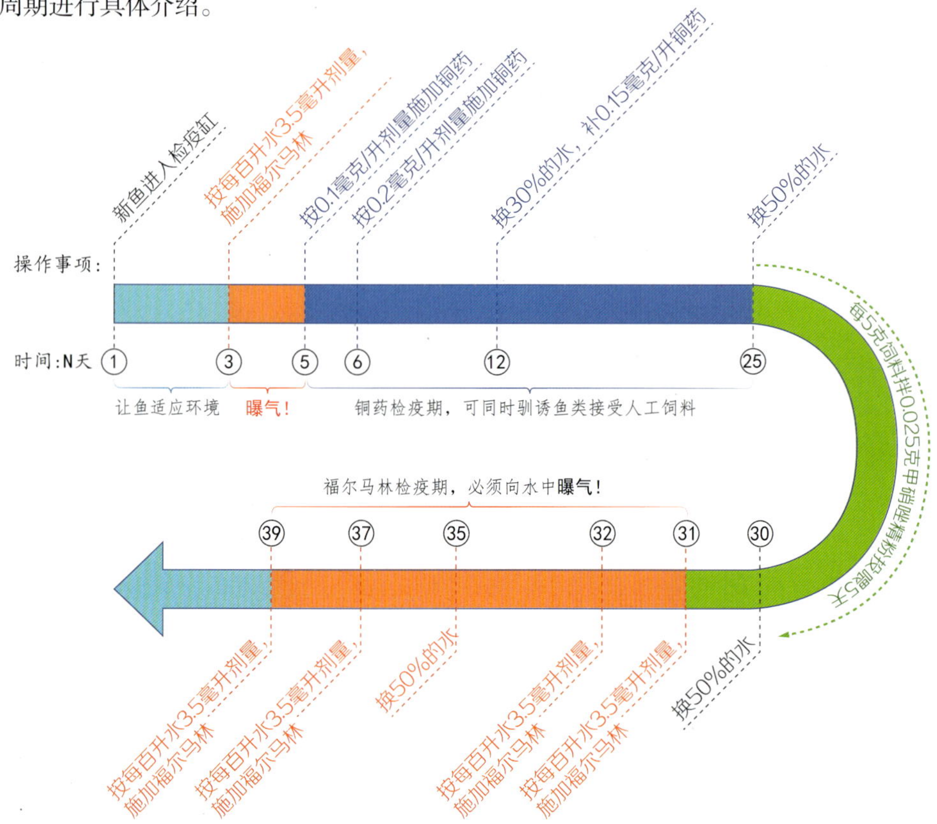

特别说明： 狮子鱼、小丑鱼、软虎、海神像、所有软骨鱼以及各论中提到的不耐铜药、不耐福尔马林的鱼类，不能使用本法检疫。对于海金鱼、部分石斑鱼等不耐福尔马林但耐铜药的品种，可去掉检疫流程中的福尔马林检疫期。

四、常见鱼病的症状和治疗方法

△倒吊类是最容易患白点病的鱼类

1.白点病

海水小瓜虫（刺激性隐核虫）和卵圆鞭毛虫寄生在鱼的体表时，鱼体表会分泌许多白色的黏液突起物，看上去好像身上布满了白点，我们将这种现象称为“白点病”。海水小瓜虫和卵圆鞭毛虫是海水鱼携带率最高的寄生虫，所以白点病在水族箱中最为常见。被感染初期的鱼会在岩石、沙子、鱼缸壁等物上蹭身体，特别是蹭鳃和胸鳍的位置；随着寄生虫繁殖越来越多，鱼身体上出现大量白点，甚至形成一条条悬挂在鱼体表的“黏液线”；最严重时，鱼出现蒙眼（鱼眼浑浊，好像有一层白蒙蒙的膜），呼吸急促，有黏液丝从鳃内拖出。寄生虫大量寄居在鱼鳃里，刺激鱼鳃分泌大量黏液，阻塞鳃丝吸收水中的溶解氧，鱼最终因缺氧而死。在水质不稳定的新水族箱中，白点病最容易出现。虽然这两种寄生虫最常见，但非常容易治疗，一般使用铜药将水中铜离子含量提升到0.3毫克/升，就可以杀死成虫和幼虫。海水小瓜虫和卵圆鞭毛虫卵的孵化周期是3～14天，将水族箱中铜离子的浓度保持2～3周的时间，就让不同时间段孵化出的幼虫都被杀死。在实践观察中，隐藏在鱼鳃内部的卵圆鞭毛虫很难完全杀死，鱼的血液对它们形成了保护，所以在治疗中应以20天为一个疗程，至少用药两个疗程，每两个疗程之间停药10天，以便让鱼得到恢复。海水小瓜虫和卵圆鞭毛虫在水温较高的情况下比较活跃，其卵孵化速度快，进入鳃丝深处的个体少。因此，可以在用药的同时将水温提升到28℃，以促使寄生虫卵快速孵化，不产休眠卵。

由于水质的波动和水中的铜离子也会刺激鱼体，使鱼身体上起白点，所以往往施加铜药的前两天，鱼看上去好像病情更重。这时不必惊慌，只要鱼不出现呼吸困难，两天后就会大幅好转。白点病要尽量在早期进行治疗，只要能接受铜药的新鱼，不论身上有没有白点，都应用铜药进行检疫。如果寄生虫已经大量寄居鱼鳃，影响鱼的呼吸了，再下药就为时已晚。通常在白点病晚期，即使杀灭了寄生虫，也会因为药物和寄生虫的双重刺激，造成鱼鳃完全被黏液包裹，使鱼窒息死亡。

2.灰点病（扁形虫感染）

灰点病多出现在黄金吊、粉蓝吊、鸡心吊等倒吊类身上。正如其名，发病的鱼身上会起许多细小的黑灰色点，这种点一般比白点要小。病鱼感到非常刺痒，会不停蹭岩石和沙子，直到将体表蹭破都不停止。灰点病是由多种扁形虫感染鱼体所造成的，一般不会直接造成鱼的死亡，而是由于寄生虫叮咬和鱼蹭痒所造成的伤口感染致鱼死亡。这种病的致死率没有白点病高，再加上扁形虫主要寄生在倒吊、海神像、狐狸鱼等鳞片细小的鱼类身上，蝴蝶鱼和神仙鱼的感染可能性不高，所以往往不会被特别重视。如果鱼长期携带扁形虫，则扁形虫会在水族箱中蔓延，直至感染所有的鱼。应尽早对其治疗，预防其大面积爆发。

灰点病没有白点病好治，这是因为扁形虫对水中的铜离子有一定的耐受能力，一般水中铜离子含量达到0.5毫克/升时才能杀死变形虫。除了一些大型神仙和倒吊类，大多数中小型鱼类无法适应这么高的铜离子含量，所以在治疗时需使用福尔马林。一般每100升水施加0.35毫升的福尔马林，连施3天后，停药一天并换水50%，再连施3天，能有效杀灭大部分扁形虫。神阳公司出品的TDC渔药对治疗灰点病有很好的效果，一般爱好者可以使用这种成品渔药来进行治疗，以规避使用福尔马林所可能产生的风险。

△患灰点病的蝴蝶鱼

3.本尼登虫感染

本尼登虫用放大镜就能看到，成体本尼登虫甚至可以用肉眼看到，它们就像一个一个的小飞碟，所以又被称为“飞碟虫”。本尼登虫是常见的海水鱼大型寄生虫，鱼通常在网箱或暂养池中最容易被感染。它们喜欢吸附在鱼的眼球、口鼻、鳍根、背部等区域，吸食鱼血。被叮咬的鱼会非常不安，感觉像得了神经病，一会儿窜到这，一会儿窜到那，玩命地在岩石上蹭身体，能变色的鱼会不停地将身体颜色变来变去。病鱼还非常怕人，喜欢躲藏在阴暗的角落里，不吃食或食量非常少。晚期鱼十分消瘦，最后因贫血而死。

本尼登虫比较容易驱虫，一般采用淡水浴的方法就可以让它们脱离鱼体。具体方法是：准备与水族箱内水温一致的淡水，最好是纯净水或经过除氯处理的自来水，用大功率气泵给淡水曝气1小时后，在里面加添5%水族箱中的海水。然后将鱼捞入淡水中，用渔网或小棍轻轻拨动鱼体，使鱼在水中游泳。有些鱼进入淡水后会马上躺在水底不动，这种情况下，可以先让鱼躺1分钟，再将其触碰起来。狐狸鱼进入淡水后会装死，要尽量搅动水，让其不在水中静止。通常淡水浸泡3分钟后，就能看到鱼体表的本尼登虫脱落，这时就可以将鱼捞回去。大型神仙鱼、关刀、天狗倒吊、石斑鱼等可以多泡2分钟，但淡水浴时间最好不超过6分钟。泡过鱼的淡水要马上倒掉，不可重复使用，本尼登虫吸附能力非常强，会吸附在容器的底部，可用开水冲刷容器底，烫死它们。新鱼一般每隔6天进行一次淡水浴，连续3次，基本上可以完全去除掉本尼登虫。

△附着在鱼体上的本尼登虫清晰可见

如果饲养的鱼不能接受淡水浴，则可以用福尔马林药浴的方式来去除本尼登虫。在每10升水中施加0.25毫升福尔马林，每次对鱼进行30分钟的药浴，期间要向水中不停曝气。每天药浴一次，连续3天后让鱼休息1周，再连续药浴3天，基本上也可以杀灭本尼登虫。在给鱼药浴的期间，可以每天向水族箱中输入1小时的臭氧。因为本尼登幼虫营漂浮生活，大部分漂浮在水面上，大量上升到水面的臭氧气泡能有效地杀死处于漂浮期的幼虫，避免它们再次感染鱼。

4.鳃虫类感染

鳃寄生虫类是鱼类所有寄生虫中最危险也最难消灭的类别。指环虫、鳃锚虫都是海水观赏鱼常见的鳃寄生虫。它们寄生在鳃丝深处，很难完全消灭，而且繁殖速度较快，很容易传染给水族箱中所有的鱼。鳃寄生虫通常致死速度很慢，一般在感染后2～6个月才会发展成严重的鳃疾，使鱼呼吸困难而死亡。感染有鳃寄生虫的海水鱼早期没有什么明显的体表症状，主要是呼吸时鳃盖比别的鱼张开的幅度稍大，偶尔在岩石上蹭一蹭鳃盖，动作很小，十分不易观察到。随着寄生虫增多，鱼会出现单鳃呼吸的情况，就是呼吸时只有一个鳃盖快速开合，另外一个关闭不动。这时就要注意了，如果不马上治疗，鳃寄生虫就会在水族箱中大规模爆发。

铜离子对鳃寄生虫基本无效，除了能杀死漂浮在水中的幼虫外，对成虫和虫卵都无济于事。像鳃锚虫这样的寄生虫寿命还很长，如果长期使用铜药来一次一次地抑制其繁殖，没有等到它们死绝，鱼就已经被毒死了。治疗鳃寄生虫一般使用福尔马林，严重时还要配合甲硝唑、环丙沙星等药物来预防鳃部感染。

通常用福尔马林杀灭鳃寄生虫需要至少4个疗程，每个疗程连续下药5天，各疗程间隙3天，并换水50%，让鱼得到恢复。中小型鱼类使用每100升水施加0.3毫升福尔马林的剂量；大型神仙鱼、石斑、大型倒吊、蝙蝠鱼等可以提升药量至每100升水施加0.5毫升福尔马林的剂量。TDC和海化的烂肉水对鳃寄生虫都有一定的杀灭效果，普通爱好者可以选择使用。

5.布鲁克林斜管虫感染（白膜病）

布鲁克林斜管虫是一种完全在水族箱环境中变异产生的寄生虫，这种寄生虫在野外不存在。感染布鲁克林斜管虫的情况很少，主要是一些名贵的海水观赏鱼（如橙仙、眼镜仙、蓝神仙等）因在爱好者之间相互转卖，容易在带有斜管虫的水族箱中被感染，然后传播到更多的饲养者水族箱中。目前，在人工环境下繁殖的小丑鱼也有被布鲁克林斜管虫感染的案例。这种寄生虫感染基本上算是不治之症，它们对各种药物都有一定的抗药性，除非用能杀死鱼的剂量，否则是杀不死它们的。被布鲁克林斜管虫感染的鱼，先是体表出现红斑，然后这些红斑上似乎罩上了一层白膜，进而白膜破裂出血，周围形成淋巴肿块，看上去有点儿像严重的淋巴囊肿病。随着寄生虫的增多，鱼体表和鱼鳍开始大规模溃烂，鱼鳃也会发炎溃烂，鱼很快就死了。

△布鲁克林斜管虫感染的澳洲神仙

如果发现鱼被布鲁克林斜管虫感染，最好的办法就是马上隔离病鱼，不要让这条鱼和这条鱼所生活过的每一滴水进入其他水族箱，用治疗鳃寄生虫的办法给鱼进行治疗，也许会有效。如果观察半年，鱼已经完全恢复，无体表红斑和溃烂，就可以认为是治好了。大多数情况下，鱼都会死去。鱼死后，养鱼用的检疫缸要彻底排空，用高锰酸钾消毒，所有滤材全部扔掉，不可再用，捞鱼用过的渔网也最好扔掉并换新的。

6. 肠炎

鱼吃了不干净的东西就会得肠炎，通常表现有排出白色粪便（实际上是肠黏膜被脱体外）、肛门突出（脱肛）、肛门红肿、腹部肿胀等症状。如果不及时治疗，鱼就会因严重的肠道溃烂和腹部积水而死亡。治疗肠炎的方法比较简单，可根据病鱼是否还能进食而采取两种不同的方法。

对于还能进食的鱼类，可以采用每10克饵料中拌0.5克土霉素精粉，连续投喂5天，基本上可以将肠炎治愈。对于已经不进食的病鱼，则可以在每100升水中投放10克呋喃西林粉，也能起到很好的治疗效果。

7. 烂鳍烂肉病

由细菌寄生于鱼体和鱼鳍上造成感染，使鱼体和鱼鳍出现溃烂现象，通常被称为烂鳍病和烂肉病。烂鳍烂肉病在海水鱼中没有淡水鱼中的发病率高，因病菌多喜欢贫氧的弱酸性环境，而海水是富氧的碱性环境。但是如果水族箱中水质不稳定，长时间没有换水，水中溶解氧含量不足，就可能给病菌可乘之机。大多数海水鱼具有领地意识，打斗现象在水族箱中并不鲜见。一旦鱼鳍和体表被相互撕咬出伤口，就容易被病菌感染，造成烂鳍、烂肉。

△因寄生虫附着造成体表细菌感染溃烂的法国神仙

平时注意水质，让水保持高溶氧量状态，以及定期规律性换水，可以大幅度减少烂鳍烂肉病的发生。如果鱼患上了烂鳍烂肉病，则可以用向水中输入臭氧的方式来抑制细菌的繁殖，也可以用呋喃西林、硫醚沙星等渔药进行治疗。因臭氧和杀菌药物同时能杀死异养腐生菌和硝化细菌，所以在用药期间应加大换水频率，避免水中氨浓度的上升。

△皇后神仙鱼头部的淋巴囊肿

8. 淋巴囊肿

淋巴囊肿是由病毒引起的淋巴组织病变，让鱼鳍和身体上出现很多像菜花一样的小瘤，所以也叫菜花病。这种病在神仙鱼和蝴蝶鱼身上非常常见，我们现在还搞不清它们怎样传播，不过长途运输过后的鱼很容易得淋巴囊肿病。水中硝酸盐浓度高于300毫克/升、铜离子含量高于0.3毫克/升时，鱼都很容易患上淋巴囊肿。淋巴囊肿不用刻意治疗，也没有针对这种疾病的药物。一般保持良好的水质，经常换水，正常喂食，淋巴囊肿会慢慢地从鱼体上消失。有时候，头天晚上大神仙鱼身上还挂着一串串大“菜花”，第二天早上就全部消失了。

养鱼的快乐

养鱼有什么快乐啊?

这一天，我下了班乘坐着如“罐头”一样拥挤的地铁回到家里，来不及宣泄一天工作中的疲劳，就一头扎进厨房给一家人做饭。菜刀与砧板发出的当当声响，就好像上午老板因为销售业绩下滑对我的指责般紧密，恰似雷霆暴雨席卷着我心灵中的那栋快要塌下来的老旧单元楼。我还有十几年的贷款要还，所以老板怎么骂我都得听着。小孩说学校让他们报名去学奥数，老婆说自己的耳环有些寒酸，老母亲突然血压高上来了明天要去医院，钱钱钱，无数张手向我伸过来，无数张嘴在向我呐喊。累啊！这还不算，让我悄悄地告诉你，我还有一个小爱好，那就是养鱼，还养的是海水鱼。这些鱼的生活不能自理，吃喝拉撒全得靠我伺候。当晚餐结束，一家人全都围坐在电视机旁的时候，我提着水桶，拿着水管，赤裸着膀臂开始给“鱼大爷”们换水。海水溅到地板上，泛起白色的盐花，母亲说“你就作吧！地板家具都让你毁了。”换完水赶快擦地板，然后用抹布小心擦去鱼缸边缘凝结的盐渍。总算能坐下来看会儿鱼了，墙上的挂钟告诉我现在已经半夜12点，明早7点还要在坐着“罐头盒”去上班，睡吧！

朋友来拜访我，夸我的鱼养得好。我问“你为什么不养几条呢？”他说“我有功夫还想多睡会儿觉呢，没你这么大瘾。”唉！我也累，我也忙，我也想多睡，但那就不是我的生活了。生活中有快乐也有烦恼，有获得也会有失去。快乐的事情和烦恼的事情就好像会计借贷记账法那样，有借必有贷，借贷必相等，这样才能通过人生的最终审计。烦恼的事情就好像资金的支出，不是你想不花钱就能不花的，它不受你的意识所控制。快乐的事情就好像资金的收入，你可以通过绞尽脑汁的思考和捋起袖子加油干，来让它变得越来越多。生活中每有一件烦恼的事情，我们就可以想出一件快乐的事情来抵消它，但前提是你得比别人付出更多的劳动。劳动并不痛苦，它是创造快乐的源泉。

人会有各种爱好，只要这种爱好不违反法律，不违背道德，不影响他人，就是值得鼓励的。我们的爱好是我们用来创造内心正能量的重要来源，我们用这些正能量来抵消生活中不断积累的负能量，最终让我们的生活平淡而幸福。虽然养鱼看上去每天都要比别人多付出一些劳动，但是当你坐在鱼缸前欣赏那些五光十色的海水观赏鱼时，一定会将烦恼、忧愁和悲伤抛到脑后，几十分钟后就再次精神饱满地投入生活的“战场”上。当然，其他的优良爱好也有这个作用，比如园艺、读书、音乐、美术、宠物等，由于本书是专门介绍养鱼的，所以咱们就不再说它们了。

我小时候总听老师傅们说，养鱼是“勤行”，只有勤快的人才能养好鱼。不要把换水、擦鱼缸看成是负担，要将这些事看成快乐，要干上瘾，一天不干就浑身不自在。我之前一直不明白干活怎么能成为快乐呢？可是我一直在养鱼，直到今天突然发现，一天不伺候这些“鱼大爷”们，我还真浑身不自在。您说这是不是“贱”呢？生活中的“贱事”其实挺多的，比如：给汽车喷上光亮的漆，对其速度和安全性不会有所提升，而且这么好的漆一旦划伤一点儿，就得花费不少，即使这样，我们买汽车时还是要挑选漆喷得最亮的；超市里鸡蛋打折，买5斤能省1块钱，于是我们就顶着烈日在超市门口排1小时的队，再花3块钱买一瓶冰镇饮料喝，然后提着鸡蛋一仰头说“爽”；家里的小孩五音不全，但是同班同学都报班学音乐，您要不给自己孩子也报个名总感觉不舒服，虽然学了也没什么用，纯属浪费钱。诸如此类，林林总总。其实，我们每天都在对着生活不停地“犯贱”，就好像小孩和家长撒娇耍赖那样，而生活会用更多的快乐来回报我们，偷着乐去吧！

逛鱼市

在养鱼活动中，逛鱼市无疑是非常重要的一项活动。周末约上三五好友一起去鱼市，看看鱼店老板又进了什么新鱼，聊聊彼此生活中的快乐和烦恼，交流一下各自总结的经验技术。晚上再在鱼市附近的餐馆一起吃一顿，喝两口。那才解压，那才痛快。逛鱼市是将养鱼这一项自娱自乐的活动变为多人一起分享快乐的主要途径，试问独乐与众乐，孰乐？大多数时候，逛鱼市并不是为了买鱼，而是单纯地逛，单纯地享受逛的快乐。

今天，城市的建设和互联网经济的发展，让我们身边的鱼市越来越少，那些仅存的鱼市就好像养鱼爱好者们心中的一座座快要消失的“快乐岛”。虽然我们通过网购也可以买到鱼，但是有没有发现，这种送货上门的购物方式并不让我们感到快乐。因为它缺少了人与人的交流，缺少了“逛”这项重要的活动，缺少了发现、挑选和砍价带给我们的精神刺激。不论网络经济如何发达，观赏鱼这种特殊的商品，还是适合在鱼市中售卖。

一项特殊的工作

有一次，我参加一个动物园和水族馆养殖员的技术培训会，期间很多学员们向我抱怨自己的工作多么劳累，收入多么微薄。我突然问他们，你们知道全世界有多少人能天天和老虎、大象、鲨鱼、海豚接触到吗？全世界有60多亿人口，从事野生动物饲养工作的人恐怕不过几万人。我国虽然有近300家公共水族馆，但养殖员的总数加起来也不到5000人。13亿人口中只有你们这5000人能每天接触到鲸鲨、海豚和五光十色的鱼类，你们不觉得自豪吗？动物园和水族馆的养殖员是一个特殊工种，岗位非常少，需要的人并不多。绝大多数人一生中都不会有机会和鲸鲨一起游泳，都不能亲手摸一摸海豚的皮肤，更别提长时间地观察这些奇异的动物，发现它们身上与众不同的方方面面。

当代著名博物学家德斯蒙德·莫里斯因著有《裸猿》三部曲而被世界所认识，这得益于他是伦敦动物园灵长目动物区的负责人，他一边饲养猴子和猩猩，一遍观察它们的行为，最终发现了前人未曾发现的科学现象，从而获得了社会的认可，也收获了人生中巨大的快乐。法国数学家儒勒曾经说：科学家研究大自然并不是出于什么实用目的，而是他们乐在其中，他们之所以乐在其中，是因为大自然无比的美丽。贵为一名百万人里挑一的养殖员，你的工作是多少人一生都没有机会尝试的呢？你近距离观察动物的特权是被多少人羡慕的事情呢？让我们平心静气，与其去抱怨工作的劳累和收入的微薄，不如一边工作一边观察，去总结，去发现。生命无比神奇，我们对动物的了解还微乎其微，总有一天你也能发现前人未知的科学现象，创造自己人生的辉煌。

努力吧！做一名快乐的养殖员。

每天饲养和近距离观察巨大的蝠鲼鱼是水族馆养殖员的特权，通过反复观察，也许我们就能得到新的科学发现。

参考文献

[1] 伍汉霖.汉拉世界鱼类系统名典.青岛：中国海洋大学出版社，2017.

[2] 陈清朝.南沙群岛至华南沿海的鱼类（一）.北京：科学出版社，1997.

[3] 孟庆闻.鱼类分类学.北京：中国农业出版社，1995.

[4] 白明.海水观赏鱼快乐饲养手册.北京：化学工业出版社，2009.

[5] 白明.水族馆的革命.水族世界，2013.

[6] Rudie H Kuiter.World Atlas of Marine Fishes.Germany, IKAN, 2007.

[7] Warren E Burgess.Atlas of Marine Aquarium Fishes.USA, TFH, 2003.